国家出版基金项目

"十四五"国家重点出版物出版规划项目

中国耕地土壤论著系列

中华人民共和国农业农村部　组编

中国紫色土

Chinese
Purple Soils

石孝均　李振轮　王红叶◆主编

中国农业出版社

北 京

　　耕地是农业发展之基、农民安身之本，也是乡村振兴的物质基础。习近平总书记强调，"我国人多地少的基本国情，决定了我们必须把关系十几亿人吃饭大事的耕地保护好，绝不能有闪失"。加强耕地保护的前提是保证耕地数量的稳定，更重要的是要通过耕地质量评价，摸清质量家底，有针对性地开展耕地质量保护和建设，让退化的耕地得到治理，土壤内在质量得到提高、产出能力得到提升。

　　新中国成立以来，我国开展过两次土壤普查工作。2002 年，农业部启动全国耕地地力调查与质量评价工作，于 2012 年以县域为单位完成了全国 2 498 个县的耕地地力调查与质量评价工作；2017 年，结合第三次全国国土调查，农业部组织开展了第二轮全国耕地地力调查与质量评价工作，并于 2019 年以农业农村部公报形式公布了评价结果。这些工作积累了海量的耕地质量相关数据、图件，建立了一整套科学的耕地质量评价方法，摸清了全国耕地质量主要性状和存在的障碍因素，提出了有针对性的对策措施与建议，形成了一系列专题成果报告。

　　土壤分类是土壤科学的基础。每一种土壤类型都是具有相似土壤形态特征及理化性状、生物特性的集合体。编辑出版"中国耕地土壤论著系列"（以下简称"论著系列"），按照耕地土壤性状的差异，分土壤类型论述耕地土壤的形成、分布、理化性状、主要障碍因素、改良利用途径，既是对前两次土壤普查和两轮耕地地力调查与质量评价成果的系统梳理，也是对土壤学科的有效传承，将为全面分析相关土壤类型耕地质量家底，有针对性地加强耕地质量保护与建设，因地制宜地开展耕地土壤培肥改良与治理修复、合理布局作物生产、指导科学施肥提供重要依据，对提升耕地综合生产能力、促进耕地资源永续利用、保障国家粮食安全具有十分重要的意义，也将为当前正在开展的第三次全国土壤普查工作提供重要的基础资料和有效指导。

　　相信"论著系列"的出版，将为新时代全面推进乡村振兴、加快农业农村现代化、实现农业强国提供有力支撑，为落实最严格的耕地保护制度，深入实施"藏粮于地、藏粮于技"战略发挥重要作用，作出应有贡献。

中华人民共和国农业农村部副部长　张兴旺

　　耕地土壤是最宝贵的农业资源和重要的生产要素，是人类赖以生存和发展的物质基础。耕地质量不仅决定农产品的产量，而且直接影响农产品的品质，关系到农民增收和国民身体健康，关系到国家粮食安全和农业可持续发展。

　　"中国耕地土壤论著系列"系统总结了多年以来对耕地土壤数据收集和改良的科研成果，全面阐述了各类型耕地土壤质量主要性状特征、存在的主要障碍因素及改良实践，实现了文化传承、科技传承和土壤传承。本丛书将为摸清土壤环境质量、编制耕地土壤污染防治计划、实施耕地土壤修复工程和加强耕地土壤环境监管等工作提供理论支撑，有利于科学提出耕地土壤改良与培肥技术措施、提升耕地综合生产能力、保障我国主要农产品有效供给，从而确保土壤健康、粮食安全、食品安全及农业可持续发展，给后人留下一方生存的沃土。

　　"中国耕地土壤论著系列"按十大主要类型耕地土壤分别出版，其内容的系统性、全面性和权威性都是很高的。它汇集了"十二五"及之前的理论与实践成果，融入了"十三五"以来的攻坚成果，结合第二次全国土壤普查和全国耕地地力调查与质量评价工作的成果，实现了理论与实践的完美结合，符合"稳产能、调结构、转方式"的政策需求，是理论研究与实践探索相结合的理想范本。我相信，本丛书是中国耕地土壤学界重要的理论巨著，可成为各级耕地保护从业人员进行生产活动的重要指导。

中 国 工 程 院 院 士

中国科学院南京土壤研究所研究员

耕地是珍贵的土壤资源，也是重要的农业资源和关键的生产要素，是粮食生产和粮食安全的"命根子"。保护耕地是保障国家粮食安全和生态安全，实施"藏粮于地、藏粮于技"战略，促进农业绿色可持续发展，提升农产品竞争力的迫切需要。长期以来，我国土地利用强度大，轮作休耕难，资源投入不平衡，耕地土壤质量和健康状况恶化。我国曾组织过两次全国土壤普查工作。21世纪以来，由农业部组织开展的两轮全国耕地地力调查与质量评价工作取得了大量的基础数据和一手资料。最近十多年来，全国测土配方施肥行动覆盖了 2 498 个农业县，获得了一批可贵的数据资料。科研工作者在这些资料的基础上做了很多探索和研究，获得了许多科研成果。

"中国耕地土壤论著系列"是对两次土壤普查和耕地地力调查与质量评价成果的系统梳理，并大量汇集在此基础上的研究成果，按照耕地土壤性状的差异，分土壤类型逐一论述耕地土壤的形成、分布、理化性状、主要障碍因素和改良利用途径等，对传承土壤学科、推动成果直接为农业生产服务具有重要意义。

以往同类图书都是单册出版，编写内容和风格各不相同。本丛书按照统一结构和主题进行编写，可为读者提供全面系统的资料。本丛书内容丰富、适用性强，编写团队力量强大，由农业农村部牵头组织，由行业内经验丰富的权威专家负责各分册的编写，更确保了本丛书的编写质量。

相信本丛书的出版，可以有效加强耕地质量保护、有针对性地开展耕地土壤改良与培肥、合理布局作物生产、指导科学施肥，进而提升耕地生产能力，实现耕地资源的永续利用。

中国工程院院士
中国农业大学教授　张福锁

　　"万物土中生，有土斯有粮"，土壤数量和质量决定着一个国家的粮食安全。我国人均耕地面积少的国情，决定了对有限土壤资源的多投入和频利用，生产更多的粮食，才能保障人民吃饭的根本需求。因此，耕地面积和质量发生着快速变化。尤其近30年来，随着我国经济社会发展，农业产业结构和土地经营方式发生重大改变，肥料和农药投入持续增加，生产出了更多的粮食、水果和蔬菜，在满足人民日益增长的物质生活需要的同时，耕地质量也随之发生了很大变化。鉴于此，农业农村部组织编写出版"中国耕地土壤论著系列"丛书。《中国紫色土》是该丛书的一个分册，主要梳理和总结近30年来紫色土的研究成果。

　　紫色土是由紫-红色母岩发育形成的岩性初育土，以其特有的紫色而区别于其他土壤。我国紫色土耕地资源有2 000多万 hm²，分布在四川、云南、重庆、湖南、广西、贵州、湖北、浙江、江西、广东、安徽、福建、陕西、河南、海南、江苏等省份，集中分布于四川盆地及周边。紫色土具有成土迅速、发育浅、土层分化不明显、矿质养分含量丰富、自然肥力高等特点，土壤宜种作物多、出产丰富，是一种不可多得的宝贵农业土壤资源。同时，紫色土主要分布在我国水热条件优良的温暖湿润季风气候区，该区是我国粮油及特色农产品的重要生产基地。但紫色土存在抗蚀性和抗旱性较差、土壤酸化速度快、土壤结构和肥力退化严重等问题。因此，总结梳理紫色土发生与分类，掌握紫色土肥力和生产力变化状况，对于保障紫色土资源的可持续利用和粮食安全具有重要意义。

　　本书主要是近30年紫色土分类、分级、特性和利用等方面研究成果的总结，对科学合理利用紫色土资源具有重要意义。其数据主要来源：一是编者在科研、教学和技术推广中积累的数据和资料；二是2006—2018年全国开展测土配方施肥有关紫色土的数据与资料；三是"国家紫色土肥力与肥料效益监测基地"30多年来的监测数据以及国内外近年来关于紫色土的部分相关研究数据与资料。全书共分为13章，每章内容与编写人员如下：第一章，紫色土形成（李振轮、王正江、王帅）；第二章，紫色土分类（慈恩、孟倩）；第三章，紫色土的物理性质（钟守琴、倪九派、魏朝富）；第四章，紫色土的化学性质（刘新敏、李航）；第五章，紫色土养分状况与施肥（陈轩敬、赵敬坤、刘星）；第六章，紫色土有机质演变特征与提升技术（石孝均、赵亚南、张跃强）；第七章，紫色土氮素与生物肥力特征（张跃强、王洁、张海琳）；第八章，紫色土磷素动态变化与磷肥高效利用（张跃强、石孝均、刘京）；第九章，紫色土钾素肥力及供钾潜力（王红叶、石孝均、张跃强、江秋菊）；第十章，紫色土生产力演变与培肥利用（张跃强、王月红、黄兴成）；第十一章，紫色土耕地质量评价（刘星、张甜、王帅、王红叶）；第十二章，紫色土酸化特征与防控技术（李忠意、张宇亭、李志琦、石孝均）；第十三章，紫色土侵蚀特征与治理（李天阳、何丙辉）。总体上，本书在注重紫色土基础性和系统性研究的同时，较为详细地阐述了紫色土肥力变化特性及开发利用存在的问题，对深入理解紫色土特性与肥力变化、合理利用紫色土资源具有指导意义。

限于编者能力和编写视角，加之未能囊括紫色土研究和生产应用的所有数据资料，总结归纳梳理也不够深入，书中难免有不妥之处，敬请读者批评指正！

编　者

第一章 | 紫色土形成 >>>

紫色土是在紫红色岩层（又称红层）的风化母质上发育的土壤，它是一种特定地域范围内的地理生态环境综合体，又是我国南方，尤其是西南地区的一种重要的、不可再生的自然资源。虽然成土五因素决定着紫色土的形成、发育、演变与分布，但紫色母岩与母质同时含有多种原生矿物与次生矿物的复杂特性，导致其风化成土速度快。与其他多数土壤相比，紫色土成土时间短、发育程度浅，其母岩母质性质必然深刻地影响土壤性状。在研究和阐述紫色土的性质、肥力特性、改良利用等问题时，其母岩母质特性和分布将是一个最为重要的影响因素。同时，人文地理环境对紫色土形成也产生重大影响，并随着人类社会发展其影响逐渐扩大。所以，紫色土是自然地理环境和人文地理环境共同作用的结果。本章阐述了紫色土主要成土母岩母质性质、岩性特征及风化成土过程，以及人类生产生活对紫色土形成过程的影响，为进一步认识紫色土的性质与特征提供参考。

第一节　紫色土概述

一、紫色土是一种重要的土壤资源

紫色土是在热带亚热带气候条件下，由富含碳酸钙的紫色或紫红色砂岩及页岩风化发育形成的非地带性土壤（图1-1）。除我国以外，目前其他国家尚未有相关报道。该类土壤发生分类归属石质初育土亚纲（晏昭敏等，2020）；在中国土壤系统分类中，主要被划分为人为土、淋溶土、雏形土和新成土土纲，部分被划分为湿润雏形土、紫色正常新成土亚纲（慈恩等，2018）；在美国土壤系统分类中，相当于湿润始成土、正常新成土；在联合国世界土壤资源参比基础中，相当于薄层土、疏松岩性土。

紫色土主要由侏罗纪、白垩纪的非石灰性紫色砂岩、紫色砂页岩、紫色砂砾岩、紫红色砂岩以及第三纪的紫红色砂岩、紫红色砂砾岩等紫色母岩发育而成。紫色土的紫色不是现代成土过程的产物，而是紫色母岩沉积时期古生物气候环境综合作用的结果。由于沉积环境多样、物源各异，紫色母岩颜色并非单一的紫色，而是呈紫（P）、红紫（RP）、红（2.5R～10R）、黄红（2.5YR～5YR）等多种颜色（晏昭敏等，2020）。

紫色母岩疏松，易于崩解，其矿质养分含量丰富，富含钙、磷、钾等营养元素，形成的土壤潜在肥力较高，阳离子交换量（CEC）一般在10～29 cmol/kg，盐基饱和度达80%～90%，这使得紫色土具有很高的农业利用价值，是我国南方旱作的重要土壤类型。同时，紫色母岩物理风化强烈，土壤固结性差，极易遭冲刷，如果利用不当，易导致水土流失，从而使土壤肥力降低、土层变薄（陈梦

图1-1　紫色土景观

1

圆，2023；王荣浩等，2023）。因此，紫色土在农业利用时需防止水土流失。

紫色土剖面层次发育不明显，土层浅薄，通常不到 50 cm，超过 1 m 者甚少，土壤剖面层次一般呈 A-AC-C 构型，在平缓地带也有 A-B-C 构型（图 1-2）（唐嘉鸿，2018、2019；吴涌泉，2010）。紫色土具有成土速度快（岩石—风化—土壤）、发育缓慢（饱和土—不饱和土）的典型特征，其基本保持着成土母质甚至母岩的一系列理化性质，在物质、能量交换强烈的热带亚热带气候条件下，紫色土具有稳定的母岩特性，从而保持较高生产力，优于相同地区的其他土壤类型。

图 1-2 紫色土剖面

紫色土发育受到母岩石灰成分和水热因素的极大影响，按照碳酸钙和盐基淋溶程度，紫色土分为酸性紫色土、中性紫色土和石灰性紫色土 3 个亚类，其主要分布在长江中上游地区（表 1-1）。石灰性紫色土亚类母质以白垩纪紫色砂岩和紫色砂砾岩的风化坡、残积物为主，主要分布在西南部河谷两侧的低丘及盆地底部，穿插在红壤亚类向黄红壤亚类过渡的地段；石灰性紫色土剖面主要是 AC-R 型或 A-C-R 型，土壤剖面呈石灰性反应，$CaCO_3$ 含量约为 30 g/kg，土壤呈微碱性，pH 7.5～8.0；土壤矿物风化微弱，铁的游离度大多在 35%，黏土矿物以水云母或蒙脱石为主，与母岩的差别甚微，生物积累作用较弱（何秀宾等，2009；吴涌泉，2010；张凤荣，2002）。中性紫色土亚类的母岩多为石灰性紫色砂页岩、紫色凝灰岩、紫色砂砾岩，剖面构型多为 A-C 型、A-AC-C 型和 A-（B）-C 型，分布面积较多的省份是四川、重庆、云南、湖北和安徽等。除基岩有不同程度的石灰反应外，土体和母岩中碳酸钙较少或在成土过程中已明显淋溶，土壤中 $CaCO_3$ 含量低于 30 g/kg，但盐基饱和度在 70% 以上，pH 6.5～7.5。铁的游离度较石灰性紫色土略有增加，黏土矿物以蛭石、水云母或蒙脱石、水云母为主。中性紫色土是一类肥力较高、宜种性较广、生产性较好的土壤资源。酸性紫色土亚类的母质为非石灰性红紫色砂页岩的风化坡积物或残积物，剖面主要特点是全剖面呈酸性反应，剖面层次分异不明显，构型主要是 A-C 型、A-（B）-C 型，主要分布在长江以南和四川盆地的低山丘陵，因母岩岩性疏松，易于物理风化，成土作用弱，土层较薄；土壤质地多为黏壤、壤土，多砾石、松散无结构，淋溶脱钙作用强，一般不含 $CaCO_3$，并有部分交换性盐基淋失，盐基饱和度在 70% 以下，母质 pH 5.0～6.5；土壤铁的游离度大多在 40% 以上，黏土矿物一般以蛭石、水云母为主，有时会有高岭石出现。土壤呈酸性，pH 小于 5.5，盐基饱和度低。紫色土是长江上游地区一种极为重要的农业生产土壤，在生产粮、油、果、桑、药及多种林木产品等方面发挥着重要作用。

表 1-1 长江中上游紫色土与其他主要土壤分布

项目	紫色土			其他类型土壤
	酸性紫色土	中性紫色土	石灰性紫色土	
面积（km²）	7 592.89	25 146.36	34 688.52	89 450.12
占比（%）	4.84	16.03	22.11	57.02

二、紫色土研究历史简述

紫色土的研究历史可分为 3 个阶段，即 1949 年前的奠基阶段、1949—1975 年重要研究阶段、1976 年至今系统性研究阶段（唐江，2017；中国科学院成都分院土壤研究室，1991）。

1949 年前是紫色土研究的奠基阶段。这一阶段主要对紫色土的发生、分类以及理化性质进行了研究，其成果记录于《四川之土壤》《中国之土壤概述》等著作中。我国侯光炯、马溶之以及美国的 J. Throp（侯光炯，1941；Throp，1935；朱莲青，1941）等学者对这一阶段的紫色土认识作出了重要贡献，提出的相关论述对后来关于紫色土的认识具有深刻的影响。该时期的研究成果主要包括：①确定了紫色土的概念。随着认识不断深入，该类土壤的名字与概念持续变化，由最初的"四川灰棕色森林土"变更为"紫棕壤""纯质原色土"；1941 年，在中国土壤分类方法草案中，中国土壤学家明确提出了"紫色土"命名。②提出了紫色土的幼年性、演变性。紫色土深受成土母质影响，其颜色等理化性质都与成土母质有直接关系；在特定条件下，紫色土也会演变为红壤、黄壤、灰棕壤等。③初步对紫色土进行分类。根据颜色和发育程度，分为紫色土、紫棕壤；根据自然利用状况，分为林地紫色土、草地紫色土、耕地紫色土；根据 pH，分为酸性紫色土、中性紫色土、碱性紫色土。

1949—1975 年，这一阶段主要对紫色土的肥力、分类等作出重要研究。该时期的论述主要包括：一是紫色土的分类比较复杂，从土壤发生学来说，可分为紫色幼年土、紫色旱作土、紫色水稻土。从农业利用而言，又可分为紫泥土、紫泥田。从土壤肥力水平分类，又可分为紫红泥、紫棕泥、紫黑泥，这种分类方法在西南地区地理研究中占据统治地位。二是土壤肥力是土壤的本质属性。土壤学家侯光炯对土壤肥力的认识提出了重要论述，他认为"土壤肥力是土壤水、肥、气、热动态的周期性变化和植物生理作用周期性变化间协调的程度"。

1976 年以来，主要是进一步对紫色土的分类、肥力作系统性研究。这一阶段紫色土分类由定性开始转为量化。1978 年的中国土壤暂行分类草案将紫色土分为红紫泥土、黄紫泥土、棕紫泥土和暗紫泥土。中国土壤系统分类中将紫色土划分为初育土土纲，分为不饱和紫色土、饱和紫色土、石灰性紫色土亚类。《第二次全国土壤普查分类系统修订稿》将紫色土分为酸性、中性以及石灰性亚类紫色土。土壤肥力的研究主要分为个体肥力研究和区域土壤分类研究。进入 20 世纪 90 年代后，紫色土研究主要集中于紫色土的分类及改良培肥等方面。在这一时期，紫色土研究取得了重大成果，各地也相继出版了一系列成果著作（全国土壤普查办公室，1998；四川省农牧厅，1994；四川省农业厅，1997）。如 1991 年出版的《中国紫色土（上篇）》，对紫色土的发生分类进行了系统性概述，对紫色土的发生分类认识日趋完善。1979—1984 年，我国开展了第二次土壤普查，对我国各地紫色土的认识进一步加深。在 21 世纪初，何毓蓉等学者编著了《中国紫色土（下篇）》，对我国主要紫色土分布的 10 余个省份的相关研究成果进行了总结。近年来，我国紫色土分类研究开始趋向全国范围的研究，主要基于紫色土高级分类单元划分的研究（顾也萍、刘付程，2007；黄景等，2010；凌静，2002；凌静、邓良基，2005）。但研究地点主要集中在四川、重庆、广西、安徽、浙江、湖北、江西等紫色土分布较广的地区，云南、贵州仍然缺少详细的紫色土发生分类信息（慈恩等，2018）。

三、紫色土分布及生态环境

（一）紫色土区域分布特征

我国紫色土面积约为 2.198×10^7 hm^2，其中，旱地占 1.889×10^7 hm^2，水田占 3.09×10^6 hm^2。紫色土分布较为集中，在地理空间上，主要分布于四川盆地丘陵区以及一些低海拔山区，故四川盆地也得名"赤色盆地"，占全国紫色土面积的约 41.46%（表 1-2）。此外，云贵高原、中南丘陵、华南丘陵、华东丘陵地区也有零星的紫色土分布。由行政区域排序，紫色土分布面积从大到小依次为四川、云南、重庆、湖南、广西、贵州、湖北、浙江、江西、广东、安徽、福建、陕西、河南、海南和江苏（何毓蓉等，2003）。四川是我国紫色土分布最集中的地区，全省土地面积为 49.521×10^6 hm^2，紫色土面积为 9.113×10^6 hm^2，占四川土地面积的 18.4%。四川紫色土耕地面积为 5.404×10^6 hm^2，占全省紫色土面积的 59.30%，其集中分布于东部盆地海拔 800 m 以下的丘陵，除了阿坝藏族羌族自治州（以下简称"阿坝州"），全省各地都有紫色土分布，尤以成都、内江、资阳、南充、遂宁等地区分布广泛，在凉山彝族自治州（以下简称"凉山州"）也有一定的分布。紫色土分布面积第二大省份为云南，其面积为 $4.955\ 8\times10^6\ hm^2$，占全国紫色土面积的 22.55%，主要分布于滇中、滇南地区，滇中分布在海拔 $1\ 500\sim2\ 500\ m$ 的地区，滇南则是分布在海拔 $1\ 000\sim2\ 000\ m$ 的地区。重庆紫色土面积为 $2.734\ 7\times10^6\ hm^2$，约占重庆土地面积的 33.2%，是重庆分布面积最广的土类，广泛分布于重庆的各区县，在渝西丘陵地区及中部的涪陵、长寿、垫江、南川、丰都和东北部的云阳、忠县、万州、开州区一带最为集中；在中低山处呈块状分布，大多分布于海拔 $800\ m$ 以内。除此之外，其余各省份紫色土面积占比为 23.54%。

表 1-2　中国紫色土分布状况[①]

省份	面积（万 hm^2）	占比[②]（%）	排序
四川	911.33	41.46	1
云南	495.58	22.55	2
重庆	273.47	12.45	3
湖南	131.27	5.97	4
广西	88.67	4.03	5
贵州	88.49	4.03	6
湖北	49.73	2.26	7
浙江	41.65	1.90	8
江西	32.41	1.47	9
广东	26.05	1.19	10
安徽	18.57	0.85	11
福建	15.13	0.69	12
陕西	8.93	0.41	13
河南[③]	6.59	0.30	14
海南[③]	2.47	0.11	15
江苏[③]	0.93	0.04	16
其他	6.47	0.29	—

　　注：①此表改自何毓蓉等（2003）、唐江（2017），该表未包括我国香港、澳门、台湾地区；②表中占比表示本区域紫色土占全国紫色土面积的百分比；③不含水耕紫色土。

（二）紫色土空间分布特征

紫色土的总体分布在区域上表现出一定的时空分布规律特征。

1. 紫色土的水平空间分布　主要表现出大聚集、小分散、西多东少、南多北少。即主要分布在四川盆地、云贵高原等地，由西向东，紫色土的厚度逐渐变薄，紫色土的数量逐渐减少。由南向北，紫色土的面积也逐渐减少，南方是紫色土分布的主要区域，其分布面积占 95% 以上。

2. 紫色土的垂直空间分布　我国紫色土分布主要表现出西高东低、北高南低的分布趋势。我国紫色土分布的西部区域海拔最高可达 $1\ 400\sim2\ 500\ m$，如四川盆地边缘地区以及川西南会理一带、云南元谋地区；而东部区域紫色土分布海拔多在 $100\sim300\ m$；紫色土分布的北部区域海拔较高，在 $3\ 000\sim4\ 000\ m$ 都有分布，如川西北石渠等地；而南岭以南的紫色土分布海拔多在 $90\sim150\ m$。

（三）紫色土分布区域的生态环境

如表 1-3 所示，我国紫色土分布区的生态环境特点主要表现为以下方面（何毓蓉等，2003）。

表 1 - 3 中国紫色土主要分布区的生态环境特征

地区	代表地区	气候条件			地貌地形	母岩母质	植被特征
		年均温（℃）	年均降水量（mm）	干燥度			
云贵高原区	楚雄	16～20	600～1 000	0.80～2.70	高原、低山、盆地丘陵	J、K、T 等紫色砂岩、泥岩	常绿阔叶林、常绿/落叶混交林
	遵义	14～16	1 000～1 200	0.70～0.90			
四川盆地区	内江	17～18	1 000～1 100	0.80～0.90	低山、盆地丘陵	J、K、T、E 等砂岩、泥岩	常绿阔叶林、常绿/落叶混交林
	广元	16～17	900～1 000	0.95～1.11			
	宜宾	17～18	1 100～1 200	0.50～0.60			
中南丘陵区	衡阳	17～18	1 300～1 400	0.80～0.90	盆地丘陵、低山	K、J、E 等砂岩、泥岩	常绿-落叶混交林
	秭归	16～17	1 300～1 700	0.65～0.85			
华东丘陵区	吉安	17～19	1 500～1 600	0.75～0.80	盆地丘陵	K、E 等砂岩、泥岩	常绿阔叶林
	金华	17～19	1 600～1 700	0.70～0.80			
	休宁	16～17	1 200～1 400	0.60～0.75			
华南丘陵区	邕宁	20～21	1 200～1 300	0.60～0.80	盆地丘陵	K、E 等砂岩、泥岩	常绿阔叶林、热带雨林
	南雄	18～20	1 400～1 600	0.75～0.85			
	武夷	18～19	1 600～1 700	0.70～0.80			

注：母岩地层，J 为侏罗系，K 为白垩系，T 为三叠系，E 为第三系。

1. 主要属于温暖湿润的季风性气候带 我国紫色土分布区夏季高温多雨，雨热同期，年平均气温多在 14 ℃以上，紫色土分布区多为丘陵、低山，如云南、贵州、四川、湖北西部和湖南西部等地区，紫色土分布的海拔较高，多在 400～1 600 m。而东部地区一般较简单，多分布为浅丘地形，如浙江、江西、安徽、江苏等地，紫色土分布海拔绝大多数在 200 m 以下。母岩的强烈物理风化、易遭受侵蚀的特性，使紫色土分布区多形成红色盆地地貌，如四川盆地、衡阳盆地、吉泰盆地、金衢盆地、休宁-屯溪盆地等。

2. 母质母岩以红-紫色的砂岩、页岩和泥岩等为主 它分属侏罗系、白垩系和部分第三系及三叠系的岩层。其形成的古气候、古环境属湿热或干热气候条件，生物生长繁盛且在不同地质时期有所差别，并在不同沉积相下，形成了不同岩性的岩层以及不同岩层的组合构造。因此，其表现出不同的先天母质特性，从而对其发育紫色土的肥力产生不同影响。

3. 主要为热带亚热带常绿阔叶林植被 在我国紫色土分布区，一般植物种类繁多、生长茂盛。在西部地区，如云贵高原和四川盆地西部，紫色土分布在海拔 800～1 600 m 的地区，主要为亚热带常绿阔叶林，少数为常绿落叶阔叶混交林，个别为针-阔混交林，农区一年一熟或两熟；在 200～800 m 的地区，一般为亚热带常绿阔叶林，农区一年两熟；在东部和南部，紫色土分布海拔低于 200 m 的地区，一般为热带、亚热带常绿阔叶林，农区多为一年三熟和多熟。

(四) 紫色土资源的利用

紫色土因其具有较高的土壤肥力，以及紫色土地下埋藏岩盐、天然气等资源，使得紫色土与第一、第二产业的发展密切相关；因紫色土母岩的特殊颜色、形态结构，其在第三产业中也占据重要地位。紫色土矿质养分含量丰富、自然肥力较高、宜种范围广，是四川盆地等地区农业土壤的主体（黄兴成，2016；王齐齐等，2018；Xu，2014）。紫色沉积岩是一个丰富的物质库，由其发育的紫色土黏沙适中，结构易于恢复，且有良好的透水性和非毛管孔隙，对生产水稻、小麦等各种粮食作物及油菜、甘蔗等经济作物具有很大的经济意义（何毓蓉等，2003；中国科学院成都分院土壤研究室，

1991）。四川盆地紫色土氮、磷含量及分布特征见图 1-3。

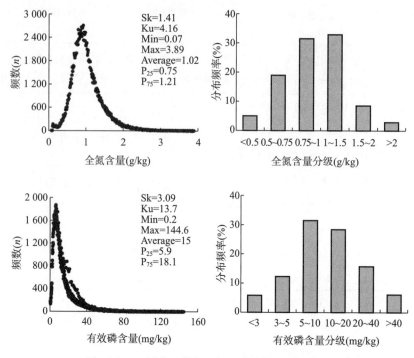

图 1-3　四川盆地紫色土氮、磷含量及分布特征

　　注：图中 Sk、Ku、Min、Max、Average、P_{25}、P_{75} 分别表示峰度系数、偏度系数、最小值、最大值、平均值、下四分位点、上四分位点。

1. 紫色土生产力高，在粮食增产中作用大　以紫色土为主的地区，马铃薯、油菜、玉米等旱地作物单产水平较高，与全国平均单产相比，四川盆地紫色土马铃薯、油菜、玉米单产高于全国平均水平（表 1-4）。并且，有机碳投入的增加会导致土壤有机质含量的升高，进而会增加作物产量。近年来，通过施用有机肥培肥土壤，以进一步提高作物产量（图 1-4）。例如，通过常规施肥，紫色土的有效磷和速效钾含量能得到有效提高，2011—2016 年土壤有效磷含量平均值为 15.34 mg/kg，比 1993—1998 年的平均值（6.10 mg/kg）显著提高了 151.5%；2011—2016 年速效钾的平均含量（91.93 mg/kg）比 1988—1992 年平均含量（74.70 mg/kg）高出 17.23 mg/kg，提高了 23.1%。相较于甘薯和小麦，紫色土施用农家肥对玉米的增产效果最为明显，如 2011—2016 年玉米平均产量（5 251.62 kg/hm²）相较于 1988—1992 年（3 699 kg/hm²）提高了 42.0%。

表 1-4　紫色土区不同作物单产状况

作物	样本数（个）	范围（×10³ kg/hm²）	平均值（×10³ kg/hm²）	标准差（×10³ kg/hm²）	变异系数（%）	全国平均（×10³ kg/hm²）	较全国平均增产（%）	高于全国平均比例（%）
马铃薯	706	1.8～37.5	18.8	7.5	39.9	15.4	22.1	74.1
油菜	1 718	0.60～3.90	2.22	0.53	23.9	1.86	19.4	70.8
小麦	8 810	1.50～6.90	3.68	1.09	29.6	4.82	−23.7	15.4
玉米	7 412	2.25～9.75	6.02	1.20	20.0	5.60	7.5	66.1

　　注：全国平均来自联合国粮食及农业组织统计数据（2006—2013 年），调查区域包括酸性紫色土区、中性紫色土区、石灰性紫色土区。

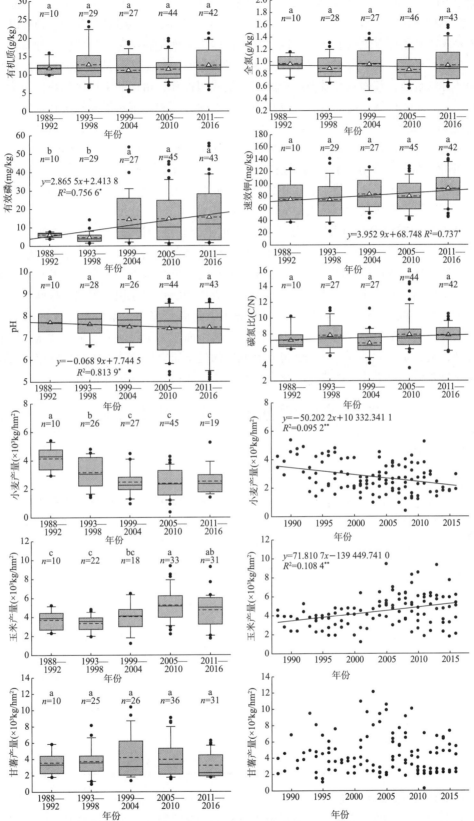

图 1-4　紫色土常规施肥下土壤养分含量及作物产量变化趋势

注：引自王齐齐（2018）。矩形盒中下边缘线和上边缘线分别代表全部数据的 5% 和 95%，上下实心点为异常值；矩形盒上部、下部分别代表上四分位数和下四分位数，分别为全部数据的 75% 和 25%；实线代表中值，虚线代表平均值；矩形盒上的不同小写字母表示不同监测时期在 5% 水平上差异显著，n 表示样本数。

2. 紫色土因生产力高，开发利用强度大 由于紫色母岩成土快且矿质养分丰富，低山和丘陵地区的紫色土被大量开发，土地垦殖率达 20%～40%，在四川盆地的垦殖率甚至达 50% 以上，是我国南方许多重要农产品生产基地或农业主产区。其中，四川盆地是我国重要的粮食、油菜籽、蚕桑、甘蔗、麻类、茶叶、柑橘、油桐及中药材生产基地。云贵高原紫色土区既是稻麦的主产区，也是我国最大的优质烟叶种植基地。江南丘陵及浙闽丘陵山地是我国粮食、柑橘的主产区和我国最大的茶叶及重要用材林地区。广东、广西、海南及云南则是我国最大的甘蔗和热带水果及经济林木生产基地。

3. 紫色土与第二产业形成与发展具有密切联系 紫色土区域因出产丰富多样的农副产品资源，是多种农产品的生产基地，为当地轻工业发展提供了充足原料，如广东、广西的制糖业，云南、贵州的卷烟业，四川、贵州、湖南、福建的制茶叶，广东、海南的饮料工业。此外，紫色土区埋藏的盐卤、天然气等资源促进了当地产盐工业和相关化工行业的发展。例如，因四川盆地埋藏的天然气、岩盐等自然资源，四川、重庆是我国最大的天然气生产基地。

4. 紫色土在第三产业发展中占据重要地位 紫色土因紫红色砂岩、泥页岩和砾岩中的高、低价铁的含量比值不同，使得土壤呈现红棕、棕红、紫、棕等颜色，表现出很高的审美价值。此外，因紫红色砂泥岩及砾岩具层厚质硬的特点，当岩层水平分布时，紫色砂岩层垂直节理发育，经风化和流水侵蚀作用后，易形成岩壁陡峭的柱状与坛状地貌，形成典型的丹霞地貌，表现出特殊的形态，具有很高的观赏审美价值，如广东仁化丹霞山、江西龙虎山、湖南张家界。紫色土区也展示了宗教文化之美，我国一些分布坚硬紫色砂岩的地区，由人工凿石雕刻而成为世界闻名的宗教文化旅游胜地，如乐山大佛、大足石刻、潼南大佛等。紫色土也具有良好的科学研究价值，如中生代红层是我国恐龙化石的唯一产地，恐龙化石属于珍贵的古生物化石，是侏罗纪和白垩纪的标准化石。

第二节　紫色母岩及其风化特征

一、紫色母岩

（一）紫色母岩的类型

紫色母岩形成于不同的地质年代，源于地质学的红层。四川盆地紫色母岩所形成的地质时期及地层主要包括三叠系飞仙关组、巴东组；侏罗系自流井组、沙溪庙组、遂宁组、蓬莱镇组（莲花口组）等；白垩系城墙岩群、夹关组、灌口组。西南盆地形成紫色母岩的地层划分见表 1-5。

表 1-5　西南盆地形成紫色母岩的地层划分

地质年代		地层
三叠系	中统	巴东组
	下统	飞仙关组
侏罗系	上统	蓬莱镇组（莲花口组）、遂宁组
	中统	上沙溪庙组、下沙溪庙组、新田沟组、千佛崖组
	下统	自流井组、白田坝组
白垩系	上统	灌口组
	中统	夹关组
	下统	城墙岩组

（二）紫色母岩的形成与环境

紫色母岩形成于不同的地质年代，主要包括白垩纪、侏罗纪和三叠纪地质时期的沉积岩。紫色母岩在颜色、粒径组成、矿物组成、风化速度、成土的生产力方面存在巨大差异，究其原因是紫色母岩的沉积环境各有不同，才导致了紫色母岩的千差万别。不同地质时期及地层所形成的紫色母岩岩性等特征有所不同。

紫色母岩主要源于巴蜀湖相沉积物。巴蜀湖在侏罗纪时期开始，湖的周围受流水侵蚀作用，形成蓬莱镇组、遂宁组、沙溪庙组、自流井组的紫色砂岩、页岩的物相来源。随着白垩纪开始，原巴蜀湖面积缩小，川西山地侵蚀物分别从广元、盐亭和都江堰汇入湖中，成分复杂，成为城墙岩群的物源。晚白垩纪初，巴蜀湖继续缩小，收敛至绵阳市安州区以南，沉积中心在雅安、乐山一带，形成灌口组、夹关组的物源。湖盆南部形成 2 万 km² 的巴湖，汇集川西诸水，形成晚白垩系紫色砂页岩（夹关组）的物源（程永毅，2012）。常见紫色岩相及形成环境见表 1 - 6。

表 1 - 6　常见紫色岩相及形成环境

岩相	形成环境
飞仙关组暗紫色页岩相（T_1f）	干燥炎热高气压下的陆缘浅海
巴东组紫红色泥岩相（T_2b）	炎热干燥条件下的大陆架
自流井组紫红色砂泥岩相（$J_{1-2}z$）	温暖潮湿条件下的深-浅滨湖
珍珠冲组暗紫色砂泥岩相（J_1z）	温湿条件下的滨湖沼泽-浅湖
沙溪庙组灰棕紫色砂泥岩相（J_2s）	较湿润条件下的河流
遂宁组红棕紫色砂泥岩相（J_3s）	较干旱条件和河漫湖泊的洪水泛滥至正常河流
蓬莱镇组棕紫色砂泥岩相（J_3p）	较干旱条件下的河流及间歇湖泊
名山芦山群砖红紫色砂泥岩相（K_2E）	持续干旱下的河流-盐湖
城墙岩群黄红紫色砂泥岩相（K_1c）	干旱、半干旱条件下的河流
夹关组砖红紫色砂泥岩相（K_2j）	日趋干旱条件下的沙漠间河流
灌口组棕红色砂泥岩相（K_2g）	日趋干旱条件下的河流-盐湖

注：此表改自中国科学院成都分院土壤研究室（1991）。

（三）紫色母岩的岩性

四川盆地的紫色沉积岩由于沉积环境的差异，导致岩性变化，不同的地层岩性呈现出不同的形态和特征，进而影响成土后的土壤特性与肥力。例如，紫色岩层的厚度、砂泥岩比例，这些均会影响紫色母岩的土壤资源潜力。

三叠系飞仙关组（T_1f）：根据岩性，从老到新将飞仙关组依次分为了 5 段。紫色页岩、黄灰色页岩、夹薄层灰色石灰岩 40～50 m；浅灰色薄层白云质石灰岩，有明显的缝合线构造，底部为浅灰色厚层石灰岩渐变为钙质浅红页岩；紫色页岩及少量黄绿色页岩为主，夹薄层石灰岩层理分明，上下为猪肝色的泥灰岩，薄层石灰岩为灰白色；厚层石灰岩，夹紫红钙页岩，中部呈明显的鲕状石灰岩；厚层深灰色或猪肝色泥灰岩（或称硬泥岩）风化成油沙土，底部为薄层深紫灰色的坚硬泥岩。

三叠系巴东组（T_2b）：灰色厚层及薄层灰岩，白云质灰岩，白云岩淡黄色钙质，泥岩及泥灰岩、硬石膏层多层及岩盐在地表夹角有盐溶、岩溶或石灰溶的喀斯特角砾岩。其底部，有一层灰绿色水云母黏土岩，含同色绿豆状颗粒，俗称为绿豆岩。以此为标志与嘉陵江灰岩分界。

侏罗系自流井组（$J_{1-2}z$）：主要是湖相的紫红色、黄灰色及绿灰色页岩夹黄灰色砂岩和薄层石灰岩。从新到老，可将自流井组依次分为 5 段：最上部砂岩（凉高山砂岩段）；灰岩夹多层紫红色页岩（大安寨石灰岩段）；紫红泥质页岩（马鞍山层段）；灰岩（东岳庙岩灰岩段）；紫灰泥红页岩夹薄层砂岩（珍珠冲段）。

侏罗系沙溪庙组（J_2s）：以紫红色泥页岩为主夹薄层砂岩。分为上下两层，以一层黄色夹黑色页岩（含叶肢介化石）为界。

侏罗系遂宁组（J_3s）：砖红色薄层状具微层理的钙质黏土质粉砂岩与粉砂质黏土互层。多为厚层泥岩夹薄层砂岩。

侏罗系蓬莱镇组（J_3p）：为棕红色泥岩与砂质泥岩互层，夹透镜体石英砂岩，底为一层砖红色砂岩，泥岩普遍含钙质，干裂波痕较多，波状层理发育，该组岩性稳定，厚度变化不大。

白垩系夹关组（K_2j）：棕红色块状砂岩与泥岩、砂质泥岩互层，斜层理发育。

白垩系灌口组（K_2g）：棕红色、紫红色钙质泥质粉砂岩、砂质泥岩夹杂色泥岩及薄层泥灰岩。

（四）紫色母岩的矿物组成与化学组成

不同紫色母岩中层状硅酸盐矿物种类以及含量有所不同（表1-7），直接影响所形成土壤的理化性质及肥力特征。在紫色母岩中，矿物成分按照成因可以分为4类：①经风化和搬运作用而残存下来的矿物（如石英、长石、云母、锆石、金红石等）；②风化和搬运过程中形成的新矿物（黏土矿物，如水云母、蒙脱石、绿泥石、高岭石等）；③通过化学作用或生物化学作用直接形成的矿物（碳酸钙、硫酸钙、硫酸钠）；④在沉积物形成时或沉积后形成的矿物（蒙脱石衍生水云母）。

表1-7 部分紫色母岩及其发育土壤层状硅酸盐矿物组成及相对含量（%）

土壤母质	蛭石/绿泥石		云母		高岭石		伊利石		蒙脱石	
	母岩	土壤	母岩	土壤	母岩	土壤	母岩	土壤	母岩	土壤
蓬莱镇组	9.16~11.30	9.90~17.60	23.40~40.90	17.90~32.70	13.20~25.70	6.49~13.20	9.39~22.10	7.60~34.80	0	2.42~7.21
遂宁组	11.10~11.70	4.51~15.50	21.50~43.00	8.61~24.70	12.00~22.90	3.09~11.30	12.20~22.40	4.30~31.90	0	2.13~8.43
沙溪庙组	6.77~11.20	7.96~21.30	26.80~54.50	10.40~25.80	6.30~16.10	3.04~8.28	8.80~18.30	7.06~45.80	0	1.42~3.53
自流井组	6.09~12.70	2.16~6.09	12.40~42.90	9.10~14.70	9.10~22.20	15.30~26.40	9.30~22.20	10.00~42.20	0	2.11~5.92

注：此表改自程永毅（2012）、邓睿（2013）和罗友进（2011）。

在紫色土发育过程中，外界物理化学条件的变化比较复杂，土壤矿物受到多种因素影响。通过表1-7对比紫色母岩和紫色土中层状硅酸盐矿物可以得出，在紫色母岩发育为紫色土的过程中，蛭石/绿泥石含量保持稳定；云母、高岭石含量显著降低，而伊利石、蒙脱石/伊蒙混层矿物含量有明显增加，可以认为在紫色母岩发育为紫色土的过程中，云母和高岭石最终转化为伊利石、蒙脱石/伊蒙混层矿物积累在土壤中。

不同紫色母岩及其发育土壤的矿物组成主要包括石英、云母、长石等原生矿物和蒙脱石、伊利石等层状硅酸盐矿物，遂宁组、蓬莱镇组、飞仙关组母岩及紫色土中还含有方解石。紫色母岩成土过程中矿物组成特征也有明显变化。在发育形成紫色土的过程中，随着发育程度加深，不同紫色母岩上均呈现出从母岩到表层土壤中的石英含量逐渐增加的趋势，含有方解石的母岩在发育成土后方解石含量均呈现一定的下降趋势（表1-8）。

表1-8 部分紫色母岩及其发育土壤矿物组成及相对含量（%）

土壤母质	石英		方解石		钠长石		钾长石	
	母岩	土壤	母岩	土壤	母岩	土壤	母岩	土壤
夹关组	40~47	74~78	0	0	2~3	0	—	—
蓬莱镇组	15.5	22.3	6.0	5.9	5.76	7.32	7.5	8.6
遂宁组	18.3~30.0	24.9	5.5~16.0	3.6~12.0	15.0~16.2	9.66~18	9.1	16.7
沙溪庙组	20.0~22.6	25.5~32.0	0~2	0	17.88~40.00	17.05~34.00	8.20~8.36	7.9~12.9
飞仙关组	10.2	11.5	10.4	2.6	16.35	16.57	9.9	11.7

注：此表改自刘莉（2022）、毛鑫羽（2024）以及王朋顺等（2018）。

紫色母岩中所含的矿质元素与紫色土的肥力、生产力、植物营养关系密切。紫色母岩中所含的矿质元素（铝、铁、钛、锰、钾、钙、磷）含量高于大陆沉积壳的元素含量。这也预示着紫色土中有着较为丰富的矿质元素可用以作物生长。

目前有研究发现，紫色母岩不同岩层以及它们的砂岩和泥（页）岩间的化学组成有一定差异。不同地质时期及地层的紫色母岩化学组成及含量如表 1-9 所示。紫色母岩中氧化硅是主要成分，含量在 60% 左右，这与页岩、板岩、黏土岩一致，氧化硅主要以黏土矿物、原生硅酸盐矿物、游离氧化硅等形式存在，氧化硅含量与母岩沉积环境有关，一般砂岩比泥岩含量高，如夹关组砂岩的氧化硅含量比遂宁组和蓬莱镇组泥岩的含量高。紫色母岩中含量较多的为氧化铝、氧化钙和氧化铁，氧化铝是黏土矿物和原生硅酸盐的基本组分，氧化钙主要以碳酸盐形式存在，影响土壤 pH，钙质丰富是紫色母岩的特点，有些紫色母岩发育的紫色土是酸性，但是其母岩为中性或石灰性，含有一定量的碳酸钙。氧化铁则与紫色土颜色密切相关，紫色土的铁形态与含量主要是受紫色母岩影响而非成土过程影响。

表 1-9 不同紫色母岩的化学组成及含量

地层	pH	SiO_2 (g/kg)	Al_2O_3 (g/kg)	Fe_2O_3 (g/kg)	TiO_2 (g/kg)	MnO (g/kg)	CaO (g/kg)	MgO (g/kg)	K_2O (g/kg)	Na_2O (g/kg)	P_2O_5 (g/kg)
自流井组	5.2	648.2~715.9	155.2~186.0	67.7~91.4	6.4~8.2	0.80~1.39	6.6~41.9	13.3~25.6	15.2~28.8	5.5~8.5	0~0.92
遂宁组	8.0~9.0	597.5~630.6	139.0~159.3	51.8~66.0	6.3~7.2	1.06~1.20	77.6~98.1	26.7~29.3	25.3~31.1	11.4~18.2	1.53~2.10
蓬莱镇组	8.0~8.6	583.0~675.8	113.5~165.2	47.0~72.4	6.0~6.6	0~1.2	50.0~104.0	13.0~30.2	24.0~31.7	9.0~15.3	0~1.6
沙溪庙组	6.6~7.5	615.0~661.7	155.5~162.0	56.7~66.0	6.9~8.0	0.9~1.3	16.5~50.0	20.0~27.8	26.0~37.1	13.0~15.3	1.2~1.6
灌口组	7.1	585.3	188.8	103.9	5.2	1.3	10.2	49.7	33.4	15.3	—
夹关组	4.7~5.0	672.6~865.0	66.0~122.0	30.2~42.8	4.5~6.1	0.2~1.4	3.7~155.0	4.4~21.2	9.3~23.1	2.3~17.8	0.5~1.1
城墙岩组	8.2	612.8~704.4	151.0~152.4	58.7~66.3	7.2~7.4	0.81~1.20	6.7~107.6	20.0~20.6	22.9~30.6	6.3~8.2	1.0~1.7
飞仙关组	6.6~8.4	484.5~553.1	137.4~162.3	122.7~136.4	2.06~2.50	1.50~1.82	3.2~15.5	29.7~35.0	22.2~24.6	14.5~30.7	1.28~2.70

注：此表改自何毓蓉等（2003）、李春培（2022）以及中国科学院成都分院土壤研究室（1991）。

（五）紫色母岩的颗粒组成

紫色母岩的颗粒组成在很大程度上取决于成岩环境（表 1-10）。总体而言，紫色母岩的含沙量为 35.83%~58.69%。其中，在白垩系夹关组（K_2j）、侏罗系沙溪庙组（J_2s）与侏罗系自流井组（$J_{1-2}z$）紫色母岩中沙粒含量较高，分别为 58.69%、48.11% 与 47.54%，在其他紫色母岩中含量较低（35.83%~39.38%）。同时，紫色母岩中的粗沙含量普遍较少，除了侏罗系自流井组（10.81%）与沙溪庙组（7.43%）以外，其余紫色母岩中粗沙含量均低于 5.00%。另外，与含沙量相比，紫色母岩颗粒组成中黏粒含量主要表现出与之相反的规律，即白垩系夹关组（K_2j）与侏罗系沙溪庙组（J_2s）紫色母岩颗粒组成中黏粒含量远远低于其他紫色母岩。

表 1-10 紫色母岩的颗粒组成

岩层	样本数 (个)	粒径组成（%）			
		粗沙 (0.2~2 mm)	细沙 (0.02~0.2 mm)	粉粒 (0.002~0.02 mm)	黏粒 (<0.002 mm)
K_2j	5	1.27±0.34	57.42±2.93	26.75±1.98	14.56±1.29
K_1c	5	0.32±0.25	39.06±2.35	43.24±2.51	17.38±2.28
J_3p	5	0.58±0.28	35.25±4.21	45.38±2.78	18.79±2.35
J_3s	5	2.19±0.54	33.83±1.66	46.48±3.61	17.50±1.66

（续）

岩层	样本数（个）	粒径组成（%）			
		粗沙（0.2~2 mm）	细沙（0.02~0.2 mm）	粉粒（0.002~0.02 mm）	黏粒（<0.002 mm）
J_2s	5	7.43±1.73	40.68±3.34	36.56±1.72	15.33±1.39
$J_{1-2}z$	5	10.81±1.39	36.73±1.27	34.25±1.54	18.21±2.32

二、紫色母岩的风化过程

紫色母岩的风化是紫色土形成的第一步，指紫色母岩及其矿物在地表或近地表条件下，经历了物理作用和化学作用，从而逐渐破裂和分解为细颗粒等松散堆积物的过程。通常岩石风化过程极为缓慢，但紫色沉积岩岩质松软，在温暖湿润气候条件下，温度和湿度的频繁变化致使岩石靠外面部分频繁胀缩，导致紫色母岩形成大量微型块状和微型片状结构及密集微型裂隙，从而形成紫色泥页岩极易风化的特点。不同紫色母岩的差异，造成不同紫色母岩的风化有所不同，杨剑虹等（2006）研究发现，各紫色母岩原始风化度大小顺序如下：三叠纪飞仙关组（T_1f）<侏罗纪沙溪庙组（J_2s）<侏罗纪自流井组（$J_{1-2}z$）<侏罗纪蓬莱镇组（J_3p）<侏罗纪遂宁组（J_3s）<白垩纪夹关组（K_2j）。

（一）紫色母岩的物理风化

紫色母岩风化前期主要以物理风化为主。紫色母岩在光、热、水等自然因素作用下，岩石内部的应力发生变化，从而引起岩石的破裂和分解，迅速发生物理风化，其主要过程为岩层崩解-碎屑化过程。在紫色土形成地区，由于南方地区的气候条件较为湿润，水的冻融作用也是物理风化的主要力量。

紫色母岩的物理崩解主要取决于母岩的裂隙与岩性。母岩裂隙主要有3种：构造裂隙、成岩裂隙和风化裂隙。构造裂隙和成岩裂隙是区域风化的基础，而风化裂隙则由岩性控制，直到崩解为岩石碎屑。母岩的构造裂隙与岩石胶结物质、厚度、构造部位有关，成岩裂隙与沉积环境气候有关，风化裂隙与岩石所处环境的冷热变化与干湿交替有关。不同紫色母岩的构造裂隙大小顺序为沙溪庙组>蓬莱镇组、自流井组>夹关组>城墙岩组（砂岩层），夹关组、蓬莱镇组>沙溪庙组、城墙岩组、自流井组>遂宁组、飞仙关组（泥岩层）；不同紫色母岩的成岩裂隙顺序为自流井组、蓬莱镇组、夹关组>遂宁组、城墙岩组>飞仙关组；不同紫色母岩的风化裂隙顺序为遂宁组>飞仙关组、蓬莱镇组、沙溪庙组>城墙岩组、自流井组。

母岩胶结物质与矿物组成等的差异导致不同紫色母岩的风化崩解强度不同。测定母岩风化崩解强度的方法：取新鲜紫色母岩于田间，在自然状态下使其风化，经半年、1年后，取风化岩块样筛分测定>10 mm、5~10 mm、2~5 mm岩块的组分含量。实验结果表明，在自然风化状态下，各类紫色母岩风化为>2 mm的碎屑达79.0%~88.1%。从不同紫色母岩崩解为各级碎屑的数量来看，有较为明显的差异。例如，风化1年形成5~10 mm碎屑量的大小排序为沙溪庙组>遂宁组>蓬莱镇组>城墙岩组；风化1年形成2~5 mm碎屑量的大小排序为遂宁组>城墙岩组>沙溪庙组>蓬莱镇组。因此，沙溪庙组为强度崩解母岩；遂宁组属于中至强度崩解母岩；蓬莱镇组属于弱至中度崩解母岩；而飞仙关组属于弱或微度崩解母岩。郭永明（1991）采用露天自然风化法对14个紫色泥岩进行观察，风化1个月后有64%的样品产生细裂隙，少数发生崩解，有46%的样品普遍崩解为小碎块，2个月后有近一半的样品出现球状风化，有的大部分或全部崩解为碎屑或碎块；4个月后全部崩解的占64%，大部分崩解的占21%，部分或无崩解的只有15%；如表1-11所示，风化1年、2年和3年后>2 mm的母岩碎屑的含量分别为78.2%、66.8%和54.7%，其中，大量>2 mm的母岩碎屑继续风化为<2 mm的母岩碎屑；对于遂宁组紫色泥岩来说，风化1年、2年和3年后≤2 mm的母岩碎屑的含量分别为19.2%、34.0%和51.8%，飞仙关组分别为0.8%、2.7%和2.1%。

表1-11 紫色泥页岩风化碎屑颗粒组成（%）

母岩类型	粒径>10 mm			粒径5~10 mm			粒径2~5 mm			粒径>2 mm			样本数（个）
	1年	2年	3年	1年	2年	3年	1年	2年	3年	1年	2年	3年	
沙溪庙组（J₂s）	30.6	36.1	18.4	19.9	4.0	8.6	33.9	34.8	38.8	84.1	74.9	65.8	3
遂宁组（J₃s）	11.6	4.4	2.6	26.4	17.2	9.0	42.8	44.4	36.6	80.8	66.0	48.2	2
蓬莱镇组（J₃p）	13.3	7.2	4.5	10.4	6.2	4.4	34.1	30.9	14.2	57.8	44.3	23.1	4
城墙岩群（K₁c）	4.6	1.6	0.6	14.8	3.2	1.7	33.5	22.9	10.1	52.9	27.7	12.4	2
夹关组（K₂j）	75.1	67.1	58.2	8.6	9.3	7.4	10.4	14.3	15.8	94.1	90.7	81.5	1
飞仙关组（T₁f）	61.1	40.3	38.0	33.3	43.5	43.3	4.8	13.4	16.6	99.2	97.3	97.9	1
紫色岩石平均	32.7	26.1	20.4	18.9	13.9	12.4	26.6	26.8	21.9	78.2	66.8	54.7	15

注：此表改自郭永明（1991）。

紫色泥页岩物理风化速率与其岩层组合及出露厚度有关。砂岩夹泥岩组合，泥页岩得到砂岩的保护，其物理风化速率明显减慢；当泥页岩处于砂岩之上时，其物理风化速率显著加快。同时，随着黏土岩出露厚度的增大，其崩解厚度也越大（表1-12）。紫色泥页岩的物理风化速率与降水量季节分布也有明显关系。研究表明，如表1-13所示，在降水量集中的7—9月，其崩解量占全年的62.3%（钟守琴，2018）。

表1-12 紫色泥页岩出露厚度与年崩解厚度关系

项目	观测点					
	1	2	3	4	5	6
岩石出露厚度（cm）	70	85	105	115	120	120
年崩解厚度（cm）	5.3	7.5	9.6	14.0	17.2	19.3

注：此表改自中国科学院成都分院土壤研究室（1991）。

表1-13 紫色泥页岩物理风化崩解量的年变化

项目		平均物理风化崩解量（kg/m²）	占全年的比例（%）	降水量（mm）	样本数（个）
月份	1—6	59.2	21.2	366.2	6
	7	92.2	33.0	157.2	
	8	34.5	12.3	118.4	
	9	47.5	17.0	210.3	
	10—12	3.3	1.2	69.3	
位于风化面下部未位移部分		42.7	15.3	—	
全年		279.4	100.0	921.4	

注：此表改自中国科学院成都分院土壤研究室（1991）。

快速的物理风化特征决定了紫色土中含有大量母岩碎屑（以下简称"岩屑"），这些由母岩风化崩解形成的岩屑是其发育土壤物质快速补充的重要来源。然而，经风化后的紫色母岩的颗粒组成会因成岩环境不同而不同，总体而言，紫色岩石的含沙量为35.83%~58.69%。其中，在白垩系夹关组、侏罗系沙溪庙组和侏罗系自流井组紫色岩石中沙粒含量较高，分别为58.69%、48.11%和47.54%，在其他紫色岩石中含量较低（35.83%~39.38%）。同时，紫色岩石中的粗沙含量普遍较少，除了侏罗系自流井组（10.81%）和沙溪庙组（7.43%）以外，其余紫色岩石中粗沙含量均低于5.00%。另外，与含沙量相比，紫色岩石颗粒组成中黏粒含量主要表现出与之相反的规律，即白垩系夹关组和侏罗系沙溪庙组紫色岩石颗粒组成中黏粒含量远远低于其他岩石。图1-5为不同紫色泥页岩野外风化特征。

图1-5　紫色泥页岩野外风化特征

（二）紫色母岩的化学风化

在物理风化剧烈发生时，紫色母岩也开始化学风化。但由于紫色母岩的化学风化主要在岩石及碎屑表面进行，因此，化学风化强度较小。随着物理风化的不断进行，岩石碎屑化和成壤化不断发展，土壤粒度变小，化学风化也日趋深刻。

化学风化是岩石在水、二氧化碳、氧气、有机酸等化学物质的作用下，产生化学反应和生成新物质的过程，主要有以下过程。

1. 脱盐基过程　紫色母岩上吸附的盐基离子（K^+、Na^+、Ca^{2+}、Mg^{2+}、Fe^{2+}）等被吸附迁移。当然，不同紫色母岩在脱盐基化过程中也有不同。研究表明，交换性盐基离子总含量表现为遂宁组＞蓬莱镇组＞沙溪庙组，随着降水淋溶过程的增强，母岩风化产物盐基离子的流失加快，盐基离子流失速度表现为沙溪庙组＞蓬莱镇组＞遂宁组（李春培等，2022）。

2. 脱钙过程　紫色母岩中普遍含有钙质，存在于岩矿和岩石中的交织结构部分。例如，白垩系灌口组泥岩中含有较多的$CaSO_4$，侏罗系蓬莱镇组、遂宁组含有较多的$CaCO_3$等。在接触水和二氧化碳后发生化学反应，形成的新物质具有较高的溶解性，使得钙随水流失。母岩的脱盐基和脱钙化过程，解释了有些紫色母岩发育的紫色土是酸性的原因。近年来，土壤酸化得到人们重视，土壤酸化会严重影响作物产量。脱盐基与脱钙也是紫色土变酸的原因，尽管部分紫色土酸化较为严重，但受成土母质和发育程度的影响，丰富的盐基阳离子能对进入土壤中的酸进行缓冲，减缓紫色土酸化速度。这是紫色土相对于其他地带性酸性土壤所具有的独特酸化特征（刘莉等，2020；赵学强等，2023）。有关脱钙过程的化学反应方程式如下所示：

$$CaSO_4 + 2H_2O \rightarrow CaSO_4 \cdot 2H_2O$$
$$CaCO_3 + H_2O + CO_2 \leftrightarrow Ca(HCO_3)_2$$

3. 脱硅过程　紫色母岩中的硅酸盐矿物，先脱盐基再脱硅，形成次生黏土矿物。如同本章在紫色母岩矿物组成中所提到的，不同紫色母岩上均呈现出随着发育程度变化从母岩到表层土壤中的石英含量逐渐增加的趋势。

4. 富铁铝过程 伴随着岩石脱硅，铝和铁也从硅酸盐晶格中游离出来。与其他地带性富铁土的母岩相比，紫色母岩的硅铝率、硅铝铁率较高，说明紫色母岩化学风化程度较低，多处在脱盐基、脱钙的过程中，脱硅富铁铝过程还较弱（毛鑫羽，2024）。

在不同紫色母岩中，由于紫色母岩的矿物组成等不尽相同，化学风化也有明显差异；在同种紫色母岩中，化学风化程度也有不同。其化学风化程度会随着地形部位而产生变异，但在土壤剖面层次间差异较小。有学者分析其原因，坡顶和上坡主要为自然状态下发育的土壤，化学风化主要以水解作用、水化作用、碳酸化作用和氧化作用等自然方式进行，风化后的土壤在降水冲刷下，分布在较低的坡位，此时残留在原地的土壤成土时间较短，故化学风化程度相对较低。而下坡和坡麓等较低处的土壤多为丘陵上部长年累月搬运下来的坡积物，其本身就经历较长的风化时间，同时下坡和坡麓位置由于常被人为耕作、灌溉和施肥，会促进化学风化（陈洋洋，2023）。

（三）生物风化作用

岩石在动植物和微生物的生命活动中引起的破碎和化学分解作用，称为生物风化作用。

1. 生物的机械破碎作用 植物根深入岩石缝隙，随着根系蔓延发展使得岩石劈裂。穴居动物也能破碎岩石，并能翻动岩石和母质，促使其进一步风化。人类活动也会对岩石产生机械破坏。有学者研究发现，耕作加速紫色母岩破碎过程，并且此过程受到岩石含水率、耕作深度和坡度的共同影响（许海超等，2020）。

2. 生物的化学分解作用 有的植物在其生命活动过程中分泌酸类物质分解岩石，从中吸取营养物质，如地衣、微生物等。不仅活的有机体对岩石风化起作用，有机质分解后产生的有机酸对岩石风化也同样起作用。

总的来说，生物风化还包括分解有机质，释放各种养料；合成土壤腐殖质，发展土壤胶体性能；固定大气中的氮素，增加土壤含氮量；促进土壤物质的溶解和迁移，增加矿质养分的有效性（罗友进，2011）。

（四）紫色母岩营养元素的风化释放

紫色母岩养分储量丰富，特别是磷、钾、钙、铁。紫色母岩风化养分释放有两个特点（江长胜，2001）。其一，很大一部分养分的释放首先由母岩所形成的风化碎屑直接带来，然后经土壤向植株缓慢供给。因此，不管有无人为影响，自然和耕作紫色土的风化进程都将持续。母岩风化释放的养分源源不断地补偿土壤，反映出紫色土具有较强的养分自调能力。其二，紫色母岩中的养分具有强淋溶性，钙、磷、钾等养分的损失占母岩风化释放养分的20%以上。

分析紫色母岩的营养元素含量（表1-14），有助于了解紫色母岩对农业生产过程中的养分供给。有学者认为，紫色母岩存在母质肥力，就是指的紫色母岩中富含一定的营养元素，一经风化便释放供给植物吸收。母岩的物理风化作用强弱与母岩养分释放之间也有正相关关系（表1-15），物理风化作用强的紫色母岩，其养分释放也比较强（朱波，1999）。

表1-14 紫色母岩的营养元素含量

母岩	采样地点	pH	全氮 (g/kg)	全磷 (g/kg)	全钾 (g/kg)	有机质 (g/kg)	阳离子交换量 (cmol/kg)
飞仙关组泥岩	重庆北碚	6.6~8.2	0.20~0.25	1.75~1.85	10.0~13.0	2.6~3.4	21.0~22.5
自流井组泥岩	四川荣县	5.2~5.3	0.73	0.36	23.5	6.0	22.6
沙溪庙组泥岩	重庆北碚	6.6~7.5	0.11~0.42	0.65~0.70	19.0~25.6	2.0~4.0	20.0~28.3
遂宁组泥岩	重庆沙坪坝	8.0~9.0	0.27~0.72	0.12~0.53	8.6~24.6	2.5~7.5	18.0~21.6
蓬莱镇组砂泥岩	四川乐至	8.0~8.6	0.30~0.75	0.50~0.64	21.0~22.7	2.25~9.60	18.5~21.6

注：此表改自江长胜（2002）、毛鑫羽（2024）和何毓蓉等（2003）。

表 1-15 不同紫色母岩碎屑化特征与营养释放量

母岩类型		蓬莱镇组风化时间（月）		城墙岩组风化时间（月）	
		6	12	6	12
碎屑化颗粒配比（%）	<2 mm	13.5	24.6	10.2	15.8
	<5 mm	27.8	40.5	26.7	40.2
	>10 mm	59.9	31.8	52.8	33.4
养分释放量（g/m³）	氮	16.12	52.78	10.00	31.13
	磷	34.71	121.31	22.70	17.81
	钾	1 224.0	3 948.4	428.16	2 016.9

注：此表改自朱波（1999）。

（五）母岩与紫色土的关系

母岩是决定紫色土性质的主导因素，母岩主要影响紫色土的4个方面。

1. 母岩决定紫色土的颜色 各地紫色土在颜色上略有差异，紫色土有暗紫色、灰棕紫色、红棕紫色、棕紫色、红紫色、黄紫色等。例如，四川盆地沙溪庙组母岩和土壤为灰棕紫色，遂宁组母岩和土壤为红棕紫色，蓬莱镇组母岩和土壤为棕紫色，自流井组母岩和土壤为暗紫色（晏昭敏等，2021）。

2. 紫色土的酸碱度与紫色母岩有着极大关系 例如，四川盆地遂宁组母岩中含有较多的钙质成分，发育而成的紫色土一般为石灰性紫色土；沙溪庙组砂泥岩发育的紫色土则一般为中性紫色土；夹关组砂泥岩盐基离子不饱和，发育而成的紫色土一般为酸性紫色土（刘莉等，2020）。

3. 母岩影响紫色土的质地 紫色砂岩风化物发育而成的土壤偏沙，紫色泥岩风化物发育而成的土壤偏黏，紫色砂泥岩风化物发育而成的土壤一般为壤质土。

4. 母岩影响紫色土的自然肥力 土壤中矿物种类的绝大多数由母岩继承和转化而来，母岩中的矿物组成尤其是黏土矿物直接影响土壤养分和肥力（程永毅，2012）。除此之外，母岩的酸碱度也直接影响土壤中微量元素（如铁、锌）的有效性。

第三节 紫色土的形成过程

土壤形成过程指的是在一定时空条件下，母岩或母质与生物、气候因素以及土体内部所进行的物质与能量的迁移和转化过程的总体。因此，土壤形成是一个复杂的动力系统，在这个系统中进行着无数的基本作用，成土过程是在一定的自然环境中这些基本作用的综合。这些基本作用包含物理的、化学的和生物的作用，但是，它们之间并不存在绝对界限。实际上，土壤成土过程是由土壤的有机质积累和物质地球化学循环两个基本过程组成，而这两个基本过程的矛盾统一则是土壤形成的实质。紫色土是由紫色沉积岩发育而成的土壤，紫色土作为一种初育土，具有风化成土速度快、风化程度低、发育缓慢、母质特性明显且风化产物可直接种植作物等典型特征，基本保持着成土母质的一系列理化性质。其成土过程主要包括以下方面。

一、紫色成土母岩崩解破碎成壤（土）过程

紫色母岩经破碎后继续进行物理风化，通常认为，当母岩风化产物粒径<2 mm的颗粒就初步具有供给植物生长所需的水肥气热的能力。也就是说，具备了肥力，故将<2 mm土壤颗粒的形成过程称为紫色母岩的成土过程。研究表明，紫色母岩具有成土快的特征，紫色母岩石经过1年的田间自然风化就有平均15%成壤（土），3年后成土率增加到36.2%，比1年后成土率增加了1.4倍（表1-16）。

表 1-16　不同地层岩石的成土情况

母岩类型	成土率（%）		
	1 年	2 年	3 年
夹关组（K_2j）	4.2	6.6	12.9
城墙岩群（K_1c）	36.4	58.5	74.8
蓬莱镇组（J_3p）	25.0	45.7	66.1
遂宁组（J_3s）	13.1	24.4	37.3
沙溪庙组（J_2s）	10.7	16.0	24.9
飞仙关组（T_1f）	0.6	1.6	1.1
平均	15.0	25.5	36.2

注：此表改自中国科学院成都分院土壤研究室（1991）。

当然，不同紫色母岩类型，其成土速率不同，蓬莱镇组的成土速率较高，其次是遂宁组与沙溪庙组，而夹关组与飞仙关组最小。根据母岩的成土率和化泥率等参数，可将紫色母岩分为易风化、中风化和难风化 3 种类型。其中，蓬莱镇组和城墙岩组就属于易风化母岩，1 年成土率可达 25.0%～36.4%，3 年增加到 66.1%～74.8%，同时其化泥率均稳定在 5%～6%；而沙溪庙组与遂宁组属于中风化类型，1 年成土率可达 10.7%～13.1%，3 年增加到 24.9%～37.3%，同时其化泥率均稳定在 1.0%～1.5%；飞仙关组和夹关组属于难风化类型，3 年成土率仅为 1.1%～12.9%，其化泥率为 0.2%～1.0%。总体上，与其他母岩相比，紫色母岩都具有快速易物理风化的特征，因而具有较高的成土率与化泥率（中国科学院成都分院土壤研究室，1991）。有研究表明，酸沉降会促进母岩的崩解与成土过程（赵吉霞等，2021）。紫色土结构松散、紫色土区降水集中且农业生产活跃，导致土壤侵蚀严重；紫色母岩（尤其是紫色泥岩）相对松软且易发生崩解（Zhang，2012），混入土壤中的紫色母岩碎屑可以在短期内风化成土，补充土壤资源。随着风化颗粒的粒度变小，物理成土作用将减弱，化学成土作用将增强。物理成土作用可以达到 0.02 mm 粒径，<0.02 mm 颗粒的形成主要是化学成土作用的结果。

二、紫色土化学成土过程

在岩石裸露地表后，物理风化剧烈发生，与此同时化学风化也开始，只不过仅在岩石及其碎屑表面进行，化学风化的强度较小。随着物理风化的深入进行，岩石碎屑化和成壤（土）化不断发展，土壤粒度变小，表面积增大，在外界环境因素作用下，化学风化成土趋于深刻。化学风化成土是岩石和母质在水、氧气、二氧化碳、有机酸等化学物质的作用下，产生物理化学反应和生成新物质的过程。在不同紫色母岩中，由于紫色母岩的矿物组成等不尽相同，化学成土也有着巨大差异，在同种紫色母岩中，化学成土程度也有不同。其化学成土程度会随着地形部位而产生变异，但是在土壤剖面层次间差异较小。

（一）有机质的形成与积聚过程

在紫色母岩经崩解成碎屑后到成土化泥过程中，形成的细土颗粒除具有水气条件外，也有一定的养分释放，并伴有生物活动，形成土壤有机质并有一定积累。紫色土分布地区多为温暖湿润的亚热带气候，物质循环强烈，有机质含量一般较低。据四川省第二次全国土壤普查资料统计，紫色土耕层有机质含量平均为 1.36%，经长期耕种培肥的紫色土有机质含量可达 1.5% 以上，紫色水稻土有机质含量比旱地高，一般在 2.0%～2.5%，紫色林地土有机质含量则更高，达 3% 以上。各种类型和区域紫色土有机质含量表现出一定差异。表 1-17 和表 1-18 分别表示不同母质形成的紫色土和不同类型紫色土中有机质含量。由表 1-17 可以发现，紫色土有机质含量在成土母质间以飞仙关组、遂宁组、夹关组、蓬莱镇组、沙溪庙组的顺序递减。其变化与各土壤特性和岩石沉积特征有关。土壤 C/N 则以沙溪庙组最高、蓬莱镇组最低。C/N 的这种差异除了与土壤腐殖质组成有关以外，还与土壤中未分解和半分解植物残体相对含量不同有关。

表 1-17　不同母质形成的紫色土中养分含量

母质	土壤	有机质含量（%）	全氮含量（%）	C/N
飞仙关组（T_1f）	暗紫泥土	1.47	0.096	8.9
夹关组（K_2j）	红紫泥土	1.27	0.082	9.0
沙溪庙组（J_2s）	灰棕紫泥土	1.14	0.059	11.2
蓬莱镇组（J_3p）	棕紫泥土	1.15	0.085	7.8
遂宁组（J_3s）	红棕紫泥土	1.28	0.092	8.1

注：根据四川省土壤普查资料编制。

表 1-18　不同类型紫色土中有机质含量

紫色土类型	有机质平均含量（%）	标准差（%）	变异系数（%）
酸性紫色土	1.51（72）	0.42	27.9
中性紫色土	1.33（112）	0.37	27.4
石灰性紫色土	1.25（107）	0.23	18.7

注：根据四川省土壤普查资料编制。括号中的数字表示样品数量。

（二）紫色土的黏化过程

紫色土的黏化过程涉及土壤中的黏土矿物和有机物的相互作用。黏化是指土壤中的颗粒聚集在一起形成较为稳定的结构，这使得土壤具有良好的保水性和抗侵蚀能力。在紫色土中，黏化过程主要由以下步骤组成。

1. 水合作用　当土壤中的颗粒与水接触时，黏土矿物表面吸附一层水分，导致黏土矿物膨胀。这种水合作用增加了黏土的黏性。

2. 离子交换　黏土矿物表面带有电荷，可以与土壤中的离子发生交换作用。这些离子交换可以使黏土颗粒之间的吸引力增强，从而促进黏土聚结。

3. 粒子聚结　当黏土颗粒表面带有电荷时，它们可以相互吸引并形成聚集体。这种聚集体的形成增加了土壤的结构稳定性，并形成了微孔隙和微通道，有助于水分的渗透和保持。

4. 有机物贡献　紫色土中的有机物质含量相对较高，这些有机物质可以与黏土矿物发生吸附和交换反应。有机物质的存在可以增加土壤的胶结性和黏性，促进黏化过程的进行。

紫色母岩在形成土壤的发育过程中，除了保持由成土母岩自身带来的黏土矿物外，还由原生矿物（长石、云母等）不断风化形成次生黏土矿物。土壤溶液中的各种溶质在一定条件下也在合成新的黏土矿物。因此，土壤的黏土矿物组成也在不断变化。但土壤中黏土矿物的形成和发育进行得非常缓慢，在一定时期内，土壤黏土矿物组成实际上是处于相对稳定。

表 1-19 为不同母质发育的紫色土黏粒组成。在黏土矿物组成具有明显差异的 6 种紫色土中，除了先天风化度较深的三叠系飞仙关组紫色土黏粒 SiO_2/Al_2O_3 值和 SiO_2/R_2O_3 值比较低外，其余 5 种母质发育的紫色土之间差异很小，分别为 3.24～3.93 和 2.62～3.06。黏粒化学组成分析结果反映了不同母质发育紫色土的黏土矿物差异特点：它们之间的差异不是 1∶1 型与 2∶1 型矿物之间的差异，而是表现在 2∶1 型黏土矿物的不同种类之间。

表 1-19　不同母质发育紫色土黏粒化学组成

母质	层次	SiO$_2$（%）	Al$_2$O$_3$（%）	Fe$_2$O$_3$（%）	SiO$_2$/Al$_2$O$_3$	SiO$_2$/R$_2$O$_3$
夹关组（K$_2$j）	表土	48.24	24.34	10.86	3.51	2.72
	底土	48.68	23.84	10.34	3.47	2.72
	岩层	50.48	23.05	8.88	3.72	2.99
城墙岩群（K$_1$c）	表土	48.26	24.47	9.43	3.35	2.69
	底土	48.47	25.37	9.41	3.24	2.62
	岩层	49.68	23.61	9.50	3.57	2.84
蓬莱镇组（J$_3$p）	表土	49.50	21.91	10.71	3.84	2.93
	底土	49.63	22.42	10.78	3.76	2.88
	岩层	49.70	22.83	10.86	3.70	2.84
遂宁组（J$_3$s）	表土	49.68	22.69	10.50	3.74	2.88
	底土	49.63	22.42	10.78	3.76	2.88
	岩层	49.70	22.83	10.86	3.70	2.88
沙溪庙组（J$_2$s）	表土	49.72	21.49	9.61	3.93	3.06
	底土	49.79	21.88	9.32	3.87	3.04
	岩层	50.50	21.74	9.99	3.93	3.06
飞仙关组（T$_1$f）	表土	38.82	19.34	17.92	3.41	2.15
	底土	38.92	20.42	17.52	3.24	2.09
	岩层	38.80	17.66	19.16	3.73	2.20

（三）紫色土成土过程中元素的淋失与富集

1. 脱盐与盐化过程　紫色母岩上吸附的可溶性盐离子等随水流动迁移的过程为脱盐过程，主要发生在降水量比较大的地区，紫色母岩分布区域降水量普遍较大，时时发生着盐基淋失过程。简要表述为：

$$母岩母质 \xrightarrow{\text{Na}}_{\text{K}} +2H_2O+2CO_2 \longleftrightarrow 母岩母质 \xrightarrow{\text{H}}_{\text{H}} +NaHCO_3+KHCO_3$$

与脱盐过程相反，盐化过程是指地表水、地下水、母质中含有的盐分在土壤中积聚的过程。这个过程通常发生在大棚栽培、干旱区域以及降水量显著下降、蒸发量显著增加的时期。

2. 脱钙与积钙过程　紫色母岩中普遍富含钙质，存在于矿物和岩石中的胶结部分。例如，白垩系灌口组泥岩中含有较多的硬石膏（CaSO$_4$），侏罗系蓬莱镇组、遂宁组砂泥岩含有较多的石灰石、方解石等。在接触水和二氧化碳后，发生如下化学反应，形成的新物质具有较高的溶解性，使得钙随水流失。此过程称为脱钙过程。这个过程发生在降水量比较大的地区，紫色母岩分布区域降水量普遍较大，时时发生着钙淋失，也就是脱钙过程。

$$CaSO_4+2H_2O \rightarrow CaSO_4 \cdot 2H_2O$$
$$CaCO_3+H_2O+CO_2 \leftrightarrow Ca(HCO_3)_2$$

积钙过程为土壤中 CaCO$_3$ 积聚的过程。主要发生在避雨栽培时或者干旱少雨区域或时期。

3. 元素的淋失　相关研究表明（杜静，2014），不同时期沉积形成的紫色母岩各组分均存在着较大的差异，即使相同时期沉积形成的紫色母质，由于岩性不同，各组分也会存在差异。但相同地点的母质层样品与其发育土壤的元素组成特征相似，含量差异不大。对各时期形成的母质样品与其发育的土壤样品（样本量≥3）进行配对样品 t 检验（两尾）得出，仅蓬莱镇组母质发育的 B 层土壤存在显著的 CaO 淋失。对所有 A、C 层样品和 B、C 层样品各元素含量的配对样品 t 检验（两尾）结果表明，B 层土壤存在 CaO、MgO、Na_2O 等组分的显著淋失，而 A 层土壤各元素都不存在显著的淋失。具体结果如表 1-20 所示。

表 1-20 自然条件下紫色母质及其发育土壤成土元素组成

项目		SiO_2 (%)	Al_2O_3 (%)	TFe_2O_3 (%)	K_2O (%)	CaO (%)	Na_2O (%)	MgO (%)	MnO (%)	TiO_2 (%)
沙溪庙组母质发育剖面	A 层（n=5）	71.80±6.13	14.10±2.74	5.53±1.20	2.51±0.97	1.48±0.49	1.10±0.67	1.79±0.54	0.06±0.02	0.64±0.14
	B 层（n=5）	72.50±7.70	13.90±3.08	5.72±0.83	2.44±0.99	1.40±0.60	1.06±0.65	1.68±0.54	0.06±0.02	0.68±0.14
	C 层（n=5）	72.10±7.86	14.20±3.34	5.72±0.82	2.60±0.97	1.52±0.61	1.13±0.68	1.79±0.63	0.07±0.02	0.73±0.21
	A、C 层 P 值（两尾）	0.702	0.754	0.348	0.495	0.587	0.446	0.990	0.054	0.164
	B、C 层 P 值（两尾）	0.483	0.078	0.986	0.130	0.089	0.139	0.159	0.199	0.057
遂宁组母质发育剖面	A 层（n=5）	61.10±3.29	15.40±0.83	6.46±1.22	3.07±0.29	7.76±0.76	1.17±0.19	2.97±0.77	0.11±0.02	0.70±0.06
	B 层（n=5）	59.8	15.5	6.99	3.16	8.07	0.99	2.72	0.12	0.88
	C 层（n=5）	61.50±3.17	15.60±0.30	6.51±0.70	3.04±0.16	7.73±1.07	1.33±0.43	2.46±0.53	0.12±0.01	0.77±0.12
	A、C 层 P 值（两尾）	0.147	0.556	0.889	0.827	0.936	0.390	0.100	0.221	0.502
蓬莱镇组母质发育剖面	A 层（n=5）	68.40±7.53	14.00±1.92	5.25±1.51	2.84±0.21	5.05±4.35	1.59±0.52	1.98±0.73	0.08±0.03	0.70±0.15
	B 层（n=5）	68.40±7.38	13.90±2.05	4.95±1.51	2.79±0.30	4.56±3.61	1.57±0.33	1.86±0.71	0.09±0.02	0.68±0.15
	C 层（n=5）	68.40±7.15	14.00±1.97	5.10±1.72	2.82±0.26	4.83±3.63	1.61±0.32	1.94±0.70	0.08±0.03	0.66±0.18
	A、C 层 P 值（两尾）	0.684	0.976	0.552	0.900	0.582	0.855	0.682	0.621	0.178
	B、C 层 P 值（两尾）	0.168	0.627	0.204	0.580	0.012*	0.192	0.163	0.347	0.385
自流井组母质发育剖面	A 层（n=5）	70.90±5.69	14.00±1.41	5.14±0.64	2.22±0.20	4.10±3.83	0.64±0.49	1.49±0.69	0.44±0.01	0.72±0.09
	B 层（n=5）	70.80±5.06	14.20±0.63	5.26±0.37	2.16±0.16	3.70±3.41	0.57±0.33	1.43±0.59	0.48±0.07	0.72±0.08
	C 层（n=5）	70.90±5.58	14.30±0.56	5.27±0.31	2.20±0.10	3.62±3.07	0.76±0.59	1.52±0.49	0.10±0.01	0.77±0.06
	A、C 层 P 值（两尾）	0.889	0.602	0.577	0.828	0.390	0.210	0.833	0.265	0.145
	B、C 层 P 值（两尾）	0.711	0.601	0.853	0.707	0.723	0.356	0.420	0.425	0.083
夹关组母质发育剖面	A 层（n=5）	85.40±5.67	8.10±5.03	0.99±0.45	0.99±0045	1.02±1.26	0.30±0.09	0.59±0.33	0.03±0.01	0.66±0.08
	B 层（n=5）	84.00±7.09	8.60±5.25	1.12±0.46	1.12±0.46	1.01±1.22	0.29±0.08	0.55±0.27	0.03±0.01	0.64±0.05
	C 层（n=5）	83.90±8.01	8.40±5.36	1.14±0.49	1.14±0.49	1.08±1.30	0.31±0.08	0.56±0.28	0.03±0.01	0.62±0.04
上陆壳（UCC）		66.0	15.2	3.40	3.40	3.90	4.20	2.20	0.06	0.50
陆源页岩（PAAS）		62.8	18.9	3.70	3.70	1.20	1.30	2.20	0.11	1.00
所有样品	A、C 层 P 值（两尾）	0.755	0.376	0.719	0.719	0.347	0.147	0.205	0.338	0.233
	B、C 层 P 值（两尾）	0.969	0.103	0.068	0.068	0.023*	0.034*	0.007**	0.183	0.107

注：TFe_2O_3 表示全铁含量。* 表示在 0.05 水平上差异显著，** 表示在 0.01 水平上差异显著。

在硅酸盐类土壤发育过程中，Na、Ca 首先在土壤中淋失，其次是 K、Si 在晚期淋失，而 Al、Fe 等相对富集（杜静，2014；Nesbitt，1979、1980）。Chen（2008）等在研究土壤剖面时得出各元素的移动性为 $Na^+ > Ca^{2+} > Mg^{2+} > K^+ > Fe^{2+} > SiO_4^{4-} > Mn^{2+} > Al^{3+} > Fe^{3+}$。可以看出，在自然条件下，紫色土处于元素淋失的第一阶段。

不同紫色母岩中不同元素在化学风化过程中遭到不同程度的淋失，如表 1-21 所示，根据单位体积岩石和母质中元素的绝对含量（mg/cm³）求得元素的迁移量，其中以 Ca 淋失最多，为 83.3%，Na 为 63.6%，P 为 54.5%，Mn 为 50%，Si 为 46.8%，Mg 为 40.9%，其余元素均为 33.6%～36.7%，各元素淋失情况在不同紫色母岩中表现并不一致。在 20 世纪 40 年代末，B. B. 波勒诺夫按风化和迁移时的流动性，把元素分为强流失（Cl、S）、易流失（Ca、Na、Mg、K）、流动（SiO₂、P、Mn）、活动性弱（Fe、Al、Ti）和惰性元素（石英）5 类。遂宁组各元素淋失程度比较均一，为45.3%～56.4%，不论是易流动的还是活动性弱的元素相差仅 11.1%，表现出风化初期的特征。而其他 3 组岩石风化较深，元素流动的分异较明显，夹关组易流失和流动的元素淋失为 19.7%～98.7%，而活动性弱的元素为 6.1%～25.0%。个别元素也随着岩石而异，如 P 的迁移量在夹关组特别突出，高出平均值 27%，可能与 pH 较低有关；沙溪庙的 Mn 高出平均值 28%；飞仙关组的 Mn则低于平均值 26%。值得注意的是，K、Mg 淋失的顺序与通常元素移动顺序并不吻合，但与紫色土风化壳元素淋失顺序相同，其机制需进一步研究。

表 1-21　紫色土风化及成土过程中元素迁移量及迁移顺序

单位：%

母岩类型	K	Na	P	Ca	Mg	Si	Al	Fe	Ti	Mn
夹关组	33.4	66.6	81.6	98.7	19.7	41.4	25.0	6.1	14.3	45.5
迁移顺序				Ca>P>Na>Mn>Si>K>Al>Mg>Ti>Fe						
遂宁组	49.9	56.4	45.3	55.2	48.3	51.3	46.7	49.7	49.8	52.2
迁移顺序				Na>Ca>Mn>Si>K>Ti>Fe>Mg>Al>P						
沙溪庙组	31.1	61.1	32.5	94.3	41.2	40.5	33.9	37.2	38.7	78.1
迁移顺序				Ca>Mn>Na>Mg>Si>Ti>Fe>Al>P>K						
飞仙关组	32.5	70.4	58.6	85.1	54.4	54.1	40.9	41.6	37.1	24.0
迁移顺序				Ca>Na>P>Mg>Si>Fe>Al>Ti>K>Mn						
平均	36.7	63.6	54.5	83.3	40.9	46.8	36.6	33.6	35.0	50.0
迁移顺序				Ca>Na>P>Mn>Si>Mg>K>Al>Ti>Fe						

注：迁移量（%）=单位体积岩石与母质层中含量之差/岩石中单位体积元素含量×100。

　　另外，元素的淋失程度与元素的稳定系数有关。稳定系数是指母质单位体积中各元素含量（mg/cm³）与母岩单位体积中各元素含量之比。各元素的稳定系数见表 1-22。

表 1-22　紫色母岩中各元素的稳定系数

母岩类型	K	Na	P	Ca	Mg	Si	Al	Fe	Ti	Mn
沙溪庙组（J₂s）	0.69	0.39	0.63	0.06	0.59	0.60	0.66	0.63	0.61	0.22
飞仙关组（T₁f）	0.67	0.30	0.41	0.14	0.47	0.46	0.61	0.58	0.63	0.76
遂宁组（J₃s）	0.50	0.44	0.55	0.06	0.52	0.48	0.51	0.50	0.50	0.48
夹关组（K₂j）	0.67	0.33	0.18	0.01	0.80	0.59	0.75	0.94	0.86	0.55
平均	0.63	0.37	0.44	0.07	0.60	0.53	0.63	0.66	0.65	0.50
元素稳定性				Fe>Ti>Al、K>Mg>Si>Mn>P>Na>Ca						

　　4. K、Na、Ca、Mg 在紫色母岩风化过程中淋失，在成土过程中富集　Ca、Mg、K、Na 元素的移动情况见表 1-23。结果表明，在风化过程中，Ca、Mg、K、Na 分子率全为负值，即元素淋失过程其损失程度 $[(R_2O+RO)/Al_2O_3]$ 达 8%～48%。其中，Ca、Mg 为 10%～59%（RO/Al_2O_3），

K 与 Na 为 3%～24%（R_2O/Al_2O_3）。而损失强度依次为酸性紫色土＞中性紫色土＞石灰性紫色土。在成土过程中因生物小循环，Ca、Mg、K、Na 呈现富集趋势，其富集程度为 10%～42%，Ca、Mg＞K、Na。在强度淋溶紫色土区，由于淋溶作用太大，不论是风化还是成土过程，则由损失取代富集。就 CaO/MgO 值而言，母质全部小于岩石，说明风化过程中镁的损失较小。在成土过程中若 pH 升高，则土体 CaO/MgO 值大于母质，若 pH 降低则土体 CaO/MgO 值小于母质，反映出在不同气候条件下，不同风化成土阶段中 Ca、Mg 淋失的差异性。至于 K_2O/Na_2O 值，整体呈现紫色土土体小于母岩，说明紫色土形成过程中钾的损失程度较钠小。与紫色母岩向富铝化方向发育的土壤相比，形成紫色土的 Ca、Na、Mg、K 的淋失量显著降低。

表 1-23　钾、钠、钙、镁在紫色土形成中的变化

发生层		(R$_2$O+RO)/Al$_2$O$_3$		R$_2$O/Al$_2$O$_3$		RO/Al$_2$O$_3$		CaO/MgO	K$_2$O/Na$_2$O
		土体	富集或损失程度[①]	土体	富集或损失程度[①]	土体	富集或损失程度[①]		
石灰性紫色土，n=12	土壤 A	1.79	111	0.32	103	1.48	114	2.77	1.90
	母质 C 或 AC	1.61	100	0.31	100	1.30	100	2.67	2.06
	母质 C 或 AC	1.61	−120	0.31	−103	1.30	−122	2.67	2.06
	岩石 R	2.00	100	0.32	100	1.67	100	3.23	2.16
中性紫色土，n=8	土壤 A	1.11	110	0.33	103	0.79	144	1.06	1.71
	母质 C 或 AC	1.01	100	0.32	100	0.69	100	0.82	2.13
	母质 C 或 AC	1.01	−141	0.32	−106	0.69	−150	0.82	2.13
	岩石 R	1.71	100	0.34	100	1.37	100	2.03	1.37
酸性紫色土，n=5	土壤 A	0.91	142	0.30	120	0.59	147	0.81	1.36
	母质 C 或 AC	0.64	100	0.25	100	0.40	100	1.28	1.13
	母质 C 或 AC	0.64	−148	0.25	−1 401	0.40	−159	1.28	1.13
	岩石 R	1.24	100	0.26	100	0.97	100	3.22	2.02
强度淋溶紫色土，n=3	土壤 A	0.38	−116	0.13	−124	0.26	−107	0.17	4.99
	母质 C 或 AC	0.45	100	0.17	100	0.28	100	0.20	9.91
	母质 C 或 AC	0.45	−108	0.17	−106	0.28	−110	0.20	9.91
	岩石 R	0.49	100	0.18	100	0.31	100	0.65	9.09

　　注：发生层中的字母 A 指表层土壤；C 指母质层；AC 指土壤与母质均薄；R 指母岩层或者岩石。
　　[①]正值表示相对于下层是富集（下层以 100% 计），负值表示相对于下层是损失。

（四）紫色土成土过程中的脱硅富铝化

　　脱硅富铝化过程为全土层内 SiO_2 的化学迁移，造成铁铝氧化物相对积累的过程。Si、Al、Fe 的移动标志着风化过程的深化。与其他地带性富铁土的母岩相比，紫色母岩的硅铝率、硅铝铁率较高，说明紫色母岩化学风化程度较低，并且还处在脱盐基脱钙阶段，脱硅富铁铝过程还较弱（何毓蓉等，2003）。表 1-24 中 SiO_2/R_2O_3 的剖面分异显示了风化过程中 Si 的流失程度为 3%～14%，随着 pH 的变小而增大。但在成土过程中，则表现轻度富集，一般为 3%～7%，唯酸性紫色土高达 47%。而 Fe、Al 的移动则不同，在 pH 高的情况下十分稳定。随着 pH 降低，Fe、Al 的活动性增强，在风化过程中富集为 6%～23%，Al 大于 Fe。成土过程中流失为 11%～29%，Fe 大于 Al。在酸性紫色土中，Al 的风化富集大于成土淋失，而 Fe 则相反，随着 pH 的进一步降低，Fe_2O_3 又趋于稳定。

表 1 - 24　硅铝铁在紫色土形成中的变化

发生层		SiO_2/R_2O_3		Al_2O_3/SiO_2		Fe_2O_3/SiO_2	
		土体	富集或损失程度[①]	土体	富集或损失程度[①]	土体	富集或损失程度[①]
石灰性 紫色土， $n=12$	土壤 A	5.53	103	0.15	0	0.04	0
	母质 C 或 AC	5.39	100	0.15	100	0.04	100
	母质 C 或 AC	5.39	102	0.15	0	0.04	0
	岩石 R	5.29	100	0.15	100	0.04	100
中性 紫色土， $n=8$	土壤 A	6.89	107	0.13	0	0.03	0
	母质 C 或 AC	6.46	100	0.13	100	0.03	100
	母质 C 或 AC	6.46	−103	0.13	0	0.03	0
	岩石 R	6.65	100	0.13	100	0.03	100
酸性 紫色土， $n=50$	土壤 A	6.23	147	0.14	−113	0.05	−129
	母质 C 或 AC	4.25	100	0.16	100	0.07	100
	母质 C 或 AC	4.25	−114	0.16	123	0.07	117
	岩石 R	4.94	100	0.13	100	0.06	100
强度淋溶 紫色土， $n=3$	土壤 A	4.66	106	0.17	−111	0.04	0
	母质 C 或 AC	4.40	100	0.19	100	0.04	100
	母质 C 或 AC	4.40	−107	0.19	106	0.04	0
	岩石 R	4.72	100	0.18	100	0.04	100

注：①正值表示相对于下层是富集（下层以 100% 计），负值表示相对于下层是损失。

（五）特殊条件下的白浆化过程

紫色土发生白浆化，是指部分土层常年滞水导致土壤中铁锰还原，随水淋失，剩余土壤颗粒呈白色或灰白色层的过程。以下是紫色土发生白浆化过程的一些条件。

1. 高含水量　白浆化现象通常发生在土层的高含水量条件下。当土壤含水量超过其液限时，土壤中的颗粒间隙充满了水分，形成滞水还原状态。

2. 低温和湿润条件　白浆化现象通常在低温和湿润的条件下更为常见。低温可以降低土壤中水分的蒸发速率，使水分更容易滞留在土壤中。湿润条件有助于水分在土壤中的扩散和渗透。

3. 土壤结构　紫色土通常具有较高的黏粒含量，这些黏粒在高含水量和低温条件下更容易发生胶体溶解，形成白浆。

4. 氧化还原条件　土壤中的氧化还原条件也是白浆化发生的重要因素。在还原条件下，土壤中的某些物质会发生溶解、转化，促进白浆化的发生。

5. 微生物活动　土壤中微生物的活动也可能影响白浆化的过程，因为微生物代谢产物可能会影响土壤的化学性质，加速白浆化的发生。

第四节　人类活动对紫色土形成的影响

成土因素可分为自然成土因素（母质、地形、气候、生物、时间）和人为活动因素。前者存在于一切土壤形成过程中，产生自然土壤；后者是在人类社会活动的范围内起作用，对自然土壤进行改造，可改变土壤的发育程度和发育方向。各种成土因素对土壤的形成作用不同，但都互相影响、互相制约。一种或几种成土因素的改变，会引发其他成土因素的变化。

人类自有种植业生产以来，就开始直接干预土壤的发生、发展而成为一个重要的成土因素，并随着社会生产的发展而日益增大其影响的范围和强度。人为作用的方式有很多（表 1 - 25），除直接作用改变土壤性质以外，主要通过对成土因素的影响或改变来影响土壤的发生过程。施用矿质元素肥料或有机肥、石灰、草木灰、矿渣以及淤灌、污灌、洗盐等措施，通过改变土壤性质对母质变化产生影响；平整土地、修筑梯田、人工堆积和围湖（河/海）造田等措施改变了地形进而对土壤发生产生影响；人工降雨、灌溉、排水等措施改变土壤水分状况，工业生产释放温室气体，高强度土地利用加速释放 CH_4 和 CO_2，反硝化作用产生 N_2O，熏土以及用气、用电使土壤增热，改变土壤颜色和反射率等，使得土壤发生的气候因素发生改变；人为增加或减少动植物的种类和数量，施用微生物肥料，以及土壤消毒、土地休闲和松土等措施将改变土壤的生物环境；人为耕作使土壤侵蚀，底土不断裸露更新，排水开垦，使水下土壤成为水上土壤，矿山开垦和复垦，人为翻挖和填埋等措施使土壤的成土时间发生改变。

表 1 - 25　人类活动影响成土因素的作用

项目	有利效果	有害效果
母质	增加矿质肥料；增加贝壳和骨骼；局部增加灰分元素；迁移过量物质（如盐分）；施用石灰；施用淤积物	动植物养分通过收获，取走多于回收；施用对动植物有毒的物质；改变土壤组成，足以抑制植物生长
地形	通过增加表层粗糙度，建造土地和构造结构以控制侵蚀；增加物质（通过堆填一些外来物质，如河流冲积物，其他地方的石块、土块等）以提高土地高度；平整土地	湿地开沟和开矿促其下降；加速侵蚀；采掘
气候	因灌溉而增加水分；人工降雨；工业上释放 CO_2 到大气中使气候转暖；近地面空气加热；用电气或用热气管使亚表层土壤增温；改变表层土壤的颜色，以改变反射率；排水迁移水分；人为因素导致风向改变	土壤受到过分暴晒，扩大冰冻面积和冰冻程度，迎风和紧实化等危害；土地形成中改变外观；清除和烧毁有机覆被
有机体	引进和控制动植物的数量；运用有机体直接或间接地增加土壤中的有机质，包括人粪尿；通过翻犁疏松土壤以取得更多的氧气；控制熏烧消灭致病有机体	人为把土壤上的植物残体、大型动物带走；通过燃烧、耕犁、过度放牧、收获、加速氧化作用、淋溶作用，减少有机质含量；增加或滋生致病有机体；增加放射性物质

一、人类活动对紫色母岩风化的影响

（一）人类活动对紫色母岩物理风化的影响

人类活动加速紫色母岩物理风化"岩层崩解—碎屑化—成壤（土）—化泥"的过程。耕作、挖掘、建筑等机械扰动均会对土壤进行物理干扰：破坏土壤的结构，使土壤颗粒间的空隙增加或减少，导致土壤密度改变，通气性和渗透性发生变化；影响土壤的水分含量和分布，从而影响土壤的水分利用和保持能力。

（二）人类活动对紫色母岩化学风化的影响

人为耕作、灌溉和施肥等均会促进紫色母岩的化学风化。在人为耕作条件下，施用矿质元素或有机肥、草木灰、石灰、矿渣以及淤灌、污灌、洗盐等措施会对成土母质产生影响，使成土母质物质组成发生改变。灌溉、排水等措施改变土壤水分状况，影响物质的淋失累积以及有机质的积累和分解（杜静，2014）。人为活动对各化学风化过程的影响具体描述如下。

1. 脱盐基化过程　近年来，化肥的大量施用导致土壤盐离子大量淋失。汪文强等（2014）通过土柱淋溶模拟试验，研究不同氮肥种类及施用水平对紫色土盐基离子饱和度的影响。结果表明，经多次施氮淋溶后，土壤交换性盐基总量较原土降低。

施用尿素、硝酸铵和硫酸铵的各施氮水平上，交换性盐基总量分别下降了 18.15%～28.39%、23.96%～32.62% 和 30.37%～43.85%，其下降程度与施氮量成正相关（表 1 - 26）。同一施氮水平下，不同氮肥种类对紫色土交换性盐基总量的影响表现为硫酸铵＞硝酸铵＞尿素。说明施用氮肥增加了土壤中盐基离子的淋失，导致土壤中盐基总量和盐基饱和度下降。

表 1-26　不同处理下紫色土盐基离子的含量（cmol/kg）

处理	施肥水平	交换性 K^+	交换性 Na^+	交换性 Ca^{2+}	交换性 Mg^{2+}	盐基总量
原土		0.29	0.24	22.40	2.36	25.29
对照		0.58	0.38	21.54	2.07	24.57
尿素	N1	0.33	0.30	18.43	1.64	20.70
	N2	0.30	0.30	17.37	1.60	19.57
	N3	0.28	0.27	16.93	1.44	18.92
	N4	0.26	0.27	16.16	1.42	18.11
硝酸铵	X1	0.32	0.27	17.08	1.56	19.23
	X2	0.31	0.27	16.28	1.42	18.28
	X3	0.26	0.26	15.48	1.40	17.40
	X4	0.25	0.24	15.31	1.24	17.04
硫酸铵	L1	0.30	0.24	15.55	1.52	17.61
	L2	0.26	0.22	14.64	1.17	16.29
	L3	0.23	0.22	13.44	0.99	14.88
	L4	0.21	0.19	13.05	0.75	14.20

注：施肥水平的 1、2、3、4 分别代表每千克风干土施入纯氮量 100 mg、200 mg、300 mg 和 400 mg。

根据土壤胶体所吸附的阳离子种类，土壤可分为盐基饱和土壤和盐基不饱和土壤。土壤盐基饱和的程度通常用盐基饱和度（BS）来表示，即土壤中交换性盐基（EB）占阳离子交换量（CEC）的百分数，即 BS＝EB×100/CEC。土壤盐基饱和度是判断土壤肥力的重要指标，盐基饱和度越高，土壤保肥和供肥能力越好，越有利于作物生长。一般盐基饱和度≥80％的土壤为较肥沃的土壤；50％～80％的土壤为中等肥力水平；而＜50％的土壤肥力较低。供试紫色土经多次施肥淋溶后，土壤中盐基饱和度的变化见表 1-27。由表 1-27 可知，紫色土经多次施肥淋溶后，盐基饱和度均有所下降，其中对照下降了 0.14 个百分点；施用尿素的紫色土在 4 个水平上分别下降了 0.65 个百分点、1.13 个百分点、1.47 个百分点、2.11 个百分点；施用硝酸铵的紫色土分别下降了 0.86 个百分点、1.74 个百分点、2.71 个百分点、3.75 个百分点；施用硫酸铵的紫色土分别下降了 4.56 个百分点、5.49 个百分点、6.75 个百分点、7.52 个百分点。这主要是因为氮肥施入土壤后，铵离子转化为硝酸根，淋溶时与吸附在土壤胶体表面的盐基离子伴随淋失，虽然土壤中某些矿物风化释放出相应的盐基离子，对土壤胶体表面所吸附的离子有所补充，但总体上淋失的盐基离子占优势地位，从而导致土壤胶体表面的阳离子减少，盐基饱和度下降。在同一施氮水平上，不同氮肥对紫色土盐基饱和度的影响表现为尿素＜硝酸铵＜硫酸铵。不论施用哪一种氮肥，土壤盐基饱和度均随着施氮量的增加而减小，这说明长期大量施用氮肥会导致土壤盐基离子大量淋失，影响土壤质量。

表 1-27　不同处理下紫色土的盐基饱和度

处理	施肥水平	盐基总量（cmol/kg）	交换性酸（cmol/kg）	交换量（cmol/kg）	盐基饱和度（％）
原土		25.29	0.12	25.41	99.53
对照		24.56	0.15	24.72	99.39
尿素	N1	20.70	0.24	20.93	98.88
	N2	19.56	0.32	19.88	98.40
	N3	18.92	0.37	19.30	98.06
	N4	18.11	0.45	18.59	97.42

（续）

处理	施肥水平	盐基总量 （cmol/kg）	交换性酸 （cmol/kg）	交换量 （cmol/kg）	盐基饱和度 （%）
硝酸铵	X1	19.23	0.26	19.49	98.67
	X2	18.27	0.41	18.68	97.79
	X3	17.40	0.57	17.97	96.82
	X4	17.04	0.75	17.79	95.78
硫酸铵	L1	17.61	0.93	18.54	94.97
	L2	16.28	1.03	17.31	94.04
	L3	14.88	1.16	16.03	92.78
	L4	14.21	1.23	15.44	92.01

注：施肥水平的1、2、3、4分别代表每千克风干土施入纯氮量100 mg、200 mg、300 mg和400 mg。

2. 脱钙过程 紫色母岩中普遍含有钙质，存在于岩矿和岩石中的胶结部分。在接触水和二氧化碳后会发生化学反应，形成的新物质具有较高的溶解性，使得钙随水流失。城区建筑大量使用石灰、水泥、石膏等，这些物质以建筑垃圾、灰尘、溶液等形式进入土壤，钙离子增加；均影响紫色母岩的脱钙化过程。而施用氮肥及一些生理酸性肥，会促进岩石母质风化脱钙。

3. 富铁铝化过程 紫色母岩化学风化程度较低，还处在脱盐基脱钙的过程中，脱硅富铁铝过程较弱。人为耕作、施肥行为会增加土壤铁、铝含量。汪文强（2014）的土柱淋溶模拟试验结果表明，施用不同种类氮肥，土壤交换性 H^+ 和交换性 Al^{3+} 的含量不同，同一施氮水平下，表现为硫酸铵＞硝酸铵＞尿素，且与施氮量呈正相关（表1-28）。土壤中交换性 H^+ 和交换性 Al^{3+} 均随着交换性酸总量的增加而增加，在施用尿素和硝酸铵时，土壤交换性酸主要由交换性 Al^{3+} 决定；而施用硫酸铵时，则由交换性 H^+ 和交换性 Al^{3+} 共同决定（表1-28）。

表1-28 不同处理下紫色土交换性酸的含量以及交换性 H^+、Al^{3+} 占交换性酸（EA）的比例

处理	施肥水平	交换性 H^+ （cmol/kg）	交换性 Al^{3+} （cmol/kg）	交换性酸含量 （cmol/kg）	交换性 H^+/EA （%）	交换性 Al^{3+}/EA （%）
原土		0.11	0.01	0.12	88.24	11.76
对照		0.11	0.04	0.15	70.20	29.80
尿素	N1	0.11	0.13	0.24	47.66	52.34
	N2	0.15	0.17	0.32	45.45	54.55
	N3	0.16	0.21	0.37	42.78	57.22
	N4	0.18	0.30	0.48	37.74	62.26
硝酸铵	X1	0.12	0.14	0.26	46.54	53.46
	X2	0.14	0.27	0.41	34.95	65.05
	X3	0.17	0.40	0.57	29.60	70.40
	X4	0.19	0.56	0.75	24.90	75.10
硫酸铵	L1	0.48	0.45	0.93	51.07	48.93
	L2	0.51	0.52	1.03	49.61	50.39
	L3	0.60	0.56	1.16	51.77	48.23
	L4	0.66	0.57	1.23	53.73	46.27

注：施肥水平的1、2、3、4分别代表每千克风干土施入纯氮量100 mg、200 mg、300 mg和400 mg。

（三）人类活动对紫色母岩生物风化作用的影响

生物风化作用主要有生物的机械破碎作用和化学分解作用，促使岩石进一步分化。人为耕作加速

紫色母岩破碎过程，耕作破碎母岩产生双重效应：一方面，直接导致母岩破碎，进而加速母岩风化进程；另一方面，在耕作破碎母岩的过程中，部分岩石碎屑会被搬离原来的位置，快速与先成土壤混合，有利于母岩持续风化。

许海超等（2020）研究发现，20 cm深度耕作引起的岩屑位移最大，有利于耕作产生岩屑与先成土壤混合，增加土层厚度。俞世康等（2023）研究表明，利用垂直超深旋耕机对薄层紫色土进行土壤母岩一体化耕作，可以实现薄层紫色土的土层厚度快速增加至60 cm以上。通过人为耕作增厚活土层，增加土壤水容量，有利于植物、土壤动物和微生物生长，加速岩石和母质风化成土。

秸秆还田、施用有机肥、绿肥翻压等耕种措施增加土壤碳固存，促进微生物分解有机物质释放养料，增加矿质养分的有效性。同时，施用有机物分解的有机酸可以加速母岩和矿物风化，释放矿质养分。江长胜等（2002）研究发现，草酸、酒石酸、柠檬酸以及苹果酸4种低分子量有机酸能明显促进侏罗纪沙溪庙组紫色泥岩、砂岩和遂宁组紫色泥岩、砂岩释放钾离子，加速母岩风化。Li等（2023）研究发现，施用尿素和碳酸氢铵可以促进蓬莱镇组紫色泥岩颗粒的风化，但同种氮肥随着施用量的增加，蓬莱镇组紫色泥岩颗粒的化学蚀变指数（CIA）、风化化学指数（CIW）、蚀变化学指标（CPA）和改良化学蚀变指数（CIX）显著下降，利用逐步回归分析发现，土壤中硝化杆菌（*Nitrolancea*）和溶磷菌（*Massilia*）对蓬莱镇组紫色泥岩颗粒风化产生了积极影响。

二、人类活动加速紫色土熟化培肥过程

土壤熟化过程是在耕作条件下，通过耕作、培肥与改良，促进水、肥、气、热诸因素不断协调，使土壤向有利于作物高产方向转化的过程。Wei等（2006）研究指出，在耕作、翻挖等人为扰动下，紫色土的成土能力大为增加。在宜昌至宜宾的长江上游地区河谷两岸，土壤多为侏罗纪紫色母质发育的不同类型紫色土，地形多是丘陵坡地，土壤含未完全风化崩解的碎屑多，肥力极低。测定发现，该类土壤氮素尤为缺乏，有机质含量在1%以下，磷、钾元素的有效量也较低，中、酸性紫色土更甚；铁、锰、锌等微量元素在碳酸盐含量高的碱性紫色土中极度缺乏。人类有目的的生产活动显著加速了紫色土的熟化与培肥，尤其在丘陵坡地。

（一）聚土垄作结合秸秆覆盖还田，加速紫色土熟化培肥

种植原则是垄沟分带轮作，沟以养为主，垄以用为主，垄上种植粮经作物（如玉米、小麦、花生等），沟内采用机械或人工适当深耕，并覆盖秸秆种豆类、绿肥等，秸秆来源于头季粮经作物（如麦秆、玉米秆等），同时沟中施入渣肥、绿肥等有机肥，换季时垄沟交换位置，从垄中间剖开将土分两边聚集在沟里，在原来沟的位置聚土起垄，一年可实现全土培肥一次。魏朝富等（1994）采用该模式研究发现，紫色坡瘠地新改土连续两年聚土垄作结合秸秆覆盖改土，土层厚度显著增加，土壤肥力水平显著提高，其中以大眼泥土最为明显，有机质含量从9.29 g/kg提高到20.84～21.67 g/kg，土壤速效磷和全氮含量显著增加。

（二）不同有机物料复配有利于新垦紫色土快速熟化培肥

周学伍（2001）等通过测试长江中上游地区的紫色土新垦果园理化性状，研究不同有机物料配比对土壤改良效果及对植株生长影响，提出了鲜体绿肥、秸秆能迅速分解提供果树所需的矿质氮素及其他营养元素，同时能有效改善土壤的有机-无机复合胶体状况，提高新形成的腐殖质与土壤无机矿物的复合；适量的秸秆与绿肥配合施用，既有利改善土壤结构，提高改土效果，又能增加腐殖质的矿化性，促进幼树生长。

由表1-29可以看出，土壤施用有机物料后能明显提高重组有机质含量和有机无机复合度。重组有机碳以秸秆最高，达0.713%，绿肥与饼肥相近，为0.4%左右。可见，秸秆施入土壤后因含碳量高，既提高了土壤有机质，又增加了形成的腐殖质与无机矿物复合，增强了土壤养分的供应和保持能力；从增值复合度的大小进一步表明，绿肥、秸秆均较高，分别为69.59%与65.07%，饼肥最低，仅34.62%，秸秆加绿肥或饼肥也相应表现出明显的增效作用，尤以前者为甚。由此表明，施入绿

肥、秸秆能有效地提高土壤腐殖质的品质与活性，从而增加了改善土壤肥力的物质基础。饼肥低可能是由于其分解速度快，大部分被分解成小分子物质，未形成腐殖质，导致形成有机无机复合体比较少（表1-29）。

表1-29 不同有机物料配比对土壤养分与有机无机复合状况的影响

处理	有机质（%）	全氮（%）	有效量（mg/kg）							有机无机复合状况（%）			
			氮	磷	钾	镁	铁	锰	锌	土壤有机碳	重组有机碳	原土复合度	增值复合度
绿肥	0.901bc	0.094 1	31.35bc	4.80	132.8a	600.6bc	46.7	69.0a	1.47	0.523bc	0.428	77.19a	69.59
饼肥	1.095ab	0.113 6	48.35a	4.47	116.4ab	512.5c	57.3	67.3a	1.67	0.635ab	0.444	63.46b	34.62
秸秆	1.333a	0.099 6	32.05bc	2.26	119.8ab	601.1bc	45.1	69.9a	1.91	0.773a	0.713	76.76a	65.07
秸秆+绿肥	0.752c	0.079 1	32.58bc	2.83	102.4ab	718.3a	50.5	68.9a	1.71	0.436c	0.410	79.90a	81.5
秸秆+饼肥	1.289a	0.080 8	42.43ab	2.57	86.0ab	634.8ab	52.7	61.1b	1.87	0.748a	0.678	74.61a	56.13
对照	0.689c	0.073 8	30.80bc	1.83	71.2b	638.2ab	50.7	57.0b	1.71	0.458c	0.317	79.10a	0.00

注：此表引自周学伍等（2001）。不同小写字母表示在0.05水平上差异显著。

由表1-30看出，施入不同量的秸秆-绿肥或秸秆-饼肥后土壤有机质均显著提高，平均分别比对照高0.253%、0.401%。原土复合度处理间差异不大，为75%~84%，反映该土中有机物料均能较好地与无机胶体复合形成有机无机复合体，有利于土壤有机质的复合积累。但原土复合度只反映胶体复合程度，它与土壤肥力无直接关系，而增值复合度可表明肥力的差异。秸秆-绿肥处理的增值复合度均较高，低量、中量处理差异不大，高量处理达85.05%，进而说明该处理新形成的腐殖质与土壤无机部分有较大的复合量，显现出良好的改土效果。秸秆-饼肥处理不同施量间无规律差异，有待进一步观察。

表1-30 有机物料施用量对土壤性状与植株生长结果的影响

处理		有机质（%）	全氮（%）	碱解氮（mg/kg）	有机无机复合状况（%）				植株生长结果状况				
					土壤有机碳	重组有机碳	原土复合度	增值复合度	树高（cm）	冠径（cm）	干周（cm）	末级枝梢（个）	着果数（个）
秸秆+绿肥	低量	0.863b	0.0810c	24.3c	0.501b	0.393	81.09ab	79.07	129.7	108.3	10.4	215.7	8.8
	中量	0.989ab	0.0911abc	42.7ab	0.574ab	0.426	78.12ab	72.80	128.8	122.5	10.8	285.8	11.5
	高量	0.859b	0.0942abc	25.6c	25.600c	0.476	83.68a	85.05	131.7	128.6	12.7	308.7	9.1
秸秆+饼肥	低量	1.031ab	0.0883bc	30.2ba	30.200bc	0.523	78.21ab	69.37	117.5	103.1	10.1	229.2	7.7
	中量	1.049a	0.1035a	46.2a	46.200a	0.498	75.93ab	71.10	112.8	113.3	10.4	223.2	10.6
	高量	1.076a	0.0958ab	31.7abc	31.700abc	0.454	74.41b	62.57	131.7	121.6	10.8	262.2	8.4
对照		0.651c	0.0860bc	25.2c	0.378c	0.300	82.06ab	0	130.3	107.9	9.6	299.7	6.7

注：此表引自周学伍等（2001）。着果数表示两年的着果平均数。不同小写字母表示在0.05水平上差异显著。

两种有机物料配比处理对促进植株生长与结果均有不同程度的良好效果，两者比较仍以秸秆+绿肥处理的效应明显，果树干周与末级枝梢数平均分别比对照提高17.7%与17.6%，果实数量增加46.2%；秸秆+饼肥处理的果实数量平均增加率为32.8%。两种处理的施用量均以中等施量效果最佳，分别比对照增产71.6%和58.2%。

三、种养管理影响紫色土肥力变化

对土壤进行耕作、栽培、施肥、灌溉、排水等，可使土体内水、热、气等状况发生改变。不同田间管理措施对紫色土坡耕地侵蚀性耕层土壤理化性质影响差异显著。

（一）种植模式影响土壤肥力演变

复种轮作制度不断改变着土壤属性和土壤发展方向。尽管川中丘陵区的复种轮作制包括长期休闲制、短期休闲制、轮种耕作制等，但在粮食安全压力下，旱地间套复种多熟制的轮作换茬制度成为主流。土壤肥力也从利用自然植物生长恢复地力，发展到人工植被定向培育土壤肥力以及运用农业综合措施创造高效的生态系统肥力。

紫色土轮作从以"小麦（豌豆）—玉米（棉花、花生、大豆、甘薯等）"为中心的二熟制，发展到小麦套玉米再套甘薯（晚秋）的三熟制，或者蔬菜-玉米再套甘薯的三熟制，都是用带状套种方式组合起来的复合群体。年内以 2 种或 3 种作物按次序套种，年复一年都是相间的几种作物进行茬口衔接，成为间套二熟或三熟的重复连作。实际上是同一地块内年年都是相同的复合作物群体在向土壤吸收养分和消耗地力，重地重茬同时存在，导致地力不平衡。例如，甘薯小麦重茬，早收甘薯，则小麦增产、甘薯减产；迟收甘薯，则小麦减产、甘薯增产。此外，三季带状组合后，玉米带的 1/2 空间和全年一个单元内 1/3 的时间没有完全利用，用地养地没有很好地结合。

分带轮作可以解决以上问题，它利用茬口间隙时间，空地间套绿肥（饲料或蔬菜），形成"三粮两肥"的养用协调体系，用养同地进行，翌年轮带种植，从而使两种主要禾本科作物都有共同培肥地力的茬口。据测定，玉米的前茬种肥（3 行蚕豆）与休闲炕土比较，紫色土 30 cm 土层全氮含量高出 0.02%，土壤容重减少 0.05 g/cm^3，玉米亩*产增加 36.4 kg，增长率为 16.4%。小麦种在玉米带并有秋绿肥培肥茬口，也得到类似结果。由于地力恢复，小麦—玉米两熟制作物茬口变瘦为肥。由以上可知，由于人为活动的参与，土壤由被动利用自然恢复地力转变为有目的地定向培肥肥力，土壤肥力有序上升；而不合理的轮作会使土壤肥力下降。

（二）施肥管理影响紫色土理化性质

无论施用有机肥还是无机肥，都能增加土壤养分。无机肥大多易于溶解，施用后，除部分无机肥被土壤吸收保蓄外，作物可以立即吸收。而有机肥，除少量养分可供作物直接吸收外，大多数须经微生物分解才能被作物利用。在有机肥分解过程中，会产生二氧化碳以及各种有机酸和无机酸。二氧化碳除被植物吸收外，溶解在土壤水分中形成的碳酸与其他各种有机酸、无机酸相似，都有促进土壤中某些难溶性矿质养分溶解的作用，从而增加土壤中的有效养分含量。

有些物质（如石灰、石膏）除直接增加土壤相应元素的养分含量外，还能通过调节土壤反应，提高土壤中有效养分的含量。施用有机肥和含钙质多的肥料，除了能增加土壤养分外，还能促进土壤团粒结构的形成。因为有机肥在土壤动物和微生物的作用下进行矿化作用，增加土壤有效养分和土壤腐殖质含量。腐殖质在土壤中遇到钙离子就会与土粒凝聚在一起，形成水稳定性团粒结构，改善黏土的坚实板结和沙土的跑水漏肥等不良性状，提高了土壤肥力。增施有机肥能促进微生物的活动。由于微生物活动，既增加土壤中的矿物质营养和腐殖质，还能产生多种维生素、抗生素、生长素等，增加土壤生理活性物质。

有研究表明，长期单施化肥可使土壤容重增加，土壤孔隙度和水分含量降低，破坏土壤结构。施用生物炭后，紫色土 pH 和养分含量明显提升，生物炭可以降低土壤容重，增大土壤孔隙度，增强土壤持水能力，促进土壤团聚体形成，改变土壤理化性质，起到减流减沙、增加土壤抗蚀性效应的作用。同时，施加生物炭还能培肥地力，提升耕层土壤质量，达到增产的目的。化肥和生物炭配施能更好地改善土壤的理化特性，进一步提高土壤的保水、保肥、保气性。例如，叶青（2020）等以紫色土坡耕地耕层土壤为研究对象，以不施肥为对照，设置了化肥以及生物炭＋化肥两种管理措施，对比分析土壤管理措施对土壤理化性质及力学性能影响。结果表明，化肥管理措施未能改善土壤结构，但能提高土壤养分，而采用生物炭＋化肥管理措施的土壤结构和肥力状况均有效改善，耕层土壤容重减小，土壤物理性黏粒含量降低，孔隙度及饱和含水量明显增加，有机质含量最高，土壤肥力状况最

---

* 亩为非法定计量单位。1 亩＝1/15 hm^2。

好；化肥管理措施能减小土壤贯入阻力，有利于植物根系生长发育，两种管理措施都有利于表层土壤抵抗剪切而不发生变形破坏，提升土壤抗侵蚀能力（表1-31）；两种管理措施对紫色土坡耕地侵蚀耕层质量都有不同程度的提升，生物炭＋化肥管理措施的耕层土壤质量指数最大，耕层质量提升效果最好，玉米产量最高（图1-6），同时对紫色土坡耕地耕层土壤结构及土壤养分提高作用强，更有利于紫色土坡耕地耕层质量恢复。

表1-31 坡耕地耕层质量评价指标变化特征

管理措施	物理黏粒含量（%）	土壤容重（g/cm³）	抗剪强度（kg/cm²）	贯入阻力（kg/cm²）	有机质（g/kg）	全氮（g/kg）
对照	42.7	1.42	8.46	20.10	8.72	0.66
F	36.7	1.45	9.08	12.81	9.26	0.70
B+F	35.0	1.35	9.09	21.71	12.45	0.96

注：F表示化肥管理措施，B+F表示生物炭＋化肥管理措施。

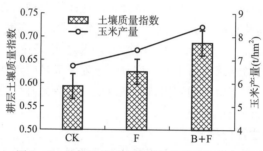

图1-6 坡耕地耕层土壤质量指数及玉米产量

（三）移土培肥快速改变坡耕地紫色土的理化性质

三峡库区剧烈的水土流失、土地资源超负荷开发利用以及化肥和农药的应用等，已经造成了该地区的土地退化，移土培肥工程将长江沿岸的冲积土搬运至以上区域后，与该地区原有的耕作土壤（紫色土）混合翻耕，快速增加耕作层土壤厚度。目前，在我国大范围进行的土地整治工程，通过坡改梯、平整土地、修筑条田等工程，将表土剥离并对下部土壤或母质进行平整，修筑条石坎后将剥离土层重新覆于下部土体上，造成土壤颗粒的均匀化和土体构型的改变。例如，黄闰泉等（2007）研究移土培肥对耕地土壤肥力、土壤水分、农林作物产量的影响。结果表明，移土培肥对耕地有显著影响，坡耕地全氮含量增加191.7%，土壤有机质含量增加106.2%，全钾含量增加104.7%，与移土培肥前一年相比，各试验小区作物产量显著增加，园地、梯地和坡地脐橙平均增产率分别达11.73%、15.77%和15.37%，坡耕地增产率高达27.90%，而没有采取移土培肥措施的坡耕地比上一年减产达11.00%。该研究表明，通过移土培肥工程，能显著地增加土层厚度以提高土壤保蓄水分的能力，提高紫色土的土壤生产力，从而达到生产稳定性的目的。

四、人类活动对紫色土健康的不良影响

人类不合理的土地利用、乱伐林木、陡坡垦殖，造成强烈的侵蚀、崩塌、滑坡、泥石流、水土流失等，使新土层裸露，严重阻碍了土壤的发育和形成，危害土壤健康。

（一）人类活动加剧紫色土酸化过程

酸沉降、不合理氮肥施用和作物收获带走土壤盐基离子是人为导致紫色土酸化的主要原因（Li，2019）。

酸沉降是指人为活动或自然过程产生的氮氧化物和硫氧化物，经过干沉降或湿沉降降落到地面的过程。酸雨直接带来的 H^+ 以及土壤中的氮在转化过程中产生大量的酸而加速了土壤酸化。随着工业

的发展,我国也成为继欧美之后酸沉降较为严重的地区。我国酸雨分布存在空间差异,主要分布在长江以南和青藏高原以东的地区。李士杏等(2005)比较了1983—1985年和2002年采集的紫色土样品pH:在20世纪80年代,强酸性土壤(pH≤5.5)占酸性紫色土的比例为39.5%;到2002年,种植玉米的旱地土中强酸性土壤占酸性紫色土的比例为51%,水稻土中强酸性土壤占酸性紫色土的比例为58.3%;研究结果表明,受酸沉降的影响,大部分紫色土已发生酸化,且酸化程度日益加深。

不仅仅是酸沉降,氮肥施用也会造成紫色土酸化(汪文强等,2014;Zhu,2015)。Zhang等(2017)基于长期定位试验分析了25年间(1991—2015年)氮肥施用对紫色土(pH 7.7)酸化程度的影响,与对照处理相比,施用尿素和NH_4Cl处理使紫色土的pH分别降低了0.9个单位和2.0个单位,交换性盐基总量分别降低了10%和16%。氮肥中的铵态氮肥对土壤的酸化作用极强。例如,NH_4Cl、$(NH_4)_2SO_4$等都是生理酸性肥,施入土壤后,植物选择性吸收NH_4^+后释放出大量H^+,导致土壤酸化。此外,土壤中NH_4^+转化为NO_3^-会产生大量的H^+,1 mol的NH_4^+会释放2 mol的H^+,直接导致土壤酸度增加。Fang等(2012)研究发现,添加尿素后,土壤的pH显著下降。除直接释放H^+外,进入农田土壤中的NH_4^+还会被土壤胶体所吸附,与土壤胶体表面的盐基离子竞争阳离子交换位点,造成土壤交换位点减少,导致盐基离子淋失,土壤的盐基饱和度降低。

除酸沉降和化肥施用导致土壤酸化外,由植物生长及耕作方式导致的紫色土酸化问题也较为突出(李涛等,2021)。作物在生长过程中会吸收大量的盐基离子,收获时从土壤中移走大量盐基养分,导致土壤中阴离子、阳离子收支不平衡,若未及时补充,就会造成土壤酸化。Zhang等(2017)发现,连续10年种植烟草造成土壤酸化和土壤酸缓冲能力下降。这可能源于农作物收获从土壤中移走钙、镁、钾等盐基养分,从而加速了土壤酸化。另外,当植物吸收阳离子并释放质子后,也会造成土壤酸化。例如,具有喜铵富铝特性的茶树吸收Al^{3+}等阳离子后,会释放H^+,从而造成茶园土壤的酸化(Wan,2012)。山茶科植物中的茶树,是一种喜酸植物,在酸性土壤中生长,且本身与土壤中的铝存在密切联系,使土壤酸化(丁瑞兴,1991)。当植物对阳离子的吸收量大于对阴离子的吸收量时,也会造成土壤质子收支不平衡,从而造成土壤酸化(Fuji,2017)。在某种程度上,收获植物所造成的土壤酸化作用甚至高于酸沉降所产生的酸化作用,且这种由收获植物所导致的酸化是土壤矿物风化难以缓冲的(Duan,2004)。此外,植物残体在分解过程中也可产生酸性物质(如有机酸等),从而使土壤酸化。

(二)人类活动对紫色土水土流失的影响

土壤侵蚀会破坏紫色土的层次结构,影响其形成过程,土壤属性发生剧烈变化,并且会限制土壤的生产力,导致坡耕地面积减少、农作物产量下降,土壤侵蚀是影响土壤质量的障碍因素之一。紫色土质地松软,土壤结构较差,抗冲刷和侵蚀能力较弱(黄丽,1999),其主要分布区属于亚热带湿热气候,这使紫色土极易发生水土流失(贾艳,2009)。

土地利用方式不仅影响土壤的理化性质,还通过改变土壤渗透性、径流、植被覆盖等对土壤侵蚀产生影响。我国大多数紫色土坡地已经被开垦为耕地,受到强烈的人为活动影响,紫色土区是我国土壤侵蚀最严重的地区之一(Zhang,2012),紫色土受侵蚀后会影响土地生产力,进而影响农业可持续发展(杨红薇,2009)。

周璟(2009)发现,耕地的坡度会对紫色土的侵蚀和养分状况造成影响,径流量和产沙量大小顺序均为25°坡耕地>20°坡耕地>10°坡耕地>15°坡耕地,在15°坡耕地上径流量和产沙量均为最小。杨红薇(2009)发现,种植模式与水土和养分流失状况密切相关。传统的玉米-番薯模式下,全氮通过地表径流和泥沙迁移的流失总量最大,对环境造成的影响较大,而紫花苜蓿-青蒿模式有利于增加紫色土全氮含量。

贾艳(2008)采用Meta分析了农田、林地、果园、草地4种土地利用方式下紫色土的水土流失状况,林地和草地两种利用方式减沙、减土效应好于农地。当农作物处于幼苗时期,传统农耕地大部分表土裸露,植被覆盖度较低,易遭受降水径流冲刷侵蚀,养分随土壤细颗粒流失;而且,农作物秸秆还田难，耕地腐殖质和有机质缺乏，土壤团聚体结构和稳定性较差，土壤颗粒水稳性差，导致土壤抗蚀性能减弱，故农地水土流失比其他3种土地利用类型更为严重。农地受人为扰动大、土壤疏松，容易造成大量流失。不同土地利用方式的土壤渗水性不同，土壤入渗特性是影响土壤水分运动和土壤抗侵蚀能力的重要性质。研究表明，紫色土不同土地利用方式的入渗特征不同且稳定入渗率差异明显，其中，林地＞农地，农地的稳定入渗率较低，故农地产流产沙较多。

植被在土壤表面形成一层天然的保护层，有助于减缓雨水冲刷和土壤侵蚀。加强紫色土坡耕地植物篱与农田合理组合构建，有利于减少紫色土水土流失。因为植物根系与土壤相互作用能显著提高土体抗剪强度（肖盛燮等，2006；余芹芹等，2012），改善土壤结构，增强土壤水分入渗（李坤等，2017；李裕元等，2010；张光辉，1996），增强土壤抗侵蚀能力。植被护坡在改善生态环境、减少水土流失、涵养水源、固土护坡等方面具有不可替代的作用。陈洪松等（2005）研究表明，提高植被的覆盖度可以明显延迟土壤的产流，进而提高土壤的水分入渗，并在一定程度上促进土壤水分向深层土体运移。

（三）农药的不合理施用影响紫色土健康

农药是在农业生产中用于控制害虫、杂草和病害的一系列物质。虽然农药的使用可以提高农作物产量和质量，但不规范地使用农药会造成严重的土壤环境污染。农药残留是指在农产品、土壤、水体等环境介质中残留的农药物质，长期使用会导致土壤中的农药残留超标，从而造成农作物中毒。农药残留会污染土壤、水体和空气，破坏生态平衡，影响生物多样性，影响土壤质量和农作物品质，降低农业生产效益，影响农业可持续发展。为了减少农药残留对人体健康和环境的危害，应加强对农药的监管，推广绿色农业、有机农业、生态农业等可持续农业模式，减少农药使用量和频率，提高农药使用效率（王哲，2023）。

周定建（2010）研究指出，百草枯和草甘膦对紫色土中的细菌、放线菌、真菌均有显著抑制作用，草甘膦浓度越高，对真菌的抑制作用越强。史婕（2011）研究了残留态联苯菊酯对紫色土土著微生物数量的影响。结果表明，低浓度联苯菊酯对土著细菌和放线菌有显著的促生效应，但对土著真菌有显著且迅速的抑制作用，即使在 2.50 mg/kg 的残留水平下，真菌数量也会在施加联苯菊酯后第 2 天发生显著降低。

（四）人类活动造成抗生素残留与积累的新污染问题

由于抗生素在畜禽养殖中的广泛使用，粪便中的抗生素残留以其本体或代谢产物的形式进入土壤环境，已成为农田生态系统受抗生素污染的重要来源。紫色土丘陵区是四川盆地重要的畜禽养殖区域，每年的畜禽出栏量位居全国前列，2010年四川省畜禽粪便排放量为18.8亿 t。同时，四川省是兽用抗生素的消费大省（Van Boeckel，2015），这给紫色土丘陵区的土壤带来潜在的生态环境风险。

程建华（2019）对紫色土丘陵区养猪场、养鸡场和养牛场的畜禽粪便中抗性基因进行检测，氟喹诺酮类/氯霉素类/酰胺醇类抗性基因（FCA）、氨基糖苷类抗性基因（Aminoglycoside）、β-内酰胺类抗性基因（β-Lactamase）、大环内酯类-林肯酰胺类-链阳性菌素 B 类抗性基因（MLSB）、多重耐药类（Multidrug）、磺胺类抗性基因（Sulfonamide）、四环素类抗性基因（Tetracycline）、万古霉素类抗性基因（Vancomycin）是主要被检测出的抗性基因，猪粪中的抗性基因相对丰度最高，鸡粪中的抗性基因种类最多。

粪肥的施用使紫色土受抗生素污染的程度增加。刘欣雨（2022）研究抗生素在石灰性紫色土的迁移特点发现，在施用鸡粪后，磺胺类抗生素在地表径流和地下渗流检出量可达 1.22～4.07 μg/L 水平，喹诺酮类和四环素类也在径流中被检出。近年来，果园养鸡作为一种生态养殖模式在我国广泛发展，而粪肥施用造成的植被破坏、土壤侵蚀及抗生素残留污染等问题，尚未引起足够重视（高俊敏等，2021；Khan，2016；邬枭楠等，2013）。尤其在丘陵区，由于果园零散分布在坡中和坡上部，鸡粪中的抗生素残留更易随坡面径流迁移，从而加剧对周边水土环境的生态风险。当抗生素随粪肥进入土壤中，可通过地表径流直接进入周边地表水体，也可通过淋溶在土壤中垂向迁移而进入地下水（田野、刘善江，2012；赵富强等，2022）。

人类活动作为影响土壤的重要因素，是一把"双刃剑"。合理的人类活动往往可以培育出肥沃高产的土地，给人类的生产活动带来富足的生活资源。不合理的人类活动会对土壤造成负担，导致土壤退化，如土地荒漠化、土地盐碱化、土地石漠化等，这些退化往往是不可逆的。当前，人口与土地、环境的矛盾日益突出，要特别注意一些非理性的人为活动对土壤发生、发展造成的消极影响。例如，陡坡垦殖加速水土流失，滥垦草地导致快速沙化，掠夺式生产经营造成土壤肥力衰退，大量使用农药和城市排放工矿废物、废气、污水造成土壤污染等。人类活动必须符合土壤发生、发展的客观规律，尽可能避免对土壤造成不利影响，应采取一切有效的措施，促进土壤向高肥力和高产出的方向可持续发展。

第二章 紫色土分类 >>>

土壤分类作为土壤科学的基础，是认识和管理土壤资源不可或缺的工具，是农业技术推广和合理开发利用土壤的重要依据，也是国内外土壤信息交流的媒介。土壤分类如同土壤科学的一面镜子，不同时期的土壤分类反映了当时土壤科学发展的水平。随着应用信息技术的飞速发展，土壤科学逐渐走向数字化和信息化，这对土壤分类研究提出了更高、更新的要求。紫色土是我国重要的土壤资源，在农业生产中发挥了重要的作用，因而在我国备受关注。因此，为适应时代需求和学科发展，进一步完善我国现行土壤分类系统，更好地服务农业生产，明确紫色土分类概况及依据是十分重要的前提。近年来，陆续有学者在紫色土分类研究上取得了一系列新的进展，为紫色土分类方案的完善提供了重要参考。本章将结合这些成果，对紫色土发生分类概况及其在中国土壤系统分类中的归属进行介绍。

第一节　紫色土发生学分类

一、紫色土发生分类历史概述

紫色土是由紫色岩风化发育形成的一种岩性土，主要分布在我国南方，四川、重庆、云南、贵州、广西、广东、湖南、湖北、安徽、江西、福建、浙江、江苏、海南等 10 多个省份均有分布。其中，以四川盆地最为集中、面积最大、最具代表性。

紫色土的分类研究经历了较长的历程，自 20 世纪 30 年代开始，国内外学者便开始对紫色土进行分类研究。1935 年，美国土壤学家 J·梭颇在重庆进行土壤考察时，将其命名为"四川灰棕色森林土"。1936 年，改为紫棕壤，并与黑色石灰土归为一组，以区别于华南贫瘠的红壤（Throp J，1936）。1940 年，侯光炯称其为"纯质原色土"，并将已出现酸化和黄化的紫色土称为"变质原色土"，以示土壤的幼年性和岩性土特征。1941 年，"中国土壤分类方法草案"正式将其命名为紫色土，并根据 pH 和石灰反应划分为碱性、中性、酸性 3 个亚类。1945 年，《四川之土壤》一文中对紫色土进行了专章论述（余皓、李庆逵，1945）。

20 世纪 50—60 年代，受苏联地理发生分类和农业土壤学的双重影响，紫色土分类研究表现出一定程度的混乱。新中国成立初期，为了全国土壤调查制图的需要，紫色土作为一种独立的土类被列入了土壤分类方案，后受苏联学者观点的影响，又将紫色土划分到黄壤和棕色森林土两个土类。1964 年，全国土壤普查办公室根据紫色土的农业利用，把紫色土归属为紫泥田和紫泥土两个大土类。这一时期，在紫色土亚类的划分上也存在很大分歧。1956 年，《四川盆地内紫色土的分类与分区》一文中提出，将紫色土划分为紫色幼年土、紫色旱作土和紫色水稻土 3 个亚类（侯光炯，1956）。有研究者主张土壤分类应突出土壤肥力的观点，根据无机胶体的好坏，将紫色土分为紫黑泥土、紫棕泥土、紫红泥土 3 个亚类；也有研究者则坚持保留过去的碱性紫色土、中性紫色土和酸性紫色土 3 个亚类（中国科学院成都分院土壤研究室，1991）。然而，由于论据不足，各种分类方案仅停留在讨论阶段，并未付诸实践。

20 世纪 70 年代末至 80 年代初开展的第二次全国土壤普查积累了丰富的资料数据和实践经验，这极大地推动了我国土壤分类工作的进步。1978 年，《中国土壤分类暂行草案》将紫色土归入岩成土纲，下分暗紫泥土、棕紫泥土、黄紫泥土和红紫泥土 4 个亚类，但仍保留按酸性、中性、石灰性划分亚类的意见（龚子同等，1978）。1979 年，全国土壤普查办公室拟定的中国土壤分类系统中，将紫色土归为初育土纲和石质初育土亚纲，按酸性、中性、石灰性划分紫色土的亚类，并分别拟定了亚类的主要特征（曾觉廷，1984），此方案一直沿用至今。进入 20 世纪 90 年代，各地相继出版了一系列土壤普查的成果专著。1991 年出版的《中国紫色土（上篇）》系统且详细地论述了紫色土的发生分类，紫色土的分类日趋完善（中国科学院成都分院土壤研究室，1991）；21 世纪初出版的《中国紫色土（下篇）》，对我国 10 多个省份紫色土的研究成果进行了总结（何毓蓉等，2003）。

二、紫色土发生分类方案及依据

紫色土是在亚热带和热带气候下，由紫色岩风化物发育形成的一种非地带性土壤，常与地带性土壤（如黄壤）呈复区分布。与其他土壤一样，紫色土既受自然因素和人为成土因素的影响，又具有自身独特的属性，紫色土成土速度快、物理风化强烈、发育进程缓慢、土壤年龄稳定在幼年阶段；土体较浅薄且层次分化不明显，呈现出黄紫色、棕紫色、灰紫色等稳定的紫色；矿质养分丰富，生产性能优良。因此，紫色土的分类不仅要遵循发生分类的共性原则，还要重点突出紫色土的特点。在紫色岩和紫色土分布面积最大、最为集中的四川盆地，紫色土分类研究时间长、范围广、成果丰富，已经形成了较为完善的分类体系。为此，本章主要以四川盆地紫色土分类方案为例（四川省农牧厅和四川省土壤普查办公室，1997），对紫色土发生分类的原则与依据进行介绍。

我国的土壤发生分类以发生学理论为指导，以成土条件、成土过程和土壤基本属性为依据，并充分考虑土壤剖面形态特征，采用土纲、亚纲、土类、亚类、土属、土种和变种 7 级分类制对土壤进行分类（目前，变种已不再使用，故不介绍）。在四川盆地发生学分类方案中，紫色土被划分为独立的土类，隶属于初育土纲-石质初育土亚纲，细分为酸性紫色土、中性紫色土和石灰性紫色土 3 个亚类。其中，酸性紫色土亚类划分为红紫泥土和酸紫泥土两个土属；中性紫色土亚类划分为灰棕紫泥土、暗紫泥土和脱钙紫泥土 3 个土属；石灰性紫色土亚类划分为棕紫泥土、红棕紫泥土、黄红紫泥土、砖红紫泥土和原生钙质紫泥土 5 个土属。根据影响土壤生产利用的性质差异，每个土属又分为若干个土种。表 2-1 列举了四川盆地的紫色土发生分类方案。

表 2-1　四川盆地紫色土发生分类方案

土纲	亚纲	土类	亚类	土属
初育土	石质初育土	紫色土	酸性紫色土	红紫泥土
				酸紫泥土
			中性紫色土	灰棕紫泥土
				暗紫泥土
				脱钙紫泥土
			石灰性紫色土	棕紫泥土
				红棕紫泥土
				黄红紫泥土
				砖红紫泥土
				原生钙质紫泥土

注：本表参考《四川土壤》（四川省农牧厅和四川省土壤普查办公室，1997）改制。

紫色土为初育岩性土，受生物气候带影响较小，发育阶段差异不明显，故亚类的划分主要反映母岩沉积过程形成的岩性差异及其所导致的土壤性质差异，即以成土母质的基本类型和土壤的理化属性为主要依据，并以土壤的 pH 和碳酸钙含量作为主要分异指标。紫色风化物和土壤碳酸钙含量<1%，pH 小于 6.5，划分为酸性紫色土；碳酸钙含量 1%～3%，pH 6.5～7.5，划分为中性紫色土；碳酸钙含量大于 3%，pH 大于 7.5，划为石灰性紫色土。

同一亚类下土属的划分，则主要依据母质的类型、性质和水文、地质等因素，具体如下。①母质的性质差异，如砂岩、泥岩、砾岩及其组合特点。不同紫色岩石地层的岩石组成及其层序组合特点不同，造成了母质性质的差异，进而导致成土过程和土壤属性存在差异。②紫色沉积岩的沉积相和古气候、古水文等差异。紫色岩的沉积相和古气候、古水文特点对岩性影响深刻。由于沉积相的变化，使紫色沉积岩产生了厚度和细度不等的砂页岩互层组合，形成砖红-棕红、棕-紫、灰紫 3 个岩层基本色调，石灰反应从强到弱的三大岩性类型。古气候和古水文会使母岩存在先天的氧化、还原、淋洗和沉积差异，从而在颜色上表现出红棕、棕、灰棕的变化。母岩及土壤色调的变化在土属的命名上也有所体现，如中性紫色土亚类的灰棕紫泥土、暗紫泥土，石灰性紫色土亚类的棕紫泥土、红棕紫泥土、砖红紫泥土等。③某些特殊的成土因素，如降水导致母质的特性发生特定变化（如碳酸钙含量和 pH 的变化），致使形成于同一岩群的土壤性质各异。例如，中性紫色土亚类下的脱钙紫泥土土属，其富钙母岩可发育成为石灰性紫色土，但由于成土过程经历了强烈的淋洗作用，使原本富钙的紫色母质或土壤盐基离子大量淋失，碳酸钙含量降低，从而发育形成中性紫色土。

三、紫色土亚类及典型土属分述

不同类型紫色土的成土条件和自身属性有一定差异，使得其生产性能有高低优劣之分，与之匹配的改良利用措施也有所不同。这里以紫色土分布最为集中的四川盆地为例，简要分述该区域紫色土各亚类和典型土属的主要特征（四川省农牧厅和四川省土壤普查办公室，1997）。

（一）酸性紫色土亚类

酸性紫色土母质先天发育程度相对较深，风化度高，多数土壤质地轻，沙粒含量较高，透水性好，其分布区域降水充沛，土壤淋溶势强。由于先天淋溶或后天淋溶较为强烈，土壤中的钙质和其他盐基离子大量淋失，氢离子活度不断增加，最终形成 pH 小于 6.5 的不饱和土壤。在四川盆地，酸性紫色土主要分布在西南部的深丘窄谷和盆周山地。

酸性紫色土的母质大致可分为盐基性紫色砂页岩风化物、紫色古风化物和酸性砂页岩风化物 3 种，3 种母质的成土过程具有各自特征。①盐基性紫色砂页岩风化物富含碳酸钙，但在亚热带多雨地区，由于长期遭受降水的强烈淋洗，母质和土壤中的盐基离子与游离钙质大量淋失，导致土壤变酸、黏粒硅铝分子率降低，最终形成不饱和的酸性土，土壤出现明显的层次分化，但颜色与母质颜色基本保持一致。②紫色古风化物母质主要分布在四川盆地东南部侵蚀地貌区域的开阔平面上，属残积物。在湿热古气候下，古风化物长期遭受强烈的先天淋洗，盐基离子大量损失，pH 降低，化学风化度加深，形成酸性紫色土，土壤易发生酸化和黄化。但由于紫色古风化物成土过程中存在"复钙过程"，故发育形成的土壤盐基饱和度仍较高。③酸性砂页岩的岩石颗粒较粗，岩石及其风化物的透水性好，在降水条件下易遭受淋洗，且部分砂岩在湿润古气候下发生先天的黄化，此类母质的先天淋溶和后天淋溶均较强烈，钙质基本淋失殆尽，母质酸性强，发育成的酸性土壤是酸性紫色土亚类的代表性土壤。

表 2-2 列举了四川盆地酸性紫色土亚类的分类方案。酸性紫色土亚类根据母质的性质差异，可划分为酸性砂页岩发育的红紫泥土和含钙母质淋溶脱钙形成的酸紫泥土两个典型土属。根据影响土壤管理和利用的相关性质差异，两个土属又划分为若干土种（表 2-2）。

表 2 - 2　酸性紫色土典型土属与土种

亚类	土属	土种
酸性紫色土	红紫泥土	红紫砂泥土
		红紫砂土
		厚层红紫砂泥土
		厚层红紫砂土
	酸紫泥土	酸紫泥土
		酸紫砂泥土
		酸紫砂土
		酸紫黄泥土
		厚层酸紫砂泥土
		中层酸紫砂泥土

注：本表参考《四川土壤》(四川省农牧厅和四川省土壤普查办公室，1997）改制。

酸性紫色土的典型土属及其主要特征如下：

1. 红紫泥土　该土属主要分布在丘陵和低中山的谷地、坡地；成土母质主要为白垩系夹关组砖红色砂岩风化物（图 2-1），岩石中石英等粗颗粒含量较高，岩石和风化物透水性好，先天和后天的淋洗均较为强烈，符合酸性紫色砂岩风化物发育形成的紫色土典型特征。砂岩成土速度相对紫色泥岩慢，且土壤侵蚀严重，故土层浅薄；因母岩沙粒含量较高，故质地多为壤质沙土、沙质壤土至黏壤土；土壤酸碱反应多呈酸性至微酸性，少数呈强酸性（pH 4.5），无石灰反应；有机质和氮、钾含量均属于中等偏下水平，磷素由于先天和后天的强烈淋洗而严重损失，铜、硼、锌等微量元素缺乏。

图 2-1　白垩系夹关组砖红色砂岩出露景观
（地点：重庆江津；慈恩 摄）

总体来看，该土属具有酸、沙、薄、瘦的特点，宜种植姜、甘薯和花生等作物。此外，红紫泥土土属覆盖林区面积大，盛产毛竹、柑橘和油桐等作物。改良利用上，应增施有机肥，实行绿肥轮间套作和秸秆还田，提高土壤有机质含量；适量施用石灰或其他土壤改良剂，调节土壤酸度；窝施或条施磷肥，补施微量元素肥料；对于陡坡薄土，应整治坡面水系，改坡为梯，结合相关耕作措施减少水土流失或退耕还林，发展茶叶、香樟和楠竹等经济林木。

2. 酸紫泥土　该土属在酸性紫色土亚类总面积和耕地面积中占比均较大，主要分布在多雨湿润的山地、丘陵地区，常与中性紫色土或黄壤呈复区、零星点片状分布；成土母质主要为侏罗系和三叠系的紫色砂页岩和泥（页）岩风化物，含有一定量的碳酸钙；土壤酸碱反应多呈酸性至微酸性，少数呈强酸性，无石灰反应；土壤由各种含钙母质在强淋溶条件下发育形成，剖面出现较为明显的层次分化，黏粒硅铝分子率降低，黏化明显，是紫色土中发育程度最深的一个土属（图2-2）。

含钙母质的淋洗脱钙过程与所处的地形部位密切相关，酸紫泥土多分布在汇水较多、较平缓的地形部位，可能存在侧向淋溶。例如，该土属下的酸紫黄泥土土种，多分布于容易积水的丘陵和低山中下坡平缓地段，在渍水黄化和淋溶双重作用下发育而成。常因铁质游离水化、锰质下移，在表层以下层次出现黄化的现象，土壤颜色呈紫黄色或棕黄色，质地黏重，盐基离子淋失。该土属土壤潮湿，质地适中，耕性和通透性较好，耐旱怕涝，磷含量低，适宜马尾松等喜酸性林木生长；旱作土壤应注意增施有机肥，重施磷、钾肥，改善排灌条件，除湿防涝。

图2-2　酸紫泥土剖面
（地点：重庆江津；慈恩 摄）

（二）中性紫色土亚类

中性紫色土发育程度不深，剖面层次分化不明显，多为A-B-BC/C构型或A-（B）-C构型；土壤酸碱反应呈中性，一般无石灰反应；土层较厚，土壤质地适中，耕性较好，抗旱怕涝；黏土矿物以伊利石和蒙脱石为主，阳离子交换量较高，具有较好的胶体品质和良好的缓冲性能，土壤保肥供肥特性优良，是紫色土中肥力水平较高的亚类，土壤有机质、全磷、全钾含量中等，氮素和有效磷以及锌、硼、钼等微量元素都缺乏。

在四川盆地，根据母岩类型和性质的差异，中性紫色土亚类可划分为灰棕紫泥土、暗紫泥土和脱钙紫泥土3个土属，各典型土属与土种见表2-3。其中，侏罗系沙溪庙组母质发育形成的灰棕紫泥土，分布集中且土壤性质稳定，是中性紫色土亚类中具有代表性的土属；紫色岩的富钙母质在特定环境下（如经历强烈的降水淋洗）淋溶脱钙，土壤酸度下降，也可演变为中性紫色土，但土壤呈红棕色；钙含量较低的自流井组和三叠系飞仙关组紫色页岩发育形成的暗紫泥土，土壤酸碱反应也呈中性，但土壤性质不稳定，易出现黄化和酸化等。在四川盆地，中性紫色土主要集中分布在中南部的浅丘陵区和东北部的平行岭谷区。

表2-3　中性紫色土典型土属与土种

亚类	土属	土种
中性紫色土	灰棕紫泥土	灰棕紫泥土
		灰棕紫砂泥土
		灰棕石骨土
		灰棕紫砂土
		灰棕黄紫泥土
		中层灰棕紫泥土
	暗紫泥土	暗紫泥土
		暗紫砂泥土
		暗紫石骨土
		厚层暗紫泥土
		中层暗紫泥土
	脱钙紫泥土	紫泥土
		紫砂泥土
		紫色石骨土
		紫色粗砂土
		紫黄泥土

注：本表参考《四川土壤》（四川省农牧厅和四川省土壤普查办公室，1997）改制。

中性紫色土的典型土属及其主要特征如下：

1. 灰棕紫泥土 灰棕紫泥土的母质为侏罗系沙溪庙组灰棕紫色或紫色泥岩与砂页岩风化物，灰紫色页岩母质存在先天潴育，颜色不均一，夹杂条带或斑状灰绿色、灰白色等潴育杂色；由于先天淋溶和沉积作用，发育形成的土体中碳酸钙含量不高（图2-3）。

该土属是四川盆地中性紫色土亚类中总面积和耕地面积占比最大的一个土属，集中分布在盆地中南部和东部的浅丘陵、方山丘陵区。灰棕紫泥土的土层一般较厚，剖面发育程度较浅，呈 A-B-C 构型或 A-C 构型，旱地土壤耕作层为粒状结构；黏沙比例适中，土壤保水能力强，有一定的回润性，土壤水分状况较好，是紫色土中抗旱能力最强的土属。土壤胶体品质较好，保肥供肥性能优良，肥力水平较高，是四川盆地丘陵区的高产土壤。应注意化肥施用须适量，并增施有机肥，以减少土壤的酸化问题。

2. 暗紫泥土 暗紫泥土的成土母质主要为侏罗系自流井组、新田沟组及三叠系飞仙关组、巴东组等暗紫色泥岩和紫灰色砂页岩风化物，母质的碳酸钙含量低，加之母质和土壤的盐基有所淋失，土壤的碳酸钙含量较低，土壤酸碱反应多呈中性，一般无石灰反应（图2-4）。土壤性质不稳定，在微地形和降水等因素影响下，易出现黄化、酸化等现象。该土属在四川盆地中性紫色土亚类中的面积占比仅次于灰棕紫泥土，主要分布在四川盆地南部和西南部地区。

图2-3 灰棕紫泥土-灰棕紫砂泥土剖面
（地点：重庆垫江；慈恩 摄）

图2-4 暗紫泥土-暗紫砂泥土剖面
（地点：重庆北碚；慈恩 摄）

暗紫泥土的母质物理风化速度较慢，岩石碎屑多呈片状和核状，形似梭沙，低槽地质地稍偏黏。母质颜色为暗紫色调，发育形成的土壤颜色也较深，且由于母质存在不同程度的先天潴育，潴育杂色斑驳。土壤颜色变化较大，从四川盆地南部至北部，由暗紫色变为棕紫色。该土属土层一般较厚，有机质和全氮含量较高，自流井组和新田沟组发育母质因存在先天淋溶，土壤的全磷含量低，而飞仙关组页岩风化物发育的土壤磷素和钾素含量均丰富；土壤的保水保肥性能好，宜种性广。农耕地应改善排灌条件，增温除湿，重施底肥，早施追肥。对少数质地较黏的土壤，应深耕炕土，适量增施有机肥，结合秸秆还田等措施改良土壤结构。

3. 脱钙紫泥土 脱钙紫泥土的母质主要是侏罗系蓬莱镇组和遂宁组等紫色富钙泥岩和砂岩风化物，由于降水和微地形的影响，各种富钙的石灰性紫色土遭受强烈的淋洗，盐基离子大量淋失，碳酸钙含量降至 1% 左右，土壤 pH 降低至 7.1 左右，一般无石灰反应。伴随着盐基离子的淋失，土壤发生明显的黏化，粉沙粒（<0.02 mm）含量大于 50%，黏粒（<0.002 mm）含量大于 20%，土壤质地多为黏壤土，少数为壤质黏土至黏土，有一定的保水保肥能力和回润性。土壤发育程度不深，剖面层次分化不明显（图 2-5）。脱钙紫泥土在四川盆地中性紫色土亚类中的面积占比最小，主要分布在盆地西南部及盆周山地多雨湿润地区，多位于低山和丘陵中下坡平缓地段，常年有水持续流过。

在改良利用上，应聚土垄作，增厚土层；增施有机肥，结合秸秆还田等耕作措施，改善土壤结构和通透性；重施底肥，配施磷肥和锌、硼、钼等微量元素肥料；通过整治坡面水系、坡改梯或横坡耕作等工程措施和增加地表覆盖等生物措施控制水土流失；陡坡薄地退耕还林，发展经济林木。

（三）石灰性紫色土亚类

石灰性紫色土的成土母质主要是侏罗系蓬莱镇组和遂宁组的钙质泥岩、砂页岩风化物，兼有部分侏罗系上沙溪庙组、自流井组等钙质紫色泥岩、粉砂岩、砂岩以及三叠系巴东组、飞仙关组

图 2-5 脱钙紫泥土-紫泥土剖面
（地点：重庆忠县；慈恩 摄）

钙质紫色泥岩风化物。另外，白垩系灌口组、正阳组和城墙岩群以及第三系岷山群红色砂页岩风化物钙质含量较高，也可发育成石灰性紫色土。石灰性紫色土表现出岩性土的典型性状，其母岩、母质和土壤的碳酸钙含量差别不大，均较为丰富，且土体内碳酸钙含量几乎没有垂直分异。侏罗系遂宁组和蓬莱镇组地层母质碳酸钙含量最为丰富，发育成的土壤碳酸钙含量水平也最高，土壤 pH 在 8.0 左右。石灰性紫色土是四川盆地紫色土中面积占比最大的亚类，其分布较为广泛，成片集中分布于盆地的腹心丘陵区，主产粮食和水果等，在农业生产上极为重要，是四川盆地的代表性土壤，也是紫色土的代表亚类。

石灰性紫色土的剖面发育程度很浅，无明显层次分异，多呈 A-B-C 构型或 A-C 构型；由于成土速度快，以物理风化为主，加之强烈的侵蚀，使土壤多混杂母岩碎屑，砾石含量较高，在某些地形部位较高或坡度较大的地方，表层土壤也出现较多的岩石碎屑，土壤结构很不稳定，这种土壤被当地群众称为石骨子土。石灰性紫色土的风化度较浅，黏土矿物为含钾量丰富的长石、云母等原生矿物和伊利石等次生黏土矿物，因而土壤钾含量丰富，全磷含量也较高，有效锌和钼缺乏。土壤沙黏比例适中，通透性好，易于排涝，保肥供肥能力强，耕性良好，宜种性广。在四川盆地，按成土母质理化性质的差异，石灰性紫色土亚类可细分为棕紫泥土、红棕紫泥土、黄红紫泥土、砖红紫泥土和原生钙质紫泥土 5 个土属（表 2-4）。

表 2-4 石灰性紫色土典型土属与土种

亚类	土属	土种
石灰性紫色土	棕紫泥土	棕紫泥土
		棕紫砂泥土
		棕紫石骨土
		棕紫砂土
		棕紫黄泥土
		中层棕紫泥土
	红棕紫泥土	红棕紫泥土
		红棕紫砂泥土

（续）

亚类	土属	土种
石灰性紫色土	红棕紫泥土	红棕石骨土
		红棕紫砂土
		红棕紫黄泥土
		中层红棕紫泥土
	黄红紫泥土	黄红紫泥土
		黄红紫砂泥土
		黄红紫石骨土
		黄红紫砂土
		黄红紫黄泥土
	砖红紫泥土	砖红紫泥土
		砖红紫砂泥土
		砖红紫石骨土
	原生钙质紫泥土	钙紫大泥土
		钙紫二泥土
		钙紫石骨土

注：本表参考《四川土壤》（四川省农牧厅和土壤普查办公室，1997）改制。

石灰性紫色土的典型土属及其主要特征如下：

1. 棕紫泥土　棕紫泥土的母质为侏罗系蓬莱镇组的泥（页）岩和砂岩风化物。蓬莱镇组岩层组合一般为紫色泥（页）岩夹长石石英砂岩互层（图2-6），以泥岩为主，由下而上岩石颗粒变粗，泥岩减薄。其中，砂岩呈硅质胶结，成岩坚硬，风化较慢；泥（页）岩富含钙质、易风化，抗侵蚀能力差。该土属是四川盆地石灰性紫色土亚类中总面积和耕地面积占比最大的土属，主要呈条带状辐射分布在盆地内部丘陵地区，盆地边缘紫色砂页岩出露地带也有少量分布。

图2-6　侏罗系蓬莱镇组砂泥（页）岩互层出露景观
（地点：重庆云阳；慈恩 摄）

土壤颜色从四川盆地内部至边缘，由鲜棕色变为暗棕色，碳酸钙含量5％～10％，土壤酸碱反应多呈微碱性，有石灰反应；土壤颗粒组成中沙粒（粒径0.02～0.2 mm）、粉沙（粒径0.002～0.02 mm）和黏粒（粒径<0.002 mm）的比例相近，土壤质地偏黏但又带沙性；土壤黏土矿物以伊

利石和蒙脱石为主，含钾丰富，是紫色土中钾含量最高的土属，土壤有机质和氮素偏低，有效磷含量不高。土壤通透性强，不易发生内涝，适宜种植甘薯等怕渍的作物，应合理选择施用酸性肥料，适量增施有机肥，补施水溶性磷肥；改善田间灌排条件，做好开沟排水、除涝除湿。

2. 红棕紫泥土　红棕紫泥土是由侏罗系遂宁组钙质泥岩、砂岩风化物发育形成的富钙紫色土，其碳酸钙含量约10%，高者可达15%，土壤多呈微碱性，有石灰反应。遂宁组母岩为干热湖相沉积，岩层组合为鲜红色、棕红色砂质泥岩夹红色粉砂岩，钙质胶结物含量较高；岩层的抗侵蚀度极弱，物理风化强烈，土壤中多含半风化母岩碎屑，甚至成为多砾质土（当地群众称为红石骨土）。该土属常与棕紫泥土相伴分布，集中分布于四川盆地内部丘陵，呈条带状向盆地的东部和南部辐射，盆地北部分布较少。土壤颗粒组成中砾石和粉沙含量均较高，土壤淀浆性强，蓄水保水能力差，少雨季节极易发生干旱，是四川盆地最易受旱的土壤之一。红棕紫泥土岩性特征明显，母质和土壤的矿物组成和化学组成基本相近，风化度低，剖面发育度极浅，多呈 A-B-C 构型或 A-C 构型（图 2-7）。

红棕紫泥土分布地带的自然植被是柏树，也是石灰性土壤的指示性植被。土壤有机质含量低，氮素不足，全钾含量丰富；由于石灰含量丰富，钙质磷的释放和转化速度慢，有效磷含量极低，锌、硼、铁等微量元素的有效性也较低。土壤含水率常年处于偏低水平，且土壤富含钾素。因此，甘薯、辣椒和黄桃等作物含糖量高，着色好，品质较高。应多措并举重点治理土壤侵蚀，实行坡改梯，整治坡面水系，增加地表覆盖，护土防冲，减少蒸发；改善农田水利条件，做好蓄水、引水工程配套建设，增强抗旱减灾能力；实行聚土垄作，增厚土层；宜少量多次施用生理酸性肥料。

3. 黄红紫泥土　黄红紫泥土在石灰性紫色土亚类中的面积占比仅次于棕紫泥土，主要分布在四川盆地的西北部，且自南向北呈纺锤状扩展。该土属主要由白垩系城墙岩群砂岩、泥岩风化物发育形成，母岩为白垩系晚期干热环境气候下的河流相沉积物，岩石呈棕红色、紫红色厚层块状的长石砂岩夹紫红、暗紫红色粉砂岩与泥岩互层，底部有含石英砾石的次圆状砾岩，岩层自上而下颗粒由粗变细，厚度由南向北逐渐变薄，抗侵蚀能力中等，有较明显的石灰反应。除黄红紫黄泥土土种的土壤有一定发育外，该土属的其他土壤发育度浅，剖面无明显层次分化（图 2-8）。土壤酸碱反应呈微碱性，石灰反应强烈。土壤沙性重，粉沙含量较高，有一定的回润能力，抗旱性较强。此外，由于粉沙含量较高，胀缩性小，加之钙质丰富、较易排水，土壤抗崩塌侵蚀。该土壤质地偏沙，耕性良好，宜种植甘薯、花生等作物，但矿质养分和有机质缺乏，应增施有机肥和氮、磷速效肥，补施微肥；对砾质非耕地，应大力发展果树和各种林木。

图 2-7　红棕紫泥土-红棕紫砂泥土剖面
（地点：重庆荣昌；慈恩 摄）

图 2-8　黄红紫泥土-黄红紫砂泥土剖面
（地点：四川剑阁；袁大刚 摄）

4. 砖红紫泥土 砖红紫泥土的母质来源主要是白垩系晚期灌口组和第三系名山群的砖红色砂页岩风化物，以及白垩系正阳组砖红色岩屑石英砂岩、砾灰岩风化物。白垩系灌口组和第三系名山群砖红色砂页岩为炎热干旱气候条件下的边缘湖相沉积，常被第四纪冰渍黄土覆盖。所以，砖红紫泥土常与黄壤呈复区分布。母岩由泥岩夹钙质粉砂岩组成，泥岩中夹薄层石膏和芒硝，因而，经极强的物理风化形成的风化物也富含钙质，并含有石膏和芒硝。该土属是四川盆地石灰性紫色土亚类中总面积和耕地面积占比最小的土属，主要分布在盆地西南部。

土壤发育度浅，剖面无明显层次分化，多呈 A-B-C 构型或 A-C 构型，酸碱反应多为微碱性，有明显的石灰反应（图 2-9）。由于母岩以泥岩和粉砂岩为主，土壤颗粒组成中的粉沙粒含量较高，遇雨易淀浆板结，造成作物闭气死苗，雨后应及时中耕松土。土壤保水保肥性能良好，有一定的抗旱能力；钾含量丰富，有机质含量低，磷素不足，锌、硼等微量元素缺乏，应补施磷肥和相应的微肥，增施有机肥，结合秸秆还田等措施改善土壤结构。此外，分布在低山、丘陵上部或顶部的耕地土壤（砖红紫石骨土），土体中母岩碎屑含量高，侵蚀严重，土层极为浅薄，抗旱性差，不保水肥，养分含量低。针对此种土壤，应实行聚土垄作，深啄基岩，增厚土层；整治坡面水系，工程措施与生物措施并重，控制水土流失；完善水利配套设施，多种植耐旱作物。

5. 原生钙质紫泥土 原生钙质紫泥土主要由侏罗系上沙溪庙组、自流井组等钙质泥岩、粉砂岩、砂岩以及三叠系巴东组、飞仙关组钙质紫色泥岩的风化物发育而成。部分沙溪庙组母质受古水文影响，发生先天性复钙，使原本缺钙或少钙的母质变为富钙母质，从而逐渐风化发育形成原生钙质紫泥土。该土属在石灰性紫色土亚类中的面积占比较小，主要分布在四川盆地中南部和东部。与石灰性紫色土亚类中的其他土属相比，该土属的碳酸钙含量相对较低，土壤酸碱反应呈微碱性，有石灰反应。土壤砾石含量较高，大于 2 mm 的砾石多为原生钙质结构（俗称白砂姜）；经过淋溶和富集，土体内也可形成次生钙质结核。由于存在先天复钙过程，与同为沙溪庙组母岩发育的灰棕紫泥土相比，原生钙质紫泥土盐基含量丰富，全磷、全钾含量较高，土壤发育进度较慢，黏化、黄化现象也不如灰棕紫泥土普遍。

该土属土壤颗粒组成中沙粒含量较高，但不同土种质地存在一定差异。钙紫大泥土质地相对黏重，多为壤质黏土或粉沙质黏土（图 2-10）；钙紫二泥土质地偏黏，但沙粒含量更高，不如钙紫大泥土黏重，故称为钙紫二泥土；而钙紫石骨土则具有更明显的岩性土特征，土层浅薄，土体中泥页岩碎屑多，颗粒组成中沙粒含量占比最大，质地多为砾质壤土。农耕地应整治坡面水系，降缓坡度或加强横坡聚土垄作，减少水土流失；增施有机肥，改善土壤结构；补施磷肥以及硼肥、钼肥等微肥。

图 2-9 砖红紫泥土-砖红紫砂泥土剖面
（地点：重庆黔江；慈恩 摄）

图 2-10 原生钙质紫泥土-钙紫大泥土剖面
（地点：重庆江津；慈恩 摄）

第二节　紫色土系统分类

一、紫色土系统分类研究进展

长期以来，我国的土壤分类主要采用发生学分类，并在开展土壤普查的基础上，结合获取的资料和数据不断修订与完善分类系统。直至 20 世纪 80 年代，随着国际交流日益密切，以诊断层、诊断特性为基础的美国土壤系统分类和联合国世界土壤图图例单元逐渐传入我国，推动了中国土壤定量化分类的发展进程。

从 1984 年开始，由中国科学院南京土壤研究所牵头，联合 30 多家科研单位和高校，正式着手中国土壤系统分类研究，历时十余载，取得了一系列令人瞩目的研究成果。这一时期，在国际定量化系统分类思想影响下，不少学者尝试建立紫色土分类诊断指标，开展紫色土系统分类研究。田光龙等（1989）研究总结了紫色土的性状特征，在中国系统分类中，将紫色土归入初育土纲、疏松岩性土初育土亚纲，下分为不饱和紫色土、饱和紫色土、钙质紫色土和典型紫色土 4 个亚类。唐时嘉等（1996）研究了四川、湖北、湖南、江西、浙江、云南等省份约 70 个紫色土剖面的属性特征，将它们分别归属为紫色湿润雏形土、紫色正常新成土 2 个土类和 9 个亚类。何毓蓉等（1999）提出以土壤质地、土层厚度和土壤肥力特征等三维指标对紫色土进行土壤基层分类的新方法，并在《中国紫色土（下篇）》中总结了我国 10 多个省份的紫色土系统分类研究成果（何毓蓉等，2003）。

21 世纪初，《中国土壤系统分类检索（第三版）》正式出版，系统分类高级单元的检索系统建立，标志着我国土壤系统分类的研究与实践进入了一个新的阶段，研究区域和规模不断扩大，紫色土系统分类研究也在广度上和深度上不断拓展。近年来，在全国范围内已开展了不少有关紫色土系统分类的研究（凌静，2002；章明奎等，2001；刘付程等，2002；唐江，2017；陈剑科，2019），诸多省份在其紫色土分布区域建立了一定数量的土族和土系（慈恩，2020；袁大刚，2020；章明奎，2020；黄标等，2020；王天巍等，2020；卢瑛等，2020；张杨珠等，2020）。其中，慈恩（2020）、袁大刚等（2020）针对四川盆地的紫色土，共建立了 80 个土族、106 个土系。此外，随着对紫色土系统分类研究的不断深入，逐渐发现个别诊断标准难以满足实际分类需求（欧阳宁相等，2017；慈恩等，2018；晏昭敏等，2020）。例如，对重庆境内紫色土进行分类检索时，发现大部分紫色土个体无法满足"紫色砂、页岩岩性特征"的色调标准（慈恩等，2018），若能适当调整现行颜色要求或增设相关亚类，可进一步提高系统分类的区分度和适用性。

二、中国土壤系统分类原则

中国土壤系统分类经历了几十年的发展，逐步走向定量化、标准化和国际化，作为土壤定量化分类载体的诊断层和诊断指标也不断精确和完善。目前，我国系统分类已形成了较为成熟的分类原则、诊断层和诊断特性、分类系统及其检索系统，并建立了基层分类单元的划分标准，具有鲜明的特色和科学的分类原则。

中国土壤系统分类采用多级分类制，设土纲、亚纲、土类、亚类、土族和土系 6 级。其中，前四级为高级分类单元，后两级为基层分类单元。现结合《中国土壤系统分类检索（第三版）》（中国科学院南京土壤研究所土壤系统分类课题组、中国土壤系统分类课题研究协作组，2001）、中国土壤系统分类土族和土系划分标准（张甘霖等，2013），对中国土壤系统分类中各级分类级别的分类原则作如下概括。

1. 土纲　土纲是土壤分类最高级别，其划分的总原则与国际土壤系统分类基本一致，依据是主要成土过程所产生的或影响主要成土过程的性质，即特定的诊断层和诊断特性。为正确反映我国土壤类型，在借鉴国际经验和总结国内成果的基础上，对部分土纲的建立和鉴别性质作了修订。例如，人为土纲的建立，以人为过程产生的性质（灌淤表层、堆垫表层、肥熟表层耕作淀积层、水耕表层和水耕氧化还原层）为依据。

2. 亚纲　亚纲是土纲的辅助级别，划分的主要依据是影响现代成土过程的控制因素所反映的性质，包括水分状况、温度状况和岩性特征等。例如，雏形土土纲根据土壤水分状况，可划分为干润、湿润、常湿和潮湿雏形土4个亚纲；人为土土纲根据土壤水分状况，可细分为水耕人为土和旱耕人为土2个亚纲；新成土土纲中的砂质新成土、冲积新成土和正常新成土3个亚纲则是根据岩性特征划分的。

3. 土类　土类是亚纲的细分，其类别划分的主要依据是反映主要成土过程强度或次要成土过程或次要控制因素的表现性质。例如，钙质湿润雏形土是根据反映母质岩性特征的性质划分的。

4. 亚类　亚类是土类的辅助级别，主要根据是否偏离土类的中心概念、是否具有附加过程的特性以及是否具有母质残留的特性划分。其中，代表中心概念的亚类为普通亚类；具有附加过程特性的为过渡性亚类（如漂白、黏化、耕淀、肥熟等）；具有母质残留特性的为继承亚类（如石灰性、酸性等）。

5. 土族　土族是系统分类的基层单元和亚类的细分，主要反映与土壤利用管理有关的土壤理化性质的分异。鉴别土族的依据指标不能与上级或下级分类单元重复，如矿质土壤土族的主要鉴别特征包括颗粒大小级别与替代、矿物学类型、石灰性和酸碱反应类别、土壤温度等级。

6. 土系　土系是系统分类中最基层的分类单元，是指由相同母质发育、处于相同景观部位、具有相同的土层排列和相似土壤属性的土壤集合。其划分依据主要是土族内影响土壤利用的性质差异。例如，特定土层深度和厚度、表层土壤质地、土壤中岩石碎屑、结核、侵入体等。

三、紫色土的诊断层和诊断特性

中国土壤系统分类共设11个诊断表层、20个诊断表下层、2个其他诊断层和25个诊断特性。根据近年来紫色土系统分类相关研究（慈恩，2020；袁大刚，2020），主要可以检索出2个诊断表层、6个诊断表下层、2个诊断现象和10个诊断特性，具体见表2-5。现参照《中国土壤系统分类检索（第三版）》（2001），对紫色土可能出现的主要诊断层和诊断特性含义及定量指标作简要分述。

表2-5　紫色土的主要诊断层和诊断特性

诊断依据	主要诊断层/诊断特性/诊断现象
诊断表层	淡薄表层、肥熟表层
诊断表下层	漂白层、舌状层、雏形层、耕作淀积层、黏化层、钙积层
诊断现象	肥熟现象、铝质现象
诊断特性	岩性特征（紫色砂岩、页岩、红色砂岩、页岩、砂砾岩和北方红土），石质接触面特征，准石质接触面特征，氧化还原特征，土壤水分状况（湿润、常湿润、滞水），铝质特性，土壤温度状况（热性、温性），铁质特性，石灰性，盐基饱和度

（一）诊断表层

诊断表层是位于单个土体最上部的诊断层，并不完全等同于发生层中的A层，而是既包括A层，也包括A层以及由A层向B层过渡的AB层的广义"表层"。依据现有成果，紫色土可以检索出淡薄表层和肥熟表层两个诊断表层。

1. 淡薄表层　该诊断表层属于腐殖质表层类，其发育程度较差，颜色呈淡色，或土层较薄，具有以下一个或一个以上条件：

（1）搓碎土壤的润态明度≥3.5，干态明度≥5.5，润态彩度≥3.5；和/或

（2）有机碳含量<6 g/kg；或

（3）颜色和有机碳含量同暗沃表层或暗瘠表层，但厚度条件不能满足者。

2. 肥熟表层　该诊断表层一般出现在长期种植蔬菜，大量施用人畜粪尿、厩肥、有机垃圾和土杂肥，并精耕细作、频繁灌溉形成的高度熟化的土壤中，仅有极少数典型紫色土个体具有肥熟表层，它具有以下全部条件：

（1）厚度≥25 cm（包括上部的高度肥熟亚层和下部的过渡性肥熟亚层）。

（2）有机碳加权平均值≥6 g/kg。

（3）0～25 cm 土层内 0.5 mol/L NaHCO₃ 浸提有效磷加权平均值≥35 mg/kg（有效 P_2O_5≥80 mg/kg）。

（4）有多量蚯蚓粪；间距<10 cm 的蚯蚓穴占一半或一半以上。

（5）含煤渣、木炭、砖瓦碎屑、陶瓷片等人为侵入体。

（二）诊断表下层

诊断表下层是由物质的淋溶、迁移、淀积或就地富集作用在土壤表层之下所形成的具有诊断意义的土层，包括发生层中的 B 层和 E 层。紫色土所具有的诊断表下层包括漂白层、舌状层、雏形层、耕作淀积层、黏化层和钙积层。

1. 漂白层　由黏粒和/或游离氧化铁淋失，有时伴有氧化铁的就地分凝，形成颜色主要取决于沙粒和粉粒的漂白物质所构成的土层。仅个别土体由于微地形和降水影响（位于上坡，存在具有一定坡降的准石质接触面，在大多数年份某一时期，受持续降水或来自坡顶渗入水的影响而出现上部土层水分饱和的现象，加上受水分侧向流动的影响）导致贴近准石质接触面的部分土体内游离氧化铁易发生还原淋失并形成漂白层。漂白层应具有以下全部条件：

（1）厚度≥1 cm；位于 A 层之下，但在灰化淀积层、黏化层、碱积层或其他具一定坡降的缓透水层（如黏磐、石质或准石质接触面等）之上；可呈波状或舌状过渡至下层，但舌状延伸深度<5 cm。

（2）由≥85%（按体积计）的漂白物质组成（包括分凝的铁锰凝团、结核、斑块等在内）。漂白物质本身显示下列之一的颜色：

①彩度≤2，以及或是润态明度≥3，干态明度≥6，或是润态明度≥4，干态明度≥5；

②彩度≤3，以及或是润态明度≥6 或干态明度≥7，或是粉粒、沙粒色调为 5YR 或更红，明度同①。

2. 舌状层　舌状层指呈舌状淋溶延伸的漂白物质和原土层残余所构成的土层，与漂白层的成因相似，仅存在于少数紫色土土体。舌状层和漂白层对漂白物质体积与舌状淋溶延伸深度有一定要求，在性质上反映了漂白物质数量及其淋溶延伸状况的差异，须满足以下两个条件：

（1）舌状层上覆土层或为漂白层，或为其他土层，但本层内漂白物质的舌状淋溶延伸深度必须≥5 cm，故舌状层厚度至少应为 5 cm。

（2）舌状层内漂白物质占土层体积的 15%～85%。

3. 雏形层　雏形层指的是风化-成土过程中形成的无物质淀积或基本无物质淀积，未发生明显黏化，带棕色、红棕色、红色、黄色或紫色等颜色，具有土壤结构发育的 B 层，是紫色土中最广泛存在的诊断层。雏形层具体应满足以下条件：

（1）除具干旱土壤水分状况或寒性、寒冻温度状况的土壤，其厚度至少 5 cm；其余应≥10 cm，且其底部至少在土表以下 25 cm 处；和

（2）具有极细沙、壤质极细沙或更细的质地；和

（3）有土壤结构发育并至少占土层体积的 50%，保持岩石或沉积物构造的体积<50%；或

（4）与下层相比，彩度更高，色调更红或更黄；或

（5）若成土母质含有碳酸盐，则碳酸盐有下移迹象；和

（6）不符合黏化层、灰化淀积层、铁铝层和低活性富铁层的条件。

4. 耕作淀积层　耕作淀积层是旱地土壤中受耕作影响形成的一种淀积层，在耕作层之下，一般以其他诊断表下层为前身。该诊断表下层一般仅出现在长期种植蔬菜的紫色土中。耕作淀积层应满足以下一个以上条件：

（1）厚度≥10 cm；和

（2）在大形态上，孔隙壁和结构体表面淀积有颜色较暗、厚度≥0.5 mm 的腐殖质-黏粒胶膜或

腐殖质-粉沙-黏粒胶膜，其明度和彩度均低于周围土壤基质；这些胶膜数量应占耕作淀积层结构面和孔隙壁的 5% 或更多；或者在微形态上，这些胶膜应占薄片的 1% 或更多；或

（3）在艳色土壤中，耕作淀积层颜色与未受耕作影响的下垫土层相比，明度增加，彩度降低，色调不变或偏黄；或

（4）在酸性土壤中，耕作淀积层 pH 和盐基饱和度高于或明显高于未受耕作影响的下垫土层；或

（5）在肥熟土壤中，耕作淀积层 0.5 mol/L NaHCO₃ 浸提有效磷明显高于下垫土层，并 ≥18 mg/kg（有效 P₂O₅ ≥40 mg/kg）。

5. 黏化层 黏化层指黏粒含量明显高于上覆土层的表下层。其质地分异可由表层黏粒分散后随悬浮液向下迁移并淀积于一定深度引起，也可由原土层中原生矿物发生土内风化作用就地形成黏粒并聚集引起。前者为淀积黏化过程，形成黏粒淀积层；后者为次生黏化过程，形成次生黏化层。紫色土主要分布于南方山地丘陵区，区域内多为湿润或常湿润气候，其黏化层一般由淀积黏化所致。四川盆地紫色土也是如此，涉及的黏化层满足以下条件：

（1）无主要是沉积成因的黏磐的、或河流冲积物中黏土层的、或由表层黏粒随径流水移失等而造成 B 层黏粒含量相对增高的特征；和

（2）由于黏粒的淋移淀积：

①在大形态上，孔隙壁和结构体表面有厚度 >0.5 mm 的黏粒胶膜，而且其数量应占该层结构面和孔隙壁的 5% 或更多；或

②在黏化层与其上覆淋溶层之间不存在岩性不连续的情况下，黏化层从其上界起，在 30 cm 范围内，总黏粒（<2 μm）和细黏粒（<0.2 μm）含量与上覆淋溶层相比，若上覆淋溶层任何部分的总黏粒含量 <15%，则此层的绝对增量应 ≥3%；细黏粒与总黏粒之比一般应至少比上覆淋溶层或下垫土层多 1/3；若上覆淋溶层总黏粒含量为 15%～40%，则此层的相对增量应 ≥20%（即 ≥1.2 倍）；细黏粒与总黏粒之比一般应至少比上覆淋镕层多 1/3；若上覆淋溶层总黏粒含量为 40%～60%，则此层总黏粒的绝对增量应 ≥8%；若上覆淋溶层总黏粒含量 ≥60%，则此层细黏粒的绝对增量应 ≥8%；和

③厚度至少为上覆土层总厚度的 1/10；若质地为壤质或黏质，则厚度应 ≥7.5 cm；若质地为沙质或壤沙质，则厚度应 ≥15 cm；和

④无碱积层中的结构特征和无钠质特性，即不符合碱积层的条件。

6. 钙积层 富含次生碳酸盐的未胶结或未硬结土层，仅存在于少数石灰性紫色土土体中，以《中国土系志·四川卷》（袁大刚，2020）中具有钙积层的紫色土个体为例，其部分土层满足以下钙积层条件：

（1）厚度 ≥15 cm。

（2）未胶结或硬结成钙磐。

（3）CaCO₃ 含量为 50～150 g/kg，而且细土部分黏粒（<2 μm）含量 <180 g/kg；颗粒大小为粗骨壤质；可辨认的次生碳酸盐含量比下垫土层或上覆土层中高 50 g/kg 或更多。

（三）诊断特性

诊断特性定量描述土壤性质（形态的、物理的、化学的），它并非为某一土层所特有，可出现于单个土体的任何部位。紫色土所具有的诊断特性如下。

1. 岩性特征 岩性特征是指土表至 125 cm 范围内土壤性状明显或较明显保留母岩或母质的岩石学性质特性。部分紫色土土体色调为 2.5 RP～10 RP，且土体固结性不强，极易遭受物理风化，风化碎屑物直径 <4 cm，具有紫色砂、页岩岩性特征。此外，有个别紫色土土体色调为 10R，明度为 4～5，彩度 ≥6，符合红色砂岩、页岩、砂砾岩和北方红土岩性特征。

2. 石质接触面、准石质接触面 石质接触面是指土壤和紧实黏结的下垫物质（岩石）之间的界面层；准石质接触面是指土壤和连续黏结的下垫物质（一般为部分固结的砂岩、粉砂岩、页岩或泥灰岩等沉积岩）之间的界面层。前者不能用铁铲挖开，后者湿时用铁铲可勉强挖开。紫色土大多具有准

石质接触面，只有少数几个紫色土具有石质接触面，岩石接触类型主要为砂岩或砂泥岩。

3. 土壤水分状况　土壤水分状况是指一年内各时期土壤内或某土层内地下水<1 500 kPa 张力持水量的有无或多寡，可分为干旱、半干润、湿润、常湿润、滞水、人为滞水、潮湿土壤水分状况。按 Penman 经验公式计算的年干燥度值与紫色土所处地区年均降水量和蒸发量结合，确定大部分紫色土为湿润土壤水分状况，少数紫色土具有常湿润土壤水分状况。此外，个别存在一定坡降的缓透水准石质接触面的紫色土土体，其上部土层长期滞水饱和且有一定侧向流动，黏粒和游离氧化铁侧向淋失，满足滞水土壤水分状况的条件。

4. 氧化还原特征　氧化还原特征是指受潮湿水分状况、滞水水分状况或人为滞水水分状况影响，大多数年份某一时期土壤因季节性水分饱和，发生氧化还原交替作用而形成的特征。部分紫色土受土壤水分状况影响，剖面中有锈纹锈斑、不同程度的还原离铁基质或铁锰结核，具有氧化还原特征。

5. 土壤温度状况　土壤温度状况是指土表下 50 cm 深处或浅于 50 cm 的石质或准石质接触面处的土壤温度。四川盆地紫色土年平均土温≥16 ℃，但<23 ℃，土壤温度状况均为热性。

6. 铁质特性　铁质特性是指土壤中游离氧化铁非晶质部分的浸润和赤铁矿、沼铁矿微晶的形成，并充分分散于土壤基质内使土壤红化的特征，土壤基质色调为 5YR 或更红，和/或整个 B 层细土部分连二硫酸钠-柠檬酸钠-碳酸氢钠（DCB）浸提游离铁≥14 g/kg（游离 Fe_2O_3≥20 g/kg），或游离铁占全铁的 40% 或更多。有相当一部分紫色土色调可满足以上条件，具有铁质特性。

7. 铝质特性　铝质特性是指在除铁铝土和富铁土以外的土壤中，铝富集并有大量 KCl 浸提性铝存在的特性。它具有下列全部条件：

（1）阳离子交换量（CEC_7，表示在 pH＝7 条件下测定）≥24 cmol/kg 黏粒。

（2）黏粒部分盐基总储量（TRB，交换性盐基加矿质全量钙、镁、钾、钠）占土体部分盐基总储量的 80% 或更多；或细粉沙/黏粒≤0.60。

（3）pH（KCl 浸提）≤4.0。

（4）KCl 浸提 Al≥12 cmol/kg 黏粒，而且占黏粒阳离子交换量的 35% 或更多。

（5）铝饱和度（1 mol/L KCl 浸提的交换性 Al/ECEC×100%）≥60%。其中，ECEC 为有效阳离子交换量。

8. 石灰性　石灰性是指土表至 50 cm 深度范围内所有亚层中 $CaCO_3$ 相当物均≥10 g/kg，用 1：3 HCl 处理有泡沫反应。发生分类为石灰性紫色土的绝大部分土壤以及中性紫色土亚类暗紫泥土土属的部分土壤，具有石灰性诊断特性。

9. 盐基饱和度　盐基饱和度是指吸收复合体被钾、钠、钙和镁阳离子饱和的程度（NH_4OAc 法），对于铁铝土和富铁土之外的土壤，盐基饱和度≥50% 为饱和，盐基饱和度<50% 为不饱和。各紫色土均存在盐基不饱和与饱和的情况，但该诊断特性一般主要用于判别亚类是否具有母质残留特性，即判别是酸性还是普通亚类。

（四）诊断现象

诊断现象是指在性质上已发生明显变化，不能完全满足诊断层或诊断特性规定的条件，但在土壤分类上具有重要意义，足以作为划分土壤类的依据，主要用于亚类一级。紫色土中可能出现的诊断现象如下。

1. 肥熟现象　肥熟现象是指土层具有肥熟表层某些特征的现象，在紫色土中，一般指旱地土壤在土层厚度、有机碳和有效磷含量方面部分符合肥熟表层标准的现象。肥熟现象同样只出现在土地利用类型为旱地、长期种植蔬菜、受耕作和施肥影响较大的紫色土中。一般情况下，土层厚度和有机碳含量符合肥熟表层要求，但有效磷含量稍低，即厚度≥25 cm，有机碳加权平均值≥6 g/kg，但 0～25 cm 土层内有效磷加权平均值为 18～35 mg/kg。

2. 铝质现象　铝质现象是指在铁铝土和富铁土以外的土壤中富含 KCl 从而浸提铝的特性。它不符合铝质特性的全部条件，但满足部分特征，即阳离子交换量满足铝质特性的要求，且满足上述铝质特性其他要求中的任意两项。部分发生分类为酸性紫色土的土壤具有铝质特性或铝质现象。

四、紫色土系统分类的高级单元划分

根据紫色土所具有的诊断层和诊断特性，结合其剖面形态特征和分层理化性质，参照系统分类的原则和标准逐级检索，便可确定紫色土在中国土壤系统分类中的具体归属。现以四川盆地紫色土系统分类研究成果为例（慈恩等，2018；袁大刚，2020），对紫色土系统分类高级单元归属进行阐述。

（一）紫色土系统分类的高级单元归属

四川盆地紫色土在系统分类各高级单元中可归属为 4 个土纲、6 个亚纲、15 个土类和 28 个亚类；雏形土土纲和湿润雏形土亚纲对应的紫色土土体数量最多，其次为新成土土纲和正常新成土亚纲，人为土土纲对应的紫色土土体数量最少。其中，人为土仅有旱耕人为土 1 个亚纲、肥熟旱耕人为土 1 个土类和酸性肥熟旱耕人为土 1 个亚类。新成土仅有正常新成土 1 个亚纲，紫色正常新成土、红色正常新成土和湿润正常新成土 3 个土类。淋溶土有常湿淋溶土和湿润淋溶土 2 个亚纲，常湿淋溶土亚纲仅有简育常湿淋溶土 1 个土类，湿润淋溶土亚纲有酸性湿润淋溶土、铁质湿润淋溶土和简育湿润淋溶土 3 个土类。雏形土根据土壤水分状况分为常湿雏形土和湿润雏形土 2 个亚纲，常湿雏形土亚纲只有简育常湿雏形土 1 个土类和铁质简育常湿雏形土 1 个亚类；湿润雏形土分为简育湿润雏形土、酸性湿润雏形土、铝质湿润雏形土、铁质湿润雏形土、紫色湿润雏形土和钙质湿润雏形土 6 个土类和若干亚类。四川盆地紫色土系统分类高级分类单元归属如表 2-6 所示。

表 2-6　四川盆地紫色土系统分类高级分类单元归属

土纲	亚纲	土类	亚类
人为土	旱耕人为土	肥熟旱耕人为土	酸性肥熟旱耕人为土
淋溶土	常湿淋溶土	简育常湿淋溶土	普通简育常湿淋溶土
	湿润淋溶土	酸性湿润淋溶土	普通酸性湿润淋溶土
		铁质湿润淋溶土	漂白铁质湿润淋溶土
			红色铁质湿润淋溶土
			斑纹铁质湿润淋溶土
		简育湿润淋溶土	斑纹简育湿润淋溶土
雏形土	常湿雏形土	简育常湿雏形土	铁质简育常湿雏形土
	湿润雏形土	钙质湿润雏形土	普通钙质湿润雏形土
		紫色湿润雏形土	石灰紫色湿润雏形土
			酸性紫色湿润雏形土
			斑纹紫色湿润雏形土
			普通紫色湿润雏形土
		铝质湿润雏形土	石质铝质湿润雏形土
			黄色铝质湿润雏形土
			斑纹铝质湿润雏形土
			普通铝质湿润雏形土
		铁质湿润雏形土	红色铁质湿润雏形土
			普通铁质湿润雏形土
		酸性湿润雏形土	漂白酸性湿润雏形土
			普通酸性湿润雏形土
		简育湿润雏形土	漂白简育湿润雏形土
			普通简育湿润雏形土

（续）

土纲	亚纲	土类	亚类
新成土	正常新成土	紫色正常新成土	石灰紫色正常新成土
			普通紫色正常新成土
		红色正常新成土	普通红色正常新成土
		湿润正常新成土	石质湿润正常新成土
			普通湿润正常新成土

（二）紫色土系统分类高级单元划分的影响因素

复杂的自然因素和人为因素，对土壤的形成、发生和演变有着深刻的影响。紫色土为岩性土，成土速度快，发育进程慢，土壤性状受母岩影响深刻，加之紫色土分布区域自然条件千差万别，土地利用状况也存在区域性差异，使紫色土性质和类别各异。现以四川盆地紫色土为例，着重分析地形、海拔、成土母岩和人为活动等因素对紫色土系统分类高级单元划分的影响（慈恩等，2018）。

1. 地形和海拔　四川盆地地形起伏较大，局部气候受地形、海拔影响显著，特别是土壤水分状况与地形、海拔的关系极为密切。在四川盆地内，紫色土集中分布于中部低山、丘陵区和东部平行岭谷区，少部分散布于东北部和东南部的中山区，海拔 800 m 以上的中山区土壤一般具有常湿润土壤水分状况，故存在小面积的紫色土有常湿润土壤水分状况，这将影响紫色土系统分类的亚纲划分。同时，在海拔和局部地形的影响下，土壤出现常湿润或偏向常湿润的水分状况，这会加剧游离钙质和盐基离子的淋失，使土壤呈现不同程度的酸化，该影响使得四川盆地位于海拔 600 m 以上区域的紫色土基本不具有石灰性诊断特性；较高的海拔同样有利于紫色土黏粒的淋溶淀积和黏化层的形成，使其从雏形土逐渐向淋溶土发展。此外，地形部位对紫色土土层深度和剖面发育的影响在系统分类中也有明显体现。例如，被划归为新成土土纲的紫色土多位于上坡和坡顶位置。

2. 成土母岩　紫色土岩性土特征明显，诸多方面继承了母岩的特性，母岩可以从颜色、剖面发育、理化性质等多方面影响紫色土在系统分类中的归属。颜色主要影响紫色土在土类和亚类中的归属，在四川盆地土系调查结果中，有近半数的紫色土色调能达到 5YR 或更红，符合系统分类检索中铁质特性和亚类前缀为"红色"的色调要求，被划分为红色/铁质土类或亚类。岩性特征则只影响紫色土土类的划分。紫色砂、页岩岩性特征仅出现于蓬莱镇组、沙溪庙组、自流井组和巴东组等地层母岩发育的紫色土中；个别由侏罗系遂宁组鲜紫红色泥岩和粉砂岩风化物发育而成的紫色土土体具有红色砂、页岩岩性特征。具有紫色和红色砂、页岩岩性特征的紫色土分别被划分到前缀为"紫色"和"红色"的土类中。

此外，被划归为新成土土纲的紫色土典型个体基本上均是由泥质岩发育而来的，该类母岩物理风化强烈，土体中砾石或岩屑含量非常高，剖面层次发育不明显，多呈 A-C 或 A-R 构型，尤其是飞仙关组泥（页）岩发育的剖面，不管是位于上坡还是下坡，均无 B 层发育。富含钙质的遂宁组泥岩发育的紫色土 pH 呈碱性，且均具有石灰性这一诊断特性；夹关组红色砂岩岩石颗粒粗且透水性好，先天淋溶和后天淋溶均较强烈，钙质基本淋失，其发育的紫色土 pH 均呈酸性，且大部分剖面具有铝质特性或铝质现象。

3. 人为活动　人为活动对土壤的发生和发展有着巨大的影响，且影响程度随着人类社会的发展而加深。人们根据生产需要和土壤存在的问题，对土壤的水、热、气、肥状况进行调控，往往会影响土壤发育的方向和速度。四川盆地紫色土系统分类结果表明，仅极少数紫色土典型土体被划分为肥熟旱耕人为土土类。该类土壤为长期种植蔬菜的旱地土壤，在适宜的人为活动（如耕作、施肥和灌溉等）影响下，紫色土从系统分类的雏形土或淋溶土土纲逐渐转变为人为土土纲，这对于紫色土的培肥改良具有一定的指导意义。

总的来看，地形、海拔、母岩、人为活动等因素在紫色土系统分类的类型演变过程中发挥着重要作用，慈恩等（2018）基于重庆紫色土系统分类研究对上述影响进行了简要总结，见图 2-11。

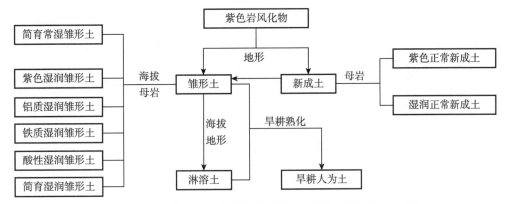

图 2-11 重庆紫色土系统分类类型演变与划分（慈恩等，2018）

（三）紫色土系统分类与发生分类参比

目前，我国主要有发生学分类和系统分类两种土壤分类体系。土壤发生学分类以发生学理论为指导，以成土过程为主要依据，形态特性和理化性质加以辅助判别；系统分类同样建立在坚实的发生分类理论基础上，以诊断层和诊断特性为基础，而诊断层和诊断特性是在成土过程中形成的，有一系列定量描述的特定土层或土壤性质。因此，发生分类与系统分类二者之间并不是对立的，可建立一定的参比。将土壤发生分类与土壤系统分类之间进行参比，对进一步加强土壤系统分类的研究和加强国际化土壤资源信息交流具有重要意义。

四川盆地紫色土系统分类与发生分类并非呈现简单、单一的对应关系，但高级单元之间可建立参比。四川盆地紫色土发生分类土属级别单元与系统分类亚类级别单元具体的对应关系如表 2-7 所示。其中，系统分类中的雏形土和新成土 2 个土纲均与发生分类中的 3 个亚类对应，而淋溶土土纲仅与酸性紫色土亚类对应；红色铁质湿润雏形土亚类对应的典型紫色土个体最多，且与发生分类的 3 个亚类均有对应；发生分类中 3 个亚类均有部分紫色土具有紫色砂岩、页岩岩性特征，在系统分类中，被划分为紫色湿润雏形土、紫色正常新成土和肥熟旱耕人为土；发生分类的酸性紫色土亚类对应的系统分类亚类最多，石灰性紫色土和中性紫色土对应的系统分类亚类均较少。由此可见，与发生分类相比，系统分类对紫色土具有更强的区分能力。

表 2-7 紫色土发生分类与系统分类参比

发生分类		系统分类
亚类	土属	亚类
酸性紫色土	红紫泥土	普通简育常湿淋溶土、普通酸性湿润淋溶土、红色铁质湿润淋溶土、斑纹铁质湿润淋溶土、铁质简育常湿雏形土、黄色铝质湿润雏形土、斑纹铝质湿润雏形土、普通铝质湿润雏形土、红色铁质湿润雏形土、普通酸性湿润雏形土、普通红色正常新成土、普通湿润正常新成土
	酸紫泥土	酸性肥熟旱耕人为土、漂白铁质湿润淋溶土、斑纹简育湿润淋溶土、铁质简育常湿雏形土、酸性紫色湿润雏形土、普通紫色湿润雏形土、石质铝质湿润雏形土、斑纹铝质湿润雏形土、普通铝质湿润雏形土、红色铁质湿润雏形土、漂白酸性湿润雏形土、漂白简育湿润雏形土、石质湿润正常新成土
中性紫色土	暗紫泥土	石灰紫色湿润雏形土、红色铁质湿润雏形土、石灰紫色正常新成土、普通紫色正常新成土
	灰棕紫泥土	石灰紫色湿润雏形土、普通紫色湿润雏形土、红色铁质湿润雏形土、石灰紫色正常新成土、普通紫色正常新成土、普通湿润正常新成土
	脱钙紫泥土	普通紫色湿润雏形土、红色铁质湿润雏形土、普通铁质湿润雏形土、普通简育湿润雏形土、石质湿润正常新成土

（续）

发生分类		系统分类
亚类	土属	亚类
石灰性紫色土	红棕紫泥土	红色铁质湿润雏形土、石质湿润正常新成土、普通湿润正常新成土
	棕紫泥土	石灰紫色湿润雏形土、斑纹紫色湿润雏形土、红色铁质湿润雏形土、普通简育湿润雏形土、石灰紫色正常新成土、石质湿润正常新成土
	黄红紫泥土	红色铁质湿润雏形土、石质湿润正常新成土
	砖红紫泥土	石质湿润正常新成土
	原生钙质紫泥土	普通钙质湿润雏形土、石灰紫色湿润雏形土、石灰紫色正常新成土、石质湿润正常新成土

五、紫色土系统分类的基层单元划分

土族和土系是系统分类的基层单元，也是所属高级分类单元的续分，不仅具有一系列用以定义从土纲到亚类的高级单元以及自身的土壤性质，还兼具为土地利用和评价服务的目的性。张甘霖等（2013）在参考国外土族和土系划分方法，并充分结合我国实际的基础上，通过不断探索和实践，制定了《中国土壤系统分类土族与土系划分标准》。现结合具体应用实例，对土族和土系的建立原则与方法作简要介绍。

（一）土族划分

土族是亚类的续分，主要反映与土壤利用管理有关的土壤理化性质的分异，故土族不以成土因素为划分依据，而是采用区域性成土因素所形成的相对稳定的土壤属性差异为划分依据；同一亚类中土族的鉴别特征一致，且鉴别指标不与上级或下级重复。基于以上原则，土族的主要鉴别特征为剖面控制层段（无石质接触面或障碍层次存在时，一般为 0～100 cm）的土壤颗粒大小级别、不同颗粒级别的土壤矿物组成类型、土壤温度等级、石灰性与土壤酸碱性、土体厚度等。土族的命名主要参考国际土壤系统分类的命名方法，采用土壤亚类名称前冠以主要鉴别特征的连续命名。

现以采自重庆市合川区古楼镇摇金村和重庆市忠县官坝镇赛马村两个典型紫色土土体为例（慈恩，2020），介绍土族建立过程。两个典型土体的位置分别为 30°11′11.9″N、106°10′12.9″E，30°28′56.7″N、107°51′37.1″E，海拔分别为 317 m 和 564 m，地形部位分别为低丘中坡和低山上坡，成土母质均为侏罗系沙溪庙组紫色泥岩、砂岩风化残坡积物。其土族建立过程如下。

1. 亚类检索 依据《中国土壤系统分类检索（第三版）》检索至亚类，两个典型土体均为红色铁质湿润雏形土亚类。

2. 控制层段确定 两个典型土体均有准石质接触面，出现深度分别为 51 cm 和 40 cm，考虑到土体厚度的影响，其土族颗粒大小的控制层段分别为"25～51 cm"和"0～40 cm"。

3. 土壤颗粒大小级别与替代判别 控制层段内岩石碎屑含量分别为 5% 和 2%～10%，均小于 25%，各层次黏粒绝对含量之差均不超过 25%，未形成强对比颗粒大小级别；控制层段内细土部分黏粒含量分别为 20.4% 和 31.2%，因此，颗粒大小级别均为"黏壤质"。

4. 矿物学类型检索 控制层段内细土部分经 X 线衍射定量测定，原生矿物中硅质矿物含量均介于 40%～90%，根据"黏壤质"颗粒大小级别检索矿物学类型，确定为"硅质混合型"。

5. 石灰性与酸碱反应类型判定 控制层段内土体均无石灰反应，pH（H_2O）分别为 5.2～6.8 和 6.6～6.9，全部或部分层段 pH≥5.5，故石灰性与酸碱反应类别为"非酸性"。

6. 土壤温度等级确定 50 cm 深度土壤温度分别为 18.4 ℃ 和 18.0 ℃，介于 16～23 ℃，故土壤温度等级均为"热性"。

至此，两个紫色土典型土体的土族鉴别特征土壤颗粒大小级别为"黏壤质"，矿物学类型为"硅质混合型"，石灰性与酸碱反应类别为"非酸性"，土壤温度等级为"热性"，土族类型最终确定并命名为"黏壤质硅质混合型非酸性热性-红色铁质湿润雏形土"。

（二）土系建立

土系是土壤系统分类中最基层的分类单元，其划分依据主要为土族内影响土壤利用的性质差异，以表土特征和地方性分异为主，可以选用的土壤性质有特定土层深度和厚度、表层土壤质地、土壤盐分含量和土壤中岩石碎屑、结核、侵入体等。上述黏壤质硅质混合型非酸性热性-红色铁质湿润雏形土土族的两个典型土体的表层土壤质地为不同类型，可以用于区分土系。

以上述两个典型紫色土个体为例，土系建立的主要过程：古楼镇紫色土典型土体的耕作层（0～17 cm）的沙粒、粉粒和黏粒含量分别为 37.8%、45.7% 和 16.5%，质地类型为壤土；官坝镇紫色土典型土体的耕作层（0～15 cm）的黏粒含量稍高，大于 25%，质地类型为黏壤土。同一土族内的两个典型土体表层质地类型不同，对土壤管理和利用有一定影响，故分别命名为"古楼系"和"官坝系"。经对比，两个土系名称并未与已建立的土系重名，可确立为两个新土系。

第三章 紫色土的物理性质 >>>

紫色土特殊的成土母质及其成土过程，决定其物理性质也具有特殊性。本章主要介绍紫色土的矿物颗粒与质地、土壤结构、水分特性、力学特性等土壤物理性质。

第一节 紫色土的矿物颗粒与质地

土壤颗粒（soil particle）是指构成土壤固相骨架的基本颗粒。按照颗粒组成类型，可划分为矿质颗粒和有机颗粒；按照颗粒存在状态，又可划分为单粒（单个矿质颗粒）和复粒（多个单粒聚合形成，如微团聚体、水稳性团聚体）。紫色土的颗粒特征与成土母质、母岩有着密切联系，对紫色土的肥力状况（水、肥、气、热）有着重要影响。

一、紫色土中岩屑特征

（一）岩屑形态特征

紫色土岩屑是紫色母岩强烈物理风化的直接产物，其在微观形态特征上继承了紫色母岩的属性。通过野外调查发现，由于母岩成岩环境等差异，导致紫色土中岩屑的形态也存在较大差异。如图3-1所示，飞仙关组紫色页岩形成的岩屑主要以片状为主，表面较为光滑，褐灰色，色深，具有明显棱角，性硬、脆；而遂宁组紫色泥岩形成的岩屑主要以粒状为主，表面较飞仙关组页岩岩屑更粗糙，棕红色，棱角不明显，性软，易破碎。因此，母岩特性将直接影响其发育土壤中岩屑的形态特征。

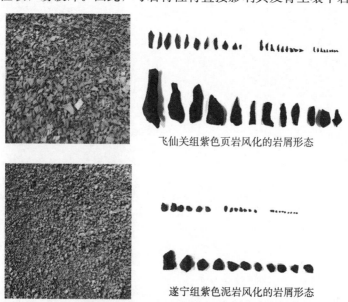

飞仙关组紫色页岩风化的岩屑形态

遂宁组紫色泥岩风化的岩屑形态

图3-1 紫色泥页岩岩屑的形态特征

（二）不同岩性紫色土的岩屑含量

如表3-1所示，红棕紫泥土、棕紫泥土、灰棕紫泥土、粗暗紫泥土4种紫色土中，粗暗紫泥土的总岩屑含量最高，灰棕紫泥土的总岩屑含量最低，前者是后者的11倍；红棕紫泥土和棕紫泥土的岩屑含量相差不大。由于这些耕作土受到耕作扰动的影响，形成的细颗粒岩屑显著高于不扰动风化形成细颗粒岩屑。4种土壤中2～5 mm的颗粒含量都最多，占土壤各自总岩屑的一多半，随着粒径的增大，其含量都呈下降趋势（李燕，2006）。

表3-1　紫色土的岩屑含量及大小分布

紫色土	总岩屑含量（%）	2～5 mm占比（%）	5～10 mm占比（%）	>10 mm占比（%）
红棕紫泥土	12.86	60.57	28.85	10.58
棕紫泥土	15.62	52.11	25.62	22.27
灰棕紫泥土	5.27	55.61	30.16	13.33
粗暗紫泥土	57.78	53.42	38.51	8.07

（三）坡位决定着紫色土岩屑的分布

紫色土中，岩屑的分布受到地形、坡度等因素的影响，从坡顶到坡脚，土壤中岩屑含量存在较大变化。紫色土中，岩屑含量随着坡位和坡度的降低而减少（图3-2）。在坡顶和坡肩坡度较大区域，飞仙关组紫色页岩发育的粗暗紫泥土中大于2 mm的岩屑含量甚至可以高达70%；遂宁组泥岩发育的红棕紫泥土中大于2 mm岩屑含量也可以达到30%以上。但对于坡脚和坡谷地势较平坦区域，紫色土中大于2 mm的岩屑含量则非常低（钟守琴，2018）。

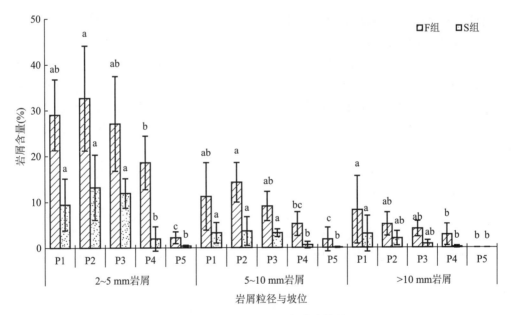

图3-2　不同粒径岩屑的分布情况

注：P1～P5分别表示坡顶、坡肩、坡腰、坡脚和坡谷5个不同坡位，F组和S组分别指飞仙关组和遂宁组母岩发育土壤。不同小写字母表示差异显著（$P<0.05$）。

二、不同紫色母岩发育土壤的颗粒组成

（一）紫色土的颗粒组成

紫色土颗粒组成在很大程度上取决于母岩（表3-2）。不同岩层发育紫色土颗粒组成中沙粒含量为36.66%～61.28%。其中，白垩系夹关组发育的红紫泥土、侏罗系沙溪庙组发育的灰棕紫泥土和

侏罗系自流井组发育的暗紫泥土沙粒含量高，分别为 61.28％、51.26％和 47.60％；其余岩层发育紫色土颗粒组成中沙粒含量相差不大，在 36.66％～38.97％。值得注意的是，除侏罗系自流井组发育的暗紫泥土和沙溪庙组发育的灰棕紫泥土具有较高的粗沙含量外，分别为 21.13％和 13.33％，其余岩层发育紫色土的粗沙含量均小于 5.00％。另外，紫色土颗粒组成中黏粒含量与沙粒含量呈相反关系，白垩系夹关组发育的红紫泥土与侏罗系沙溪庙组发育的灰棕紫泥土的颗粒组成中黏粒含量远远低于其他岩层发育紫色土的黏粒含量。通过与相应紫色母岩的颗粒组成进行对比分析可知，不同岩层发育紫色土的颗粒组成主要取决于母岩（杜静，2014）。

表 3-2　不同紫色岩层发育土壤的颗粒组成

岩层	紫色土	样本数（个）	土壤颗粒组成（平均值±标准差，%）			
			粗沙（0.2～2 mm）	细沙（0.02～0.2 mm）	粉粒（0.002～0.02 mm）	黏粒（<0.002 mm）
K_2j	红紫泥土	32	4.28±2.26	57.00±21.03	22.34±9.11	16.38±9.24
K_1c	黄红紫泥土	27	1.47±1.21	37.50±8.79	39.22±9.86	21.81±5.74
J_3p	棕紫泥土	43	1.84±1.24	34.82±11.87	40.02±8.16	23.32±9.28
J_3s	红棕紫泥土	70	4.95±4.06	32.00±15.45	40.84±10.41	22.21±8.86
J_2s	灰棕紫泥土	35	13.33±15.48	37.93±9.33	30.38±6.65	18.36±7.83
$J_{1-2}z$	暗紫泥土	20	21.13±14.08	26.47±9.12	29.41±9.94	22.99±12.09

（二）坡位和母质显著影响紫色土颗粒的组成

由表 3-3 可知，飞仙关组紫色页岩发育的暗紫泥土壤总体沙粒含量在 13.50％～48.71％，粉粒含量在 29.51％～50.44％，黏粒含量在 20.36％～53.14％。总体来看，飞仙关组紫色页岩发育的暗紫泥土不同坡位土壤中，沙粒含量随着坡位高程的降低而减少，坡顶与坡肩土壤和坡谷土壤之间存在显著性差异；粉粒含量随着坡位高程的降低呈先增大后减小的趋势，坡腰位置土壤粉粒含量最高，各坡位土壤之间不存在显著性差异；黏粒含量随着坡位高程的降低而增大，坡谷土壤与坡脚及以上土壤之间均存在显著差异，坡脚土壤与坡顶土壤也存在显著性差异。

遂宁组紫色泥岩发育的红棕紫泥土的颗粒组成随坡位的变异性较飞仙关组紫色页岩发育的暗紫泥土要小。红棕紫泥土壤总体沙粒含量在 12.39％～43.99％，粉粒含量在 37.81％～57.29％，黏粒含量在 18.20％～43.20％。总体来看，遂宁组紫色泥岩发育的红棕紫泥土不同坡位土壤中，沙粒与粉粒含量均随着坡位高程的降低而减少，但不同坡位之间差异不显著；黏粒含量随着坡位高程的降低而增大，坡脚及以下土壤与坡腰及以上土壤之间存在显著差异，而坡脚以下土壤之间以及坡腰以上土壤之间差异均不显著（钟守琴，2018）。

表 3-3　不同坡位紫色土的颗粒组成

紫色土	坡位	沙粒（0.02～2 mm）			粉粒（0.002～0.02 mm）			黏粒（<0.002 mm）		
		最小值	最大值	平均值±标准差	最小值	最大值	平均值±标准差	最小值	最大值	平均值±标准差
飞仙关组暗紫泥土	P1	34.58	48.71	41.04±7.14a	30.93	43.79	35.70±7.04a	20.36	27.78	23.26±3.97c
	P2	28.41	48.11	38.74±9.89a	29.51	46.24	36.01±8.97a	22.38	28.03	25.25±2.83bc
	P3	19.94	41.89	32.88±11.49ab	31.72	50.44	38.43±10.42a	26.39	30.06	28.69±2bc
	P4	20.20	39.00	29.01±9.46ab	31.26	47.08	37.88±8.22a	29.74	36.88	33.11±3.59b
	P5	13.50	24.64	19.56±5.63b	33.36	36.69	35.44±1.81a	39.10	53.14	45.01±7.28a
	总体	13.50	48.71	32.24±10.95	29.51	50.44	36.69±6.77	20.36	53.14	31.06±8.8

（续）

紫色土	坡位	沙粒（0.02~2 mm）			粉粒（0.002~0.02 mm）			黏粒（<0.002 mm）		
		最小值	最大值	平均值±标准差	最小值	最大值	平均值±标准差	最小值	最大值	平均值±标准差
遂宁组红棕紫泥土	P1	23.80	43.99	31.32±11.03a	37.81	57.29	48.48±9.87a	18.20	23.48	20.20±2.87b
	P2	22.11	39.22	30.29±8.58a	39.61	56.77	48.21±8.58a	21.12	22.19	21.49±0.6b
	P3	21.41	35.04	26.98±7.15a	40.19	55.64	47.66±7.74a	22.95	28.36	25.36±2.75b
	P4	12.39	24.60	20.28±6.85a	40.03	44.41	42.29±2.19a	32.97	43.2	37.43±5.24a
	P5	16.55	21.56	18.37±2.77a	40.58	44.70	42.75±2.07a	37.86	40.02	38.88±1.09a
	总体	12.39	43.99	25.45±8.51	37.81	57.29	45.88±6.51	18.20	43.20	28.67±8.6

注：P1~P5 分别表示坡顶、坡肩、坡腰、坡脚和坡谷 5 个不同坡位。同一列数据后不同字母表示差异达到显著水平（$P<$ 0.05）。

　　总体而言，紫色土中沙粒含量随着坡位高程的降低而减少，黏粒含量随着坡位高程的降低而增大。坡谷土壤与坡脚及以上土壤之间均存在显著差异，坡脚土壤与坡顶土壤也存在显著性差异。

　　由于紫色土主要以物理风化为主，母岩的颗粒组成极大地影响着土壤的颗粒组成。以飞仙关组紫色页岩和遂宁组紫色泥岩发育土壤断面（F1 与 S1）为例，对比分析土壤与母岩颗粒组成。由图 3-3 可知，无论是飞仙关组紫色页岩发育的暗紫泥土，还是遂宁组紫色泥岩发育的红棕紫泥土，其母岩的颗粒组成中不存在>0.25 mm 的颗粒，而坡顶至坡谷土壤中 0.25~2 mm 颗粒的含量均小于 1.0%（暗紫泥土 0.14%~0.72%，红棕紫泥土 0.09%~0.16%）；不同坡位土壤颗粒组成中的黏粒含量均大于母岩的黏粒含量，且随着坡位高程的降低，土壤中黏粒含量总体呈增大的趋势，而粉粒及沙粒含量则逐渐减小，而沙粒中主要以细沙（0.02~0.25 mm）为主，粗沙（0.25~2 mm）的含量非常低（钟守琴，2018）。

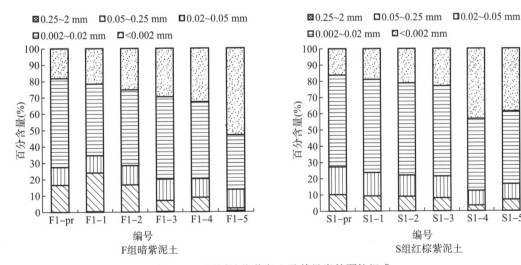

图 3-3　不同坡位紫色土及其母岩的颗粒组成

　　以土壤各粒径颗粒含量为纵坐标、母岩各粒径含量为横坐标，可得到土壤及母岩的颗粒组成相关性图。由图 3-4、表 3-4 和表 3-5 可知，对于飞仙关组紫色页岩发育的暗紫泥土而言，坡顶与坡肩土壤的颗粒组成与其母岩的颗粒组成呈极显著相关关系，相关系数分别为 0.961 与 0.973；坡腰和坡脚土壤与母岩颗粒组成呈显著相关关系，相关系数分别为 0.926 与 0.899；而坡谷土壤与其母岩的颗粒组成相关性不显著。因此，飞仙关组紫色页岩发育暗紫泥土，除坡谷发育的大泥土以外，其余土壤的颗粒组成与母岩的颗粒组成显著相关。这主要是由于飞仙关组紫色页岩质地坚硬，较遂宁组紫色泥岩更难风化成土，且主要以物理风化为主，因此坡脚土壤的颗粒组成与母岩的颗粒组成仍然存在显著的相关性。遂宁组紫色泥岩发育的红棕紫泥土与其母岩颗粒组成的关系主要表现如下：坡顶、坡肩及坡腰土壤颗粒组成与其母岩颗粒组成之间呈极显著相关，其相关系数分别为 0.966、0.989 和 0.982；而坡脚至坡谷土壤颗粒组成与母岩颗粒组成的相关性不显著。因此，在坡顶至坡腰土壤中，风化作用主要以物理风化为主，而坡脚及坡谷的水田土壤物理风化逐渐减弱，化学风化增强，土壤颗粒的黏粒含量及细化程度也随之增大（钟守琴，2018）。

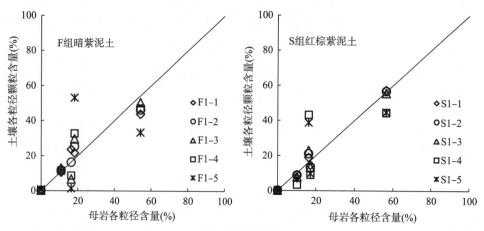

图 3-4　土壤与母岩颗粒组成的相关性

表 3-4　暗紫泥土与母岩颗粒组成的 Pearson 相关系数

编号	F1-pr	F1-1	F1-2	F1-3	F1-4	F1-5
F1-pr	1					
F1-1	0.961**	1				
F1-2	0.973**	0.968**	1			
F1-3	0.926*	0.871	0.966**	1		
F1-4	0.899*	0.872	0.963**	0.992**	1	
F1-5	0.499	0.516	0.668	0.769	0.826	1

注：**、* 分别表示差异极显著（$P<0.01$）和显著（$P<0.05$）。

表 3-5　红棕紫泥土与母岩颗粒组成的 Pearson 相关系数

编号	S1-pr	S1-1	S1-2	S1-3	S1-4	S1-5
S1-pr	1					
S1-1	0.996**	1				
S1-2	0.989**	0.998**	1			
S1-3	0.982**	0.994**	0.999**	1		
S1-4	0.739	0.788	0.821	0.848	1	
S1-5	0.796	0.84	0.87	0.892*	0.994**	1

注：**、* 分别表示差异极显著（$P<0.01$）和显著（$P<0.05$）。

三、紫色土的质地

不同有机质含量的土壤质地差异明显。通过采集沙溪庙组发育的不同质地灰棕紫泥土，分析测定土壤颗粒组成与土壤有机质含量，由表 3-6 可知，土壤沙粒含量的平均值依次为 52.39%、24.50%、28.58%、25.85%、22.73%、21.18%；粉粒含量的平均值依次为 29.16%、51.12%、37.14%、47.43%、46.15%、44.03%；黏粒含量的平均值依次为 18.45%、24.38%、24.28%、26.72%、31.12%、34.79%。根据土壤颗粒含量的平均值可以判定，黏粒含量 S6>S5>S4>S2>S3>S1；粉粒含量 S2>S4>S5>S6>S3>S1；沙粒含量 S1>S3>S4>S2>S5>S6。土壤的黏粒含量越高，沙粒含量越低，土壤有机质含量就越高。不同质地土壤有机质含量表现为沙壤土<粉壤土<壤土<黏壤土（李江文，2020；高鹏飞，2021）。

表 3-6　不同土壤样品的颗粒组成

土样	土壤质地	土壤有机质（g/kg）	黏粒（%）			粉粒（%）			沙粒（%）		
			最小值	最大值	平均值±标准差	最小值	最大值	平均值±标准差	最小值	最大值	平均值±标准差
S1	沙壤土	4.42	18.25	18.64	18.45±0.20	29.08	29.25	29.16±0.08	52.27	52.50	52.39±0.12
S2	粉壤土	4.71	24.25	24.50	24.38±0.13	51.08	51.16	51.12±0.04	24.42	24.59	24.50±0.08
S3	壤土	5.09	24.27	24.30	24.28±0.02	46.71	47.57	37.14±0.43	28.14	29.02	28.58±0.44
S4	壤土	4.83	26.41	27.03	26.72±0.31	47.19	47.68	47.43±0.25	25.79	25.90	25.85±0.06
S5	黏壤土	5.71	31.08	31.16	31.12±0.04	46.14	46.16	46.15±0.01	22.68	22.78	22.73±0.05
S6	黏壤土	6.70	34.60	34.98	34.79±0.19	43.86	44.20	44.03±0.17	20.82	21.54	21.18±0.36

第二节　紫色土的土壤结构

土壤结构是指土壤颗粒（单粒和复粒）的排列、组合形式。通常情况下，土壤结构主要包括固相颗粒和孔隙在不同尺度上的空间排列，且不考虑固相的化学非均质性。土壤结构是土壤肥力和质量的基本属性，为水分、养分和气体的运输提供了途径，为土壤动物和微生物提供了栖息地。作为土壤的一种基本特性，土壤结构将直接决定土壤功能与用途，与土壤资源的可持续发展息息相关。土壤结构的好坏主要由固相颗粒构成的土壤结构体与土壤孔隙特征进行评价。因此，本节将分别从紫色土典型剖面的结构体特征、土壤团聚体特征以及土壤孔隙性 3 个方面介绍紫色土的结构特征。

一、紫色土典型剖面的结构体特征

紫色土壤剖面分层并不明显，多通体紫色，除有少量浅灰色胶膜外，一般无新生体的生成，因而剖面发育层次和分异很不明显，多呈过渡型分界。野外土壤调查仅依据结构、紧实度、母质碎屑量及大小、根系分布等来划定发生层次。同时，紫色土土层浅薄，除槽坝平地以外，紫色土的土体厚度一般小于 100 cm，以 30~50 cm 居多。丘陵和山地紫色土由于不断侵蚀，土层厚度仅 20~30 cm。剖面的构型多为非完全剖面，出现较多的是 A-C 构型，质地黏的紫色土会有 A-B-C 构型或 A-BC 构型出现。随着土壤风化成土的加深、有机质的积累，土壤结构得到改善，从而变得疏松，A 层土壤润时结持性主要表现为疏松或较疏松，出现团粒状、团块状、团粒夹团块状、小块夹团粒状、小块状、粒状等多种结构，而 B 层或 BC 层土壤润时结持性主要表现为较疏松和较紧实，出现块状、小块状等结构。此外，还包括棱柱状和核状等结构。同时，快速的物理风化使得紫色土中含有大量岩屑。就同一母岩发育的土壤而言，岩屑含量随着地形坡度的增加而增大。大部分岩屑为半风化母质碎屑，部分剖面为石灰结核。石灰结核常在沙溪庙、遂宁组母质发育的紫色土中出现，是先天性石灰砂姜（图 3-5）。

图 3-5　不同紫色岩层发育的紫色土剖面（慈恩，2020）

二、紫色土的团聚体特征

土壤团聚体作为土壤结构的基本单元，对土壤质地、孔隙、水气调节及土壤侵蚀等方面具有重要影响。

（一）水稳性团聚体

1. 不同母质发育紫色土水稳性团聚体组成　不同母质发育的紫色土团聚体性状存在明显差异，表 3-7 的结果表明，4 种母质发育的紫色土＞0.25 mm 团聚体均在 93.82%～98.22%，同一土壤的 0～20 cm 土层和 20～40 cm 土层的土壤团聚体及其粒径分布分形维数差异不显著。不同母质发育的表层土壤团聚体粒径分布分形维数存在差异，表现为灰棕紫泥土＞棕紫泥土＞暗紫泥土＞红棕紫泥土。不同母质发育的土壤团聚体粒径分布分形维数在不同土壤层次也表现出差异，如飞仙关组母质发育的暗紫泥油沙土和蓬莱镇组母质发育的半沙半泥土团聚体粒径分布分形维数表现为 0～20 cm 土层小于 20～40 cm 土层；沙溪庙组母质发育的灰棕紫泥大泥土和遂宁组母质发育的红棕紫泥夹泥土团聚体粒径分布分形维数均表现为 0～20 cm 土层大于 20～40 cm 土层。由于不同母质中铝、铁等金属氧化物含量及母质沉积相的差异，影响成土过程中的物理、化学作用，进一步影响形成土壤的团聚体特征（杜静，2014）。

表 3-7　不同母质发育紫色土团聚体组成

紫色土	土壤层次 (cm)		不同粒径水稳性团聚体组成（%）						＞0.25 mm 累积 (%)	破坏率 (%)	分形维数 (D)	相关系数 (P)
			0.25～0.5 mm	0.5～1 mm	1～2 mm	2～3 mm	3～5 mm	5～10 mm				
暗紫泥土	0～20	干筛	3.55	10.07	8.35	7.69	17.78	47.88	95.32	26.31	2.180	0.993
		湿筛	11.38	33.79	14.90	3.91	3.98	2.28	70.24		2.573	0.941
	20～40	干筛	21.98	5.56	3.86	5.32	14.35	45.14	96.21	16.97	2.260	0.857
		湿筛	9.86	27.93	19.67	6.91	14.13	1.38	79.88		2.440	0.952
灰棕紫泥土	0～20	干筛	5.33	3.38	3.16	2.71	11.59	70.42	96.59	36.59	2.335	0.995
		湿筛	1.74	4.13	1.39	6.71	24.02	23.26	61.25		2.700	0.908
	20～40	干筛	3.64	4.02	4.33	5.2	15.91	63.61	96.71	42.28	2.201	0.989
		湿筛	0.91	3.77	1.25	6.24	22.41	21.24	55.82		2.737	0.913
红棕紫泥土	0～20	干筛	1.9	10.25	6.4	8.91	15.81	50.47	93.74	48.90	2.160	0.987
		湿筛	4.61	3.53	2.49	7.08	19.64	10.55	47.90		2.790	0.95
	20～40	干筛	2.97	11.51	9.98	6.61	12.73	52.62	96.42	37.04	2.109	0.98
		湿筛	4.47	4.78	2.70	10.01	23.58	15.17	60.71		2.697	0.944

（续）

紫色土	土壤层次 (cm)		不同粒径水稳性团聚体组成（%）						>0.25 mm 累积 (%)	破坏率 (%)	分形维数 (D)	相关系数 (P)
			0.25~0.5 mm	0.5~1 mm	1~2 mm	2~3 mm	3~5 mm	5~10 mm				
棕紫泥土	0~20	干筛	2.88	11.48	9.11	5.63	20.6	44.57	94.27	53.52	2.220	0.99
		湿筛	8.01	5.22	1.94	5.81	10.88	11.96	43.82		2.838	0.964
	2~40	干筛	3.01	8.81	4.59	7.55	15.5	54.36	93.82	59.78	2.325	0.996
		湿筛	4.40	5.90	2.96	6.67	9.82	7.98	37.73		2.855	0.988

2. 不同坡位紫色土的水稳性团聚体差异 ＞0.25 mm 水稳性团聚体含量和团聚体破坏率都是描述土壤团聚状况较为重要的指标。图 3-6（a）、（b）和（c）分别为浅丘坡顶与中上部、浅丘坡腰、浅丘坡脚与坡谷沙溪庙组砂岩母质发育的紫色土剖面土壤团聚体组成及稳定性情况。总体来说，浅丘坡腰发育剖面＞0.25 mm 水稳性团聚体含量最高，团聚体破坏率最小，浅丘坡顶与中上部发育剖面＞0.25 mm 水稳性团聚体含量最低，团聚体破坏率最大。浅丘坡顶与中上部及浅丘坡脚与坡谷发育土壤剖面中，相同层次间＞0.25 mm 水稳性团聚体含量和团聚体破坏率相差不大，浅丘坡腰发育的剖面 A 层、W 层土壤＞0.25 mm 水稳性团聚体含量显著大于 B 层，团聚体破坏率显著小于 B 层，W 层＞0.25 mm 水稳性团聚体含量稍大于 A 层，团聚体破坏率稍小于 B 层。总体来说，浅丘坡腰发育剖面各层次土壤＞0.25 mm 水稳性团聚体含量和团聚体破坏率变异较大，其他两个地形位置发育剖面各层次土壤变异较小（杜静，2014）。

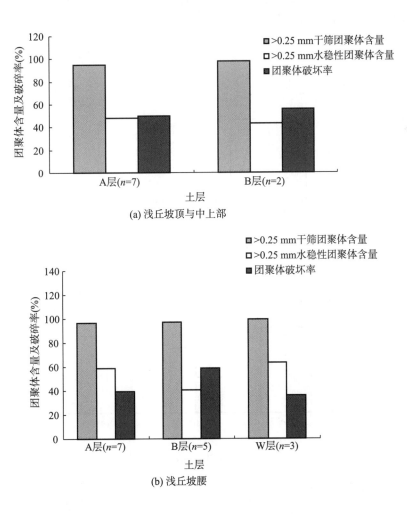

(a) 浅丘坡顶与中上部

(b) 浅丘坡腰

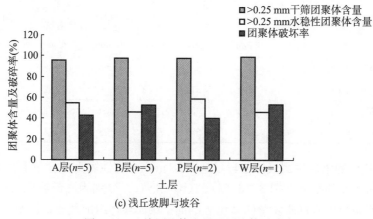

(c) 浅丘坡脚与坡谷

图 3-6　土壤团聚体含量及团聚体破碎率

团聚体平均重量直径（MWD）和几何平均直径（GMD）是反映水稳性团聚体大小分布状况的重要综合指标。MWD 和 GMD 值越大，表示团聚体的平均粒径团聚度越高，稳定性越强。由图 3-7 可知，不同地形位置沙溪庙组砂岩母质发育旱地剖面间土壤水稳性团聚体 MWD 和 GMD 值存在差异，但差异不显著。总体来说，浅丘坡腰发育剖面和浅丘坡脚与坡谷发育剖面水稳性团聚体 MWD 和 GMD 值大小相近，大于浅丘坡顶与中上部发育剖面。浅丘坡腰发育剖面 A 层和 W 层土壤水稳性团聚体 MWD 和 GMD 值大于 B 层，浅丘坡脚与坡谷发育剖面 A 层土壤水稳性团聚体 MWD 和 GMD 值稍大，但各层次间差异不显著。

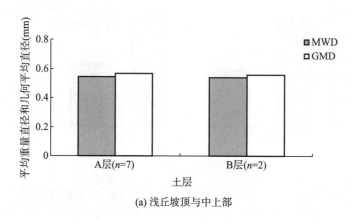

(a) 浅丘坡顶与中上部

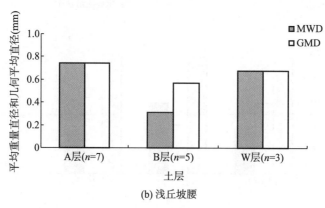

(b) 浅丘坡腰

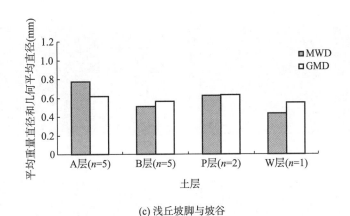

(c) 浅丘坡脚与坡谷

图 3-7　土壤水稳性团聚体平均重量直径和几何平均直径

（二）土壤微团聚体

1. 紫色土的微团聚体微观形态　土壤颗粒形态、连接形式以及骨架颗粒排列方式和孔隙大小对土壤团聚体稳定性的研究具有重要影响。图 3-8 为沙溪庙组发育的不同质地灰棕紫泥土的团聚体微观特征。其中，a、b、c、d、e、f 分别代表放大 20 000 倍后团聚体的微观特征，a1、b1、c1、d1、e1、f1 分别代表放大 5 000 倍后团聚体的微观特征。a 和 a1 的基本结构单元主要为片状颗粒，它是以边-面接触和面-面接触为主的层流结构，通过放大 20 000 倍，可以清晰地观察其内部颗粒间的胶结状况较为松散，团聚体中的桥式胶结和架空结构造成了土壤孔隙比较大。b 和 b1 的基本结构单元主要为片状颗粒，它是以面-面接触为主形成的片状体，片状颗粒较大，含量较多。同时，片状体之间的孔隙较大，颗粒之间的排列类型以层状结构为主。c 和 c1 的基本结构单元主要以片状颗粒为主，它是以边-面接触和以面-面接触为主的絮流结构。d 和 d1 的基本结构单元主要以片状颗粒为主，它是以边-面接触和面-面接触为主的絮流结构，颗粒的形状不规则，单元颗粒内通过胶结物质相互黏聚而形成的絮凝堆叠结构。e 和 e1 的基本结构单元主要为片状颗粒和扁平状聚集体，它是以面-面接触为主形成的片状体，颗粒与颗粒之间胶结得比较紧密；小片状颗粒紧紧胶结在大片状体上，堆积后的片状聚集体数量较多。f 和 f1 的基本结构单元主要为片状颗粒和扁平状聚集体，它是以面-面接触为主形成的片状体。颗粒之间的排列类型为胶结结构，压实程度比较紧；小片状颗粒紧紧胶结在大片状体上，小片状颗粒仅仅几微米甚至更小，其含量比较多。通过对不同质地土壤团聚体颗粒比对可以发现，e 和 f 中土壤颗粒排列较为紧密，而 a 和 b 颗粒排列较为松散，且片状体之间的孔隙较大（李江文，2020）。

2. 不同坡位紫色土的微团聚体特征　土壤是一个疏松多孔的介质体系，具有分形特征，分形维数也常被用于综合表征团聚体结构，分形维数越小，团粒结构越好，结构越稳定。然而，土壤各粒级微团聚体含量受到土壤颗粒组成的影响。因此，微团聚体含量与颗粒组成含量对比分析，可用微团聚体分形维数和土壤质地分形维数的比值来反映土壤微团聚体的综合团聚状况。

表 3-8 呈现了由沙溪庙组砂岩坡积残积物发育的不同坡位灰棕紫泥土的微团聚体组成及团聚特征。其中，团聚度表示＞0.05 mm 微团聚体团聚状况，分散系数表示＞0.002 mm 团聚团聚状况。结果表明，不同地形部位沙溪庙组砂岩母质发育剖面间土壤微团聚状况存在差异，浅丘坡顶与中上部发育剖面团聚度最小，分散系数和微团聚体分形维数与土壤质地分形维数的比值最大，浅丘坡腰发育剖面和浅丘坡脚与坡谷发育剖面团聚度大小相近，浅丘坡腰发育剖面分散系数和微团聚体分形维数与土壤质地分形维数的比值小于浅丘坡脚与坡谷发育剖面。剖面层次间土壤团聚状况存在差异，总体来说，W 层土壤团聚度最高。此外，A 层土壤团聚度也较高，但 A 层土壤分散系数和微团聚体分形维数与土壤质地分形维数的比值最小。因此，不同地形部位沙溪庙组砂岩母质发育旱地剖面中，浅丘坡

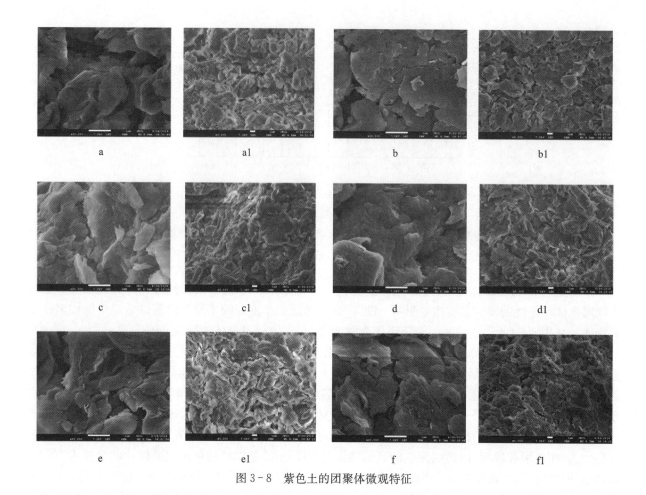

图 3-8 紫色土的团聚体微观特征

腰发育剖面微团聚状况最好，浅丘坡顶与中上部发育剖面微团聚状况最差。同时，A 层土壤微团聚状况好于其他层次。

3. 质地与有机质对紫色土微团聚体的影响　不同质地灰棕紫泥土的微团聚体特征如表 3-9 所示。其中，0.05～0.25 mm 粒级微团聚体的含量，不同质地土壤总体表现出沙壤土＞粉壤土＞壤土＞黏壤土；0.02～0.05 mm 粒级团聚体的含量，不同质地土壤总体表现出壤土＞粉壤土＞黏壤土＞沙壤土；＜0.002 mm 粒级团聚体的含量，不同质地土壤总体表现出黏壤土＞壤土＞粉壤土＞沙壤土（杜静，2014）。

三、紫色土的孔隙性

土壤孔隙是土壤中不被固体所占据的空隙部分，它是多孔介质的一个整体特性，是土壤结构组成要素之一，对土壤各个过程都有非常重要的作用，其孔隙大小、分布和连通性决定了土壤通气透水性和水分有效性。土壤孔隙状况是影响水分运动和水分保持的重要物理属性。

（一）总孔隙度大小

土壤总孔隙度是反映土壤潜在蓄水能力和调节降水潜在能力的重要指标。由表 3-10 可知，沙溪庙组灰棕紫泥土壤总孔隙度为 39.40%～49.20%，且其平均值分别为 47.74%、48.33%、45.55%、40.43%、41.32%、39.70%。同时，土壤总孔隙度是通过容重计算而求得。因此，土壤总孔隙度与土壤质地有关，一般质地偏沙的土壤，其孔隙度大于质地偏黏重的土壤（李江文，2020）。

表3-8　土壤微团聚体组成及团聚特征

母质	土壤	地形部位	土层	0.25~2 mm (%)	0.05~0.25 mm (%)	0.02~0.05 mm (%)	0.002~0.02 mm (%)	<0.002 mm (%)	团聚度 (%)	分散系数 (%)	微团聚体分形维数	微团聚体分形维数与土壤质地分形维数的比值
沙溪庙组砂岩坡积残积物	灰棕紫泥土	浅丘坡顶与中上部	A层 (n=7)	23.4±19.67	29.1±11.94	12.8±5.72	23.2±8.84	11.5±3.97	7.73±8.62	72.3±15.01	0.983±0.012
			B层 (n=2)	10.0±0.75	29.3±1.35	17.6±2.77	30.3±4.25	12.9±0.62	7.20±2.90	90.4±3.59	0.994±0.001
		浅丘坡腰	A层 (n=7)	10.3±4.99a	36.1±16.35a	17.0±6.43a	25.6±11.06a	11.0±3.87a	20.05±14.20a	54.5±9.05a	0.968±0.009a
			B层 (n=5)	10.2±9.97a	39.5±21.3a	14.8±9.60a	24.8±15.8a	10.7±5.04a	12.25±10.46a	74.8±16.52b	0.983±0.013b
			W层 (n=3)	6.0±7.05a	23.6±3.89a	19.7±4.99a	32.5±2.19a	18.3±2.26b	25.4±1.21a	72.1±10.14ab	0.982±0.008b
		浅丘坡脚与坡谷	A层 (n=5)	10.1±3.68a	38.1±6.91a	16.7±4.28a	23.6±5.76a	11.6±2.63a	19.77±6.09a	61.7±13.64a	0.973±0.012a
			B层 (n=5)	7.7±2.45a	34.9±5.40a	14.8±2.95a	27.5±4.29a	15.0±3.30a	10.07±8.35a	83.7±12.36b	0.990±0.008b
			P层 (n=2)	6.2±0.45	27.9±5.55	24.2±7.77	27.4±3.19	14.4±1.42	13.90±2.40	71.4±10.36	0.981±0.006
			W层 (n=1)	13.6	17.2	13.3	33.8	22.2	35.32	74.0	0.987

注：含有相同字母表示多重比较或方差分析差异不显著，不含有相同字母表示多重比较或方差分析差异显著。

表3-9　不同质地土壤微团聚体特征

编号	0.25~2 mm (%)	0.05~0.25 mm (%)	0.02~0.05 mm (%)	0.002~0.02 mm (%)	<0.002 mm (%)	土壤质地	土壤有机质 (SOM) (g/kg)
S1	12.95±0.20	51.79±0.61	19.25±0.26	10.41±0.27	5.60±0.28	沙壤土	4.42
S2	5.60±0.68	51.54±0.75	22.71±0.71	13.32±0.42	6.83±0.30	粉壤土	4.71
S3	6.03±0.73	44.93±0.93	24.02±0.77	15.94±0.50	9.07±0.39	壤土	5.09
S4	4.40±0.40	49.39±1.12	22.81±0.70	14.41±0.43	8.95±0.39	壤土	4.83
S5	3.87±0.96	47.23±0.60	22.53±0.69	15.96±0.46	10.41±0.40	黏壤土	5.71
S6	8.83±1.52	46.63±0.02	20.18±0.58	14.59±0.50	9.78±0.47	黏壤土	6.70

注：S1~S6均为沙溪庙组发育的灰棕紫泥土。

表 3 - 10　不同土壤样品的容重、总孔隙度、砾石含量

土样编号	容重（g/cm³）			孔隙度（%）			砾石含量（%）		
	最小值	最大值	平均值±标准差	最小值	最大值	平均值±标准差	最小值	最大值	平均值±标准差
S1	1.36	1.41	1.38±0.03	46.79	48.68	47.74±0.94	3.86	5.19	4.70±0.73
S2	1.35	1.39	1.37±0.02	47.46	49.20	48.33±0.87	17.12	17.62	17.37±0.25
S3	1.42	1.47	1.44±0.03	44.53	46.57	45.55±1.02	1.12	1.48	1.27±0.19
S4	1.57	1.59	1.58±0.01	40.15	40.72	40.43±0.28	1.90	2.20	2.04±0.15
S5	1.52	1.59	1.55±0.04	40.00	42.64	41.32±1.32	1.11	1.29	1.22±0.10
S6	1.59	1.61	1.60±0.01	39.40	40.00	39.70±0.30	1.28	1.75	1.51±0.24

注：S1～S6 均为沙溪庙组发育的灰棕紫泥土。

（二）孔隙组成与分布情况

土壤孔隙特征主要包括土壤孔隙数量与大小，以及不同大小孔隙占总孔隙度的比例（孔隙占比）。土壤孔隙的数量用孔隙度（孔隙的体积/总体积，cm³/cm³）表示；孔隙的大小采用当量孔径表示。根据茹林公式（雷志栋等，1988）：$S = 300/d$（式中，S 表示土壤吸力，单位为 Pa；d 表示当量孔径，单位为 mm），可计算得到不同岩屑含量自然土的当量孔径分布情况。同时，依据孔隙的功能（Lal and Shukla，2004），结合紫色土的实际情况，将土壤孔隙按照其大小分为 3 个等级：$>30\ \mu m$（吸力小于 0.1 bar）的孔隙为交换孔隙；$0.5\sim30\ \mu m$（吸力为 0.1～6 bar）的孔隙为储存孔隙；$<0.5\ \mu m$（吸力大于 6 bar）的孔隙为残余与结合孔隙。

由图 3 - 9（a）～（b）可知，当土壤容重为 1.3 g/cm³ 时，飞仙关组紫色页岩发育的自然土壤中，岩屑的含量对其土壤孔隙存在明显影响，主要表现为自然土壤中 <2 mm 岩屑含量越高，其土壤

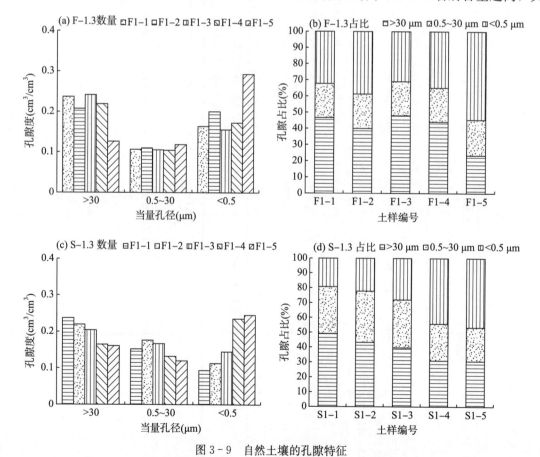

图 3 - 9　自然土壤的孔隙特征

中较大的交换孔隙（>30 μm）的数量就越大，而残余与结合孔隙（<0.5 μm）的数量就越小。由图3-9（c）~（d）可知，随着坡位高程的降低，遂宁组紫色泥岩自然土壤岩屑含量减少，S1~S5自然土中>30 μm 的孔隙随着岩屑含量的减小而减少；<0.5 μm 的孔隙则随着岩屑含量的减小及其土壤颗粒组成的细化而逐渐增多。也就是说，在遂宁组紫色泥岩发育的土壤中，随着土壤发育程度的不断增大，土壤颗粒不断细化，土壤中岩屑含量逐渐减小，土壤孔隙由原来的以中大孔隙为主逐步发展为以小孔隙为主。同时，其土壤水分特征也随之发生相应的变化（钟守琴，2018）。

第三节 紫色土的水分特性

土壤作为一个多孔介质，由于其孔隙大小、形状和连通性各不相同，极大地影响着水分在土壤中的性质和运动特征。土壤水分特性主要包括土壤水分特征常数、土壤水分特征曲线、土壤水分扩散特性、导水特性以及蒸发特性，它们与土壤的结构和质地等因素密切相关，反映了土壤的孔隙度、孔隙大小分布、导水性能以及土壤水的入渗性质等，从而影响土壤中的水分及其运动状况。本节将分别从紫色土的水分特征常数、水分特征曲线、水分扩散特性、导水特性以及蒸发特性进行介绍。

一、紫色土水分特征常数

土壤水分特征常数能够反映土壤的持水特性。常见的土壤水分特征常数包括土壤饱和含水量、田间持水量、开始萎蔫含水量、永久萎蔫含水量、最大吸湿系数及吸湿系数等。

（一）不同坡位紫色土的水分特征

土壤持水性是指土壤吸持水分的性能，主要由土壤孔隙的毛管引力和土壤颗粒的分子引力所引起，土壤水分系数随着紫色土类型的不同而呈现明显的差异。

土壤中存在大量的砾石会影响土壤各种含水量。这是由于砾石含水量小于细颗粒土壤的含水量，土壤含水量随着砾石的增多而减小。另外，土壤含水量随着物理性黏粒含量的增多而增大，故土壤含水量在砾石和物理性黏粒的双重影响下，呈现出不同的规律。在丘陵紫色土区，从山顶到山脚，紫色土的物理性黏粒含量越来越高，砾石含量越来越少，下坡土壤又能接受侧下渗的水分，故其自然含水量越来越高。前人研究表明，在不考虑土壤砾石的时候，几种紫色土的饱和含水量为30%~40%，田间持水量为20%~35%。研究发现，由于土壤中砾石的持水性，在坡顶，几种紫色土壤的饱和含水量在30%左右，田间持水量为18.66%~22.44%；在坡腰和坡脚，几种紫色土壤的饱和含水量为29.46%~37.82%，田间持水量为17.93%~30.67%，这比不考虑砾石时，饱和含水量减少了2%~13%，田间持水量减少了2%~5%。另外，无论哪种紫色土，其饱和含水量和田间持水量在剖面层次上的动态变化不显著（表3-11）。这主要是因为紫色土层次分化不明显，与水分密切相关的土壤性质（如质地和结构）在剖面上较为均匀的状况有关。

表 3-11 紫色土的水分性质

紫色土	物理性质	坡顶	坡腰			坡脚		
		0~20 cm	0~20 cm	20~40 cm	40~60 cm	0~20 cm	20~40 cm	40~60 cm
红棕紫泥土	自然含水量（%）	20.24	21.57	20.28	20.85	25.10	22.47	21.39
	饱和含水量（%）	29.37	30.64	30.12	31.28	32.53	32.88	32.32
	田间持水量（%）	18.66	21.18	21.04	22.60	28.49	28.72	27.66
棕紫泥土	自然含水量（%）	20.93	24.27	23.44	21.49	24.84	23.91	22.46
	饱和含水量（%）	29.30	31.82	31.50	32.13	33.97	33.35	34.37
	田间持水量（%）	21.78	25.30	28.05	29.54	29.18	30.46	30.67

（续）

紫色土	物理性质	坡顶	坡腰			坡脚		
		0～20 cm	0～20 cm	20～40 cm	40～60 cm	0～20 cm	20～40 cm	40～60 cm
灰棕紫泥土	自然含水量（%）	19.31	20.91	22.07	20.00	22.90	25.78	24.70
	饱和含水量（%）	33.83	35.38	35.17	34.72	37.18	37.82	36.14
	田间持水量（%）	22.44	24.36	24.18	23.83	26.52	28.33	25.31
粗暗紫泥土	自然含水量（%）	12.00	10.46	16.24	—	17.76	20.64	—
	饱和含水量（%）	30.91	29.46	30.54	—	30.89	31.55	—
	田间持水量（%）	19.82	17.93	18.61	—	20.56	20.95	—

另外，土壤自然含水量除了受到砾石和物理性黏粒的影响外，还受到外界降水的影响，在剖面上的变化也有所差异。红棕紫泥土和棕紫泥土是在小雨停止后采的样，自然含水量分布规律均表现出0～20 cm＞20～40 cm＞40～60 cm。灰棕紫泥土和粗暗紫泥土是在小雨停止1 d后采的样，降雨之后，水分很快渗入含有砾石的土壤，且再加上表土的蒸发，所以剖面含水量的分布规律是先上升后下降，特别是粗暗紫泥土中含有大量的砾石，20 cm以下的土层非常湿润。

土壤饱和含水量同样受到土壤孔隙度、土壤物理性黏粒和砾石含量的影响。红棕紫泥土的山腰耕作层物理性黏粒含量稍低于山顶耕作层物理性黏粒含量，但由于山顶的砾石含量比山腰表层的砾石含量高11.1%，故山顶的饱和含水量低于山腰表层；山腰20～40 cm土层的砾石含量高于40～60 cm土层，20～40 cm土层的物理性黏粒含量又低于40～60 cm土层，故其山腰的20～40 cm土层饱和含水量低于40～60 cm土层。棕紫泥土的山顶耕作层物理性黏粒含量稍低于山腰耕作层物理性黏粒含量，同时山顶砾石含量比山腰表层的砾石含量高9.09%，故山顶土壤表层饱和含水量低于山腰表层；山腰20～40 cm土层的砾石含量高于40～60 cm土层，且物理性黏粒含量也低于40～60 cm土层，故其饱和含水量20～60 cm呈上升趋势。灰棕紫泥土的山顶耕作层物理性黏粒含量稍低于山腰耕作层物理性黏粒含量，但砾石含量远远高于山腰表层的砾石含量，故山顶土壤表层饱和含水量低于山腰表层。粗暗紫泥土的山顶耕作层物理性黏粒含量稍低于山腰耕作层物理性黏粒含量，而砾石含量比山腰表层砾石含量低13.22%，故山顶表层土的饱和含水量高于山腰表层；山腰耕作层和20～40 cm土层的砾石含量相差不大，但20～40 cm土层的物理性黏粒含量比耕作层高，故两处的饱和含水量相差不大；坡脚的砾石含量表层到下层逐渐下降，但物理性黏粒含量在上升，饱和含水量也呈上升趋势。分布在坡脚的红棕紫泥土和棕紫泥土壤饱和含水量以及在山腰和山脚的灰棕紫泥土壤饱和含水量在层次上的变化趋势与物理性黏粒含量的变化规律一致，与砾石含量变化的规律关系不明显。

总之，灰棕紫泥土的土壤饱和含水量最高，平均为35.75%；棕紫泥土次之，平均为32.35%；粗暗紫泥土最小，平均为30.53%。棕紫泥土的田间持水量最高，平均为27.85%；其次为灰棕紫泥土；最小为粗暗紫泥土，只有19.57%。这与周德锋的研究结果稍有不符，这是因为本试验中的灰棕紫泥土物理性黏粒含量大大低于棕紫泥土和红棕紫泥土。这些结果说明，砾石只是影响饱和含水量和田间持水量的大小，在砾石含量相差不大的情况下，同种类型土的饱和含水量和田间持水量的变化规律主要受到土壤物理性黏粒的影响。另外，土壤物理性黏粒含量与饱和含水量和田间持水量的变化规律的相关系数受到砾石含量的影响，砾石含量越大，其相关系数就越小。相关系数大小为粗暗紫泥土＜棕紫泥土＜红棕紫泥土＜灰棕紫泥土，平均相关系数都在0.85以上，且田间持水量的相关系数高于饱和含水量的相关系数（李燕，2006）。

（二）不同坡位土壤的水分特征常数

由表3-12可知，飞仙关组紫色页岩不同坡位发育土壤（F1-1～F1-5）的大部分水分特征常数（0.1 bar田间持水量、0.3 bar田间持水量、6 bar开始萎蔫含水量、15 bar永久凋萎系数与有效含水量）均存在：坡腰（F1-3）＜坡顶（F1-1）＜坡脚（F1-4）＜坡肩（F1-2）＜坡谷（F1-5）。

遂宁组紫色泥岩不同坡位发育土壤（S1-1～S1-5）的大部分水分特征常数（除饱和含水量、吸湿系数、有效含水量以外）均存在：坡顶（S1-1）＜坡肩（S1-2）＜坡腰（S1-3）＜坡脚（S1-4）与坡谷（S1-5），其中，坡脚（S1-4）与坡谷（S1-5）土壤水分特征常数相差不大。在自然条件下，土壤水分特征常数（饱和含水量、田间持水量、萎蔫含水量和吸湿系数）随着土壤中岩屑含量的增大而减小。同时，遂宁组泥岩发育的红棕紫泥土有效含水量要普遍高于飞仙关组页岩发育的暗紫泥土（钟守琴，2018）。

表 3-12　自然土壤的水分特征常数

土样编号	容重 (g/cm³)	饱和含水量 (cm³/cm³)	0.1 bar 田间持水量 (cm³/cm³)	0.3 bar 田间持水量 (cm³/cm³)	6 bar 开始萎蔫含水量 (cm³/cm³)	15 bar 永久凋萎系数	最大吸湿系数	吸湿系数	有效含水量 (cm³/cm³)
F1-1	1.3	0.506 3	0.269 5	0.232 3	0.163 3	0.147 0	0.108 2	0.065 5	0.085 3
F1-2	1.3	0.517 5	0.310 1	0.278 7	0.200 2	0.178 3	0.110 6	0.067 7	0.100 4
F1-3	1.3	0.501 8	0.260 4	0.222 5	0.155 3	0.137 6	0.109 1	0.070 1	0.084 9
F1-4	1.3	0.495 6	0.276 7	0.251 4	0.172 6	0.153 7	0.109 4	0.071 2	0.097 6
F1-5	1.3	0.536 8	0.410 8	0.390 4	0.292 6	0.265 6	0.155 7	0.072 9	0.124 5
S1-1	1.3	0.482 7	0.245 7	0.187 2	0.093 6	0.073 7	0.084 5	0.059 4	0.113 4
S1-2	1.3	0.508 2	0.288 7	0.239 6	0.112 8	0.087 2	0.088 6	0.057 4	0.152 4
S1-3	1.3	0.515 1	0.311 0	0.269 4	0.144 5	0.115 8	0.099 9	0.060 1	0.153 6
S1-4	1.3	0.531 5	0.366 9	0.335 7	0.235 0	0.206 7	0.122 4	0.068 5	0.129 1
S1-5	1.3	0.525 8	0.365 2	0.345 1	0.245 3	0.214 7	0.128 6	0.068 6	0.130 4

注：F1-1～F1-5、S1-1～S1-5 分别表示坡顶、坡肩、坡腰、坡脚与坡谷的土壤。

二、紫色土水分特征曲线

土壤水的基质势（或土壤水吸力）随着土壤含水量变化的关系曲线，称为土壤水分特征曲线或土壤持水曲线（Dane and Topp，2002；雷志栋等，1988）。土壤水分特征曲线能够表示土壤水的能量与水量之间的关系，是研究土壤水分的保持与运动所用到的反映土壤水分基本特征的曲线，且含水量通常采用容积含水量进行分析（Dane and Topp，2002；雷志栋等，1988）。

（一）不同坡位紫色土水分特征曲线

将原状土在一定吸力下的含水量用幂函数进行拟合（雷志栋等，1988）。

$$S = a\theta^b$$

式中，S 表示土壤水吸力（kPa）；θ 表示土壤容积含水量（cm³/cm³）；a、b 表示经验常数。

1. 低吸力段水分特征曲线　分别针对红棕紫泥土、棕紫泥土、灰棕紫泥土和粗暗紫泥土低吸力段（水吸力≤30 kPa）水分特征曲线进行测试，拟合结果见表 3-13。土壤水分特征曲线（图 3-10）的左右反映了土壤持水能力的强弱，即曲线越靠右，持水能力越强；曲线越靠左，持水能力越弱。从山顶到山脚，原状土的砾石含量呈减少的趋势，在整个脱水过程中，含水量呈山脚＞山腰＞山顶的趋势，虽然脱水曲线都是双曲线，但它们的脱水趋势并非完全一致。首先，在饱和时，每种土壤的饱和含水量相差不大，但是随着吸力的增加，土壤含水量的差异越来越大，差异大小为红棕紫泥土＞棕紫泥土＞灰棕紫泥土＞粗暗紫泥土。到 30 kPa 时，含水量虽然还是山脚＞山腰＞山顶，但是不同坡位之间的含水量差异显著：红棕紫泥土在山顶的含水量与山腰的含水量相差最大，山腰和山脚的含水量相差较小；粗暗紫泥土在山顶和山腰的含水量相差最小；棕紫泥土和灰棕紫泥土在不同坡位的含水量相差不大。红棕紫泥土和粗暗紫泥土在山腰的土壤含水量随水势降低的速度最快，说明其持水能力弱于山顶和山脚的土壤。其中，山腰红棕紫泥土的脱水曲线接近于山顶的土壤，说明与山顶的土壤在物理性质方面较为相似。棕紫泥土和灰棕紫泥土都是在山顶的土壤含水量随水势降低的速度最快，说明其持水能力弱于山腰和山脚的土壤；山脚的4种土壤含水量随水势降低的速度最慢，说明在同一吸力条件下，在各个坡位的土壤所保持的土壤水分数量存在差异，山脚土壤保持的土壤水分数量最大，说明山脚土壤持水能力均高于山腰和山顶的土壤。

砾石含量明显影响着土壤脱水性质。在0～10 kPa的吸力过程中，砾石含量越大，物理性黏粒越少，土壤在低吸力段释水就越多，脱水曲线的斜率就越大，在10～30 kPa的吸力区间，土壤释水量少于前一吸力段。对原状土水分特征曲线用幂函数进行拟合，其模拟的效果较好，R^2都在0.9以上，经验函数的参数a、b值有一定的变化规律（表3-13）。红棕紫泥土、棕紫泥土和灰棕紫泥土的参数a值都是从山顶到山脚呈下降趋势，参数b值都是从坡顶到坡脚呈上升趋势；而粗暗紫泥土在坡腰的参数a值高于山顶的参数a值，参数b值则相反，这是由于粗暗紫泥土在山腰的砾石含量较高。总之，从山顶到山脚，土壤砾石含量由多变少，土壤质地由轻变重，土壤持水性由弱变强（李燕，2006）。

表3-13　不同坡位紫色土水分特征曲线拟合方程的参数值

紫色土	坡位	$y=a\theta^{-b}$			紫色土	坡位	$y=a\theta^{-b}$		
		a	b	R^2			a	b	R^2
红棕紫泥土	山顶	2.9×10^{-3}	5.08	0.907 5	灰棕紫泥土	山顶	2.4×10^{-3}	5.70	0.968 0
	山腰	4.0×10^{-4}	6.68	0.990 3		山腰	1.4×10^{-3}	6.60	0.935 2
	山脚	2.0×10^{-9}	17.4	0.953 0		山脚	7.0×10^{-4}	7.43	0.972 8
棕紫泥土	山顶	2.0×10^{-4}	7.22	0.991 4	粗暗紫泥土	山顶	1.0×10^{-3}	5.80	0.991 5
	山腰	6.0×10^{-6}	10.5	0.994 2		山腰	2.6×10^{-3}	4.97	0.979 9
	山脚	6.0×10^{-6}	11.5	0.926 2		山脚	4.0×10^{-4}	6.49	0.970 9

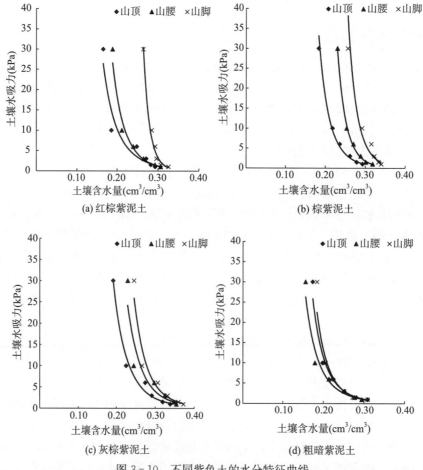

图3-10　不同紫色土的水分特征曲线

2. 高吸力段水分特征曲线 红棕紫泥土和粗暗紫泥土高吸力段（水吸力 30～1 500 kPa）的水分特征曲线如图 3-11 所示。不同岩屑含量的自然土壤，在相同的土壤基质吸力条件下，岩屑含量越高，其对应的含水量就越低；同时，在含水量相同的条件下，岩屑含量较高的土壤，其对应的土壤基质吸力越小，就越容易释放土壤水分，其水分被作物利用的难度越小。从经验公式的拟合结果（表 3-14）可知，采用 $y=a\theta^{-b}$ 经验公式，对不同岩屑含量的自然土的水分特征曲线进行拟合，其拟合结果较好，R^2 均大于 0.99，其对高吸力段的拟合效果要好于低吸力段的拟合效果（钟守琴，2018）。

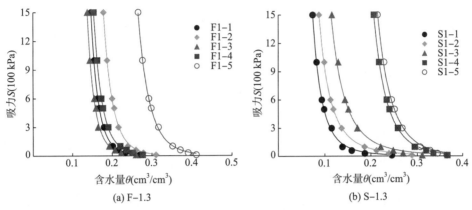

(a) F-1.3   (b) S-1.3

图 3-11　不同坡位紫色土的水分特征曲线

表 3-14　不同坡位紫色土的水分特征曲线拟合方程

土样编号	容重（g/cm³）	飞仙关组 $y=a\theta^{-b}$			土样编号	容重（g/cm³）	遂宁组 $y=a\theta^{-b}$		
		a	b	R^2			a	b	R^2
F1-1	1.3	1.66×10^{-6}	8.36	0.998 7	S1-1	1.3	6.74×10^{-4}	3.84	0.998 6
F1-2	1.3	1.12×10^{-5}	8.18	0.998 6	S1-2	1.3	2.68×10^{-3}	3.54	0.999 2
F1-3	1.3	1.88×10^{-6}	8.01	0.995 8	S1-3	1.3	3.52×10^{-3}	3.85	0.998 8
F1-4	1.3	8.59×10^{-6}	7.68	0.999 3	S1-4	1.3	1.61×10^{-4}	7.26	0.999 5
F1-5	1.3	4.93×10^{-5}	9.53	0.999 6	S1-5	1.3	2.76×10^{-4}	7.10	0.997 4

（二）不同坡位紫色土的比水容量

土壤水分含量的多少并不一定代表土壤水分有效性的高低，还需借助土壤比水容量来加以衡量。土壤水分特征曲线的斜率即比水容量，标志着当土壤吸力发生变化时，土壤能释出或吸入的水量，是与土壤水储量和水分对植物有效程度相关的一个重要特性，可以作为表征土壤抗旱性的重要指标。

1. 低吸力段的比水容量 将原状土在低吸力段水分特征曲线求导，所得不同坡位紫色土的比水容量见表 3-15。由于植物根系吸水和表土蒸发毛管悬着水逐渐减少，较粗的毛管首先排空，使毛管中的水分失去连续性，从而使毛管水的运动中断，此时的土壤含水量称为生长阻滞点。土壤含水量低于此值，作物吸水困难，生长受到阻滞，其值为田间持水量的 60%～70%，可作为植物适宜湿度的下限。由表 3-15 可以看出，在低吸力段，土壤比水容量是随着吸力增大而逐渐降低的，说明即使在最有效的田间持水量到生长阻滞点这一区间内，水分的有效程度也不相等。同时表明，假如植物以相同的吸力从不同土壤中吸取水分时，由于比水容量的差异，在该吸力下所能取得的水量也不可能是相等的。

土壤比水容量以中壤土为最高，质地较之越细或越粗，比水容量均越低。由表 3-15 可以看出，在整个吸力变化过程中，4 种紫色土的比水容量均随着土壤水吸力的增大而减小，当 10～30 kPa 时，下降得更为剧烈，且平均比水容量是红棕紫泥土＜棕紫泥土＜灰棕紫泥土＜粗暗紫泥土，与每种土壤的平均黏粒含量呈负相关关系。另外，除了粗暗紫泥土在山腰的比水容量大于山顶和山脚外，其余 3

种土都是从山顶到山脚，随着土壤黏粒含量逐渐增大，比水容量呈下降趋势，这与其黏粒含量变化仍然呈负相关关系。其中，在 30 kPa 时，红棕紫泥土的比水容量相差最大，山顶和山脚相差达到 24 个数量级，且山腰和山脚就相差 21 个数量级；其次是棕紫泥土，山顶和山脚相差 8 个数量级；灰棕紫泥土和粗暗紫泥土的比水容量差异都远远小于前面两种土壤（李燕，2006）。

表 3-15　不同坡位紫色土的比水容量

紫色土	坡位	土壤水吸力（kPa）					
		1.0	1.5	3.0	6.0	10	30
红棕紫泥土	山顶	1.4×10^{-2}	1.25×10^{-3}	1.84×10^{-5}	2.71×10^{-7}	1.21×10^{-8}	1.51×10^{-11}
	山腰	3.07×10^{-3}	1.36×10^{-4}	6.66×10^{-7}	3.25×10^{-9}	6.42×10^{-11}	1.39×10^{-14}
	山脚	3.48×10^{-8}	1.98×10^{-11}	5.62×10^{-7}	1.59×10^{-22}	1.30×10^{-26}	2.09×10^{-35}
棕紫泥土	山顶	1.44×10^{-2}	5.15×10^{-5}	1.73×10^{-7}	5.78×10^{-10}	8.67×10^{-12}	1.04×10^{-15}
	山腰	6.31×10^{-5}	5.91×10^{-7}	2.01×10^{-10}	6.83×10^{-14}	1.90×10^{-16}	6.04×10^{-22}
	山脚	6.91×10^{-5}	4.32×10^{-7}	7.38×10^{-11}	1.26×10^{-14}	2.11×10^{-17}	2.26×10^{-23}
灰棕紫泥土	山顶	1.37×10^{-2}	9.03×10^{-4}	8.66×10^{-6}	8.31×10^{-8}	2.70×10^{-9}	1.71×10^{-12}
	山腰	9.24×10^{-3}	4.24×10^{-4}	2.19×10^{-6}	1.13×10^{-8}	2.33×10^{-10}	5.54×10^{-14}
	山脚	5.20×10^{-3}	1.70×10^{-4}	4.94×10^{-7}	1.43×10^{-8}	1.93×10^{-15}	1.83×10^{-15}
粗暗紫泥土	山顶	5.80×10^{-3}	3.67×10^{-4}	3.29×10^{-6}	2.95×10^{-8}	9.12×10^{-10}	5.18×10^{-13}
	山腰	1.29×10^{-2}	1.15×10^{-3}	1.84×10^{-5}	2.94×10^{-7}	1.39×10^{-8}	1.98×10^{-11}
	山脚	2.60×10^{-3}	1.24×10^{-4}	6.91×10^{-7}	3.84×10^{-9}	8.35×10^{-11}	2.22×10^{-14}

2. 高吸力段的比水容量　在相同的土壤容重（1.3 g/cm³）下，随着岩屑含量的增加，同一含水量对应的土壤比水容量呈增大趋势；飞仙关组紫色页岩发育的自然土壤从坡顶到坡谷（F1-1~F1-5）的比水容量的关系主要表现为 F1-3>F1-2>F1-4>F1-1>F1-5；遂宁组紫色泥岩发育的自然土壤从坡顶到坡谷（S1-1~S1-5）的比水容量的关系主要表现为 S1-1>S1-2>S1-3>S1-4>S1-5，其中，S-4 与 S-5 的比水容量曲线几乎重合（表 3-16、图 3-12）。因此，总体而言，自然土壤中岩屑含量越高，其土壤比水容量就越大（钟守琴，2018）。

表 3-16　自然土壤的比水容量拟合方程

土样编号	容重(g/cm³)	飞仙关组 $C=\dfrac{d\theta}{ds}=\dfrac{1}{ab}\theta^{b+1}$			土样编号	容重(g/cm³)	遂宁组 $y=ax^{-b}$ $C=\dfrac{d\theta}{ds}=\dfrac{1}{ab}\theta^{b+1}$		
		a	b	R^2			a	b	R^2
F1-1	1.3	1.66×10^{-6}	8.36	0.998 7	S1-1	1.3	6.74×10^{-4}	3.84	0.998 64
F1-2	1.3	1.12×10^{-5}	8.18	0.998 6	S1-2	1.3	2.68×10^{-3}	3.54	0.999 15
F1-3	1.3	1.88×10^{-6}	8.01	0.995 8	S1-3	1.3	3.52×10^{-3}	3.85	0.998 83
F1-4	1.3	8.59×10^{-6}	7.68	0.999 3	S1-4	1.3	1.61×10^{-4}	7.26	0.999 51
F1-5	1.3	4.93×10^{-5}	9.53	0.999 6	S1-5	1.3	2.76×10^{-4}	7.10	0.997 4

三、紫色土水分扩散特性

紫色土分布区，土壤水分主要依靠降水来补充，土壤水分扩散快慢直接影响土壤中水分状况。非饱和土壤水分扩散率是研究土壤水分运动规律必不可少的基本参数之一，通常采用水平土柱试验对非饱和土壤水分扩散率进行测定。

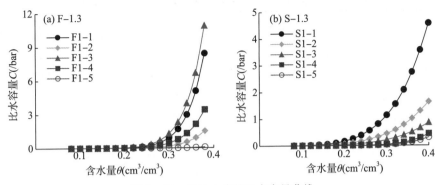

图 3 - 12　自然土壤的比水容量曲线

（一）自然土壤扩散的湿润峰前进情况

由表 3 - 17 可知，对于飞仙关组紫色页岩发育的自然土壤来讲，当容重为 1.3 g/cm³ 时，从坡顶到坡谷（F1 - 1～F1 - 5）土壤水平扩散距离分别为 36.5 cm、35.5 cm、41.5 cm、36.5 cm 和 37.5 cm，历时分别为 745 min、810 min、1 371 min、380 min 和 25 860 min；在湿润峰前进过程中，最大速率分别为 1.60 cm/min、3.60 cm/min、2.00 cm/min、2.13 cm/min 和 0.20 cm/min；最小速率分别为 0.025 0 cm/min、0.017 5 cm/min、0.010 8 cm/min、0.015 0 cm/min 和 0.000 4 cm/min；平均速率为 0.049 0 cm/min、0.043 8 cm/min、0.030 3 cm/min、0.096 1 cm/min 和 0.001 5 cm/min；与坡谷大泥土（F1 - 5）进行比较发现，F1 - 1～F1 - 4 的湿润峰前进的平均速率分别增大了 31.67 倍、28.2 倍、19.2 倍和 63.07 倍。因此，总体上，飞仙关组紫色页岩不同岩屑含量自然土壤的湿润峰前进速率随着岩屑含量的增大而增大，由于 F1 - 1～F1 - 4 自然土壤之间的岩屑含量差异不大，其扩散特性差异性也较小。对于遂宁组紫色泥岩发育的自然土壤来讲，当容重为 1.3 g/cm³ 时，从坡顶到坡谷（S1 - 1～S1 - 5）土壤水平扩散距离分别为 37.5 cm、35.5 cm、35.5 cm、36.5 cm 和 37.5 cm，历时分别为 310 min、700 min、2 010 min、3 360 min 和 4 365 min；在湿润峰前进过程中，最大速率分别为 1.40 cm/min、0.65 cm/min、0.35 cm/min、0.25 cm/min 和 0.20 cm/min；最小速率分别为 0.060 0 cm/min、0.020 0 cm/min、0.006 7 cm/min、0.005 0 cm/min 和 0.003 3 cm/min；平均速率为 0.121 0 cm/min、0.050 7 cm/min、0.017 7 cm/min、0.010 9 cm/min 和 0.008 6 cm/min；与坡谷大泥土（S1 - 5）进行比较发现，S1 - 1～S1 - 4 的湿润峰前进的平均速率分别增大了 13.06 倍、4.90 倍、1.06 倍与 0.27 倍。另外，由表 3 - 18、图 3 - 13 和图 3 - 14 可知，湿润峰前进的速率随着时间的增加逐渐减缓，湿润峰前进累计距离（L）与时间（t）成幂函数关系（R^2 均大于 0.95）；湿润峰随前进的速率（v）与时间（t）的关系曲线也成幂函数关系（R^2 均大于 0.82）。因此，随着自然土壤中岩屑含量的增加，其非饱和土壤水分扩散速率越快。同时，对比飞仙关组紫色页岩与遂宁组紫色泥岩自然土壤的湿润峰扩散速率关系曲线可知，在土壤水分扩散过程中，紫色页岩土壤的初始扩散速率比紫色泥岩土壤的要大，初始阶段的下降趋势更加明显（钟守琴，2018）。

表 3 - 17　自然土壤水分扩散情况

土样编号	容重 (g/cm³)	L (cm)	t (min)	v_{max} (cm/min)	v_{min} (cm/min)	$\bar{v}$ (cm/min)	土样编号	容重 (g/cm³)	L (cm)	t (min)	v_{max} (cm/min)	v_{mim} (cm/min)	$\bar{v}$ (cm/min)
F1 - 1	1.3	36.5	745	1.60	0.025 0	0.049 0	S1 - 1	1.3	37.5	310	1.40	0.060 0	0.121 0
F1 - 2	1.3	35.5	810	3.60	0.017 5	0.043 8	S1 - 2	1.3	35.5	700	0.65	0.020 0	0.050 7
F1 - 3	1.3	41.5	1 371	2.00	0.010 8	0.030 3	S1 - 3	1.3	35.5	2 010	0.35	0.006 7	0.017 7
F1 - 4	1.3	36.5	380	2.13	0.015 0	0.096 1	S1 - 4	1.3	36.5	3 360	0.25	0.005 0	0.010 9
F1 - 5	1.3	37.5	25 860	0.20	0.000 4	0.001 5	S1 - 5	1.3	37.5	4 365	0.20	0.003 3	0.008 6

表 3 - 18　自然土壤水分扩散距离 L、速率 v 与时间 t 的关系

土样编号	容重 (g/cm³)	$L=at^b$			$v=at^{-b}$		
		a	b	R^2	a	b	R^2
F1 - 1	1.3	3.488	0.346	0.953 7	1.098	0.626	0.829 5
F1 - 2	1.3	6.343	0.239	0.972 4	1.386	0.715	0.902 9
F1 - 3	1.3	3.983	0.313	0.992 2	0.946	0.613	0.914 1
F1 - 4	1.3	4.651	0.348	0.997 0	1.873	0.689	0.918 2
F1 - 5	1.3	1.567	0.319	0.996 2	0.459	0.680	0.953 0
S1 - 1	1.3	3.130	0.420	0.994 8	1.030	0.500	0.925 8
S1 - 2	1.3	2.170	0.420	0.993 9	0.750	0.540	0.932 6
S1 - 3	1.3	1.520	0.410	0.995 3	0.460	0.530	0.949 3
S1 - 4	1.3	2.170	0.330	0.990 5	0.410	0.540	0.970 3
S1 - 5	1.3	1.690	0.360	0.990 5	0.320	0.530	0.975 0

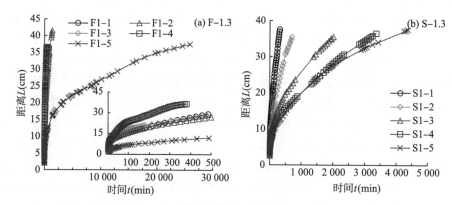

图 3 - 13　自然土壤的土壤扩散 L-t 曲线

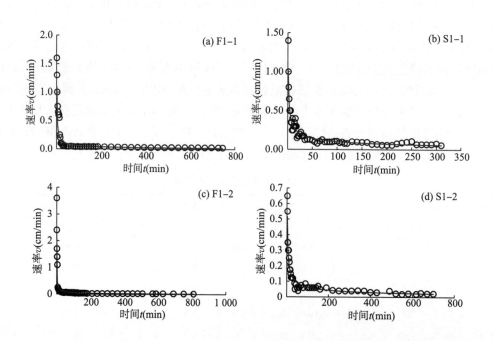

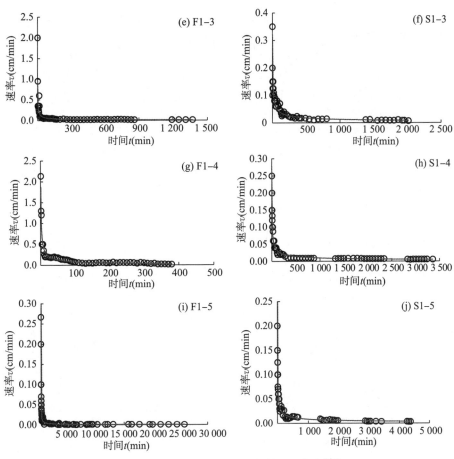

图 3-14　自然土壤的土壤扩散 v-t 关系曲线

（二）自然土壤的 $\theta = f(\lambda)$ 关系曲线

θ 为土壤容积含水量，λ 为 Boltzmann 变换的参数，不同岩屑含量自然土壤的 θ-λ 关系曲线如图 3-15 所示，拟合方程见表 3-19。不同岩屑含量自然土壤的 θ-λ 关系曲线的变化趋势一致。随着 λ 的增大，θ 逐渐减小，最后保持吸湿含水量不变。同时，其关系曲线采用指数函数对扩散段曲线进行

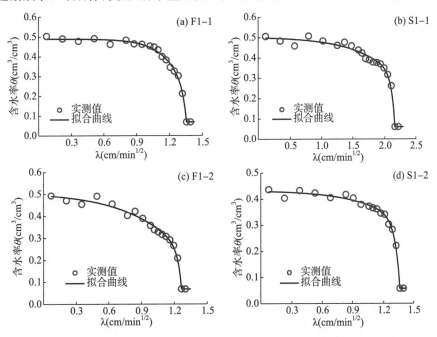

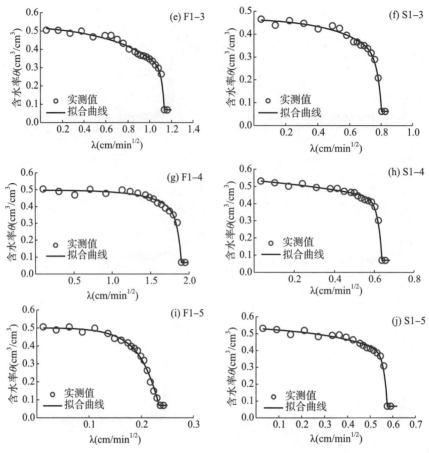

图 3-15 自然土壤水分扩散的 θ-λ 曲线

拟合（表 3-19），拟合结果较好，R^2 均大于 0.97。因此，在土壤含水量高于吸湿系数时，θ 随着 λ 的增加呈减小的趋势（冉卓灵，2019；钟守琴，2018）。

表 3-19　自然土壤水分扩散的 θ-λ 曲线拟合方程

编号	容重 (g/cm³)	$\theta = A_1 \times e^{(-\lambda/t')} + A_2 \times e^{(-\lambda/t'')} + y_0$					R^2
		y_0	A_1	t'	A_2	t''	
F1-1	1.3	0.489 3	-3.73×10^{-22}	$-0.028\,7$	-1.09×10^{-4}	$-0.171\,4$	0.988 8
F1-2	1.3	0.512 8	-7.05×10^{-17}	$-0.035\,7$	$-0.018\,4$	$-0.471\,3$	0.980 0
F1-3	1.3	0.537 0	-1.08×10^{-21}	$-0.024\,3$	$-0.021\,5$	$-0.462\,7$	0.980 2
F1-4	1.3	0.497 7	-5.85×10^{-16}	$-0.056\,2$	-7.08×10^{-4}	$-0.357\,2$	0.969 7
F1-5	1.3	0.501 5	-4.39×10^{-4}	$-0.037\,8$	-4.39×10^{-4}	$-0.037\,8$	0.987 3
S1-1	1.3	0.504 5	$-0.005\,33$	$-0.603\,59$	-1.81×10^{-17}	$-0.058\,11$	0.972 9
S1-2	1.3	0.433 4	$-0.003\,80$	$-0.390\,19$	-4.04×10^{-13}	$-0.050\,15$	0.984 3
S1-3	1.3	0.470 7	$-0.008\,27$	$-0.263\,81$	-9.07×10^{-14}	$-0.028\,11$	0.985 9
S1-4	1.3	0.598 3	$-0.064\,1$	$-0.647\,2$	-4.77×10^{-14}	$-0.021\,6$	0.984 5
S1-5	1.3	0.549 9	$-0.019\,9$	$-0.273\,4$	-1.67×10^{-16}	$-0.016\,4$	0.978 1

（三）自然土壤的扩散速率（D）

根据经验公式对不同岩屑含量自然土壤的非饱和土壤水扩散率进行计算，结果如图 3-16 所示。由图 3-16（a）可知，飞仙关组紫色页岩发育的自然土壤中，坡顶到坡脚土壤（F1-1～F1-4）的水分扩散曲线之间差异较小，相互均有重叠部分；只有坡谷的大泥土（F1-5）与其他坡位土壤之间存在明显差异，其扩散率要明显小于其他自然土壤；F1-1~F1-5的非饱和土壤水扩散率随着土壤含水量的增大而增大，两者之间的关系用幂函数进行拟合，其拟合效果较好，R^2均大于0.96（表3-20）。对于遂宁组紫色泥岩发育的不同坡位自然土壤而言，由图3-16（b）可知，遂宁组紫色泥岩发育的自然土壤中岩屑含量差异明显，其土壤水分扩散率也存在明显的差异。坡顶旱地土（S1-1）与坡谷水田土壤（S1-5）两种模拟土壤的两条非饱和土壤水扩散率近似为两条平行曲线，其余3个坡位自然土壤的非饱和土壤水的扩散率曲线位于两者之间；S1-1与S1-2的非饱和土壤水的扩散率曲线相差不大，S1-4与S1-5的非饱和土壤水的扩散率曲线相差不大；S1-1~S1-5的非饱和土壤水扩散率随着土壤含水量的增大而增大，两者之间的关系用幂函数进行拟合，其拟合效果较好，R^2均大于0.98（表3-20）。同时，当土壤含水量小于0.36时，遂宁组紫色泥岩发育的不同岩屑含量自然土壤的非饱和扩散率表现为：S1-1>S1-2>S1-3>S1-4>S1-5，即此时自然土壤的非饱和土壤扩散率随着土壤中岩屑含量的增大而增大（图3-16b）（钟守琴，2018）。

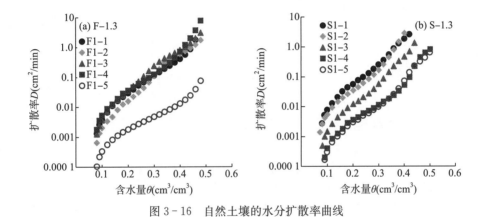

图3-16　自然土壤的水分扩散率曲线

表 3-20　自然土壤的水分扩散率拟合方程

编号	容重 (g/cm³)	飞仙关组 $D = D_0\left(\dfrac{\theta}{\theta_s}\right)^n$				编号	容重 (g/cm³)	遂宁组 $D = D_0\left(\dfrac{\theta}{\theta_s}\right)^n$			
		D_0	n	θ_s	R^2			D_0	n	θ_s	R^2
F1-1	1.3	4.32	10.07	0.506 3	0.962 7	S1-1	1.3	10.04	9.84	0.482 7	0.990 3
F1-2	1.3	2.50	5.55	0.517 5	0.993 0	S1-2	1.3	44.32	11.45	0.508 2	0.996 5
F1-3	1.3	3.85	6.77	0.501 8	0.981 7	S1-3	1.3	6.44	10.11	0.515 1	0.987 7
F1-4	1.3	12.49	15.16	0.495 6	0.993 2	S1-4	1.3	1.61	9.85	0.531 5	0.981 3
F1-5	1.3	0.23	10.47	0.536 8	0.962 6	S1-5	1.3	1.00	8.88	0.525 8	0.997 2

四、紫色土导水特性

土壤的导水特性（或渗透性）主要包括非饱和土壤导水率与饱和土壤导水率。

（一）非饱和土壤导水率

根据自然土壤的比水容量方程与非饱和土壤水扩散率方程拟合结果，可得到非饱和土壤导水率（表3-21）。由图3-17可知，当土壤容重为1.3 g/cm³时，对于飞仙关组紫色页岩发育自然土壤的导水性来讲，其非饱和土壤导水率随着土壤含水量的增大而增大，同时存在坡顶至坡脚石骨子土的非饱和土壤导水率远远高于坡谷大泥土的非饱和土壤导水率；对于遂宁组紫色泥岩发育的自然土壤而言，其自然土壤随着坡位高程的降低，其土壤中<2 mm岩屑含量逐渐减少，坡脚与坡谷大泥土中<

2 mm 岩屑含量非常低。因此，其非饱和土壤导水率随着自然土壤中岩屑含量的减少而逐渐减小，坡顶至坡腰石骨子土中要明显大于坡脚与坡谷的大泥土，而坡脚与坡谷大泥土之间差异不大。通过对比飞仙关组紫色页岩与遂宁组紫色泥岩发育自然土壤的非饱和土壤导水率可知，在相同的容重与岩屑含量相差不大的情况下，飞仙关组紫色页岩发育自然土壤的非饱和土壤导水率要明显小于遂宁组紫色泥岩发育自然土壤的非饱和土壤导水率。因此，土壤导水性随着土壤中＜2 mm 岩屑含量的增加而增大（钟守琴，2018）。

表 3 - 21　自然土壤的非饱和土壤导水率公式

编号	容重 (g/cm³)	$K=\dfrac{D_0\theta_s^{b+1}}{ab}\left(\dfrac{\theta}{\theta_s}\right)^{n+b+1}$				
		a	b	D_0	n	θ_s
F1 - 1	1.3	1.66×10^{-6}	8.36	4.32	10.07	0.506 3
F1 - 2	1.3	1.12×10^{-5}	8.18	2.5	5.55	0.517 5
F1 - 3	1.3	1.88×10^{-6}	8.01	3.85	6.77	0.501 8
F1 - 4	1.3	8.59×10^{-6}	7.68	12.49	15.16	0.495 6
F1 - 5	1.3	4.93×10^{-5}	9.53	0.23	10.47	0.536 8
S1 - 1	1.3	6.74×10^{-4}	3.84	10.04	9.84	0.482 7
S1 - 2	1.3	2.68×10^{-3}	3.54	44.32	11.45	0.508 2
S1 - 3	1.3	3.52×10^{-3}	3.85	6.44	10.11	0.515 1
S1 - 4	1.3	1.61×10^{-4}	7.26	1.61	9.85	0.531 5
S1 - 5	1.3	2.76×10^{-4}	7.10	1.00	8.88	0.525 8

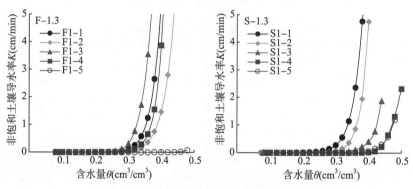

图 3 - 17　自然土壤的非饱和土壤导水率

（二）饱和土壤导水率

　　紫色土分布区的土壤水分主要依靠降水来补充，土壤水分渗透性的强弱直接影响土壤中的水分状况优劣。不同土壤的渗透过程有较大的差异。如表 3 - 22 所示，灰棕紫泥土所有处理的平均总入渗时间、开始下漏时间和稳定下漏时间最短，平均总累计入渗量和沥水后平均含水量最小，而平均饱和含水量和平均最大稳定下漏率最大；棕紫泥土所有处理平均总入渗时间、开始下漏时间和稳定下漏时间最长，沥水后平均含水量最大，而平均最大稳定下漏率最小；红棕紫泥土的平均总入渗时间、开始下漏时间和稳定下漏时间、沥水后平均含水量、平均最大稳定下漏率都是处于棕紫泥土和灰棕紫泥土之间。这是因为几种土的比水容量是灰棕紫泥土＞红棕紫泥土＞棕紫泥土，故灰棕紫泥土最容易吸收和释放水分，棕紫泥土最不易吸收水分和释放水分。不同砾石含量紫色土的总累计入渗量、饱和含水量和沥水后含水量都是随着砾石含量的增加而逐渐减少的，灰棕紫泥土减少得最多（李燕，2006）。

表 3 - 22　不同砾石含量紫色土的水分入渗参数

紫色土	砾石含量（%）	总累计入渗量（mL）	饱和含水量（g）	沥水后含水量（g）	总入渗时间（min）	开始下漏时间（min）	稳定下漏时间（min）	最大稳定下漏率（mL/min）	总入渗率（mL/min）
红棕紫泥土	0	1 518	1 320	1 105	1 860	2 020	2 070	0.366	0.134 0
	10	1 452	1 238	1 058	1 020	1 120	1 160	0.704	0.231 3
	20	1 418	1 172	982	1 190	1 280	1 310	0.502	0.188 9
	30	1 074	1 102	938	1 353	1 430	1 460	0.425	0.158 0
棕紫泥土	0	1 230	1 305	1 166	3 404	3 784	3 844	0.181	0.071 9
	10	1 213	1 280	1 115	2 292	2 582	2 622	0.241	0.105 3
	20	1 130	1 193	1 039	1 715	1 895	1 945	0.280	0.131 1
	30	1 052	1 085	977	1 745	1 960	2 020	0.284	0.120 0
灰棕紫泥土	0	1 241	1 406	1 182	929	1 019	1 119	0.516	0.265 8
	10	1 157	1 339	1 049	830	910	980	0.554	0.277 5
	20	1 091	1 233	893	840	900	950	0.492	0.258 4
	30	991	1 166	828	889	940	960	0.474	0.221 8

图 3-18 表示不同砾石含量紫色土的湿润锋与入渗率关系。土壤中的砾石虽然增加了土壤水分的入渗，但由于土壤总累计入渗量随着砾石含量的增加而逐渐减少，所以 3 种紫色土的总入渗率是随着砾石含量的增加而先上升后下降。红棕紫泥土和灰棕紫泥土都是在含有 10% 的砾石时是一个转折点，棕紫泥土却在含有 20% 的砾石时是一个转折点，这与总入渗时间的变化规律正好相反。红棕紫泥土和棕紫泥土从土柱被渗透完到开始下漏时的时间基本上是随着砾石含量的增大而缩短，不同砾石含量的灰棕紫泥土从土柱被渗透完到开始下漏时的时间相差不大。棕紫泥土在土柱被渗透完到开始下漏这个阶段所需时间最长，不含砾石的土柱所需时间达到 6.33 h，最短也要 3 h（含有 20% 的砾石）。从开始下漏到下漏稳

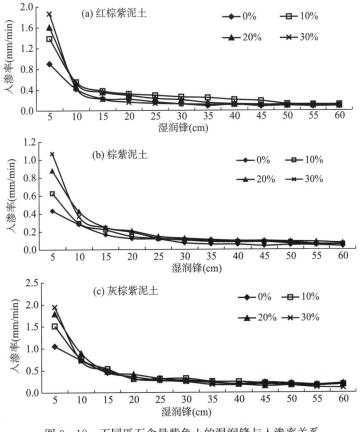

图 3-18　不同砾石含量紫色土的湿润锋与入渗率关系

定，几种紫色土所需的时间都是随着砾石含量的增加而逐渐减少，其中不含砾石的灰棕紫泥土所需时间最长（100 min），含30％砾石的红棕紫泥土所需时间最短（20 min）。不含砾石的红棕紫泥土和灰棕紫泥土的最大稳定下漏率最小，含有10％的砾石时，最大稳定下漏率最大，随着砾石含量的增加，最大稳定下漏率逐渐下降，其中红棕紫泥土在含有30％砾石时的最大稳定下漏率高于不含砾石时的最大稳定下漏率，而灰棕紫泥土在含有20％和30％砾石时的最大稳定下漏率低于不含砾石时的最大稳定下漏率。不含砾石的棕紫泥土的最大稳定下漏率最低，且最大稳定下漏率随着砾石含量的增加而逐渐增大。除了灰棕紫泥土，其余两种紫色土加入砾石后，最大稳定下漏率都高于不含砾石的土样，说明砾石能增加土壤的下漏率，灰棕紫泥土出现例外情况，是因为沙溪庙组母岩形成的砾石太容易破碎。

表 3 - 23 表示不同砾石含量紫色土在任意时刻的水分入渗参数。结果表明，入渗系数 k 与各自的 0～5 cm 距离段的入渗率变化规律一致，随着砾石含量的增加而增加，不同砾石含量的红棕紫泥土的入渗系数变化最大，灰棕紫泥土的变化最小，说明砾石含量对红棕紫泥土的入渗初始第一单位时段末入渗率的影响最大，对灰棕紫泥土的则相反。入渗指数 a 反映了入渗过程的时效性，其大小取决于土壤质地及其颗粒组成和初始含水量，由于本研究细颗粒土壤的质地、颗粒组成和初始含水量都相同，入渗指数 a 随着砾石含量的增加而逐渐减小（李燕，2006）。

表 3 - 23　不同砾石含量紫色土在任意时刻的水分入渗参数

紫色土	砾石含量 (cm^3/cm^3)	$i_f = kt^a$		
		k	a	R^2
红棕紫泥土	0％	3.410 2	−0.429 8	0.998 3
	10％	3.767 7	−0.396 9	0.997 3
	20％	5.652 7	−0.476 3	0.998 8
	30％	7.542 9	−0.549 5	0.993 0
棕紫泥土	0％	1.985 0	−0.399 5	0.979 1
	10％	2.508 8	−0.407 9	0.998 3
	20％	3.210 8	−0.428 1	0.997 9
	30％	4.681 3	−0.488 5	0.999 6
灰棕紫泥土	0％	2.790 0	−0.346 9	0.995 7
	10％	3.598 3	−0.380 4	0.998 2
	20％	4.041 8	−0.415 9	0.993 2
	30％	4.940 8	−0.446 5	0.998 6

五、紫色土的蒸发特性

不同砾石含量紫色土的蒸发时间与含水量的关系如图 3 - 19 表示（李燕，2006）。不同砾石含量的紫色土样，在接收相同的水分后，每种紫色土样能储存的水分不一样。沥水 1 d 后的红棕紫泥土、棕紫泥土和灰棕紫泥土的平均储水量为 138.25 g、142.75 g 和 144.20 g，且土＋砾石处理的储水量最小，混合土样的储水量随着砾石含量的增加而逐渐降低，这与前面结果的规律一致。从蒸发开始到第 2 d 的 10:00，平均含水量是灰棕紫泥土＞棕紫泥土＞红棕紫泥土，从第 2 d 10:00 开始到第 3 d 的 10:00，平均含水量是棕紫泥土＞灰棕紫泥土＞红棕紫泥土，可从第 3 d 10:00 到蒸发结束，平均含水量都是棕紫泥土＞红棕紫泥土＞灰棕紫泥土。这说明在相同砾石含量的情况下，保水能力是棕紫泥土＞红棕紫泥土＞灰棕紫泥土。再从砾石含量的影响来分析，从蒸发开始到蒸发结束，除了土＋砾石的含水量线在第 3 d 开始就与其他处理交叉外，其余混合土样的含水量始终是随着砾石含量的增加而逐渐降低，含水量下降趋势基本一致。不含砾石的各种紫色土由 0.30 cm^3/cm^3 以上的含水量下降到 0.05 cm^3/cm^3 左右，而含砾石 10％、20％和30％的土样由 0.20 cm^3/cm^3 以上的含水量下降到 0.04 cm^3/cm^3 以下，土＋砾石的土样则由 0.18 cm^3/cm^3 下降到 0.04 cm^3/cm^3 或 0.05 cm^3/cm^3，失去的含水量随着砾石含量的增加而减少，这由上面的累计蒸发量也能看出。但在蒸发的不同时段，不

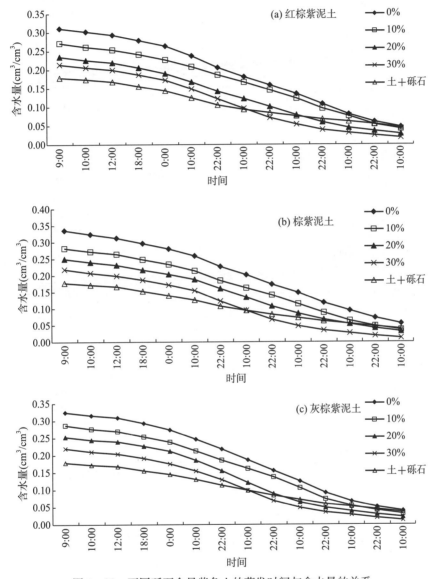

同砾石含量土样减少的含水量有所差异。例如，不含砾石、含有10％砾石、含有20％砾石的红棕紫泥土和灰棕紫泥土在蒸发的第1 d，含水量相差在0.030 cm³/cm³左右，但从第2 d后，前两者的相差含水量就降到0.015 cm³/cm³左右，后两者的相差含水量上升到0.040 cm³/cm³以上。所有这些结果说明了在40 ℃恒温下，砾石的存在减少了土壤的储存水量，同时减少了土壤的蒸发量，含有10％的砾石比其他含量的砾石能更有效地降低土壤的蒸发。另外，砾石在土壤表层时，能较大幅度地降低土壤蒸发，特别是土壤含水量在0.10 cm³/cm³左右时，减少蒸发的作用更加明显。

图3-19 不同砾石含量紫色土的蒸发时间与含水量的关系

由图3-20可以看出，从蒸发开始到结束，蒸发率随着时间的增加和土壤含水量的减少而减少，且所有土样在开始的3 h内，蒸发速率大幅度地下降。土＋砾石土样的蒸发速率一直最小，且从第3 d的10:00以后，蒸发率较为稳定。而混合土样在蒸发的前4 d，蒸发率基本上是随着砾石含量的增大而增大，从蒸发的第4 d到蒸发结束，蒸发率则基本上是随着砾石含量的增大而逐渐减少。另外，从蒸发的第2 d到第4 d上午以前，蒸发率在含有30％砾石的土样中基本上是最大的，4 d后到蒸发结束，蒸发率基本上又是随着砾石含量的增大而逐渐减少。出现这种规律可能是因为：与没有砾石的土壤相比，含有砾石的土壤有较多的大孔隙、较高的导水率和较高的温度，较高的温度、导水率和大孔隙含量以及较低的持水能力促进了水分运输，加快了土壤表层水分的排泄，4 d后含砾石土壤大孔隙中的水基本上被排泄完，土壤变得较为干燥，再由于细小孔隙随着砾石含量的增加而减少，细小孔隙中的水比大孔隙的水排泄要难。所以，紫色土中的砾石在湿润季节和干旱季节对土壤蒸发的影响有明显差异。当土壤较为潮湿的时候，土壤蒸发率随着砾石含量的增加而增加；当土壤较为干燥的时候，土壤蒸发率却随着砾石含量的增加而减少（李燕，2006）。

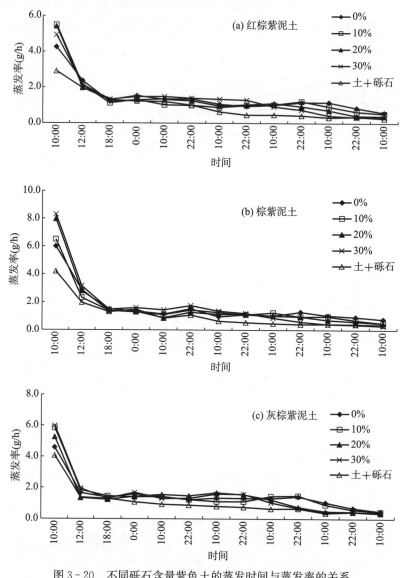

图 3-20　不同砾石含量紫色土的蒸发时间与蒸发率的关系

第四节　紫色土的力学特性

坡耕地土体的破坏（侵蚀、滑坡、蠕动、倾覆、崩塌等）已经成为制约坡耕地质量与数量的关键因素。其中，土体的破坏形式大多数是以剪切破坏为主。而对于某一工程土体而言，其抗剪强度特性主要取决于土壤本身的颗粒组成及其团聚状态。同时，随着我国农业生产机械化程度不断提高，农机的使用对土壤的压实问题也受到广泛关注。由于紫色土广泛分布于四川盆地，强烈的物理风化使得土壤中岩石碎屑含量高。这些岩石碎屑的存在显著影响土壤的力学性质。探讨土壤中岩石碎屑对土壤抗剪强度及压缩特性的作用机制，能够为紫色土区耕地和土壤资源的保护与可持续利用等提供有效的数据支撑及技术指导。

一、紫色土的可塑性

土壤的可塑性通常采用土壤临界含水量来表示。衡量土壤临界含水量，土壤的液塑限值是反映土壤从固态到可塑状态，再到液态的关键参数。由表 3-24 可以看出，对于飞仙关组紫色页岩发育的不同坡位、不同岩屑含量的自然土壤而言，从坡顶到坡谷土壤中（F1-1～F1-5），土壤的液限值分别为 44.44%、44.18%、41.60%、43.96% 和 55.53%；塑限值分别为 29.98%、28.80%、29.67%、28.69% 和 30.68%；塑性指数分别为 14.46%、15.38%、11.93%、15.27% 和 24.85%。除飞仙关组紫色页岩发育的坡谷大泥土（F1-5）以外，其余土壤之间的颗粒组成与岩屑含量差异不大，因此其余 4 个坡位土壤样品的液塑限值差异不大；相比较而言，坡谷大泥土（F1-5）颗粒组成中的黏粒含量要明显高于其他坡位土壤，而其岩屑含量则要明显偏小，因此其液塑限值和塑性指数较其他坡位土壤均要大一些。对于遂宁组紫色泥岩发育的不同坡位、不同岩屑含量的自然土壤而言，从坡顶到坡谷土壤中（S1-1～S1-5），土壤的液限值分别为 33.08%、31.47%、36.68%、51.90% 和 51.37%；塑限值分别为 23.17%、22.46%、24.50%、34.80% 和 30.55%；塑性指数分别为 9.91%、9.01%、12.18%、17.10% 和 20.82%。同样，由于遂宁组紫色泥岩发育自然土壤中，坡顶到坡脚土壤的颗粒组成较坡脚以下大泥土的颗粒组成的黏粒含量要少，岩屑含量则要大，其液塑限值和塑性指数较坡脚以下大泥土也要小。因此，土壤的颗粒组成特征是影响土壤液塑限值的关键因素。同时，对比分析飞仙关组紫色页岩发育自然土壤与遂宁组紫色泥岩发育自然土壤的液塑限值发现，飞仙关组紫色页岩发育的大泥土与遂宁组紫色泥岩发育的大泥土相比，其液限值要高于 55%，属于高液限值土壤，不能作为路基材料；其余坡位土壤总体上表现为飞仙关组紫色页岩发育自然土壤的液塑限值较遂宁组紫色泥岩发育自然土壤要高（钟守琴，2018）。

表 3-24 自然土壤的液塑限值

土样编号	液限值 （%）	塑限值 （%）	塑性指数 （%）	土样编号	液限值 （%）	塑限值 （%）	塑性指数 （%）
F-1	44.44	29.98	14.46	S-1	33.08	23.17	9.91
F-2	44.18	28.80	15.38	S-2	31.47	22.46	9.01
F-3	41.60	29.67	11.93	S-3	36.68	24.50	12.18
F-4	43.96	28.69	15.27	S-4	51.90	34.80	17.10
F-5	55.53	30.68	24.85	S-5	51.37	30.55	20.82

二、紫色土的抗剪特性

（一）剪应力与剪切位移的关系

由图 3-21 可以看出，随着剪切位移的增大，剪应力呈逐渐增大的趋势。但含水量越高，剪应力残余强度出现得越早。垂向压力越大，剪应力越大，当垂向压力为 100 kPa 或 200 kPa、剪切位移小于 1 mm 时，剪应力随着剪切位移的增大而迅速增大；当垂向压力为 300 kPa 或 400 kPa、剪切位移小于 2 mm 时，剪应力随着剪切位移的增大也迅速增大；当小压力下剪切位移大于 1 mm 或大压力下剪切位移大于 2 mm 时，剪应力随着剪切位移的变化率越来越小，剪应力与剪切位移呈线性增大的趋势；当剪切位移增加到 4 mm 时，剪应力增加量很小，几乎趋于稳定，特别是垂向压力较小的情况；在整个剪切过程中，未出现明显的峰值。因此，对应剪切位移为 4 mm 时的剪应力为该含水量和垂向压力条件下的抗剪强度值。同时，通过对比飞仙关组紫色页岩发育的自然土壤与遂宁组紫色泥岩发育的自然土壤的剪应力与位移的变化曲线发现，在相同的含水量与压力下，飞仙关组紫色页岩发育自然土壤（F）的剪应力要高于遂宁组紫色泥岩发育自然土壤（S）的剪应力（钟守琴，2018；刘波，2016）。

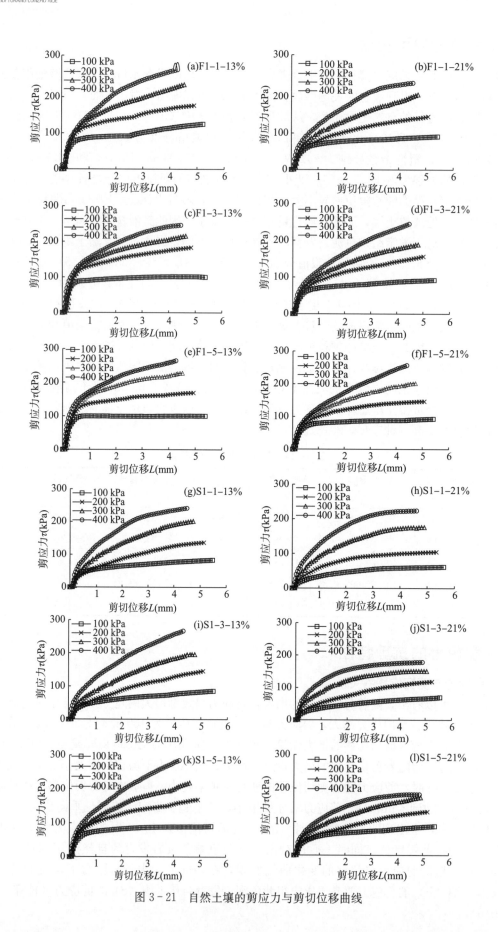

图 3-21　自然土壤的剪应力与剪切位移曲线

（二）土壤含水量及垂直压力对抗剪强度的影响

由图 3-22 可以看出，飞仙关组紫色页岩发育的自然土壤，在垂直压力从 100 kPa 增加到 400 kPa 过程中，飞仙关组紫色页岩发育的暗紫泥土的抗剪强度随着垂直压力的增大而增大，从坡顶到坡脚石骨子土（F1-1～F1-4）抗剪强度之间差异较小，其与坡谷大泥土（F1-5）的抗剪强度差异较大，主要表现为坡谷大泥土的抗剪强度要明显高于其余 4 个坡位的土壤。同时，对于飞仙关组紫色页岩发育的自然土壤抗剪强度最大值对应的土壤含水量为 9%～13%，而坡谷大泥土在 100 kPa 垂直压力下抗剪强度最大值对应的土壤含水量为 19%，这可能与大泥土中黏粒含量存在密切联系（钟守琴，2018）。

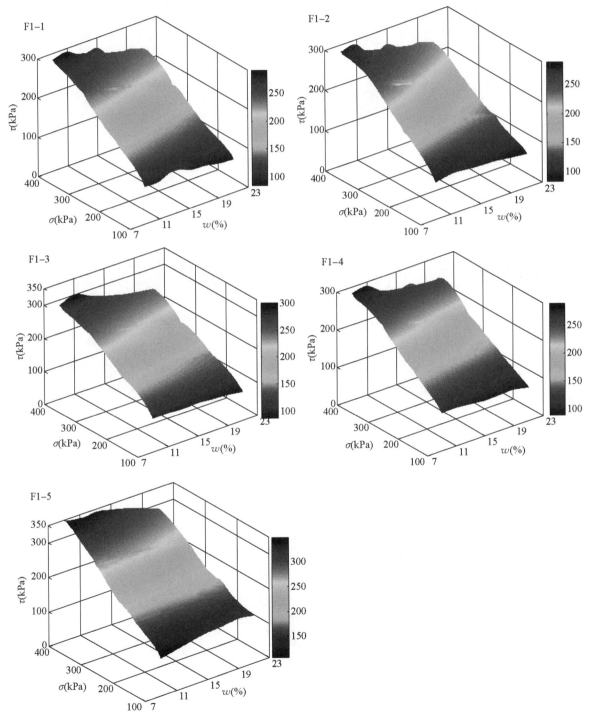

图 3-22　飞仙关组母岩发育自然土壤的抗剪强度特征

注：τ 表示土壤抗剪强度，σ 表示法向应力，w 表示土壤含水量。

　　由图 3-23 可以看出，遂宁组紫色泥岩发育的自然土壤，在垂直压力从 100 kPa 增加到 400 kPa 过程中，从坡顶到坡脚石骨子土（S1-1～S1-3）抗剪强度之间差异较小，但与坡谷大泥土（S1-4、S1-5）的抗剪强度差异较大。当土壤含水量为 9%～19% 时，表现为坡谷大泥土的抗剪强度明显高于其余 3 个坡位的石骨子土。当土壤含水量为 21% 时，则正好相反。对比分析紫色页岩与紫色泥岩

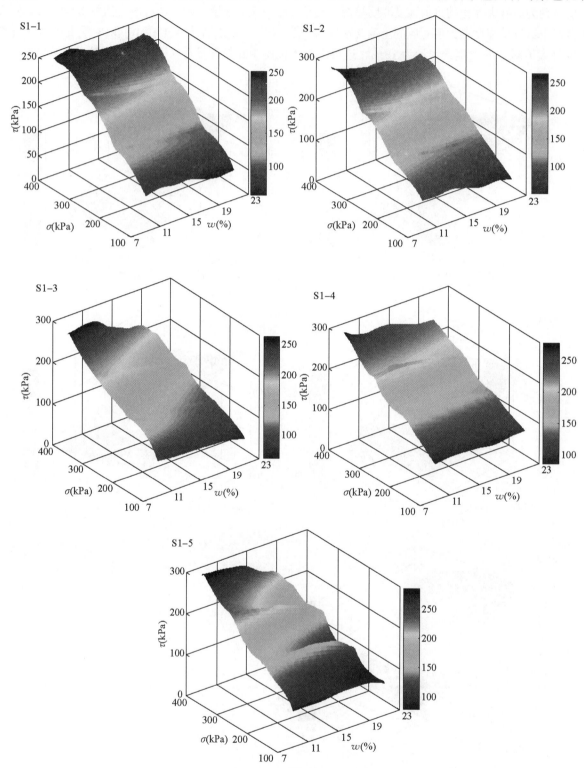

图 3-23　遂宁组母岩发育自然土壤的抗剪强度特征

注：τ 表示土壤抗剪强度，σ 表示法向应力，w 表示土壤含水量。

发育自然土壤的抗剪强度特征可知，紫色页岩发育的暗紫泥土的抗剪强度要明显大于紫色泥岩发育土壤。同时，遂宁组紫色泥岩发育自然土壤中，坡顶到坡脚石骨子土（S1-1～S1-3）抗剪强度在100～400 kPa垂直压力下对应的最优含水量集中在9%～13%，而坡脚至坡谷大泥土的最优含水量则集中在9%～15%，即随着紫色泥岩发育的自然土壤坡位高程的降低，黏粒含量增大，其抗剪强度的最优含水量呈增大趋势（钟守琴，2018）。

（三）抗剪强度参数的水敏性特征

黏聚力是土粒之间的引力作用引起的，对于某一特定的土体，含水量是其主要影响因素。由图3-24（a）可以看出，在总体上，飞仙关组紫色页岩发育自然土壤的黏聚力随着含水量的增大而先增大后减小。当土壤含水量从9%增加到21%的过程中，F1-1～F1-5的黏聚力（C）总体上均先增大后减小，其黏聚力最大值对应的土壤含水量分别为13%、13%、17%、19%和19%。坡谷大泥土（F1-5）的黏聚力要明显大于其余4个坡位的石骨子土（F1-1～F1-4）的黏聚力。由图3-24（b）可以看出，遂宁组紫色泥岩发育自然土壤的黏聚力随着含水量的增大总体上呈现先增大后减小的趋势。在其黏聚力增大或减小的过程中，存在一定的波动情况。当土壤含水量从9%增加到21%的过程中，S1-1～S1-5的黏聚力总体上先增大后减小，其黏聚力最大值对应的土壤含水量分别为15%、11%、17%、19%和19%。同时，坡谷大泥土的黏聚力要明显大于其余4个坡位的石骨子土的黏聚力。因此，当含水量从9%增加到21%时，随着土壤坡位高程的降低，黏聚力的最大值逐渐增大，出现最大值的含水量也逐渐增大。通过对比紫色页岩与泥岩发育自然土壤的黏聚力还发现，紫色页岩发育土壤不论是石骨子土还是大泥土，其土壤黏聚力均大于紫色泥岩发育土壤黏聚力。

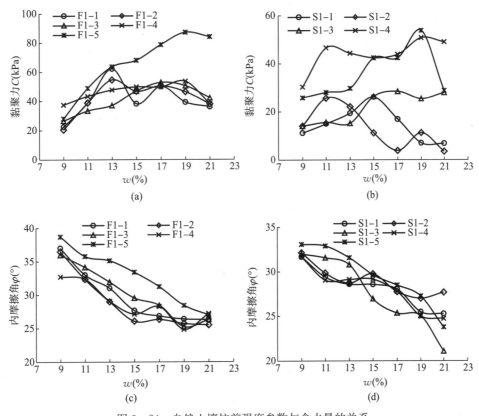

图3-24 自然土壤抗剪强度参数与含水量的关系

作为土壤抗剪强度的另一重要参数，内摩擦角主要是由土壤颗粒之间的咬合作用引起的。图3-24（c）给出了飞仙关组紫色页岩发育自然土壤的内摩擦角（φ）随土壤含水量（w）的变化关系，由图3-24（c）可以看出，F1-1～F1-5土壤内摩擦角均与土壤含水量呈线性负相关的关系，含水量越大，内摩擦角越小，线性拟合方程如表 3-25 所示。当含水量从 9% 增加到 23%，飞仙关组紫色页岩发育自然土壤 F1-1～F1-5 的内摩擦角分别从 37.00°、36.48°、35.98°、35.73° 和 38.70° 减小到 26.30°、25.50°、25.22°、24.84° 和 26.97°；其拟合直线的斜率分别为 −0.89、−0.87、−0.90、−0.74 和 −0.96，截距分别为 43.03、41.87、43.73、40.35 和 47.22，相关系数（R^2）分别为 0.869、0.809、0.950、0.760 和 0.984。同时，由图 3-24（d）可知，S1-1～S1-5 土壤均与土壤含水量呈线性负相关关系，含水量越大，内摩擦角越小，线性拟合方程如表 3-25 所示。当含水量从 9% 增加到 23%，遂宁组紫色泥岩发育自然土壤 S1-1～S1-5 的内摩擦角分别从 31.68°、32.13°、31.99°、31.66° 和 33.06° 减小到了 25.27°、27.01°、24.08°、24.72° 和 23.76°；其拟合直线的斜率分别为 −0.49、−0.36、−0.75、−0.54 和 −0.75，截距分别为 35.55、34.34、39.28、36.18 和 40.84，相关系数（R^2）分别为 0.914、0.775、0.927、0.888 和 0.945。因此，遂宁组发育自然土壤内摩擦角拟合直线的斜率的绝对值和截距从坡顶到坡脚基本呈增大的趋势，这说明含水量对内摩擦角的影响程度与土壤的颗粒组成特征有关。由于飞仙关组紫色页岩发育自然土壤样品从坡顶到坡脚土壤中岩屑含量差异不大，因此内摩擦角并不存在明显的上述规律（钟守琴，2018）。

表 3-25　自然土壤内摩擦角的拟合方程

土样编号	紫色页岩自然土 $\varphi=aw+b$			土样编号	紫色泥岩自然土 $\varphi=aw+b$		
	a	b	R^2		a	b	R^2
F1-1	−0.89	43.03	0.869	S-1	−0.49	35.55	0.914
F1-2	−0.87	41.87	0.809	S-2	−0.36	34.34	0.775
F1-3	−0.90	43.73	0.950	S-3	−0.75	39.28	0.927
F1-4	−0.74	40.35	0.760	S-4	−0.54	36.18	0.888
F1-5	−0.96	47.22	0.984	S-5	−0.75	40.84	0.945

注：引自钟守琴，2018. 含<2 mm 岩屑紫色土颗粒特征及其水/土力学行为 [D]. 重庆：西南大学. 表格中的 a、b 是线性拟合的参数。

由于岩屑的存在，使得紫色泥页岩发育的不同岩屑含量自然土壤的抗剪强度具有如下特征：作为土壤抗剪强度的重要参数之一，土壤黏聚力总体上随着土壤中岩屑含量的增大而减小，随着含水量的增大而先增大后减小，其最大黏聚力随着土壤中岩屑含量的降低而增加，出现最大值对应的含水量也逐渐增大；作为抗剪强度的另一重要参数，内摩擦角与土壤含水量呈线性负相关关系，且拟合直线的斜率的绝对值和截距随着岩屑含量的减小基本呈增大的趋势，这说明含水量对内摩擦角的影响程度与土壤中岩屑含量密切相关。从总体上看，含水量对内摩擦角的影响随着土壤中岩屑含量的减小而增大；紫色泥页岩发育石骨子土的内摩擦角随着含水量的变化范围明显小于其大泥土内摩擦角的变化范围。土壤含水量对土壤黏聚力与内摩擦角作用的综合结果表明，在相同垂直压力条件下，土壤抗剪强度随着岩屑含量的增加而减小，即土壤中岩屑含量会降低土壤的抗剪强度。

土壤黏聚力随着岩屑含量的增大而减小，同时出现最大黏聚力所对应的含水量也逐渐减小。另外，土壤黏聚力还与土壤容重有关，模拟土黏聚力随着土壤容重的增大而增大；且其黏聚力最优值对应的含水量随着土壤容重的增大而增大。土壤抗剪强度的另一参数内摩擦角随着含水量的增大而减小，其拟合直线的斜率的绝对值与截距的绝对值总体上均随着土壤中岩屑含量的增大而减小，这说明含水量对内摩擦角的影响程度与土壤颗粒组成特征有关，土壤中岩屑态颗粒含量越高，土壤内摩擦角随水分变化就越小。同时，紫色页岩模拟土中，当岩屑含量为 30% 时，是模拟土内摩擦角的最优配比。紫色泥岩模拟土中，较小含水量（≤15%）下，容重较小时（≤1.3 g/cm³）内摩擦角的最优配比为 30% 岩屑含量，容重较大时（≤1.5 g/cm³）内摩擦角的最优配比为不加岩屑；较大含水量（>15%）下，内摩擦角的最优配比为 100% 岩屑。模拟土含水量对土壤黏聚力与内摩擦角作用的综合结果表明，紫色泥页岩不同岩屑含量模拟土的抗剪强度总体上随着垂直压力的增大而增大，随着土壤容重的增大而增大，随着土壤岩屑含量的增大而减小；其模拟土抗剪强度最大值对应的含水量主要集中在9%～13%；随着土壤中岩屑含量的增加，模拟土抗剪强度最大值在较高的含水量条件下最先表现出来，岩屑含量较高土壤的抗剪强度要大于同等条件下岩屑含量较低的土壤。

因此，对于紫色泥页岩发育的土壤而言，土壤黏聚力总体上随着土壤中<2 mm岩石碎屑的增加而减小，且随着土壤水分的增加而先增大后减小，其黏聚力最大值随着岩屑含量的增大而减小，其对应的含水量也逐渐减小。但在岩屑含量较高时，在本研究观察的含水量范围内，可能未出现峰值。这主要是由于随着土壤中岩屑含量的增加，土壤中黏粒含量逐渐减少，因而其黏聚力也逐渐减小。土壤内摩擦角随着土壤含水量的增大而减小，呈负相关关系；其拟合直线斜率的绝对值随着土壤中岩屑含量的增大而减小，这说明土壤中岩屑含量越高，土壤内摩擦角随水分变化就越小；同时，适量的岩屑含量能够在一定程度上提高土壤的内摩擦角。综合来看，紫色泥页岩发育土壤的抗剪强度总体上随着垂直压力的增大而增大，随着土壤容重的增大而增大，随着土壤岩屑含量的增大而减小；其抗剪强度最大值对应的含水量主要集中在9%～13%；同时，在一定条件下，适量的岩屑能够通过提高土壤的内摩擦角来增大土壤的抗剪强度。

三、紫色土的抗压特性

土体压缩性指土体在受压条件下体积压缩变小的性质。由于土壤颗粒和水的压缩与土体的总压缩量之比很小，基本可以忽略不计。所以，一般认为，土的压缩性主要是由于土中孔隙体积被压缩而引起的。土在外在压力下，体积缩小，其孔隙比也随之发生改变。土体压缩特性主要利用侧限压缩试验（固结试验）进行研究，对自然条件下含岩屑土壤及不同岩屑含量的模拟土壤的压缩性参数（孔隙比e、压缩模量E_s及压缩系数a）进行分析，从而研究紫色泥页岩发育的含岩屑土壤的压缩特性及作用机制（钟守琴，2018）。

（一）孔隙比（e）

土壤孔隙比是指土壤中孔隙体积和固体颗粒体积的比值，反映了土壤的密实程度，对土壤物理和力学性质有很大影响。土体在受到外在压力时，土体体积会减小，其孔隙比也会随之发生改变。由图3-25可知，对于飞仙关组紫色页岩发育的自然土壤来讲，在固定含水量条件下，其孔隙比会随着垂直压力的增大而减小；同时，在某个固定压力下，孔隙比随着含水量的增大而增大。对于遂宁组紫色泥岩发育的自然土壤来讲，当垂直压力从0 kPa增加到800 kPa时，在固定含水量条件下，其孔隙比会随着垂直压力的增大而减小。通过对比飞仙关组紫色页岩与遂宁组紫色泥岩发育的自然土壤压缩过程中土壤孔隙比的变化情况可知，遂宁组紫色泥岩发育自然土壤的孔隙比随着垂直压力的增大而减小的趋势较飞仙关组紫色页岩要大，即在相同含水量与垂直压力下，遂宁组紫色泥岩发育的自然土壤较飞仙关组紫色页岩发育的自然土壤更容易发生压缩变形（钟守琴，2018）。

（二）压缩模量（E_s）

在侧限条件下，土的试样竖向受压，应力增量与应变增量之比称为压缩模量。对于一种固定土壤而言，土的侧限压缩模量（简称压缩模量，E_s）并不是常数，其值会随着垂直压力与土壤含水量的变化而变化。由图3-26可以看出，当垂直压力从50 kPa增加到800 kPa时，飞仙关组紫色页岩发育的自然土壤从坡顶到坡谷（F1-1～F1-5）在9%～21%的含水量下，F1-1、F1-2和F1-5自然土壤的压缩模量总体随着垂直压力的增大（50～800 kPa）而增大，但其增大趋势逐渐减小，此时土壤压缩过程由应力释放补偿阶段（50～100 kPa）与结构屈服前的压缩阶段（100～800 kPa）两个阶段组成。其中，在释放补偿阶段（50～100 kPa），由于取样和制样过程产生的应力释放，导致第一级荷载（50 kPa）下的压缩模量很小，随着压力的增大，其压缩模量迅速增长；对于结构屈服前的压缩阶段（100～800 kPa）而言，此阶段压缩模量增加较释放补偿阶段要缓慢，为近弹性压缩阶段，可作为结构破坏前的土体变形设计参数。F1-3与F1-4在含水量分别大于15%与13%时，800 kPa下的压缩模量较400 kPa下的压缩模量要小，此时说明竖向压力800 kPa已经超过了先期固结压力，试件处于压缩屈服阶段。同时，随着土壤含水量的增大而先增大后减小，存在明显的峰值，其最优含水量主要为 11%～13%。另外，飞仙关组紫色页岩发育的自然土壤从坡顶到坡脚（F1-1～F1-4）的压缩模量差异不大，而坡谷土壤（F1-5）的压缩模量要明显高于其余 4 个坡位的压缩模量，且其压缩模量随含水量的波动性较其余 4 个坡位的土壤（F1-1～F1-4）更大。

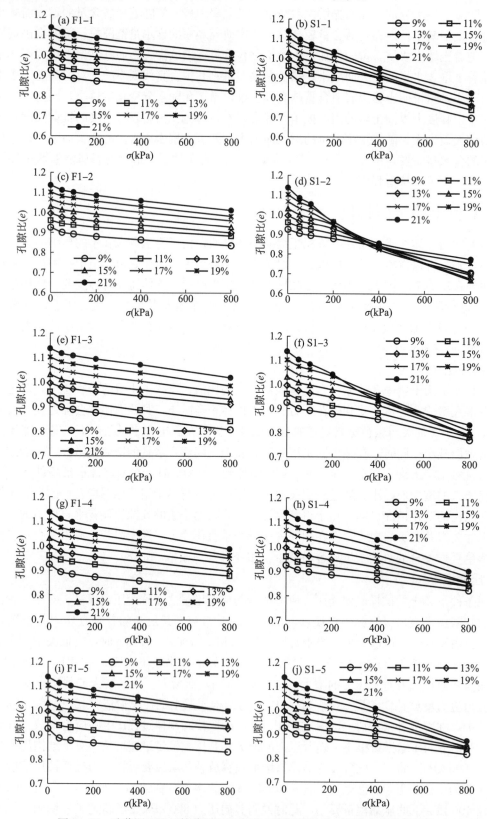

图 3-25　暗紫泥土和红棕紫泥土的自然土壤压缩过程中孔隙比的变化情况

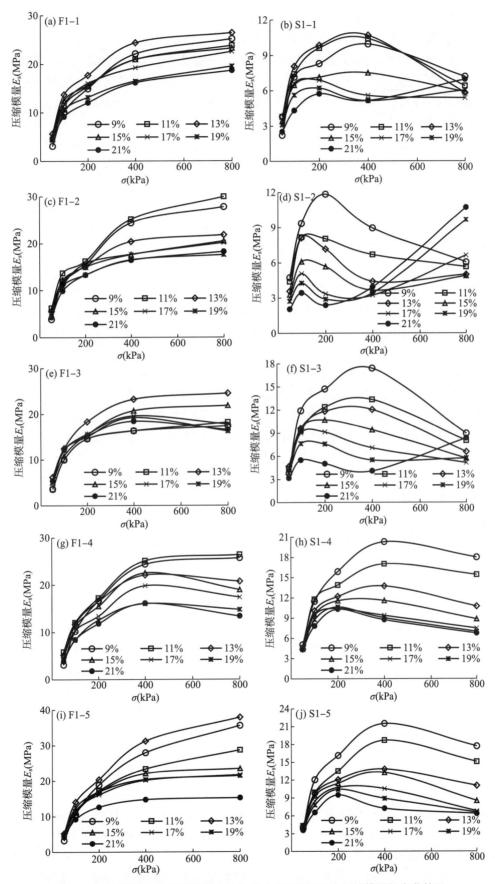

图 3-26　暗紫泥土和红棕紫泥土的自然土壤压缩过程中压缩模量的变化情况

对于遂宁组紫色泥岩发育的自然土壤来讲，在9%～17%的含水量下，当垂直压力从50 kPa增加到800 kPa时，其压缩模量先随着垂直压力的增大而增大，增加迅速，此时土壤压缩过程为应力释放补偿阶段；当应力继续增大，其压缩模量增加减缓，此压缩过程为结构屈服前的压缩阶段（100～800 kPa），当应力超过了先期固结压力，试件处于压缩屈服阶段，此时试件已经发生破坏；当应力继续增大，其压缩过程属于结构屈服后的压缩阶段，此阶段压缩模量随着应力的增大而增大。同时，遂宁组紫色泥岩发育的自然土壤压缩模量大小表现为坡顶至坡肩土壤（S1-1～S1-2）＜坡腰土壤（S1-3）＜坡脚与坡谷土壤（S1-4～S1-5）。因此，其压缩性表现为坡顶至坡肩土壤（S1-1～S1-2）最大，其次是坡腰土壤（S1-3），坡脚与坡谷土壤（S1-4～S1-5）最小。同时，压缩特性的最优含水量主要为9%，个别土壤（S1-1）为13%。对比分析飞仙关组紫色页岩与遂宁组紫色泥岩的压缩模量可以发现，紫色页岩的压缩模量要明显高于紫色泥岩的压缩模量。因此，紫色页岩发育的自然土壤较紫色泥岩发育的自然土壤而言，其压缩性更小，抗压结构性更强。这与紫色页岩发育土壤中颗粒组成、矿物组成与化学组成等具有密切联系（钟守琴，2018）。

（三）压缩系数（a）

压缩系数作为衡量土体压缩特性的另一重要参数，其值也随着垂直压力与土壤含水量的变化而变化。由图3-27可以看出，飞仙关组紫色页岩发育自然土壤的压缩系数随着含水量的增大而先减小后增大，随着压力的增大而减小；其最小压缩系数对应的含水量主要集中在11%～13%，此值与压缩模量对应的最优含水量一致。对于遂宁组紫色泥岩发育的自然土壤而言，在不同垂直压力下，压缩系数随土壤含水量的变化也存在差异。随着含水量与垂直压力增大，遂宁组紫色泥岩发育自然土壤压缩系数变化趋势较飞仙关组紫色页岩发育自然土壤更为复杂，由于遂宁组紫色泥岩发育自然土壤的结构抗压强度较飞仙关组紫色页岩要低，在相同垂直压力下，其结构更容易发生破坏；遂宁组紫色泥岩发育不同坡位土壤的压缩系数表现为坡顶与坡肩土壤（S1-1与S1-2）＞坡腰土壤（S1-3）＞坡脚与坡谷土壤（S1-4与S1-5）；其最小压缩系数对应的含水量集中在9%左右，个别土壤在个别压力下为11%和13%左右。此值与压缩模量对应的最优含水量一致；对于在较高压力下（如800 kPa）压缩系数峰值对应的含水量随着土壤中岩屑含量减少而增大。

在某一固定容重与含水量条件下，土壤孔隙比会随着垂直压力的增大而减小；依据土壤压缩模量随压缩过程的变化可分为5个阶段：应力释放补偿阶段（E_s迅速增大）、结构屈服前的压缩阶段（E_s缓慢增大）、压缩屈服阶段（E_s迅速减小）、屈服强化阶段（E_s减小变缓）和屈服后的压缩阶段（E_s随应力的增大而增大）；随着岩屑含量和含水量的增大，土壤压缩性加大，其结构破坏应力减小，当试件所加荷载大于破坏应力时，土壤压缩模量会迅速降低；另外，当加载的最大荷载都小于试件的破坏应力时，其压缩模量随着垂直压力的增大而增大，此时整个压缩过程可能只包括力释放补偿阶段与结构屈服前的压缩阶段两个阶段；当加载的最小荷载已大于试件破坏应力，这时就会跳过前面3个阶段，直接进入屈服后的压缩阶段，此时整个压缩过程压缩模量随着垂直压力的增加而不断增大，这种现象在岩屑含量较高且含水量较大的情况下表现明显。对比相同岩屑含量与含水量下不同容重模拟土的压缩参数发现，随着土壤容重的增大，其压缩模量增大，压缩系数减小，其土壤压缩性也就越小。这主要是由于土壤容重越大，土壤颗粒之间就越密实，就更难被压缩，其土壤的压缩性就越低，抗压特性就越好。在作为工程材料时，土壤的容重越大，其抗压结构强度就越高，就越有利于工程的稳定性；但对于耕作土壤而言，土壤的容重越大，作物根系的生长与深扎就越困难，因此其耕作性就会逐渐降低。

总体上，对于紫色泥页岩发育的土壤而言，随着土壤中岩屑含量的增加，破坏土壤结构所需压力就越小，土体的结构强度就越小；其压缩模量也逐渐减小，压缩系数逐渐增大，土壤的压缩性就越高；同时，压缩参数随着含水量的增大而存在峰值（或最大值），其峰值（或最大值）对应的含水量随着土壤中岩屑含量的增大而减小，这种变化规律在较小的容重下更为明显（钟守琴，2018）。

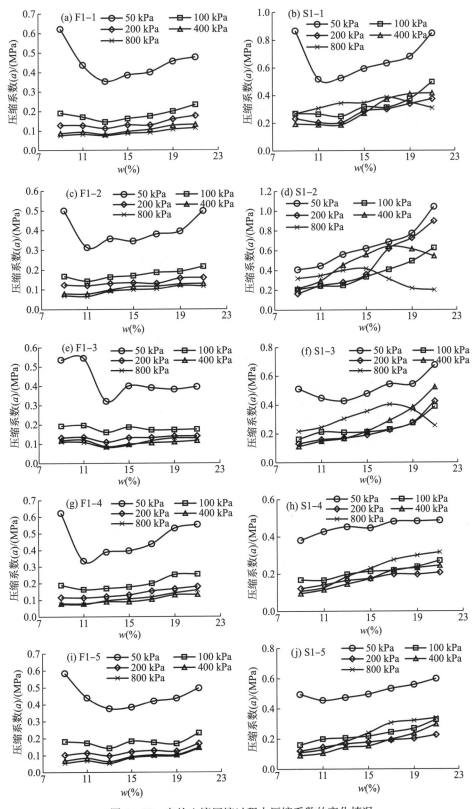

图 3-27　自然土壤压缩过程中压缩系数的变化情况

第四章

紫色土的化学性质 >>>

第一节　紫色土酸碱性

酸碱性是土壤的一个重要理化性状。土壤酸度是由氢离子（H^+）引起，而氢作为元素周期表中的第一个元素，H^+外层不含电子，使其成为只含质子的最小离子。H^+外层 1s 空轨道具有很强的接受电子能力，因此，H^+在土壤中是最活跃的离子。土壤中各种性质和过程都与H^+的活性有着密切关系。黏土矿物解体释放的铝离子（Al^{3+}）水解，也会产生大量H^+而导致土壤酸化。碳酸盐的水解则会使土壤呈碱性。紫色土因风化程度较弱，很大程度上继承了母岩的酸碱性。因此，根据母岩类型将紫色土分为酸性紫色土、中性紫色土和石灰性紫色土 3 个亚类。

一、紫色土酸性的形成

（一）酸化机制

当土壤 pH 降低时，H^+会吸附在土壤硅酸盐矿物表面，导致H^+在表面上的积累。同时，吸附H^+会导致胶体表面的盐基离子解吸而进入土壤溶液中，最终导致胶体颗粒表面全部吸附H^+，形成氢质胶体。其中，氢质矿物胶体中H^+与表面氧原子（O）形成强相互作用，从而减弱了矿物胶体颗粒 Al-O 键的结合能力，导致矿物铝八面体解体，释放出铝离子（Al^{3+}）。释放的铝离子不但吸附能力强，而且其水解产生更多的氢离子，进一步加速矿物铝氧八面体和硅氧四面体结构的解体。主要过程：pH 下降→矿物表面H^+积累→H-质胶体→铝氧八面体解体→Al-质胶体→矿物结构进一步解体→土壤酸化。

从上面的酸化机制可以看出，只有矿物结构遭到破坏，才会导致强烈的土壤酸化。紫色土区的地带性土壤为黄壤，表明紫色土经过酸化反应后会形成黄壤。因此，紫色土中的硅酸盐黏土矿物含量高于黄壤。

（二）氢离子的来源

1. 碳酸和其他有机酸　碳酸的形成及其解离的H^+是引起土壤酸度改变的常见因素之一。空气中的二氧化碳（CO_2）溶于土壤溶液中就产生了碳酸（H_2CO_3）。植物根系的呼吸作用和有机质的微生物分解作用都会产生大量的CO_2。由于H_2CO_3是弱酸，当 pH＜5.0 时，其产生H^+可忽略不计。微生物分解土壤有机质时会产生很多有机酸，如柠檬酸和苹果酸等低分子有机酸，以及羧酸和酚酸等官能团复杂且酸性较强的有机酸。

2. 有机质的积累　土壤中的Ca^{2+}、Mg^{2+}等盐基离子能与有机质形成水溶性复合物，从而加速了这些盐基离子的淋失。同时，有机质含有大量酸性基团，可以解离出H^+。

3. 硝化作用　铵氧化反应会产生H^+，而硝态氮还原反应会消耗H^+。来自土壤有机质和铵态氮肥中的铵根离子在微生物的铵氧化作用下会转化成硝酸根。在这个过程中，1 个铵根转化成硝酸根会释放出 2 个 H^+。

4. 硫的氧化　在植物残体降解过程中，—SH 有机官能团氧化并产生硫酸。此外，黄铁矿等矿物中还原态硫在排水和挖掘行为造成土壤氧气浓度增加后也会被氧化而产生硫酸。

5. 酸沉降　酸雨、雪、雾和灰尘等沉降物中含有各种酸，并通过沉降将 H^+ 带入土壤中。即使在沉降过程中所经过的空气未受污染，也会溶解空气中的 CO_2，形成碳酸，使纯水 pH 从 7 降到 5.6 左右。同时，在沉降过程中，因闪电、火山喷发、森林火灾、化石燃料燃烧等产生的二氧化硫和氮氧化物等气体能转换形成不等量的硫酸与硝酸等强酸性物质。

6. 植物对阳离子的吸收　植物要吸收土壤溶液中的离子来维持体内正负电荷的平衡。植物吸收阳离子时，根际会通过吸收阴离子或分泌出另一种阳离子来维持体内电荷的平衡。当植物吸收的盐基阳离子远远大于阴离子时，根际会向土壤溶液中释放 H^+ 来维持电荷平衡。

7. 土壤中铝的活化　土壤中的铝被活化后，会发生水解作用，从而产生 H^+。

8. 母岩的性质　紫色土的母岩是沉积岩，当含有较多的铁、铝氧化物时，呈酸性。

（三）紫色土酸的类型

1. 活性酸　土壤活性酸是扩散于土壤溶液中的游离态 H^+ 所反映出来的酸度。通常在一定比例的土水比中用 pH 电极进行测定。根据测定的 pH，对土壤酸碱性进行分级，其对应关系如表 4-1 所示。

表 4-1　土壤 pH 和酸碱性分级

pH<4.5	pH 4.5~5.5	pH 5.5~6.5	pH 6.5~7.5	pH 7.5~8.5	pH>8.5
极强酸性土	强酸性土	酸性土	中性土	碱性土	强碱性土

在强酸性土壤中，铝的饱和度大，Al^{3+} 水解可产生更多 H^+。因此，强酸性土壤活性酸（游离态 H^+）的主要来源是 Al^{3+}，而不是 H^+。

2. 潜性酸　土壤潜性酸是指土壤胶体吸附的 H^+ 和 Al^{3+}，在被其他阳离子交换进入溶液后才显示酸性。

土壤活性酸与潜性酸处于动态平衡中：

$$潜性酸 \underset{吸附}{\overset{解吸}{\rightleftharpoons}} 活性酸$$

在强酸性土中，Al^{3+} 大大多于交换性 H^+，是活性酸的主要来源。Al^{3+} 形态受 pH 的影响极大。当溶液 pH 为 5.5~8.5 时，Al^{3+} 主要以 $Al(OH)_3$ 沉淀的形态存在；当溶液 pH 小于 5.5 时，溶液中 Al^{3+} 的主要形态为 $Al(OH)_2^+$ 和 $Al(OH)^{2+}$，并有少量的 Al^{3+} 产生；随着溶液 pH 的进一步降低，Al^{3+} 在溶液中的存在形态逐渐以 Al^{3+} 为主。随着 pH 降低，土壤交换性 Al^{3+} 含量呈指数倍数增加并成为潜性酸的主要组成部分。

在酸性紫色土中，交换性铝以 $Al(OH)^{2+}$、$Al(OH)_2^+$ 等形态存在。进入溶液后同样水解产生 H^+ 离子：

$$Al(OH)^{2+} + 2H_2O \rightarrow Al(OH)_3 \downarrow + 2H^+$$

可见，土壤活性酸与潜性酸的关系：酸性强弱取决于潜性酸，主要是交换性 Al^{3+}；活性酸是潜性酸的表现。

（四）紫色土的酸度指标

1. 强度指标　土壤酸的强度指标是用游离态 H^+（pH）和游离态 H^+ 与 Ca^{2+}（石灰位）的活度的负对数表示。

（1）土壤 pH。土壤 pH 指的是与土壤固相处于平衡的土壤溶液中的 H^+ 活度的负对数，即：

$$pH = -\lg a_H$$

当土壤溶液中离子浓度很低时，其活度约等于浓度。例如，对于中性土壤溶液，其 H^+ 和 OH^-

的浓度相等（10^{-7} mol/L），此时 pH＝pOH＝7。土壤 pH 的测定可在一定的土液比条件下，在纯水 $[pH_{(H_2O)}]$ 或 1 mol/L KCl 溶液 $[pH_{(KCl)}]$ 中制成悬液，用 pH 电极进行测定。但是，两种方法测定结果存在差异，一般土壤 $pH_{(H_2O)} > pH_{(KCl)}$。这是高浓度 KCl 体系中的 K^+ 将吸附态的致酸离子 H^+ 和 Al^{3+} 交换进入土壤溶液中所致。

土壤 pH 高低可将土壤分为若干等级（表 4-1）。pH 的分级因研究目的而不同，各国的分级指标也不完全一致。我国大部分土壤 pH 为 4.5～8.5，在地理分布上呈现东南酸而西北碱的地带性特点。长江以南土壤多数呈强酸性，长江以北的土壤多数呈中性和碱性。西南紫色土的 pH 范围多在 4.0～8.5，分为酸性紫色土、中性紫色土和石灰性紫色土 3 类。表 4-2 显示了 3 种紫色土不同层次的 pH（杨兴伦、李航，2004）。

表 4-2　不同紫色土的活性酸度

紫色土亚类	采集地	层次	pH
酸性紫色土	安徽休宁	A	4.08
		B	4.10
		C	4.10
	云南禄丰	A	4.00
		B	4.10
		C	4.60
中性紫色土	重庆北碚	A	7.08
		B	5.38
		C	5.60
	重庆北碚	A	7.56
		B	7.60
		C	7.42
石灰性紫色土	重庆潼南	A	7.80
		B	7.82
		C	7.81
	贵州贵阳	A	7.84
		B	7.74
		C	8.02

（2）石灰位。石灰位是另一种土壤酸度的表示方法。土壤酸度主要取决于胶体吸附的致酸离子 H^+、Al^{3+}，其次取决于致酸离子与交换性盐基离子（K^+、Na^+、Ca^{2+}、Mg^{2+}、NH_4^+ 等）的相对比例，即盐基饱和度。由于土壤胶体吸附的盐基离子以 Ca^{2+} 为主，即使在酸性土壤中，Ca^{2+} 也占盐基离子总量的 65%～80%。因此，提出了表示土壤酸度的另一个指标，即石灰位。它将 H^+ 数量和 Ca^{2+} 数量联系起来，以 pH－0.5pCa 表示石灰位，既是酸度指标又是钙的有效度指标。pH－0.5pCa 是 Ca(OH)$_2$（石灰）的化学位的简单函数，称为钙的养分位，比 pH 更全面和更明显地反映土壤酸度。尽管石灰位有许多可取之处，但是需要同时测定 H^+ 活度和 Ca^{2+} 活度，仍不如 pH 应用普遍。

2. 数量指标　土壤胶体上吸附的 H^+ 和 Al^{3+} 所反映的潜性酸的量，可用交换性酸或水解性酸表示。

（1）交换性酸。酸度的容量因素，单位为 cmol/kg。在非石灰性土壤中，土壤胶体吸附了一部分 H^+ 和 Al^{3+}。土壤胶体吸附的 H^+ 和 Al^{3+} 通过交换进入溶液后反映出酸度。因为 Al^{3+} 能够发生如下的水解反应：

$$Al^{3+}+3H_2O\rightarrow Al(OH)_3\downarrow+3H^+$$

用 1 mol/L 的 KCl（pH 5.5～6.0）处理土壤，K^+ 交换出 H^+ 和 Al^{3+}，通过滴定得到的酸度。该方法测定酸的容量不但包括活性酸的量，而且包括交换下来的吸附态 H^+ 和 Al^{3+} 产生的酸量。由于 K^+ 交换 H^+ 和 Al^{3+} 时受到平衡常数的限制，不能将全部的吸附态 H^+ 和 Al^{3+} 交换下来进入土壤溶液，因此测得交换性酸量只是部分潜性酸，但是包含全部的活性酸。在进行土壤酸度测定、估算石灰用量时，该方法有重要的参考价值。紫色土的交换性酸随着土壤 pH 的降低而增大（图 4-1），表明紫色土酸化发生后，H^+ 的吸附增加，导致交换性酸增多。图 4-1 表明，酸化紫色土中交换性 Al^{3+} 占总酸度最大可达 90%（刘莉等，2020）。

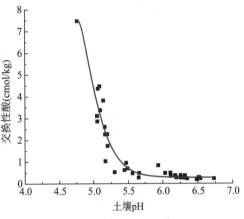

图 4-1 酸化紫色土 pH 与交换性酸的关系

（2）水解性酸。又称为非交换性酸，是土壤潜性酸的另一种表示方式。水解性酸度是指具有羟基化表面的土壤胶体，通过解离 Al^{3+}、H^+ 所产生的酸度。水解性酸的测定是用 1 mol/L 的 CH_3COONa（pH 8.2）处理土壤，反应体系生成了离解度低的弱酸（如乙酸）和 $Al(OH)_3$ 沉淀，从而使弱酸强碱盐的阳离子（如 Na^+）解离出来而将吸附的 Al^{3+}、H^+ 更彻底地交换下来。其反应方程式如下：

$$CH_3COONa+Soil-OH\rightleftharpoons CH_3COOH+Soil-ONa$$

$$4CH_3COONa+Al-Soil-H+3H_2O\rightleftharpoons 4CH_3COOH+Soil-4Na+Al(OH)_3\downarrow$$

反应中产生的乙酸量可用氢氧化钠滴定，再根据消耗氢氧化钠的量即可换算出土壤中潜性酸的量。该方法测得的酸度为土壤的水解性酸度。交换性酸和水解性酸的实质不同，水解性酸在实际测定中用 pH 8.2 的高浓度 CH_3COONa，既测定出羟基化表面解离的 H^+，也测定出因 Na^+ 交换出的 Al^{3+} 和 H^+ 产生的交换性酸度，还包括了土壤溶液中的活性酸，测定结果是土壤总酸度。因此，土壤水解性酸度大于交换性酸度。

二、紫色土碱性的形成

（一）碱化机制

土壤中碱性物质主要是钙、镁、钠、钾的碳酸盐和重碳酸盐，以及土壤的交换性 Na^+。碱性物质的水解反应是碱性形成的主要机制。

1. 碳酸钙水解 在石灰性土壤和交换性钙占优势的紫色土中，碳酸钙、土壤空气中的 CO_2 与土壤水处于同一个平衡体系，碳酸钙可通过水解作用产生 OH^-，反应式如下：

$$2CaCO_3+2H_2O+CO_2\rightleftharpoons 2Ca^{2+}+3HCO_3^-+OH^-$$

2. 碳酸钠水解 其主要反应如下：

$$Na_2CO_3+2H_2O\rightleftharpoons 2Na^++H_2CO_3+2OH^-$$

3. 交换性钠的水解 交换性钠的水解是碱化土的重要特征。当土壤胶体的交换性 Na^+ 积累到一定数量、土壤溶液盐浓度较低时，Na^+ 离解进入溶液，水解产生 NaOH，并进一步形成 Na_2CO_3 和 $NaHCO_3$。

碱化土形成必须具备如下两个条件：

一是有足够数量的钠离子与土壤胶体表面吸附的钙离子和镁离子交换，最终形成钠质胶体。

$$\boxed{\begin{matrix}胶\\粒\end{matrix}}\begin{matrix}Ca^{2+}\\Mg^{2+}\end{matrix}+4Na^+\rightarrow\boxed{\begin{matrix}胶\\粒\end{matrix}}\begin{matrix}2Na^+\\2Na^+\end{matrix}+Ca^{2+}+Mg^{2+}$$

二是土壤胶体上交换性钠解吸并水解产生苏打盐类。

$$\boxed{\text{胶粒}}\ x\text{Na}+y\text{H}_2\text{O}\rightarrow\boxed{\text{胶粒}}\begin{matrix}(x-y)\,\text{Na}^+\\y\text{H}^+\end{matrix}+y\text{NaOH}$$

上式表明，交换性水解的结果产生了 NaOH，使土壤呈碱性反应。由于土壤空气中具有较高的 CO_2 浓度，水解产生的 NaOH 实际上以苏打盐类的形式存在。反应如下：

$$2\text{NaOH}+\text{CO}_2+\text{H}_2\text{O}\leftrightarrows\text{Na}_2\text{CO}_3+2\text{H}_2\text{O}$$

$$\text{NaOH}+\text{CO}_2\leftrightarrows\text{NaHCO}_3$$

上述两个条件的反应表明，土壤碱化和盐化有着发生学上的联系。盐土在盐积过程中，胶体表面吸附有一定数量的交换性钠，但因土壤溶液中盐基离子浓度较高阻止了交换性钠的水解。所以，盐土的碱度一般在 pH 8.5 以下，物理性质也不会恶化，并不显现碱性土的特征。因此，石灰性紫色土仍然具有较好的土壤结构。但是，如果脱盐到一定程度，土壤中交换性钠发生了解吸，则出现碱化。在紫色土区，季节性干旱导致降水量小于蒸发量，土壤具有明显的季节性盐积和脱盐频繁胶体的特点，导致上述反应发生，是碱性土形成的重要条件。

（二）紫色土碱化的影响因素

1. 气候因素（干湿度） 碱性土分布在干旱、半干旱地区。在干旱、半干旱条件下，蒸发量大于降水量，土壤中的盐基物质随着蒸发而表聚，使土壤碱化。

2. 生物因素 盐基离子钠、钾、钙、镁等的生物积累。一些植物适应了在干旱条件下生长，有富集碱性物质的作用。一些植物体内 Na_2CO_3 的含量如下：海蓬子含 3.75%，碱蒿含 2.76%，盐蒿含 2.14%，芦苇含 0.49%。

3. 母质 碱性物质的基本来源。紫色土是由三叠系、侏罗系、白垩系等紫色砂、页岩上发育形成的，其成土母质主要是紫色砂、页岩的残积物、坡积物以及古风化壳等。例如，富含碳酸盐的紫色母岩的碳酸盐残积物，如遂宁组、蓬莱镇组等泥页岩形成，碳酸钙含量一般在 10%~16%，pH>8.0。

4. 施肥和灌溉 施用碱性肥料或用碱性水灌溉会使土壤碱化。例如，都江堰水质偏碱，长期用水灌溉的水稻田土壤 pH 有所提高。

（三）紫色土的碱度指标

土壤溶液中 OH^- 浓度超过 H^+ 浓度时呈碱性反应，土壤 pH 越大，碱性越强。土壤碱性反应除常用 pH 表示以外，总碱度和碱化度是另外两个反映碱性强弱的指标。

1. 总碱度 总碱度是指土壤溶液中 CO_3^{2-} 和 HCO_3^- 的总量，单位为 cmol/L。

土壤碱性反应是由于土壤中含有弱酸强碱的水解性盐类，如 CO_3^{2-} 和 HCO_3^- 的水溶性强碱（钠、钾、钙、镁）盐的水解产生。反应如下：

$$\text{CO}_3^{2-}+\text{H}_2\text{O}\leftrightarrows\text{HCO}_3^-+\text{OH}^-$$

$$\text{HCO}_3^-+\text{H}_2\text{O}\leftrightarrows\text{H}_2\text{CO}_3+\text{OH}^-$$

$CaCO_3$、$MgCO_3$ 溶解度很小，产生的碱度有限。在正常 CO_2 分压（pCO_2）下，石灰性土壤 pH 一般不超过 8.5，这种石灰性物质引起的弱碱性反应（pH 7.5~8.5），称为石灰性反应。Na_2CO_3、$NaHCO_3$ 和 $Ca(HCO_3)_2$ 为水溶性盐类，在土壤溶液中产生的碱度高，从而表现出很高的 pH。

总碱度在一定程度上反映土壤和水质的碱性程度，故可作为土壤碱化程度分级的指标之一。

石灰性紫色土中的钙有两种形式的沉淀：$CaCO_3$ 和 $Ca(OH)_2$。土壤中钙的存在形态由如下的溶解/水解反应平衡所控制，具体反应如下：

$$\text{CaCO}_3\,(\text{s})\leftrightarrows\text{Ca}^{2+}+\text{CO}_3^{2-}\qquad \lg K=-8.41$$

$$\text{H}_2\text{CO}_3\,(\text{aq})\leftrightarrows 2\text{H}^++\text{CO}_3^{2-}\qquad \lg K=-16.69$$

$$\text{CO}_2\,(\text{g})+\text{H}_2\text{O}\,(\text{l})\leftrightarrows\text{H}_2\text{CO}_3\,(\text{aq})\qquad \lg K=-1.46$$

因此，$CaCO_3$ 和 $Ca(OH)_2$ 在酸中和 CO_2 分压中的反应为：

$$CaCO_3 \text{（s）} + 2H^+ \leftrightarrows Ca^{2+} + CO_2 \text{（g）} + H_2O \text{（l）} \qquad \lg K = 9.74$$

$$Ca \text{（OH）}_2 \text{（s）} + CO_2 \leftrightarrows CaCO_3 \text{（s）} + H_2O \text{（l）} \qquad \lg K = 13.06 \rightarrow \Delta G^0 = -74\,518 \text{ J/mol}$$

$$\Delta G^0 = -74\,518 = -2.303RT \lg pCO_2$$

因此，只有当 CO_2 分压低于 $10^{-13.06}$ atm 时，$Ca \text{（OH）}_2$ 才比 $CaCO_3$ 稳定。实际上，无论是大气还是土壤中，CO_2 分压均远远高于此值。因此，土壤中的钙以 $CaCO_3$ 而不是 $Ca \text{（OH）}_2$ 的形态存在。

2. 碱化度 碱化度（钠碱化度或钠化率，exchangeable sodium percentage，ESP）：

$$ESP = 土壤交换性钠含量/CEC \times 100\%$$

盐土：土壤表层可溶性盐（以 NaCl、Na_2SO_4 等中性盐为主）超过一定含量，其中，氯化物为主的盐土含盐量的下限为 6 g/kg，硫酸盐为主的盐土含盐量的下限为 20 g/kg，两者组成的混合盐土含盐量下限一般为 10 g/kg。各种可溶性盐对植物毒害的程度不一，因此不同盐类组成的盐土含盐量下限有一定差异。含盐量低于其下限值，则不属于盐土范畴。碱土：当土壤碱化度达到一定程度，可溶盐含量较低时，土壤就呈极强的碱性反应，pH 大于 8.5 甚至超过 10.0。这种土壤颗粒高度分散，湿时泥泞，干时硬结，结构板结，耕性差。

土壤碱化度常被用来作为碱土分类及碱化土壤改良利用的指标和依据（表 4 - 3）。

表 4 - 3 土壤碱化度分级

ESP	5%～10%	10%～15%	>15%
分级	轻度碱化土	中度碱化土	强碱化土

碱化度是用吸附态的钠占总吸附阳离子量的比值表示，与其相应的还有一个参数，即钠吸附比（sodium adsorption ratio，SAR），是溶液中 Na^+ 浓度与 Ca^{2+} 和 Mg^{2+} 浓度之和的平方根的比值：

$$SAR = \frac{[Na^+]}{\sqrt{[Ca^{2+}] + [Mg^{2+}]}}$$

式中，$[Na^+]$、$[Ca^{2+}]$ 和 $[Mg^{2+}]$ 分别表示 Na^+、Ca^{2+} 和 Mg^{2+} 的浓度。

土壤结构稳定性的阳离子率（cations ratio of structural stability，CROSS）：

$$CROSS = \frac{[Na^+] + 0.56[K^+]}{\sqrt{[Ca^{2+}] + 0.6[Mg^{2+}]}}$$

CROSS 反映了 Na^+ 和 K^+ 以及 Ca^{2+} 和 Mg^{2+} 之间絮凝能力的差异（Rengasamy and Marchuk，2011）。

土壤钠吸附比对植物生长和土壤质量有着重要的影响。高钠吸附比的土壤结构松散，水分渗透性差，影响植物根系的生长和发育。同时，高钠吸附比导致土壤中的其他盐基离子被钠离子所替代，不但为碱化土的形成创造了条件，而且影响植物对其他营养元素的吸收和利用。因此，降低土壤的钠吸附比在土壤管理和农业生产上具有重要意义。

紫色土是一种初育土，盐基离子 Ca^{2+}、Mg^{2+} 和 K^+ 含量相对较高，因此土壤结构较好，但是需要防止土壤酸化和水土流失。

三、紫色土的酸碱缓冲性

土壤中加入酸性或碱性物质后，土壤具有的抵抗变酸和变碱而保持 pH 稳定的能力，称为土壤缓冲作用或缓冲性能。

（一）土壤酸碱缓冲原理

土壤酸碱缓冲原理包括如下几个方面。

1. 土壤中有许多弱酸，如碳酸、硅酸、磷酸、腐植酸等，当这些弱酸与其盐类共存就成为对酸、碱物质具有缓冲作用的体系，如 $H_2CO_3+CaCO_3$ 体系。

当加入强酸（如 HCl）时：

$$CaCO_3+2HCl \rightarrow CaCl_2+H_2CO_3$$

当加入强碱（如 NaOH）时：

$$H_2CO_3+2NaOH \rightarrow Na_2CO_3+2H_2O$$

因此，弱酸及其盐所构成的缓冲体系，加入强酸就转化成了弱酸，缓和了土壤 pH 的降低；加入强碱就转化成了弱碱性物质，缓和了土壤 pH 的升高。

2. 土壤胶体交换性阳离子对酸碱的缓冲作用　胶体表面吸附的交换性 H^+、Al^{3+} 以及高价盐基离子能够缓冲强碱性物质，反应如下：

$$\boxed{胶粒} \cdot Ca^{2+}+2NaOH \rightleftharpoons \boxed{胶粒} \cdot 2Na^++Ca(OH)_2 \downarrow$$

$$\boxed{胶粒} \cdot H^++NaOH \rightleftharpoons \boxed{胶粒} \cdot Na^++H_2O$$

结果是土壤溶液中的 OH^- 变成了电离度更低的化合物，阻止了土壤 pH 的上升。

同时，胶体表面吸附的阳离子也能够缓冲酸性物质，反应如下：

$$\boxed{胶粒} \cdot Ca^{2+}+2H^+ \rightleftharpoons \boxed{胶粒} \cdot 2H^++Ca^{2+}$$

该交换反应的结果是土壤溶液中游离态的 H^+ 变成了吸附态的 H^+，即活性酸变成了潜性酸，缓冲了 pH 的下降。

3. 羟基型表面对酸碱的缓冲作用　羟基型表面，如水合氧化物表面、有机胶体表面以及高岭石等表面均分布了大量的羟基，这些羟基具有缓冲土壤酸碱的能力。缓冲酸的反应如下：

$$\boxed{胶粒} -OH+H^+ \rightleftharpoons \boxed{胶粒} -OH_2^+$$

缓冲碱性物质（以 NaOH 为例）的反应如下：

$$\boxed{胶粒} -OH+NaOH \rightleftharpoons \boxed{胶粒} -O \cdot Na+H_2O$$

羟基型表面与质子间的反应增加了表面正电荷的数量，减少了土壤胶体的负电荷数量，缓冲碱性物质时解析质子，使表面负电荷数量增加，从而吸附阳离子（Na^+）。

从以上缓冲原理可以看出，土壤盐基饱和度一般在 50% 时，对酸碱的缓冲能力最大。缓冲能力随着弱酸及盐的总浓度或土壤阳离子交换量的增加而增大。

图 4-2 展示了 3 个紫色土的酸碱缓冲曲线（添加不同量的酸或碱后的土壤悬液）（刘莉等，2020）。土壤的酸或碱缓冲容量为单位土壤 pH 变化所需消耗的土壤酸或碱量，因此求得酸碱缓冲曲线的斜率即为土壤的酸或碱缓冲容量。采用多项式方程可以较好地拟合供试紫色土的酸碱缓冲曲线，相关系数 r 均大于 0.99。对该多项式方程求导后可获得酸碱缓冲曲线的斜率方程，该方程表示的即是土壤的酸碱缓冲容量随土壤 pH 的变化情况。如图 4-2 所示，土样 1、土样 2 和土样 3 不加酸或碱时的 pH 分别为 5.20、5.17 和 4.74，因此计算得到土样 1、土样 2 和土样 3 在对应 pH 下的酸缓冲容量分别为 5.66 mmol/（kg·pH）、71.6 mmol/（kg·pH）和 6.63 mmol/（kg·pH）。按照同样的酸缓冲容量计算方法，计算得到不同紫色土在当前 pH 时土壤的酸缓冲容量如图 4-3 所示。

（二）紫色土酸碱缓冲体系

紫色土酸碱缓冲体系主要包括以下几个方面。

1. 碳酸盐体系　石灰性土壤的缓冲作用主要取决于 $CaCO_3-H_2O-CO_2$ 体系，$pH=6.03-2/3lgpCO_2$。

2. 硅酸盐体系　对酸性物质的缓冲作用。

$$H_3SiO_4^-+H^+ \rightleftharpoons H_4SiO_4 \qquad lgK=9.71$$

3. 交换性阳离子体系　对酸、碱物质的缓冲作用。例如，交换性 Ca^{2+} 的反应如下：

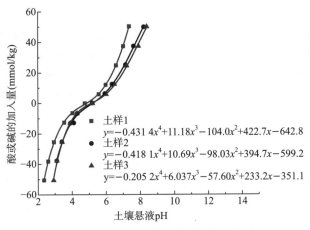

图 4-2　不同酸碱添加量下紫色土的 pH

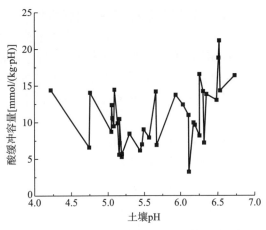

图 4-3　供试酸性紫色土的酸缓冲容量

$$\boxed{胶粒} \cdot Ca^{2+} + 2NaOH \leftrightarrows \boxed{胶粒} \cdot 2Na^+ + Ca(OH)_2 \downarrow$$

$$\boxed{胶粒} \cdot Ca^{2+} + 2H^+ \leftrightarrows \boxed{胶粒} \cdot 2H^+ + Ca^{2+}$$

4. 有机酸体系　有机酸及其盐对酸碱物质缓冲作用。有机酸及其盐体系具有多种官能团，对酸和碱均具有缓冲作用。例如：

$$\boxed{有机} - OH + H^+ \leftrightarrows \boxed{有机} - OH_2^+$$

$$\boxed{有机} - OH + NaOH \leftrightarrows \boxed{有机} - O \cdot Na + H_2O$$

第二节　紫色土电化学性

一般来说，土壤中的各种化学反应主要发生于土壤胶体表面与土壤溶液之间的界面或与之相邻的溶液中。这是因为土壤颗粒表面带有正电荷和负电荷，能够与土壤溶液中的离子、质子和电子相互作用，还有土壤颗粒之间相互作用及其宏观表现，均属于土壤电化学范畴。在土壤电化学中，土壤颗粒（胶体或粗分散颗粒）表面电荷特性以及这些电荷与土壤溶液中离子相互作用，是土壤电化学研究的核心。

一、紫色土带电表面的基本类型

（一）内表面与外表面

按照表面所处的位置，土壤颗粒的表面可分为内表面和外表面。内表面是膨胀性黏土矿物（如 2：1 型的蒙脱石类矿物）晶层与晶层之间的那部分表面以及土壤腐殖质结构体内部的那些表面。外表面是土壤中次生黏土矿物（如 1：1 型高岭石类矿物和 2：1 型非膨胀性矿物云母类矿物）、氧化物（如铁氧化物和铝氧化物类矿物）和腐殖质等暴露在外面的那部分表面。有机胶体（如腐殖质）虽然有较多的内表面，但是由于其结构不稳定，所以内表面的大小难以确定（何毓蓉等，2003）。表 4-4 表明，紫色土中的黏土矿物主要以恒电荷矿物为主。

表 4-4　紫色土中的主要黏土矿物种类及特性

黏土矿物	结晶化学式	晶层间距（nm）	内表面	外表面
高岭石	$Al_4(OH)_8[Si_4O_{10}]$	0.7	无	有
蒙脱石	$Al_2(OH)_2[Si_4O_{10}] \cdot nH_2O$	1.0～1.8	有	有
蛭石	$(Mg, Ca)_{0.7}(Mg, Fe, Al)_{6.0}[(Al, Si)_{8.0}](OH_{4.8}H_2O)$	1.0～1.4	有	有
伊利石	$K_y[Si_{g-2y}Al_{2g}]Al_4O_{20}(OH)_4$	1.0	无	有

（二）永久电荷表面与可变电荷表面

按照紫色土颗粒表面，可分为永久电荷表面和可变电荷表面。永久电荷表面的电荷数量和电荷密度都不随 pH 的变化而变化，其电荷来源于同晶替代产生的电荷，如表 4-4 中的恒电荷矿物，其表面为永久电荷表面。可变电荷表面的电荷数量和电荷密度随着溶液 pH 的变化而变化，其电荷来源于表面基团对质子的结合或解离及专性吸附。例如，高岭石、有机胶体等羟基化表面即为可变电荷表面。

（三）硅氧烷型表面、水合氧化物表面和有机物型表面

单位晶层的暴露基面是硅氧烷型表面，即≡Si－O－Si≡的表面（何毓蓉等，2003）。所有 2∶1 型黏土矿物的表面都属于硅氧烷型表面，如蒙脱石、云母和蛭石等。对于 1∶1 型的高岭石，只有一半的硅氧烷型表面。一般来说，硅氧烷型表面氧原子的孤对电子活性很低，所以其成氢键的能力很弱，属于疏水性表面。但是，由于其同晶替代产生电荷的影响，吸附水分子的能力在电荷引力下具有亲水性。水合氧化物表面和有机物型表面均属于羟基型表面，用 M-OH 表示。水合氧化物表面中，M 代表无机离子，如铁、锰、铝等；有机物型表面中，M 代表碳原子。值得注意的是，羟基型表面是广义的说法，包括氧化物、氢氧化物、羟基氧化物等各种形态，也包括羧基、羟基、酮基、甲氧基、氨基、醛基等。紫色土中由于有机质一般含量比较低，所以其有机物型表面较少。

二、经典的双电层理论

（一）双电层理论的发展

土壤纳米/胶体颗粒表面带有大量的电荷，导致颗粒表面周围必然吸附带相反电荷的离子，从而在固/液界面中形成双电层。金属电极表面在强电解质溶液、带电胶体颗粒悬液的稳定性以及各种生物体系中，双电层都扮演着重要作用。一直以来，对固/液界面的研究从没停止过，同时也发展出各种各样描述固/液界面特征的模型。Helmholtz 模型假设双电层是由吸附在固体表面的单离子层与固体电荷形成的，这种模型可看成一个简单的电容器。显然这种模型违背了热力学平衡条件。

尽管 Quincke（1861）没有使用双电层的概念，但是他开创了研究双电层的先河。Gouy 在 1910 年提出了双电层的扩散模型，认为在双电层中，电场力（使正负离子分离）与渗透力（使离子倾向于均匀分布）存在着平衡，并假定离子是没有大小的点电荷。在平衡状态下，离子在双电层中的分布遵循 Boltzmann 方程：

$$f_i(\mathbf{r}) = f_i^0 e^{-w_i(\mathbf{r})/RT} \tag{4-1}$$

式中，$f_i(\mathbf{r})$ 表示离子 i 在双电层中的浓度分布；f_i^0 表示本体溶液中离子 i 的浓度；$w_i(\mathbf{r})$ 表示离子 i 从无穷远处移动到双电层中 $\mathbf{r}$ 处（三维空间）电场力做的功，也就是离子在界面 $\mathbf{r}$ 处的吸附能；R 表示气体常数；T 表示绝对温度。

那么，扩散层中反离子的体积密度即可表示为：

$$\rho(\mathbf{r}) = \sum_i Z_i F f_i(\mathbf{r}) \tag{4-2}$$

式中，Z_i 表示离子的化合价；F 表示 Faraday 常数。

根据 Poisson 方程：

$$\frac{dE}{d\mathbf{r}} = \frac{4\pi}{\varepsilon} \rho(\mathbf{r}) \tag{4-3}$$

式中，E 表示电场；ε 表示介电常数。

又

$$E = -\frac{d\varphi}{d\mathbf{r}} \tag{4-4}$$

式中，φ 表示电位。

将式（4-1）、式（4-3）、式（4-4）代入式（4-2），得到：

$$\nabla^2 \varphi = -\frac{4\pi}{\varepsilon} \sum_i Z_i F f_i^0 e^{-w_i(\mathbf{r})/RT} \tag{4-5}$$

式（4-5）就是闻名遐迩的 Poisson-Boltzmann（PB）方程。PB 方程在双电层中扮演着十分重要的角色，基于 PB 方程的双电层理论一直以来被广泛研究。

经过一个半世纪的研究，目前双电层理论已经经历了以下几个发展阶段。

1. Debye-Hückel 理论 对于平板平面，在 y 和 z 方向可以看成是无限延伸的，因此对于平板平面只考虑 x 方向的作用。当只考虑离子与界面的库仑作用时，式（4-5）中离子在界面中的吸附能为：

$$w_i = Z_i F \varphi(x) \tag{4-6}$$

那么，PB 方程为：

$$\frac{d^2\varphi}{dx^2} = -\frac{4\pi}{\varepsilon} \sum_i Z_i F f_i^0 e^{-Z_i F\varphi(x)/RT} \tag{4-7}$$

当在低电位时，即 $Z_i F\varphi(x)/RT \ll 1$，也就是说，以临界条件 $Z_i F\varphi(x) = RT$ 来判断低电势还是高电势，对于一价离子在 298 K 时的电势值为 $\varphi = RT/ZF = 8.314 \text{ J}/(\text{mol} \cdot \text{K}) \times 298 \text{ K}/(96\ 487 \text{ C/mol}) = 0.025\ 7 \text{ V} = 25.7 \text{ mV}$。那么，式（4-7）可近似为：

$$\frac{d^2\varphi}{dx^2} = -\frac{4\pi}{\varepsilon} \sum_i Z_i F f_i^0 \left[1 - \frac{Z_i F\varphi(x)}{RT} \right] \tag{4-8}$$

对于体系中的所有正负离子，必有 $\Sigma Z_i F f_i^0 = 0$，则式（4-8）变为：

$$\frac{d^2\varphi}{dx^2} = \frac{4\pi F^2 \sum_i Z_i^2 f_i^0}{\varepsilon RT} \varphi(x) \tag{4-9}$$

在数学上有恒等式：

$$d\left(\frac{d\varphi}{dx}\right)^2 \equiv 2\frac{d^2\varphi}{dx^2}d\varphi \tag{4-10}$$

因此，在边界条件 $x \to 0$ 时，$\varphi \to \varphi_0$；$x \to \infty$ 时，$\varphi \to 0$ 下进行积分得到

$$\varphi(x) = \varphi_0 e^{-\sqrt{(4\pi F^2 \sum_i Z_i^2 f_i^0)/\varepsilon RT \cdot x}} \tag{4-11}$$

式中，φ_0 为表面电位。

式（4-11）即是 Debye-Hückel 方程。从理论的推导可以看出，它只适用于电位很低的情况，在应用上受到很大的局限。另外，在上式的指数项中，由于 $\sqrt{(4\pi F^2 \sum Z_i^2 f_i^0)/\varepsilon RT}$ 项的单位正好是长度单位的倒数，称为 Debye 参数。令 $\kappa = \sqrt{(4\pi F^2 \sum Z_i^2 f_i^0)/\varepsilon RT}$，那么 $1/\kappa$ 就可以看成是双电层的厚度。但是，在高电位条件下，Debye-Hückel 近似并不适用，而 Gouy（1910）和 Chapman（1913）更早就获得了单一对称电解质下 PB 方程的精确解。

尽管式（4-11）只适用于低电位条件，但是对于以后研究更为精确的理论提供了一些参考。第一，其形式比较简单，易于理解；第二，它可以看作是一般双电层理论中的一种特例，即在低电势下可以还原为此极限结果；第三，这一结果具有定性的意义。Debye-Hückel 理论在低电势系统中有一定的应用。

鉴于 Debye-Hückel 理论仍然对人们了解双电层具有一定的指导意义，因此在此之后的一些研究者对这一理论进行了校正。首先，在低电位条件下，考虑了离子的涨落电位（fluctuation potential）以及离子大小的效应。其次，在表面络合中的 Debye-Hückel 的系列校正。

2. Gouy-Chapman 理论 1910—1913 年，Gouy（1910）和 Chapman（1913）首先获得了 PB 方程式（4-7）在单一对称电解质中的解析解（推导过程与 Debye-Hückel 方程类似，这里不再赘述），即

$$\varphi(x) = (4RT/ZF)\tanh^{-1}(\lambda_{Z,z} e^{-Z\kappa x}) \tag{4-12}$$

其中 $$\lambda_{Z:Z} = \tanh(ZF\varphi_0/4RT) \tag{4-13}$$

后来，Grahame 等获得了 1∶2 型与 2∶1 型非对称电解质体系 PB 方程的解析解，即 1∶2 型与 2∶1 型电解质体系下的电位分布式（Grahame，1953）。

2∶1 型电解质：

$$\varphi(x) = \frac{RT}{F}\ln\left[\frac{3}{2}\left(\frac{1-\lambda_{2:1}e^{-\kappa x}}{1+\lambda_{2:1}e^{-\kappa x}}\right)^2 - \frac{1}{2}\right] \tag{4-14}$$

其中 $$\lambda_{2:1} = \frac{\sqrt{3} - \sqrt{2e^{F\varphi_0/RT}+1}}{\sqrt{3} + \sqrt{2e^{F\varphi_0/RT}+1}} \tag{4-15}$$

1∶2 型电解质：

$$\varphi(x) = \frac{RT}{F}\ln\left[1 - \frac{6\lambda_{1:2}e^{\kappa x}}{(\lambda_{1:2}e^{\kappa x}+2)^2 - 3}\right] \tag{4-16}$$

$$\lambda_{1:2} = \frac{3}{1-e^{F\varphi_0/RT}} - 2 + \sqrt{6}\sqrt{\frac{1.5}{(1-e^{F\varphi_0/RT})^2} - \frac{2}{1-e^{F\varphi_0/RT}} + \frac{1}{2}} \tag{4-17}$$

至此，经典的双电层理论中，Gouy-Chapman 理论应用最为广泛。因为 Gouy-Chapman 理论没有 Debye-Hückel 理论中对于低电位的限制。但是，该理论有如下几个假设：带电表面近似为无限延伸的平板平面；带电离子为点电荷，并且离子之间与离子-表面之间只有库仑力；介质为均匀体系；内层处于 x 位置的电位 $\varphi(x)$ 与平均能 $w(x)$（将一个离子从无穷远处移到扩散层中 x 处所做的功）呈正比例，即 $w(x) = ZF\varphi(x)$。

（二）混合电解质体系电位分布

带电颗粒表面的双电层对许多界面现象是至关重要的。因此，对其有大量的研究并提出了很多的改进模型，其中，应用最广泛的是 Gouy-Chapman 模型。Gouy-Chapman 模型是通过 PB 方程的解描述双电层。PB 方程不但在描述带电平板、柱体以及球体表面的电位和离子分布方面有着广泛的应用，而且在离子的交换吸附方面同样也有重要作用。电位分布对颗粒间排斥力有着强烈影响，进而影响着离子-表面的静电吸附能和胶体悬液的稳定性。由 PB 方程解得了双电层中的电位分布，那么离子在双电层中的浓度分布就可利用 Boltzmann 方程进行描述。因此，问题的关键是求得 PB 方程的解。

在低电位条件下，Debye 和 Hückel 首次获得了 PB 方程的近似解。其实早在 Debye 和 Hückel 10 年前，Gouy 和 Chapman 获得了单一对称电解质体系下 PB 方程的精确解析解，Grahame 等解得了单一 1∶2 与 2∶1 非对称电解质解（Grahame，1947）。这都是在单一体系下的解，即假设双电层中只有一种反离子。尽管 Eriksson（1952）解得了两种对称电解质混合体系下的电荷密度分布，但是电位分布并没推导出来。Grahame 认为，对于不同化合价离子的混合溶液下，PB 方程没有解析解，只有数值解。

以下是近 10 年来一价与二价离子混合（1∶1+1∶2，1∶1+2∶1，1∶1+2∶2，2∶1+1∶2，2∶1+2∶2 和 1∶2+2∶2）下的 PB 方程的解析解（Liu et al.，2013b）。

1. 1∶1+2∶1 混合电解质下电位分布 根据非线性 PB 方程式（4-7），任何电解质体系下的基本方程可以写成：

$$\frac{dy}{dx} = -\text{sgn}(y)\sqrt{\frac{8\pi F^2}{\varepsilon RT}\sum_i(f_i^0 \exp^{-Z_i y} - 1)} \tag{4-18}$$

式中，$y = F\varphi/RT$；R 表示气体常数 [J/（K·mol）]；T 表示绝对温度（K）；F 表示 Faraday 常数（C/mol）；ε 表示水的介电常数 [8.9×10^{-10} C²/（J·dm）]；f_i^0 和 Z_i 表示离子的本体溶液中的浓度和化合价。式（4-18）表示颗粒表面的电荷密度分布的解析表达式。下面关于式（4-18）在两种混合电解质下的解就是负电性表面电位分布的解析解。

1∶1+2∶1 型电解质 [形如 $AB+CD_2$，如 $NaCl + Ca(NO_3)_2$ 混合体系]，设 f_A^0、f_B^0、f_C^0 和

f_D^0 表示本体溶液电解质中各离子的浓度。在这种混合体系下，各离子的化合价为 $Z_A = 1$、$Z_C = 2$ 以及 $Z_B = Z_D = -1$；$f_A^0 = f_B^0$ 以及 $f_D^0 = 2f_C^0$。那么，式 (4-18) 可以改写为：

$$\frac{\mathrm{d}y}{\mathrm{d}x} = -\mathrm{sgn}(y)\sqrt{\frac{8\pi F^2}{\varepsilon RT}\left[\begin{array}{l}f_A^0(\mathrm{e}^{-Z_A y}-1)+f_B^0(\mathrm{e}^{-Z_B y}-1)\\+f_C^0(\mathrm{e}^{-Z_C y}-1)+f_C^0(\mathrm{e}^{-Z_D y}-1)\end{array}\right]} \tag{4-19}$$

对于负电性表面 [$y<0$，$\mathrm{sgn}(y) = -1$]，式 (4-19) 即可简化为：

$$\frac{\mathrm{d}y}{\mathrm{d}x} = \sqrt{\frac{8\pi F^2}{\varepsilon RT}\left[f_A^0(\mathrm{e}^{-y}-1)+f_A^0(\mathrm{e}^{y}-1)+f_C^0(\mathrm{e}^{-2y}-1)+2f_C^0(\mathrm{e}^{y}-1)\right]} \tag{4-20}$$

微分方程式 (4-20) 的解为：

$$\int_{y_0}^{y(x)}\frac{\mathrm{d}y}{\sqrt{f_A^0(\mathrm{e}^{-y}-1)+f_A^0(\mathrm{e}^{y}-1)+f_C^0(\mathrm{e}^{-2y}-1)+2f_C^0(\mathrm{e}^{y}-1)}}=\int_0^x\sqrt{\frac{8\pi F^2}{\varepsilon RT}}\,\mathrm{d}t \tag{4-21}$$

其中

$$\int_0^x\sqrt{\frac{8\pi F^2}{\varepsilon RT}}\,\mathrm{d}t=\sqrt{\frac{8\pi F^2}{\varepsilon RT}}\,x \tag{4-22}$$

$$\begin{aligned}&\int_{y_0}^{y(x)}\frac{\mathrm{d}y}{\sqrt{f_A^0(\mathrm{e}^{-y}-1)+f_A^0(\mathrm{e}^{y}-1)+f_C^0(\mathrm{e}^{-2y}-1)+2f_C^0(\mathrm{e}^{y}-1)}}\\[4pt]&=\int_{y_0}^{y(x)}\frac{\mathrm{d}\mathrm{e}^y}{\sqrt{(1-\mathrm{e}^y)}\sqrt{f_A^0\mathrm{e}^y-f_A^0\mathrm{e}^{2y}+f_C^0(1+\mathrm{e}^y)-2f_C^0\mathrm{e}^{2y}}}\\[4pt]&=\int_{y_0}^{y(x)}\frac{\mathrm{d}\mathrm{e}^y}{(1-\mathrm{e}^y)\sqrt{f_A^0\mathrm{e}^y+f_C^0(1+\mathrm{e}^y)+f_C^0\mathrm{e}^y}}\\[4pt]&=\int_{y_0}^{y(x)}\frac{\mathrm{d}\mathrm{e}^y}{(1-\mathrm{e}^y)\sqrt{f_C^0+(f_A^0+2f_C^0)\mathrm{e}^y}}\\[4pt]&=\int_{y_0}^{y(x)}\frac{\mathrm{d}(1-\mathrm{e}^y)}{(1-\mathrm{e}^y)\sqrt{(f_A^0+3f_C^0)-(f_A^0+2f_C^0)(1-\mathrm{e}^y)}}\\[4pt]&=\frac{1}{\sqrt{f_A^0+3f_C^0}}\ln\frac{\sqrt{f_A^0+3f_C^0}-\sqrt{f_C^0+(f_A^0+2f_C^0)\mathrm{e}^y}}{\sqrt{f_A^0+3f_C^0}-\sqrt{f_C^0+(f_A^0+2f_C^0)\mathrm{e}^y}}\Bigg|_{y_0}^{y(x)}\end{aligned} \tag{4-23}$$

将式 (4-22)、式 (4-23) 代入式 (4-21) 即可解出方程式 (4-24)。

$$\varphi(x)=\frac{RT}{F}\ln\left[\left(\frac{f_A^0+3f_C^0}{f_A^0+2f_C^0}\right)\left(\frac{1-\lambda_1\mathrm{e}^{-\kappa x}}{1+\lambda_1\mathrm{e}^{-\kappa x}}\right)^2-\frac{f_C^0}{f_A^0+2f_C^0}\right] \tag{4-24}$$

其中

$$\lambda_1=\frac{\sqrt{f_A^0+3f_C^0}-\sqrt{(f_A^0+2f_C^0)\mathrm{e}^{y_0}+f_C^0}}{\sqrt{f_A^0+3f_C^0}+\sqrt{(f_A^0+2f_C^0)\mathrm{e}^{y_0}+f_C^0}} \tag{4-25}$$

$$\kappa=\sqrt{\frac{8\pi F^2(f_A^0+3f_C^0)}{\varepsilon RT}}=\sqrt{\frac{8\pi F^2(0.5\sum f_i^0 Z_i^2)}{\varepsilon RT}} \tag{}$$

对于单一电解质体系，即 $f_A^0 = 0$ 或 $f_C^0 = 0$。因此，式 (4-24) 也可还原为单一 1∶1 或 2∶1 体系的解：

$$\varphi(x)=\frac{2RT}{F}\ln\left(\frac{1-\lambda_{1:1}\mathrm{e}^{-\kappa x}}{1+\lambda_{1:1}\mathrm{e}^{-\kappa x}}\right) \tag{4-26}$$

$$\varphi(x) = \frac{RT}{F} \ln\left[\frac{3}{2}\left(\frac{1-\lambda_{2:1}e^{-\kappa x}}{1+\lambda_{2:1}e^{-\kappa x}}\right)^2 - \frac{1}{2}\right] \tag{4-27}$$

$$\lambda_{1:1} = \frac{1-\sqrt{e^{y_0}}}{1+\sqrt{e^{y_0}}} \text{ 和 } \lambda_{2:1} = \frac{\sqrt{3}-\sqrt{2e^{y_0}+1}}{\sqrt{3}+\sqrt{2e^{y_0}+1}} \tag{4-28}$$

2. 1∶1＋1∶2 混合电解质下电位分布　1∶1＋1∶2（即 $AB+E_2F$）型电解质，同样的，$Z_E=$ 1、$Z_F=-2$ 以及 $f_F^0=0.5f_E^0$。因此，利用 1∶1＋2∶1 混合电解质体系的求解方法，可解得 1∶1＋ 1∶2 型电解质体系下的电位分布函数：

$$\varphi(x) = \frac{RT}{F} \ln\left[1 - \frac{(4f_A^0+6f_E^0)\lambda_2 e^{\kappa x}}{(\lambda_2 e^{\kappa x}+f_A^0+2f_E^0)^2 - f_E^0(2f_A^0+3f_E^0)}\right] \tag{4-29}$$

式中

$$\lambda_2 = \frac{2f_A^0+3f_E^0}{1-e^{y_0}} - f_A^0 - 2f_E^0 + \sqrt{2f_A^0+3f_E^0}\sqrt{\frac{2f_A^0+3f_E^0}{(1-e^{y_0})^2} - \frac{2f_A^0+4f_E^0}{1-e^{y_0}}+f_E^0} \tag{4-30}$$

$$\kappa = \sqrt{\frac{8\pi F^2(f_A^0+1.5f_E^0)}{\varepsilon RT}} = \sqrt{\frac{8\pi F^2(0.5\sum f_i^0 Z_i^2)}{\varepsilon RT}}$$

如果 $f_E^0=0$，式（4-29）也可回归单一 1∶1 型电解质的解［式（4-12）］；另外，如果 $f_A^0=$ 0，式（4-29）也可回归到单一 1∶2 型电解质的解［式（4-16）］。

3. 1∶1＋2∶2 混合电解质下电位分布　1∶1＋2∶2（即 $AB+GH$）型电解质，同样的，$Z_G=2$、 $Z_H=-2$ 以及 $f_H^0=f_G^0$。因此，在 1∶1＋2∶2 型电解质体系下，电位分布函数为：

$$\varphi(x) = \frac{RT}{F} \ln\left[1 - \frac{4(f_A^0+4f_G^0)\lambda_3 e^{\kappa x}}{(\lambda_3 e^{\kappa x}+f_A^0+4f_G^0)^2 - 4f_G^0(f_A^0+4f_G^0)}\right] \tag{4-31}$$

$$\lambda_3 = \left[\frac{2(f_A^0+4f_G^0)}{1-e^{y_0}} - f_A^0 - 4f_G^0 + 2\sqrt{f_A^0+4f_G^0}\sqrt{\frac{f_A^0+4f_G^0}{(1-e^{y_0})^2} - \frac{f_A^0+4f_G^0}{1-e^{y_0}}+f_G^0}\right] \tag{4-32}$$

$$\kappa = \sqrt{\frac{8\pi F^2(f_A^0+4f_G^0)}{\varepsilon RT}} = \sqrt{\frac{8\pi F^2(0.5\sum f_i^0 Z_i^2)}{\varepsilon RT}}$$

如果 $f_G^0=0$，式（4-31）回归到单一 1∶1 型电解质的解［式（4-12）］；如果 $f_A^0=0$，式（4- 31）回归到单一 2∶2 型电解质的解。

$$\varphi(x) = \frac{RT}{F} \ln\left[1 - \frac{16\lambda_{2:2}e^{\kappa x}}{(\lambda_{2:2}e^{\kappa x}+4)^2 - 16}\right] \tag{4-33}$$

$$\lambda_{2:2} = \frac{\lambda_3}{f_G^0} = \frac{8}{1-e^{y_0}} - 4 + 4\sqrt{\frac{4}{(1-e^{y_0})^2} - \frac{4}{1-e^{y_0}}+1} \tag{4-34}$$

4. 2∶1＋1∶2 混合电解质下电位分布　在 2∶1＋1∶2（即 CD_2+E_2F）型电解质下电位分布函 数为：

$$\varphi(x) = \frac{RT}{F} \ln\left[1 - \frac{2(3f_E^0+6f_C^0)\lambda_4 e^{\kappa x}}{(\lambda_4 e^{\kappa x}+2f_E^0+2f_C^0)^2 - f_E^0(3f_E^0+6f_C^0)}\right] \tag{4-35}$$

$$\lambda_4 = \left[\frac{3f_E^0+6f_C^0}{1-e^{y_0}} - 2f_E^0 - 2f_C^0 + \sqrt{3f_E^0+6f_C^0}\sqrt{\frac{3f_E^0+6f_C^0}{(1-e^{y_0})^2} - \frac{4f_E^0+4f_C^0}{1-e^{y_0}}+f_E^0}\right] \tag{4-36}$$

$$\kappa = \sqrt{\frac{8\pi F^2(3f_C^0+1.5f_E^0)}{\varepsilon RT}} = \sqrt{\frac{8\pi F^2(0.5\sum f_i^0 Z_i^2)}{\varepsilon RT}}$$

如果 $f_E^0 = 0$，式（4-35）回归单一 2：1 型电解质的解，即式（4-14）；如果 $f_C^0 = 0$，式（4-35）回归单一 1：2 型电解质的解，即式（4-16）。

5. 2：1+2：2 混合电解质下电位分布　在 2：1+1：2 型电解质下的电位分布函数为：

$$\varphi(x) = \frac{RT}{F} \ln\left[1 - \frac{4(3f_C^0 + 4f_G^0)\lambda_5 e^{\kappa x}}{(\lambda_5 e^{\kappa x} + 2f_C^0 + 4f_G^0)^2 - 4f_G^0(3f_C^0 + 4f_G^0)}\right] \tag{4-37}$$

其中

$$\lambda_5 = \left[\frac{8f_G^0 + 6f_C^0}{1 - e^{y_0}} - 4f_G^0 - 2f_C^0 + 2\sqrt{3f_C^0 + 4f_G^0}\sqrt{\frac{3f_C^0 + 4f_G^0}{(1-e^{y_0})^2} - \frac{2f_C^0 + 4f_G^0}{1 - e^{y_0}} + f_G^0}\right] \tag{4-38}$$

$$\kappa = \sqrt{\frac{8\pi F^2(3f_C^0 + 4f_G^0)}{\varepsilon RT}} = \sqrt{\frac{8\pi F^2(0.5\sum f_i^0 Z_i^2)}{\varepsilon RT}}$$

6. 2：2+1：2 混合电解质下电位分布　在 2：2+1：2（即 $GH + E_2F$）型电解质下电位分布函数为：

$$\varphi(x) = \frac{RT}{F} \ln\left(1 - \frac{2(8f_G^0 + 3f_E^0)\lambda_6 e^{\kappa x}}{\lambda_6^2 e^{2\kappa x} + (8f_G^0 + 4f_E^0)\lambda_6 e^{\kappa x} + f_E^0(f_E^0 + 2f_G^0)}\right) \tag{4-39}$$

式中

$$\lambda_6 = \frac{8f_G^0 + 3f_E^0}{1 - e^{y_0}} - (4f_G^0 + 2f_E^0) + \sqrt{16f_G^0 + 6f_E^0}\sqrt{\frac{8f_G^0 + 3f_E^0}{2(1-e^{y_0})^2} - \frac{4f_G^0 + 2f_E^0}{1 - e^{y_0}} + f_G^0 + \frac{1}{2}f_E^0} \tag{4-40}$$

$$\kappa = \sqrt{\frac{8\pi F^2(4f_G^0 + 1.5f_E^0)}{\varepsilon RT}} = \sqrt{\frac{8\pi F^2(0.5\sum f_i^0 Z_i^2)}{\varepsilon RT}}$$

电位分布不仅在界面化学中至关重要，而且它弥补了 PB 方程的应用缺陷。为了描述不同单一或混合电解质体系下电位分布的差异，假设本体溶液中总浓度为 0.000 1 mol/L，且溶液中各反离子浓度相等，紫色土颗粒表面电位−0.3 V 以及温度 298 K。那么，此条件下的紫色土颗粒/水界面电位分布即可由图 4-4 描述。

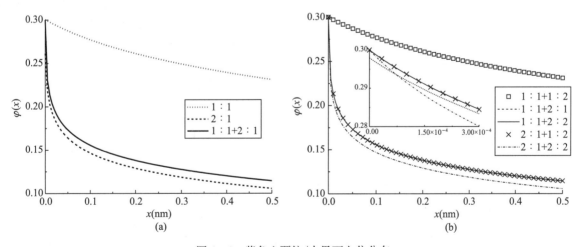

图 4-4　紫色土颗粒/水界面电位分布

a. 1：1 和 2：1 单一电解质以及 1：1+2：1 混合电解质　b. 不同混合电解质体系

注：反离子浓度恒定为 5×10^{-5} mol/L，表面电位−0.3 V，温度 298 K。

图 4-4 显示了双电层中不同离子组合对电位分布的贡献。由图 4-4 可以看出，二价反离子对电位分布的贡献大于一价反离子，因为 2：1 与 1：1+2：1 型电解质体系之间的电位分布曲线相距较

近，1∶1与1∶1+2∶1型电解质体系之间的电位分布曲线相距较远（图4-4a）。其他类型相似（未显示数据）。说明来自价电子的库仑作用对电位分布有着重大影响。由于各离子浓度与表面电位相等，所以电位分布曲线的差异只来源于价电子，凡是有二价反离子的曲线之间差异很小（图4-4b）。混合的二价反离子（图4-4b中2∶1+2∶2）与2∶1单一体系在相同的浓度下电位分布也很相近，说明双电层中伴随离子是可以忽略的。在相同颗粒密度条件下，电位分布对颗粒之间静电排斥力起着决定性的作用。对电位分布起着主要贡献的离子电荷强烈影响着静电排斥力和胶体颗粒在水介质中的稳定性。

（三）混合电解质体系下的浓度分布

前面获得了双电层中一价与二价反离子两两混合电解质体系下的电位分布，那么根据 Boltzmann 方程，进而可以描述双电层中的浓度分布：

$$\frac{f_i(x)}{f_i^0} = e^{-\frac{Z_i F \varphi(x)}{RT}} \qquad (4-41)$$

式中，$f(x)$ 表示双电层中的浓度分布。

将上述所得电位分布 $\varphi(x)$ 代入式（4-41），即可获得浓度分布。这里只以其中一个组合，即 1∶1+2∶1 型电解质体系来描述浓度分布。

$$\frac{f_A(x)}{f_A^0} = \left[\left(\frac{f_A^0 + 3f_C^0}{f_A^0 + 2f_C^0} \right) \left(\frac{1 - \lambda_1 e^{-\kappa x}}{1 + \lambda_1 e^{-\kappa x}} \right)^2 - \frac{f_C^0}{f_A^0 + 2f_C^0} \right]^{-1} \qquad (4-42)$$

$$\frac{f_C(x)}{f_C^0} = \left[\left(\frac{f_A^0 + 3f_C^0}{f_A^0 + 2f_C^0} \right) \left(\frac{1 - \lambda_1 e^{-\kappa x}}{1 + \lambda_1 e^{-\kappa x}} \right)^2 - \frac{f_C^0}{f_A^0 + 2f_C^0} \right]^{-2} \qquad (4-43)$$

$$\frac{f_I(x)}{f_I^0} = \left(\frac{f_A^0 + 3f_C^0}{f_A^0 + 2f_C^0} \right) \left(\frac{1 - \lambda_1 e^{-\kappa x}}{1 + \lambda_1 e^{-\kappa x}} \right)^2 - \frac{f_C^0}{f_A^0 + 2f_C^0} \qquad (4-44)$$

式中，下标 I 表示阴离子。

根据双电层理论，颗粒表面电荷密度与表面电位的关系为：

$$e^{y_0} = \left[\sqrt{\frac{2\pi\sigma_0^2}{\varepsilon RT f_C^0} + \left(\frac{f_A^0}{2f_C^0} \right)^2 + \frac{f_A^0}{f_C^0} + 1} - \frac{f_A^0}{2f_C^0} \right]^{-1} \qquad (4-45)$$

式中，σ_0 表示表面电荷密度。

图4-5显示了0.0002 mol/L（图4-5a）和1 mol/L（图4-5b）离子强度下紫色土颗粒/水界面双电层中离子的浓度分布。二价反离子在双电层某点的浓度高于一价离子，因为高价离子屏蔽表面电荷的能力更强。离子浓度也是一个影响离子在双电层中分布与双电层厚度的主要因素。在低浓度下 $f(x)/f^0$ 的值和双电层厚度（图4-5a）都大于在高浓度下相应的值（图4-5b）。在一价与二价离

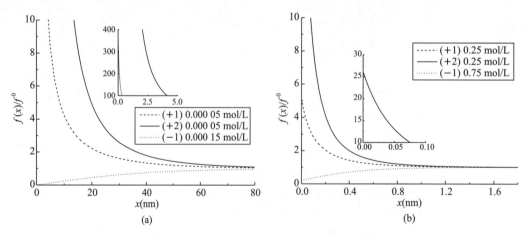

图4-5　混合电解质体系（1∶1+2∶1）各离子在紫色土固/液界面双电层中的浓度分布

注：表面电荷密度为0.1602 C/m²。

子混合体系下，理论推导了非线性 PB 方程的解析解，获得了双电层中电位分布与浓度分布。在胶体与界面科学中，研究带电颗粒相互作用的内在机制提供了有效理论基础，进而对紫色土区一系列宏观实验现象，诸如土壤颗粒的随水迁移、水分在多孔介质中的运动以及农田面源污染的发生等的机制研究提供理论支撑。

三、表面电位

土壤固-液界面的电位（表面电位）是一个基本的电化学性质参数，在研究离子-表面相互作用、颗粒间相互作用、颗粒的运动速率以及电化学性质等都至关重要。因此，对表面电位的评估，对了解紫色土区土壤颗粒迁移、营养元素的保持与淋失、水土流失与农田面源污染、土壤酸化等问题均具有重要作用。目前，已经存在一些关于表面电位测定的理论和方法，如通过测定表面电荷密度、利用双电层理论计算表面电位、用 zeta 电位代替表面电位、负吸附法、pH 指示分子法等。近年来，研究者提出了一种利用正吸附基于双电层理论建立表面电位与离子分配的关系式来测定表面电位的新方法。正吸附法能够实现原位测定，并且不破坏样品的表面。因此，这是一种测定表面电位比较好的方法。因为前面已经介绍了混合电解质体系下 PB 方程的解析解，获得了各混合体系的电位分布和浓度分布函数，因此进一步可求得各体系的表面电位在混合电解质体系下与离子在本体溶液与双电层中分配的理论关系式，即表面电位与离子交换平衡的定量关系。

（一）基于非线性 PB 方程的表面电位

首先，扩散层中离子的平均浓度定义为：

$$\widetilde{f}_i = \frac{N_i}{V} = \kappa \int_0^{1/\kappa} f_i(x)\,\mathrm{d}x \tag{4-46}$$

式中，N_i 表示离子在双电层中的吸附量（mol/g）；V 表示双电层的体积（L）；κ 表示 Debye – Hückel 参数（1/dm）。

根据考虑离子间相互作用后的 Boltzmann 方程，反离子的浓度分布函数为：

$$f_i(x) = f_i^0 \mathrm{e}^{-[Z_i F\varphi(x) - RT\ln\gamma_i]/RT} = a_i^0 \mathrm{e}^{-Z_i F\varphi(x)/RT} \tag{4-47}$$

式中，f_i^0 表示离子 i 在本体溶液中的浓度（mol/L）；Z_i 表示离子的化合价；F 表示 Faraday 常数（C/mol）；a_i^0 表示本体溶液中离子的活度（mol/L）；$\varphi(x)$ 表示扩散层中电位分布（V）；R 表示气体常数 [J/（mol·K）]；T 表示绝对温度（K）。

将式（4-47）代入式（4-46），得到

$$\widetilde{f}_i = a_i^0 \kappa \int_0^{1/\kappa} \mathrm{e}^{-Z_i F\varphi(x)/RT}\,\mathrm{d}x \tag{4-48}$$

根据非线性 PB 方程的解，将各体系下电位分布函数 $\varphi(x)$ 代入式（4-48），即可计算离子在扩散层中的平均浓度（Liu et al.，2015b）。

①将 1∶1+2∶1（$AB+CD_2$）型混合电解质体系中的电位分布函数，即式（4-24），代入式（4-48）中就可获得双电层中平均离子浓度与表面电位的关系。对于一价离子 A^+ 有：

$$\begin{aligned}
\widetilde{f}_A &= a_A^0 \kappa \int_0^{1/\kappa} \left[m^2 \left(\frac{1 - \lambda_1 \mathrm{e}^{-\kappa x}}{1 + \lambda_1 \mathrm{e}^{-\kappa x}} \right)^2 - h^2 \right]^{-1} \mathrm{d}x \\
&= a_A^0 \sqrt{3 + f_A^0/f_C^0} \ln \left| \frac{1 - (m-h)^4}{1 - (m+h)^2 \lambda_1} \right|
\end{aligned} \tag{4-49}$$

式中，f_A^0 和 f_C^0 分别表示本体溶液中 A 离子和 C 离子的浓度（mol/L）。

从式（4-49）可以看出，对于一价离子的解是没有意义的，因为它不能满足 $f_C^0 = 0$。

另一方面，对二价离子 C^{2+}，

$$\widetilde{f}_C = a_C^0 \kappa \int_0^{1/\kappa} \left[m^2 \left(\frac{1 - \lambda_1 \mathrm{e}^{-\kappa x}}{1 + \lambda_1 \mathrm{e}^{-\kappa x}} \right)^2 - h^2 \right]^{-2} \mathrm{d}x \tag{4-50}$$

该方程的解为:

$$\frac{\widetilde{f}_C}{a_C^0}=\left(\frac{m(m+h)(3h-m)}{2h^3}\right)\ln\frac{1}{1-(m+h)^2\lambda_1}+\frac{m^2}{h^2}\frac{1}{1-(m+h)^2\lambda_1} \qquad (4-51)$$

其中

$$\lambda_1=\frac{\sqrt{f_A^0+3f_C^0}-\sqrt{(f_A^0+2f_C^0)e^{y_0}+f_C^0}}{\sqrt{f_A^0+3f_C^0}+\sqrt{(f_A^0+2f_C^0)e^{y_0}+f_C^0}} \qquad (4-52)$$

$$\kappa=\sqrt{\frac{8\pi F^2(0.5\sum f_i^0 Z_i^2)}{\varepsilon RT}} \qquad (4-53)$$

$$m=\sqrt{\frac{f_A^0+3f_C^0}{f_A^0+2f_C^0}} \text{ 和 } h=\sqrt{\frac{f_C^0}{f_A^0+2f_C^0}} \qquad (4-54)$$

在较高表面电位条件下($|\varphi_0|$大于 70 mV，与 f_A^0/f_C^0 有关)，如表 4-5 所示，式（4-51）第二项远大于第一项，因此第一项忽略:

$$\frac{\widetilde{f}_C}{a_C^0}=\frac{m^2}{h^2}\frac{1}{1-(m+h)^2\lambda_1} \qquad (4-55)$$

式（4-55）改写为:

$$\lambda_1=(m-h)^2\left(1-\frac{m^2 a_C^0}{h^2 \widetilde{f}_C}\right) \qquad (4-56)$$

联合式（4-52），得到

$$\varphi_0=\frac{RT}{F}\ln\left(\sqrt{3+\frac{f_A^0}{f_C^0}}\frac{a_C^0}{\widetilde{f}_C}\right) \qquad (4-57)$$

表 4-5　不同 f_A^0/f_C^0 比值下 $\widetilde{f}_C/a_C^0$ 与表面电位之间的对应关系（$\varphi<0$，$T=298$ K）

$\widetilde{f}_C/a_C^0$	f_A^0/f_C^0											
---	1[a]	1[b]	5[a]	5[b]	10[a]	10[b]	20[a]	20[b]	30[a]	30[b]	40[a]	40[b]
1	26.4	17.8	118	26.7	—	32.9	—	40.2	—	44.8	—	48.2
5	−6.4	−23.5	25.0	−14.6	—	−8.4	—	−1.1	—	3.6	—	7.0
20	−49.4	−59.0	−39.5	−50.2	−30.6	−43.9	—	−36.6	—	−32.0	—	−28.6
30	−62.3	−69.4	−52.6	−60.6	−47.2	−54.3	−41.6	−47.0	−44.2	−42.4	−59.0	−39.0
50	−77.1	−82.5	−68.0	−73.6	−64.4	−67.4	−61.7	−60.1	−65.2	−55.5	−71.4	−52.1
100	−99.2	−100	−89.3	−91.4	−84.0	−85.2	−80.4	−77.9	−83.4	−73.3	−85.6	−69.9
500	−143	−142	−138	−133	−124	−126	−121	−119	−120	−115	−120	−111
1 000	−159	−159	−150	−150	−144	−144	−137	−137	−138	−132	−134	−129

[a]　由式（4-51）精确计算; [b]　由式（4-57）近似计算。

当 $f_A^0=0$ 时，式（4-57）回归到单一 2:1 型电解质体系表面电位的计算:

$$\varphi_0=\frac{RT}{F}\ln\left(\frac{\sqrt{3}a_C^0}{\widetilde{f}_C}\right) \qquad (4-58)$$

②同样的，$1:1+1:2$（$AB+E_2F$）型混合电解质体系下，双电层中平均离子浓度与表面电位的关系为:

$$\varphi_0=\frac{RT}{F}\ln\left[\frac{2(2f_A^0+3f_E^0)}{f_A^0+f_E^0}\left(\frac{a_{AorE}^0}{\widetilde{f}_{AorE}}\right)^2\right] \qquad (4-59)$$

当 $f_A^0 = 0$ 时，式（4-59）回归到单一 1∶2 型电解质体系表面电位的计算：

$$\varphi_0 = \frac{2RT}{F}\ln\left(\frac{\sqrt{6}\,a_E^0}{\widetilde{f}_E}\right) \tag{4-60}$$

当 $f_E^0 = 0$ 时，式（4-59）回归到单一 1∶1 型电解质体系表面电位的计算：

$$\varphi_0 = \frac{2RT}{F}\ln\left(\frac{2a_A^0}{\widetilde{f}_A}\right) \tag{4-61}$$

③1∶1+2∶2（$AB+GH$）型混合电解质体系下，双电层中各离子平均浓度与表面电位的关系。对于二价 G 离子：

$$\widetilde{f}_G = a_G^0\kappa\int_0^{1/\kappa}\left[1 - \frac{4(f_A^0 + 4f_G^0)\lambda_3 e^{\kappa x}}{(\lambda_3 e^{\kappa x} + f_A^0 + 4f_G^0)^2 - 4f_G^0(f_A^0 + 4f_G^0)}\right]^{-2}dx \tag{4-62}$$

解的结果为：

$$\frac{\widetilde{f}_G}{a_G^0} = \frac{2(f_A^0 + 4f_G^0)^2[\lambda_3 - (f_A^0 + 4f_G^0)] + 8f_G^0(f_A^0 + 4f_G^0)^2}{f_G^0[\lambda_3 - (f_A^0 + 4f_G^0)]^2 - 4f_G^{0\,2}(f_A^0 + 4f_G^0)}$$
$$- \frac{4f_G^0(f_A^0 + 4f_G^0) - (f_A^0 + 4f_G^0)^2}{2\lambda_3 f_G^0\sqrt{f_G^0(f_A^0 + 4f_G^0)}}\ln\left|\frac{\lambda_3 - (f_A^0 + 4f_G^0) - 2\sqrt{f_G^0(f_A^0 + 4f_G^0)}}{\lambda_3 - (f_A^0 + 4f_G^0) + 2\sqrt{f_G^0(f_A^0 + 4f_G^0)}}\right| \tag{4-63}$$

当表面电位比较高时（表 4-6），式（4-63）中第一项远远大于第二项，因此可简化为：

$$\frac{\widetilde{f}_G}{a_G^0} = \frac{2(f_A^0 + 4f_G^0)^2[\lambda_3 - (f_A^0 + 4f_G^0)] + 8f_G^0(f_A^0 + 4f_G^0)^2}{f_G^0[\lambda_3 - (f_A^0 + 4f_G^0)]^2 - 4f_G^{0\,2}(f_A^0 + 4f_G^0)} \tag{4-64}$$

表 4-6 不同 f_A^0/f_G^0 比值下 $\widetilde{f}_G/a_G^0$ 与表面电位之间的对应关系（$\varphi < 0$，$T = 298$ K）

$\widetilde{f}_G/a_G^0$	f_A^0/f_G^0											
	1^a	1^b	5^a	5^b	10^a	10^b	20^a	20^b	30^a	30^b	40^a	40^b
1	-8.8	20.6	-5.3	28.2	-3.6	33.8	-1.8	40.7	-1.3	45.2	-1.0	48.5
5	-29.2	-20.6	-20.4	-13.1	-17.0	-7.4	-8.8	-0.5	-6.4	3.9	-5.0	7.2
20	-58.5	-56.2	-49.6	-48.6	-40.8	-43.0	-29.0	-36.1	-22.3	-31.6	-18.1	-28.3
30	-68.1	-66.6	-59.3	-59.0	-50.6	-53.4	-38.3	-46.5	-30.7	-42.0	-25.3	-38.7
50	-79.9	-79.7	-72.2	-72.1	-64.5	-66.5	-52.0	-59.6	-43.3	-55.1	-37.1	-51.8
100	-97.9	-97.4	-90.1	-89.9	-84.0	-84.2	-72.1	-77.3	-63.9	-72.9	-56.7	-69.6
500	-139	-139	-129	-131	-132	-126	-117	-119	-112	-114	-107	-111
1 000	-156	-156	-150	-149	-144	-143	-139	-136	-132	-132	-128	-129

a 由式（4-63）精确计算；b 由式（4-65）近似计算。

将式（4-64）代入式（4-32），即得表面电位表达式：

$$\varphi_0 = \frac{RT}{F}\ln\left[\frac{(f_A^0/f_G^0 + 4)(2 + \sqrt{f_A^0/f_G^0 + 4})}{(f_A^0/f_G^0 + 4) + 2\sqrt{f_A^0/f_G^0 + 4}}\frac{a_G^0}{\widetilde{f}_G}\right] \tag{4-65}$$

当 $f_A^0 = 0$ 时，式（4-65）回归到单一 2∶2 型电解质体系表面电位的计算：

$$\varphi_0 = \frac{RT}{F}\ln\left(\frac{2a_G^0}{\widetilde{f}_G}\right) \tag{4-66}$$

④根据上述方法，1∶2+2∶1（E_2F+CD_2）型混合电解质体系中，土壤颗粒表面电位：

$$\varphi_0 = \frac{RT}{F}\ln\left[\frac{6f_C^0(f_E^0 + 2f_C^0) + (4f_C^0 + f_E^0)\sqrt{6f_C^0(f_E^0 + 2f_C^0)}}{2f_C^0(4f_C^0 + f_E^0) + 2f_C^0\sqrt{6f_C^0(f_E^0 + 2f_C^0)}}\frac{a_C^0}{\widetilde{f}_C}\right] \tag{4-67}$$

⑤$2:2+2:1$（$GH+CD_2$）型混合电解质体系中，土壤颗粒表面电位为：

$$\varphi_0=\frac{RT}{F}\ln\left[\frac{4(3f_C^0+4f_G^0)+\sqrt{(f_C^0+f_G^0)(3f_C^0+4f_G^0)}}{f_C^0+f_G^0+4\sqrt{(f_C^0+f_G^0)(3f_C^0+4f_G^0)}}\frac{a_{G\ or\ C}^0}{\widetilde{f}_{G\ or\ C}}\right] \quad (4-68)$$

当 $f_C^0=0$ 时，回归为单一 $2:2$ 型电解质的解；当 $f_G^0=0$ 时，回归为单一 $2:1$ 型电解质的解。

⑥$2:2+1:2$（$GH+E_2F$）型混合电解质体系中，土壤颗粒表面电位的计算为：

$$\varphi_0=\frac{RT}{F}\ln\left[\frac{2f_G^0(8f_G^0+3f_E^0)+(4f_G^0+f_E^0)\sqrt{2f_G^0(8f_G^0+3f_E^0)}}{f_G^0(8f_G^0+2f_E^0+2\sqrt{2f_G^0(8f_G^0+3f_E^0)})}\frac{a_G^0}{\widetilde{f}_G}\right] \quad (4-69)$$

（二）考虑离子极化的表面电位

由于本体溶液和双电层中离子浓度是很容易获得的，因此从上面建立的表面电位与离子交换平衡的关系式可以看出，各个电解质体系的表面电位是很容易测得的。但是，包括紫色土在内的所有土壤颗粒表面带有大量的电荷，这些电荷能够在表面附近区域形成强大的电场，根据高斯定理计算在 $10^8\sim10^9$ V/m。这么强大的电场必然影响到吸附在表面的离子，离子在强大的电场中会被强烈地极化，进而影响了离子在表面的分布和颗粒的表面电位。

根据上一部分的计算，不同一价离子和二价离子组合的混合电解质体系表面电位与离子浓度的关系可以统一写成：

$$\varphi_0=\frac{2RT}{Z_iF}\ln\left(\frac{Ma_i^0}{\widetilde{f}_i}\right) \quad (4-70)$$

其中，单一或混合对称电解质体系，$M=2$；单一或混合 $2:1$ 型电解质体系，$M=\sqrt{3}$；单一或混合 $1:2$ 型电解质体系，$M=\sqrt{6}$；$1:1$ 与 $2:1$ 型混合体系（$AB+CD_2$），$M=\sqrt{3+f_A^0/f_C^0}$；$1:1$ 与 $1:2$ 型混合体系（$AB+E_2F$），$M=\sqrt{\frac{2(2f_A^0+3f_E^0)}{f_A^0+f_E^0}}$；$1:1$ 与 $2:2$ 型混合体系（$AB+GH$），$M=\frac{(f_A^0/f_G^0+4)(2+\sqrt{f_A^0/f_G^0+4})}{(f_A^0/f_G^0+4)+2\sqrt{f_A^0/f_G^0+4}}$；$1:2$ 与 $2:1$ 型混合体系（E_2F+CD_2），$M=\frac{6f_C^0(f_E^0+2f_C^0)+(4f_C^0+f_E^0)\sqrt{6f_C^0(f_E^0+2f_C^0)}}{2f_C^0(4f_C^0+f_E^0)+2f_C^0\sqrt{6f_C^0(f_E^0+2f_C^0)}}$；$2:2$ 与 $2:1$ 型混合体系（$GH+CD_2$），$M=\frac{4(3f_C^0+4f_G^0)+\sqrt{(f_C^0+f_G^0)(3f_C^0+4f_G^0)}}{f_C^0+f_G^0+4\sqrt{(f_C^0+f_G^0)(3f_C^0+4f_G^0)}}$；$2:2$ 与 $1:2$ 型混合体系（$GH+E_2F$），$M=\frac{2f_G^0(8f_G^0+3f_E^0)+(4f_G^0+f_E^0)\sqrt{2f_G^0(8f_G^0+3f_E^0)}}{f_G^0(8f_G^0+2f_E^0+2\sqrt{2f_G^0(8f_G^0+3f_E^0)})}$。

研究者前期获得了 $1:1+2:1$ 型混合电解质体系（$NaCl+CaCl_2$）下 M 的经验方程，$M=0.5259\ln(f_{Na}^0/f_{Ca}^0)+1.992$ （Li et al., 2011）。当 $f_{Na}^0/f_{Ca}^0<30$ 时，M 的经验拟合值与理论计算值 $\sqrt{3+f_{Na}^0/f_{Ca}^0}$ 比较吻合（图 4-6）。

由此理论计算与实验拟合的表面电位值差异非常小（图 4-7 中 φ_{Ca}^0 理论计算与实验测定值；φ_{Na}^0 理论计算与实验测定值）。当 f_{Na}^0/f_{Ca}^0 的值太大时，扩散层中 Ca^{2+} 很难到达内层空间，导致其在扩散层中的分布偏离了 Boltzmann 分布规律。因此，上述表面电位的计算在相对较小的一价离子与二价离子浓度比条件下是有效的。

在混合体系下，两种离子浓度与表面电位的关系分布为：

$$\begin{cases}\varphi_{i0}=\dfrac{2RT}{Z_iF}\ln\left(\dfrac{Ma_i^0}{\widetilde{f}_i}\right)\\[2mm]\varphi_{j0}=\dfrac{2RT}{Z_jF}\ln\left(\dfrac{Ma_j^0}{\widetilde{f}_j}\right)\end{cases} \quad (4-71)$$

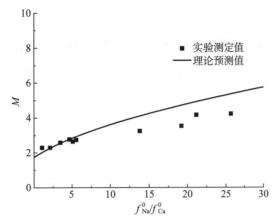

图 4-6　M 值在不同 f_{Na}^0 / f_{Ca}^0 值下理论预测值与实验测定值的比较

离子间的差异（大小、水化作用、极化等）导致各离子在表面的浓度分布不同，进而出现选择性的差异。因此，由不同离子计算的表面电位是不一样的，如图 4-7 所示的 $\varphi_{Ca}^0 \gg \varphi_{Na}^0$。但是，它们处于同一体系下，那么颗粒表面电位只能是一个确定的值。

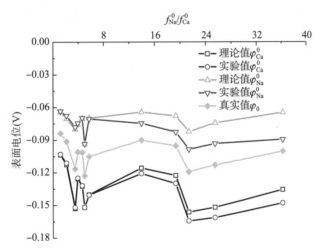

图 4-7　理论计算与实验拟合表面电位的比较

为了易于理解，式（4-71）改写为：

$$\begin{cases} Z_i F \varphi_{i0} = 2RT \ln\left(\dfrac{Ma_i^0}{\widetilde{f}_i}\right) \\ Z_j F \varphi_{j0} = 2RT \ln\left(\dfrac{Ma_j^0}{\widetilde{f}_j}\right) \end{cases} \tag{4-72}$$

由式（4-72）可以看出，在扩散层中仅仅只考虑库仑能 $ZF\varphi_0$，但是扩散层中离子会被电场强烈极化，那么产生的极化能会强烈地影响离子在扩散层中的浓度分布。因此，在库仑能前面加一个校正项对其进行校正：

$$\begin{cases} \beta_i Z_i F \varphi_0 = 2RT \ln\left(\dfrac{Ma_i^0}{\widetilde{f}_i}\right) \\ \beta_j Z_j F \varphi_0 = 2RT \ln\left(\dfrac{Ma_j^0}{\widetilde{f}_j}\right) \end{cases} \tag{4-73}$$

因此，表面电位为：

$$\varphi_0 = \frac{2RT}{(\beta_j Z_j - \beta_i Z_i)F} \ln\left(\frac{\tilde{f}_i a_j^0}{\tilde{f}_j a_i^0}\right) \tag{4-74}$$

考虑离子在扩散层中的强极化作用后，离子的吸附能与吸附量之间的关系则为：

$$\begin{cases} \tilde{w}_i = \tilde{w}_{i(C)} + \tilde{w}_{i(P)} = Z_i F \varphi_0 - \tilde{p}_i \tilde{E} = 2RT\ln\left(\frac{Ma_i^0}{\tilde{f}_i}\right) \\ \tilde{w}_j = \tilde{w}_{j(C)} + \tilde{w}_{j(P)} = Z_j F \varphi_0 - \tilde{p}_j \tilde{E} = 2RT\ln\left(\frac{Ma_j^0}{\tilde{f}_j}\right) \end{cases} \tag{4-75}$$

式中，$\tilde{p}$ 表示离子在扩散层中的偶极矩（它是电场的函数）；$\tilde{E}$ 表示扩散层中的电场强度。假设离子偶极矩的方向与颗粒表面电场方向平行，那么极化能为：

$$\tilde{w}_{(p)} = -\tilde{p}\tilde{E} \approx \tilde{p}\kappa\varphi_0$$

因此：

$$\Delta\tilde{w} = \tilde{w}_j - \tilde{w}_i = 2RT\ln\left(\frac{\tilde{f}_i a_j^0}{\tilde{f}_j a_i^0}\right) = 2RT\ln\left(\frac{N_i a_j^0}{N_j a_i^0}\right) \tag{4-76}$$

其中

$$\begin{aligned} \Delta\tilde{w} = \tilde{w}_j - \tilde{w}_i &= [(Z_j - Z_i)F + (\tilde{p}_j - \tilde{p}_i)\kappa]\varphi_0 \\ &= \left[1 + \frac{\Delta\tilde{p}\kappa}{(Z_i + Z_j)F}\right]Z_j F\varphi_0 - \left[1 - \frac{\Delta\tilde{p}\kappa}{(Z_i + Z_j)F}\right]Z_i F\varphi_0 \end{aligned} \tag{4-77}$$

结合式（4-76）和式（4-77），可得

$$\begin{aligned} \varphi_0 &= \frac{2RT}{\Delta ZF + \Delta\tilde{p}\kappa}\ln\left(\frac{N_i a_j^0}{N_j a_i^0}\right) = \frac{\Delta\tilde{w}}{\Delta ZF + \Delta\tilde{p}\kappa} \\ &= \frac{2RT}{\left\{\left[1 + \frac{\Delta\tilde{p}\kappa}{(Z_i + Z_i)F}\right]Z_j - \left[1 - \frac{\Delta\tilde{p}\kappa}{(Z_i + Z_i)F}\right]Z_i\right\}F}\ln\left(\frac{N_i a_j^0}{N_j a_i^0}\right) \end{aligned} \tag{4-78}$$

比较式（4-78）和式（4-74），可以得到：

$$\begin{cases} \beta_i = 1 - \frac{\Delta\tilde{p}\kappa}{(Z_i + Z_j)F} \\ \beta_j = 1 + \frac{\Delta\tilde{p}\kappa}{(Z_i + Z_j)F} \end{cases} \tag{4-79}$$

由式（4-79）可以看出，有效电荷系数 β_i 和 β_j 的固有性质，$\beta_i + \beta_j = 2$，表示两种离子有效电荷的相对值。由式（4-79）可以看出，由于离子被表面电场诱导而产生极化，其偶极矩的差（$\Delta\tilde{p} = \tilde{p}_j - \tilde{p}_i$）反映了极化程度的强弱。当 $\Delta\tilde{p} = \tilde{p}_j - \tilde{p}_i > 0$ 时，表明离子 j 在电场中极化作用强于离子 i，那么就有 $\beta_j > 1$；相反，当 $\Delta\tilde{p} = \tilde{p}_j - \tilde{p}_i < 0$ 时，表明离子 j 在电场中极化作用弱于离子 i，那么就有 $\beta_j < 1$。因此，离子在双电层中被电场强烈诱导而发生不同程度的极化作用称为"电场-量子涨落"耦合作用，其强弱程度用相对电荷系数 β 来反映。根据 Bolt 的 Na/Ca 交换平衡实验（Bolt，1955），系数 β_{Na} 和 β_{Ca} 能够被理论拟合，分别为

$$\begin{cases} \beta_{Na} = 0.037\ln\sqrt{I} + 0.7957 \\ \beta_{Ca} = -0.037\ln\sqrt{I} + 1.2043 \end{cases} \tag{4-80}$$

而根据经验的 $M = 0.5259\ln(f_{Na}^0/f_{Ca}^0) + 1.992$（Li et al.，2011）拟合的有效电荷系数为：

$$\begin{cases} \beta_{Na} = 0.0213\ln\sqrt{I} + 0.7669 \\ \beta_{Ca} = -0.0213\ln\sqrt{I} + 1.2331 \end{cases} \tag{4-81}$$

由式（4-80）和式（4-81）可以看出，有效电荷系数随着离子强度的增大而略微地越来越接近

1，且 $\beta_{Na} < \beta_{Ca}$。说明 Ca^{2+} 在电场中的极化作用强于 Na^{+}，因为 Ca^{2+} 比 Na^{+} 多一层电子，其外层电子受电场的影响更大，一旦发生量子涨落更容易被电场强烈地迅速放大，所以 Ca^{2+} 的偶极矩大于 Na^{+} 的偶极矩。考虑 Na/Ca 离子极化后的表面电位即为图 4-7 中实际的 φ_0。

式（4-78）描述了紫色土颗粒表面电位与离子偶极矩的关系，结果如图 4-8 所示。表明紫色土胶体颗粒表面电位强烈依赖于吸附态离子的类型，因为不同的离子在表面的极化能力有差异，这种差异来源于紫色土颗粒表面电场与离子外层电子量子涨落的耦合作用。在相同的吸附能条件下，表面电位随着偶极矩差的增大而降低。如果各反离子都是单价离子，在吸附能为 -23 kJ/mol 时，那么在 i-j 离子对偶极矩差为 $\Delta\tilde{p}_{j/i} = \tilde{p}_j - \tilde{p}_i = 50$ D 的表面电位为 -0.696 V，在吸附能为 -3.4 kJ/mol 时，表面电位为 -102 V。同时，在 i-k 离子对偶极矩差为 $\Delta\tilde{p}_{k/i} = \tilde{p}_\kappa - \tilde{p}_i = 125$ D、吸附能为 -23 kJ/mol 和 -3.4 kJ/mol 时，表面电位分别为 -0.276 V 和 -0.041 V（图 4-8a）。如果 i^+ 为单价离子，j^{2+} 和 k^{2+} 为二价离子，在 $\Delta\tilde{p}_{j/i} = \tilde{p}_j - \tilde{p}_i = 50$ D、吸附能为 -23 KJ/mol 和 -3.4 kJ/mol 时，表面电位分别为 -0.177 V 和 -0.028 V；在 $\Delta\tilde{p}_{k/i} = \tilde{p}_\kappa - \tilde{p}_i = 125$ D、吸附能为 -23 kJ/mol 和 -3.4 kJ/mol 时，表面电位分别为 -0.129 V 和 -0.021 V（图 4-8b）。对于同价离子对来说，当偶极矩趋于 0 时，有无穷大的表面电位，显然是荒谬的（图 4-8a），也就是说，离子极化之后才能得到正确的表面电位值。对于单价-二价离子混合体系，吸附能差主要来源于离子在双电层中的极化，表面电位受库仑能和离子极化能的共同影响。比值 d (φ_0) /d (Δp) 随着离子吸附能差的增加而增加，表明离子极化对紫色土颗粒表面电位降的贡献随离子-表面吸附能差的增加而增加。

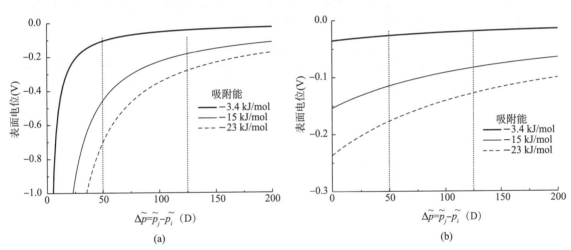

图 4-8　紫色土颗粒/水界面不同离子吸附能下表面电位与离子偶极矩差（$\Delta\tilde{p} = \tilde{p}_j - \tilde{p}_i$）的关系

注：（a）离子 i 和 j 均为一价离子，离子强度为 0.01 mol/L。（b）离子 i 为一价离子，j 为二价离子，离子强度为 0.01 mol/L。

四、表面电场与表面电荷密度

评估了颗粒表面电位，则表面电荷密度 σ_0 为：

$$\sigma_0 = -\text{sgn}(\varphi_0)\sqrt{\frac{\varepsilon RT}{2\pi}\sum_i (f_i^0 \exp^{-Z_i F\varphi_0/RT} - 1)} \qquad (4-82)$$

表面电场强度为：

$$E_0 = \frac{4\pi}{\varepsilon}\sigma_0 \qquad (4-83)$$

上述理论和方程的推导是基于如下假设：

1. 紫色土颗粒表面为均匀无限大平面　对于土壤而言，平均看单个土粒的实际半径远远大于单个胶粒的半径。在通常情况下，土壤颗粒任何一部分的曲率半径都远远大于表面作用的平均厚度。在胶体双电层中，由于反离子的存在，扩散层中的场强便随距离迅速衰减，从而导致双电层的有效厚度远小于土壤颗粒的实际曲率半径。

2. 吸附态离子为点电荷 当离子浓度很高时，离子在空间中的分布将受到离子自身体积产生的空间位阻的影响。此时需考虑离子的体积效应，不满足点电荷的假设条件。只有当本体溶液一价离子低于 0.001 mol/L 或二价离子浓度低于 0.000 1 mol/L 的数量级时，点电荷假设才近似成立。

3. 双电层中介质介电性质均匀不变 通常情况下，在水介质中，紫色土胶体电荷密度在 0.3 C/m^2 以下时，可不考虑表面电场对水分子极化引起的介电常数的变化。

五、比表面积与表面电荷数量

阳离子吸附量与表面电荷密度的比值即为土壤颗粒的比表面积，即

$$S = \frac{CEC}{\sigma_0}$$ (4-84)

但是，该方法需要实现测定土壤的阳离子交换量和电荷密度。根据前面的分析，当表面电位大于 100 mV 时，由式（4-73）可得到土壤比表面积的计算公式：

$$S = \frac{N_i \kappa}{M a_i^0 F} e^{\frac{\beta_i Z_i F \varphi_0}{2RT}} = \frac{N_j \kappa}{M a_j^0 F} e^{\frac{\beta_j Z_j F \varphi_0}{2RT}}$$ (4-85)

式（4-85）表明，通过两种指示离子即可测定土壤颗粒的比表面积，其中表面电位 φ_0 由式（4-74）计算所得。例如，当 i 和 j 分别为 Na^+ 和 Ca^{2+} 时，β_{Na} 和 β_{Ca} 由式（4-81）所得。按照上述方法测得的部分土壤表面性质结果如表 4-7 所示（余正洪等，2013）。

表 4-7 不同类型土壤的表面性质

类型	采集地	测定 pH	电荷数量 (cmol/kg)	电荷密度 (C/m^2)	比表面积 (m^2/g)	电场强度 (×10^8 V/m)
红壤	江西鹰潭	7.0	9.76	0.153	61.49	2.16
红壤	江西鹰潭	4.5	5.75	0.097	57.48	1.36
黄壤	重庆北碚	7.0	9.80	0.317	30.92	4.47
黄壤	重庆北碚	4.5	5.46	0.090	58.95	1.27
紫色土	重庆潼南	7.0	19.5	0.240	83.62	3.39
紫色土	重庆潼南	4.5	11.9	0.130	88.94	1.83

第三节 紫色土胶体特性

土壤胶体是土壤中最细小和最活跃的成分，土壤的很多性质均受到胶体成分和特性的影响。特别是土壤与生产紧密相关的肥力性质与土壤胶体的类型和品质有直接关系。因此，研究土壤胶体组成、品质和行为对紫色土团聚体和有机-无机复合体形成与稳定以及肥力性质等均具有十分重要的意义。

一、无机胶体

紫色土作为一类初育土，其土壤性状与母质密切相关，一般矿物胶体占 80%～95%。

（一）紫色土无机胶体含量

我国紫色土的颗粒组成以沙粒和粉沙为主，黏粒含量一般较少。作为无机胶体主体＜2 μm 的黏粒含量一般低于 300 g/kg，其概率为 55.8%～75.8%（表 4-8）。

表4-8 我国紫色土黏粒 (<2 μm) 的含量概率分布 (何毓蓉等, 2003)

土壤类型	<200 g/kg	200~300 g/kg	300~400 g/kg	>400 g/kg	统计样本数 (个)
酸性紫色土	58.6%	17.2%	17.2%	6.9%	29
中性紫色土	31.0%	37.9%	24.1%	6.9%	29
石灰紫色土	38.2%	17.6%	23.5%	5.9%	34

紫色土虽然是一类发育程度低的土壤,但一个与其幼年性不相对应的特征是其黏粒含量与同地带的黄壤、红壤等发育程度高的土壤不相上下,而又远高于其他同地带的新积土(表4-9),表明紫色土的黏粒不是由成土过程形成的,而是继承了母岩母质,即紫色土的黏粒主要来源于母岩母质。

表4-9 紫色土黏粒 (<2 μm) 的含量与其他土壤的比较 (何毓蓉等, 2003)

指标	酸性紫色土	中性紫色土	石灰紫色土	黄壤	新积土
平均含量 (g/kg)	20.95	19.71	21.58	22.66	14.45
不确定度	1.09	1.58	1.58	0.50	2.45
样本数 (个)	115	175	175	221	106

(二) 紫色土无机胶体的矿物组成

在紫色土的无机胶体 (<2 μm 黏粒) 中,几乎能够发现所有的原生矿物和次生矿物。紫色土黏粒中的黏土矿物种类丰富,主要含有伊利石、绿泥石、高岭石、埃洛石、蒙脱石、蛭石、石英等。其中,以石英和伊利石含量居多。多数紫色土含有较多的绿泥石,而蒙脱石、蛭石、高岭石等含量一般在中等偏下。可见,紫色土黏粒具有黏土矿物多样化和可风化矿物含量丰富的特点。不同类型紫色土黏土矿物也有一定区别,如绿泥石主要在酸性紫色土和中性紫色土中含量较多;伊利石在石灰性紫色土中含量较多;蒙脱石在中性紫色土中含量较多。

不同矿物组分对土壤的表面负电荷量贡献不同。通常含较多蛭石和蒙脱石的土壤表面负电荷量较高,含较多高岭石和铁铝氧化物的土壤表面负电荷量较低。在溶液 pH 为近中性条件下,蒙脱石的阳离子交换量为 80~120 cmol/kg,高岭石的阳离子交换量为 3~15 cmol/kg,伊利石的阳离子交换量为 10~40 cmol/kg,石英的阳离子交换量为 0.6~5.3 cmol/kg,云母的阳离子交换量为 1~15 cmol/kg。因此,丰富的矿物组成,尤其是较高的蒙脱石含量是中性紫色土具有较高盐基阳离子含量和表面负电荷量的主要原因。

(三) 紫色土无机胶体的化学组成和特性

不同母岩、母质发育的紫色土胶体的化学组成存在较大差异(表4-10)。硅铝铁率为 2.09~3.42,表明紫色土胶体的风化程度很低,胶体品质较好(何毓蓉等, 2003)。

表4-10 不同母质来源的紫色土胶体的化学组成

母质类型	土壤类型	pH	SiO_2 (%)	Al_2O_3 (%)	Fe_2O_3 (%)	$SiO_2/(Al_2O_3+Fe_2O_3)$
夹关组砂岩	酸性紫色土	4.7~6.8	48.70	25.39	9.31	2.72
沙溪庙组砂岩	酸性紫色土	5.0~6.6	47.70	25.45	9.28	2.58
蓬莱镇组砂岩	酸性紫色土	4.6~6.8	50.63	25.25	10.08	2.71
飞仙关组泥岩	酸性紫色土	6.4~7.7	38.92	20.42	17.52	2.09
沙溪庙组砂泥岩	中性紫色土	6.6~7.8	52.86	21.08	10.40	3.24
自流井组砂页岩	中性紫色土	6.5~7.5	50.88	21.98	8.91	3.13
城墙岩群泥岩	石灰紫色土	8.1~8.5	50.77	20.38	8.89	3.31
遂宁组泥岩	石灰紫色土	7.6~8.5	57.70	21.20	8.93	3.02

（续）

母质类型	土壤类型	pH	SiO_2（%）	Al_2O_3（%）	Fe_2O_3（%）	$SiO_2/（Al_2O_3+Fe_2O_3）$
蓬莱镇组砂泥岩	石灰紫色土	8.0～8.6	51.98	20.15	8.72	3.42
第三系泥岩	石灰紫色土	7.9～8.3	47.95	20.27	9.19	3.12

（四）紫色土无机胶体中氧化物及其水合物的形态和特性

土壤中的无机胶体除硅酸盐黏土矿物外，最重要的是铁、锰、铝、硅等的氧化物及其水合物。这些无机胶体对土壤性质和肥力具有重要影响，在土壤形成与发育上也有诊断性意义。

土壤中游离氧化物中，以氧化铁含量最高，对土壤的影响也最大。游离氧化铁包括无定形氧化铁、晶质态氧化铁及其水合物、络合氧化铁等，固定态氧化铁主要是被固定在硅酸盐或其他稳定的矿物中。

一般紫色土的全铁含量为3%～8%，个别可高达12%。紫色土游离铁含量为1.5%～4.9%，含量较低。无定型铁含量为0.1%～0.7%，其中，水耕紫色土无定型铁含量比旱作紫色土高。紫色土的晶质态铁氧化物含量高，一般晶化度为75%～97%，结晶态铁氧化物占游离铁氧化物的2/3以上（何毓蓉等，2003）。

二、有机胶体

土壤中的有机质可以从大小上分为粗有机质（≥2 mm）、活性有机质（<2 mm）、腐殖质和蛋白质、碳水化合物等（<2 μm）。有机胶体实际上主要指腐殖质。腐殖质的组成、品质和数量对土壤理化性状、肥力及生产性能均有很大影响。

（一）紫色土活性有机质的含量

紫色土有机质含量一般不高，活性有机质含量表层多为5～20 g/kg，表下层多为2～10 g/kg。不同地区紫色土同层土壤中差别不明显。总体来说，我国紫色土的有机质含量偏低，其原因在于土壤本身发育程度低、有机质积累少、土壤侵蚀和过度利用等。

不同紫色土间土壤活性有机质含量有微小差别，酸性紫色土的活性有机质平均含量为15.1 g/kg，中性紫色土平均含量为13.3 g/kg，石灰性紫色土平均含量为12.5 g/kg（何毓蓉等，2003）。

（二）紫色土有机质特征

在土壤有机胶体中，腐殖质胶体占主体，同时是影响紫色土肥力特性的主要因素之一。例如，我国部分地区代表性紫色土表层的腐殖质含量在1.59%～4.40%，比同地带的黄壤低。腐殖质占土壤活性有机质含量的比例一般为22.7%～26.8%，同地带黄壤为20.9%～27.9%（何毓蓉等，2003）。

从同一地区不同紫色土类型及其土壤某些性质与腐殖质数量和品质比较发现，中性紫色土腐殖质数量和品质均高于酸性紫色土，但是石灰性紫色土腐殖质品质优于中性紫色土和酸性紫色土。无论是腐殖质数量还是质量，均是酸性紫色土最差。因此，紫色土地区土壤酸化将会导致腐殖质数量和品质的大幅降低。其原因在于酸性条件下，钙、镁等高价盐基离子容易淋失，不利于土壤胶体的凝聚，也不利于有机-无机复合胶体的形成，从而降低了紫色土有机质的腐殖化过程及其固定。另外，土壤微生物是影响紫色土有机质转化的重要因素之一。我国紫色土主要分布在西南地区，土壤有机质来源丰富，微生物数量和种类繁多，有机质的分解和转化速度快，在土壤中较少积累。

土壤有机胶体常常与无机胶体相互复合形成稳定性不等、理化性质有异的有机-无机复合胶体，是土壤团粒结构的重要组成部分，在形成和稳定土壤结构体上非常重要，中低产田改良通常将有机-无机-微生物复合体作为重要研究对象。不同地区紫色土有机-无机复合体中以紧结合态最多，酸性紫色土中松结合态较高，石灰性紫色土中则以稳结合态为主。

三、紫色土胶体颗粒的相互作用经典理论

土壤胶体颗粒相互作用对土壤中宏观现象和过程具有重要影响，如土壤团聚体稳定性、土壤水/

土/溶质迁移、土壤侵蚀和农田面源污染等。因此，定量表征紫色土区土壤胶体颗粒相互作用对更好地保护和利用紫色土具有重要意义。

经典颗粒相互作用理论应用最为广泛的为 Derjguin-Landau-Verwey-Overbeek（DLVO）理论，包括土壤颗粒间的静电排斥力和长程范德华引力。静电排斥力为：

$$P_{EDL} = \sum_i f_i kT (e^{-\frac{Z_i e_0 \varphi_d}{kT}} - 1) \qquad (4-86)$$

式中，P_{EDL} 表示颗粒间的静电排斥压；f_i 表示体系 i 离子的浓度；k 表示 Boltzmann 常数；T 表示绝对温度；Z_i 表示 i 离子的化合价；e_0 表示电子电量；φ_d 表示相邻两颗粒中点位置的电位；d 表示其中一个颗粒表面到中点的距离。

式（4-86）表明，定量表征静电排斥压需要先求得颗粒间的中点电位 φ_d。根据 Poisson-Boltzmann 方程，在颗粒表面与中点位置为边界条件进行积分，利用椭圆积分可求得数字解（Hou and Li，2009；Liu et al.，2020）。

1. 对称电解质体系　在对称电解质体系下，根据 Poisson-Boltzmann 方程，在 $y \to y_d$ 求积分，可得：

$$\frac{dy}{d(\kappa x)} = \sqrt{2(\cosh y - \cosh y_d)} \qquad (4-87)$$

式中，$y = Z e_0 \varphi(x) / kT$，$y_d = Z e_0 \varphi_d / kT$。

同样，在边界条件 $x = 0 \to d$，$y = y_0 \to y_d$，其中 $y_0 = Z e_0 \varphi_d / kT$，可得如下积分：

$$\int_{y_0}^{y_d} \frac{dy}{\sqrt{2(\cosh y - \cosh y_d)}} = \kappa d \qquad (4-88)$$

因为 $y < 0$ 和 $y_d < 0$，可作如下变换：

$$e^{y_d} = k = \sin\alpha \qquad (4-89)$$

$$e^y = \sin\alpha \sin^2\beta \qquad (4-90)$$

将式（4-89）和式（4-90）代入式（4-88），可得：

$$\int_0^{\frac{\pi}{2}} \frac{d\beta}{\sqrt{1-k^2\sin^2\beta}} - \int_0^{\arcsin e^{\frac{y_0-y_d}{2}}} \frac{d\beta}{\sqrt{1-k^2\sin^2\beta}} = \frac{1}{2}\kappa d\, e^{\frac{y_d}{2}} \qquad (4-91)$$

式（4-91）左边第一项为第一类完全椭圆积分，第二项为第一类不完全椭圆积分。对被积函数进行级数展开：

$$\frac{1}{\sqrt{1-k^2\sin^2\beta}} = 1 + \frac{1}{2}k^2\sin^2\beta + \frac{3}{8}k^4\sin^4\beta + \cdots \qquad (4-92)$$

因此，式（4-91）左边第一项为第一类完全椭圆积分的结果为：

$$\int_0^{\frac{\pi}{2}} \frac{d\beta}{\sqrt{1-k^2\sin^2\beta}} = \frac{\pi}{2}\left[1 + \left(\frac{1}{2}\right)^2 k^2 + \left(\frac{3}{8}\right)^2 k^4 + \cdots\right] \qquad (4-93)$$

式（4-91）左边第二项为第一类不完全椭圆积分的结果为：

$$\int_0^{\theta=\arcsin e^{\frac{y_0-y_d}{2}}} \frac{d\beta}{\sqrt{1-k^2\sin^2\beta}} = \int_0^\theta d\beta + \frac{1}{2}k^2\int_0^\theta \sin^2\beta d\beta + \frac{3}{8}k^4\int_0^\theta \sin^4\beta d\beta + \cdots$$

$$= \underbrace{\theta}_{\text{第一项}} + \underbrace{\left(\frac{1}{2}\right)^2 k^2 (\theta - \sin\theta\cos\theta)}_{\text{第二项}} + \underbrace{\left(\frac{3}{8}\right)^2 k^4 \left(\theta - \sin\theta\cos\theta - \frac{2}{3}\sin^3\theta\cos\theta + \cdots\right)}_{\text{第三项}}$$

$$(4-94)$$

式（4-94）的右边是快速收敛的。例如，当表面电位为 $\varphi_0 = -300\,mV$ 时，温度为 $298\,K$，离子化合价 $Z = 1$，此时 $y_0 = -11.7$。当两个颗粒从无穷远到完全接触时，y_d 的变化范围为 $y_d = 0 \to y_0$。

式（4-94）的右边计算结果如表 4-11 所示。

表 4-11 式（4-94）级数中每一项的值

y_d	0	−1.950	−3.901	−5.851	−7.802	−9.752	−11.70
θ（弧度）	0.002 878	0.007 631	0.020 24	0.053 69	0.142 8	0.387 0	1.570
θ（角度）	0.165 0	0.430 0	1.160	3.078	8.188	22.18	90.00
第一项	0.002 878	0.007 631	0.020 24	0.053 69	0.142 8	0.387 0	1.570
第二项	-4.44×10^{-7}	6.40×10^{-7}	-2.94×10^{-11}	1.49×10^{-10}	7.65×10^{-11}	3.17×10^{-11}	2.70×10^{-11}
第三项	-2.52×10^{-9}	7.00×10^{-9}	-1.30×10^{-13}	2.57×10^{-14}	2.99×10^{-19}	6.77×10^{-21}	1.04×10^{-21}

因此，可得如下近似：

$$\int_0^{\theta=\arcsine\frac{y_0-y_d}{2}} \frac{\mathrm{d}\beta}{\sqrt{1-k^2\sin^2\beta}} \approx \arcsine\frac{y_0-y_d}{2} \qquad (4-95)$$

因为 $0<k<1$，因此式（4-93）也是快速收敛，即：

$$\int_0^{\frac{\pi}{2}} \frac{\mathrm{d}\beta}{\sqrt{1-k^2\sin^2\beta}} \approx \frac{\pi}{2}\left[1+\left(\frac{1}{2}\right)^2 k^2+\left(\frac{3}{8}\right)^2 k^4\right] \qquad (4-96)$$

综上所述，式（4-91）的解为：

$$\frac{\pi}{2}\left[1+\left(\frac{1}{2}\right)^2 e^{2y_d}+\left(\frac{3}{8}\right)^2 e^{4y_d}\right]-\arcsine\frac{y_0-y_d}{2}=\frac{1}{2}\kappa d\, e^{-\frac{y_d}{2}} \qquad (4-97)$$

2. 2∶1 型电解质体系 采用同样的方法，2∶1 型电解质体系下颗粒间的中点电位为：

$$e^{y_d}\sqrt{1-e^{y_0-y_d}}\left[\frac{2}{3}-\frac{1}{6}e^{y_0-y_d}+\left(\frac{3}{8}+e^{3y_d}\right)\left(\frac{1}{3}+\frac{2}{3}e^{y_0-y_d}+\frac{1}{5}(1-e^{y_0-y_d})^2\right)\right]=\frac{1}{2\sqrt{3}}\kappa d$$

$$\qquad (4-98)$$

3. 1∶1＋2∶1 型电解质体系 同样的方法，1∶1＋2∶1 型混合电解质体系下颗粒间的中点电位为：

$$e^{y_d}\sqrt{1-e^{y_0-y_d}}\left\{\begin{aligned}&1-\frac{1}{6}\left(\frac{f_i}{f_j}e^{y_d}+1\right)(2+e^{y_0-y_d})\\&+\left[\frac{3}{8}\left(\frac{f_i}{f_j}e^{y_d}+1\right)^2+\frac{1}{2}e^{3y_d}\left(\frac{f_i}{f_j}+2\right)\right]\left[\frac{1}{3}+\frac{2}{3}e^{y_0-y_d}+\frac{1}{5}(1-e^{y_0-y_d})^2\right]\end{aligned}\right\}$$

$$=\sqrt{\frac{2\pi F^2 f_j}{\varepsilon RT}}d$$

$$\qquad (4-99)$$

分别将式（4-97）、式（4-98）和式（4-99）代入式（4-86），即可定量评估对应电解质体系下土壤胶体颗粒间的静电排斥压。图 4-9 表明单价离子体系的紫色土颗粒间排斥压的作用强度和力程大于二价离子体系（Li et al.，2013）。

颗粒间的长程范德华引力为：

$$P_{\mathrm{vdW}}=-\frac{A_{\mathrm{eff}}}{6\pi(2d)^3} \qquad (4-100)$$

式中，A_{eff} 表示有效 Hamaker 常数。

当同时考虑范德华引力和静电排斥力时，土壤颗粒间的 DLVO 合力为：

$$P_{\mathrm{DLVO}}=P_{\mathrm{EDL}}+P_{\mathrm{vdW}} \qquad (4-101)$$

因此，紫色土颗粒相互作用的 DLVO 合力同时由静电排斥力和范德华引力决定。

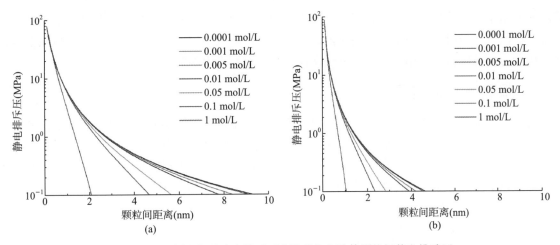

图 4-9　不同电解质浓度体系下中性紫色土胶体颗粒间静电排斥压

注：（a）为 KNO_3 体系，（b）为 $Ca（NO_3）_2$ 体系。该紫色土的电荷数量为 16.0 cmol/kg，比表面积为 48 m^2/g，用于计算静电排斥压。

图 4-10 表明，K^+ 体系下，当颗粒间距离大于 1 nm 时，中性紫色土颗粒间 DLVO 合力为排斥力，而 Ca^{2+} 体系下则几乎为引力。说明在 Ca^{2+} 体系下紫色土颗粒不容易分散，K^+ 体系紫色土团聚体容易分散，将导致土壤侵蚀和矿质营养的淋失。因此，在紫色土区改良土壤结构，实现良好保水保肥效果，可通过调节土壤颗粒间的相互作用力实现。调节途径为任何能够引起颗粒间 DLVO 合力的方法均可，如电解质类型、浓度、不同 Hamaker 常熟的材料等。

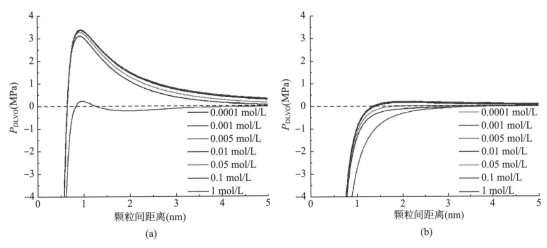

图 4-10　不同电解质浓度体系下中性紫色土胶体颗粒间 DLVO 合力

注：（a）为 KNO_3 体系，（b）为 $Ca（NO_3）_2$ 体系。该紫色土的电荷数量为 16.0 cmol/kg，比表面积为 48 m^2/g，用于计算静电排斥压，紫色土有效 Hamaker 常数为 5×10^{-20} J 用于计算长程范德华力。

值得注意的是，上述计算方法是基于土壤颗粒的平板模型，当土壤颗粒粒径太小时，需考虑胶体颗粒的曲率半径，在相关文献中也有计算方法。另外，当进行低电位近似时，可获得静电排斥压的解析解，但低电位近似的实际意义较小，如需了解可查询相关文献。

第四节　紫色土的阳离子交换作用

根据物理化学的定义，溶质在溶剂中呈不均一的分布状态，溶质在表面层中的浓度与溶液内部不同的现象称为吸附作用。土壤吸附现象是指土粒（特别是黏粒和腐殖质）的表面，能将与其接触的土壤溶液或土壤空气中某些物质分子和离子吸附在表面上，使其本身的表面自由能降低而趋于稳定。一般所说的吸附现象是指包括整个扩散层在内的部分与自由溶液中的离子浓度的差异。吸附在土壤颗粒表面的离子能够被电荷性质相同的其他离子交换下来，重新进入溶液中。

一、阳离子交换过程

阳离子交换吸附是指依赖于静电引力吸附的任何阳离子都可能被溶液中的其他阳离子交换而重新回到溶液中。自然土壤一般带净负电荷，这些电荷形成的电场将因静电力作用而使阳离子吸附在土壤颗粒周围。由于此静电作用力的强度一般较低，因此吸附的这些离子很容易被其他离子代换而重新回到溶液中。例如，紫色土颗粒原来吸附的阳离子有 K^+、Na^+、Ca^{2+} 和 Mg^{2+} 等，当土壤酸化后，土壤溶液的 H^+ 增多，会产生阳离子交换作用，H^+ 可把原来紫色土胶体表面吸附的部分阳离子交换出来，其交换反应可用下面的反应式表示：

$$\boxed{\begin{matrix}土\\壤\\胶\\体\end{matrix}}\begin{matrix}\cdot K^+\\\cdot Na^+\\\cdot Ca^{2+}\\\cdot Mg^{2+}\end{matrix} + 6H^+ \leftrightarrows \boxed{\begin{matrix}土\\壤\\胶\\体\end{matrix}}\begin{matrix}\cdot H^+\\\cdot H^+\\\cdot 2H^+\\\cdot 2H^+\end{matrix} + K^+ + Na^+ + Ca^{2+} + Mg^{2+}$$

上式中 H^+ 发生了吸附，而 K^+、Na^+、Ca^{2+} 和 Mg^{2+} 等被 H^+ 交换进入溶液为解吸，二者构成一个完整的阳离子交换反应。

需要注意以下几点：①吸附态离子以 Boltzmann 状态而非均匀地分布在颗粒周围；②在固/液界面的分布范围随着土壤含水量增大和温度升高而增大；③近表面的强静电力作用与离表面较远距离的弱静电力吸附；④水化离子的静电力吸附；⑤非水化离子的静电力吸附与离子键。

二、阳离子交换的特点

阳离子交换吸附是在浓度梯度和电位梯度（二者联合即为活度梯度）驱动下发生。阳离子交换吸附主要有以下几个特点。

1. 阳离子交换是一种可逆反应　交换吸附态阳离子可以被溶液中其他阳离子彻底交换下来进入溶液。该过程在农业化学上具有重要的实践意义。例如，植物根系从土壤溶液中吸收阳离子养分后，降低了土壤溶液中的阳离子浓度，打破了阳离子的吸附平衡，使吸附在土壤胶体表面的阳离子发生解吸作用，变成游离态进入土壤溶液中，供植物根系吸收利用。因此，土壤胶体表面阳离子的吸附和解吸能力的强弱体现了土壤肥力。

$$\boxed{土壤胶体} \cdot Na^+ + K^+ \leftrightarrows \boxed{土壤胶体} \cdot K^+ + Na^+$$

2. 阳离子交换满足电中性法则　发生交换吸附和解吸的离子电荷数量相等。例如，用带 2 个正电荷的 Ca^{2+} 去交换带 1 个正电荷的 K^+，则 1 mol Ca^{2+} 可交换 2 mol K^+。同样 1 mol Fe^{3+} 需要 3 mol K^+ 或 Na^+ 来交换。

$$\boxed{土壤胶体} \cdot 2K^+ + Ca^{2+} \leftrightarrows \boxed{土壤胶体} \cdot Ca^{2+} + 2K^+$$

3. 阳离子交换服从质量作用定律　提高本体溶液中某离子浓度，可以提高该离子的代换能力。例如，当 Na^+ 浓度相对较高时，Na^+ 同样可把吸附的 Ca^{2+} 交换进入溶液，这对施肥管理和土壤阳离子养分的保持具有重要意义。

4. 交换能力与离子化合价和水化半径相关　阳离子的交换能力取决于阳离子与胶体表面的吸附力。吸附力强的离子一般是带电荷多的高价阳离子和水化半径较小的阳离子，在同等数量的情况下，这些阳离子的交换能力较强。例如，$Fe^{3+} > Ca^{2+} > Mg^{2+} > K^+ > Na^+$。

5. 阳离子交换能力与离子外层电子的量子涨落密切相关　外层电子层数越多，越容易被电场放大，其交换吸附能力就越强。量子涨落的贡献可能比离子水化贡献更大（Liu et al.，2013a）。

三、阳离子交换量

（一）阳离子交换量的计算

阳离子交换量（CEC）是指土壤所能吸附和交换的阳离子的容量，用每千克干土的 1 价离子的厘摩尔数表示，单位为 cmol/kg。

阳离子交换量与土壤胶体的比表面积和表面电荷密度有关，它们之间的关系可用式（4-102）表示：

$$CEC = S\sigma_0 \tag{4-102}$$

式中，S 表示土壤胶体的比表面积；σ_0 表示表面电荷密度。

实际上，土壤阳离子交换量主要通过已知的阳离子（如 NH_4^+）置换土壤吸附的全部阳离子，再测定已知阳离子吸附量的方法获得。也可以直接测定土壤中各交换性阳离子的吸附量，将各阳离子吸附量求和作为土壤阳离子交换量。表 4-12 列举了几种紫色土的阳离子交换量（杨兴伦、李航，2004），可以看出，阳离子交换量表现为酸性紫色土＜中性紫色土＜石灰性紫色土。与红壤和黄壤相比，石灰性紫色土的阳离子交换量最高，且阳离子交换量随着 pH 降低而降低（表 4-13）。一般来说，根据电中性法则，土壤表面负电荷数量通过测定阳离子交换量进行间接表征。

表 4-12 不同类型紫色土的阳离子交换量（杨兴伦、李航，2004）

类型	采集地	层次	阳离子交换量（cmol/kg）
酸性紫色土	安徽休宁	A	10.43
		B	10.84
		C	11.56
	云南禄丰	A	12.90
		B	13.51
		C	14.25
中性紫色土	重庆北碚	A	25.80
		B	23.30
		C	21.20
	重庆北碚	A	17.10
		B	20.60
		C	27.60
石灰性紫色土	重庆潼南	A	26.40
		B	25.50
		C	23.40
	贵州贵阳	A	28.50
		B	24.50
		C	23.70

表 4-13 不同类型土壤的阳离子交换量（余正洪等，2013）

类型	采集地	pH 条件	阳离子交换量（cmol/kg）
红壤	江西鹰潭	6~7	11.00
		4~5	5.55
黄壤	重庆北碚	6~7	13.32
		4~5	5.23
石灰性紫色土	重庆潼南	6~7	28.66
		4~5	13.14

（二）阳离子交换量的影响因素

不同土壤的阳离子交换量存在差异（表 4-12、表 4-13）。决定土壤阳离子交换量大小的实际是土壤颗粒所带负电荷数量的多少，主要有以下几个方面的影响因素。

1. 胶体类型 不同类型的土壤胶体，所带负电荷数量差异很大，因此阳离子交换量也明显不同。例如，蒙脱石在中性紫色土含量较多，土壤表面负电荷量较高。在溶液 pH 为近中性条件下，蒙脱石的阳离子交换为 70～100 cmol/kg。因此，中性紫色土的阳离子交换量也不会太低。

2. 胶体的数量 土壤中带电颗粒主要是土壤胶体的黏粒部分。因此，土壤质地越黏重，土壤负电荷数量越多，阳离子交换量越大。例如，坡上残积物发育的紫色土的阳离子交换量低于坡中残坡积物发育的紫色土，更低于坡底部坡积物发育的紫色土。

3. 土壤 pH 羟基型表面的负电荷数量受 pH 的影响，这部分电荷为可变电荷。因此，紫色土中的有机质和氧化物及其水合物等胶体颗粒所带可变电荷，当 pH 升高时，负电荷数量增多，阳离子交换量变大；反之，则阳离子交换量降低。

（三）紫色土阳离子交换量的应用

土壤阳离子交换量是土壤的一个重要化学性质，它直接反映了土壤的保肥供肥和缓冲能力，同时是土壤分类的重要依据。例如，表 4-12 中紫色土的阳离子交换量存在一定差异，反映了紫色土的肥力水平。当紫色土发生酸化后，其阳离子交换量降低，盐基离子淋失，造成土壤矿质养分减少，保肥供肥性能变差。

四、阳离子交换平衡理论

阳离子交换能力的强弱反映出离子在土壤颗粒表面的交换吸附存在很强的选择性。离子间这种选择性的产生并不能用经典理论来解释，如离子色散力、诱导力、离子体积与水化作用。原因就在于那些理论忽略了一个非常重要的因素，那就是土壤颗粒表面会形成很强的电场。离子吸附在颗粒表面，必然受到这个强电场的影响，离子的极化在电场中会被急剧放大。也就是说，电场中的量子涨落效应在离子交换平衡中起着至关重要的作用。离子水化与色散力都只是在高浓度下才变得重要。但是，大量研究也表明，低浓度下表现出很强的吸附选择性（Kim et al.，2001；Liu et al.，2012），并认为可能是离子的极化、离子-水和离子-离子相互作用所导致的。但是，这些理论与方法用来解释离子交换中的选择性也显得证据不足。

（一）阳离子交换平衡理论模型

当离子交换达到平衡时，扩散层中离子平均化学位等于本体溶液中该离子的化学位，即

$$\tilde{\mu}_i(\text{DL}) = \mu_i(\text{Bulk}) \tag{4-103}$$

式中，$\tilde{\mu}_i(\text{DL})$ 表示扩散层中离子 i 的化学位；$\mu_i(\text{Bulk})$ 表示离子 i 在本体溶液中的化学位。在扩散层中：

$$\tilde{\mu}_i(\text{DL}) = \mu_{i0} + RT\ln\tilde{f}_i + RT\ln\tilde{\gamma}_i \tag{4-104}$$

式中，μ_{i0} 表示标准化学位；$\tilde{f}_i$ 和 $\tilde{\gamma}_i$ 分别表示离子 i 在扩散层中的平均离子浓度与活度系数；R 表示气体常数；T 表示绝对温度。

考虑离子间相互作用后的本体溶液中化学位为：

$$\mu_{i(\text{Bulk})} = \mu'_{\text{chemical}} + \mu_{\text{int}} = \mu_{i0} + RT\ln f_i^0 + RT\ln\gamma_i \tag{4-105}$$

式中，μ'_{chemical} 表示离子在本体溶液中的化学位；μ_{int} 表示离子间相互作用产生的电位能；f_i^0 表示本体溶液中离子浓度；γ_i 表示本体溶液中离子的活度系数，来源于离子间相互作用。

联合上述 3 个方程，可得：

$$\tilde{a}_i = \tilde{f}_i\tilde{\gamma}_i = a_i^0 \tag{4-106}$$

式中，a_i^0 表示离子 i 在本体溶液中的活度；$\tilde{a}_i$ 表示离子 i 在扩散层中的平均离子活度。

根据考虑本体溶液中离子间相互作用后的 Boltzmann 方程，双电层中离子平均活度系数为：

$$\widetilde{\gamma}_i^{-1} = \kappa \int_0^{1/\kappa} e^{-\frac{Z_i F \varphi(x)}{RT}} \, \mathrm{d}x \approx M e^{-\frac{Z_i F \varphi_0}{2RT}} \tag{4-107}$$

因此，式（4-106）可改写成：

$$\widetilde{f}_i M^{-1} e^{\frac{Z_i F \varphi_0}{2RT}} = a_i^0 \tag{4-108}$$

在两种反离子的混合体系中，每种反离子在双电层中的吸附量都满足式（4-108），因此：

$$\begin{cases} \widetilde{f}_i M^{-1} e^{\frac{Z_i F \varphi_0}{2RT}} = a_i^0 \\ \widetilde{f}_j M^{-1} e^{\frac{Z_j F \varphi_0}{2RT}} = a_j^0 \end{cases} \tag{4-109}$$

在 Boltzmann 方程中，必须引入电场中量子涨落产生的附加能量，才能正确描述离子在双电层中的分布。式（4-109）可校正为：

$$\begin{cases} \widetilde{f}_i M^{-1} e^{\frac{\beta_i Z_i F \varphi_0}{2RT}} = a_i^0 \\ \widetilde{f}_j M^{-1} e^{\frac{\beta_j Z_j F \varphi_0}{2RT}} = a_j^0 \end{cases} \tag{4-110}$$

校正系数 β 的物理意义就是不同的离子吸附在胶体表面，由于离子受到表面强电场的作用而发生强烈的极化，极化了的离子又有降低电场的作用，这种相互作用称为"电场-量子涨落"耦合作用。因此，离子在电场中极化必然产生超额能量，而这种超额能量将会强烈影响到离子的交换平衡。理论上式（4-110）为：

$$\begin{cases} \widetilde{f}_i M^{-1} e^{\frac{Z_i F \varphi_0 + \widetilde{w}_{i(\mathrm{ND})}}{2RT}} = \widetilde{f}_i M^{-1} e^{\frac{Z_i F \varphi_0 - \widetilde{p}_i \widetilde{E}}{2RT}} = a_i^0 \\ \widetilde{f}_j M^{-1} e^{\frac{Z_j F \varphi_0 + \widetilde{w}_{j(\mathrm{ND})}}{2RT}} = \widetilde{f}_j M^{-1} e^{\frac{Z_j F \varphi_0 - \widetilde{p}_j \widetilde{E}}{2RT}} = a_j^0 \end{cases} \tag{4-111}$$

对式（4-111）中的两式左右两边相比得到：

$$N_i a_j^0 e^{\frac{Z_i F \varphi_0 - Z_j F \varphi_0 + \Delta \widetilde{w}_{(\mathrm{ND})}}{2RT}} = N_j a_i^0 \tag{4-112}$$

其中

$$\begin{aligned} \Delta \widetilde{w}_{(\mathrm{ND})} &= \widetilde{w}_{i(\mathrm{ND})} - \widetilde{w}_{j(\mathrm{ND})} \\ &= -\widetilde{p}_i \widetilde{E} - (-\widetilde{p}_j \widetilde{E}) = -\widetilde{p}_i \kappa \int_0^{1/\kappa} E(x) \, \mathrm{d}x + \widetilde{p}_j \kappa \int_0^{1/\kappa} E(x) \, \mathrm{d}x \\ &= \widetilde{p}_i \kappa (\varphi_0 - \varphi_{1/\kappa}) + \widetilde{p}_j \kappa (\varphi_0 - \varphi_{1/\kappa}) \\ &\approx \widetilde{p}_i \kappa \varphi_0 - \widetilde{p}_j \kappa \varphi_0 \\ &= \Delta \widetilde{p} \kappa \varphi_0 \end{aligned} \tag{4-113}$$

式（4-112）中的指数项可变为：

$$\begin{aligned} &Z_i F \varphi_0 - Z_j F \varphi_0 + \Delta \widetilde{p} \kappa \varphi_0 \\ &= \left[1 + \frac{\Delta \widetilde{p} \kappa}{(Z_i + Z_j) F} \right] Z_i F \varphi_0 - \left[1 - \frac{\Delta \widetilde{p} \kappa}{(Z_i + Z_j) F} \right] Z_j F \varphi_0 \\ &= \beta_i Z_i F \varphi_0 - \beta_j Z_j F \varphi_0 \end{aligned} \tag{4-114}$$

由式（4-114）可以看出，校正系数 β 满足：

$$\beta_i + \beta_j = 2 \tag{4-115}$$

式（4-115）表明，β 表示相对值。外层电子云越柔软的离子，在电场中极化作用越强烈，那么极化能就越大，其 β 值就大于1；相反，其 β 值就小于1。因此，称 β 为相对电荷系数，其差异正好来源于"电场-量子涨落"耦合作用。

利用离子交换平衡结果，联合式（4-110）与式（4-115），即可解出给定离子组合的相对电荷系数 β。

同样的，根据式（4-110），可得：

$$K_{j/i}=\frac{a_i^0\widetilde{f}_j}{a_j^0\widetilde{f}_i}=\frac{a_i^0(N_j/V)}{a_j^0(N_i/V)}=\frac{a_i^0N_j}{a_j^0N_i}=\mathrm{e}^{\frac{\beta_jZ_jF\varphi_0-\beta_iZ_iF\varphi_0}{2RT}} \qquad (4-116)$$

式中，N 表示离子吸附量；$V=S/\kappa$ 表示双电层体积；S 表示颗粒比表面积；$1/\kappa$（$\kappa=\sqrt{8\pi F^2I/\varepsilon RT}$）表示双电层的厚度；$F$ 表示 Faraday 常数；$I=0.5\Sigma(Z_i^2a_i^0)$；ε 表示水的介电常数。

将式（4-110）中的第一个式子代入式（4-116）得到：

$$K_{j/i}=\left(\frac{SMa_j^0}{N_j\kappa}\right)^{\frac{\beta_iZ_i-\beta_jZ_j}{\beta_jZ_j}} \qquad (4-117)$$

由式（4-117）可以看出，选择系数 $K_{j/i}$ 是 $\dfrac{SMa_j^0}{N_j\kappa}$ 的函数，通过离子交换平衡实验进行拟合，可获得 $\dfrac{\beta_iZ_i-\beta_jZ_j}{\beta_jZ_j}$ 的值，结合式（4-115）即可解出给定离子组合的相对电荷系数 β。

利用联合分析法（Li et al.，2011；Liu et al.，2013c）测定紫色土颗粒的表面电荷数量和比表面积，结合离子交换平衡实验结果，即可标定紫色土颗粒的有效电荷系数。

上述公式中的离子活度，可根据测得的离子浓度，利用 Debye-Hückel 极限公式计算离子的活度系数。在298 K时，活度系数为（Davies，1962）：

$$\lg\gamma_i=-0.509Z^2\left(\frac{\sqrt{I}}{1+\sqrt{I}}-0.3I\right) \qquad (4-118)$$

式中，Z 表示离子化合价；I 表示离子强度，$I=0.5\Sigma f_iZ_i^2$。

如果用离子选择电极测定离子活度，那么体系 Na^+ 与 K^+ 的浓度可由电极测得活度通过如下迭代运算法进行计算（Liu et al.，2013c）。

首先，将电极测得的活度作为第一次迭代运算的初始浓度，即 $f_i^0(1)=a_i^0$。那么，Li/Na 与 Li/K 体系中离子强度的计算可表示为：

$$I(n)=\frac{1}{2}\sum_i Z_i^2 f_i^0(n) \qquad (4-119)$$

式中，$I(n)$ 表示第 n 次迭代运算时的离子强度，n 取自然数（1，2，3，…）；$f_i^0(n)$ 表示第 n 次迭代运算 i（Na^+ 或 K^+）离子的浓度。本研究中，Li^+ 和 Mg^{2+} 离子浓度 $f_{Li}^0(n)$ 和 $f_{Mg}^0(n)$ 分别用火焰光度计和原子吸收分光光度计测得，不需迭代运算。因此，在计算过程中始终为实际测定值。

其次，根据获得的离子强度，Na^+ 与 K^+ 的活度系数可由 Davies 公式计算（$T=198$ K）：

$$\lg\gamma_i(n)=-0.5102\left(\frac{\sqrt{I(n)}}{1+\sqrt{I(n)}}-0.3I(n)\right) \qquad (4-120)$$

再次，第 n 次迭代的离子浓度为：

$$f_{Na}^0(n)=\frac{a_{Na}^0}{\gamma_{Na}(n)};\quad f_K^0(n)=\frac{a_K^0}{\gamma_K(n)} \qquad (4-121)$$

将式（4-121）代入式（4-119）中，获得新的 $I(n)$ 值，进而得到新的 $\gamma_i(n)$、$f_{Na}^0(n)$ 和 $f_K^0(n)$。反复迭代 $n=k+1$ 次，直到 $[I(k+1)-I(k)]/I(k+1)<0.001$ 时终止迭代。最后一次迭代的 $I(n)$、$\gamma_i(n)$、$f_{Na}^0(n)$ 和 $f_K^0(n)$ 值即为最终平衡溶液中的 I、γ_{Na}、γ_K、f_{Na}^0 和 f_K^0。

考虑"电场-量子涨落"耦合作用对交换平衡的影响，联合式（4-110）与式（4-115）可得：

$$\begin{cases} 19.50\beta_i\varphi_0 = 11.88 - \ln\dfrac{\kappa N_i}{a_i^0} \\ 39.00\varphi_0 - 19.50\beta_i\varphi_0 = 11.88 - \ln\dfrac{\kappa N_j}{a_j^0} \end{cases} \tag{4-122}$$

对于每一组实验，κ、N_i、N_j、a_i^0 以及 a_j^0 为已知数，β_i、φ_0 和 β_j 的值即可获得。

因为这里的有效电荷系数表示的是两种离子间"电场-量子涨落"耦合作用的相对强弱，所以它与离子组成有关。为了阐述方便，以上标表示离子组成，如 Li/Na 交换体系中的 β_{Li} 和 β_{Na} 表示成 $\beta_{Li}^{Li/Na}$ 和 $\beta_{Na}^{Li/Na}$，Li/K 交换体系中的 β_{Li} 和 β_K 表示成 $\beta_{Li}^{Li/K}$ 和 $\beta_K^{Li/K}$。有效电荷系数在一定离子强度条件下表现出一个常数，不随着离子强度的变化而变化。其平均值分别为：$\beta_{Li}^{Li/Na} = 0.948 \pm 0.016$、$\beta_{Na}^{Li/Na} = 1.052 \pm 0.016$；$\beta_{Li}^{Li/K} = 0.741 \pm 0.007$、$\beta_K^{Li/K} = 1.259 \pm 0.007$（Liu et al.，2012）。Li/Na 交换体系与 Li/K 交换体系中 β 值的平均偏差分别仅为 0.024% 和 0.035%。β 值的大小表示离子外层电子云受电场诱导而产生极化能的强弱，$\beta_{Na}^{Li/Na} > \beta_{Li}^{Li/Na}$、$\beta_K^{Li/K} > \beta_{Li}^{Li/K}$，而且 $\beta_K^{Li/K} - \beta_{Li}^{Li/K} > \beta_{Na}^{Li/Na} - \beta_{Li}^{Li/Na}$。因此，根据 β 值的大小，可比较表面电场与各离子量子涨落耦合作用的相对强弱。也就是说，K^+ 比 Na^+ 多一层电子，而 Na^+ 又比 Li^+ 多一层电子，那么在强表面电场下，吸附在紫色土颗粒表面的离子必然受电场的诱导而产生极化，外层电子数越多，则极化作用越强烈。本研究中，在电场中的极化能大小顺序为 $K^+ > Na^+ > Li^+$。表面电位的绝对值随着离子强度的增加而降低，因为离子强度增加压缩了双电层，从而使离子屏蔽电场的能力增强。同时，表面电位与离子强度存在对数关系，因此可对实验测得表面电位与离子强度进行对数拟合。根据拟合方程，即可估算该体系下任意离子强度的表面电位。

因为 β 表示的是两种离子间差异的相对大小，在 i/j 与 $i/j/k$ 交换中，β_i/β_j 的值是恒定的。因此：

$$\begin{cases} \dfrac{\beta_{Na}^{Li/Na/K}}{\beta_{Li}^{Li/Na/K}} = \dfrac{\beta_{Na}^{Li/Na}}{\beta_{Li}^{Li/Na}} = a \\ \dfrac{\beta_K^{Li/Na/K}}{\beta_{Li}^{Li/Na/K}} = \dfrac{\beta_K^{Li/K}}{\beta_{Li}^{Li/K}} = b \end{cases} \tag{4-123}$$

式中，$\beta_i^{i/j/k}$ 表示 $i/j/k$（这里指 Li/Na/K）交换中离子 i 的相对电荷系数。

同时：

$$\frac{\beta_{Na}^{Li/Na/K}}{\beta_K^{Li/Na/K}} = \frac{\beta_{Na}^{Li/Na/K}/\beta_{Li}^{Li/Na/K}}{\beta_K^{Li/Na/K}/\beta_{Li}^{Li/Na/K}} = \frac{a}{b} \tag{4-124}$$

因此：

$$\frac{\beta_{Na}^{Na/K}}{\beta_K^{Na/K}} = \frac{\beta_{Na}^{Li/Na/K}}{\beta_K^{Li/Na/K}} = \frac{a}{b} \tag{4-125}$$

而且，由式（4-114）类推得到：

$$\beta_{Na}^{Na/K} + \beta_K^{Na/K} = 2 \tag{4-126}$$

以及

$$\beta_{Li}^{Li/Na/K} + \beta_{Na}^{Li/Na/K} + \beta_K^{Li/Na/K} = 3 \tag{4-127}$$

（二）离子交换平衡新理论与经典模型的比较

在只考虑了静电力吸附的离子交换经典理论中，单价离子交换的 Vanselow 选择系数可表示为：

$$K_V = \frac{a_j^0 X_{i(ex)}}{a_i^0 X_{j(ex)}} = \frac{\gamma_{j(ex)}}{\gamma_{i(ex)}} K_{eq} \tag{4-128}$$

式中，$X_{i(ex)}$ 和 $X_{j(ex)}$ 分别表示离子 i 和 j 在交换相中的摩尔分数；$\gamma_{i(ex)}$ 和 $\gamma_{j(ex)}$ 分别表示交换相中离子 i 和 j 的活度系数；K_V 表示 Vanselow 选择系数；K_{eq} 表示交换平衡常数。

在经典理论中，对于同价离子，始终有 $\gamma_{i(ex)} = \gamma_{j(ex)}$。另外，对于静电力吸附，离子在吸附相与溶液相中的参比状态是相同的，即 $K_{eq}=1$（Donnan 方程）。因此，根据经典理论，Vanselow 选择系数始终等于 1。

根据考虑"电场-量子涨落"耦合作用的离子交换平衡新方程 [式（4-116）]，得到单价离子交换平衡选择系数：

$$K_{j/i}=\frac{a_i^0 N_j}{a_j^0 N_i}=\frac{a_i^0 X_j}{a_j^0 X_i}=K_V=e^{-\frac{(\beta_j-\beta_i)F\varphi_0}{2RT}} \qquad (4-129)$$

式（4-129）表明，在单价离子交换平衡新模型中，Vanselow 选择系数与表面电位有关。

根据试验测得的各体系下的相对电荷系数：Li/Na 交换，$\beta_{Na}\approx 1.052$、$\beta_{Li}\approx 0.948$；Na/K 交换，$\beta_K\approx 1.244$、$\beta_{Na}\approx 0.756$；K/Li 交换，$\beta_K\approx 1.259$、$\beta_{Li}\approx 0.741$。因此，根据式（4-129），K_V 的值在不同的表面电位条件下即可进行理论计算。

（三）紫色土颗粒/水界面离子交换平衡体系总吸附能的定量化

通过测定不同离子组合间相对电荷系数，即可对离子的吸附能力进行量化。离子的相对吸附能（$\widetilde{w}=\beta ZF\varphi_0$）的比值反映了离子吸附能力的强弱。例如，几种碱金属和碱土金属离子间"电场-量子涨落"耦合作用的强弱顺序为 Ca^{2+}（$\beta_{Ca}/\beta_{Na}=1.699$）$>K^+$（$\beta_K/\beta_{Na}=1.646$）$>Mg^{2+}$（$\beta_{Mg}/\beta_{Na}=1.208$）$>Na^+$（$\beta_{Na}/\beta_{Na}=1$）$>Li^+$（$\beta_{Li}/\beta_{Na}=0.901$），说明 Ca^{2+} 在表面电场中的量子涨落是 Na^+ 的 1.699 倍，K^+ 在表面电场中的量子涨落是 Na^+ 的 1.646 倍，Mg^{2+} 在表面电场中的量子涨落是 Na^+ 的 1.208 倍，Li^+ 在表面电场中的量子涨落是 Na^+ 的 0.901 倍（Liu et al.，2015a）。Ca^{2+} 与 K^+ 外层电子云层数相等，故在电场中的量子涨落也相近。而 K^+ 比 Mg^{2+} 多一层电子，因此 K^+ 的涨落强于 Mg^{2+}。因此，基于"电场-量子涨落"耦合作用的离子交换平衡新模型能够很好地反映吸附在表面上的离子受到电场诱导而产生极化作用的强弱，以及"电场-量子涨落"耦合作用的强弱。考虑离子价电子后，离子相对吸附能比 $\widetilde{w}_{i/j}$ 为：$\widetilde{w}_{Na/Li}=\beta_{Na}/\beta_{Li}=1.052/0.948=1.110$；$\widetilde{w}_{K/Li}=\beta_K/\beta_{Li}=1.259/0.741=1.699$；$\widetilde{w}_{K/Na}=\beta_K/\beta_{Na}=1.244/0.756=1.646$；$\widetilde{w}_{Mg/Na}=2\beta_{Mg}/\beta_{Na}=2\times 1.094/0.906=2.415$ 以及 $\widetilde{w}_{Ca/Na}=2\beta_{Ca}/\beta_{Na}=2\times 1.259/0.741=3.398$。进而推测，$\widetilde{w}_{Ca/Mg}=\widetilde{w}_{Ca/Na}/\widetilde{w}_{Mg/Na}=1.407$，$\widetilde{w}_{Mg/K}=\widetilde{w}_{Mg/Na}/\widetilde{w}_{K/Na}=1.467$。表明离子交换平衡新模型定量了各离子间在带电表面吸附能的强弱。Ca^{2+} 的吸附能力是 Mg^{2+} 的 1.407 倍，K^+ 的吸附能力是 Na^+ 的 1.646 倍。离子交换吸附不但受到库仑力的作用，还受到"电场-量子涨落"耦合的作用。进一步根据上述几种离子的相对电荷系数的比值，利用式（4-115）即可计算出 Li^+、Na^+、K^+、Ca^{2+}、Mg^{2+} 两两组合的"电场-量子涨落"耦合作用的相对强弱，结果列于表 4-14。

表 4-14　不同离子组合间相对电荷系数的大小

A	B	β_A	β_B	β_B/β_A	$\widetilde{w}_A/\widetilde{w}_B$
Li^+	K^+	0.741	1.259	1.699	1.699
Li^+	Na^+	0.948	1.052	1.110	1.110
Li^+	Ca^{2+}	0.693	1.307	1.886	3.772
Li^+	Mg^{2+}	0.855	1.145	1.339	2.678
Na^+	K^+	0.756	1.244	1.646	1.646
Na^+	Ca^{2+}	0.741	1.259	1.699	3.398
Na^+	Mg^{2+}	0.906	1.094	1.208	2.415
K^+	Ca^{2+}	0.984	1.016	1.033	2.065
K^+	Mg^{2+}	1.154	0.846	0.733	1.467
Ca^{2+}	Mg^{2+}	1.169	0.831	0.711	0.711

根据前面建立的离子交换平衡新模型和蒙脱石表面吸附数据标定的相对电荷系数 β 值，即可定量紫色土颗粒表面离子吸附选择系数与表面电位之间的关系，如图 4-11 所示。$K_{j/i} > 1$ 表明离子 j 的交换吸附能力强于离子 i，而且 $K_{j/i}$ 随着表面电位的增加而增大。

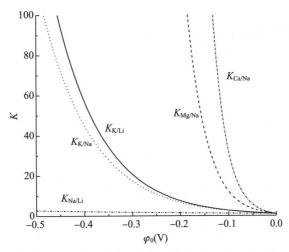

图 4-11　不同离子组合间紫色土颗粒表面离子吸附选择系数与表面电位的关系

注：表面电位的负号代表负电性紫色土表面。

选择系数在农业生产中具有比较重要的应用。例如，紫色土区由于酸化问题导致重金属污染加剧，则可通过选择系数对紫色土重金属钝化/活化进行调控。对于阳离子交换平衡模型在紫色土中的应用，只需对具体的紫色土研究对象进行相应的交换平衡试验，即可定量表征其交换吸附选择性。通过对紫色土颗粒表面电位的调节，实现对重金属离子吸附选择性的定向调节，从而达到修复目的。

第五章 紫色土养分状况与施肥 >>>

紫色土集中分布在四川盆地、云南和重庆海拔 800 m 以下的低山区，但在广西、贵州、湖北、湖南、陕西、江苏、浙江、安徽、福建、江西、河南、广东和海南均有分布。紫色土区域宜种范围广、适应性强，历来是种植粮油和经济作物的重要区域，广泛种植玉米、油菜、水稻、甘薯、高粱、茶树、柑橘等作物，一般是一年一熟或两熟。

紫色土具有成土作用迅速、矿质养分丰富、可耕性强、土壤垦殖率高、宜种性广的特点。因此，紫色土区域的农业生产规模对全国粮油产量具有重要作用。但从目前的研究结果来看，紫色土氮素肥力不高，全氮含量为 0.78 g/kg，根据《全国九大农区及省级耕地质量监测指标分级标准（试行）》(2019)，属于第四等级，处于较低水平。紫色土磷的有效性偏低，有效磷平均含量为 5.4 mg/kg，也处于土壤肥力第四等级的低含量水平，低于粮油作物生产的农学阈值，属于缺磷土壤。紫色土钾库充足，供钾能力较强，尤其是石灰性紫色土，全钾含量可达 20 g/kg。但土壤矿物钾需要相当长的时间经过缓慢的风化作用才能形成速效钾。第二次全国土壤普查结果表明，紫色土速效钾平均含量为 88 mg/kg，属于中等肥力水平，能满足作物对钾的需求。但由于紫色土土层浅薄、岩片砾多、植物覆盖稀疏、没有显著的腐殖质层，土壤有机质含量少于 10 g/kg 的占比大。在长期耕作施肥条件下，有机质可达 10 g/kg 以上（黄兴成，2016）。第二次全国土壤普查期间，紫色土耕层有机质平均值为 12.8 g/kg，属于缺乏水平。王玄德（2004）对紫色土肥力演变、生产力的可持续性以及紫色土酸化进行系统研究，NPK、NPK 与有机肥配合施用能维持或提高紫色土肥力。通过长期耕作和平衡施肥，紫色土有机质和全氮含量均明显提高，全磷和有效磷含量显著增加，速效钾与试验前基本持平。但常规耕作容易导致紫色土水土流失加剧，造成紫色土坡耕地土层浅薄化、土壤养分贫瘠化、土壤干旱化以及土壤结构劣化等土壤肥力退化问题（朱波等，2004），进而影响农作物的单产，难以维持生产的可持续性。

关于全国紫色土区域土壤肥力状况和丰缺情况的报道主要来自 40 多年前的第二次全国土壤普查。然而，紫色土耕地经过长达 30～40 年的耕种，土壤养分状况逐渐发生变化，当前紫色土肥力现状及演变特征如何尚不清楚。土壤的肥力状况始终是农业生产中最令人关心的问题。但是，当前紫色土肥力现状仍然缺乏系统的分析与总结。为此，本章利用全国紫色土耕地分布的 16 个省份、119 个市、485 个县（区），2006—2018 年全国开展测土配方施肥采集的 7 500 份样点数据，进行紫色土肥力现状研究。这 7 500 份调查样点主要集中在 2017—2018 年，占比高达 85%；在空间分布上，主要分布在四川、重庆和云南，占比也达 85%。

本章基于紫色土耕地测土配方施肥所测试的 7 500 个土壤样点数据（其中，酸性紫色土 1 781 个、中性紫色土 3 244 个、石灰性紫色土 2 475 个），分析紫色土耕地土壤大量元素（全氮、有效磷、速效钾、缓效钾）和中微量元素（有效铜、有效锌、有效铁、有效锰、有效硼、有效钼、有效硫、有效硅）含量状况。7 500 个紫色土样本测试指标内容各有侧重，其中包含全氮 7 343 个、有效磷 7 439 个、速效钾 7 415 个、缓效钾 7 468 个、有效铜 2 204 个、有效锌 2 213 个、有效铁 2 215 个、有效锰 2 173 个、有效硼 2 170 个、有效钼 1 619 个、有效硫 2 000 个、有效硅 1 935 个。利用这些数据作为研究样本，采用统计学的方法进行数据特征分析，并根据《全国九大农区及省级耕地质量监测指标分级标准（试行）》（2019）对紫色土养分丰缺情况进行评价，为紫色土的改良培肥提供支撑。为进一步分析紫色土养分肥力的变化，本章以《中国紫色土（下）》中1979—1985年第二次全国土壤普查调查的统计结果，作为紫色土区域40多年前的历史数据，与目前的测土配方施肥数据比较，明确40多年来紫色土养分的变化，全面分析当前我国紫色土肥力演变特征。

为了控制产量调查样本数据质量，不同作物产量的原数据只选取5%～95%分位数区数据作为有效数据。研究区共计调查作物产量4 378个，其中，玉米1 864个、水稻341个、小麦219个、薯类225个、豆类109个、油菜164个、柑橘218个、园林水果（不包含柑橘）573个和蔬菜665个，以此作为紫色土区域典型粮油果菜作物产量研究样本，真实反映紫色土区农作物产量等基础数据，对提升农田土壤资源保护和利用水平、守住耕地红线、优化农业生产布局、确保国家粮食安全具有重要的意义。

第一节 紫色土大量营养元素

一、紫色土全氮含量特征与区域分异

土壤全氮含量在一定程度上代表土壤的供氮水平，是评价土壤肥力的重要指标。全国测土配方施肥土壤样点数据统计分析结果表明（图5-1和表5-1），紫色土全氮含量变幅为0.07～3.86 g/kg，呈右偏态（尖顶峰）分布，中值为1.10 g/kg，平均值为1.21 g/kg，属于中等偏低含量水平，相当于《全国九大农区及省级耕地质量监测指标分级标准（试行）》（2019）中土壤肥力指标分级标准中的第三等级。根据紫色土pH和碳酸钙含量上的分异，本章将紫色土划分为酸性紫色土（碳酸钙含量<1%，pH<6.5）、中性紫色土（碳酸钙含量1%～3%，pH 6.5～7.5）、石灰性紫色土（碳酸钙含量>3%，pH>7.5）3个亚类进行肥力差异分析。紫色土不同亚类之间的全氮含量均值呈现酸性紫色土（1.38 g/kg）>石灰性紫色土（1.16 g/kg）≈中性紫色土（1.15 g/kg）的特征，中值也呈现与均值一致的情况。酸性紫色土全氮含量情况显著优于中性紫色土和石灰性紫色土。

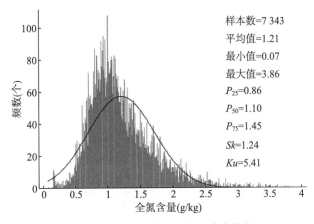

样本数=7 343
平均值=1.21
最小值=0.07
最大值=3.86
P_{25}=0.86
P_{50}=1.10
P_{75}=1.45
Sk=1.24
Ku=5.41

图5-1 紫色土全氮含量及分布特征

注：P_{25}、P_{50}、P_{75}、Sk、Ku 分别为下四分位点、中值、上四分位点、峰度系数、偏度系数。

表5-1 紫色土不同亚类土壤全氮含量情况

紫色土亚类	样点数（个）	平均值（g/kg）	中值（g/kg）	最小值（g/kg）	最大值（g/kg）	标准差（g/kg）	变异系数（%）
酸性紫色土	1 656	1.38	1.26	0.22	3.80	0.61	44.14
中性紫色土	3 212	1.15	1.05	0.07	3.86	0.48	41.57

（续）

紫色土亚类	样点数（个）	平均值（g/kg）	中值（g/kg）	最小值（g/kg）	最大值（g/kg）	标准差（g/kg）	变异系数（%）
石灰性紫色土	2 475	1.16	1.09	0.15	3.74	0.45	38.68
总体	7 343	1.21	1.10	0.07	3.86	0.51	42.36

当前紫色土全氮含量均值与第二次全国土壤普查时期（以下简称"二普"）相比（图 5-2），在过去 40 多年中，紫色土全氮含量有明显的提升，紫色土全氮含量平均值由二普时期的 0.78 g/kg 提高到 1.21 g/kg，增加 55.13%。不同紫色土亚类全氮含量提升幅度存在一定差异。石灰性紫色土提升最大，土壤全氮含量平均值增加 0.41 g/kg，增幅达 54.67%；中性紫色土壤全氮含量平均值增加 0.36 g/kg，增幅 45.57%；酸性紫色土壤全氮含量平均值增加 0.41 g/kg，增幅 42.27%。由此可见，当前紫色土全氮含量均值虽处于中等偏低水平，但与二普时期相比，呈现明显提升。

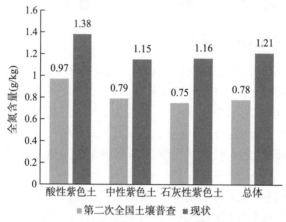

图 5-2　紫色土不同时期土壤全氮含量比较

通过对全国紫色土采集土壤样点的数据分析，发现不同省份的紫色土全氮含量平均值处于 1.06～1.66 g/kg（表 5-2），存在一定的区域差异。重庆紫色土样点全氮含量平均值最低，仅为 1.06 g/kg，低于全国紫色土总体平均值（1.21 g/kg）约 12%。四川、湖北、广西紫色土全氮含量也低于全国总体平均值，在紫色土氮素肥力方面表现不佳。而云南紫色土样品全氮含量平均值最高，达 1.66 g/kg，超出总体均值约 37%；浙江、贵州、湖南也高于总体平均值，其紫色土氮素肥力表现较为优异。尤其是云南、浙江和贵州，其紫色土全氮含量平均值达到《全国九大农区及省级耕地质量监测指标分级标准（试行）》（2019）氮素肥力指标等级中较高肥力水平（＞1.50 g/kg），其余省份则均处于中等肥力水平。

表 5-2　不同省份紫色土全氮含量特征值

省份	样点数（个）	平均值（g/kg）	中值（g/kg）	最小值（g/kg）	最大值（g/kg）	标准差（g/kg）	变异系数（%）
四川	3 033	1.12	1.05	0.14	3.49	0.43	37.90
重庆	2 225	1.06	1.00	0.15	3.60	0.38	36.04
云南	957	1.66	1.58	0.50	3.80	0.65	38.86
湖北	359	1.18	1.09	0.26	3.45	0.51	42.87
贵州	265	1.57	1.50	0.32	3.43	0.59	37.45
湖南	134	1.36	1.28	0.36	2.58	0.48	34.93
广西	119	1.10	1.00	0.60	3.16	0.46	41.67

(续)

省份	样点数（个）	平均值（g/kg）	中值（g/kg）	最小值（g/kg）	最大值（g/kg）	标准差（g/kg）	变异系数（%）
浙江	101	1.63	1.58	0.07	3.86	0.70	43.06
其他	150	1.21	1.16	0.40	3.15	0.45	36.82
总体	7 343	1.21	1.10	0.07	3.86	0.51	42.37

二、紫色土有效磷含量特征与区域分异

土壤有效磷是反映土壤磷素养分供应能力的重要指标，代表可供作物当季吸收利用的磷素水平。土壤有效磷含量是影响作物产量的重要因素，当土壤中的有效磷含量较低时，不能满足作物的生长需求，容易造成作物明显减产；但是，当土壤有效磷含量过高时，则对作物的增产效果不明显，甚至可能通过淋溶或者地表径流损失造成水体环境污染。通过对全国开展测土配方施肥采集有效土壤样点数据进行统计分析，结果表明（图5-3和表5-3），紫色土有效磷含量变幅为0.80~309.00 mg/kg，呈右偏态（高尖顶峰）分布，中值总体平均值为15.90 mg/kg，总体平均值为27.53 mg/kg，属于较高的含量水平，相当于耕地质量中土壤肥力指标分级标准中的第二等级。紫色土不同亚类之间的有效磷含量均值呈现一定差异。中性紫色土和酸性紫色土有效磷含量平均值相近，分别为30.74 mg/kg和30.42 mg/kg，但石灰性紫色土有效磷含量显著低于中性紫色土和酸性紫色土，仅为21.31 mg/kg。

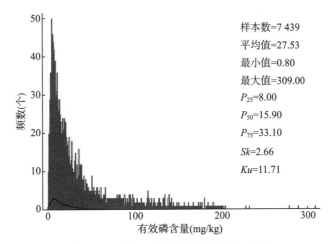

样本数=7 439
平均值=27.53
最小值=0.80
最大值=309.00
P_{25}=8.00
P_{50}=15.90
P_{75}=33.10
Sk=2.66
Ku=11.71

图5-3　紫色土有效磷含量及分布特征

注：P_{25}、P_{50}、P_{75}、Sk、Ku分别为下四分位点、中值、上四分位点、峰度系数、偏度系数。

表5-3　紫色土不同亚类土壤有效磷含量情况

紫色土亚类	样点数（个）	平均值（mg/kg）	中值（mg/kg）	最小值（mg/kg）	最大值（mg/kg）	标准差（mg/kg）	变异系数（%）
酸性紫色土	1 752	30.42	19.00	1.10	309.00	34.51	113.44
中性紫色土	3 216	30.74	18.60	0.80	204.00	34.21	111.28
石灰性紫色土	2 471	21.31	11.10	0.90	197.80	27.29	128.03
总体	7 439	27.53	15.90	0.80	309.00	32.45	117.84

当前紫色土有效磷含量均值与二普时期相比（图5-4），紫色土有效磷含量有极其显著的提升。40多年来，紫色土有效磷含量由二普时期的5.4 mg/kg提高到27.53 mg/kg，增加22.13 mg/kg，提升409.81%。虽然不同紫色土亚类有效磷含量在过去40多年中的提升幅度存在一定差异，但涨幅均

高于 300％。其中，酸性紫色土提升最大，平均增
加 25.02 mg/kg，增幅高达 463.33％；中性紫色土
平均增加 24.94 mg/kg，增幅达 430.00％；石灰性
紫色土平均增加 16.31 mg/kg，增幅 326.20％。由
此可见，因近些年紫色土耕地长期过量施用磷肥，
农田磷素长期累积造成土壤有效磷增长迅速，其平
均含量现已超过多数作物的农学阈值，接近紫色土
环境阈值。

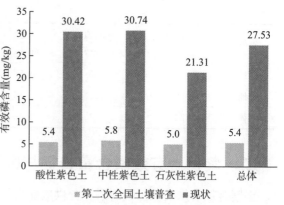

图 5-4　紫色土不同时期有效磷含量比较

不同省份的紫色土样点有效磷含量均值处于
19.72～42.56 mg/kg（表 5-4），但地区间差异较
大。其中，浙江紫色土样点有效磷含量均值最高，
达 42.56 mg/kg，超出全国紫色土总体平均值（27.53 mg/kg）近 55％，其含量水平达到《全国九大
农区及省级耕地质量监测指标分级标准（试行）》（2019）有效磷肥力指标等级高肥力水平（＞40
mg/kg）；重庆、湖北和湖南也高于总体有效磷含量平均值，属于较高肥力水平（＞25 mg/kg）。这
些区域紫色土磷素肥力表现优异，但需要警惕有效磷环境损失风险。而广西紫色土样点有效磷含量平
均值最低，仅为 19.72 mg/kg，低于总体平均值约 28％；四川、云南和贵州紫色土有效磷含量也低于
全国总体平均值，在紫色土磷素肥力方面表现不佳。

表 5-4　紫色土不同地区有效磷含量情况

省份	样点数（个）	平均值（mg/kg）	中值（mg/kg）	最小值（mg/kg）	最大值（mg/kg）	标准差（mg/kg）	变异系数（%）
四川	3 130	24.79	12.40	0.80	198.60	31.06	125.28
重庆	2 225	33.21	19.90	1.00	204.00	37.04	111.53
云南	967	21.73	15.90	4.00	160.50	18.18	83.69
湖北	345	31.67	19.00	1.00	188.50	33.76	106.60
贵州	267	23.15	14.20	1.10	196.10	26.59	114.87
湖南	134	28.26	20.60	1.30	139.20	26.69	94.47
广西	119	19.72	14.50	2.50	150.00	19.21	97.41
浙江	101	42.56	20.60	1.10	309.00	61.12	143.60
其他	151	31.55	21.35	2.80	231.90	34.24	108.52
总体	7 439	27.53	15.90	0.80	309.00	32.44	117.83

三、紫色土钾素含量特征与区域分异

判断土壤供钾能力应综合考虑土壤速效钾和土壤缓效钾两项指标。土壤速效钾主要是被有机质或
黏粒表面负电荷吸附的钾素形态，可以被代换出来，是当季作物吸收钾的主要来源。而缓效钾是不能
直接供给植物吸收利用的钾素，但是当土壤中速效钾的含量减少时，它可逐步转化为速效钾给予补
充。缓效钾是速效钾的直接补给库，它们之间存在动态平衡。测土配方施肥土壤有效样点数据的统计
分析结果表明（图 5-5、表 5-5、表 5-6），紫色土速效钾含量变幅为 12.00～552.00 mg/kg，呈右
偏态（尖顶峰）分布，中值 112.00 mg/kg，平均值 127.84 mg/kg；缓效钾含量变幅为 23.00～
1 954.20 mg/kg，中值为 398.00 mg/kg，平均值为 420.70 mg/kg。紫色土的钾素含量总体丰富，肥
力表现较好，速效钾和缓效钾均处于较高的含量水平，相当于耕地质量中土壤肥力指标分级标准中的
第二等级。

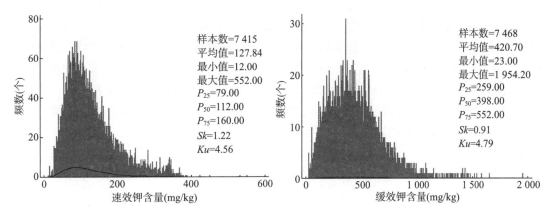

图 5-5　紫色土速效钾、缓效钾含量及分布特征

注：P_{25}、P_{50}、P_{75}、Sk、Ku 分别为下四分位点、中值、上四分位点、峰度系数、偏度系数。

表 5-5　紫色土不同亚类速效钾含量情况

紫色土亚类	样点数（个）	平均值（mg/kg）	中值（mg/kg）	最小值（mg/kg）	最大值（mg/kg）	标准差（mg/kg）	变异系数（%）
酸性紫色土	1 766	124.64	106.45	12.00	552	76.29	61.21
中性紫色土	3 200	118.50	102.00	16.00	385	64.56	54.48
石灰性紫色土	2 449	142.37	130.00	27.00	451	66.64	46.80
总体	7 415	127.84	112.00	12.00	552	68.99	53.96

表 5-6　紫色土不同亚类缓效钾含量情况

紫色土亚类	样点数（个）	平均值（mg/kg）	中值（mg/kg）	最小值（mg/kg）	最大值（mg/kg）	标准差（mg/kg）	变异系数（%）
酸性紫色土	1 762	282.25	236.00	23.00	1 542.00	184.53	65.38
中性紫色土	3 240	421.45	403.50	25.00	1 659.00	192.35	45.64
石灰性紫色土	2 466	518.65	500.00	29.20	1 954.20	217.12	41.86
总体	7 468	420.70	398.00	23.00	1 954.20	217.57	51.72

　　通过比较紫色土不同亚类之间的速效钾和缓效钾差异发现，石灰性紫色土速效钾和缓效钾含量平均值均高于其他亚类。石灰性紫色土速效钾含量平均值为 142.37 mg/kg，而酸性紫色土和中性紫色土速效钾含量平均值分别为 124.64 mg/kg 和 118.50 mg/kg，含量平均值差距不大。缓效钾含量则呈现石灰性紫色土（518.65 mg/kg）＞中性紫色土（421.45 mg/kg）＞酸性紫色土（282.25 mg/kg），

且酸性紫色土缓效钾含量明显低于石灰性紫色土和中性紫色土。因此，石灰性紫色土在土壤钾素肥力方面表现最佳。

　　紫色土速效钾含量均值与二普时期相比（图 5-6），紫色土速效钾含量显著提升，由二普时期的 88.00 mg/kg 提高到 127.84 mg/kg，含量平均值增加 39.84 mg/kg，提升 45.27%。不同紫色土亚类速效钾含量提升幅度存在差异，其中，以石灰性紫色土提升最大，平均增加 53.37 mg/kg，增幅为 59.97%；中性紫色土其次，平均增加 36.50 mg/kg，增幅为 44.51%；酸性紫

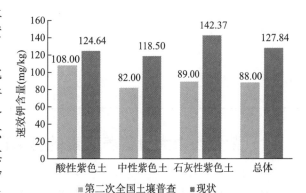

图 5-6　紫色土不同时期速效钾含量比较

色土涨幅最小，平均增加 16.64 mg/kg，增幅仅为 15.41％。由此可见，近些年紫色土速效钾含量呈现缓慢增加的趋势，现阶段属于较丰富水平，能够满足作物对钾的需要。

　　不同省份的紫色土样点速效钾含量平均值处于 74.24～154.06 mg/kg（表 5-7），缓效钾含量平均值处于 182.34～481.56 mg/kg（表 5-8），均存在较大的区域差异。在紫色土速效钾含量方面，仅有四川、云南和贵州的平均值高于总体平均值（127.85 mg/kg）；而在缓效钾含量方面，则仅有四川和重庆的平均值高于总体平均值（420.67 mg/kg）。由此可见，在紫色土钾素肥力方面，云南、贵州、四川、重庆地区存在一定的区域优势。同时，值得注意的是广西，其紫色土速效钾含量和缓效钾含量均远低于总体平均水平，分别仅为 74.24 mg/kg 和 182.34 mg/kg，均处于《全国九大农区及省级耕地质量监测指标分级标准（试行）》（2019）氮素肥力指标等级中较低的肥力水平，表现出明显的紫色土钾素肥力不足。

表 5-7　紫色土不同地区速效钾含量情况

省份	样点数（个）	平均值（mg/kg）	中值（mg/kg）	最小值（mg/kg）	最大值（mg/kg）	标准差（mg/kg）	变异系数（％）
四川	3 133	130.63	118.00	27.00	374.00	64.61	49.46
重庆	2 198	123.56	107.00	27.00	388.00	66.62	53.92
云南	963	137.16	117.00	27.00	552.00	81.60	59.49
湖北	357	125.48	109.00	28.00	345.00	69.97	55.76
贵州	259	154.06	143.00	40.00	377.00	72.06	46.77
湖南	134	121.81	98.50	32.00	451.00	76.62	62.90
广西	119	74.24	65.00	16.00	250.00	49.99	67.34
浙江	101	101.57	82.00	20.20	424.00	70.82	69.72
其他	151	99.03	88.50	12.00	310.00	59.13	59.71
总体	7 415	127.85	112.00	12.00	552.00	68.99	53.96

表 5-8　紫色土不同地区缓效钾含量情况

省份	样点数（个）	平均值（mg/kg）	中值（mg/kg）	最小值（mg/kg）	最大值（mg/kg）	标准差（mg/kg）	变异系数（％）
四川	3 159	481.56	465.00	51.00	1406.00	215.82	44.82
重庆	2 239	438.75	428.00	52.00	1116.00	165.70	37.77
云南	967	275.43	221.00	30.00	1542.00	193.08	70.10
湖北	359	417.79	343.00	89.00	1587.00	254.86	61.00
贵州	261	319.20	251.00	60.00	1171.00	208.28	65.25
湖南	134	269.49	248.50	50.50	1954.20	192.98	71.61
广西	119	182.34	131.00	25.00	606.00	135.36	74.23
浙江	96	246.86	221.50	43.00	939.00	137.68	55.77
其他	134	423.83	280.00	23.00	1659.00	358.78	84.65
总体	7 468	420.67	398.00	23.00	1954.20	217.57	51.72

四、紫色土中大量营养元素的影响因素

（一）pH

　　紫色土根据其土壤 pH 的高低分为酸性、中性和石灰性 3 种类型，紫色土不同 pH 直接影响到大量营养元素的含量及有效性。通过对全国紫色土采集土壤样点的数据分析，发现紫色土 pH 与全氮、

有效磷、速效钾和缓效钾含量之间存在显著的相关性（表5-9）。结果表明，随着pH从酸性到中性到碱性的递增变化，紫色土全氮含量不断降低，二者的相关系数为−0.029**。该结果与酸性紫色土全氮含量平均值大于中性紫色土和石灰性紫色土（表5-1）表现一致。

表5-9　紫色土耕地土壤样点理化性质指标相关性分析

指标	pH	全氮	有效磷	速效钾	缓效钾	有机质
pH	1.000					
全氮	−0.029**	1.000				
有效磷	−0.340***	0.041***	1.000			
速效钾	0.177***	0.220***	0.134***	1.000		
缓效钾	0.397***	−0.093***	−0.002	0.317***	1.000	
有机质	−0.130***	0.796***	0.038***	0.185***	−0.168***	1.000

注：***代表0.1%显著性水平，**代表1%显著性水平，*代表5%显著性水平。

　　紫色土pH也对土壤磷素的有效性影响较大，pH直接影响土壤无机磷的迁移转化、生物有效性、存在状态以及溶解性。在酸性土壤中，磷易被铁、铝氧化物所固定；而在碱性土壤中，则被钙、镁所固定。紫色土耕地土壤样点有效磷含量平均值表现为中性紫色土≈酸性紫色土＞石灰性紫色土（表5-3），说明紫色土在pH中性环境下有利于土壤磷素的释放，其有效性最高。同时，随着土壤pH升高，有效磷含量呈现下降的趋势，二者相关系数为−0.340***。

　　而在土壤钾素含量方面，紫色土pH也对其产生显著影响，pH与速效钾含量和缓效钾含量存在显著正相关，其相关系数分别为0.177***和0.397***。紫色土速效钾和缓效钾含量平均值均呈现出石灰性紫色土大于酸性紫色土和中性紫色土情况（表5-5、表5-6）。在酸性条件下，钾的选择结合位可能被铝和羟基铝离子及其聚合物所占据。土壤pH增高，钾的固定量也增加。有研究认为，在酸化条件下可减弱钾的固定和提高钾的活性，在碱化条件下作用则相反。

（二）有机质

　　土壤有机质富含各种养分，在满足植物生长需要的同时，还能为微生物的活动提供能量来源。土壤有机质能够调节土壤的质量及功能，对土壤肥力水平具有重要作用。因此，土壤有机质与大量营养元素含量密切相关。通过对全国紫色土采集土壤样点的数据分析，发现紫色土有机质含量与全氮、有效磷、速效钾和缓效钾含量呈现显著相关性（表5-9）。有机形态的氮是土壤中氮的主要部分，紫色土中的有机态氮占土壤全氮量的80%~95%。因此，有机质含量的多少直接影响紫色土氮素含量的高低。结果表明，紫色土有机质含量与全氮含量存在极显著的正相关，相关系数高达0.796***，表示紫色土全氮含量随着有机质含量的增加而增加。

　　土壤中的有机质对有效磷含量的影响主要涉及难溶性磷库向可溶性磷库的转化过程。有机磷是存在于有机质中的一种形式，它通常是植物和动物残体的一部分。这些有机磷化合物在土壤中经过一系列微生物作用被分解为无机磷，使得磷元素更容易被植物吸收。有机质越高，土壤中的微生物活动通常也越活跃，土壤中磷的有效性越高。另外，土壤有机质的提升可以降低土壤对无机磷的固定，并促进无机磷的溶解。统计结果也证实了紫色土有机质与有效磷含量之间呈显著正相关，二者相关系数为0.038***。

　　同时，土壤有机胶体具有巨大的比表面和表面能，并带有正、负电荷，以带负电荷为主，从而可吸附土壤中的交换性阳离子，如K^+、NH_4^+、Ca^{2+}、Mg^{2+}等，这些阳离子被吸附后可避免随水流失，而且随时能被根系附近的H^+或其他阳离子交换出来供作物吸收利用。黏粒表面上有机胶膜的形成，有减少钾固定的作用。同时，有机质分解过程中产生的二氧化碳和有机酸，还可以促进含钾矿物风化，提高供钾水平。土壤有机质的提升也有利于土壤储存态钾向速效钾转化，从而提高土壤钾的有效性。因此，土壤有机质含量的高低也会影响土壤中速效钾的含量。紫色土有机质含量与速效钾含量之间也存在显著的正相关，相关系数为 0.185***。

（三）土壤质地

土壤质地直接影响土壤的耕性、水热状况和保肥供肥能力。质地黏重的土壤，有机质含量一般较高，其黏粒部分易于吸附和固定蛋白质一类的含氮化合物。通过对全国紫色土采集土壤样点的数据分析（表 5-10），发现质地越黏重的紫色土，其全氮含量均值往往越高，如黏土全氮含量平均值为 1.37 g/kg、重壤全氮含量平均值为 1.25 g/kg，均大于总体平均值（1.21 g/kg）。而沙土类因沙粒含量高、颗粒粗、透性好、毛管性很弱、胶结力低，其氮素含量一般都较低，如沙土全氮含量平均值为 1.11 g/kg，小于总体平均值。

表 5-10　紫色土不同土壤质地样点大量营养元素含量平均值情况

土壤质地	全氮（g/kg）	有效磷（mg/kg）	速效钾（mg/kg）	缓效钾（mg/kg）
沙土	1.11	33.52	116.84	386.88
沙壤	1.29	28.56	126.66	366.64
轻壤	1.09	28.15	121.56	427.15
中壤	1.15	26.96	131.34	473.45
重壤	1.25	25.84	127.89	413.84
黏土	1.37	23.44	140.14	401.30
总体	1.21	27.53	127.85	420.67

此外，土壤质地轻，土地通透条件较好，则有利于氮素和磷素的矿化，氮素和磷素的有效性与利用率则会提高，如表 5-10 所示，紫色土轻壤和中壤中的全氮含量平均值明显低于重壤，而紫色土轻壤、沙壤和沙土中有效磷的含量平均值则明显优于其他土壤质地。

而在紫色土钾素含量方面，不同的土粒粒级具有不同的供钾能力。沙粒的主要矿物成分是石英，其供钾能力很弱。粉沙部分通常含有原生矿物的风化残屑和云母一类矿物，所含钾有较高的有效性。黏粒部分因具有吸附和固定钾的能力，因此含钾量和钾素肥力均较高。如表 5-10 所示，紫色土黏土和中壤的速效钾含量平均值明显高于其他土壤质地，轻壤和中壤的缓效钾含量平均值高于其他土壤质地。结果表明，紫色土中壤质地在钾素含量和肥力表现方面最为优异。

第二节　紫色土中微量营养元素

一、紫色土有效铜含量特征与区域分异

铜是植物必需的一种微量元素，对植物的生长和发育起着重要作用。通过对紫色土区域的耕地土壤样点调查分析结果表明（表 5-11），全国紫色土肥力中有效铜的含量总体中值为 2.72 mg/kg，平均值为 5.75 mg/kg，根据《全国九大农区及省级耕地质量监测指标分级标准（试行）》（2019）中土壤肥力指标分级标准，属于高含量水平。但是，紫色土有效铜含量变动幅度大且离散程度高，变幅范围为 0.10～99.00 mg/kg，总体标准差为 7.12 mg/kg，变异系数为 124%。此外，紫色土不同亚类之间的有效铜含量平均值表现出一定差异，酸性紫色土平均值最高，为 7.26 mg/kg，而中性紫色土和石灰性紫色土平均值分别为 5.24 mg/kg 和 2.43 mg/kg，但均属于高含量水平。因此，紫色土耕地的土壤有效铜含量总体较为丰富。

表 5-11　紫色土耕地不同亚类有效铜含量情况

紫色土亚类	样点数（个）	平均值（mg/kg）	中值（mg/kg）	最小值（mg/kg）	最大值（mg/kg）	标准差（mg/kg）	变异系数（%）
酸性紫色土	1 160	7.26	4.10	0.10	99.00	7.85	108

（续）

紫色土亚类	样点数（个）	平均值（mg/kg）	中值（mg/kg）	最小值（mg/kg）	最大值（mg/kg）	标准差（mg/kg）	变异系数（％）
中性紫色土	610	5.24	2.15	0.14	42.31	6.83	130
石灰性紫色土	434	2.43	1.58	0.12	22.50	3.11	128
总体	2 204	5.75	2.72	0.10	99.00	7.12	124

当前紫色土有效铜含量水平与二普时期结果相比（图5-7），过去40多年紫色土有效铜含量有显著的提升，紫色土有效铜含量平均值从二普的0.74 mg/kg提高到5.75 mg/kg，含量平均值增加5.01 mg/kg，提升677％。不同紫色土亚类之间有效铜含量增幅存在一定的差异。其中，以中性紫色土提升幅度最大，土壤有效铜含量平均值增加4.51 mg/kg，增幅达618％；酸性紫色土壤全氮含量平均值增加6.19 mg/kg，增幅579％；石灰性紫色土壤全氮含量平均值提升幅度最小，仅增加1.80 mg/kg，增幅为286％。综上所述，与二普结

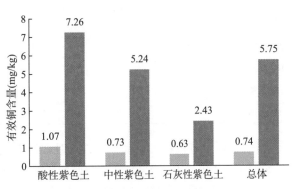

图5-7　紫色土不同时期有效铜含量比较

果相比，目前紫色土区域土壤有效铜含量总体上处于高肥力水平，而且增长趋势明显。

通过对全国紫色土采集土壤样点的数据分析结果表明（表5-12），不同省份的紫色土样点有效铜含量平均值为1.17～10.33 mg/kg。其中，重庆紫色土有效铜含量平均值最低，为1.17 mg/kg，低于全国紫色土总体平均值（5.75 mg/kg）近80％。四川紫色土效铜含量平均值也仅为1.60 mg/kg，低于全国紫色土总体平均值（5.75 mg/kg）约72％。所有省份中仅四川、重庆和广西的紫色土有效铜含量平均值低于2 mg/kg，有效铜肥力等级低于其他省份。贵州、湖北紫色土有效铜含量也低于全国总体平均值。而云南紫色土样品有效铜含量平均值最高，为10.33 mg/kg，超出总体平均值近80％。

表5-12　紫色土不同地区有效铜含量情况

省份	样点数（个）	平均值（mg/kg）	中值（mg/kg）	最小值（mg/kg）	最大值（mg/kg）	标准差（mg/kg）	变异系数（％）
云南	949	10.33	8.90	0.50	42.31	7.33	70.95
湖北	359	2.79	2.62	0.92	6.80	1.15	41.30
四川	334	1.60	1.21	0.14	13.96	1.55	96.84
重庆	161	1.17	0.94	0.23	4.24	0.68	58.33
广西	119	1.72	1.21	0.15	8.20	1.64	95.38
贵州	106	2.28	1.65	0.10	7.50	1.83	80.40
其他	176	4.00	2.20	0.14	99.00	11.45	286.39
总体	2 204	5.75	2.72	0.10	99.00	7.12	123.85

二、紫色土有效锌含量特征与区域分异

植物体内锌多分布在茎尖、幼嫩的叶片，当植物锌含量低于20 mg/kg时，植物就有可能缺锌，造成叶绿素含量降低、光合作用下降，表现出叶片发黄和株型矮小等症状，进而导致植物生长发育受阻。通过对紫色土区域的耕地土壤样点调查结果数据分析（表5-13），紫色土有效锌含量的总体中值为1.51 mg/kg，平均值为2.02 mg/kg，根据《全国九大农区及省级耕地质量监测指标分级标准（试行）》

（2019）中土壤肥力指标分级标准，属于较高的含量水平。紫色土有效锌含量的变幅为 0.10～22.60 mg/kg，总体标准差为 2.00 mg/kg，总体变异系数为 99%。紫色土不同亚类之间的有效锌含量平均值存在一定差异，中性紫色土和石灰性紫色土有效锌含量较为接近，分别为 1.80 mg/kg 和 1.66 mg/kg，而酸性紫色土有效锌含量平均值最大，为 2.27 mg/kg。但是，不同亚类紫色土的有效锌含量均处于同一肥力水平（1～3 mg/kg），属于较高水平，表明紫色土耕地土壤锌肥力总体较为丰富。

表 5-13　紫色土耕地不同亚类有效锌含量情况

紫色土亚类	样点数（个）	平均值（mg/kg）	中值（mg/kg）	最小值（mg/kg）	最大值（mg/kg）	标准差（mg/kg）	变异系数（%）
酸性紫色土	1 168	2.27	1.67	0.10	22.60	2.26	99
中性紫色土	612	1.80	1.35	0.12	14.97	1.67	93
石灰性紫色土	433	1.66	1.38	0.11	22.30	1.58	95
总体	2 213	2.02	1.51	0.10	22.60	2.00	99

当前紫色土有效锌含量水平与二普时期结果相比（图 5-8），紫色土有效锌含量平均值由二普时期的 0.73 mg/kg 提高到 2.02 mg/kg，含量平均值增加 1.29 mg/kg，增加幅度为 177%。不同紫色土亚类有效锌含量提升幅度存在一定差异。以酸性紫色土增幅最大，土壤有效锌含量平均值增加 1.57 mg/kg，增幅达 224%；中性紫色土壤有效锌含量平均值增加 1.04 mg/kg，增幅 137%；石灰性紫色土壤有效锌含量平均值增加 0.94 mg/kg，增幅为 131%。当前紫色土有效锌含量平均值均表现为较高水平，但与二普结果相比，肥力水平提升一个等级。

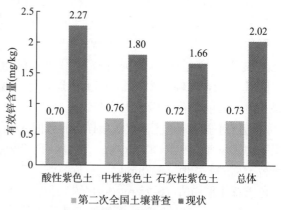

图 5-8　紫色土不同时期有效锌含量比较

通过对全国紫色土采集土壤样点的数据分析，发现不同省份的紫色土样点有效锌含量平均值处于 1.39～2.77 mg/kg（表 5-14），存在一定的区域差异。四川和重庆的紫色土有效锌含量平均值分别为 1.61 mg/kg 和 1.55 mg/kg，低于全国总体平均值。广西紫色土有效锌含量平均值最低，仅为 1.39 mg/kg，低于全国总体平均值（2.02 mg/kg）约 31%。云南紫色土样点有效锌含量平均值较高，达 2.16 mg/kg，超出总体平均值约 7%。但是，所有省份紫色土有效锌含量均处于 1～3 mg/kg，属于同一肥力等级，属于较高肥力水平。

表 5-14　紫色土不同地区有效锌含量情况

省份	样点数（个）	平均值（mg/kg）	中值（mg/kg）	最小值（mg/kg）	最大值（mg/kg）	标准差（mg/kg）	变异系数（%）
云南	967	2.16	1.57	0.10	14.97	2.03	93.71
湖北	359	1.87	1.80	0.59	3.89	0.67	35.74
四川	334	1.61	1.17	0.11	22.30	1.78	111.03
重庆	161	1.55	1.22	0.29	4.91	1.06	68.25
广西	119	1.39	1.14	0.21	7.00	1.28	92.13
其他	273	2.77	1.60	0.16	22.60	3.33	119.95
总体	2 213	2.02	1.51	0.10	22.60	2.00	99.25

三、紫色土有效铁含量特征与区域分异

铁是植物必需的一种微量营养元素，同时是叶绿素合成不可或缺的养分元素。通过对紫色土区域的耕地土壤有效铁含量调查分析，结果表明，紫色土耕地土壤有效铁肥力等级高、含量丰富。如表 5－15 所示，紫色土区有效铁含量总体中值为 56.60 mg/kg，平均值为 108.18 mg/kg，根据《全国九大农区及省级耕地质量监测指标分级标准（试行）》（2019）中土壤肥力指标分级标准，属于高水平肥力等级。土壤有效铁含量范围是 0.70～479.80 mg/kg，标准差为 122.48 mg/kg，变异系数为 113%，样点间差异较大。不同亚类紫色土有效铁含量平均值差异较大，石灰性紫色土有效铁含量平均值明显低于其他亚类。酸性紫色土和中性紫色土有效铁含量平均值分别为 128.36 mg/kg 和 105.90 mg/kg，而石灰性紫色土有效铁含量仅为 56.60 mg/kg。由于土壤的酸碱条件直接影响微量元素的溶解性及有效性，因此随着紫色土 pH 的降低，铁离子等溶解度增大，有效铁含量表现出增加的现象。

表 5－15　紫色土耕地不同亚类有效铁含量情况

紫色土亚类	样点数 （个）	平均值 （mg/kg）	中值 （mg/kg）	最小值 （mg/kg）	最大值 （mg/kg）	标准差 （mg/kg）	变异系数 （%）
酸性紫色土	1 173	128.36	77.60	1.00	479.80	131.89	103
中性紫色土	610	105.90	56.20	1.00	479.80	117.97	111
石灰性紫色土	432	56.60	24.30	0.70	479.20	79.47	140
总体	2 215	108.18	56.60	0.70	479.80	122.48	113

当前紫色土有效铁含量平均值与二普时期相比（图 5－9），紫色土有效铁含量平均值由二普时期的 16.98 mg/kg 提高到 108.18 mg/kg，含量平均值增加 91.20 mg/kg，提升了 537%，肥力等级从较高（10～20 mg/kg）提升至高水平（>20 mg/kg）。但是，在过去 40 多年中，不同紫色土亚类有效铁含量平均值提升幅度存在一定差异。以石灰性紫色土增幅最大，增幅为 739.76%，但土壤有效铁含量平均值仅增加 49.86 mg/kg。中性紫色土有效铁含量平均值增加了 89.86 mg/kg，增幅为 560.22%。酸性紫色土有效铁含量平均值增加了 77.25 mg/kg，增幅为 151.14%，酸性紫色土有效铁含量高于其他亚类土壤。

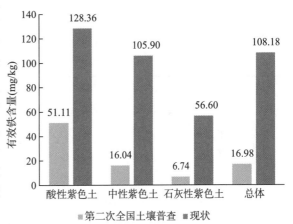

图 5－9　紫色土不同时期有效铁含量比较

通过对全国紫色土采集土壤样点的数据分析结果表明，不同省份的紫色土样点有效铁含量平均值为 46.14～168.02 mg/kg（表 5－16）。其中，四川紫色土样点有效铁含量平均值最低，仅为 46.14 mg/kg，低于全国紫色土总体均值（108.18 mg/kg）约 57%。贵州、湖北、重庆和广西紫色土有效铁含量也低于全国总体平均值，分别为 50.22 mg/kg、61.97 mg/kg、71.76 mg/kg 和 70.30 mg/kg。云南紫色土样点有效铁含量平均值（168.02 mg/kg）最高，高于全国总体平均值约 55%。但是，所有省份紫色土有效铁平均值均属于高肥力水平（>20 mg/kg），表明不同区域的紫色土有效铁含量丰富。

表 5－16　紫色土不同地区有效铁含量情况

省份	样点数 （个）	平均值 （mg/kg）	中值 （mg/kg）	最小值 （mg/kg）	最大值 （mg/kg）	标准差 （mg/kg）	变异系数 （%）
云南	961	168.02	123.20	1.00	479.80	148.73	88.52

（续）

省份	样点数（个）	平均值（mg/kg）	中值（mg/kg）	最小值（mg/kg）	最大值（mg/kg）	标准差（mg/kg）	变异系数（%）
湖北	359	61.97	62.20	1.20	186.60	41.06	66.26
四川	334	46.14	16.30	0.70	442.00	68.18	147.76
重庆	161	71.76	43.70	1.00	432.00	82.49	114.95
广西	119	70.30	37.94	3.00	289.18	74.22	105.58
贵州	105	50.22	29.50	1.00	375.00	66.56	132.53
其他	176	86.89	43.90	1.00	436.00	86.66	99.74
总体	2 215	108.18	56.60	0.70	479.80	122.48	113.22

四、紫色土有效锰含量特征与区域分异

微量元素锰能促进种子发芽和幼苗生长，缺锰会影响作物的光合作用、呼吸作用以及硝态氮在体内的积累。通过对紫色土区域的耕地土壤样点调查结果分析，紫色土有效锰含量总体中值为23.10 mg/kg，平均值为29.49 mg/kg，根据《全国九大农区及省级耕地质量监测指标分级标准（试行）》（2019）中土壤肥力指标分级标准，属于较高水平肥力等级。紫色土区土壤有效锰变幅为0.30～173.00 mg/kg，总体标准差为25.96 mg/kg，变异系数为88%（表5-17）。但不同亚类紫色土之间的有效锰含量平均值不同，表现出酸性紫色土优于中性紫色土和石灰性紫色土。酸性紫色土含量平均值最大，为32.16 mg/kg，属于高水平肥力等级（＞30 mg/kg），而中性紫色土和石灰性紫色土含量分别为29.55 mg/kg和22.35 mg/kg，属于较高水平肥力等级（15～30 mg/kg）。因此，紫色土锰肥力总体较为丰富。

表5-17　紫色土耕地不同亚类有效锰含量情况

紫色土亚类	样点数（个）	平均值（mg/kg）	中值（mg/kg）	最小值（mg/kg）	最大值（mg/kg）	标准差（mg/kg）	变异系数（%）
酸性紫色土	1 141	32.16	25.10	0.30	172.30	27.42	85
中性紫色土	602	29.55	24.95	1.00	167.10	23.56	80
石灰性紫色土	430	22.35	15.40	0.30	173.00	23.78	106
总体	2 173	29.49	23.10	0.30	173.00	25.96	88

当前紫色土有效锰含量平均值与二普时期相比（图5-10），土壤有效锰含量平均值由二普时期的20.61 mg/kg提高至29.49 mg/kg，含量平均值增加8.88 mg/kg，提升43.09%。但不同紫色土亚类有效锰含量变化趋势差异明显。石灰性紫色土提升最大，土壤有效锰含量平均值增加12.95 mg/kg，增幅达137.77%；中性紫色土壤有效锰含量平均值基本保持不变，增加0.5 mg/kg。中性紫色土和石灰性紫色土有效锰含量有增长的趋势，而酸性紫色土有效锰含量表现出下降趋势，平均值减少10.08 mg/kg，降幅为23.86%。值得注意的是，虽然对比二普时期结果，可以发现紫色土有效锰含量总体上有一定提升，为较高肥力水平。但酸性紫色土有效锰含量却表现为明显降低，原因可能是酸性紫色土种植的作物对有效锰需求大造成的，且耕地常年耕种。例如，豆科

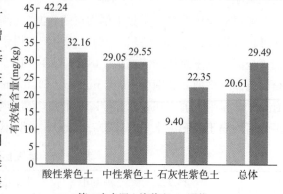

图5-10　紫色土不同时期有效锰含量比较

作物中的大豆、蚕豆、菜豆等，它们对锰比较敏感，完成生命周期需要大量的锰来维持生长。

通过对全国紫色土采集土壤样点的数据分析，发现不同省份的紫色土样点有效锰含量平均值处于18.59～35.62 mg/kg（表5-18），存在一定的区域差异。四川紫色土样点有效锰含量平均值最低，仅为18.59 mg/kg，低于全国紫色土总体均值（29.49 mg/kg）约37%。同时，重庆（25.61 mg/kg）和湖北（26.18 mg/kg）紫色土有效锰含量也低于全国总体均值。全国紫色土样点有效锰含量平均值较高的省份是云南和广西，有效锰含量平均值分别高达35.62 mg/kg 和32.00 mg/kg，分别高于总体平均值约21%和9%，且肥力等级高出其他省份一级。

表5-18　紫色土不同地区有效锰含量情况

省份	样点数（个）	平均值（mg/kg）	中值（mg/kg）	最小值（mg/kg）	最大值（mg/kg）	标准差（mg/kg）	变异系数（%）
云南	958	35.62	27.95	1.00	167.10	28.42	79.80
湖北	359	26.18	25.90	1.00	71.10	14.02	53.54
四川	335	18.59	11.30	1.00	173.00	23.12	124.39
重庆	155	25.61	21.40	1.00	88.90	19.30	75.35
广西	119	32.00	18.30	1.30	172.30	34.38	107.44
其他	247	26.55	17.70	0.30	141.20	25.48	95.95
总体	2 173	29.49	23.10	0.30	173.00	25.96	88.02

五、紫色土有效硼含量特征与区域分异

硼是植物必需的一种微量营养元素，植物体内各器官硼含量差异很大，一般为2～100 mg/kg。缺硼会造成油菜"花而不实"、棉花"蕾而不花"、小麦"穗而不实"等现象。通过对紫色土区域的耕地土壤样点调查分析结果表明（表5-19），紫色土有效硼含量的总体中值为0.34 mg/kg，平均值为0.46 mg/kg，根据《全国九大农区及省级耕地质量监测指标分级标准（试行）》（2019）中土壤肥力指标分级标准，属于较低水平的肥力等级。紫色土区域土壤有效硼变幅范围为0.10～2.98 mg/kg，标准差为0.37 mg/kg，变异系数为80%。此外，不同紫色土亚类之间的有效硼含量平均值差异较小，酸性紫色土、中性紫色土和石灰性紫色土有效硼含量平均值分别为0.48 mg/kg、0.44 mg/kg 和0.45 mg/kg，均属于较低肥力等级水平。因此，紫色土区域土壤有效硼总体上肥力水平不高，需要警惕生产中作物缺硼现象的发生。

表5-19　紫色土耕地不同亚类有效硼含量情况

紫色土亚类	样点数（个）	平均值（mg/kg）	中值（mg/kg）	最小值（mg/kg）	最大值（mg/kg）	标准差（mg/kg）	变异系数（%）
酸性紫色土	1 145	0.48	0.36	0.10	2.98	0.38	79
中性紫色土	596	0.44	0.32	0.10	2.64	0.36	83
石灰性紫色土	429	0.45	0.34	0.10	1.93	0.36	79
总体	2 170	0.46	0.34	0.10	2.98	0.37	80

当前紫色土有效硼含量与二普时期相比（图5-11），紫色土有效硼含量平均值由二普时期的0.91 mg/kg 降低到0.46 mg/kg，减少49.45%，从较高肥力等级水平下降至较低肥力水平。不同紫色土亚类有效硼含量变化趋势存在差异，酸性紫色土和中性紫色土有效硼含量平均值有所提高，但石灰性紫色土有效硼含量平均值出现下降。中性紫色土有效硼含量平均值增加0.32 mg/kg，增幅达266.67%；酸性紫色土有效硼含量平均值增加0.11 mg/kg，增幅为29.73%；而当前石灰性紫色土有效硼含量平均值减少0.69 mg/kg，降幅为60.53%。

通过对全国紫色土采集土壤样点的数据分析，发现不同省份的紫色土样点有效硼含量平均值处于 0.28～0.82 mg/kg（表 5-20），存在一定的区域差异。重庆和四川是紫色土样点有效硼含量均值最低的省份，分别仅为 0.28 mg/kg 和 0.33 mg/kg，分别低于全国紫色土总体平均值（0.46 mg/kg）约 39% 和 28%。同时，云南（0.42 mg/kg）和广西（0.37 mg/kg）紫色土有效硼含量也低于全国总体平均值。湖北紫色土样点有效硼含量平均值最高，为 0.82 mg/kg，高于总体平均值约 78%，是唯一一个紫色土有效硼含量属于较高肥力等级水平的省份。

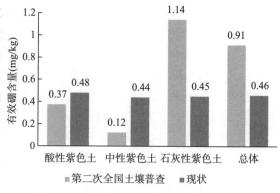

图 5-11　紫色土不同时期有效硼含量比较

表 5-20　紫色土不同地区有效硼含量情况

省份	样点数（个）	平均值（mg/kg）	中值（mg/kg）	最小值（mg/kg）	最大值（mg/kg）	标准差（mg/kg）	变异系数（%）
云南	967	0.42	0.35	0.10	1.90	0.28	65.15
湖北	359	0.82	0.56	0.17	2.66	0.55	66.40
四川	329	0.33	0.25	0.10	1.56	0.24	71.74
重庆	153	0.28	0.22	0.10	0.96	0.20	72.21
广西	119	0.37	0.27	0.10	1.60	0.26	70.35
其他	243	0.41	0.33	0.10	2.98	0.30	72.11
总体	2 170	0.46	0.34	0.10	2.98	0.37	80.04

六、紫色土有效钼含量特征与区域分异

钼是植物必需的一种微量营养元素，但植物对其需求一般较低，植物缺钼时通常矮小，生长不良，甚至叶缘萎蔫，以至死亡。通过对紫色土区域的耕地土壤样点调查分析结果表明（表 5-21），紫色土有效钼含量的总体中值为 0.60 mg/kg，平均值为 0.84 mg/kg，根据《全国九大农区及省级耕地质量监测指标分级标准（试行）》（2019）中土壤肥力指标分级标准，属于高肥力水平。紫色土区域有效钼变幅范围为 0.10～11.30 mg/kg，总体标准差为 0.77 mg/kg，变异系数为 92%。不同亚类的紫色土有效钼含量平均值表现出酸性紫色土＞中性紫色土＞石灰性紫色土的特征。酸性紫色土含量平均值最高，为 0.98 mg/kg，中性紫色土和石灰性紫色土有效钼含量平均值分别为 0.73 mg/kg 和 0.53 mg/kg，但不同亚类紫色土的有效钼含量均属于高肥力水平。因此，紫色土耕地土壤有效钼含量总体上处于丰富水平。

表 5-21　紫色土耕地不同亚类有效钼含量情况

紫色土亚类	样点数（个）	平均值（mg/kg）	中值（mg/kg）	最小值（mg/kg）	最大值（mg/kg）	标准差（mg/kg）	变异系数（%）
酸性紫色土	931	0.98	0.80	0.10	11.30	0.84	85
中性紫色土	402	0.73	0.50	0.10	2.60	0.66	91
石灰性紫色土	286	0.53	0.36	0.10	2.80	0.54	102
总体	1 619	0.84	0.60	0.10	11.30	0.77	92

当前紫色土有效钼含量平均值与二普时期相比（图 5-12），紫色土有效钼含量总体有明显的提升，紫色土有效钼含量总体平均值由二普时期的 0.08 mg/kg 提高到 0.84 mg/kg，增加 0.76 mg/kg，

提升 950%。从二普时期至当前，不同紫色土亚类有效钼含量提升幅度呈现酸性紫色土＞中性紫色土＞石灰性紫色土的特征。酸性紫色土有效钼含量平均值增加 0.90 mg/kg，增幅达 1 125%；中性紫色土有效钼含量平均值增加 0.63 mg/kg，增幅为 630%；石灰性紫色土有效钼含量平均值增加 0.45 mg/kg，增幅为 562.5%。在肥力水平上，3 种不同亚类紫色土有效钼含量均从较低水平上升至高肥力水平。

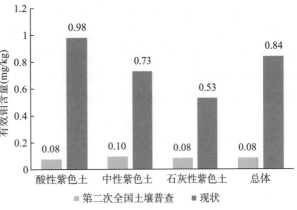

图 5-12　紫色土不同时期有效钼含量比较

通过对全国紫色土采集土壤样点的数据分析，发现不同省份的紫色土样点有效钼含量平均值处于 0.36～1.15 mg/kg（表 5-22），存在一定的区域差异。广西紫色土样点有效钼含量平均值最低，仅为 0.36 mg/kg，低于全国紫色土总体均值（0.84 mg/kg）约 57%。同时，四川紫色土有效钼含量也低于全国总体平均值。而云南紫色土样点有效钼含量平均值最高，为 1.15 mg/kg，超出总体平均值近 37%。但所有省份紫色土有效钼的含量均值都＞0.20 mg/kg，都属于高肥力水平。因此，全国紫色土有效钼含量丰富。

表 5-22　紫色土不同地区有效钼含量情况

省份	样点数（个）	平均值（mg/kg）	中值（mg/kg）	最小值（mg/kg）	最大值（mg/kg）	标准差（mg/kg）	变异系数（%）
云南	962	1.15	1.11	0.10	2.90	0.74	64.19
四川	329	0.38	0.29	0.10	2.14	0.28	74.41
广西	119	0.36	0.25	0.10	0.90	0.25	70.09
其他	209	0.41	0.21	0.10	11.30	0.92	222.12
总体	1 619	0.84	0.60	0.10	11.30	0.77	91.65

七、紫色土有效硫含量特征与区域分异

硫是植物生长所需的第四大元素。通过对紫色土区域的耕地土壤样点调查结果数据分析（表 5-23），紫色土有效硫含量的总体中值为 27.90 mg/kg，平均值为 50.18 mg/kg，根据《全国九大农区及省级耕地质量监测指标分级标准（试行）》（2019）中土壤肥力指标分级标准，属于高肥力水平（＞40 mg/kg）。全国紫色土区域土壤有效硫含量变幅范围为 1.00～536.90 mg/kg，标准差为 67.36 mg/kg，变异系数为 134%。在不同亚类紫色土中，酸性紫色土有效硫含量平均值最高，为 56.79 mg/kg，而中性紫色土和石灰性紫色土有效硫含量平均值分别为 46.00 mg/kg 和 37.08 mg/kg。酸性紫色土和中性紫色土有效硫含量属于高肥力水平，而石灰性紫色土有效硫属于较高肥力水平（30～40 mg/kg）。但总体上，紫色土耕地土壤有效硫含量属于丰富状态。

表 5-23　紫色土耕地不同亚类有效硫含量情况

紫色土亚类	样点数（个）	平均值（mg/kg）	中值（mg/kg）	最小值（mg/kg）	最大值（mg/kg）	标准差（mg/kg）	变异系数（%）
酸性紫色土	1 106	56.79	31.22	1.00	536.90	75.14	132
中性紫色土	494	46.00	26.60	1.00	397.60	63.38	138
石灰性紫色土	400	37.08	23.70	1.00	378.80	42.68	115
总体	2 000	50.18	27.90	1.00	536.90	67.36	134

通过对全国紫色土采集土壤样点的数据分析，发现不同省份的紫色土样点有效硫含量平均值处于21.86～62.93 mg/kg（表5-24），存在一定的区域差异。四川紫色土样点有效硫含量平均值最低，仅为21.86 mg/kg，低于全国紫色土总体平均值（50.18 mg/kg）约56%。同时，广西紫色土样点有效硫含量平均值32.77 mg/kg，也低于全国总体平均值。云南和湖北紫色土样点有效硫含量平均值高于全国平均值，分别为62.93 mg/kg和55.90 mg/kg。

表5-24 紫色土不同地区有效硫含量情况

省份	样点数（个）	平均值（mg/kg）	中值（mg/kg）	最小值（mg/kg）	最大值（mg/kg）	标准差（mg/kg）	变异系数（%）
云南	944	62.93	31.10	1.00	398.00	85.45	135.77
湖北	359	55.90	36.50	1.00	174.10	44.08	78.86
四川	301	21.86	14.50	1.00	294.20	30.67	140.33
广西	119	32.77	24.48	1.11	128.38	26.27	80.18
其他	277	37.59	27.00	1.10	536.90	48.18	128.18
总体	2 000	50.18	27.90	1.00	536.90	67.37	134.24

八、紫色土有效硅含量特征与区域分异

硅可以提高作物的光合作用，提高水稻等作物的根系活性，增强抗倒伏和抗病虫能力。通过对紫色土区域的耕地土壤样点调查结果数据分析（表5-25），紫色土有效硅含量中值为165.11 mg/kg，总体平均值为183.67 mg/kg，根据《全国九大农区及省级耕地质量监测指标分级标准（试行）》（2019）中土壤肥力指标分级标准，属于较高肥力水平。全国紫色土区域土壤有效硅含量范围是1.00～584.43 mg/kg，总体标准差为131.40 mg/kg，变异系数为72%。在不同亚类紫色土中，酸性紫色土和中性紫色土有效硅含量平均值相近，分别为185.50 mg/kg和187.72 mg/kg，而石灰性紫色土有效硅含量平均值稍低，为173.58 mg/kg，但均属于较高肥力水平。因此，总体上紫色土耕地有效硅含量较为丰富。

表5-25 紫色土耕地不同亚类有效硅含量情况

紫色土亚类	样点数（个）	平均值（mg/kg）	中值（mg/kg）	最小值（mg/kg）	最大值（mg/kg）	标准差（mg/kg）	变异系数（%）
酸性紫色土	1 097	185.50	165.66	1.00	497.43	136.72	74
中性紫色土	456	187.72	163.83	1.00	513.99	131.81	70
石灰性紫色土	382	173.58	164.10	1.84	584.43	114.02	66
总体	1 935	183.67	165.11	1.00	584.43	131.40	72

通过对全国紫色土采集土壤样点的数据分析，发现不同省份的紫色土样点有效硅含量平均值处于109.28～225.15 mg/kg（表5-26），存在一定的区域差异。广西和四川紫色土有效硅含量平均值较低，分别仅为109.28 mg/kg和149.89 mg/kg，分别低于全国紫色土总体平均值（183.67 mg/kg）约41%和18%，属于中等肥力水平。同时，湖北紫色土有效硅含量为161.96 mg/kg，也低于全国总体平均值。而云南紫色土样点有效硅含量平均值最高，为225.15 mg/kg，超出总体平均值近23%，也是唯一一个高出全国总体平均值的省份。

表 5-26　紫色土不同地区有效硅含量情况

省份	样点数 （个）	平均值 （mg/kg）	中值 （mg/kg）	最小值 （mg/kg）	最大值 （mg/kg）	标准差 （mg/kg）	变异系数 （%）
云南	955	225.15	222.72	1.69	497.43	147.67	65.59
湖北	359	161.96	171.77	12.50	381.99	77.43	47.81
四川	292	149.89	133.36	2.00	477.26	107.92	72.00
广西	118	109.28	67.94	1.00	513.99	113.26	103.64
其他	211	121.21	112.69	1.00	584.43	95.88	79.10
总体	1 935	183.67	165.11	1.00	584.43	131.40	71.54

九、紫色土中微量元素的影响因素

（一）pH

利用全国紫色土土壤样点的中微量元素数据进行结果分析，发现紫色土绝大多数中微量元素与土壤 pH 呈负相关关系，即土壤 pH 越高，土壤有效中微量元素有效含量越低。其中，土壤有效铁、有效锰、有效硫与 pH 之间存在显著的负相关关系（表 5-27）。以有效铁为例，紫色土 pH 由酸性到中性再到碱性的递增变化时，其有效铁含量不断降低，二者表现为显著负相关，相关系数为 -0.056**。该结果与酸性紫色土有效铁含量平均值大于中性紫色土和石灰性紫色土表现一致（表 5-15）。土壤中锰价数的转化取决于土壤 pH 及氧化还原条件。若土壤 pH 低，则酸性强，二价锰增加；若在中性附近，则有利于三价锰的生成；而当 pH>8 时，则向四价锰转化。在氧化条件下，锰由低价向高价转化。因此，锰在酸性土壤中比在石灰性土壤中有效性高。土壤 pH 也影响土壤中有效硫的含量。酸性土中，铁、铝氧化物对硫酸根离子的吸附能力较强，随着 pH 的升高而吸附性下降。相关性分析结果表明，pH 与有效锰、有效硫的相关系数分别为 -0.244*** 和 -0.072***，均为显著负相关，与酸性紫色土有效锰、有效硫含量平均值大于中性紫色土和石灰性紫色土表现一致（表 5-17 和表 5-23）。仅有效硅和 pH 之间为显著正相关，相关系数为 0.136***，结果与酸性紫色土有效硅含量平均值小于中性紫色土表现一致（表 5-25）。

表 5-27　紫色土耕地理化性质指标相关性分析

指标	pH	有机质
pH	1	
有机质	-0.065**	1
有效铜	-0.025	0.262***
有效锌	-0.015	0.222***
有效铁	-0.056**	0.228***
有效锰	-0.244***	0.079***
有效硼	0.017	0.220***
有效钼	-0.028	0.215***
有效硫	-0.072***	0.120***
有效硅	0.136***	0.151***

注：***代表 0.1% 显著性水平，**代表 1% 显著性水平，*代表 5% 显著性水平。

（二）有机质

有机质对紫色土中微量元素的影响主要体现在两个方面：一是通过吸附和固定作用，影响中微量元素的迁移和有效性；二是通过微生物分解作用，将有机态中微量元素转化为可被植物吸收利用的形态。因此，有机质含量较高的土壤往往具有较高的中微量元素含量和有效性。通过对全国紫色土采集土壤样点的中微量元素含量与土壤有机质含量相关性分析，发现紫色土有机质含量与有效铜、有效锌、有效铁、有效锰、有效硼、有效钼、有效硫和有效硅均呈现极显著的正相关（表 5-27），相关系数分别为 0.262***、0.222***、0.228***、0.079***、0.220***、0.215***、0.120*** 和 0.151***。这表明随着土壤有机质含量增加，土壤中微量营养元素含量也呈现增加的趋势。

（三）紫色土质地

紫色土的不同质地特性可以通过影响微量元素的吸附、固定以及释放过程，从而影响微量元素的可利用性和有效性。不同亚类紫色土，其黏粒组成和含量存在较大差异，这也会导致吸附和固定的微量元素种类与含量的不一致。通过对全国紫色土采集土壤样点的数据分析（表 5-28），可以发现不同质地条件下中微量营养元素含量平均值的变化。在较高黏粒含量的紫色土中，土壤黏粒表面对铜、铁、锰、硅等微量元素具有较强的吸附能力。例如，耕层质地为黏土条件下，紫色土有效铜、有效铁、有效锰和有效硅含量平均值分别为 6.87 mg/kg、100.48 mg/kg、32.76 mg/kg 和 202.43 mg/kg。而在黏粒含量较低、沙粒含量较高的紫色土中，土壤中原生矿物以石英、长石为主，潜在养分含量少，土壤有机质含量低，所含矿物质少。另外，由于粒间孔隙大，又因缺少黏粒和有机质而保肥性弱，微量元素可能更容易流失。相比其他耕层质地种类，质地为沙土的紫色土中有效铜、有效锌、有效铁和有效硅含量平均值较低，分别为 2.11 mg/kg、2.12 mg/kg、52.52 mg/kg 和 147.31 mg/kg。此外，中壤的质地介于轻壤和黏土之间，具有较好的通气性、保水性和养分供应能力，通常能为植物提供较为稳定的微量元素环境，土壤质地为中壤的紫色土中有效锰、有效钼和有效硫含量均值分别为 25.56 mg/kg、0.43 mg/kg 和 39.43 mg/kg。轻壤质地适中，通气性和保水性较好，有利于土壤微生物活动和养分转化，其中耕层质地为轻壤的紫色土中有效硼含量平均值最高，为 0.51 mg/kg。

表 5-28 紫色土不同质地中微量营养元素含量平均值情况

单位：mg/kg

土壤质地	有效铜	有效锌	有效铁	有效锰	有效硼	有效钼	有效硫	有效硅
沙土	2.11	2.12	52.52	34.04	0.47	0.40	42.97	147.31
沙壤	7.89	2.25	149.02	31.71	0.43	0.99	52.27	202.64
轻壤	2.62	1.64	59.16	25.95	0.51	0.56	43.12	151.19
中壤	2.69	1.93	57.80	25.56	0.50	0.43	39.43	149.72
重壤	6.60	1.97	118.07	29.01	0.47	0.87	58.30	188.18
黏土	6.87	1.75	100.48	32.76	0.43	0.93	57.77	202.43
总体	5.75	2.02	108.15	29.48	0.46	0.84	50.17	183.68

第三节　紫色土养分丰缺状况与施肥

一、紫色土氮、磷、钾大量营养元素丰缺状况评价

（一）丰缺评价指标

为评估紫色土肥力现状与障碍因素，参照农业农村部耕地质量监测保护中心《全国九大农区及省级耕地质量监测指标分级标准（试行）》（2019），对紫色土区域土壤大量营养元素（氮、磷、钾）肥力状况按等级划分，结果如表 5-29 所示。

表 5-29 紫色土大量营养元素含量分级评价指标

指标	单位	分级标准				
		高	较高	中等	较低	低
全氮	g/kg	>2.00	1.50~2.00	1.00~1.50	0.50~1.00	<0.50

（续）

指标	单位	分级标准				
		高	较高	中等	较低	低
有效磷	mg/kg	>40.0	25.0～40.0	15.0～25.0	5.0～15.0	<5.0
速效钾	mg/kg	>150	100～150	75～100	50～75	<50
缓效钾	mg/kg	>500	300～500	200～300	150～200	<150

（二）丰缺状况总体评价与区域差异

1. 紫色土氮素 通过对全国紫色土采集土壤样点的数据分析，按表5-29中的分级标准，全氮含量总体处于高、较高、中等、较低和低含量水平的样点比例分别为7.46％、14.96％、37.17％、37.47％、2.94％（表5-30），中低水平全氮土壤占比高达77.58％。因此，当前全国紫色土氮素情况呈现总体中等偏低水平。

从不同紫色土亚类来看，酸性紫色土全氮含量处于高和较高含量水平的样品占比分别为15.40％和20.71％（表5-30），明显高于中性紫色土（5.35％和13.04％）和石灰性紫色土（4.85％和13.62％），显著优于总体水平（7.46％和14.96％）。而中性紫色土和石灰性紫色土全氮含量则主要分布于中等和较低含量水平，占比高达78.11％和78.66％，而酸性紫色土在该范围的占比仅有61.96％。同时，全氮含量处于低肥力水平的酸性紫色土样点占比仅为1.93％，低于石灰性紫色土（2.87％）和总体（2.94％）情况，并显著低于中性紫色土（3.50％）情况。因此，酸性紫色土中的氮素肥力情况显著优于中性紫色土和石灰性紫色土。

从不同地区来看，云南、贵州和湖南紫色土在氮素肥力方面表现优异，其全氮含量处于高和较高含量等级的土壤样点占比分别为58.41％、49.43％和37.31％（表5-31），远高于总体水平（22.42％）。四川、重庆、广西和浙江紫色土在氮素含量方面表现不佳，其处于高和较高含量等级的土壤样点占比仅为15.76％、20.00％、19.33％和12.08％，均低于总体水平，且四川、广西和浙江80％以上的样点全氮含量均分布于中等和较低含量水平。湖北紫色土氮素肥力情况则与总体水平基本持平。因此，云南和贵州紫色土氮素含量相对丰富，而四川和浙江则相对缺乏，需要进行针对性的施肥补充。

表5-30 紫色土不同亚类大量营养元素含量分级分布频率

单位：％

指标	分级	酸性紫色土	中性紫色土	石灰性紫色土	总体
全氮含量	高	15.40	5.35	4.85	7.46
	较高	20.71	13.04	13.62	14.96
	中等	32.13	36.52	41.41	37.17
	较低	29.83	41.59	37.25	37.47
	低	1.93	3.50	2.87	2.94
有效磷含量	高	21.63	22.89	13.84	19.59
	较高	17.81	15.11	10.40	14.18
	中等	19.46	20.49	14.37	18.21
	较低	33.28	31.50	45.53	36.58
	低	7.82	10.01	15.86	11.44
速效钾含量	高	28.43	23.38	37.28	29.17
	较高	24.86	27.75	33.56	28.98
	中等	17.38	21.84	16.05	18.87
	较低	17.33	18.88	10.09	15.60
	低	12.00	8.15	3.02	7.38

（续）

指标	分级	酸性紫色土	中性紫色土	石灰性紫色土	总体
缓效钾含量	高	11.57	30.62	49.92	32.50
	较高	23.21	41.88	35.93	35.51
	中等	25.94	15.22	9.77	15.95
	较低	15.44	6.79	2.19	7.31
	低	23.84	5.49	2.19	8.73

表5-31　紫色土不同地区大量营养元素含量分级分布频率

单位：%

指标	分级	四川	重庆	云南	湖北	贵州	湖南	广西	浙江	其他省份	总体
全氮含量	高	4.02	5.33	20.79	7.24	21.13	11.19	2.52	2.10	26.12	7.46
	较高	11.74	14.67	37.62	15.88	28.30	26.12	16.81	9.98	28.63	14.96
	中等	40.36	46.00	27.72	35.38	32.45	38.81	26.89	36.81	30.51	37.17
	较低	40.32	30.00	9.90	37.33	16.60	22.39	53.78	47.78	14.52	37.47
	低	3.56	4.00	3.97	4.17	1.52	1.49	0.00	3.33	0.22	2.94
有效磷含量	高	17.44	24.99	11.27	25.22	15.73	30.60	8.40	29.70	23.84	19.59
	较高	11.64	15.10	18.82	15.94	11.61	15.67	21.01	15.84	16.56	14.18
	中等	14.28	21.98	22.54	18.26	18.73	9.70	19.33	12.88	25.83	18.21
	较低	41.98	27.73	46.12	30.72	37.83	26.12	35.29	15.84	29.14	36.58
	低	14.66	10.20	1.25	9.86	16.10	17.91	15.97	25.74	4.63	11.44
速效钾含量	高	30.74	26.52	33.02	28.57	46.33	24.63	8.39	13.86	13.24	29.17
	较高	31.54	28.30	26.27	27.17	28.19	24.63	13.45	25.74	27.15	28.98
	中等	18.90	20.56	17.13	17.09	13.90	18.66	13.45	16.83	23.18	18.87
	较低	13.47	17.29	15.26	20.17	8.49	22.39	23.53	29.70	17.22	15.60
	低	5.35	7.33	8.32	7.00	3.09	9.69	41.18	13.87	19.21	7.38
缓效钾含量	高	43.53	33.18	10.54	29.25	17.24	5.22	0.83	5.21	32.84	32.50
	较高	35.90	46.45	20.89	30.36	26.05	28.36	18.49	18.75	15.67	35.51
	中等	11.93	12.86	26.37	27.58	21.84	30.60	13.45	33.33	19.40	15.95
	较低	4.08	4.78	17.48	8.36	16.48	13.43	12.61	23.96	8.96	7.31
	低	4.56	2.73	24.72	4.45	18.39	22.39	54.62	18.75	23.13	8.73

2. 紫色土磷素　通过对全国紫色土采集土壤样点的数据分析，按表5-29中的分级标准，有效磷含量总体处于高、较高、中等、较低和低含量水平的比例分别为19.59%、14.18%、18.21%、36.58%和11.44%（表5-30），紫色土总体有效磷含量除了在较低含量水平上分布频率略高之外，较为均匀地分布在各个含量等级上，且呈现一定程度的离散分布现象。

从不同紫色土亚类来看，有效磷含量处于高、较高和中等含量水平的酸性紫色土样点占比分别为21.63%、17.81%和19.46%，中性紫色土样点占比则分别为22.89%、15.11%和20.49%，两者情况相似，均显著优于石灰性紫色土（13.84%、10.40%和14.37%）（表5-30）。在中等及以上含量水平（有效磷含量≥15.0 mg/kg）方面，酸性紫色土和中性紫色土样点占比均高于石灰性紫色土。在有效磷含量处于低含量水平的占比方面也呈现石灰性紫色土＞中性紫色土＞酸性紫色土的情况。因此，在有效磷土壤肥力上，酸性紫色土优于中性紫色土和石灰性紫色土。

从不同地区来看，重庆、湖北和湖南紫色土在有效磷肥力方面表现较为优异，其有效磷含量处于高和较高含量等级的土壤样点占比分别为 40.09％、41.16％和 46.27％（表 5-31），高于总体水平（33.77％）。四川、云南、贵州和广西的紫色土在有效磷含量方面表现不佳，其处于高和较高含量等级的土壤样点占比仅为 29.08％、30.09％、27.34％和 29.41％，均低于总体水平。而浙江紫色土有效磷含量则表现出显著的两极分化，处于高和低含量水平的占比分别为 29.70％和 25.74％，呈现土壤有效磷肥力分布不均的现象。

3. 紫色土钾素 通过对全国紫色土采集土壤样点的数据分析，按表 5-29 中的分级标准，紫色土速效钾含量处于高、较高、中等、较低和低含量水平的比例分别为 29.17％、28.98％、18.87％、15.60％和 7.38％；缓效钾含量分布则分别为 32.50％、35.51％、15.95％、7.31％和 8.73％（表 5-30）。紫色土总体钾素肥力表现较好，速效钾与缓效钾含量整体集中分布于高和较高含量水平。

从不同紫色土亚类来看，3 种紫色土亚类速效钾含量均表现为在高和较高含量水平的分布比例较高，紫色土耕地速效钾肥力表现优异。其中，石灰性紫色土速效钾含量处于高和较高含量水平的占比分别为 37.28％和 33.56％，显著优于酸性紫色土（28.43％和 24.86％）与中性紫色土（23.38％和 27.75％）（表 5-30），石灰性紫色土在速效钾方面存在明显的肥力优势。而在缓效钾含量方面，石灰性紫色土和中性紫色土均较为集中地分布于高和较高含量水平，呈现出优秀的土壤钾元素肥力储备表现，但酸性紫色土则离散分布于各含量水平，并有 23.84％处于低含量水平，仅有 11.57％处于高含量水平，这说明酸性紫色土在土壤缓效钾肥力方面表现不佳。

从不同地区来看，四川、重庆和湖北紫色土在钾素肥力方面表现优异，四川紫色土 60％以上的样点速效钾含量处于高及较高水平，79％以上的样点缓效钾含量处于高及较高水平；重庆紫色土速效钾和缓效钾含量处于高及较高水平的比例为 54.82％和 79.63％；湖北则为 55.74％和 59.61％（表 5-31）。云南和贵州则呈现速效钾含量表现较佳，分别有 59％以上和 74％以上的样点处于高及较高含量水平，但缓效钾含量方面表现一般。浙江和广西紫色土样点速效钾和缓效钾含量主要集中分布于中低含量水平，在紫色土钾素含量方面表现不佳。

（三）紫色土区作物氮、磷、钾营养与施肥

当前全国紫色土氮素肥力呈现总体中等偏低水平，因此需要在农业生产时及时补充氮肥供应，保证作物生长养分所需。但是，农田的氮素具有来源广、转化快、环境中迁移途径多、养分利用效率低的特点。因此，在紫色土耕作中氮肥施用需要遵循氮素实时监控原则。首先，根据作物不同生育阶段的氮素需求量，确定土壤根层土壤氮素供应强度目标值；然后，通过对不同时期的根层土壤氮素的供应强度进行实时监控；最后，通过外部氮肥施用投入将土壤氮素供应强度调控在目标范围内。例如，针对四川、重庆全氮肥力不佳的地区，在施用基肥的基础上，需要增强后期氮肥补充。针对土壤酸化严重的紫色土，应避免使用氯化铵与硫酸铵等酸性氮肥补充氮素，而碱性土壤应施用生理酸性肥料或化学酸性肥料，以调节土壤酸度。在施用产品上，推荐在氮肥（包括含氮的二元或三元肥料和单质氮肥）中加入脲酶抑制剂和（或）硝化抑制剂的稳定性肥料或者包膜缓释氮肥，使肥效期得到延长，有助于将根层土壤氮素控制在目标范围内。另外，氮肥施用频率要考虑土壤质地。轻质紫色土保肥性差，要少量多次地施用氮肥特别是硝态氮肥，以防止氮素的淋失。而黏重土壤则可少次足量施用氮肥，不易产生氮肥的淋失。

紫色土磷、钾肥施用要遵循恒量监控的原则，即将紫色土耕层土壤肥力长期维持在一个适宜水平上，以保证作物生产的高产、稳产。一般认为，将土壤有效磷控制在农学阈值可以协同作物生产力和磷吸收利用能力。粮食作物、水果和蔬菜上的临界农学土壤有效磷阈值分别为 15.7 mg/kg、32.8 mg/kg 和 30.0 mg/kg。自 20 世纪 80 年代以来，农业生产中大量持续施用磷肥，紫色土区域所有省份地区有效磷含量平均值已经超过 20 mg/kg，超过了粮食作物生产的有效磷农学阈值，而重庆、湖北和浙江等地区紫色土有效磷含量平均值已经超过 30 mg/kg，满足了经济作物生产所需的有效磷农学阈值。因此，粮食作物磷肥管理应以磷肥投入与产出基本平衡为基本原则，针对部分有效磷低于作物农学阈值的土壤，仍需要考虑适度提升肥力。紫色土一般供钾能力较强，四川、重庆、云南、贵

州地区土壤速效钾肥力较高，当前钾肥投入量与农田钾素产出相一致。但是，由于粮食作物秸秆中累积的钾占作物吸钾量的 80％以上，因此钾肥投入量需要考虑秸秆还田对收支平衡的影响。而在土壤钾素较为缺乏的广西等地区，需要适当增加钾肥用量。在施用方式上，磷和钾在土壤中的移动性较差，推进"种肥同播""侧深施肥"等基肥局部深施的方式或者水肥一体化的滴灌施肥技术，发挥根系生物学潜力，减少与土壤钙、铁、铝结合，提升磷和钾的利用效率。在酸性紫色土中，根据作物需磷量推荐施用钙镁磷肥，补充作物生长所需磷营养，还可改善土壤酸化问题，补充钙、镁、钾等盐基离子，特别适用于钙镁淋溶较严重的土壤以及缺硅紫色土。当前常见钾肥如氯化钾和硫酸钾都属于生理酸性肥料，适用于石灰性紫色土，当酸性紫色土施用钾肥时，需要施用石灰，调节土壤酸性。草木灰含有各种钾盐，以碳酸钾为主，是一种碱性肥料，可以用于酸性紫色土，缓解土壤酸化。

二、紫色土中微量营养元素丰缺状况评价

（一）丰缺评价指标

为评估紫色土肥力与障碍现状，参照农业农村部耕地质量监测保护中心《全国九大农区及省级耕地质量监测指标分级标准（试行）》（2019），对全国紫色土区域耕层土壤中微量营养元素有效含量等级与丰缺状况进行评价，结果如表 5－32 所示。

表 5－32　紫色土中微量营养元素含量分级评价指标

指标	单位	分级标准				
		丰富	较丰富	一般	较缺乏	缺乏
有效铜	mg/kg	＞2.00	1.00～2.00	0.50～1.00	0.20～0.50	＜0.20
有效锌	mg/kg	＞3.00	1.00～3.00	0.50～1.00	0.30～0.50	＜0.30
有效铁	mg/kg	＞20.0	10.0～20.0	5.0～10.0	3.0～5.0	＜3.0
有效锰	mg/kg	＞30.0	15.0～30.0	5.0～15.0	1.0～5.0	＜1.0
有效硼	mg/kg	＞1.00	0.80～1.00	0.50～0.80	0.20～0.50	＜0.20
有效钼	mg/kg	＞0.20	0.15～0.20	0.10～0.15	0.05～0.10	＜0.05
有效硫	mg/kg	＞40.0	30.0～40.0	20.0～30.0	10.0～20.0	＜10.0
有效硅	mg/kg	＞250	150～250	100～150	50～100	＜50

（二）丰缺状况总体评价与区域差异

通过对全国紫色土采集土壤样点的数据统计分析，按表 5－32 中的分级标准，紫色土耕地土壤有效铜含量达到丰富水平占比高达 61.12％（表 5－33），达到较丰富和一般水平的土壤占比分别为21.05％和 13.02％；土壤有效锌含量达到较丰富及以上水平占总体的 69.55％，而缺乏的有效锌土壤仅占 2.84％；紫色土有效铁含量达到丰富水平的占比为 74.36％，达到较丰富及以上水平的占比更是高达 84.79％，而较缺乏和缺乏的有效铁土壤样点不足 7％；土壤有效锰含量达到较丰富及以上水平的样点占比为 65.76％，而缺乏的有效锰土壤仅占 0.37％；土壤有效硼含量处于较缺乏和缺乏的占比为 70.88％，而达到较丰富及以上水平的占比不到 12％；土壤有效钼含量达到较丰富及以上水平的样点占比为 83.14％，而较缺乏水平的土壤样点仅占 5.37％；土壤有效硫含量处于较丰富及以上水平的样点占比为 45.75％，处于较缺乏和缺乏水平的样点占比为 36.30％；土壤有效硅含量达到较丰富及以上水平的样点占比为 57.29％，处于较缺乏和缺乏水平的土壤样点占比为 32.36％。因此，当前紫色土区域土壤中有效铜、有效锌、有效铁、有效锰、有效钼含量呈现较为丰富的状态，有效硫和有效硅含量呈现中等水平或肥力不均的状态，有效硼含量呈现较为缺乏的状态。

表 5 - 33　紫色土不同亚类中微量营养元素含量分级分布频率

单位:%

指标	分级	酸性紫色土	中性紫色土	石灰性紫色土	总体
有效铜含量	丰富	75.26	50.98	37.56	61.12
	较丰富	14.83	27.05	29.26	21.05
	一般	7.50	16.23	23.27	13.02
	较缺乏	2.24	5.57	8.06	4.31
	缺乏	0.17	0.17	1.85	0.50
有效锌含量	丰富	19.09	11.11	9.24	14.96
	较丰富	54.11	56.21	53.58	54.59
	一般	19.78	26.65	25.64	22.55
	较缺乏	4.19	4.25	8.54	5.06
	缺乏	2.83	2.78	3.00	2.84
有效铁含量	丰富	82.35	74.92	51.85	74.36
	较丰富	8.27	10.82	15.74	10.43
	一般	4.52	9.34	21.30	9.12
	较缺乏	2.47	2.29	6.02	3.11
	缺乏	2.39	2.63	5.09	2.98
有效锰含量	丰富	40.58	40.20	21.86	36.77
	较丰富	29.89	27.57	28.60	28.99
	一般	18.84	22.92	33.49	22.87
	较缺乏	10.52	8.64	15.58	11.00
	缺乏	0.17	0.67	0.47	0.37
有效硼含量	丰富	8.30	6.38	9.09	7.93
	较丰富	4.45	4.35	2.79	4.09
	一般	19.48	14.77	13.99	17.10
	较缺乏	49.69	51.01	52.45	50.60
	缺乏	18.08	23.49	21.68	20.28
有效钼含量	丰富	80.99	70.65	65.73	75.73
	较丰富	5.37	6.71	15.03	7.41
	一般	8.70	15.67	14.69	11.49
	较缺乏	4.94	6.97	4.55	5.37
	缺乏	0	0	0	0
有效硫含量	丰富	37.16	30.16	26.50	33.30
	较丰富	13.48	12.55	9.50	12.45
	一般	17.63	17.61	19.25	17.95
	较缺乏	17.90	21.26	22.50	19.65
	缺乏	13.83	18.42	22.25	16.65
有效硅含量	丰富	29.72	29.82	24.61	28.73
	较丰富	25.16	24.78	32.72	28.56
	一般	11.48	14.25	12.57	13.35
	较缺乏	11.85	13.39	12.04	12.26
	缺乏	21.79	17.76	18.06	20.10

　　从不同的紫色土亚类来看，由于土壤中微量元素的有效性受土壤 pH 影响，紫色土中微量元素含量分级分布频率在不同的紫色土亚类上表现出相同的趋势。除有效硅外，酸性紫色土的中微量元素含量情况明显优于中性紫色土和石灰性紫色土（表 5-33）。酸性紫色土有效铜含量处于丰富含量水平的样点占比为 75.26%，明显高于中性紫色土（50.98%）和石灰性紫色土（37.56%），且酸性紫色土有效铜含量达到丰富含量水平占比优于总体水平（61.12%）。中性紫色土土壤样点有效锌含量分布在一般和较缺乏含量水平的占比分别为 26.25%、4.25%，石灰性紫色土对应的占比分别为 25.64%、8.54%，酸性紫色土对应的占比明显较低，分别为 19.78% 和 4.19%。与酸性紫色土和中性紫色土相比，石灰性紫色土样点有效铁含量在一般及以下水平的分布占比（32.41%）较高。酸性紫色土样点有效锰含量处于较丰富及以上含量的占比为 70.47%，优于中性紫色土样点（67.77%）和石灰性紫色土样点（50.46%）。中性紫色土和石灰性紫色土有效硼含量分布在较缺乏及以下含量水平的占比分别为 74.50% 和 74.13%，而酸性紫色土则仅为 67.77%，明显优于中性紫色土和石灰性紫色土。酸性紫色土有效钼含量处于丰富含量水平的占比高达 80.99%，而中性紫色土和石灰性紫色土则分别为 70.65% 和 65.73%。酸性紫色土有效硫含量达到较丰富及以上水平的占比为 50.64%，而中性紫色土和石灰性紫色土仅分别为 42.71% 和 36.00%。在有效硅含量方面，中性紫色土有效硅含量情况优于酸性紫色土和石灰性紫色土。中性紫色土有效硅含量分布达到丰富水平占比为 29.82%，与酸性紫色土（29.72%）相当，但高于石灰性紫色土的比例（24.61%）；而且中性紫色土有效硅含量分布在缺乏水平占比为 17.76%，相比酸性紫色土（21.79%）和石灰性紫色土（18.06%）要低。

　　从不同地区来看，紫色土中微量元素丰缺情况存在区域差异（表 5-34）。四川紫色土中微量元素中仅有效钼含量为丰富水平的占比较高，有效铜、有效锌、有效铁、有效锰和有效硅含量适中，有效硼和有效硫含量缺乏。四川紫色土有效钼含量处于丰富水平的占比为 59.27%，而土壤有效硼和有效硫含量处于缺乏和较缺乏水平的占比高达 84.49% 和 70.10%，其他微量元素处于丰富和较丰富水平的占比为 37%～62%。

表 5-34　紫色土不同地区中微量营养元素含量分级分布频率

单位：%

指标	省份	分级标准				
		丰富	较丰富	一般	较缺乏	缺乏
有效铜含量	云南	86.41	9.06	4.32	0.21	0.00
	湖北	70.47	28.41	1.12	0.00	0.00
	四川	23.05	33.53	30.84	11.38	1.20
	重庆	9.94	37.27	44.72	8.07	0.00
	广西	25.21	30.25	22.69	21.01	0.84
	贵州	44.34	28.30	13.21	11.32	2.83
	其他省份	59.09	21.59	14.77	3.98	0.57
有效锌含量	云南	19.75	51.29	19.54	6.94	2.48
	湖北	2.23	84.68	13.09	0.00	0.00
	四川	10.18	44.01	33.53	8.69	3.59
	重庆	9.32	49.69	37.89	2.48	0.62
	广西	10.08	41.18	25.21	10.92	12.61
	其他省份	26.01	48.35	21.98	2.93	0.73

（续）

指标	省份	分级标准				
		丰富	较丰富	一般	较缺乏	缺乏
有效铁含量	云南	85.85	6.24	3.85	2.50	1.56
	湖北	78.83	10.31	5.57	3.62	1.67
	四川	45.21	16.17	25.15	6.58	6.89
	重庆	68.32	13.04	13.04	2.49	3.11
	广西	68.91	15.97	10.92	1.68	2.52
	贵州	61.90	15.24	17.14	1.91	3.81
	其他省份	74.43	13.64	5.11	1.14	5.68
有效锰含量	云南	46.56	28.60	15.97	8.56	0.31
	湖北	36.77	40.95	12.26	9.74	0.28
	四川	16.42	21.49	40.30	21.49	0.30
	重庆	31.61	28.39	31.61	7.74	0.65
	广西	35.29	25.21	24.37	15.13	0.00
	其他省份	30.36	25.51	35.22	8.10	0.81
有效硼含量	云南	4.03	4.04	20.58	54.60	16.75
	湖北	33.15	6.13	18.66	40.95	1.11
	四川	1.83	4.56	9.12	51.06	33.43
	重庆	0.00	6.54	4.57	43.14	45.75
	广西	0.85	10.08	10.92	52.10	26.05
有效钼含量	云南	88.25	3.74	3.64	4.37	0
	四川	59.27	13.68	20.67	6.38	0
	广西	59.66	10.08	17.65	12.61	0
	其他省份	53.11	12.92	29.67	4.30	0
有效硫含量	云南	39.19	11.23	16.53	18.43	14.62
	湖北	44.85	18.11	21.17	7.79	8.08
	四川	8.97	6.98	13.95	35.22	34.88
	广西	26.89	9.24	26.05	21.85	15.97
	其他省份	27.44	16.61	19.49	21.30	15.16
有效硅含量	云南	44.29	19.79	8.80	8.90	18.22
	湖北	10.86	52.09	17.55	7.52	11.98
	四川	19.52	24.66	14.38	20.21	21.23
	广西	12.71	13.56	11.02	23.73	38.98
	其他省份	10.42	23.70	17.54	18.01	30.33

重庆紫色土有效铁含量较为丰富，有效硼含量缺乏，有效铜、有效锌和有效锰含量较为适中。重庆紫色土土壤样点有效铁含量处于丰富和较丰富水平的占比高达81.36%；有效铜、有效锌和有效锰含量则是一般水平的占比较为突出，分别为44.72%、37.89%和31.61%；有效硼含量处于缺乏和较缺乏的样点占比高达88.89%。

云南紫色土有效硼含量比较缺乏，有效硫和有效硅含量较为适中，其他微量元素均较为丰富。云南紫色土有效硼缺乏的样点占比为16.75%，丰富和较丰富的样点仅占8.07%；但有效铜、有效锌、有效铁、有效锰和有效钼含量处于一般及以上水平的土壤占比为 99.79%、90.58%、95.94%、91.13%和 95.63%。

湖北紫色土有效铜、有效锌、有效铁和有效锰含量较为丰富，有效硫和有效硅含量较为适中，有效硼含量较为缺乏。湖北紫色土有效硫和有效硅含量处于一般及以下水平的样点占比分别为 37.04%和 37.05%；有效硼含量处于较缺乏和缺乏水平的土壤样点占比为 42.06%；有效铜、有效锌含量处于一般及以上水平的样点占比均为 100%；有效铁和有效锰含量处于一般及以上水平的样点占比分别为 94.71%和 89.98%。

广西有效铁含量丰富，有效铜、有效锌、有效锰和有效钼含量较为丰富，有效硼、有效硫和有效硅含量略有缺乏。广西紫色土有效铁含量处于丰富和较丰富水平的土壤样点占比高达 84.88%；有效铜、有效锌、有效锰和有效钼含量处于丰富和较丰富水平的土壤样点占比分别为 55.46%、51.26%、60.50%和 69.74%；有效硼含量处于缺乏和较缺乏水平的土壤样点占比高达 78.15%；有效硫和有效硅含量处于缺乏和较缺乏水平的土壤样点也占比较高，分别为 37.82%和 62.71%。

（三）紫色土区作物中微量元素肥料的针对性施用

中微量元素的补充一般遵循因缺补缺、矫正施用的养分管理策略。例如，缺硼是紫色土绝大多数区域存在的问题，而硼是限制油菜获得高产的主要因子。一般认为，土壤有效硼的临界值为 0.58 mg/kg。而当前紫色土不同区域的有效硼含量均低于标准临界值，因为油菜、萝卜、芹菜、番茄等需硼量大的作物在生育前期需要补施硼肥，可以通过撒施、条施和叶面喷施硼肥（硼砂、硼酸等），但不宜直接作种肥同播，易对种子和幼苗产生毒害。紫色土中有效硫缺乏和较缺乏的地区占比高达 36.30%，缺硫作物一般出现幼叶叶色发黄、开花结实推迟和果实减少。因此，在缺硫的紫色土地区推荐施用硫酸钙，尤其是在石灰性紫色土上，既可以补充硫肥，也可作为碱土的化学改良剂。酸性紫色土含铁量很高，一般不缺铁。但是，32.41%的石灰性紫色土有效铁含量在一般及以下水平，易出现缺铁的现象，尤其是对铁敏感的蔬菜、柑橘等作物。因此，推荐叶面喷施铁肥。酸性紫色土有效锰的含量较高，大部分土壤不必施用锰肥。只有 16.05%的石灰性紫色土存在有效锰缺乏和较缺乏的现象。当土壤 pH 较高时才可能发生诱发性缺锰，对锰敏感的作物主要是小麦、菠菜、菜豆、黄瓜、草莓等，可以施用硫酸锰作为种肥或者基肥施用。绝大多数紫色土锌肥力水平较高，有效锌含量主要处于较丰富和一般水平。但是，淋溶性强烈的酸性土壤和石灰性紫色土易发生诱发性缺锌，水稻、玉米、烟草、柑橘、芹菜等是对锌敏感的作物，在锌缺乏的紫色土区推荐采用硫酸锌作为基肥与有机肥混合均匀后撒施或用硫酸锌溶液浸种。紫色土有效钼含量较高，属于较高肥力水平，一般不用额外施用钼肥。除了外用微量元素肥料，还可以通过生物学方式提升微量元素的有效性，如花生/玉米间作可以改善花生的铁锌营养，缓解花生缺铁黄化的现象。

第四节 紫色土养分与作物产量

一、紫色土区域作物单产特征

通过对紫色土区 2017—2018 年玉米、水稻、小麦、薯类、豆类、油菜、柑橘、其他果树（不包含柑橘）和蔬菜的单产情况调查（表 5 - 35），结果表明，紫色土全区域作物的单产水平差异大。玉米产量范围为 $4.5\sim13.5\ t/hm^2$，平均产量为 $7.3\ t/hm^2$；水稻产量范围为 $6.1\sim24.3\ t/hm^2$，平均产量为 $10.8\ t/hm^2$；小麦产量范围为 $3.9\sim12.7\ t/hm^2$，平均产量为 $8.3\ t/hm^2$。果蔬等经济作物单产变幅范围更大，远高于粮食作物。例如，柑橘产量范围为 $9.0\sim60.0\ t/hm^2$，平均产量为 $30.0\ t/hm^2$。

紫色土区域多数作物单产水平均高于全国平均水平，但蔬菜单产水平低于全国平均水平（表 5 - 35）。玉米、水稻和小麦粮食作物单产较全国平均增产 20%、54%和 54%。其中，93%调查样点的水稻单产水平和 83%调查样点的小麦单产水平要高于全国平均水平。紫色土区作物单产水平高于全国平均水平较多的作物是薯类和豆类。紫色土区薯类和豆类单产平均值分别为 8.8 t/hm² 和 4.9 t/hm²，分别高于全国平均值 120% 和 158%。紫色土区的蔬菜单产平均值为 19.3 t/hm²，低于全国平均值（34.4 t/hm²）44%，且仅 11% 样点的蔬菜单产水平高于全国平均值。

表 5 - 35 紫色土不同作物产量调查状况

作物	样点数（个）	产量范围（t/hm²）	平均值（t/hm²）	标准差（t/hm²）	全国平均（t/hm²）	较全国平均增产（%）	高于全国平均的样点占比（%）
玉米	1 864	4.5～13.5	7.3	2.5	6.1	20	51
水稻	341	6.1～24.3	10.8	4.2	7.0	54	93
小麦	219	3.9～12.7	8.3	2.2	5.4	54	83
薯类	225	2.3～30.0	8.8	7.3	4.0	120	70
豆类	109	1.4～13.5	4.9	4.1	1.9	158	67
油菜	164	1.4～12.8	3.6	2.8	2.0	80	80
柑橘	218	9.0～60.0	30.0	12.9	16.6	81	85
其他果树	573	4.5～37.5	16.6	7.8	14.3	16	68
蔬菜	665	4.5～64.5	19.3	12.4	34.4	—44	11

注：全国平均数据来自国家统计局（2018 年）。

通过采用平均单产法对紫色土区域作物调查产量进行分级，将产量大于平均单产 15% 的耕地划为高产田，小于平均单产 15% 的耕地划为低产田，介于两者之间的划为中产。紫色土区玉米、水稻、小麦、薯类、豆类、油菜、柑橘、其他果树和蔬菜 9 种粮油果蔬的产量分级如表 5 - 36 所示。结果表明，紫色土区玉米低产上限为 6.2 t/hm²，高产下限为 8.4 t/hm²；水稻低产上限为 9.2 t/hm²，高产下限为 12.4 t/hm²；小麦低产上限为 7.1 t/hm²，高产下限为 9.6 t/hm²。玉米、水稻和小麦中低产的样本分别占总体的 71%、74% 和 63%。薯类低产上限为 7.4 t/hm²，高产下限为 10.1 t/hm²；豆类低产上限为 4.2 t/hm²，高产下限为 5.6 t/hm²；油菜低产上限为 3.0 t/hm²，高产下限为 4.1 t/hm²；柑橘低产上限为 25.5 t/hm²，高产下限为 34.5 t/hm²；蔬菜低产上限为 16.4 t/hm²，高产下限为 22.1 t/hm²。紫色土区低产比例较高的作物是玉米、水稻、薯类、豆类、油菜和蔬菜，分别占不同作物总体的 49%、52%、60%、63%、77% 和 54%，表明这些作物在紫色土区仍具有较大的产量提升潜力。

表 5 - 36 紫色土旱地作物调查产量平均单产法分级

作物	分级	产量（t/hm²）	样点数（个）	频率（%）
玉米	低产	6.2	918	49
	中产	6.2～8.4	414	22
	高产	8.4	532	29
水稻	低产	9.2	177	52
	中产	9.2～12.4	75	22
	高产	12.4	89	26
小麦	低产	7.1	68	31
	中产	7.1～9.6	70	32
	高产	9.6	81	37
薯类	低产	7.4	134	60
	中产	7.4～10.1	31	13
	高产	10.1	60	27

（续）

作物	分级	产量（t/hm²）	样点数（个）	频率（%）
豆类	低产	4.2	69	63
	中产	4.4~5.6	4	4
	高产	5.6	36	33
油菜	低产	3.0	126	77
	中产	3.0~4.1	10	6
	高产	4.1	28	17
柑橘	低产	25.5	85	39
	中产	25.5~34.5	70	32
	高产	34.5	63	29
其他果树	低产	14.1	185	32
	中产	14.1~19.1	207	36
	高产	19.1	181	32
蔬菜	低产	16.4	361	54
	中产	16.4~22.1	68	11
	高产	22.1	236	35

二、作物产量与土壤养分的关系

紫色土区作物调查点土壤肥力指标与作物产量的相关性分析表明（表5-37），不同作物单产与土壤养分存在一定的显著相关性。特别是土壤有机质，与绝大多数作物单产呈现极其显著的正相关关系。具体来说，玉米、水稻、小麦、薯类、豆类、油菜和蔬菜单产与土壤有机质的相关系数分别为 0.18**、0.19**、0.19**、0.13**、0.65**、0.37** 和 0.09**。其中，土壤有机质对粮油作物（玉米、水稻、小麦、豆类、油菜）单产的影响（相关性系数）均要高于土壤其他养分肥力。尽管土壤有机质对蔬菜产量也有积极影响，但影响程度相对较小（相关系数仅为 0.09**）。主要原因是蔬菜根系浅、生长周期短、种植密度大，对土壤速效养分的需求量更高。另外，土壤全氮跟绝大多数作物单产呈现显著的正相关关系。玉米、水稻、薯类、豆类、油菜和蔬菜单产与土壤全氮的相关系数分别为 0.14**、0.16**、0.15**、0.63**、0.3** 和 0.77**。在紫色土区域，多数作物产量与有效磷含量呈现负相关或者相关性不显著。例如，玉米、水稻和小麦单产与有效磷的相关性系数分别为 -0.11**、-0.06 和 -0.05。这主要是因为当前紫色土区有效磷平均值为 27.53 mg/kg，超出了多数粮食作物的土壤有效磷农学阈值（15.70 mg/kg），导致作物产量不再随着土壤有效磷的变化而产生显著响应。但是，当前紫色土有效磷与蔬菜产量水平的相关性系数显著相关且高于其他作物。主要原因是，当前紫色土区域的土壤有效磷平均水平仍然低于蔬菜农学阈值（30.00 mg/kg）。土壤有效磷养分仍然是限制蔬菜产量的关键肥力因子之一。紫色土区域多数作物产量与速效钾含量呈现负相关、相关性不显著或者相关系数低，主要原因是紫色土钾素肥力丰富，不是产量增长的限制因子。综上所述，紫色土区域土壤有机质和全氮对多数粮油果蔬的单产水平具有显著影响，且其影响力超过有效磷和速效钾。

表5-37　不同作物调查产量与土壤养分的相关性

作物	有机质	全氮	有效磷	速效钾
玉米	0.18**	0.14**	-0.11**	0.04**
水稻	0.19**	0.16**	-0.06	0.06
小麦	0.19**	0.1	-0.05	-0.03

（续）

作物	有机质	全氮	有效磷	速效钾
薯类	0.13**	0.15**	−0.11*	0.02
豆类	0.65**	0.63**	−0.15	−0.05
油菜	0.37**	0.3**	0.03	−0.02
柑橘	−0.17**	−0.14**	0.01	−0.05
其他果树	0.04	0.07	0.04	0.02
蔬菜	0.09**	0.77**	0.14**	0.07**

注：**表示 $P<0.05$，*表示 $P<0.1$。

紫色土不同产量水平下土壤肥力水平差异明显（图 5-13）。粮油作物的土壤有机质和全氮含量均呈现高产＞中产＞低产的趋势特征。但是，在不同产量水平的柑橘、其他果树和蔬菜土壤中有机质与全氮水平之间却差异不明显。不同作物的高产、中产和低产水平土壤有效磷之间差异特征不一致，仅水稻、小麦、油菜、柑橘、其他果树和蔬菜高产土壤有效磷高于中低产田，且中低产田有效磷差距不大，玉米、薯类、豆类中产或低产土壤有效磷要略高一筹，说明土壤有效磷与产量增长的相关性较差。在所有作物类别中，高产的玉米、水稻、薯类、豆类、油菜、蔬菜土壤有机质、全氮和速效钾均高于低产田。因此，紫色土区域高产作物区域土壤比中低产田土壤具有更高的土壤肥力。

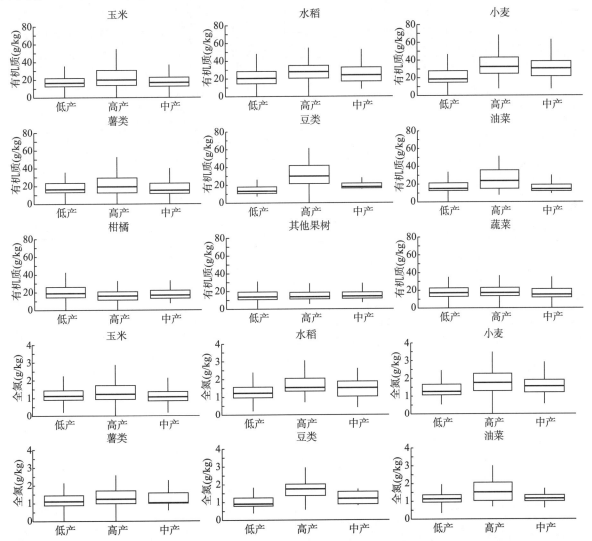

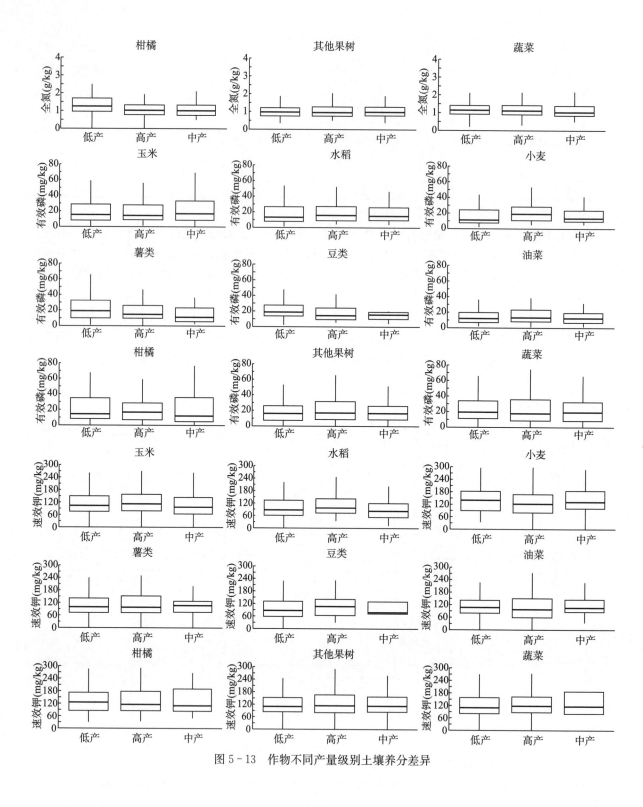

图 5-13 作物不同产量级别土壤养分差异

第六章 | 紫色土有机质演变特征与提升技术 >>>

　　土壤碳循环是陆地生态系统的基本过程，也是温室气体重要的源或汇，在全球气候和环境变化中扮演着重要角色。紫色土是一种典型的岩性土壤，成土时间和发育过程短。当紫色母岩出露地表，在温、光和水的作用下，紫色母岩能够迅速地发生物理风化，由母岩逐步发育为土壤（何毓蓉等，2003）。由于成土时间短和土壤侵蚀等原因，紫色土有机质整体缺乏。

　　土壤有机碳的变化是一个比较缓慢的过程，不同施肥措施下土壤有机碳的动态变化、趋势和固定潜力等需要借助于长期定位试验才能获取更多有效的信息，长期定位试验是研究土壤有机碳、揭示其变化规律的重要平台。因此，研究长期不同施肥对紫色土有机碳的影响、探索有机碳变化机制对于紫色土区优化施肥、促进紫色土固碳、提高紫色土肥力和生产力有重要意义。有研究表明，长期施肥能够影响紫色土的有机质，进而影响紫色土肥力和生产力（石孝均，2003；李学平、石孝均，2007），紫色土有机碳的变化特征及其机制仍有待探究。

　　在宏观尺度上，本章利用全国测土配方施肥采集的 7 500 份紫色土耕地土壤样品的养分测试数据，分析了紫色土区有机质现状及 30 年的变化特征。在这些土壤样品中，85% 分布在四川、重庆和云南；采样时间跨度为 2005—2018 年，但是主要集中在 2017—2018 年，占比高达 85%。采集的紫色土涵盖酸性紫色土、中性紫色土和石灰性紫色土 3 个亚类 38 个土属的 135 个土种。

　　在田块尺度上，本章基于紫色土长期施肥定位试验，系统分析了长期不同管理措施下紫色土有机质含量、组成、结构变化及紫色土固碳特征，总结了紫色土有机质提升技术，为紫色土增碳培肥提供理论依据和技术支持。

第一节　紫色土有机质含量及固碳特征

一、我国紫色土耕地有机质含量现状

　　农业土壤中有机质绝大部分来源于自然归还的植物残体、根系分泌物，以及人为施入的有机肥（秸秆、绿肥、厩肥、土杂肥和腐熟有机肥等）。土壤有机质与土壤肥力密切相关，是土壤可持续利用的重要指标之一。通过对 2005—2018 年测土配方施肥 7 354 个紫色土耕层样品数据的统计分析，紫色土耕地土壤样品有机质含量及分布特征如图 6 - 1 所示，紫色土耕地土壤有机质含量为 5.90～79.36 g/kg，呈右偏态（尖顶峰）分布，下四分位点为 12.70 g/kg，上四分位点为 23.70 g/kg，中值为 16.90 g/kg，平均值为 19.84 g/kg，总体标准差为 10.47 g/kg。根据耕地质量监测指标分级标准，紫色土耕地土壤样品有机质含量等级情况如表 6 - 1 所示，其中处于 1 级（高）、2 级（较高）、3 级（中）、4 级（较低）和 5 级（低）质量水平的比例分别为 8.58%、13.41%、38.14%、30.42% 和9.45%，集中分布于 3 级和 4 级水平，有机质含量较低（集中分布在 10.0～25.0 g/kg）。此外，总体土壤样品有机质含量的变异系数大，为 52.75%（表 6 - 1），紫色土耕地有机质含量离散程度大，总体呈现中等偏低水平，具有较大的提升空间。

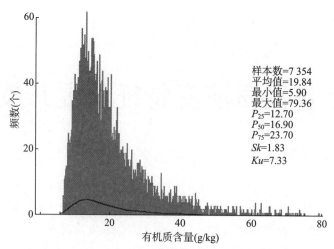

图 6-1 紫色土耕地土壤样品有机质含量及分布特征

注：P_{25}、P_{50}、P_{75}、Sk、Ku 分别为下四分位点、中值、上四分位点、峰度系数、偏度系数。

表 6-1 不同亚类紫色土耕层土壤有机质含量

紫色土亚类	样品数（个）	平均值（g/kg）	中值（g/kg）	最小值（g/kg）	最大值（g/kg）	标准差（g/kg）	变异系数（%）
酸性紫色土	1 762	26.09	22.80	6.90	75.30	13.14	50.38
中性紫色土	3 163	18.13	15.70	6.80	79.36	9.09	50.11
石灰性紫色土	2 429	17.54	15.50	5.90	75.10	7.84	44.73
总体	7 354	19.84	16.90	5.90	79.36	10.47	52.75

从不同紫色土亚类的有机质含量来看，紫色土耕地有机质含量平均值和中值呈现酸性紫色土＞中性紫色土＞石灰性紫色土（表6-1），有机质含量处于1级（高）和2级（较高）质量水平的酸性紫色土占比分别为21.45%和22.87%，均显著高于中性紫色土（5.44%和10.72%）和石灰性紫色土（3.33%和10.05%）（图6-2和表6-2）。酸性紫色土有机质含量主要集中分布于1级（高）、2级（较高）和3级（中）的中高水平等级，但中性紫色土样品和石灰性紫色土样品则集中分布于3级（中）和4级（较低）质量水平。

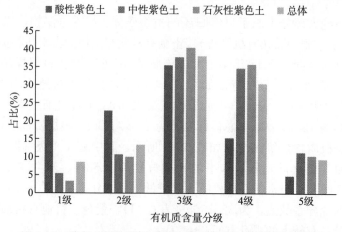

图 6-2 紫色土耕地不同亚类土壤样品有机质含量分级情况

表6-2　不同亚类紫色土耕层土壤样品有机质含量的占比

紫色土亚类	样品数（个）	1级（高）占比（%）>35.0 g/kg	2级（较高）占比（%）25.0～35.0 g/kg	3级（中）占比（%）15.0～25.0 g/kg	4级（较低）占比（%）10.0～15.0 g/kg	5级（低）占比（%）<10.0 g/kg
酸性紫色土	1 762	21.45	22.87	35.53	15.32	4.83
中性紫色土	3 163	5.44	10.72	37.81	34.71	11.32
石灰性紫色土	2 429	3.33	10.05	40.47	35.78	10.37
总体	7 354	8.58	13.41	38.14	30.42	9.45

二、四川盆地紫色土有机质含量变化

四川盆地是紫色土集中分布区域，面积占全国的50%以上。根据农业农村部测土配方施肥基础数据库（2006—2013年）的大数据汇总，四川盆地紫色土有机质含量为1.50～85.10 g/kg（图6-3），呈右偏态（尖顶峰）分布，下四分位点为11.20 g/kg，上四分位点为19.70 g/kg，平均含量为16.40 g/kg。根据土壤有机质含量丰缺状况分级标准，紫色土有机质缺乏（<20 g/kg）的比例占75.7%。其中，有机质处于极缺乏（<6 g/kg）、很缺乏（6～10 g/kg）和缺乏（10～20 g/kg）的比例分别为2%、13.8%和59.9%，四川盆地紫色土区土壤有机质含量总体偏低。

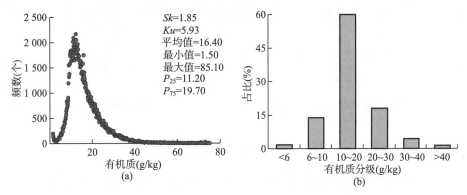

图6-3　四川盆地紫色土有机质含量及分布特征

注：图中 Sk、Ku、P_{25}、P_{75} 分别为峰度系数、偏度系数、下四分位点、上四分位点。

四川盆地紫色土耕地有机质含量与1980年前后（第二次全国土壤普查）相比（图6-4），2010年左右紫色土有机质含量明显提高，由1980年前后的12.80 g/kg提高到2010年的16.40 g/kg，

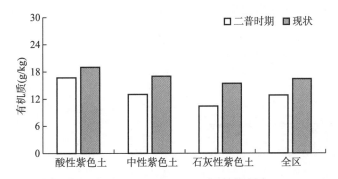

图6-4　四川盆地紫色土有机质含量比较

注：二普时期指第二次全国土壤普查（1979—1985年）四川紫色土调查数据，现状指全国测土配方施肥（2006—2013年）四川盆地114个典型紫色土分布县区的数据。

30 年来四川盆地紫色土有机质平均增加了 3.60 g/kg，提升 28.1%。不同紫色土亚类有机质含量提升幅度存在较大差异，石灰性紫色土提升最大，平均增加了 5.0 g/kg，增幅达 48.1%；中性紫色土平均增加了 4.0 g/kg，增幅为 30.8%；酸性紫色土平均增加了 1.8 g/kg，增幅为 13.8%。由此可见，尽管目前紫色土有机质含量整体较低，但是与 20 世纪 80 年代相比仍有明显提升。

三、紫色土剖面有机质含量分布及变化

通过汇总 2007—2011 年采集的 131 个重庆紫色土耕地土壤剖面数据可知（图 6-5），紫色土耕作层土壤有机质含量（平均 13.4 g/kg）明显高于心土层（平均 8.28 g/kg）和底土层（平均 6.55 g/kg），表明长期耕作显著提高耕作层土壤有机质含量。

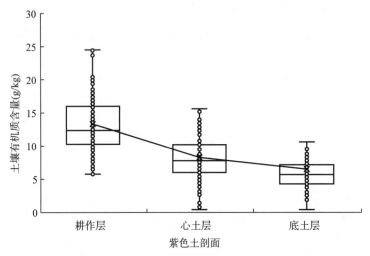

图 6-5　紫色土耕地土壤剖面不同层次有机质含量（来自重庆 131 个紫色土剖面的平均值）

四、长期不同施肥下紫色土有机质演变特征

1. 长期施肥下紫色土耕作层有机质变化特征　土壤有机质的变化是比较缓慢的过程，长期定位试验的多年结果可以揭示其变化规律。图 6-6 显示，紫色土长期不同施肥后，不施肥处理的土壤有机质含量基本稳定。在施用化肥的各处理中，N、PK、NK、NP 和 NPK 处理土壤有机质含量随着施肥年限增加呈增加趋势，施用化肥对提高紫色土有机质含量具有一定作用，这主要归因于施用化肥提高了作物根茬归还量。不同化肥处理土壤有机质年均增加速率有差异，N 和 PK 处理不足 0.1 g/（kg·年），其他处理分别为 0.11 g/（kg·年）、0.12 g/（kg·年）和 0.12 g/（kg·年），说明单施化肥而没有外源有机物料输入的情况下，土壤有机质含量也得到了一定的提升，但提升速率有限。

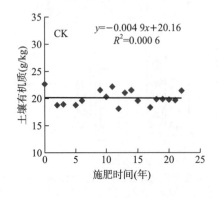
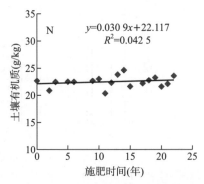

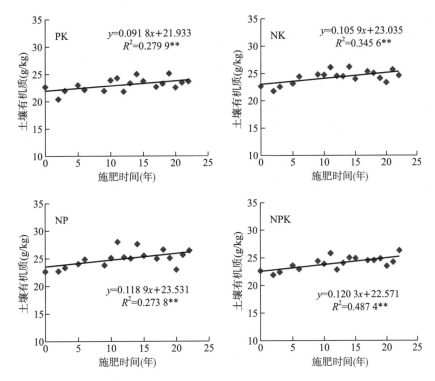

图 6-6　1991—2013 年不施肥及化肥施用下紫色土有机质含量随时间的变化

注：土壤有机质含量随年度的变化采用一元一次方程模型（$y=ax+b$）进行模拟。其中，y 为土壤有机质含量；x 为试验年限；a 为斜率，反映土壤有机质随施肥年限的变化趋势或土壤有机质每年的变化；b 反映试验初期土壤有机质含量。
* 表示在 $P<0.05$ 水平上显著相关，** 表示在 $P<0.01$ 水平上显著相关。

化肥配施有机肥或秸秆还田可进一步促进土壤有机质含量增加（图 6-7）。长期施用有机肥或秸

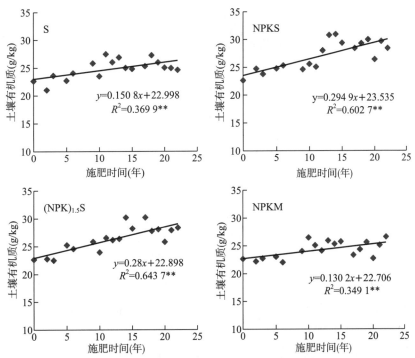

图 6-7　1991—2013 年单施有机肥及有机无机肥配施下紫色土有机质含量随时间的变化

注：土壤有机质含量随年度的变化采用一元一次方程模型（$y=ax+b$）进行模拟。其中，y 为土壤有机质含量；x 为试验年限；a 为斜率，反映土壤有机质随施肥年限的变化趋势或土壤有机质每年的变化；b 反映试验初期土壤有机质含量。
* 表示在 $P<0.05$ 水平上显著相关，** 表示在 $P<0.01$ 水平上显著相关。

秆还田处理的土壤有机质含量均呈现显著上升趋势。不同处理土壤有机质年增加速率存在着差异，化肥配施有机肥（NPKM）为 0.13 g/（kg·年），化肥配合秸秆还田（NPKS）为 0.29 g/（kg·年），1.5 倍化肥配合秸秆还田（NPK）$_{1.5}$S 为 0.28 g/（kg·年），含氯化肥配合秸秆还田（NPK）$_{Cl}$S 为 0.12 g/（kg·年），单独秸秆还田处理（S）为 0.15 g/（kg·年）。不同有机无机肥配施有机质的提升速率与有机质归还数量、种类和微生物可利用分解等有关。

2. 不同施肥下紫色土剖面有机质含量变化 由图 6-8 所示，在长期不同施肥下，耕作层（0～20 cm）土壤总有机质含量（平均 25.8 g/kg）明显高于 20～40 cm（平均 18.2 g/kg）和 40～60 cm 土层（平均 20.1 g/kg），长期施肥显著影响各土层总有机碳含量。在 0～20 cm 土层，长期施肥处理的土壤总有机质含量比不施肥显著提高 10.2%～32.5%。其中，化肥配合秸秆还田处理［NPKS 和（NPK）$_{1.5}$S］提高幅度最大，且显著高于单施化肥处理（NPK）和有机无机肥配施处理（NPKM）。在 20～40 cm 土层，NPK 处理土壤有机质含量与不施肥处理（CK）没有显著差异，其他处理显著提高 11.6%～25.7%，NPKS 和（NPK）$_{1.5}$S 处理提高幅度最大，NPK 与 NPKM 处理差异不显著。在 40～60 cm 土层，CK、单施氮肥（N）和 NPKM 处理土壤有机质含量较低，且 3 个处理差异不显著；NPK、NPKS 和（NPK）$_{1.5}$S 土壤有机质含量较高，三者差异不显著。氮磷钾化肥配合秸秆还田对提高紫色土有机质含量的总体效果最好。

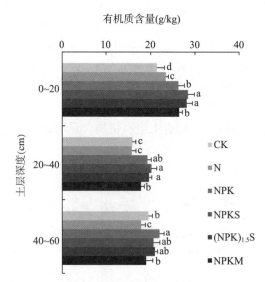

图 6-8 长期不同施肥下 2013 年紫色土 0～60 cm 各层有机质含量

注：CK、N、NPK、NPKS、（NPK）$_{1.5}$S、NPKM 分别代表不施肥处理、单施氮肥处理、单施化肥处理、化肥配合秸秆还田处理、1.5 倍化肥配合秸秆还田处理、有机无机肥配施处理；不同小写字母表示处理间在 $P<$ 0.05 水平差异显著。

五、长期不同施肥下紫色土耕作层有机碳储量变化

1. 耕作层有机碳储量及固碳量 长期施肥显著影响耕作层土壤有机碳储量、固碳量和固碳速率（表 6-3）。长期不施肥处理耕作层土壤有机碳储量为 37.1 t/hm²，与试验初期有机碳储量（36.2 t/hm²）基本相当。施用化肥处理（N、PK、NK、NP、NPK）土壤有机碳储量为 38.1～43.2 t/hm²，比不施肥提高 2.7%～16.4%，固碳量为 1.9～7.1 t/hm²，固碳速率为 0.087～0.322 t/（hm²·年）。其中，NP 和 NPK 处理显著高于不施肥和其他化肥处理。（NPK）$_{1.5}$S 处理有机碳储量最高，年均固碳 0.378 t/hm²。由于 NPKS 处理土壤容重显著下降，有机碳储量略低于 NPK 处理储量，固碳速率为 0.258 t/（hm²·年）。NPKM 处理有机碳储量和固碳速率分别为 41.5 t/hm² 和 0.244 t/（hm²·年）。

表 6-3 长期不同施肥下耕作层（0～20 cm）土壤有机碳储量、固碳量和速率

处理	土壤容重 （g/cm³）	有机碳含量 （g/kg）	有机碳储量 （t/hm²）	固碳量 （t/hm²）	固碳速率 [t/（hm²·年）]
CK	1.49±0.02a	12.4±0.5d	37.1±1.4d	1.0±1.4d	0.045±0.064d
N	1.39±0.01b	13.7±0.5c	38.1±1.3d	2.0±1.3d	0.090±0.060d
PK	1.39±0.02b	13.7±0.4c	38.1±1.1d	1.9±1.1d	0.087±005 2cd
NK	1.37±0.04b	14.3±0.8c	39.2±2.2cd	3.0±2.2cd	0.138±0.102cd
NP	1.41±0.02b	15.3±0.8b	43.2±2.3ab	7.1±2.3ab	0.322±0.105ab
NPK	1.40±0.05b	15.3±0.6b	42.8±1.6ab	6.6±1.6ab	0.302±0.075ab
NPKS	1.27±0.03c	16.5±0.8a	41.8±2.0abc	5.7±2.0abc	0.258±0.090abc
(NPK)₁.₅S	1.35±0.06b	16.4±0.3a	44.5±0.9a	8.3±0.9a	0.378±0.039a
NPKM	1.35±0.09b	15.4±0.8b	41.5±2.2bc	5.4±2.2bc	0.244±0.100bc

注：试验初期（1991 年）0～20 cm 土壤容重为 1.38 g/cm³，有机碳含量为 13.3 g/kg，有机碳储量为 36.2 t/hm²。同一列数据后不同小写字母表示处理差异达到显著水平（$P<0.05$）。

2. 有机碳投入及固碳效率　不同处理每年通过作物和有机肥投入的有机碳数量为 0.91～4.63 t/hm²，不施肥处理最低，NPKS 处理最高（图 6-9）。通过水稻和小麦生长带入的有机碳数量分别为 0.24～0.59 t/（hm²·年）和 0.66～1.39 t/（hm²·年），相当于 22 年（1991—2013 年）投入有机碳 14.6～30.6 t/hm² 和 5.4～13.0 t/hm²。不同处理之间对比，不施肥处理最低，施用化肥提高了水稻和小麦生长带入的有机碳 28.8%～96.9% 和 22.1%～121.9%，NPK 处理提高幅度最大；而化肥配合秸秆还田处理作物来源的投入比不施肥提高了 112.3%～113.3%。不施肥和施用化肥处理的土壤有机碳投入仅来自作物根际分泌物、根系和根茬等，化肥配合秸秆还田不仅提高了作物投入的有机碳，还通过秸秆还田投入有机碳（2.70 t/hm²），因此大幅度地提高了总有机碳投入量。NPKM 处理通过厩肥投入的有机碳仅为 0.32 t/hm²，远低于通过秸秆还田投入的有机碳。

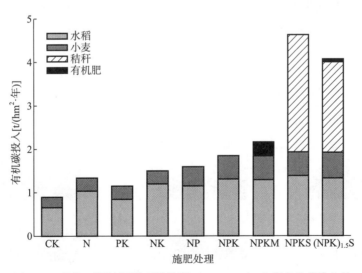

图 6-9　长期不同施肥处理耕作层（0～20 cm）土壤有机碳输入量

长期不同施肥对土壤固碳效率（投入的有机碳被土壤固定的百分率）有显著的影响（图 6-10），不施肥和化肥偏施处理 N、PK 和 NK 处理年均固碳效率较低，为 4.9%～9.2%；NP 和 NPK 处理固碳效率分别提高至 20.1% 和 16.4%，明显高于其他处理。尽管秸秆还田或厩肥与化肥配施的各处理有机碳投入量高于其他处理，但其固碳效率并不是最高，NPKS 和（NPK）₁.₅S 处理固碳效率分别为

5.6%和9.3%，NPKM为11.2%。

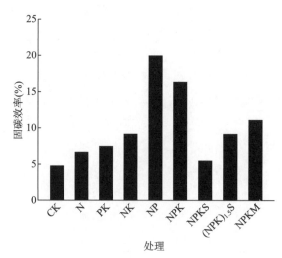

图 6-10   长期不同施肥下耕作层土壤（0~20 cm）固碳效率

第二节   紫色土有机碳组分及变化特征

一、紫色土高锰酸钾氧化态有机碳库和碳库管理指数

土壤有机碳存在于一系列非匀质的土壤有机质中，由不同的碳库组成。其中，土壤活性有机碳（labile organic carbon，LOC）是容易被微生物降解利用、周转速度快、对外界环境反应敏感的组分，近年来，逐渐成为土壤质量和管理措施的评价指标。土壤活性有机碳的表征指标有很多，如溶解性有机碳、微生物量有机碳、易氧化有机碳、颗粒态有机碳、轻组有机碳等。其中，利用高锰酸钾氧化模拟土壤酶对有机质的降解，可以将土壤总有机碳分为活性有机碳和非活性有机碳（徐明岗等，2006），可根据总有机碳和活性有机碳变化计算碳库管理指数（carbon management index，CMI）。

在中性紫色土中，表层土壤（0~20 cm）活性有机碳含量明显高于 20~40 cm 和 40~60 cm 土层，而 20~40 cm 略低于 40~60 cm 土层（图 6-11）。长期施肥显著提高了 0~20 cm 土层活性有机碳含量，$(NPK)_{1.5}S$ 处理提高幅度最大，为 50.6%，其次是 NPKS 处理提高 37.0%。在 20~40 cm 土层，单施氮肥与不施肥差异未达到显著，其他施肥处理显著提高 29.8%~44.7%，NPKS 处理提

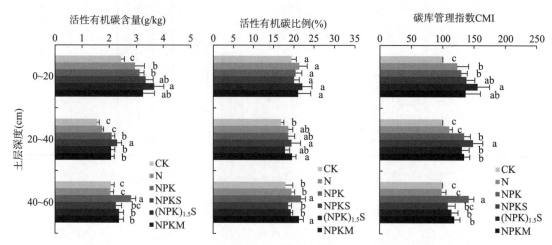

图 6-11   长期不同施肥下 2013 年紫色土活性有机碳含量、比例及碳库管理指数
注：同一土层深度不同小写字母表示处理间差异达到显著水平（$P<0.05$）。

高幅度最大，且显著高于其他施肥处理。在 40～60 cm 土层，单施氮肥与不施肥差异不显著；NPK 处理提高幅度最大，显著高于其他施肥处理；有机无机肥配施处理 [NPKS、(NPK)$_{1.5}$S、NPKM] 提高了 9.3%～14.9%。

土壤活性有机碳占土壤总有机碳的 16.9%～22.3%（图 6-11）。相对于土壤活性有机碳含量，长期施肥对土壤活性有机碳占总有机碳比例的影响较小，0～20 cm 土层各处理土壤活性有机碳比例差异不显著。在 20～40 cm 土层，活性有机碳比例以 NPKS 处理最高，其次为 NPKM 处理，二者显著高于不施肥处理，其他施肥处理增加不显著。在 40～60 cm 土层，NPK 处理和 NPKM 处理活性有机碳比例显著高于不施肥处理和其他施肥处理。

以不施肥处理为参照（100），长期不同施肥提高了土壤碳库管理指数（图 6-11）。在 0～20 cm 土层，长期施肥处理土壤碳库管理指数显著提高，以 (NPK)$_{1.5}$S 处理最高，其次为 NPKS 处理。在 20～40 cm 土层，单施氮肥土壤碳库管理指数与不施肥处理差异未达到显著，其他处理显著提高，NPKS 处理幅度最大，显著高于其他施肥处理。在 40～60 cm 土层，单施氮肥与不施肥处理土壤碳库管理指数无显著差异；NPK 处理显著高于其他施肥处理；有机无机肥配施处理 [NPKS、(NPK)$_{1.5}$S、NPKM] 高于不施肥处理，NPKS 处理增加不显著。

通过将活性有机碳进一步分为高、中、低活性组分发现，长期不同施肥条件下，紫色土高、中、低活性有机碳含量与比例在不同土层有所不同（表 6-4）。在 0～20 cm 土层，各活性组分表现为低活性组分＞中活性组分＞高活性组分。20～40 cm 土层各活性组分含量均比 0～20 cm 土层下降，其中低活性组分下降幅度最大，所占比例也明显降低，高活性和中活性组分所占比例增加，表现为中活性组分＞高活性组分＞低活性组分。在 40～60 cm 土层，各活性组分表现为低活性组分＞中活性组分＞高活性组分，趋势与 0～20 cm 土层趋势一致；各组分含量均比 0～20 cm 土层下降，但高活性组分比例有所增加，低活性组分比例有所降低。

表 6-4　长期不同施肥下 2013 年紫色土各土层不同活性组分含量及比例

土层	处理	高活性有机碳（HLOC）		中活性有机碳（MLOC）		低活性有机碳（LLOC）	
		g/kg	%	g/kg	%	g/kg	%
0～20 cm	CK	0.61±0.03d	25.0±2.3a	0.79±0.10c	32.6±4.6a	1.04±0.18b	42.4±5.4a
	N	0.69±0.02c	23.7±2.9a	1.03±0.10b	35.4±4.6a	1.22±0.33ab	40.9±7.3a
	NPK	0.71±0.04c	22.8±2.4a	1.14±0.09ab	36.8±4.0a	1.26±0.23ab	40.4±5.5a
	NPKS	0.80±0.02b	24.3±2.1a	1.27±0.11a	38.2±3.9a	1.26±0.28ab	37.5±5.8a
	(NPK)$_{1.5}$S	0.86±0.04a	23.4±1.4a	1.29±0.11a	35.4±4.2a	1.52±0.30a	41.2±5.1a
	NPKM	0.71±0.06c	22.6±2.1a	1.16±0.04ab	35.3±3.7a	1.38±0.36ab	42.0±5.3a
	Mean	0.73±0.09	23.6±0.9	1.11±0.18	35.6±1.9	1.28±0.16	40.7±1.8
20～40 cm	CK	0.48±0.02d	30.3±1.6abc	0.80±0.06bc	50.7±4.4a	0.30±0.08c	19.1±4.5c
	N	0.56±0.04c	32.4±2.0ab	0.77±0.12c	44.7±5.5ab	0.40±0.07bc	22.9±4.6bc
	NPK	0.62±0.01b	29.7±1.9bc	0.99±0.08a	47.6±2.9ab	0.47±0.08b	22.7±3.1bc
	NPKS	0.78±0.05a	34.4±4.2a	0.94±0.14ab	40.9±4.6b	0.57±0.12ab	24.7±4.1abc
	(NPK)$_{1.5}$S	0.61±0.03b	30.0±2.8bc	0.86±0.06abc	41.9±4.8b	0.58±0.18ab	28.0±7.5ab
	NPKM	0.54±0.04c	26.3±2.6c	0.88±0.07abc	42.9±4.3b	0.64±0.13a	30.9±4.5a
	Mean	0.60±0.10	30.5±2.7	0.87±0.08	44.8±3.7	0.49±0.13	24.7±4.2

(续)

土层	处理	高活性有机碳 (HLOC)		中活性有机碳 (MLOC)		低活性有机碳 (LLOC)	
		g/kg	%	g/kg	%	g/kg	%
40~60 cm	CK	0.57±0.02c	27.7±1.5ab	0.69±0.04c	33.5±1.2b	0.80±0.07bc	38.7±1.4ab
	N	0.57±0.02c	28.0±1.9ab	0.88±0.12ab	43.2±6.7a	0.59±0.19c	28.8±8.3c
	NPK	0.66±0.02ab	23.4±0.6c	0.95±0.08a	33.7±2.9b	1.21±0.13a	43.0±3.4a
	NPKS	0.68±0.05a	30.2±2.1a	0.82±0.03abc	36.6±3.2b	0.75±0.17bc	33.2±5.2bc
	(NPK)$_{1.5}$S	0.68±0.04a	28.7±1.3a	0.74±0.08bc	31.4±2.4b	0.94±0.12b	39.8±3.4ab
	NPKM	0.61±0.03bc	25.6±1.7bc	0.79±0.11bc	33.6±6.5b	0.98±0.25ab	40.8±8.1ab
	Mean	0.63±0.05	27.3±2.4	0.81±0.09	35.3±4.2	0.88±0.21	37.4±5.3

注：高活性有机碳（HLOC），被 33 mmol/L KMnO$_4$ 氧化的组分；中活性有机碳（MLOC），被 167 mmol/L KMnO$_4$ 氧化而未被 33 mmol/L KMnO$_4$ 氧化的组分；低活性有机碳（LLOC），被 333 mmol/L KMnO$_4$ 氧化而未被 167 mmol/L KMnO$_4$ 氧化的组分。Mean 表示不同处理的平均值（$n=6$）。同一列数据后不同小写字母表示处理间差异达到显著水平（$P<0.05$）。

长期施肥显著影响不同活性组分含量，但对活性组分所占比例影响较小（表 6-4）。在 0~20 cm 土层，各施肥处理土壤高、中、低活性组分含量分别比对照提高了 13.5%~41.1%、30.4%~62.8%和 17.2%~46.7%，以中活性组分提升幅度最大；从不同处理的作用效果来看，(NPK)$_{1.5}$S 处理提高幅度最大，其次为 NPKS 处理或 NPKM 处理。在 20~40 cm 土层，单施氮肥显著增加高活性组分，对中活性和低活性组分的影响不显著；其他施肥处理各活性组分含量均显著增加，低活性组分提高幅度较大，其次为高活性组分；NPKS 处理增加高活性组分含量最显著，NPK 处理增加中活性组分最显著，NPKM 处理增加低活性组分最显著。在 40~60 cm 土层，与不施肥处理相比，NPKS 和 (NPK)$_{1.5}$S 处理增加高活性组分幅度最大，NPK 处理增加中活性和低活性组分幅度最大。

二、紫色土溶解性有机碳及特征

土壤溶解性有机质（DOM）是土壤中能够通过 0.45 μm 滤膜，并且能溶解于水中的一系列分子大小和结构不同的有机体的混合物。植物和微生物残体、根系分泌物及土壤有机质中的腐殖质等均是土壤 DOM 的主要来源。DOM 是活跃程度较高的组成成分，不仅与土壤中碳、氮、硫、磷等营养元素的生物有效性密切相关，同时影响着土壤微生物的生长代谢等。土壤溶解性有机碳（DOC）可以表征 DOM 的多少。

长期不同施肥处理对各土层溶解性有机碳（DOC）含量的影响如图 6-12 所示。总体上，土壤溶解性有机碳含量为 180.5~253.5 mg/kg，占总有机碳的 1.3%~2.4%，0~20 cm、20~40 cm 和 40~60 cm 土层平均含量分别为 218.9 mg/kg、205.0 mg/kg 和 196.3 mg/kg。相对于 20~40 cm 和 40~60 cm 土层，长期不同施肥下表层土壤（0~20 cm）溶解性有机碳的变异较大。在 0~20 cm 土层中，长期施肥处理 DOC 含量均比 CK 处理提高，其中 NPKS 处理和 (NPK)$_{1.5}$S 处理提高幅度最大，显著高于 CK 处理。20~40 cm 土层，各施肥处理也均高于 CK 处理，其中 N 处理和 (NPK)$_{1.5}$S 处理提高幅度最大，显著高于 CK 处理。在 40~60 cm 土层中，长期施肥处理土壤溶解性有机碳含量低于 CK 处理，但所有处理间均无显著差异。

中性紫色土长期施用化肥配施秸秆或有机肥后，土壤溶解性有机碳含量明显增加，原因可能是加入的有机物质在腐熟的过程会释放大量的水溶性有机物质，同时有机肥含有大量的可溶性有机物和具有易于分解的组分，进而增加土壤溶解性有机碳含量。化肥配施秸秆或配施有机肥能够提高微生物的活性，加快土壤有机化合物的分解和转化。此外，化肥配施秸秆或配施有机肥能够改善土壤理化性

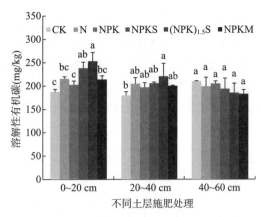

图 6-12　长期不同施肥处理下各土层紫色土溶解性有机碳含量

质，增加微生物活性、作物凋落量和根系分泌物。相比于 20～40 cm 和 40～60 cm 土层，0～20 cm 土层土壤溶解性有机碳含量对长期不同施肥更为敏感，主要原因是有机物料的腐熟过程主要发生在耕作层，同时长期有机物料的投入增加了耕作层土壤的微生物活性。此外，耕作层土壤中残留有大量的作物残茬，这在一定程度上都会使耕作层土壤的溶解性有机质对施肥的响应更为明显。除 CK 和 NPK 处理外，NPKS、(NPK)$_{1.5}$S 和 NPKM 处理的土壤溶解性有机碳含量随着土层的加深而下降，原因可能是紫色土地区土壤矿质养料含量丰富，同时化肥配施秸秆或有机肥的作物根系相比单施化肥和不施肥处理更为发达，导致下层土壤的溶解性有机质被消耗。

三、紫色土颗粒态和矿物结合态有机碳

土壤颗粒态有机碳含量为 3.9～6.4 g/kg，占总有机碳含量的 29.1%～38.9%（表 6-5）。与不施肥处理相比，N 处理的土壤颗粒有机碳含量没有显著变化，其他施肥处理显著提高，以 NPKS 和 (NPK)$_{1.5}$S 处理提高幅度最大。不同施肥下土壤颗粒态氮含量的变化与碳一致。长期施肥处理土壤颗粒态有机质碳氮比下降，(NPK)$_{1.5}$S 处理下降幅度最大，其次为 NPKS 处理。长期施肥显著提高了土壤矿物结合态有机质的碳和氮含量，有机无机肥配施处理提高幅度大于化肥处理。各施肥处理土壤矿物结合态有机质碳氮比下降，NPKS 和 (NPK)$_{1.5}$S 处理显著低于 CK 处理，其他处理间差异不显著。

表 6-5　紫色土颗粒态和矿物结合态有机质中碳、氮含量和碳氮比

处理	颗粒态碳 POM-C (g/kg)	颗粒态氮 POM-N (g/kg)	颗粒态碳氮比 POM-C/N	矿物结合态碳 MOM-C (g/kg)	矿物结合态氮 MOM-N (g/kg)	矿物结合态碳氮比 MOM-C/N
CK	3.9±0.1c	0.28±0.02c	14.0±1.0a	8.5±0.4b	0.86±0.03c	9.9±0.7a
N	4.5±0.2c	0.33±0.01c	13.6±1.0a	9.2±0.3a	1.01±0.07ab	9.1±0.6ab
NPK	5.4±0.5b	0.39±0.04b	13.8±0.6ab	9.9±0.4a	1.03±0.04b	9.6±0.4ab
NPKS	6.4±0.5a	0.50±0.03a	12.8±0.4ab	10.1±0.4a	1.15±0.05a	8.8±0.1b
(NPK)$_{1.5}$S	6.3±0.4a	0.53±0.04a	11.9±0.4b	10.2±0.7a	1.13±0.07a	9.0±0.5b
NPKM	5.5±0.2b	0.40±0.02b	13.8±0.2a	10.0±0.8a	1.10±0.10a	9.1±0.9ab
Mean	5.3±1.0	0.41±0.09	13.3±0.8	9.6±0.6	1.05±0.11	9.3±0.4

注：Mean 表示不同处理的平均值。同一列数据后不同小写字母表示处理间差异达到显著水平（$P<0.05$）。

土壤颗粒有机碳和矿物结合有机碳一定程度代表了土壤有机碳的活性组分和非活性组分。一般认为，非活性有机碳不敏感。但很多研究表明，长期优化管理同时提高了土壤总有机碳、活性有机碳和

非活性有机碳含量（徐明岗等，2006）。同样在中性紫色土中，长期施肥不仅影响了颗粒有机碳，也影响了矿物结合有机碳。这是因为土壤活性有机碳的主要来源是作物根系和残茬、根际分泌物、土壤微生物残体和腐殖化的有机质，合理施肥能提高作物根茬归还数量，施用有机肥还能增加有机质的来源，从而促进活性有机碳的累积；短期施肥对土壤有机碳的影响首先表现在活性碳库上，对周转速度较慢的非活性碳库的影响较为缓慢。但长期施肥能维持有机碳持续大量输入，促使各个碳库之间的相互周转。因此，非活性碳库也逐渐发生变化，直至碳库间达到动态平衡并维持一定比例（Zhao et al.，2021）。

四、紫色土轻组有机碳

通过物理密度大小的方法可以将土壤有机质分为轻组（LF）和重组（HF）。一般认为，轻组属于活性有机碳组分，而重组则为有机矿物结合有机碳组分。土壤轻组和重组中有机碳分别占总有机碳的 18.1% 和 81.9%，轻组和重组中氮含量分别是总氮含量的 9.0% 和 91.0%。与 CK 处理相比，长期施肥提高了土壤轻组和重组有机碳与氮含量，NPKS 和（NPK）$_{1.5}$S 处理提高幅度最大。土壤轻组碳氮比远高于重组，长期施肥降低了土壤轻组碳氮比，但对重组碳氮比没有显著影响（表 6-6）。根据长期施肥下土壤轻组和重组有机碳、氮变化对总有机碳、全氮变化的贡献，与不施肥相比，长期施肥下轻组有机碳和氮变化仅占总有机碳、氮变化的 8.5% 和 12.4%，而重组平均占土壤总有机碳、氮变化的 91.5% 和 87.6%。可见，长期不同施肥条件下，土壤总有机碳和氮的变化主要是重组的贡献。

表 6-6 长期不同施肥下 2013 年紫色土密度组分中有机碳和氮含量

处理	轻组碳含量 (g/kg)	轻组氮含量 (g/kg)	轻组碳氮比	重组碳含量 (g/kg)	重组氮含量 (g/kg)	重组碳氮比
CK	2.4±0.2b	0.09±0.03b	26.7±9.2a	10.0±0.3d	1.05±0.02d	9.5±0.1a
N	2.4±0.3b	0.11±0.03ab	21.8±4.7ab	11.3±0.7c	1.23±0.08c	9.2±0.4a
NPK	2.8±0.3ab	0.12±0.05ab	23.3±8.7ab	12.5±0.3b	1.30±0.02bc	9.6±0.2a
NPKS	2.9±0.4a	0.16±0.04a	18.1±3.5b	13.5±0.7a	1.48±0.08a	9.1±0.1a
(NPK)$_{1.5}$S	2.9±0.1a	0.17±0.03a	17.1±2.6b	13.5±0.3a	1.49±0.03a	9.1±0.3a
NPKM	2.7±0.2ab	0.13±0.02ab	20.8±3.5ab	12.7±0.7ab	1.37±0.07b	9.3±0.7a
Mean	2.7±0.2	0.13±0.03	22.1±4.2	12.3±1.4	1.32±0.17	9.3±0.2

注：Mean 表示不同处理的平均值。同一列数据后不同小写字母表示处理间差异达到显著水平（$P<0.05$）。

五、紫色土中不同化学结合态有机碳

将重组有机碳分为钙键结合态有机碳（Ca-OC）、铁铝键结合态有机碳（Fe/Al-OC）和胡敏素态有机碳（Humin-OC）。土壤钙键结合态有机碳占总有机碳的比例很小，平均仅 2.0%，铁铝键结合态有机碳和胡敏素态有机碳的比例分别为 27.8% 和 52.2%。除了单施氮肥处理 Ca-OC 含量低于不施肥处理外，其他处理均有所提高，化肥配施有机肥处理差异达到显著。长期施肥提高 Fe/Al-OC 含量 28.6%～84.9%，提高 Humin-OC 含量 10.5%～26.3%，均以 NPKS 和（NPK）$_{1.5}$S 处理提高幅度最大，其次为 NPKM 和 NPK 处理。相对于不施肥处理，长期不同施肥下 Fe/Al-OC 和 Humin-OC 的变化分别解释了总有机碳变化的 36.9%～56.0% 和 43.3%～50.1%，处理间平均分别为 43.1% 和 48.0%（图 6-13）。

中性紫色土中铁铝结合态有机碳占土壤总有机碳的比例较高，而钙键结合态有机碳数量很少；且长期施肥导致铁铝结合态有机碳的变化解释了总有机碳变化的 43%。由于铁铝键复合体中腐殖质的热稳定性和金属离子螯合力高于钙键复合体，因此其在土壤有机碳固定中具有重要作用。Huang 等（2016）也在稻麦轮作系统发现，弱晶质铁氧化物与土壤团聚体有机碳含量呈显著正相关，说明铁铝氧

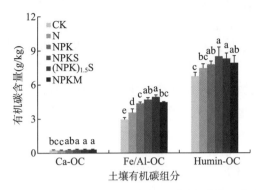

图 6-13 长期不同施肥下 2013 年紫色土不同化学结合态有机碳含量
注：不同小写字母表示处理间差异达到显著水平（$P<0.05$）。

化物及其水合物可能是紫色土有机碳稳定的重要机制。铁铝氧化物在土壤有机碳稳定中的作用可能主要是促进土壤团聚：一是有机物可以吸附在铁铝氧化物表面，二是带正电荷的氧化物可以通过静电吸附与带负电荷的黏粒结合，三是包裹在黏土矿物表面的氧化物可以桥接初级颗粒和次级颗粒。但 Song 等（2012）认为，铁铝氧化物的化学键合作用在土壤有机碳周转中可能只是起到中间作用，铁铝结合有机碳可能进一步转变为更加稳定的胡敏素态有机碳。长期施肥提高了土壤有机碳的输入，输入的非保护有机碳经微生物降解或团聚体周转后，可能与铁铝氧化物和土壤黏粒结合，受到土壤矿物的化学保护作用，进一步形成结构稳定的胡敏素，这是有机碳的生物化学保护。在水旱轮作条件下，土壤的季节性干湿交替以及作物根际氧化还原状态的剧烈变化会影响铁铝氧化物形态和位置，这可能会影响土壤团聚体的周转及土壤有机无机复合作用，进而影响中性紫色土有机碳的稳定和变化（陈轩敬等，2015）。

第三节 紫色土有机碳结构

在农田生态系统中，施肥不仅影响土壤有机质数量和累积速率，还可能通过输入不同数量和质量的有机物而影响土壤有机质的结构与稳定性，进而影响有机质的转化和累积。因此，研究长期不同施肥条件下土壤有机质的结构和稳定性，能更好地阐明不同施肥条件下有机碳的累积机制。

土壤有机质主要由未分解或半分解的动植物残体和微生物体以及土壤腐殖质组成，腐殖质是土壤有机质的主要组成成分，通常占 90% 以上。土壤腐殖质的结构和组成与腐殖质的活性和功能以及土壤肥力密切相关，但土壤腐殖质通常与土壤矿物结合，其组成和结构复杂，一直是国内外的研究难点。土壤腐殖质结构的研究最初通常采用强酸碱溶液提取，获得富啡酸、胡敏酸等组分，进一步通过化学、光学等方法测定其元素组成、官能团、分子质量、光学性质等，并通过计算机模型推测其结构。但在化学方法提取过程中，腐殖质可能发生某些结构上的改变。此外，对于占腐殖质很大部分的胡敏素无法提取，因此没有有效的方法研究其结构。近年来，红外光谱、热解-气相色谱/质谱、核磁共振等仪器分析技术成为研究有机质的重要手段。其中，核磁共振技术（NMR）作为一种研究未知有机化合物结构的技术，在 20 世纪 60 年代初被引入土壤有机质研究，在 80 年代初期，固态 ^{13}C-NMR 波谱法用于土壤有机质研究，并采用交叉极化技术（CP）和魔角自旋技术（MAS）克服了固体样品测试灵敏度低、费时等问题（窦森，2010；Barron et al.，1980）。固态 ^{13}C-CP-MAS-NMR 技术可避免土壤有机质在化学浸提和热解过程中结构被改变的可能，定性给出土壤有机碳的存在类型，并通过积分给出不同存在类型碳的相对含量；具有非破坏性和半定量分析的特点，近年来该技术被广泛地用来研究土壤有机质的结构（Shrestha et al.，2015；Chiu et al.，2011；Zhang et al.，2015）。

土壤有机质主要来源于植物残体，但不同植物具有不同的稳定性碳同位素特征。C_4 植物 $\delta^{13}C$ 值变化范围在 $-19‰\sim-9‰$，平均为 $-12‰$；C_3 植物为 $-40‰\sim-23‰$，平均为 $-27‰$。植物残体在分解转化的过程中，δ13C值与植物残体十分接近，长期生长某种植物的土壤稳定性碳同位素特征将趋近于植被（朱书法等，2005）。因此，土壤有机质的稳定性碳同位素表现出植被的标示作用，同时为研究土壤有机质更新与周转提供了一种可能。特别是C3植物和C4植物的δ13C值差异较大，如果种植的作物种类出现了更换，土壤有机质的稳定性碳同位素将发生变化。如Bowman等（2002）通过测定土壤和树木中的δ13C值指出热带雨林植被种类的变迁，虽然当前种植的树种为C4植物，但土壤中有机碳主要来源于C3植物。近年来，运用碳稳定性同位素研究土壤有机碳的分布、变化和周转等成为一个常用的手段。刘兆云、章明奎（2010）对比浙江水稻土不同土种、组分和土层的δ13C值发现，黑炭＞总有机碳＞颗粒有机碳，黄斑田＞青紫泥田＞烂青紫泥田，且随着土壤深度的增加而增加。李恋卿等（2000）研究了不同颗粒大小团聚体的δ13C值发现，粗团聚体更接近于地表植被有机体的同位素组成，因此更活跃地参与有机质代谢。

随着对土壤团聚体有机碳变化认识的不断加深，将团聚体分组方法与核磁共振、同位素分析等现代仪器分析技术结合起来，研究不同粒径团聚体有机碳的数量、分解程度、氧化性和周转速率等，可进一步阐明土壤团聚体周转与有机碳累积的关系，明确土壤有机碳的团聚体保护机制。目前，关于不同施肥对土壤团聚体有机碳数量的研究很多，但对不同粒径团聚体有机碳性质的研究相对较少，限制了对土壤团聚体有机碳周转和累积的深入认识。本节利用固体碳核磁共振波谱和稳定性碳同位素技术，研究了长期不同施肥条件下土壤总有机碳的结构和周转。同时，结合团聚体分组研究了不同粒径团聚体有机碳结构特征和稳定性碳同位素组成，并结合不同粒径团聚体中的有机碳氮含量、碳氮比以及有机碳活性等性质，进一步探讨施肥影响有机碳的团聚体周转与保护机制。

一、紫色土有机碳结构

图6-14显示了长期不同施肥条件下不同深度土壤固态13C核磁共振波谱。在水旱轮作条件下，紫色有机碳核磁共振波谱有3个比较明显的峰，分别在（20～40）×10⁻⁶、（60～80）×10⁻⁶和

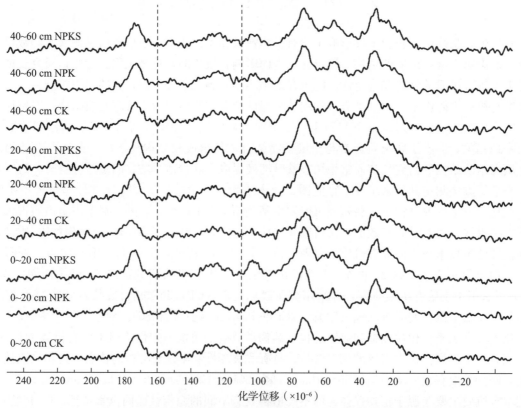

图6-14 长期不同施肥条件下土壤固态13C-CP-MAS-NMR波谱

（160～180）×10^{-6}，对应的有机碳类型分别为聚亚甲基碳（属于烷基碳）、含氧烷基碳（属于烷氧基碳）和羧基碳，而在芳香碳化学位移间并没有明显共振峰。与不施肥处理相比，长期施用化肥 NPK、化肥 NPK 与秸秆配合施用对土壤有机碳核磁共振波谱的主要共振峰没有明显影响，表明对土壤有机碳化学组成没有产生显著影响。

对土壤有机碳核磁共振波谱进行积分，可计算各功能基团碳的相对含量，进而对不同类型的有机碳进行半定量比较。积分结果表明（图 6 - 15），土壤有机碳类型以烷氧基碳〔（45～110）×10^{-6}〕为主，占 38.1%～48.1%；其次烷基碳〔（0～45）×10^{-6}〕占 27.8%～31.3%；芳香碳〔（110～160）×10^{-6}〕和羧基碳〔（110～220）×10^{-6}〕分别占 11.4%～15.5% 和 9.5%～17.0%。长期不同施肥条件下，不同基团碳相对含量均表现为烷氧基碳＞烷基碳＞芳香碳、羧基碳，这表明土壤有机质是脂肪族性的，而非芳香族性的。

长期不同施肥处理之间各功能基团碳相对含量存在差异（图 6 - 15），在 0～20 cm 土层，与不施肥处理（CK）相比，施用化肥 NPK 处理的变化较大，表现为烷氧基碳相对含量降低 6.9%，而芳香碳和羧基碳分别增加 3.1% 和 3.7%；NPKS 处理变化幅度较小，烷基碳增加 3.1%，烷氧基碳降低 2.8%。在 20～40 cm 和 40～60 cm 土层中，NPK 和 NPKS 处理烷氧基碳相对含量高于不施肥处理，烷基碳、芳香碳和羧基碳相对含量低于不施肥处理，而且 NPKS 处理的变化幅度大于 NPK 处理。

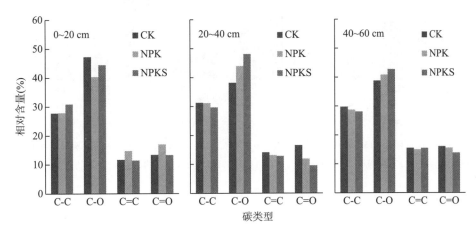

图 6 - 15　不同施肥处理对不同土层有机碳各功能基团碳的相对含量

注：C-C、C-O、C=C 和 C=O 分别表示烷基碳、烷氧基碳、芳香碳和羧基碳，化学位移分别为（0～45）×10^{-6}、（45～110）×10^{-6}、（110～160）×10^{-6} 和（160～220）×10^{-6}。

图 6 - 16 显示了对烷氧基碳和芳香碳进一步细分后各基团碳的相对含量。烷氧基碳中含氧烷基碳相对含量最高，为 23.4%～30.6%；其次甲氧基和含氮烷基碳占 9.1%～12.2%，甲氧基和含氮烷基碳相对含量最低。长期不同施肥处理对烷氧基碳的影响主要表现为含氧烷基碳，施肥处理 0～20 cm 土层降低，尤其是施用化肥处理；20～40 cm 和 40～60 cm 土层含氧烷基碳和乙缩醛碳增加，20～40 cm 土层甲氧基和含氮烷基碳含量也增加。芳香碳以芳基碳为主，酚基碳相对含量很低。0～20 cm 土层 NPK 处理芳基碳和酚基碳均增加；20～40 cm 土层 NPK 和 NPKS 处理芳基碳和酚基碳下降；40～60 cm 土层 NPK 处理芳基碳有所降低，NPKS 处理芳基碳有所增加，NPK 和 NPKS 处理酚基碳均有下降趋势。

不同基团碳含量的比值（烷基碳/烷氧基碳、芳香度）可以反映有机质的降解或稳定程度。如图 6 - 17 显示，0～20 cm 土层 NPK 和 NPKS 处理烷基碳/烷氧碳值比不施肥处理提高，而 20～40 cm 和 40～60 cm 土层则逐渐下降。0～20 cm 土层 NPK 处理的芳香度有较大幅度地增加，20～40 cm 和 40～60 cm 土层 NPK 和 NPKS 处理芳香度下降。

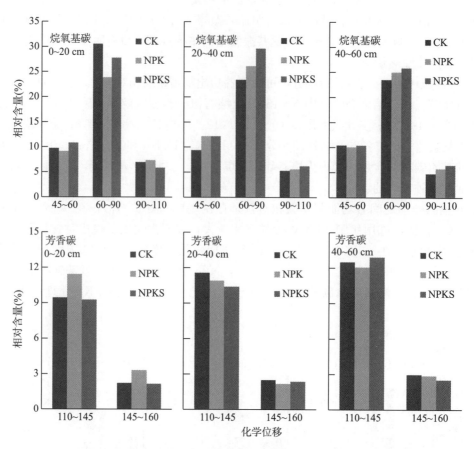

图 6-16 烷氧基碳和芳香碳细分后不同功能基团碳的相对含量

注：烷氧基碳中化学位移为（45～60）×10⁻⁶、（60～90）×10⁻⁶、（90～110）×10⁻⁶ 的碳类型分别为甲氧基和含氮烷基碳、含氧烷基碳、乙缩醛碳；芳香碳中化学位移为（110～145）×10⁻⁶ 和（145～160）×10⁻⁶ 的碳类型分别为芳基碳和酚基碳。

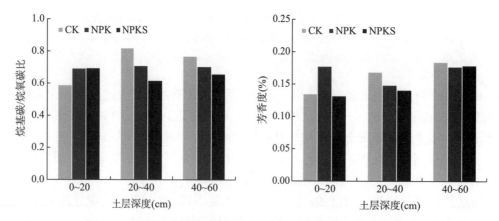

图 6-17 长期不同施肥条件下土壤烷基碳/烷氧基碳值和芳香度
注：芳香度＝芳香碳/（烷基碳＋烷氧基碳＋芳香碳）。

二、紫色土团聚体有机碳结构

不同粒径团聚体¹³C-NMR 波谱特征与全土有机碳相似，积分结果表明，不同功能基团碳的分配比例也与全土有机碳一致（图 6 - 18）。与不施肥处理相比，长期施肥处理对不同粒径团聚体中有机碳类型的相对含量有一定影响。在 0～20 cm 土层，NPK 和 NPKS 处理大团聚体中烷基碳相对含量下降、烷氧基碳增加；NPK 处理微团聚体和粉黏组分烷氧基碳降低，芳香碳和羧基碳增加，NPKS 变化幅度低于 NPK 处理。长期施肥对微团聚体和粉黏组分有机碳结构的影响与总有机碳一致（图 6 - 18 和图 6 - 19），表明表层土壤总有机碳结构的变化主要取决于微团聚体和粉黏组分。在 20～40 cm 土层，与不施肥处理相比，NPK 和 NPKS 处理总体变化趋势表现为烷基碳含量降低、烷氧基碳增加；此外，大团聚体的羧基碳、微团聚体的芳香碳、粉黏组分的芳香碳和羧基碳均表现出下降趋势。在 40～60 cm 土层，长期施肥处理各粒径团聚体也表现出烷基碳下降、烷氧基碳增加的趋势。

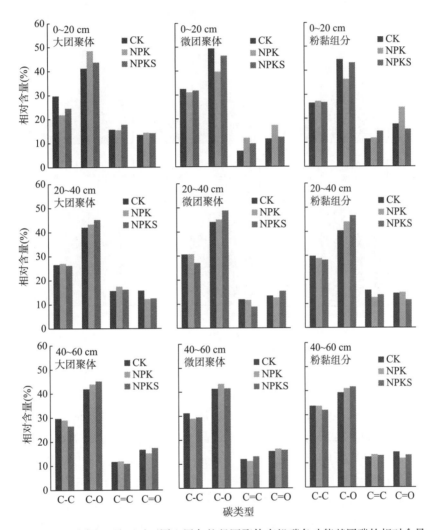

图 6 - 18　不同施肥处理对不同土层各粒径团聚体有机碳各功能基团碳的相对含量

注：C—C、C—O、C＝C 和 C＝O 分别表示烷基碳、烷氧基碳、芳香碳和羧基碳，其 NMR 波谱化学位移分别为（0～45）×10^{-6}、（45～110）×10^{-6}、（110～160）×10^{-6} 和（160～220）×10^{-6}。

图 6 - 19 显示了对烷氧基碳进一步细分后的结果，在 0～20 cm 土层，NPK 处理比不施肥处理明显增加了大团聚体含氧烷基碳的比例，降低了微团聚体和粉黏组分含氧烷基碳的比例。在 20～40 cm 土层，施肥处理各粒径团聚体中含氧烷基碳相对含量增加；粉黏组分中甲氧基和含氮烷基碳增加，而乙缩醛碳含量降低。在 40～60 cm 土层，NPK 和 NPKS 处理大团聚体中含氧烷基碳增加；NPK 处理微团聚体含氧烷基碳增加，NPKS 处理表现为甲氧基和含氮烷基碳以及乙缩醛碳增加、含氧烷基碳降低；NPKS 处理粉黏组分甲氧基和含氮烷基碳下降、乙缩醛碳增加。

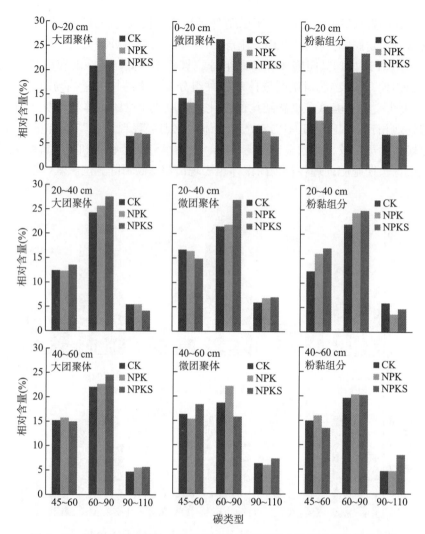

图 6-19　不同粒径团聚体中烷氧基碳细分后不同功能基团碳的相对含量

注：化学位移为（45～60）×10⁻⁶、（60～90）×10⁻⁶、（90～110）×10⁻⁶的碳分别为甲氧基和含氮烷基碳、含氧烷基碳、乙缩醛碳。

　　图 6-20 显示了对芳香碳进一步细分后的结果，在 0～20 cm 土层，NPK 处理比不施肥处理增加大团聚体芳基碳含量，微团聚体中芳基碳和酚基碳均增加，NPK 处理芳基碳增加的比例较高，粉黏组分中芳基碳增加，NPKS 处理酚基碳增加。在 20～40 cm 土层，长期施肥处理微团聚体芳基碳降低，粉黏组分芳基碳降低，NPKS 处理酚基碳增加。在 40～60 cm 土层，NPK 处理微团聚体芳基碳降低。

　　图 6-21 显示了长期施肥处理对烷基碳/烷氧基碳值和芳香度的影响。0～20 cm 土层 NPK 和NPKS 处理大团聚体的烷基碳/烷氧基碳值降低，微团聚体和粉黏组分的烷基碳/烷氧基碳值提高，NPK 处理变化幅度大于 NPKS 处理。在 20～40 cm 和 40～60 cm 土层，长期施肥处理各粒径团聚体烷基碳/烷氧基碳值下降；除了 40～60 cm 土层微团聚体，NPKS 处理下降幅度大于 NPK 处理。

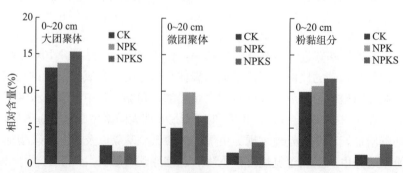

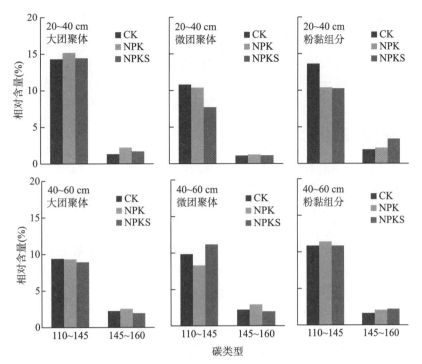

图 6-20 不同粒径团聚体中芳香碳细分后不同功能基团碳的相对含量

注：化学位移为（110~145）$\times 10^{-6}$ 和（145~160）$\times 10^{-6}$ 的碳类型分别为芳基碳和酚基碳。

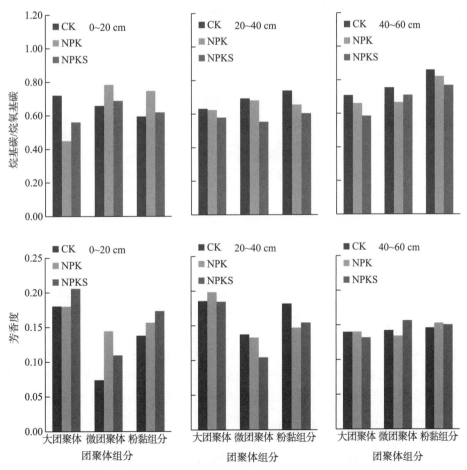

图 6-21 长期不同施肥条件下土壤烷基碳/烷氧基碳值和芳香度

注：芳香度＝芳香碳/（烷基碳＋烷氧基碳＋芳香碳）。

从芳香度来看，在0～20 cm土层，NPK处理大团聚体芳香度没有变化，NPKS处理提高；微团聚体和粉黏组分芳香度均提高，微团聚NPK处理提高幅度大于NPKS处理，粉黏组分NPKS处理提高幅度较大。在20～40 cm土层，NPK处理大团聚体芳香度增加、微团聚体和粉黏组分芳香度下降；NPKS处理微团聚体和粉黏组分芳香度均下降。在40～60 cm土层，NPK处理微团聚体芳香度下降、粉黏组分提高；NPKS处理大团聚体芳香度降低、微团聚体和粉黏组分提高。

三、紫色土有机质 $\delta^{13}C$ 值

土壤有机碳 $\delta^{13}C$ 值与输入有机物料的 $\delta^{13}C$ 值有关，在土壤有机质仅来源于作物残体和根分泌物的情况下，长期生长某植物的土壤 $\delta^{13}C$ 值将趋近于植物的 $\delta^{13}C$ 值。试验初期0～20 cm和20～40 cm土壤 $\delta^{13}C$ 值分别为－24.73‰和－24.47‰，这与试验田原来一直是水稻种植制度相符。22年（1991—2013年）试验以后，土壤 $\delta^{13}C$ 值均比试验初期降低（图6-22），趋向于水稻和小麦植株的 $\delta^{13}C$ 值，表明水稻和小麦生长带来的碳投入经过周转逐渐替代一部分土壤老碳。土壤 $\delta^{13}C$ 值与土壤深度有关，所有处理0～20 cm土层的 $\delta^{13}C$ 值均小于20～40 cm和40～60 cm土层，表明来自水稻和小麦的有机物料主要进入表层土壤，导致其周转速度快于下层土壤。

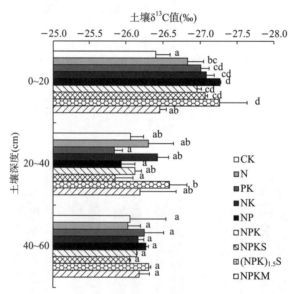

图6-22　长期不同施肥处理对土壤有机碳 $\delta^{13}C$ 值的影响

注：同一土层不同小写字母表示处理间差异达到显著水平（ $P < 0.05$ ）。

长期不同施肥处理对土壤 $\delta^{13}C$ 值有显著影响（图6-22）。在0～20 cm土层，不施肥处理土壤 $\delta^{13}C$ 值最高，为－26.40‰；其次为NPKM处理，为－26.46‰；除NPKM处理外，其他处理均显著低于CK处理，这表明长期施肥促进了耕作层土壤有机碳的周转。除了NP和（NPK）$_{1.5}$S处理显著低于N处理，其他处理间差异均不显著。在20～40 cm土层，PK处理 $\delta^{13}C$ 值最低；除了（NPK）$_{1.5}$S处理显著低于PK、NP和NPKS处理外，其他处理差异不显著。长期施肥对40～60 cm土层的 $\delta^{13}C$ 值没有显著影响。相关性分析表明（图6-23），土壤有机碳含量与 $\delta^{13}C$ 值呈显著负相关，即土壤有机碳含量越高， $\delta^{13}C$ 值越低，表明土壤周转速度快，越有利于土壤有机碳累积。

四、土壤团聚体有机质 $\delta^{13}C$ 值

图6-24显示了CK、NPK和NPKS三个施肥处理对不同土层土壤团聚体 $\delta^{13}C$ 值的影响。可以看出，0～20 cm土层不同施肥处理和粒径团聚体的 $\delta^{13}C$ 值均小于20～40 cm和40～60 cm土壤，更接近水稻和小麦植株的 $\delta^{13}C$ 值，说明表层土壤新碳比例大于下层土壤，周转速度更快。在0～20 cm

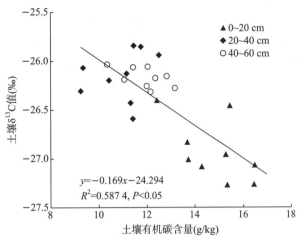

图 6-23　有机碳含量与 δ¹³C 值的关系

土层中，不施肥处理各粒径团聚体 δ¹³C 值显著低于 NPK 和 NPKS 处理；大团聚体和微团聚体 NPK 和 NPKS 处理无显著差异，而粉黏组分中 NPKS 显著低于 NPK 处理。在 20～40 cm 和 40～60 cm 土层，不同处理间 δ¹³C 值变化趋势与 0～20 cm 土层一致，不过在 40～60 cm 土层尽管不施肥处理高于 NPK 和 NPKS 处理，但差异不显著。

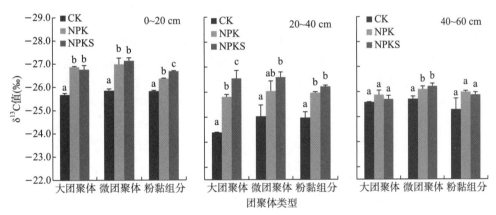

图 6-24　长期不同施肥处理对土壤团聚体 δ¹³C 值的影响

不同粒径团聚体 δ¹³C 值之间也表现出一定的差异，总体上，微团聚体 δ¹³C 值低于大团聚体和粉黏组分。在 0～20 cm 土层，不施肥处理微团聚体和粉黏组分低于大团聚体；NPK 处理大团聚体和微团聚体显著低于粉黏组分；NPKS 处理微团聚体低于大团聚体和粉黏组分。在 20～40 cm 土层，不施肥和 NPK 处理微团聚体和粉黏组分低于大团聚体，NPKS 处理大团聚体和微团聚体低于粉黏组分。在 40～60 cm 土层，不施肥处理大团聚体和微团聚体低于粉黏组分；NPK 处理的微团聚体较低，大团聚体较高；而 NPKS 处理大团聚体最高，其次为粉黏组分，微团聚体最低。

第四节　紫色土有机质提升技术与应用

一、作物产量与紫色土有机碳的关系

由图 6-25 可见，长期不同施肥处理对稻麦籽粒产量有显著影响。长期不施肥处理水稻籽粒产量最低，22 年（1991—2013 年）平均为 3.5 t/hm²，长期施用化肥处理提高水稻产量 31.7%～93.6%，增产效果表现为 NPK＞NP＞NK＞N＞PK；有机无机肥配施可提高水稻产量 86.3%～104.4%，以

NPKS 处理提高幅度最大。不施肥处理小麦产量 22 年平均为 1.30 t/hm²。N、NK 和 PK 处理的小麦产量比不施肥处理提高约 20%，但差异均不显著。NP 处理可增产 96.0%，NPK 处理增产 133.4%。有机无机肥配施增产 129.4%～141.3%，产量与 NPK 处理无显著差异。

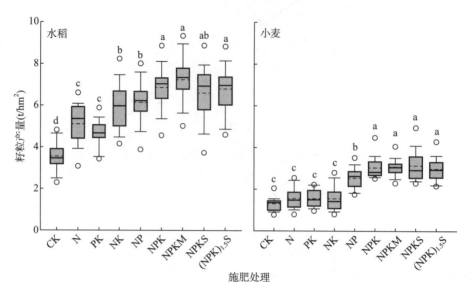

图 6-25　长期不同施肥处理作物籽粒产量
注：图中不同小写字母表示处理间差异达到显著水平（$P<0.05$）。

　　土壤有机碳含量与作物产量呈显著的正相关（图 6-26），在本试验条件和生产力水平下，土壤有机碳含量每提升 1 g/kg，水稻可增产 637 kg/hm²，小麦可增产 313 kg/hm²。由此可见，通过施用有机肥等促进土壤有机碳累积，有利于提高作物产量；反之，通过提高作物生产力，可以提高根茬等有机碳的归还，从而提高土壤有机碳含量。

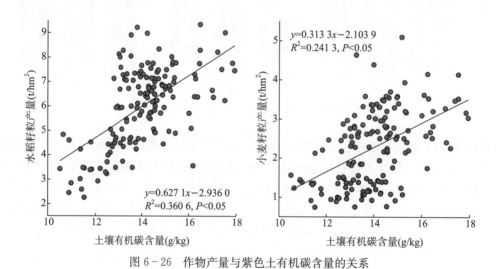

图 6-26　作物产量与紫色土有机碳含量的关系

二、紫色土有机质提升技术及其应用

（一）长期有机无机肥配施或秸秆还田配施化肥提升紫色土有机质含量和活性

长期有机无机肥配施或秸秆还田配施化肥能显著提高土壤有机质含量。中性紫色土在长期施肥管理下，由 1991 年的低肥力土壤（有机质含量 22.7 g/kg）到 2015 年变为高肥力土壤（施用有机粪肥的土壤有机质含量平均达到 26.3 g/kg）。有机肥增加土壤有机质的效果优于化肥，施用有机粪肥或有机粪肥与化肥配施是增加土壤有机质有效且重要的措施。长期有机无机肥配施或秸秆还田配施化肥均能不同程度提高 0~60 cm 土体及 0~20 cm 土层有机碳储量，是紫色土培肥和合理化利用的较优管理措施。长期试验结果表明，与化肥配合秸秆还田（NPKS）相比，增加化肥用量并没有表现出更高的固碳潜力和作物增产效果，考虑到过量施用化肥引起的环境效应，增量施用化肥（NPK）$_{1.5}$S 处理并不值得推荐。

改善土壤有机质品质也是土壤有机质调控的目标之一。在土壤有机质数量维持在较高水平的基础上，通过长期有机无机肥配施或秸秆还田配施化肥，每年向土壤中加入新的有机物料，不仅显著提高稳定性有机碳组分，而且保证始终有一定数量活性有机碳的形成，土壤易氧化有机碳、溶解性有机碳、颗粒有机碳等土壤活性有机碳组分数量也相应增加，土壤碳库管理指数也提高了。这些组分在周转过程中能够激活土壤生物活性，提高土壤微生物多样性，改善土壤性质，并释放养分供作物吸收利用，有利于土壤质量提升和作物高产。

（二）豆科绿肥提升紫色土坡耕地有机质技术

种植和翻压绿肥对土壤有机质含量增加有明显效应。研究表明，绿肥翻压 4 周后，土壤有机质含量即有增加的趋势。绿肥施入土壤后，对增加土壤中有机质总量的效果比较显著，而且翻压量越大，形成的有机质总量也越多，可以缓解坡耕地有机肥缺乏和施用困难的矛盾。紫色土旱地种植不同模式的豆科绿肥后，土壤有机质含量均有增加，且以净种绿肥处理增加较多，种一季绿肥可使土壤中有机质含量提高 0.01%~0.03%。例如，有研究探究了绿肥还田对紫色土新整理地的快速培肥的影响，发现绿肥还田与不同施肥方式结合显著提高了根际土的碱解氮、有效磷、速效钾和有机质含量，并显著提升了新整理地玉米产量（王珂，2018）。

（三）生物炭提升紫色土有机质技术

生物炭具有高 pH（大于 7）、高灰分含量、高阳离子交换量、比表面积大、粒度细小、孔结构丰富、吸附性强等特性。施用生物炭能够促进紫色土有机质含量的提高。一是生物炭可以吸附土壤有机分子，其表面催化活性有助于有机分子聚合形成有机质；二是生物炭本身缓慢地分解对于腐殖质的形成有促进作用。作为土壤改良剂，生物炭能与土壤形成稳定的土壤碳结合体，这种结合体是碳负性的，并将大气中的 CO_2 储存到具有高抗性的土壤碳库中。施用生物炭的土壤，营养持久性增强，不仅减少了总的需求量，而且减少了气候和环境对作物的影响。有研究表明，紫色土添加 0.8%~2.0% 的秸秆生物炭培养 180 d 后，土壤有机质含量提高 12.2%~21.7%，并显著增加了紫色土放线菌、真菌的数量，改变了其微生物群落结构（李治玲，2016）。在田间条件下，紫色土中施用生物炭也能显著提高土壤有机质含量，同时降低土壤容重，增加土壤有效水的持水量，有利于植物抗旱；提高土壤导水率，有利于水分入渗，从而减少地表径流及土壤侵蚀的发生（王红兰等，2015）。

（四）紫色土坡耕地有机质快速提升技术

紫色土是由紫色砂页岩形成的一种岩性土，以其特别的土色、明显的成土幼年性、较好的母质肥力性等特征而成为我国一种特有的宝贵土壤资源。然而，紫色土虽然养分储量丰富，但土壤有机质含量低、降水及耕作活动导致紫色土坡耕地水土肥流失严重，耕地地力下降。因此，亟须建立以有机肥高量施用为核心的紫色土坡耕地有机质快速提升技术。

紫色土有机肥施用以提升土壤有机质含量为主要原则，综合考虑堆肥（商品有机肥）矿化率和有机质含量提升两个方面，通过 3~5 年的投入 [2 000~6 000 kg/（亩·年）]，使紫色土有机质含量达到并稳定在 2% 以上，为紫色土培肥奠定基础。对于土壤有机质含量不足 1% 的紫色土，可通过3~5 年将土壤有机质含量提升到 1%，再通过 3~5 年将土壤有机质含量由 1% 提升到 2%，后期通过每年施用一定量的堆肥（800~1 000 kg/亩），使土壤有机质含量维持在 2%。

第七章 紫色土氮素与生物肥力特征 >>>

氮是三大营养元素中最重要的元素，是构成氨基酸的必需元素，也是作物产量首要的限制因子。在土壤中，有效氮素形态主要是硝态氮和铵态氮，与土壤全氮含量呈正相关。紫色土是一种典型的岩性土壤，成土时间和发育过程很短，紫色土有机质整体缺乏，且紫色土区降水量较充沛，易使土壤氮素流失，进而影响紫色土土壤微生物数量和活性。因此，本章以国家紫色土肥力与肥料效益长期定位试验为基础，系统分析了长期不同施肥下中性紫色土氮素演变特征；同时，采用长期定位试验、室内培养试验和模型分析相结合的方法，研究了长期施肥下不同亚类紫色土氮素转化过程及微生物学机制，为紫色土氮素肥力提升提供基础数据和技术支撑。

第一节 长期施肥下中性紫色土氮素肥力变化

一、长期施肥对中性紫色土全氮含量的影响

土壤全氮包括所有形式的有机氮素和无机氮素，综合反映了土壤的氮素状况。长期不同施肥对耕作层土壤（0~20 cm）全氮含量影响较大（图 7-1）。长期不施肥或非均衡施肥条件下，土壤全氮含量变化不大，甚至有降低的趋势（图 7-1）。20 年均衡施肥以及有机无机肥配施条件下，土壤全氮含量较为稳定甚至增加，尤其是化肥高投入 [（NPK）$_{1.5}$S 处理] 和均衡施肥配合长期秸秆还田（NPKS 处理）条件下，土壤全氮含量迅速增加，增加量分别达到 0.65 g/kg 和 0.33 g/kg，比试验前分别提高了 49% 和 26%；相反，单施有机肥改为秸秆还田处理后，土壤 C/N 增加，导致土壤矿质加速，土壤全氮被消耗而明显降低，2006—2011 年尤为明显。可见，平衡施肥尤其是平衡施肥配施有机物料的农业措施对稳定并提高紫色土全氮含量至关重要。

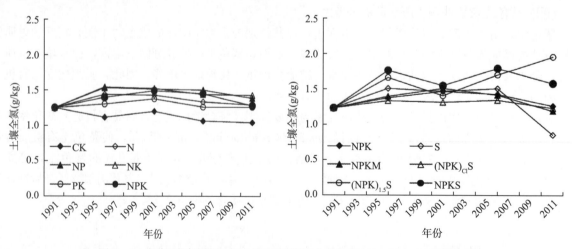

图 7-1 长期不同施肥 1991—2011 年紫色土耕作层（0~20 cm）全氮含量

二、长期施肥对中性紫色土碱解氮含量的影响

由长期淹水改为水旱轮作后，无论施氮肥与否，土壤碱解氮都有一个明显降低的过程，经过15～20年基本恢复到了试验前的水平（图7-2）。20年水旱轮作后，不施氮肥的碱解氮含量最低，降低约30 mg/kg；$(NPK)_{1.5}S$处理最高，达到121 mg/kg，但也仅比试验前增加10 mg/kg，说明水旱轮作条件下，土壤理化条件变化较大，土壤碱解氮不易积累。2011年水稻收获后，耕作层土壤碱解氮含量高于夹心层和底土层，除长期不施肥处理外，其他处理的碱解氮含量相近（表7-1）。这说明，在淹水还原条件下施入的氮肥以NO_3^--N或NH_4^+-N向下淋洗并积存在土壤剖面中的量并不大，施入的氮肥除被作物吸收和径流损失外，可能通过微生物周转以有机氮形式存在于土壤中，还有部分通过气态形式损失了。

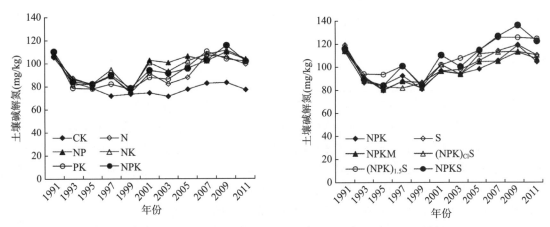

图7-2 长期不同施肥1991—2011年紫色土耕作层（0～20 cm）碱解氮含量

表7-1 2011年水稻收获后土壤剖面中碱解氮含量

单位：mg/kg

施肥处理	土壤剖面（cm）					
	0～10	10～20	20～30	30～40	40～60	60～80
CK	78	71	65	71	76	75
N	103	87	69	68	70	71
PK	110	86	75	76	78	77
NPK	100	89	70	72	78	73
S	112	90	77	66	59	64
NPKM	106	91	73	74	70	72
$(NPK)_{1.5}S$	129	107	86	81	77	77
NPKS	114	96	78	75	68	76

三、长期施肥下土壤氮平衡及其与土壤氮含量的关系

长期水旱轮作（1991—2011年），在不考虑氮素的生物固定和气态损失的条件下，不施氮肥处理（CK、PK）的氮素出现明显亏缺。单施秸秆（S）土壤氮素基本平衡，所有化肥氮投入处理的氮素都有大量的盈余，盈余量占化学氮肥施用量的42%～61%（表7-2）。

表 7-2　长期施肥 1991—2011 年中性紫色土氮素表观平衡状况

单位：kg/hm²

施肥处理	20 年收入			20 年支出		表观平衡
	化肥 N	有机肥 N	其他	稻麦收获移出 N	流失 N	
CK	0	0	1 428	1 897	94	−563
N	5 497	0	1 428	3 412	165	3 348
NP	5 497	0	1 428	4 038	165	2 721
NK	5 497	0	1 428	3 743	165	3 017
PK	0	0	1 428	2 445	165	−1 183
NPK	5 497	0	1 428	4 469	165	2 291
S	0	830	1 428	2 119	94	45
NPKM	5 497	880	1 428	4 592	165	3 048
(NPK)$_{Cl}$S	5 497	830	1 428	5 108	165	2 481
(NPK)$_{1.5}$S	8 245	830	1 428	5 166	190	5 147
NPKS	5 497	802	1 428	4 591	165	2 971

注：收入项中"其他"包括种苗、降水和灌溉水输入氮；"流失 N"指渗漏淋失的氮和排水中的氮。

　　20 年不施氮处理的氮素亏缺，导致土壤全氮和碱解氮含量下降，说明消耗了土壤氮素，尽管未考虑其他途径的氮素输入（如水旱轮作体系中的非共生固氮）。施氮处理表观平衡的氮盈余包括土壤保存的氮和气态损失的氮，除 (NPK)$_{1.5}$S 和 NPKS 处理土壤全氮含量增加明显外，其他处理的全氮含量变化不大，说明气态损失的氮占了很大比例。不均衡施肥处理（N、NP、NK）的氮素盈余明显比均衡施肥处理高，说明长期均衡施用也是减少氮气态损失的重要途径。

　　土壤氮素投入与土壤氮素表观平衡呈正相关，并可用直线方程进行模拟（图 7-3）。回归方程表明，每投入 100 kg 氮肥土壤表观平衡增加 62 kg，即土壤增加的氮和气态损失的氮占 62 kg，作物带走的氮占 38 kg。实现氮素表观净平衡的年度施氮量为 60.8 kg/hm²，显然不能满足水稻、小麦生产的需求。在氮肥施用量高于 60.8 kg/hm² 时，应考虑氮肥的优化调控，减少氮肥的气态损失。

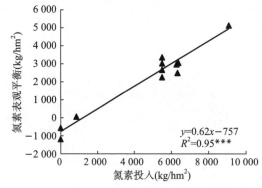

图 7-3　1991—2011 年中性紫色土氮素投入与氮素表观平衡的关系

　　氮素表观平衡与土壤全氮呈正相关，并可以用线性方程进行模拟（图 7-4）。回归分析表明，每盈余 1 000 kg/hm² 的氮素才能增加 0.1 g/kg 耕作层土壤全氮，即增加 260 kg/hm²，约 74% 盈余的氮素主要以气态形式损失掉了。但是，二者相关系数小，没有考虑土壤剖面中其他土层全氮含量的变化量，因此可能会高估氮素气态损失所占比例。

　　氮素表观平衡与耕作层土壤碱解氮含量也呈正相关关系，并可以用线性方程进行模拟（图 7-4）。但是，相关系数较小，说明土壤碱解氮含量变化不仅仅依赖于土壤氮素的表观平衡，可能与土壤全氮及氮素气态损失的平衡关系更为密切。

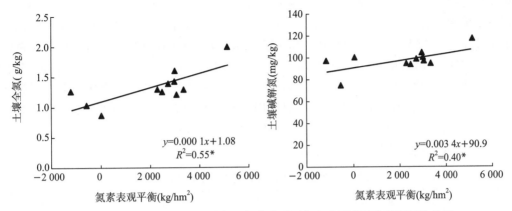

图 7-4　1991—2011 年中性紫色土氮素表观平衡与土壤全氮和碱解氮的关系

注：$*R_{0.05}=0.666，**R_{0.01}=0.798$。

第二节　不同亚类紫色土氮素形态及矿化特性

一、不同亚类紫色土定位试验概况及土壤性质

紫色土氮素形态及矿化特性与紫色土类型密切相关，第二节至第五节利用基于西南地区 3 种典型亚类紫色土已连续开展 15 年的定位试验，探讨了紫色土氮素形态转化特征及微生物等驱动因素。

定位试验所用的 3 种紫色土亚类为酸性紫色土（acidic purple soil，Ac），是夹关组砂岩发育成的红紫泥；中性紫色土（neutral purple soil，Ne），是侏罗系沙溪庙组紫色砂页岩母质上发育的灰棕紫泥；石灰性紫色土（calcareous purple soil，Ca），是侏罗系遂宁组母质上发育的红棕紫泥。在这 3 类紫色土上设置 3 个等氮的施肥处理，分别为单施氮磷钾化肥（NPK）、单施有机肥（M）、50% 有机肥＋50% 化肥配施（NPKM），此外设置不施肥处理作为对照（CK），共计 4 个处理。具体施肥管理见谢军（2023）。种植作物为玉米-白菜轮作，试验始于 2008 年。2008 年试验 3 种紫色土基础理化性状见表 7-3。

表 7-3　2008 年试验 3 种紫色土基础理化性状

指标	酸性紫色土	中性紫色土	石灰性紫色土
土壤 pH	5.81±0.12	6.82±0.15	8.35±0.09
土壤有机质（g/kg）	10.06±1.45	10.43±0.87	10.73±1.23
土壤全氮（g/kg）	1.04±0.09	1.16±0.11	0.99±0.09
土壤全磷（g/kg）	0.23±0.10	0.44±0.07	0.43±0.03
土壤全钾（g/kg）	18.70±1.87	19.40±1.65	23.40±2.02
土壤碱解氮（mg/kg）	81.20±8.76	111.01±10.21	78.5±4.32
土壤有效磷（mg/kg）	17.30±2.98	18.90±3.08	15.00±2.31
土壤速效钾（mg/kg）	133.00±21.00	97.01±12.10	126.04±16.10

经过 15 年长期不同施肥处理，不同类型紫色土土壤 pH、有机质、全氮、有效磷、速效钾均已发生了显著变化（表 7-4）。与 CK 处理相比，长期单施化肥处理（NPK）使 3 种不同亚类紫色土 pH 均显著降低。其中，酸性、中性下降较多（平均 2.01 个 pH 单位），石灰性紫色土下降较少（0.19 个 pH 单位）。而施用有机肥则有使不同类型紫色土 pH 向中性改善的趋势。相比于 CK 处理，M 处理对土壤养分含量提升幅度最高且显著高于 NPK 处理。在单施有机肥处理下，有机质、全氮、

有效磷和速效钾的含量在酸性紫色土分别显著提高了 156.65％、233.33％、1 517.92％和 241.09％；在中性紫色土分别显著提高了 159.14％、233.80％、527.82％和 191.00％；在石灰性紫色土分别显著提高了 168.19％、187.27％、1632.88％和 167.10％。在 NPKM 处理下，有机质、全氮、有效磷和速效钾的含量在酸性紫色土分别显著提高了 74.04％、107.25％、858.02％和 127.39％；在中性紫色土分别显著提高了 92.97％、163.38％、338.85％和 109.63％；在石灰性紫色土分别显著提高了 97.00％、97.27％、808.90％和 128.61％。而 NPK 处理对于留存在土壤中的养分含量提升幅度较小，有机质、全氮、有效磷和速效钾的含量分别平均提高了 18.80％、18.86％、349.42％和 23.38％，对速效钾含量的提升效果难以达到显著水平。

表 7 - 4　2022 年玉米成熟期土壤基本理化性状

指标	处理	酸性紫色土	中性紫色土	石灰性紫色土
土壤 pH	CK	6.56±0.06b, y	6.65±0.12c, y	8.18±0.04a, x
	NPK	4.51±0.23c, y	4.68±0.14d, y	7.99±0.07b, x
	NPKM	7.19±0.05a, y	7.02±0.11b, y	7.75±0.10c, x
	M	7.48±0.04a, y	6.56±0.06a, y	6.65±0.06c, x
土壤有机质 (g/kg)	CK	12.71±1.03d, y	14.66±0.53c, xy	16.66±1.76d, x
	NPK	14.78±0.44c, z	16.32±0.35c, y	21.46±0.28c, x
	NPKM	22.12±0.32b, z	28.29±1.63b, y	32.82±1.12b, x
	M	32.62±1.20a, z	37.99±1.89a, y	44.68±1.36a, x
土壤全氮 (g/kg)	CK	0.69±0.01d, y	0.71±0.00d, y	1.10±0.04d, x
	NPK	0.80±0.01c, z	0.93±0.05c, y	1.21±0.01c, x
	NPKM	1.43±0.02b, z	1.87±0.11b, y	2.17±0.05b, x
	M	2.30±0.05a, y	2.37±0.07a, y	3.16±0.03a, x
土壤有效磷 (mg/kg)	CK	5.86±0.30c, y	12.33±1.42c, x	6.63±0.55c, y
	NPK	38.63±5.16b, x	45.79±2.38b, x	21.04±2.46c, y
	NPKM	56.14±10.91b, x	54.11±5.46b, x	60.26±4.33b, x
	M	94.81±8.70a, xy	77.41±12.16a, y	114.89±18.50a, x
土壤速效钾 (mg/kg)	CK	121.67±8.01c, z	155.67±7.41c, y	202.67±4.78b, x
	NPK	173.00±20.83c, y	164.33±5.79c, y	248.00±13.95b, x
	NPKM	276.67±14.08b, y	326.33±27.78b, y	463.33±59.22a, x
	M	415.00±24.54a, y	453.00±14.72a, y	541.33±36.43a, x

注：CK、NPK、NPKM 和 M 分别代表不施肥处理、单施化肥处理、有机肥-化肥配施处理和单施有机肥处理。a、b、c、d 分别代表相同土壤类型下不同施肥处理之间的显著性差异（$P<0.05$）。x、y、z 分别代表相同施肥处理下不同 pH 紫色土之间的显著性差异（$P<0.05$）。

二、不同亚类紫色土氮素形态

长期施肥后土壤中不同形态氮素的含量和占比均发生了显著变化，玉米成熟期土壤中 NH_4^+-N、NO_3^--N、MBN 和 DON 的含量分别为 3.03～6.31 mg/kg、17.80～31.07 mg/kg、5.46～27.02 mg/kg、21.17～49.06 mg/kg（图 7-5）。相较于 CK 处理，单施化肥处理（NPK）下 3 种紫色土中无机氮（NH_4^+-N 和 NO_3^--N）的含量均有显著提高（$P<0.05$）。在酸性紫色土、中性紫色土和石灰性紫色土中，NH_4^+-N 分别提高了 35.75％、50.62％和 19.68％，NO_3^--N 分别提高了 70.21％、43.46％和 40.03％。而 NPKM 和 M 处理则显著提高了紫色土中有机氮的含量（$P<0.05$）。在 NPKM 处理下，酸性紫色土、中性紫色土和石灰性紫色土中 DON 的含量分别提升了 112.28％、168.96％和

177.74%，MBN 的含量分别提升了 29.76%、42.14% 和 78.86%。在 M 处理下，酸性紫色土、中性紫色土和石灰性紫色土中 DON 的含量分别提升了 279.12%、277.21% 和 225.55%，MBN 的含量分别提升了 53.19%、59.24% 和 73.37%。不同形态氮素含量在不同类型紫色土中也存在显著差异，在石灰性紫色土中无论采用哪种施肥方式，其土壤中 DON 含量均显著高于中性紫色土（$P<0.05$）。

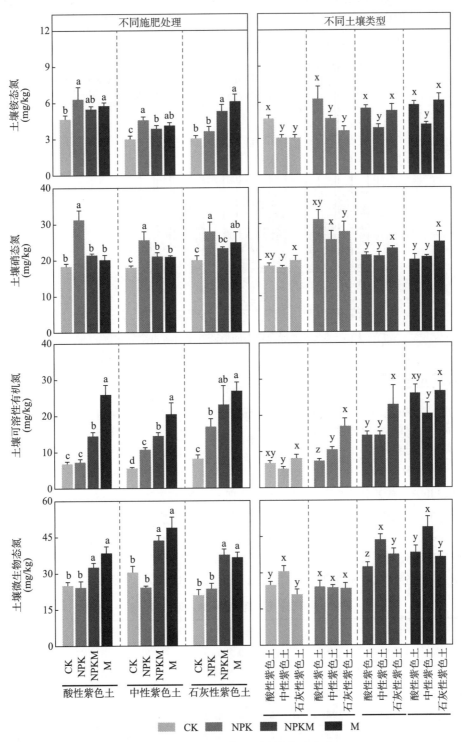

图 7-5　玉米成熟期不同形态氮素含量

注：a、b、c、d 分别代表相同土壤类型下不同施肥处理之间的显著性差异（$P<0.05$）。x、y、z 分别代表相同施肥处理下不同 pH 紫色土之间的显著性差异（$P<0.05$）。

长期施肥还使得土壤中各形态氮素的占比发生改变（图7-6）。单施化肥处理（NPK）使得酸性紫色土、中性紫色土和石灰性紫色土中无机氮（NH_4^+-N 和 NO_3^--N）占全氮的比例由 3.33%、2.94%和2.08%分别增加至4.07%、3.25%和2.59%。而 NPKM 和 M 处理会使得土壤中活性氮（NH_4^+-N、NO_3^--N、MBN 和 DON）的占比下降，即固存在土壤中的氮素（全氮中除去活性氮的占比）比例上升，有利于氮素在土壤中的保存。在 NPKM 处理下，酸性紫色土、中性紫色土和石灰性紫色土中固存氮的比例由 92.01%、91.96%和95.24%分别上升至94.83%、95.54%和95.89%，而在 M 处理下，进一步提高至96.07%、96.00%和97.00%。

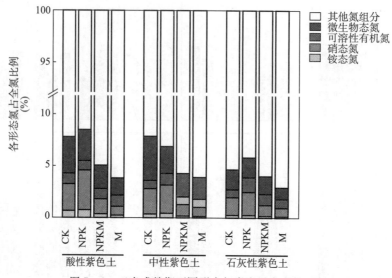

图7-6 玉米成熟期不同形态氮素含量占全氮比例

三、不同亚类紫色土有机氮矿化特性

玉米成熟期土样矿化培养试验前后，土壤中铵态氮和硝态氮含量均发生了变化（表7-5）。不同处理土壤 NH_4^+-N 含量在整个培养期间呈下降趋势。在酸性紫色土中，NPK 处理下土壤净氮铵化速率（负号仅代表反应方向，不代表大小，负号代表朝铵态氮含量减少的方向反应）相较于 CK 处理显著提高了6.23%，并显著高于其他处理，表明在 NPK 处理下土壤铵态氮下降更快（$P<0.05$）；而在中性紫色土中各施肥处理间并无显著差异（$P>0.05$）。不同处理土壤 NO_3^--N 含量在整个培养期间呈上升趋势，因此3种类型紫色土的土壤净氮硝化速率在所有施肥处理下均有显著提高。有机肥处理（NPKM 和 M）的土壤净氮硝化速率高于 CK、NPK 处理；在 NPKM 处理中，酸性紫色土、中性紫色土和石灰性紫色土的土壤净氮硝化速率分别比对照提高了1 506.50%、1 923.75%和727.84%；在 M 处理中，3种紫色土的土壤净氮硝化速率分别比对照提高了1 739.79%、1 719.56%和1 036.66%。

表7-5 玉米成熟期土壤净氮铵化和硝化速率

指标	培养前后	处理	酸性紫色土	中性紫色土	石灰性紫色土
土壤铵态氮 （mg/kg）	培养前	CK	4.65±0.23b, x	3.05±0.17c, y	3.03±0.22b, y
		NPK	6.31±0.81a, x	4.59±0.23a, y	3.63±0.33b, y
		NPKM	5.51±0.18ab, x	3.86±0.24b, y	5.30±0.43a, x
		M	5.79±0.20a, x	4.12±0.18ab, y	6.13±0.45a, x
	培养后	CK	3.52±0.22b, x	2.01±0.16c, y	1.98±0.20b, y
		NPK	5.11±0.81a, x	3.46±0.19a, y	2.56±0.33b, y
		NPKM	4.44±0.16ab, x	2.77±0.21b, y	4.22±0.43a, x
		M	4.74±0.21ab, x	3.00±0.15ab, y	4.87±0.50a, x

（续）

指标	培养前后	处理	酸性紫色土	中性紫色土	石灰性紫色土
土壤净氮铵化速率 [mg/（kg·d）]		CK	−40.26±0.59b，y	−37.27±0.64a，x	−37.47±0.56a，x
		NPK	−42.77±1.08c，y	−40.57±1.74a，xy	−38.13±0.39a，x
		NPKM	−38.50±0.73ab，x	−39.15±1.16a，x	−38.59±0.85a，x
		M	−37.45±0.41a，x	−39.91±1.27a，x	−45.11±1.95b，y
土壤硝态氮 （mg/kg）	培养前	CK	18.26±0.52b，xy	17.80±0.36c，y	19.80±0.90c，x
		NPK	31.07±2.07a，xy	25.54±1.79a，x	27.73±2.12a，y
		NPKM	21.22±0.45b，y	20.88±0.80b，y	23.18±0.27bc，x
		M	19.93±1.07b，y	20.74±0.24b，y	24.75±2.28ab，x
	培养后	CK	24.69±0.84b，y	25.98±1.11c，y	32.41±1.05c，x
		NPK	126.85±21.72a，xy	148.81±14.80b，x	95.00±6.88b，y
		NPKM	124.56±18.66a，x	186.30±2.52a，x	127.54±37.67ab，x
		M	138.28±20.75a，x	169.47±14.88ab，x	168.05±5.96a，x
土壤净氮硝化速率 [mg/（kg·d）]		CK	0.23±0.01b，y	0.29±0.05c，y	0.45±0.07c，x
		NPK	3.42±0.72a，xy	4.40±0.49b，x	2.40±0.30bc，y
		NPKM	3.69±0.66a，x	5.91±0.12a，x	3.73±1.35ab，x
		M	4.23±0.78a，x	5.31±0.53ab，x	5.12±0.29a，x

注：CK、NPK、NPKM和M分别代表不施肥处理、单施化肥处理、有机肥-化肥配施处理和单施有机肥处理。a、b、c、d分别代表相同土壤类型下不同施肥处理之间的显著性差异（$P<0.05$）。x、y、z分别代表相同施肥处理下不同pH紫色土之间的显著性差异（$P<0.05$）。

玉米成熟期不同处理土壤中土壤净氮硝化速率远高于土壤净氮铵化速率，计算得到的土壤净氮矿化速率均为正值（图7-7），即3种土壤中不同施肥处理下的土壤有机氮矿化作用大于同化作用，土壤中有机氮在培养过程中被分解并释放无机氮。不同施肥措施均能够显著增加土壤净氮矿化速率。相较于CK处理，在酸性紫色土和石灰性紫色土中，M处理对土壤净氮矿化速率的提升幅度最大，分

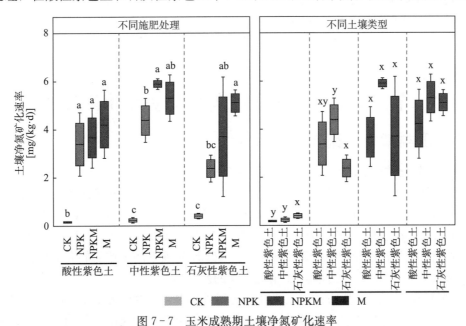

图7-7 玉米成熟期土壤净氮矿化速率

注：a、b、c、d分别代表相同土壤类型下不同施肥处理之间的显著性差异（$P<0.05$）。x、y、z分别代表相同施肥处理下不同pH紫色土之间的显著性差异（$P<0.05$）。

别为 2 110.92% 和 1 128.90%；而在中性紫色土中，化肥和有机肥配合施用（NPKM）对土壤净氮矿化速率的提升效果最高，为 2 204.52%。在 NPKM 和 M 处理下，不同类型紫色土矿化能力并无显著差异。但是，在 NPK 处理下，中性紫色土的净氮矿化速率显著高于石灰性紫色土。

四、紫色土氮矿化特性与土壤环境因子的关联分析

将土壤基本理化性质和不同形态氮素含量共同作为土壤环境因子纳入随机森林模型中，结果显示（图 7-8），在玉米成熟期中，土壤环境因子对土壤净矿化速率的解释度达 78.18%，全模型的显著性 $P < 0.001$，能够成功预测并筛选出包括 pH、有机质、全氮、有效磷、速效钾、NH_4^+-N、DON 和 MBN 在内的 8 个显著的预测变量。其中，重要性最高的是有效磷，其次是 DON 和 MBN，而 SWC 和 NO_3^--N 对玉米成熟期土壤净矿化速率不是合理的预测因子。在白菜成熟期的模型中，环境因子对土壤净矿化速率的解释度达 90.03%，整个模型显著（$P < 0.001$），同样能够成功预测，筛选出了包括有效磷、速效钾、NO_3^--N 和 DON 在内的 4 个显著的预测变量。其中，重要性最高的仍然是有效磷和 DON。

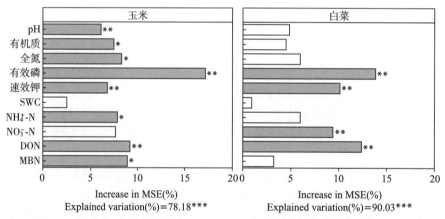

图 7-8　不同环境因子对土壤净氮矿化速率的重要性分析

注：图中变量的重要性以随机森林中的 "percentage of increase of mean square error [Increase in MSE（%）]" 值进行衡量，更高的 MSE（%）值意味着更重要的变量，并标识了各变量的显著性。图下方的数值为总方差解释率，以及全模型的显著性 P 值。Explained variation 表示随机森林模型的解释度。每个带星号的主要预测因子的显著性水平如下：$* P < 0.05$，$** P < 0.01$，$*** P < 0.001$。

第三节　不同亚类紫色土氮转化关键酶活性特征

一、不同亚类紫色土氮转化酶活性

玉米季土壤氮转化关键酶活性主成分分析如图 7-9（a）所示，前 2 个主成分共解释了总体方差变异的 85.1%。PERMANOVA 结果表明，本研究中氮转化关键酶活性在不同施肥方式和不同 pH 紫色土间均存在极显著差异（$P < 0.001$），施肥方式和土壤类型的决定系数 R^2 分别为 0.86 和 0.03，且两种影响因素之间存在显著的交互效应（$R^2 = 0.09$，$P < 0.001$），施肥方式对主成分的代表性高于土壤类型。对每种施肥方式（NPK、NPKM 和 M）与 CK 处理下的土壤氮转化关键酶活性之间都进行了 ANOSIM 分析，以深入探究不同施肥措施之间的差异。

NPK、NPKM 和 M 处理施肥方式，土壤氮转化酶活性均会发生显著变化（$P = 0.001$，图 7-9）。从雷达图（图 7-9b、c、d）可以明显看出，3 种紫色土的土壤氮转化酶活性有类似的趋势，施肥对土壤中矿化酶和反硝化酶活性均有促进作用，NPKM 处理对 3 种不同类型紫色土 LAP、NAG 和 NR 这 3 种酶的活性提升幅度最大。

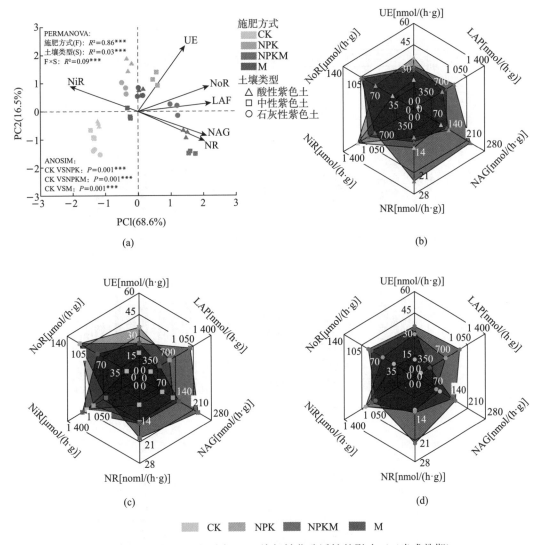

图 7-9　长期施肥对不同 pH 土壤氮转化酶活性的影响（玉米成熟期）

注：（a）不同施肥处理下 3 种土壤矿化酶活性的主成分分析，***表示在 0.001 水平上极显著相关；（b、c、d）不同施肥处理下 3 种土壤矿化酶活性雷达图。

二、不同亚类紫色土反硝化过程关键酶活性

长期施肥后玉米土壤中反硝化过程氮转化酶活性发生了显著变化，玉米成熟期土壤中 NR、NiR 和 NoR 的活性分别为 $8.77 \sim 23.44$ nmol/ （h·g）、$658.27 \sim 1\,121.48$ μmol/ （h·g） 和 $36.41 \sim 118.62$ μmol/ （h·g） （图 7-10）。相较于 CK 处理，不同施肥处理下 NR、NiR 和 NoR 的活性分别提高了 $-31.16\% \sim 130.23\%$、$-36.00\% \sim 6.83\%$ 和 $51.73\% \sim 377.30\%$。NR 和 NiR 在酸性紫色土中 NPKM 处理和 CK 处理下的活性最高，而 NoR 则是在石灰性紫色土中 NPK 处理下的活性最高。有机肥-化肥配施 （NPKM） 和不施肥处理 （CK） 均显著提高了土壤中 NR 的活性 （$P<0.05$），且提升幅度最大，酸性紫色土、中性紫色土和石灰性紫色土 NR 活性分别显著提升了 84.09%、130.23% 和 97.55%。但是，施用肥料会造成土壤 NiR 活性的显著降低，NPKM 处理降低幅度最低且最显著 （$P<0.05$），酸性紫色土、中性紫色土和石灰性紫色土 NiR 活性分别显著降低了 29.73%、36.00% 和 20.09%。另外，在中性紫色土中使用化肥后，使得土壤 NoR 显著提高了 113.92% （$P<0.05$）。在相同的施肥处理中比较，结果显示，土壤氮转化关键酶活性在不同类型紫色土中也存在显著差异。在 NPK 处理下，中性紫色土的反硝化酶活性 （NR、NiR 和 NoR） 均显著高于其他土壤类型 （$P<0.05$）。

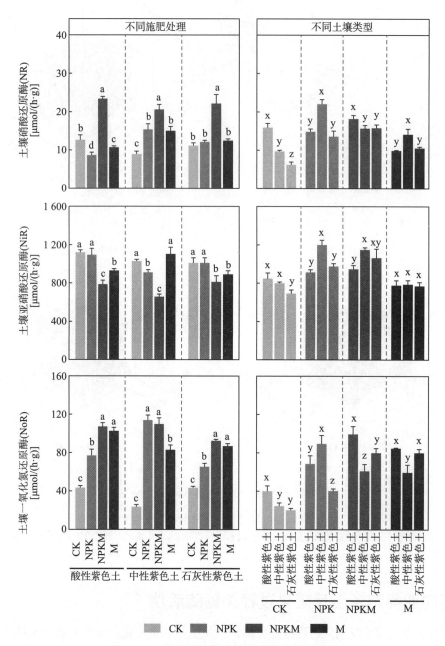

图 7-10　玉米成熟期土壤反硝化相关酶活性

注：a、b、c、d 分别代表相同土壤类型下不同施肥处理之间的显著性差异（$P<0.05$）。x、y、z 分别代表相同施肥处理下不同 pH 紫色土之间的显著性差异（$P<0.05$）。

三、紫色土氮转化关键酶活性与土壤环境因子的关联分析

　　将土壤基本理化性质与不同形态氮素含量共同作为环境因子与土壤氮转化酶活性之间进行冗余分析（RDA）。研究发现，在玉米季中，土壤环境因子与土壤氮转化酶活性之间存在较强的约束关系（图 7-11），其方差变异的 51.29% 可以由环境因子解释。其中，MBN 和 NO_3^--N 分别解释了方差变异的 15.2% 和 13.5%，达到显著水平（$P<0.05$），是解释度最高的两种环境因子。冗余分析结果表明，土壤氮转化酶活性受 MBN 和 NO_3^--N 的影响相较于其他环境因子更为强烈关联。

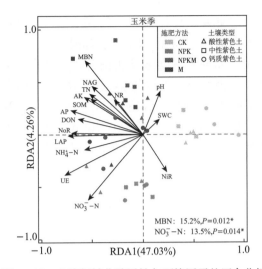

图 7-11　土壤氮转化酶活性与环境因子的冗余分析

注：＊表示在 0.05 水平上显著相关，＊＊表示在 0.01 水平上极显著相关，＊＊＊表示在 0.001 水平上极显著相关，仅展示显著环境因子。

第四节　不同亚类紫色土氮转化微生物功能基因特征

一、不同亚类紫色土氮转化功能基因绝对丰度与功能潜力

土壤氮转化功能基因的主成分分析如图 7-12（a）所示，前 2 个主成分共解释了总体方差变异的 69.4%。PERMANOVA 结果表明，本研究中氮转化功能基因绝对丰度在不同施肥方式和不同 pH 紫色土间均存在极显著差异（$P < 0.001$），施肥方式和土壤类型的 R^2 分别为 0.54 和 0.10，且两种影响因素之间存在显著的交互效应（$R^2 = 0.26$，$P < 0.001$），施肥方式对氮转化功能基因丰度影响的效应值高于土壤类型。因此，对每种施肥方式（NPK、NPKM 和 M）与 CK 处理下的土壤功能基因绝对丰度之间都进行了 ANOSIM 分析，以深入探究不同施肥措施之间的差异。结果显示，对于 NPK、NPKM 和 M 处理施肥方式，土壤氮转化功能基因丰度均会发生显著变化。

为更加明显地呈现不同处理下土壤氮转化功能基因丰度的差异，将功能基因绝对丰度进行 Z-score 标准化后用热图的形式可视化（图 7-12b），结果显示，在酸性紫色土中，NPKM 和 M 处理明

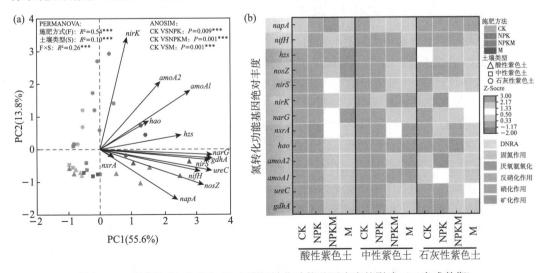

图 7-12　长期施肥对不同 pH 土壤氮转化功能基因丰度的影响（玉米成熟期）

注：（a）不同施肥处理下 3 种土壤氮转化功能基因绝对丰度的主成分分析，＊＊＊表示在 0.001 水平上极显著相关；（b）不同施肥处理下 3 种土壤氮转化功能基因热图。

显提高了土壤氮转化功能基因的丰度；具体而言，施用有机肥明显提高了矿化基因（*gdhA* 和 *ureC*）、反硝化功能基因（*narG* 和 *nosZ*）和 DNRA 功能基因（*napA*）的丰度，在石灰性紫色土中，NPK 处理提高了反硝化功能基因（*nirK*）和氨氧化古菌功能基因的丰度（*amoA*-AOB）。

根据每个样本中氮转化功能基因绝对丰度计算了土壤氮转化功能潜力（图 7-13）。结果显示，在所有类型紫色土中，相较于 CK 处理，使用有机肥（NPKM 和 M）能够显著提高土壤氮转化功能潜力，而 NPK 处理对氮转化功能潜力提升不显著。在 CK 和 NPK 处理下，石灰性紫色土氮转化功能潜力最高；在 NPKM 和 M 处理下，酸性紫色土氮转化功能潜力最高。

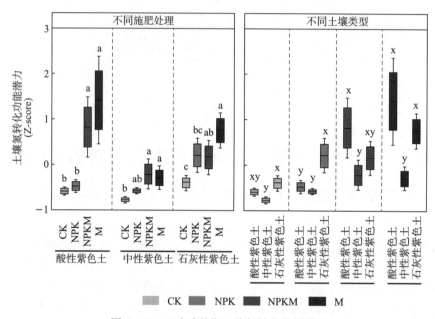

图 7-13　玉米成熟期土壤氮转化功能潜力

注：a、b、c、d 分别代表相同土壤类型下不同施肥处理之间的显著性差异（*P*<0.05）。x、y、z 分别代表相同施肥处理下不同 pH 紫色土之间的显著性差异（*P*<0.05）。

二、不同亚类紫色土氮转化微生物功能基因总丰度

长期施肥显著影响土壤氮转化功能基因的总丰度（图 7-14a）。相较于 CK 处理，在 NPKM 处理下，酸性紫色土、中性紫色土和石灰性紫色土氮转化功能基因总丰度分别提升了 415.25%、218.09% 和 269.79%；在 M 处理下，分别提升了 541.74%、209.25% 和 611.48%；在 NPK 处理下，石灰性紫色土氮转化功能基因总丰度提升了 149.40%，酸性紫色土和中性紫色土氮转化功能基因总丰度反而分别降低了 33.71% 和 66.47%。不同施肥方式不仅显著降低了氮转化功能基因的总丰度，还改变了土壤不同氮转化过程功能基因的相对丰度（图 7-14b）。在所有类型紫色土中，矿化作用功能基因占比最高，为 57.18%~87.62%；厌氧氨氧化作用功能基因占比最低，为 0.01%~0.41%；硝化、反硝化、固氮作用功能基因的相对丰度分别为 1.23%~13.60%、9.70%~31.18%、0.33%~2.87%。在中性紫色土中，相较于 CK 处理，单施化肥处理（NPK）使土壤中的反硝化功能基因的相对丰度由 9.70% 上升到了 31.18%，硝化作用功能基因的相对丰度由 1.55% 上升到了 5.78%，而矿化作用功能基因的相对丰度由 87.62% 下降到 57.18%。NPKM 和 M 处理使石灰性紫色土和中性紫色土土壤矿化功能基因占比上升，却使石灰性紫色土硝化功能基因相对丰度由 10.55% 分别下降至 5.88% 和 4.29%。

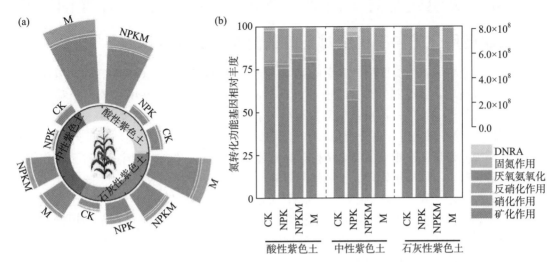

图 7-14 玉米成熟期不同土壤氮转化过程功能基因总丰度和相对丰度

注：（a）不同施肥处理下 3 种土壤氮转化功能基因总丰度；（b）不同施肥处理下 3 种土壤氮转化功能基因相对丰度。

三、紫色土壤氮转化功能基因与土壤环境因子的关联分析

将土壤基本理化性状与不同形态氮素含量共同作为土壤环境因子与土壤氮转化功能基因绝对丰度之间进行冗余分析（RDA）。研究发现，在玉米季中，土壤环境因子与氮转化功能基因之间存在较强的约束关系（图 7-15），其方差变异的 66.87% 可以由环境因子解释。其中，有效磷、pH、NH_4^+-N 和 NO_3^--N 分别解释了方差变异的 48.7%、9.4%、8.8% 和 5.9%，达到显著水平（$P<0.05$），是解释度最高的 4 种环境因子；冗余分析结果表明，土壤氮转化功能基因丰度及环境因子有效磷、pH、NH_4^+-N 和 NO_3^--N 之间相较于其他环境因子更为强烈关联。

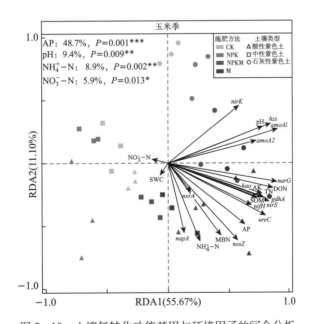

图 7-15 土壤氮转化功能基因与环境因子的冗余分析

注：* 表示在 0.05 水平上显著相关，**表示在 0.01 水平上极显著相关，***表示在 0.001 水平上极显著相关，仅展示显著环境因子。

第五节　长期施肥对不同亚类紫色土细菌群落多样性的影响

一、长期施用化肥和有机肥对土壤细菌群落结构的影响

在石灰性紫色土中，虽然施肥处理显著地影响了土壤细菌群落结构（图7-16），但在对细菌群落结构的PCoA分析中，各施肥处理并没有明显区分开（图7-16a）。在中性紫色土和酸性紫色土中，不同施肥处理下土壤细菌的群落结构明显地分为3组（M和M+CF聚类到一起，CF和CT各为一组），且PCoA第一轴上解释度分别为57.93%和59.87%（图7-16b、c）。在酸性紫色土和中性紫色土中，不同施肥处理间土壤细菌群落结构具有显著性差异（表7-6）。当把3种土壤作为一个整体进行主成分分析时，不同施肥处理下土壤细菌的群落结构明显分为4组：石灰性紫色土中所有施肥处理为一组；酸性紫色土和中性紫色土中M和M+CF为一组；酸性紫色土和中性紫色土中CF为一组；酸性紫色土和中性紫色土中CT为一组（图7-16d）。施用CF后，细菌群落结构在酸性紫色土和中性紫色土上极为相似，且明显与其他施肥处理区分开来（图7-16d），说明施用化肥对中性紫色土和酸性紫色土的细菌群落有相似的影响。

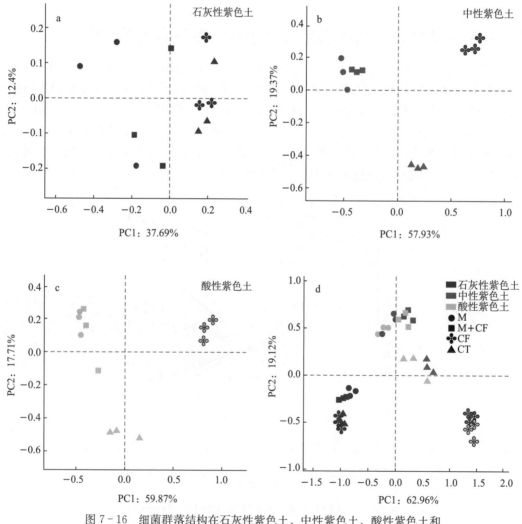

图7-16　细菌群落结构在石灰性紫色土、中性紫色土、酸性紫色土和
3种土壤上的主成分分析

注：M、M+CF、CF、CT分别表示单施有机肥处理、有机肥＋化肥配施处理、单施化肥处理和不施肥处理。

表7-6 土壤类型和施肥处理对细菌群落结构的多元置换方差分析

检测因子	F				P-value	
施肥处理	3.92				0.001	
土壤类型	9.22				0.001	
	石灰性紫色土		中性紫色土		酸性紫色土	
	F	P-value	F	P-value	F	P-value
施肥处理	1.93	0.001	6.92	0.001	6.46	0.001

二、土壤化学性质和细菌群落结构的关系

dbRDA 展示了土壤化学性质和细菌群落结构的关系（表7-7）。在中性紫色土和酸性紫色土上，土壤 pH 是影响细菌群落结构最显著的因子，分别解释了总变异的 11.64%（$P=0.02$）和 18.28%（$P=0.001$）。与此相比，在石灰性紫色土中，任何土壤化学性质对细菌群落结构都没有显著的影响（表7-7）。

表7-7 土壤化学性质和细菌群落结构的关系

项目	pH VC（P）	碱解氮 VC（P）	有效磷 VC（P）	速效钾 VC（P）	全氮 VC（P）	全磷 VC（P）	全钾 VC（P）	有机碳 VC（P）	C/N VC（P）
酸性紫色土	18.28% (0.008)	4.01% (0.47)	4.97% (0.35)	3.52% (0.53)	5.35% (0.32)	4.65% (0.37)	3.03% (0.64)	5.65% (0.28)	5.40% (0.30)
石灰性紫色土	8.58% (0.15)	7.46% (0.24)	8.50% (0.15)	8.49% (0.15)	7.19% (0.26)	6.16% (0.39)	5.73% (0.46)	7.16% (0.27)	7.10% (0.27)
中性紫色土	11.64% (0.02)	4.16% (0.24)	4.23% (0.24)	4.19% (0.24)	4.18% (0.26)	4.75% (0.22)	3.64% (0.31)	4.22% (0.25)	4.25% (0.25)
所有土壤	9.34% (0.001)	1.74% (0.19)	2.22% (0.12)	1.44% (0.29)	1.40% (0.27)	1.25% (0.37)	2.17% (0.12)	1.00% (0.47)	1.08% (0.44)

注：基于距离的冗余分析（dbRDA）展示了不同土壤化学性质可解释的土壤细菌群落结构百分数（VC）。边际检验的 P 值如括号内所示。

三、长期施用化肥和有机肥对土壤细菌丰富度和多样性的影响

稀释性曲线表明土壤各样品 OTU 数目均到达平台期，说明测序深度足够且能涵盖绝大部分细菌群落的多样性信息。在石灰性紫色土中，不同施肥处理间细菌的 OTU 丰富度和 Shannon 多样性指数并无显著差异（图7-17）。在酸性紫色土和中性紫色土中，与 CT 处理相比，细菌的 OTU 丰富度与 Shannon 多样性指数在 CF+M 和 M 处理下有所升高，但在 CF 处理下却有所降低（图7-17a、b）。在酸性紫色土中，M 和 CF+M 处理下细菌的 OTU 丰富度与 Shannon 多样性指数显著高于 CF 处理，并且在中性紫色土中细菌的 OTU 丰富度也表现出相同的趋势（图7-17a、b）。回归分析表明，土壤细菌的 Shannon 多样性指数随着土壤 pH 从酸性到中性的升高而升高，而后随着 pH 从中性到碱性的升高而略微降低（图7-17c）。

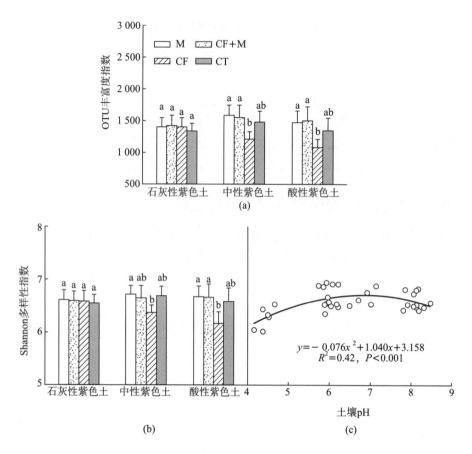

图 7-17　三种土壤中不同施肥处理下的 OTU 丰富度（a）和 Shannon 多样性指数（b）
以及多样性指数和土壤 pH 的关系（c）

注：M、CF+M、CF、CT 分别表示单施有机肥处理、化肥＋有机肥配施处理、单施化肥处理和不施肥处理。不同字母表示不同处理在 $P=0.05$ 水平上具有显著性差异。

四、长期施用化肥和有机肥对土壤细菌群落组成的影响

细菌序列被分类到 30 个门类。优势土壤细菌门类为 Proteobacteria（平均相对丰度为 24.6%）、Actinobacteria（19.7%）、Chloroflexi（15.3%）和 Acidobacteria（12.6%），其次为 Bacterioidetes（5.3%）、Planctomycetes（4.8%）、Gemmatimonadetes（4.5%）、Firmicutes（3.4%）、Cyanobacteria（2.1%）、Nitrospirae（1.8%）和 TM7（1.0%）。这些门类共占细菌相对丰度的 95% 以上。基于 Bray-Curtis 距离计算和聚类分析的细菌群落组成被分为 3 组。总体来说，在酸性紫色土和中性紫色土中，CF 和 CT 处理具有相似的细菌群落，而 M 和 CF＋M 处理细菌群落组成相似。在石灰性紫色土中，所有施肥处理均有相似的细菌群落，且与其他土壤施肥处理有明显区分（图 7-18）。

五、土壤 pH 和细菌主要门类相对丰度的关系

除 Armatimonadetes、Proteobacteria 和 Verrucomicrobia 外，土壤 pH 对其他主要细菌门类均有显著性的影响（$P<0.05$）（图 7-19）。Actinobacteria、Bacterioidetes、Fibrobacteres 和 Firmicutes 的相对丰度在中性 pH 时最高，而在酸性 pH 和碱性 pH 时则较低（图 7-19b、e、h 和 o）。但 Acidobacteria、Chloroflexi 和 Planctomycetes 的相对丰度则是随着土壤 pH 从酸性到中性的升高而降低，而后随着 pH 从中性到碱性的升高而升高（图 7-19c、d 和 f）。另外，Gemmatimonadetes、Nitrospirae 和 WS3 随着土壤 pH 的增加而呈线性增加（图 7-19 g、j 和 n），而 Cyanobacteria 和 TM7 则随着土壤 pH 的增加而呈一元二次方程的变化规律（图 7-19i 和 k）。

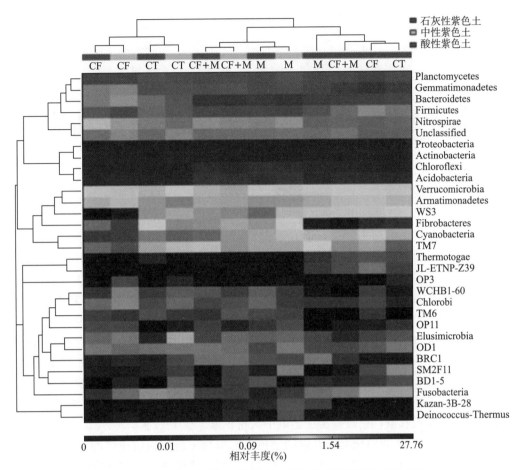

图 7-18 不同土壤类型下各处理土壤细菌主要门类的相对丰度

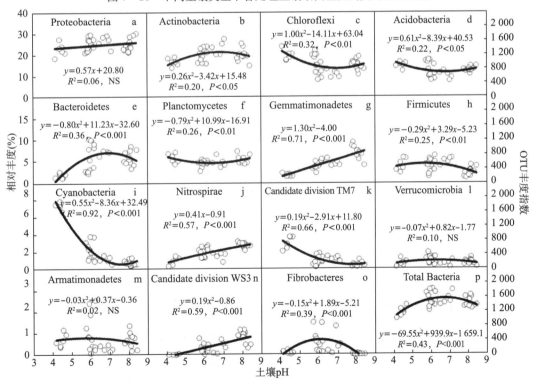

图 7-19 细菌主要门类的相对丰度和土壤 pH 的关系

注：NS 表示未达显著性水平。

第
八
章 | **紫色土磷素动态变化与磷肥高效利用** >>>

　　我国紫色土中磷素的研究历史悠久，但并不丰富，且缺乏系统性。2003 年开始，有学者对紫色土土壤磷含量、作物磷吸收和磷平衡的影响进行了初步分析（石孝均，2003）。不同施肥对紫色土无机磷形态变化的定量研究发现，残留在农田紫色土中的磷主要以 Ca_2-P、Ca_8-P、Al-P、Fe-P、O-P这几种形态存在，它们组成了稻麦轮作生产中的有效磷库，当土壤磷素严重耗竭时，闭蓄态磷（O-P）会成为稻麦吸收的主要磷源（石孝均，2003）。紫色土水稻与小麦轮作的磷素利用效率分别约为 38% 和 24%（Tang et al.，2011；田秀英等，2003），未被利用的磷素一般储存在土壤中或少量随径流进入地表水系统。张思兰等（2014）以重庆北碚紫色土为试验材料，研究了不同湿润速率对中性紫色土磷素淋溶动态的影响。Zhang 等（2014）基于重庆北碚紫色土长期定位试验的观测，报道了不同土层的 O-P 比例，以及不同施肥处理种植季的径流磷素损失差异。同时，不均衡施肥也会影响作物产量，降低作物磷素吸收量，导致磷素在土壤中大量积累（李学平等，2007）。

　　本章基于 1991—2016 年在重庆北碚开展的紫色土肥力与肥料效益定位试验，系统分析紫色土磷素演变规律、土壤有效磷与磷平衡的响应关系、作物对磷素的吸收特征、磷素阈值和利用率等，为紫色土磷素优化管理策略的制定提供科学依据，在保证作物的前提下，最大限度地减少磷素向水体转移而造成的损失，实现作物高产优质、环境保护和磷素资源高效利用的多重目标。

第一节　紫色土磷素动态变化

一、长期施肥下紫色土全磷含量的变化趋势

　　土壤全磷含量变化是衡量土壤磷库整体变化的指标，重庆北碚紫色土长期定位试验 25 年后，不同处理土壤全磷出现不同程度的累积和亏缺（图 8-1）。不施磷处理 CK、N、NK 和单施秸秆处理（S）全磷含量随着试验时间延长不断减少，年均下降速率分别为 1.4 mg/kg、8.2 mg/kg、11.7 mg/kg和 13.7 mg/kg，施磷处理 NP、PK、NPKM、(NPK)$_{1.5}$S 和 NPKS 则随着施肥年限的增加而土壤全磷含量呈上升趋势，年增加速率分别为 3 mg/kg、5 mg/kg、3 mg/kg、17.4 mg/kg 和 6 mg/kg。说明施用磷肥的处理使土壤磷库得到了有效补充。其中，1.5 倍磷肥施用处理 (NPK)$_{1.5}$S 全磷含量年增长速率尤为明显，其土壤全磷含量增加量是 NPKS 和 NPK 处理的 3 倍；NP 和 PK 处理的全磷含量年增加速率显著低于平衡施肥处理。

二、长期施肥下紫色土有效磷含量的变化趋势

　　25 年长期试验后，紫色土不同处理土壤有效磷含量出现不同程度的变化（图 8-2）。不施磷处理CK、N、NK 和单施秸秆处理（S）有效磷含量随着试验年限延长逐渐下降至平稳状态；施磷处理有效磷含量则随着试验年限延长不断增加。从不施磷处理来看，CK、N、NK 处理土壤有效磷年减少量分别为 0.12 mg/kg、0.08 mg/kg 和 0.04 mg/kg，25 年后土壤极度缺磷，土壤有效磷在 1～3 mg/kg变化，在没有磷肥投入的情况下，土壤稳态磷逐渐向有效态转化，使得有效磷含量维持在一定的低水

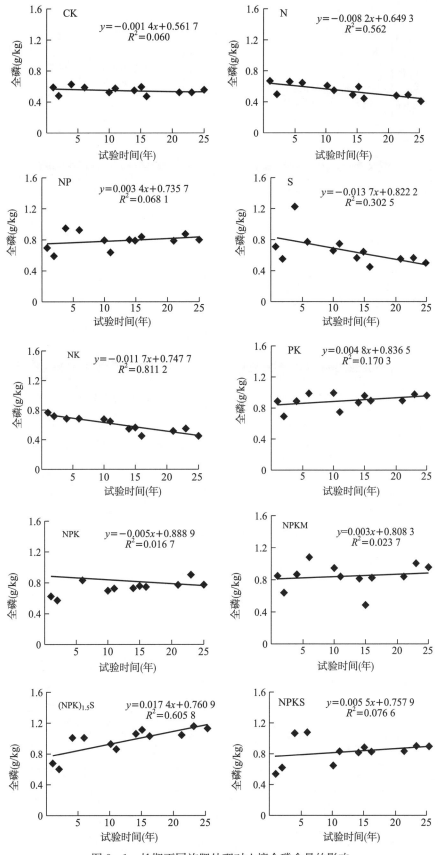

图 8-1 长期不同施肥处理对土壤全磷含量的影响

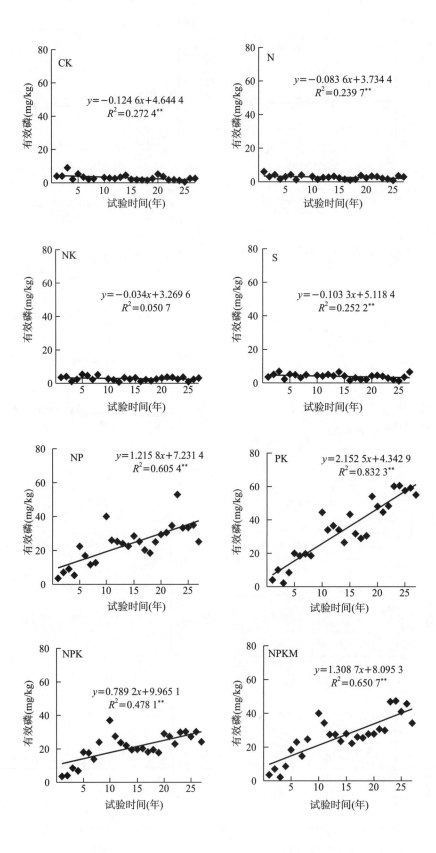

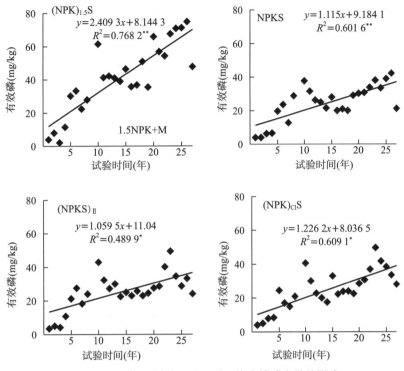

图 8-2　长期不同施肥处理对土壤有效磷含量的影响

平（魏猛等，2015）。施磷各处理土壤有效磷含量与试验时间呈极显著正相关，各处理土壤有效磷年增加量为 0.80～2.32 mg/kg，其中（NPK）$_{1.5}$S 处理年增加量最大（2.32 mg/kg），NPK 处理年增加量最小（0.80 mg/kg）；化肥配施有机肥处理 NPKM、（NPK）$_{Cl}$S 年增加量在 1.2 mg/kg 左右，比 NPK 处理高出 40%，这与施用有机肥可以有效活化土壤中的磷素有关（王平等，2005）；秸秆还田处理 NPKS 年增加量比 NPK 处理高 0.3 mg/kg，说明秸秆还田有助于土壤有效磷的活化和累积（赵小军等，2017）；NP 和 PK 处理的有效磷年增加量分别是 NPK 处理的 1.64 倍和 2.64 倍，增加速率显著高于平衡施肥处理，这是因为偏施 NP 肥或 PK 肥的稻麦产量较低，作物收获移除的磷少，土壤磷素年盈余量高，造成土壤磷素的大量累积；稻油轮作（NPKS）$_{II}$ 与稻麦轮作 NPKM 的年增加量相当，说明不同轮作作物对土壤有效磷的变化速率没有显著影响；S 处理土壤有效磷年减少量为 0.07 mg/kg，说明单施有机肥（稻草还田）不能满足作物对有效磷的吸收，同时秸秆还田可减少土壤对磷素的固定（齐玲玉，2015），作物更容易吸收利用磷素而使土壤有效磷含量下降。

三、长期施肥下紫色土全磷与有效磷含量的关系

土壤磷活化系数（phosphorus activation coefficient，PAC）是土壤有效磷在全磷中所占的比例，是衡量土壤磷素有效化的重要指标。活化系数越高，土壤磷的有效性越高；活化系数越低，表明土壤固磷能力越强（黄晶等，2016）。图 8-3 反映了长期不同施肥处理下紫色土 PAC 值随时间的动态变化。

结果显示，不施磷肥处理（即 CK、N、NK 和 S 处理）的 PAC 值随时间呈动态式变化，但所有 PAC 值均低于 1%，各处理 PAC 均值分别为 0.52%（CK）、0.49%（N）、0.45%（NK）。施磷处理的 PAC 值随时间呈上升的趋势，各处理 PAC 值在 0～3 年缓慢增加，3～9 年呈加速增加趋势，9～13 年又急剧降低，13～25 年则为动态式变化；各处理 PAC 值均低于 7%，均值为 0.63%～3.86%；从各处理均值来看，（NPK）$_{1.5}$S 处理均值最高（3.86%），NK 处理均值最低（0.44%）；化肥配施有机肥处理 NPKM 的 PAC 值均值比 NPK 处理高 18.08%，说明配施有机肥可以促进土壤全磷活化为有效磷；秸秆还田 NPKS 比 NPK 处理高 10.77%，说明秸秆还田对土壤稳态磷向有效态的转化具有一定促进作用；NP 和 PK 处理的 PAC 值分别是 NPK 处理的 1.19 倍和 1.35 倍，偏施氮磷肥或磷钾

肥后由于产量低导致大量有效磷累积；S 处理的磷活化系数是 CK 处理的 1.13 倍，秸秆还田一定程度上促进了土壤全磷向有效磷的转化。

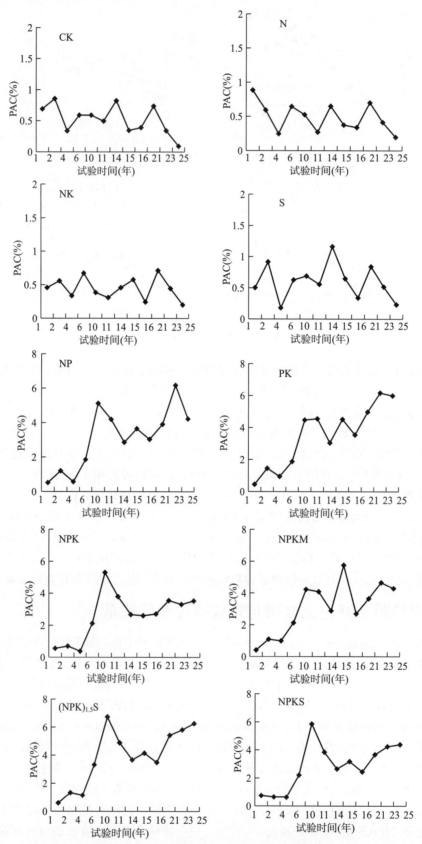

图 8-3 长期不同施肥处理对紫色土 PAC 的影响

第二节　紫色土磷素盈亏特征

一、紫色土磷素盈亏情况

磷素的表观平衡即农田磷肥的投入量与带出量之差（图8-4）。定位试验25年后，不同处理之间的磷素表观平衡状况有明显差异。不施磷肥处理（CK、N、NK）土壤磷素处于亏缺状态，总亏缺量分别为-352 kg/hm^2、-386 kg/hm^{2}和-527 kg/hm^2，年均盈亏量为-13.5 kg/hm^2、-14.8 kg/hm^{2}和-20.3 kg/hm^2。N、NK处理磷盈亏量分别是CK处理的1.13和1.52倍，说明在土壤磷素亏缺状态下，氮、钾的施用显著增加了作物吸收土壤磷的能力。施磷处理中，除单施秸秆（S）外，土壤磷素均表现为盈余，施磷量越大则磷素盈余越多。磷素累积投入量为1 480～2 397 kg/hm^2，磷素累积移出量为703.7～1 186.5 kg/hm^2，磷盈亏量为374.7～1 161.2 kg/hm^2，年均盈亏量为14.4～44.6 kg/hm^2，磷素残余率（盈余量/施肥量）为29.7%～53.1%。

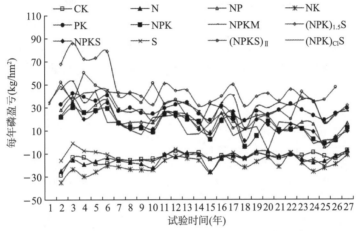

图8-4　稻麦轮作长期不同施肥处理当季土壤表观磷盈亏

图8-5为25年长期不同施肥处理累积磷盈亏量。(NPK)$_{1.5}$S、NPKM、PK、NP、NPK、NPKS、(NPKS)$_{II}$和(NPK)$_{Cl}$S的土壤磷平衡随着施肥年限延长呈上升趋势，未施磷肥的3个处理（CK、N、NK）土壤磷平衡一直处于亏缺状态，且亏缺值随种植时间延长而增加。

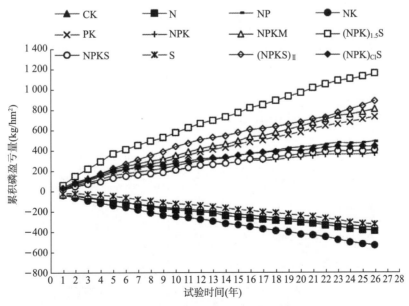

图8-5　稻麦轮作长期不同施肥处理土壤累积磷盈亏

二、长期施肥下紫色土磷盈亏与有效磷变化的定量关系

不同施磷处理下，土壤中有效磷变化与累积磷盈亏量均呈显著正相关。回归方程中的斜率（a值）即为有效磷变化速率（展晓莹等，2015），可以表示为土壤磷平均每增减 1 个单位（kg/hm^2）相应的土壤有效磷消长量。土壤有效磷效率是农田生产中盈余磷向土壤有效磷转化的指标。这个指标与土壤中磷素吸附-解吸、沉淀-溶解、生物固定-矿化等过程有关。因此，土壤有效磷效率主要受到耕作制度、土壤理化性质、土壤水分状况的影响（展晓莹等，2015）。

图 8-6 指出了长期不同施肥模式下紫色土有效磷变化与土壤耕作层磷盈亏的响应关系。在连续种植作物情况下，长期不施磷肥处理通过作物籽粒和秸秆携出大量磷素，导致土壤磷素一直亏缺，随着磷素亏缺量的不断增加，土壤有效磷也随之减少；不施肥或单施氮肥情况下，土壤磷素每亏缺100 kg/hm^2，土壤中有效磷含量平均降低 0.93 mg/kg 或 0.41 mg/kg。其他施磷和有机肥处理的土壤有效磷含量则逐年增加，土壤中累积的磷素与有效磷的变化均呈极显著线性正相关。偏施肥处理（PK 和 NP），土壤每累积磷 100 kg/hm^2，土壤中有效磷含量平均分别提高 7.4 mg/kg 和 6.0 mg/kg。平衡施肥处理 ［NPK、NPKM、$(NPK)_{1.5}S$ 和 NPKS］ 土壤每累积磷 100 kg/hm^2，土壤中有效磷含量平均分别提高 4.95 mg/kg、4.27 mg/kg、5.53 mg/kg 和 6.5 mg/kg。从所有处理土壤磷素盈亏与有效磷的关系来看，稻麦轮作下中性紫色土每累积磷 100 kg/hm^2，土壤中有效磷含量平均分别提高 4.36 mg/kg（图 8-7）。

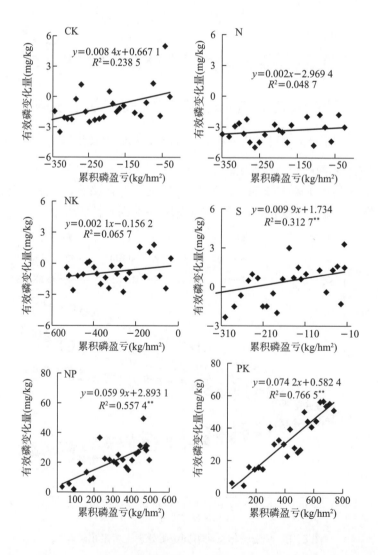

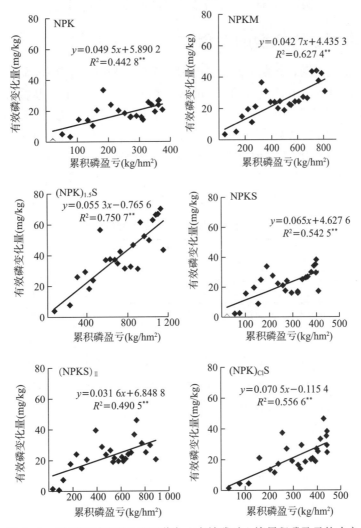

图 8-6　长期不同施肥处理下紫色土有效磷对土壤累积磷盈亏的响应

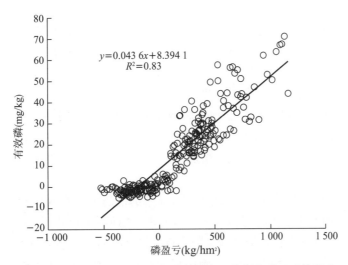

图 8-7　紫色土不同施肥处理有效磷与土壤累积磷盈亏的关系

第三节　紫色土磷吸附与固定

一、紫色土磷素吸附模型的拟合

2013 年开展模拟试验表明，长期不同施肥处理的紫色土和原始土壤样品（1991 年）对磷的吸附均可用 Langmuir 方程、Freundlich 方程和 Temkin 方程拟合（表 8-1）。从拟合结果来看，Freundlich 方程拟合度最好，相关系数为 0.981～0.995；Temkin 方程拟合度最差，相关系数为 0.888～0.953；Langmuir 方程的相关系数为 0.971～0.986。3 种拟合方程的相关性均达到了极显著水平（$P < 0.01$），说明 3 个方程均能较好地反映土壤对磷的吸附特征。Langmuir 方程可以得出能反映土壤对磷吸附特征的参数最大吸附量（Q_m）和最大缓冲容量（MBC）等。因此，本研究采用应用更广泛的 Langmuir 方程来描述紫色土的磷素吸附特征。

表 8-1　土壤磷素吸附模型的方程拟合参数

处理	Langmuir 方程 $C/q = C/Q_m + 1/(K_1 \times Q_m)$			Freundlich 方程 $q = K_2 \times C^{1/A_1}$			Temkin 方程 $q = K_3 \times \lg C + A_2$		
	Q_m	K_1	R^2	K_2	A_1	R^2	K_3	A_2	R^2
CK	524.7	0.103	0.976**	209.5	5.02	0.989**	107.5	247.6	0.897**
NK	519.7	0.138	0.978**	226.8	5.12	0.995**	109.2	265.9	0.944**
PK	573.4	0.092	0.975**	188.8	3.87	0.995**	147.4	225.7	0.929**
NP	578.4	0.111	0.979**	209.0	4.11	0.995**	142.4	251.3	0.938**
NPK	506.2	0.117	0.986**	192.5	4.33	0.993**	125.4	226.3	0.953**
S	485.1	0.125	0.981**	205.0	5.00	0.995**	106.4	238.2	0.951**
NPKS	562.5	0.104	0.974**	198.9	4.07	0.992**	141.6	236.8	0.940**
NPKM	557.7	0.098	0.973**	197.2	4.18	0.995**	135.1	235.1	0.926**
$(NPK)_{1.5}S$	600.2	0.100	0.974**	193.2	3.63	0.992**	164.9	231.7	0.950**
NPK（1991）	360.2	0.077	0.971**	140.9	5.32	0.981**	75.7	157.8	0.888**

注：q 为吸附量（mg/kg），Q_m 为最大吸附量（mg/kg），C 为平衡溶液浓度（mg/L），K 和 A 为平衡常数，$r_{0.01} = 0.764$，**为极显著相关，$P < 0.01$。

土壤磷最大吸附量（Q_m）是土壤磷库容量大小的标志，反映土壤吸附磷素量的潜在能力。Langmuir 方程拟合结果各处理的 Q_m 为 485.1～600.2 mg/kg；不施磷处理（CK 和 NK）的 Q_m 分别为 524.7 mg/kg 和 519.7 mg/kg，高于施磷处理 NPK（506.2 mg/kg）和 S（485.1 mg/kg）；施磷处理中 NPKM 和 NPKS 的 Q_m 比 NPK 处理分别高 10.17% 和 11.12%，比 S 处理分别高 14.97% 和 15.96%，说明秸秆还田或有机肥配施化肥均显著增强了土壤对磷的吸附潜力；$(NPK)_{1.5}S$ 的 Q_m 比 NPKS 高 6.70%；NP 和 PK 处理分别比 CK 处理高 10.23% 和 9.28%，分别比 NPK 处理高 14.26% 和 13.28%；NPK 处理与 22 年前相比，Q_m 增加了 40.53%，说明长期施肥显著提高了土壤对磷的吸附潜力（表 8-1）。

吸附常数 K_1 可以反映土壤对磷素的吸附能力，K_1 的值越大，土壤对磷的吸附作用越强，土壤的供磷强度越小。各处理吸附常数 K_1 为 0.092～0.138；长期不施磷处理 NK 的 K_1 最高，为 0.138，可能因为长期不施磷后土壤中存在大量的磷吸附位点，极易吸附固定磷素（表 8-1）；化肥配施有机肥处理或秸秆还田的 K_1 均小于 NPK 处理，施用有机肥或者秸秆还田的土壤对磷素的吸附强度较小；NP 处理的 K_1 比 PK 处理高 0.019，比 CK 处理高 0.008，可能是作物吸收磷素过程中的"氮磷协同"导致 NP 处理磷的吸附位点大量空缺，从而对磷的吸附作用增强；仅施秸秆 S 处理对磷的吸附作用

(0.125) 仅次于 NK 处理，可能的原因是有机肥促进磷的活化导致磷素被大量吸收，进而使磷的吸附位点空缺，土壤对磷的吸附作用增强；NPK 处理与 22 年前相比，K_1 增加了 0.04，说明长期施肥后土壤对磷的吸附能力反而增强了。

从土壤磷的吸附曲线来看（图 8-8），2013 年各处理不同磷添加浓度下的磷吸附量均显著大于 1991 年的原始土样。磷添加浓度为 0~60 mg/kg 时，各处理的磷吸附量急剧增加；磷添加浓度为 100~120 mg/kg 时，土壤磷的吸附量逐渐放缓。不同磷浓度下，S 处理磷的吸附量最小，$(NPK)_{1.5}S$ 处理最高，其他处理之间无明显差别。

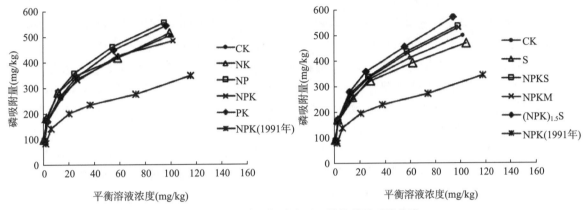

图 8-8　不同磷添加浓度下土壤的等温吸附曲线

二、紫色土磷素吸附参数

长期施用磷肥后土壤的磷素吸附特征参数各有不同（表 8-2）。易解吸磷（RDP）可以表征一定条件下易溶解磷从土壤进入溶液径流损失的难易程度。由表 8-2 可以看出，土壤 RDP 随着施磷量的增加而增加，各处理 RDP 为 0.139~0.837 mg/kg。不施磷处理（CK 和 NK）的 RDP 均为 0.139 mg/kg，施磷各处理的 RDP 是 CK 和 NK 处理的 1.8~6 倍，说明施磷显著增加了土壤易解吸磷量；NPKM 处理 RDP 比 NPK 处理低 12.75%，NPKS 处理却比 NPK 处理高 7.69%；$(NPK)_{1.5}S$ 处理比 NPKS 处理高 57.33%，是仅施秸秆 S 处理的 3.30 倍；NP 和 PK 处理 RDP 分别是 CK 处理的 2.83 倍和 4.47 倍，偏施氮磷肥和磷钾肥造成了有效磷的大量累积，也使易解吸磷量急剧增加；仅施秸秆 S 处理 RDP 比 CK 处理高 82.73%，秸秆还田活化了土壤中的磷。

表 8-2　不同处理土壤磷素吸附参数

处理	易解吸磷（RDP）(mg/kg)	磷吸持指数（PSI）(L/mol)	最大缓冲容量（MBC）(mL/g)	磷吸持饱和度（DPSS）(%)
CK	0.139	14.34	54.1	0.34
NK	0.139	14.62	71.5	0.47
NP	0.393	13.43	64.1	9.14
PK	0.621	15.87	52.7	10.50
NPK	0.494	13.72	59.2	5.91
S	0.254	15.48	60.9	0.59
NPKS	0.532	15.26	58.6	6.76
NPKM	0.431	15.48	54.7	8.40
$(NPK)_{1.5}S$	0.837	16.49	59.8	11.26
NPK（1991 年）	0.456	9.71	27.8	0.97

土壤磷吸持指数（PSI）可以反映土壤吸附磷量的多少。土壤 PSI 与 Q_m 存在线性相关关系，PSI 的变化与 Q_m 有相似的趋势。各处理 PSI 为 13.43～16.49 L/mol；不施磷处理（CK 和 NK）分别为 14.34 L/mol 和 14.62 L/mol；施磷处理中 $(NPK)_{1.5}$S 处理最大（16.49 L/mol），分别比 NPKS 和 S 处理高 1.23 L/mol 和 1.01 L/mol；NPKM 和 NPKS 处理分别比 NPK 处理高 1.76 L/mol 和 1.54 L/mol；NK 和 PK 处理分别比 CK 处理高 0.28 L/mol 和 1.53 L/mol；NPK 和 NP 处理相对最小。1991 年的 NPK 处理 PSI 只有 9.71 L/mol，显著小于 2013 年 NPK 处理的 13.72 L/mol，说明长期施肥和耕作增强了土壤对磷的吸持能力。

吸附常数 K_1 与最大吸附量 Q_m 的乘积为土壤磷最大缓冲容量（MBC），表征了土壤吸持磷的强度因素和容量因素，能反映土壤磷库对外源磷素的缓冲能力。各处理的 MBC 为 52.7～71.5 mL/g；化肥配施有机肥或者秸秆还田处理的 MBC 均比 NPK 处理低，说明化肥配施有机肥或秸秆还田并没有增强土壤的缓冲能力；NK、NP 和 NPK 处理的 MBC 比 CK 高 5.1～17.4 mL/g，PK 处理却比 CK 处理低 1.4 mL/g，说明偏施磷钾肥并没能增强土壤磷的缓冲能力；S 处理的 MBC 比 CK 处理高 6.8 mL/g，说明单秸秆还田增大了土壤磷库缓冲能力。2013 年 NPK 处理的 MBC 是 1991 年 NPK 处理的 2.13 倍，说明长期施肥和耕作显著增强了土壤对磷的缓冲能力。

磷吸持饱和度（DPSS）被视作磷的土壤环境容量（戚瑞生等，2011）。从表 8-2 可以看出，随着施磷量增加，土壤的磷吸持饱和度急剧增加，说明长期施肥可以显著增加土壤的磷吸持饱和度。各处理的 DPSS 为 0.34%～11.26%；不施磷处理（CK 和 NK）相对较小，分别只有 0.34% 和 0.47%；各施磷处理中 $(NPK)_{1.5}$S 处理最大（11.26%），NPK 处理最小（5.91%），NPKM 和 NPKS 处理分别比 NPK 处理高 2.49 个百分点和 0.85 个百分点，秸秆还田或有机肥配施化肥促进土壤 DPSS 增加；NP 和 PK 处理明显高于其他处理，说明偏施氮磷肥和磷钾肥显著增加了土壤磷的吸持饱和度；S 处理 DPSS 稍高于 CK 处理，说明单独秸秆还田对土壤磷吸持饱和度影响不大。除 S 处理外，2013 年各施磷处理 DPSS 比 1991 年 NPK 处理（0.97%）高出 5.1～10.6 倍；不施磷处理与 1991 年 NPK 处理相比，下降了 51.5%。

三、紫色土磷吸附特性的影响因素

研究表明，土壤有机质含量、pH 等因素影响土壤磷的吸附解吸特性。土壤磷吸附参数与土壤基本理化性状的相关性分析表明（表 8-3）：最大吸附量（Q_m）与全磷、有效磷、pH、有机质呈正相关。其中，土壤 pH 对 Q_m 影响最大。与吸附能有关的常数（K_1）与全磷、pH、有机质呈负相关，与有效磷呈正相关，相关性均不显著。其中，pH 对 K_1 影响最大。易解吸磷（RDP）与全磷、有效磷、有机质呈极显著（$P<0.01$）正相关，说明 3 种因素均容易造成易解吸磷从土壤流向溶液或者径流；与 pH 呈显著（$P<0.05$）负相关，说明随着土壤 pH 的下降，易解吸磷呈增加趋势。磷吸持指数（PSI）与土壤全磷、有效磷呈极显著正相关，与有机质呈显著正相关；与 pH 呈显著负相关。最大缓冲容量（MBC）与土壤全磷、有效磷、pH 呈负相关，其中与 pH 相关性极显著，说明施用磷肥后土壤磷素的累积会导致 MBC 下降，增加了磷素流向环境的风险；与有机质呈正相关，说明增加土壤有机质可以有效地增大土壤磷的缓冲能力。磷吸持饱和度（DPSS）与全磷、有效磷、有机质呈极显著正相关；与土壤 pH 呈显著负相关。

表 8-3 土壤磷吸附参数与土壤基本理化性状的关系

吸持参数	全磷（g/kg）	有效磷（mg/kg）	pH	有机质（g/kg）
最大吸附量（Q_m）	0.258	0.272	0.367	0.099
与吸附能有关的常数（K_1）	−0.155	0.010	−0.395	−0.118
易解吸磷（RDP）	0.937**	0.890**	−0.443*	0.674**

（续）

吸持参数	全磷 （g/kg）	有效磷 （mg/kg）	pH	有机质 （g/kg）
磷吸持指数 （PSI）	0.711**	0.819**	−0.454*	0.552*
最大缓冲容量 （MBC）	−0.357	−0.327	−0.586**	0.177
磷吸持饱和度 （DPSS）	0.953**	0.998**	−0.459*	0.625**

注：$n=9$，* 表示 $P<0.05$，** 表示 $P<0.01$。

四、长期施肥对紫色土磷素解吸的影响

图 8-9 为不同磷添加浓度的土壤磷解吸率，各处理的磷解吸率随着磷添加浓度的增加而不断增加。在 10～40 mg/L 的磷添加浓度下，磷的解吸率急剧增加；当磷添加浓度为 60～150 mg/L 时，磷解吸率的增加逐渐放缓。当磷添加浓度为 10 mg/L 时，各处理之间的磷解吸率差异显著；随着磷添加浓度增加，各处理的磷解吸率差异逐渐变小，到 150 mg/L 时，各处理的磷解吸率无显著差异。从全部磷添加浓度来看，CK 和 PK 处理的磷解吸率显著高于其他处理，平均磷解吸率分别为 10.75％和 10.40％；NK 处理则显著低于其他处理，平均磷解吸率为 8.02％；其他各处理的平均磷解吸率为 8.88％～9.28％，处理间无明显差异。1991 年 NPK 处理在不同磷添加浓度下的磷解吸率均显著高于 2013 年各处理，1991 年 NPK 处理是 2013 年的 1.29～2.63 倍，平均磷解吸率为 15.71％，说明长期施肥和轮作使土壤对磷的固定能力增强。

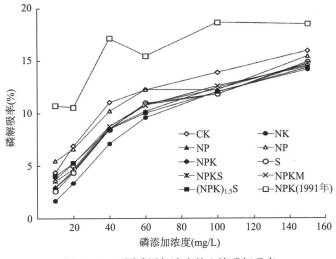

图 8-9　不同磷添加浓度的土壤磷解吸率

土壤对磷的固定能力受土壤理化性状的影响。在不同磷添加浓度下，磷解吸率与土壤性质的相关性分析表明（表 8-4）：土壤磷解吸率与土壤 pH 呈极显著正相关，可能是土壤 pH 降低活化了土壤中的铁、铝等使土壤对磷的固定增强；土壤磷解吸率与有机质呈极显著负相关，即有机质增强了土壤对磷的固持能力。不同磷添加浓度与土壤磷解吸率的拟合方程见表 8-5，磷添加浓度与土壤磷解吸率呈显著正相关，即随着磷施用量的增加，土壤磷解吸率显著增加。

表 8-4　不同磷添加浓度下磷解吸率与土壤性质的相关关系

土壤性质	不同磷添加浓度 （mg/L）					
	10	20	40	60	100	150
pH	0.381	0.627**	0.772**	0.803**	0.666**	0.861**
有机质 （g/kg）	−0.157	−0.434*	−0.539*	−0.612**	−0.521*	−0.730**

注：* 为显著相关，$P<0.05$；** 为极显著相关，$P<0.01$。

表8-5 不同磷添加浓度与土壤磷解吸率的拟合方程

处理	拟合方程	R^2	处理	拟合方程	R^2
CK	$y=0.074\,6\,x+6.020\,8$	$0.841\,0^{**}$	S	$y=0.081\,6\,x+3.71$	$0.875\,8^{**}$
NK	$y=0.087\,0\,x+2.511\,1$	$0.907\,5^{**}$	NPKS	$y=0.076\,9\,x+4.309\,4$	$0.888\,4^{**}$
NP	$y=0.079\,5\,x+3.892\,2$	$0.898\,4^{**}$	NPKM	$y=0.073\,6\,x+4.615\,8$	$0.888\,9^{**}$
PK	$y=0.065\,3\,x+6.26$	$0.861\,1^{**}$	$(NPK)_{1.5}S$	$y=0.071\,1\,x+4.560\,9$	$0.928\,1^{**}$
NPK	$y=0.079\,3\,x+3.892\,7$	$0.884\,0^{**}$	NPK（1991年）	$y=0.056\,6\,x+11.59$	$0.673\,2^{*}$

注：* 为显著相关，$P<0.05$；** 为极显著相关，$P<0.01$。

土壤磷吸附量与解吸量可用拟合方程模拟（表8-6）。其中，x 表示磷吸附量，y 表示磷解吸量，两者存在正相关关系，相关系数达到 $0.957\,3\sim0.985\,2$，自变量系数为 $0.163\,9\sim0.186\,1$。可以假设拟合方程中磷解吸量为 0，从而计算出土壤固定的磷量，结果显示各处理土壤固定的磷量为 $91.68\sim129.47$ mg/kg，NK 处理固定磷量最大，为 129.47 mg/kg，这与土壤长期不施磷及不平衡施肥导致磷吸附位点的空缺有关，长期不施肥的 CK 处理相对较少，PK 处理只有 91.68 mg/kg，可能与土壤中磷累积过多导致磷的吸附位点变少有关。与 1991 年相比，2013 年 NPK 处理的土壤磷固定量增加 1.0 倍，施肥和轮作显著增强了土壤磷的固定量。图 8-10 显示土壤磷解吸量随吸附量的增加而增加。各处理间的趋势线非常接近，当磷的吸附量小于 300 mg/kg 时，土壤磷的解吸曲线上升较缓；当磷的吸附量高于 300 mg/kg 时，土壤磷的解吸量急剧增加，说明 300 mg/kg 的土壤磷吸附量是磷解吸的临界值。

表8-6 土壤磷吸附量与解吸量的拟合方程

处理	拟合方程	R^2	处理	拟合方程	R^2
CK	$y=0.186\,1\,x-17.853$	$0.985\,2^{**}$	S	$y=0.179\,2\,x-20.645$	$0.964\,6^{**}$
NK	$y=0.174\,1\,x-22.541$	$0.957\,3^{**}$	NPKS	$y=0.172\,3\,x-19.137$	$0.974\,2^{**}$
NP	$y=0.170\,9\,x-19.772$	$0.972\,1^{**}$	NPKM	$y=0.169\,8\,x-18.005$	$0.979\,1^{**}$
PK	$y=0.171\,1\,x-15.687$	$0.972\,8^{**}$	$(NPK)_{1.5}S$	$y=0.163\,9\,x-17.886$	$0.970\,8^{**}$
NPK	$y=0.173\,0\,x-19.214$	$0.963\,6^{**}$	NPK（1991年）	$y=0.219\,9\,x-11.962$	$0.978\,5^{**}$

注：* 为显著相关，$P<0.05$；** 为极显著相关，$P<0.01$。

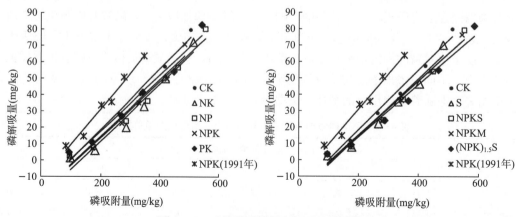

图 8-10 土壤磷吸附量与解吸量的关系

第四节　紫色土有效磷农学及环境阈值

一、紫色土有效磷农学阈值

作物相对产量对土壤有效磷含量的响应可以分为两个阶段：第一阶段，作物相对产量随着土壤有效磷的增加而急剧增加；第二阶段，作物相对产量随着土壤有效磷的增加而增幅变小或者维持现有产量。两个阶段的趋势线交点即为土壤有效磷的农学阈值，即当土壤有效磷含量小于该阈值时，施磷肥可以显著提高作物产量；当土壤有效磷含量大于该阈值时，作物产量对施用磷肥无显著响应（刘彦伶等，2016）。

双直线模型的拟合方程中，小麦和水稻土壤有效磷的农学阈值分别为 10.10 mg/kg 和 14.34 mg/kg，土壤磷含量达到农学阈值时的小麦相对产量为 88%，水稻为 92%（图 8-11）。当土壤有效磷含量低于阈值时，稻麦产量与土壤有效磷含量呈显著的线性正相关，小麦季与水稻季线性方程斜率分别为 6.07 和 2.32，即土壤有效磷含量每增加 1 mg/kg，小麦相对产量增加 6.07%，水稻相对产量增加 2.32%，土壤有效磷对小麦产量增加的贡献更大。高于农学阈值时，线性方程斜率分别为 0.03 和 0.02，说明高于农学阈值时，土壤有效磷含量增加对产量增加作用不大。水稻的平台相对产量为 88.3%，水稻季的基础相对产量较高，所以最终的平台产量反而比小麦高，为 92.3%，说明土壤有效磷对水稻的影响相对较小，低磷环境下水稻比小麦更能获得高产（刘京，2015）。

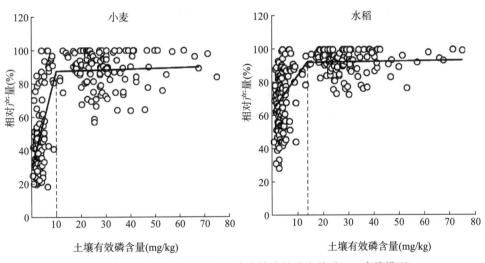

图 8-11　小麦及水稻产量与土壤有效磷的响应关系（双直线模型）

不同模型对农学阈值的确定存在一定影响。为准确定量化紫色土稻麦轮作土壤磷素农学阈值，刘京（2015）比较了较为常见的线性-平台模型、双直线模型、BoxLucas 模型和米切里西模型对农学阈值的定量化结果，结果如表 8-7 所示。其他模型定义的紫色土稻麦轮作的土壤磷素农学阈值一般处于 9~15 mg/kg，这与本研究结果一致。因此，当土壤有效磷含量高于 15 mg/kg 时，才能保证水稻和小麦的正常生产水平。

表 8-7　紫色土稻麦轮作系统土壤磷素农学阈值

项目	小麦		水稻	
	有效磷（mg/kg）	相对产量（%）	有效磷（mg/kg）	相对产量（%）
线性-平台模型	10.10	88.31	14.34	92.40
双直线模型	9.97	87.53	14.60	92.97
BoxLucas 模型	9.17	79.54	3.96	80.02

（续）

项目	小麦		水稻	
	有效磷（mg/kg）	相对产量（%）	有效磷（mg/kg）	相对产量（%）
米切里西模型	12.50	80.84	10.01	84.03
均值	10.44	84.06	10.73	87.36

由此可见，在紫色土上进行持续 25 年稻麦轮作后，不施磷肥的处理（CK、N、NK）土壤全磷、有效磷和 PAC 值均有所下降，而施磷肥的处理［NP、PK、NPK、S、NPKM、(NPK)$_{1.5}$S、NPKS］土壤全磷、有效磷和 PAC 值均有所上升，说明施磷肥能够提高土壤磷素含量和磷素活化效率。

在紫色土上进行稻麦轮作，虽然高量施肥（NPK)$_{1.5}$S 和有机肥配施（NPKM）可以增加作物磷素吸收量，提高有效磷活化系数，但土壤磷素盈余高，土壤有效磷含量增长快，易增加土壤磷淋失风险（李学平等，2008）。经综合比较，长期秸秆还田配施 NPK 肥（NPKS），稻麦轮作每年施用 P_2O_5 120 kg/hm^2，是维持土壤有效磷含量，同时实现作物高产的最佳培肥方式。

二、紫色土有效磷环境阈值

土壤中可被 0.01 mol/L $CaCl_2$ 溶液浸提的磷称为 $CaCl_2$-P，$CaCl_2$-P 可以通过淋溶进入地下水体，用于表征土壤磷素流失风险。研究发现，土壤有效磷含量与 $CaCl_2$-P 含量存在相关关系，当土壤有效磷含量较低时，土壤可提取的 $CaCl_2$-P 很少，不会发生淋溶；当土壤有效磷含量超过某一值时，土壤可提取的 $CaCl_2$-P 急剧增加，进而发生淋溶进入水体，这时的土壤有效磷值被称为土壤磷的淋失阈值。

取 2011—2013 年紫色土肥力与肥料效益长期定位试验水稻收获后耕作层和 2011 年部分剖面土壤样品进行分析与模拟，采用线性分割模型（Split-line）对土壤有效磷和 $CaCl_2$-P 进行拟合。两条直线的交点为（27.45，0.70），即土壤有效磷的淋失阈值为 27.45 mg/kg，对应的土壤 $CaCl_2$-P 含量为 0.70 mg/kg（图 8 - 12）。从拟合方程可以看出，当土壤有效磷含量小于 27.45 mg/kg 时，土壤 $CaCl_2$-P 含量为 0.02～0.70 mg/kg；当土壤有效磷含量高于 27.45 mg/kg 时，土壤可浸提的 $CaCl_2$-P 含量显著增加，最高可达 3.91 mg/kg。

综合线性-平台、双直线、BoxLucas 和米切里西 4 种模型的模拟结果计算出水稻季紫色土磷素农学阈值的均值为 10.73 mg/kg，此时水稻产量为相对最高产量——87.36%（表 8 - 7）；采用线性分割模型（Split-line）对部分水稻季土壤 $CaCl_2$-P 和有效磷数据进行拟合得出结果，当土壤有效磷含量高于 27.45 mg/kg 时，土壤可浸提的 $CaCl_2$-P 含量快速增加，土壤磷素流失风险增大，所以，将 27.45 mg/kg 作为土壤磷素的淋失阈值（图 8 - 12）。综上所述，得出既能满足作物生产又能减少土壤磷素流失的土壤有效磷含量范围为 10.73～27.45 mg/kg（图 8 - 13）。

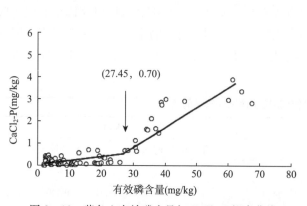

图 8 - 12　紫色土有效磷含量与 $CaCl_2$-P 拟合曲线

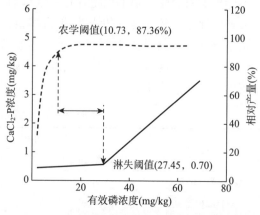

图 8 - 13　长期施肥后紫色土有效磷安全阈值

第五节　紫色土磷肥高效利用

土壤磷肥高效施用的推荐方法包括磷素恒量监控法、磷指数法、土壤测试法和肥料效应函数法等推荐方法。

一、磷素恒量监控法

基于紫色土磷素农学阈值和环境阈值的磷素恒量监控法既可以提高磷素利用率，避免土壤磷素流失风险，又能满足作物高产的养分需求。其技术原理如图 8-14 所示，根层土壤养分调控上限为环境风险线，而根层土壤养分调控下限为保证作物持续稳定高产线。在土壤有效磷养分处于极高或较高水平时，采取控制策略，不施磷肥或施肥量等于作物带走量的 50%～70%；在土壤有效磷养分处于适宜水平时，采取维持策略，施肥量等于作物带走量；在土壤有效磷养分处于较低或极低水平时，采取提高策略，施肥量等于作物带走量的 130%～170% 或等于作物带走量的 200%。以 3～5 年为一个周期，3～5 年监测一次，调整磷肥的用量。

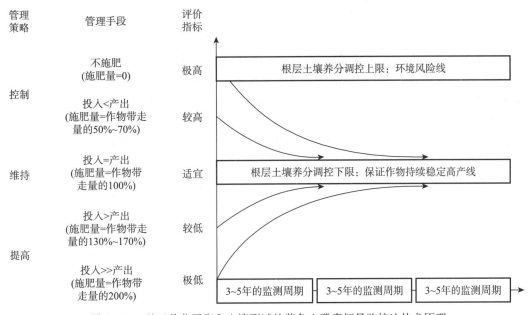

图 8-14　基于养分平衡和土壤测试的紫色土磷素恒量监控法技术原理

该方法以肥料长期定位试验为基础，将土壤有效磷含量持续控制在临界水平范围内，以 3～5 年为一个轮作周期来进行土壤磷素监测，能够在满足作物高产需求和最大经济效益的同时，降低磷素累积的环境风险，达到节肥环保的目的。同时，该方法可用于紫色土农区磷肥的宏观管理、分配，便于建立在一定区域范围内。

例如，当紫色土有效磷含量低于 15 mg/kg 时，紫色土作物体系应以磷素培肥为主，磷肥投入量可高于作物磷带走量的 30%～100%，玉米、水稻的磷素投入量可分别达到 45～60 kg/hm² 和 35～45 kg/hm²。当土壤有效磷含量达到 15 mg/kg 时，需要调整磷素投入量，以维持性施用磷肥为主，施用量与作物的吸收保持平衡，避免磷素盈余，水稻和小麦的适宜磷素投入量分别为 30～45 kg/hm² 和 25～35 kg/hm²。若连续多年过量投入磷素导致土壤有效磷含量高于 30 mg/kg 时，可通过土壤磷素负平衡在短期内使有效磷含量下降至 15～30 mg/kg，一般推荐玉米、水稻的磷素投入量分别为 15～30 kg/hm² 和 10～25 kg/hm²。

参考全国数据和紫色土农学及环境阈值，初步提出了紫色土耕地主要作物土壤有效磷恒量监控指标（表8-8）指导生产。

表8-8 紫色土稻麦轮作系统土壤磷素农学及环境阈值

紫色土作物体系	紫色土有效磷恒量监控指标	
	适宜根层浓度（mg/kg）	环境风险指标（mg/kg）
玉米/小麦	15～20	30～40
水稻	12～20	30
蔬菜	20～30	30～40
油菜	16～25	30～40
果树	20～30	30～40

二、磷指数法

Ryther、Dunstan（1971）提出，在淡水水体生态系统中，磷是富营养化的限制因子。磷指数是用来评价土壤磷发生流失进入地表水体潜在危险性的一种比较简单的工具，可以识别研究区域具有高危险性的磷流失发生区域（Lemunyon and Gilbert，1993）。该方法能够比较全面地考察导致土壤中磷发生流失的主要因素，且不使用复杂的数学模型和计算方法，可充分与GIS技术结合，简便实用。

研究者对磷指数指标体系不断完善，目前包括了迁移因素（排水沟、土壤侵蚀、距离）和源因素（土壤有效磷、化肥磷施用量、化肥磷施用方式、有机肥磷施用量、有机肥施用方式）两大部分，是当前面源磷流失风险评估的重要指标，通过对影响磷流失的因子及其相互作用进行评估分级以表征磷养分流失至水体的潜在风险。

例如，有人研究了紫色土在不同施磷方式下辣椒、大白菜磷指数及磷流失风险等级，认为磷肥减量穴施的环境风险低（表8-9）。仅考虑经济因素，在150 kg/hm^2 施磷量下则以采用撒施较为合适。磷肥穴施（100 kg/hm^2）能减少磷肥整体投入量，提高磷肥累积利用率，同时可以保证其经济效应（崔玉涛，2023）。

表8-9 不同施磷方式下辣椒、大白菜磷指数及磷流失风险等级

处理编号	辣椒		大白菜	
	磷指数	磷流失风险	磷指数	磷流失风险
CK	2.30	低	1.52	低
B300	8.06	中等	8.06	中等
B150	8.06	中等	8.06	中等
B100	6.34	中等	6.34	中等
I100	4.32	低	4.32	低
L100	4.32	低	4.32	低
C150	11.23	高	11.23	高

注：CK表示不施磷对照；B300表示撒施 P_2O_5 300 kg/hm^2；B150表示撒施 P_2O_5 150 kg/hm^2；B100表示撒施 P_2O_5 100 kg/hm^2；I100表示穴施 P_2O_5 100 kg/hm^2；L100表示氮磷配合穴施 P_2O_5 100 kg/hm^2；C150表示撒施 P_2O_5 150 kg/hm^2，其中用牛粪替代40%的化学磷肥。

三、紫色土磷肥高效施用技术

磷肥施入土壤后很难发生移动，因此不同磷肥施用方式对土壤中有效磷在水平和垂直方向的分布影响很大。磷肥作为种肥集中施用时，近根区土壤有效磷含量是等量磷肥撒施时的 4 倍。有结果显示，磷肥作为种肥局部施用相对于同等肥料（甚至更高）作为基肥撒施，可以明显提高苗期玉米的株高和生物量，进而使玉米产量显著增加。此外，磷肥集中深施对提高作物磷效率、增加产量效果显著。在紫色土作物轮作体系中，将磷肥施于那些对难溶性磷利用能力低的作物上，而使后季活化养分能力强的作物利用其后效，将有利于提高磷肥的利用率。例如，在紫色土水/旱（麦、油）轮作体系中，磷肥施用原则是"旱重水轻"，即在一个轮作周期中，磷肥重点应施在旱作上，其原因主要是淹水条件下对土壤累积态磷的活化能力增强。

第九章 紫色土钾素肥力及供钾潜力 >>>

前人研究发现，紫色土供钾能力较强，所以，一直以来农民存在紫色土上不施钾肥或很少施钾肥的习惯。在长期的作物种植和不同施肥下，紫色土供钾能力有何变化？如何科学施肥才能维持紫色土钾素肥力、保障粮食持续高产优质？这些都值得深入研究。长期施肥定位试验能了解气候年变化对肥效的影响，能系统地研究不同生态环境和不同耕作施肥制度下土壤肥力的演变，预测土壤的承载能力，信息量丰富，能为农业的可持续发展提供决策依据。因此，本章利用长期定位试验研究不同施肥模式下紫色土钾素含量、形态及供应能力的变化，分析不同施肥模式下紫色土钾素平衡状况，为紫色土施肥和土壤钾素养分管理提供理论依据。

第一节　紫色土钾素形态及变化

钾在地壳中含量丰富，在养分元素中排名第七位，相对于其他养分元素而言，土壤中钾含量一般都比较高。但是，土壤中大部分钾都以矿物态钾的形式存在，难以被植物吸收利用，土壤钾的作物有效性取决于钾在土壤中的形态及其转化过程。按照钾素在土壤中存在的化学形态，可分为水溶性钾、交换性钾、非交换性钾和结构钾；按照钾素对植物的有效性，可分为速效钾、缓效钾和矿物钾。

土壤中各形态钾相互转化如图 9-1 所示。当向土壤中施入钾肥，土壤水溶性钾和交换性钾浓度升高，打破原有平衡，这部分钾进入黏土矿物层间被固定，有效钾降低，这称作钾的固定，也是土壤钾素的无效化过程。钾素固定一方面能降低植物对钾素的吸收，另一方面能减少钾素淋溶损失，而且

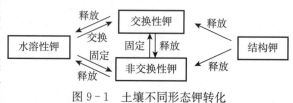

图 9-1　土壤不同形态钾转化

固定的钾部分可以释放出来供植物吸收利用。土壤钾素的有效化过程，包括非交换性钾的释放和矿物钾的释放过程，从难利用转化为植物可有效利用的钾，在一定程度上提高土壤的供钾能力。土壤钾素有效和无效化过程受土壤水分、土壤质地、土壤酸碱度、黏土矿物类型、人为施用钾肥等因素的影响。

一、紫色土速效钾含量动态变化

长期不同施肥处理耕作层土壤速效钾含量的年际动态变化见表 9-1 和图 9-2。长期不施钾肥（CK、N、NP 处理）土壤速效钾含量随着试验进行显著下降，平均每年分别以 0.81 mg/kg、1.01 mg/kg、1.21 mg/kg 的速度下降，其中 NP 处理下降最快，22 年后速效钾含量由试验前的 88 mg/kg 下降到 49 mg/kg，这与 NP 处理作物产量高、吸钾量高于 CK 和 N 处理有关。NPK 处理速效钾含量也降低，由试验前的 88 mg/kg 下降到 69 mg/kg，但未达到显著水平。速效钾含量下降的还有 NPKM、(NPKS)ₗₗ、(NPK)ᴄₗS 处理，每年平均分别下降 0.64 mg/kg、0.56 mg/kg、0.68 mg/kg，其中只有 NPKM 处理达到显著降低。由此看出，紫色土长期不施钾肥土壤速效钾含量会显著下降，在稻麦轮

作模式下，即使每年每季每公顷施用 60～75 kg K_2O，仍不能维持投入产出平衡，速效钾含量仍会下降。

表 9 - 1　长期不同施肥处理 1991—2013 年紫色土速效钾含量随时间变化的线性关系参数

处理	年变化 [mg/（kg·年）]	R^2	P	处理	年变化 [mg/（kg·年）]	R^2	P
CK	−0.81	0.23	0.024	NPKM	−0.64	0.24	0.022
N	−1.01	0.38	0.003	$(NPK)_{1.5}S$	0.30	0.02	0.521
NP	−1.21	0.40	0.002	NPKS	0.39	0.04	0.370
NK	0.58	0.11	0.127	$(NPKS)_{II}$	−0.56	0.11	0.142
PK	2.04	0.48	<0.001	$(NPK)_{Cl}S$	−0.68	0.13	0.107
NPK	−0.85	0.10	0.149	S	1.99	0.50	<0.001

注：年变化指土壤速效钾含量与年份相关方程的斜率，R^2 指方程的线性回归系数，P 指概率值。

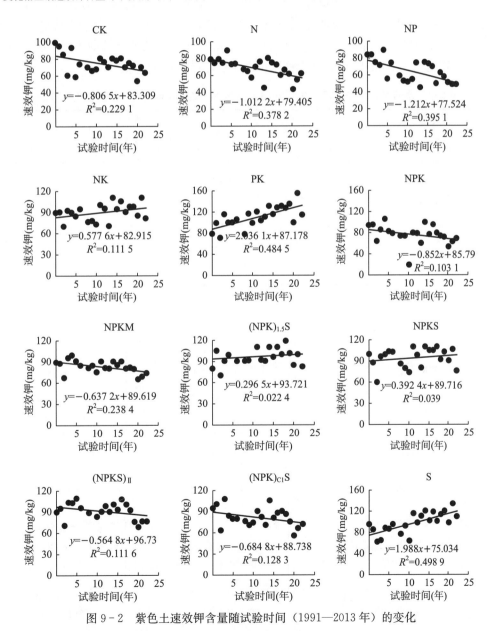

图 9 - 2　紫色土速效钾含量随试验时间（1991—2013 年）的变化

PK、S、NK、(NPK)$_{1.5}$S 和 NPKS 处理速效钾含量呈上升趋势，上升最快的是 PK 和 S 处理，每年上升速度分别达到了 2.04 mg/kg 和 1.99 mg/kg，达到显著性差异，22 年后速效钾含量分别增加到 114 mg/kg、109 mg/kg。紫色土 NK、(NPK)$_{1.5}$S、NPKS 这 3 个处理速效钾含量上升，均未达到显著，并且速效钾含量每年分别以 0.58 mg/kg、0.30 mg/kg、0.39 mg/kg 的速度缓慢上升。不均衡施肥的 PK、NK 处理土壤速效钾上升是因为稻麦产量低，作物收获带走的钾少，所以秸秆还田配施钾肥是提高土壤速效钾、维持土壤当季供钾能力、保障稻麦高产的重要措施。

二、紫色土缓效钾含量动态变化

由表 9-2 和图 9-3 可以看出，除 PK 和 S 处理缓效钾含量缓慢上升之外，其余施肥处理都以不同速度逐年下降。PK 和 S 处理缓效钾含量每年分别以 1.78 mg/kg 和 0.14 mg/kg 逐年上升，但未达到显著。长期不施钾处理（CK、N、NP）缓效钾含量下降，平均每年下降速度为 0.74 mg/kg、2.64 mg/kg、4.03 mg/kg。其中，下降速度最快的是 NP 处理，其次为 N 处理，并且两处理都随着种植年限显著下降，这与速效钾含量下降趋势一致。NPK 处理也以 2.62 mg/kg 的速度逐年下降。与定位试验前相比，22 年后 NP 和 NPK 处理缓效钾含量由试验前的 479 mg/kg 分别下降到 390 mg/kg 和 419 mg/kg，22 年缓效钾分别降低 89 mg/kg 和 60 mg/kg。所以，紫色土长期不施钾肥土壤缓效钾降低，即使每年平均施用 120 kg/hm² 的化学钾肥依旧不能维持缓效钾含量。

表 9-2　长期不同施肥处理 1991—2013 年紫色土缓效钾含量与时间的线性关系参数

处理	年变化 [mg/（kg·年）]	R^2	P	处理	年变化 [mg/（kg·年）]	R^2	P
CK	−0.74	0.06	0.505	NPKM	−0.45	0.03	0.639
N	−2.64	0.44	0.036	(NPK)$_{1.5}$S	−1.21	0.16	0.257
NP	−4.03	0.77	0.001	NPKS	−1.31	0.22	0.172
NK	−0.76	0.07	0.449	(NPKS)$_{II}$	−0.27	0.01	0.795
PK	1.78	0.38	0.061	(NPK)$_{Cl}$S	−2.91	0.78	0.002
NPK	−2.62	0.41	0.046	S	0.14	0.004	0.858

注：年变化指土壤缓效钾含量与年份相关方程的斜率，R^2 指方程的线性回归系数，P 指概率值。

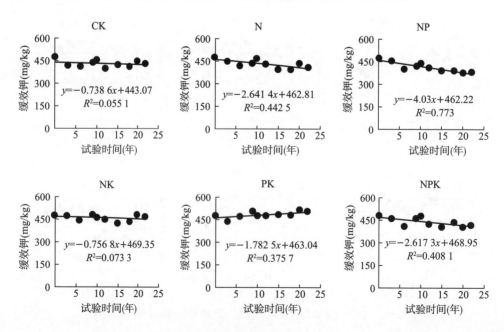

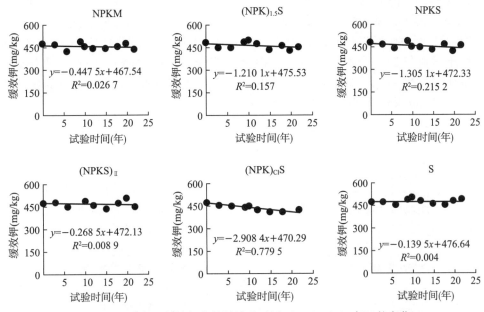

图 9-3 紫色土缓效钾含量随试验时间（1991—2013 年）的变化

长期有机肥与氮磷钾配施 NPKM 处理缓效钾含量也以 0.45 mg/kg 速度下降，长期秸秆还田 $(NPK)_{1.5}S$、NPKS、$(NPKS)_{II}$、$(NPK)_{Cl}S$ 缓效钾含量分别以 1.21 mg/kg、1.31 mg/kg、0.27 mg/kg、2.91 mg/kg 速度下降。其中，下降最快的是 $(NPK)_{Cl}S$ 处理，22 年后缓效钾含量从 479 mg/kg 下降到 422 mg/kg。所以，在每年每季每公顷施用 60~75 kg K_2O 的基础上配施有机肥或秸秆还田仍然不能维持紫色土缓效钾含量，但能减缓缓效钾的下降速度。

三、紫色土全钾含量动态变化

长期施肥条件下紫色土全钾含量变化不明显。由表 9-3 的线性关系也可看出，年变化差异很小，并且相关系数 R^2 值很小。表明，紫色土全钾含量高，22 年（1991—2013 年）长期施肥耕种对全钾含量影响较小。

表 9-3　长期不同施肥处理 1991—2013 年紫色土全钾含量随时间变化的线性关系参数

处理	年变化[mg/（kg·年）]	R^2	P	处理	年变化[mg/（kg·年）]	R^2	P
CK	−0.001	<0.01	0.396	NPKM	−0.03	0.05	0.329
N	−0.022	0.03	0.398	$(NPK)_{1.5}S$	−0.028	0.03	0.422
NP	0.017	<0.01	0.413	NPKS	−0.043	0.04	0.446
NK	−0.01	<0.01	0.396	$(NPKS)_{II}$	−0.005	<0.01	0.708
PK	−0.05	0.08	0.23	$(NPK)_{Cl}S$	−0.032	0.05	0.378
NPK	−0.038	0.06	0.58	S	−0.004	<0.01	0.7

注：年变化指土壤全钾含量与年份相关方程的斜率，R^2 指方程的线性回归系数，P 指概率值。

四、紫色土钾在剖面的分布

（一）紫色土剖面速效钾含量

长期不同施肥处理紫色土剖面土壤速效钾含量见图 9-4，经过 22 年长期耕作施肥，长期不施肥处理紫色土耕作层土壤速效钾含量较低，其中最低的是 NP 处理，为 49 mg/kg，其次是 CK 和 N

处理，长期不施钾肥，作物带走大量的钾，耕作层处于钾耗竭状态。在只施化肥的处理中，长期偏施钾肥（NK 和 PK 处理）速效钾含量明显高于氮磷钾平衡施肥（NPK 处理），其中 PK 和 NK 处理耕作层的速效钾含量已分别达到 114 mg/kg 和 102 mg/kg，比 NPK 处理分别高 45 mg/kg 和 33 mg/kg。其原因主要在于偏施钾肥处理作物产量和吸钾量显著低于 NPK 处理，作物吸收带走的钾较低。NPKM、NPKS、(NPKS)_{II}、(NPK)_{Cl}S、(NPK)_{1.5}S 化肥配施有机肥或配施秸秆的各处理耕作层速效钾含量为 73~82 mg/kg，略高于 NPK 处理。

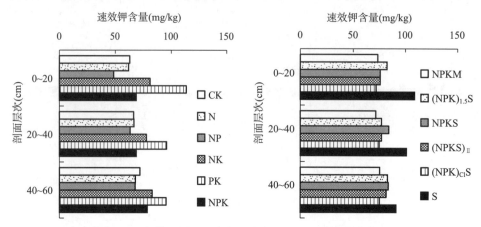

图 9-4　长期不同施肥条件下紫色土不同土层速效钾含量

从剖面层次来看，相比试验前亚表层 20~40 cm 速效钾含量为 85 mg/kg，无论施钾与否，22 年后土壤速效钾在亚表层的含量均下降。其原因可能是在不施钾肥或现有施钾量低于作物吸收量的情况下，作物根系从亚表层吸收钾素以满足作物需求，导致亚表层速效钾含量降低。土壤剖面 3 个层次（0~20 cm、20~40 cm、40~60 cm）土壤速效钾含量都以 PK 和 S 处理最高，并且随着土层的加深，速效钾含量逐渐降低；其余处理速效钾含量在各剖面层次上差异较小，长期化肥配施秸秆处理（NPKS）20~40 cm 速效钾含量为 84 mg/kg，基本维持在试验前水平，所以，化肥配施秸秆能够维持紫色土亚表层速效钾含量。

（二）紫色土剖面缓效钾含量

由长期不同施肥紫色土缓效钾含量剖面分布图（图 9-5）可知，经过 22 年（1991—2013 年）耕作施肥后，紫色土不同处理耕作层土壤缓效钾含量为 387.5~503.5 mg/kg，除 PK 和 S 不均衡的低产处理缓效钾含量高于原始土壤（479 mg/kg）外，其余处理均低于原始土壤。

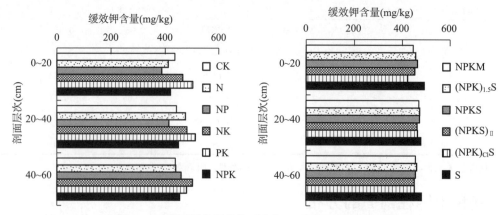

图 9-5　长期不同施肥条件下紫色土不同土层缓效钾含量

从剖面层次来看，施用化肥对 0~20 cm 表层和 20~40 cm 亚表层土壤缓效钾含量影响较大，其他处理不同剖面层次土壤缓效钾含量差异较小；随着深度增加，各处理间缓效钾含量的差异逐渐减小。秸秆还田配施化肥 NPKM、NPKS、(NPK)$_{1.5}$S 等处理在 20～40 cm 和 40～60 cm 缓效钾含量接近，对剖面缓效钾影响较小。

（三）紫色土剖面全钾含量

紫色土全钾含量剖面分布如图 9-6 所示。紫色土耕作层土壤（0～20 cm）和亚表层（20～40 cm），除 NP 处理以外，其余各处理的全钾含量差异较小，施肥对剖面全钾含量影响较小。但是，不施钾肥的 NP 处理耕作层和亚表层全钾含量明显降低。因此，长期施用氮磷肥而不施钾肥，随着作物对土壤钾的大量吸收移除，会导致土壤 0～40 cm 全钾、速效钾和缓效钾含量的降低。

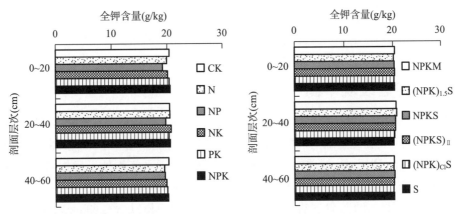

图 9-6　长期不同施肥条件下紫色土不同土层全钾含量

五、紫色土黏土矿物不同位点钾含量

土壤中虽然含有丰富的钾素，但是大部分钾属于矿物钾，难以被植物利用。施入土壤中的钾会有一部分被土壤黏土矿物吸附固定，难以被当季作物吸收利用，土壤中黏土矿物对钾产生吸附作用的位点大致分为 3 种，即黏粒表面的 p 位点、矿物晶片边缘的 e 位点和矿物层间的 i 位点。

由表 9-4 可知，各施肥处理紫色土黏土矿物吸附的 p 位点钾、e 位点钾、i 位点钾含量范围分别为 4.27～58.48 mg/kg、37.78～55.48 mg/kg、359.0～471.8 mg/kg。由此可以看出，长期不同施肥处理对 p 位点钾和 i 位点钾含量影响较大，对 e 位点钾含量影响较小。除 S 和 PK 处理以外，其余施肥处理各位点钾（p 位点钾、e 位点钾、i 位点钾）含量均低于原始土壤。长期不施钾肥（CK、N、NP）处理的 p 位点钾含量较低，且显著低于施钾处理，其中最低的是 NP 处理，为 4.27 mg/kg，比 NPK 处理低 81.1%，表明长期不施钾肥 p 位点钾出现严重空缺。e 位点钾和 i 位点钾含量也表现为 NP 处理最低，较 NPK 处理分别降低 12.4% 和 7.2%。NPKM、NPKS、(NPK)$_{1.5}$S、(NPK)$_{Cl}$S 处理各位点钾含量与 NPK 处理均无明显差异，表明化肥增施秸秆或有机肥甚至增量施肥均不能显著增加各位点钾含量。此外，含氯化肥处理［(NPK)$_{Cl}$S］各位点钾含量与 NPKS 处理无显著差异。

表 9-4　长期不同施肥处理耕作层土壤各吸附形态钾含量

单位：mg/kg

处理	p 位点钾	e 位点钾	i 位点钾
CK	19.32de	40.06de	397.1cde
N	12.46de	40.45de	380.1de
NP	4.27e	37.78e	359.0e
NK	29.15cd	49.62abc	424.7bcd
PK	47.25ab	55.48a	471.8a
NPK	22.62cd	43.12cde	386.7de

（续）

处理	p 位点钾	e 位点钾	i 位点钾
NPKM	26.41cd	42.42de	421.8bcd
(NPK)$_{1.5}$S	23.64cd	44.65cd	432.2bcd
NPKS	24.83cd	43.49cde	434.2bcde
(NPKS)$_{II}$	24.35cd	45.13cd	423.0bcde
(NPK)$_{Cl}$S	21.38cd	42.69de	405.9bcde
S	58.48a	52.18ab	440.6ab
原始	46.40bc	49.72bcd	442.8abc

注：同一列数据后不同小写字母表示处理差异达到显著水平（$P < 0.05$）。

六、紫色土钾素表观平衡

紫色土稻麦轮作体系中，每年种植稻麦施用 120 kg 的化学钾肥（K_2O）不能维持钾素平衡，土壤处于钾亏缺状态（表 9-5）。在此基础上，配合秸秆还田或提高钾肥用量 50%，能维持土壤钾素投入产出平衡。除 (NPK)$_{1.5}$S、NPKS、S 处理外，其他施肥处理土壤钾平衡均处于亏损状态。其中，未施钾肥的 N 与 NP 处理土壤钾素亏缺最为严重，22 年累积亏损分别达到了 3 213 kg/hm²、3 334 kg/hm²。施用钾肥处理中，NK、PK、NPK 处理的亏钾量分别达到了 1 709 kg/hm²、638 kg/hm²、2 439 kg/hm²。可见，紫色土长期不施钾肥，作物从土壤中带走大量钾素，钾处于严重负平衡；常规施用化学钾肥条件下，施钾量仍小于作物从土壤中带走的钾量，土壤钾素依旧处于负平衡，但缓解了土壤钾负平衡状况。含氯化肥 (NPK)$_{Cl}$S 处理中，稻麦从土壤中带走钾量最高，为 5 616 kg/hm²。因此，即使秸秆还田条件下，该处理依然无法维持钾素平衡，22 年后钾亏缺量可达到 563 kg/hm²。

表 9-5　长期不同施肥处理紫色土钾表观平衡状况

处理	钾投入量（kg/hm²）			钾携出量（kg/hm²）			钾平衡（kg/hm²）
	化肥	有机肥	总量	小麦	水稻	总量	
CK	0	0	0	582	1 594	2 176	-2 176
N	0	0	0	890	2 323	3 213	-3 213
NP	0	0	0	1 110	2 224	3 334	-3 334
NK	2 315	0	2 315	984	3 040	4 024	-1 709
PK	2 315	0	2 315	804	2 149	2 953	-638
NPK	2 315	0	2 315	1 593	3 161	4 754	-2 439
NPKM	2 315	868	3 183	1 679	3 171	4 850	-1 667
(NPK)$_{1.5}$S	3 398	2 788	6 186	2 108	3 635	5 743	443
NPKS	2 266	3 212	5 478	1 487	3 544	5 031	447
(NPK)$_{Cl}$S	2 265	2 788	5 053	2 233	3 383	5 616	-563
S	0	2 788	2 788	623	2 113	2 736	52

七、不同形态钾含量与土壤钾平衡的关系

不同施肥处理耕作层土壤各形态钾含量（速效钾、缓效钾、全钾、各吸附位点钾）与 22 年钾平衡之间的相关性如表 9-6 所示。除全钾与速效钾和 e 位点钾无显著相关外，其余各形态钾之间相关

性均达到显著水平。速效钾含量、缓效钾含量、i 位点钾含量和 p 位点钾含量与钾平衡有显著的正相关关系，相关系数分别为 0.669、0.719、0.794 和 0.613。全钾、e 位点钾含量与钾平衡之间也呈正相关关系，但并未达到显著。可见，土壤钾素盈亏是影响土壤各钾素形态及各位点钾含量的重要因素。

表 9-6　长期不同施肥处理不同形态钾含量与钾平衡关系

指标	速效钾	缓效钾	全钾	p 位点钾	e 位点钾	i 位点钾	钾平衡
速效钾	1.000						
缓效钾	0.936**	1.000					
全钾	0.518	0.601*	1.000				
p 位点钾	0.940**	0.904**	0.636*	1.000			
e 位点钾	0.957**	0.915**	0.490	0.908**	1.000		
i 位点钾	0.906**	0.965**	0.603*	0.828**	0.865**	1.000	
钾平衡	0.669*	0.719*	0.472	0.613*	0.538	0.794*	1.000

注：* 为显著相关，$P < 0.05$；** 为极显著相关，$P < 0.01$。

第二节　紫色土供钾特性

一、紫色土非交换性钾的释放特性

(一) 紫色土非交换性钾的释放量

土壤钾通常分为 4 种形态——土壤水溶性钾、交换性钾、非交换性钾、土壤矿物钾，这些不同形态的钾在土壤中处于动态平衡中。传统认为，交换性钾是作物吸收钾素的主要库源，对作物的生长有极其重要的作用。但是，更多研究认为，在长期耕种下，作物每年从土壤中吸收带走大量钾素，土壤交换性钾会达到一个非常低的水平，随后主要黏土矿物的层间钾会成为作物钾吸收的主要来源。所以，非交换性钾的储备和释放对植物钾需求具有重要的贡献。非交换性钾主要存在于 2∶1 型黏土矿物如云母和蛭石中，层状硅酸盐中钾释放速率和释放量与黏土矿物类型有关。

在以往钾素释放动力学研究中，土壤非交换性钾释放动力学模型通常用零级动力学方程、一级动力学方程、抛物线扩散方程或 Elovich 方程描述。研究表明，土壤中钾释放是一种复杂反应，可能是由两个不同过程引起的。在土壤和植物营养研究中，为了描述土壤中钾释放不同机制的复杂反应，已提出了分段回归模型，具有不同斜率（b）和截距（a）直线的分段回归模型可以把不同释放速率过程表述成不同的机制。本节利用紫色土长期定位施肥后的土壤，研究不同施肥处理的非交换性钾释放动力学特征，了解紫色土非交换性钾的释放过程、释放量和速率，明确紫色土供钾特性，为紫色土钾肥推荐提供理论依据。

土壤潜在供钾能力主要取决于土壤非交换性钾的释放速度和释放总量。由不同施肥处理紫色土非交换性钾的释放动力学曲线可知，紫色土钾素释放均呈现前期快速释放、后期缓慢平稳释放的特点（图 9-7）。各施肥处理土壤钾素累积释放量范围为 133.3～210.4 mg/kg。其中，长期不施钾肥的 NP 和 N 处理非交换性钾累积释放量较低，分别为 133.3 mg/kg 和 147.2 mg/kg，分别占 NPK 处理的 78.69% 和 86.88%。NPKM、NPKS、(NPKS)$_\text{II}$、(NPK)$_\text{Cl}$S 处理钾素释放总量与 NPK 处理接近。表明长期增施有机肥、秸秆还田或增量施肥不能增加非交换性钾累积释放量。此外，含氯化肥对非交换性钾累积释放量影响也较小。非交换性钾累积释放量最高的为 S 处理，达到 210.4 mg/kg，甚至高于原始土壤。

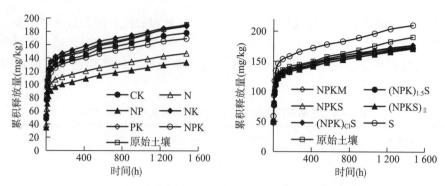

图 9-7　不同施肥处理紫色土非交换性钾累积释放量

(二) 紫色土非交换性钾释放动力学特征

1. 紫色土非交换性钾释放过程模拟　紫色土不同施肥处理非交换性钾释放过程可以用 4 种动力学方程进行拟合 (表 9-7), 4 种动力学方程的拟合决定系数 R^2 平均值大小为对数曲线 (0.981) >一级反应 (0.926) >抛物线 (0.823) >零级反应 (0.664)。SE 平均值大小为对数曲线 (5.07 mg/kg) <抛物线 (15.63 mg/kg) <一级反应 (20.77 mg/kg) <零级反应 (21.54 mg/kg)。由此可以看出, 对数曲线的决定系数 R^2 最高, SE 的平均值最小。表明不同施肥处理土壤交换性钾的释放过程以对数曲线方程 (Elovich 方程) 拟合最佳, 紫色土非交换钾的释放是扩散控制过程 (图 9-8)。

表 9-7　长期不同施肥处理紫色土钾释放的 4 种动力学方程及其参数

处理	零级反应		一级反应		对数曲线		抛物线	
	R^2	SE (mg/kg)	R^2	SE (mg/kg)	R^2	SE (mg/kg)	R^2	SE (mg/kg)
CK	0.673	21.90	0.930	18.23	0.983	5.04	0.830	15.85
N	0.673	18.31	0.930	15.60	0.985	3.95	0.832	13.10
NP	0.682	16.51	0.935	13.86	0.987	3.38	0.841	11.60
NK	0.647	23.72	0.925	50.11	0.983	5.24	0.811	17.47
PK	0.669	22.81	0.923	19.80	0.981	5.52	0.825	16.57
NPK	0.662	20.83	0.930	17.62	0.986	4.25	0.825	15.08
NPKM	0.643	21.87	0.928	18.87	0.983	4.71	0.809	16.00
$(NPK)_{1.5}S$	0.657	21.36	0.929	18.34	0.985	4.48	0.820	15.48
NPKS	0.664	21.69	0.936	18.39	0.984	4.73	0.825	15.69
$(NPKS)_{II}$	0.655	20.54	0.929	18.00	0.979	5.01	0.814	15.10
$(NPK)_{Cl}S$	0.646	22.04	0.935	18.82	0.983	4.81	0.811	16.12
S	0.670	25.22	0.914	21.95	0.980	6.27	0.825	18.30
原始土壤	0.681	22.74	0.911	20.41	0.970	6.97	0.826	16.78
平均值	0.664	21.54	0.926	20.77	0.981	5.07	0.823	15.63

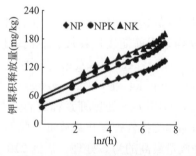
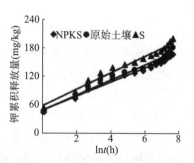

图 9-8　不同施肥处理紫色土非交换性钾释放的对数曲线方程模拟图

表9-8 不同施肥处理紫色土非交换性钾释放的对数曲线方程参数

处理	2013 年		1991 年原始土壤	
	a	b	a	b
CK	52.21	16.48		
N	41.65	13.80		
NP	36.67	12.63		
NK	59.86	17.20		
PK	57.04	17.07		
NPK	52.36	15.45	55.04	17.24
NPKM	55.09	15.78		
$(NPK)_{1.5}S$	52.72	15.72		
NPKS	53.95	16.13		
$(NPKS)_{II}$	56.87	15.04		
$(NPK)_{Cl}S$	57.21	15.96		
S	64.68	18.87		

由图9-8、表9-8可以看出，长期施肥影响紫色土非交换性钾释放动力学的截距 a（36.67～64.68）和动力学方程速率常数 b（12.63～18.87）。其中，NP 处理的 b 值最小，缓效钾的释放速率最低，比 NPK 处理低 18.3%；其次为 N 处理，比 NPK 处理低 10.7%；NPKM、$(NPK)_{1.5}S$、NPKS、$(NPKS)_{II}$、$(NPK)_{Cl}S$ 处理的 b 值与 NPK 处理差异较小。表明化肥配施秸秆、有机肥或增量施肥对非交换性钾释放速率影响较小，含氯化肥施用对非交换性钾释放也无明显影响。偏施钾肥（NK 和 PK）处理的 b 值较高，普遍高于 NPK 和 NPKS 等处理。

2. 紫色土非交换性钾释放的分段回归模型 土壤缓效钾的释放特征在模拟的1～168 h 和168～1 474 h 时间段存在钾素的快释放和慢释放两个阶段（图9-9和表9-9）。在1～168 h 时间段，各处理的钾累积释放量较大，为99.91～158.40 mg/kg，释放量占总量的74.15%～78.18%，为钾素快速释放阶段，不同施肥对此影响较小；第二阶段（168～1474 h）释放量较小，释放速率也较慢。不同施肥处理间在不同阶段内释放总量差异性较大，其差异性与整个阶段的不同施肥释放量差异性一致。

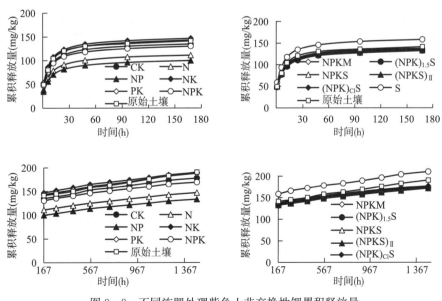

图9-9 不同施肥处理紫色土非交换性钾累积释放量

表 9-9　不同施肥处理在两个阶段（1～168 h、168～1 474 h）的钾累积释放量及释放率

处理	累积释放量（mg/kg）			释放率（%）	
	1～168 h	168～1 474 h	1～1 474 h	1～168 h	168～1 474 h
CK	134.95	43.09	178.03	75.80	42.58
N	111.13	36.06	147.19	75.50	51.30
NP	99.91	33.40	133.32	74.94	56.21
NK	146.83	43.08	189.92	77.31	40.71
PK	143.24	45.02	188.26	76.09	40.42
NPK	130.43	38.99	169.41	76.99	45.44
NPKM	135.97	37.96	173.93	78.18	44.95
$(NPK)_{1.5}S$	132.01	39.98	172.00	76.75	44.62
NPKS	135.27	40.99	176.26	76.75	43.54
$(NPKS)_{II}$	132.72	38.84	171.56	77.36	45.09
$(NPK)_{Cl}S$	137.61	39.54	177.15	77.68	43.85
S	158.40	51.99	210.39	75.29	35.78
原始土壤	141.42	49.31	190.72	74.15	38.88

　　表 9-10 反映了各施肥处理紫色土非交换性钾分段释放过程与 4 种动力学方程的拟合情况。其中，第一阶段（1～168 h）零级反应的 R^2 范围在 0.543～0.594，平均值为 0.569；对数曲线的 R^2 范围在 0.975～0.990，平均值为 0.985；一级反应的 R^2 范围为 0.662～0.722，平均值为 0.700；抛物线的 R^2 范围为 0.757～0.803，平均值为 0.781。所以，第一阶段拟合 R^2 值最高的是对数曲线方程。并且在此阶段，对数曲线 SE 为 2.73～5.82 mg/kg，平均值为 4.12 mg/kg，也是几个方程 SE 的最低值。所以，在第一阶段（1～168 h）不同施肥处理紫色土非交换性钾的释放过程以对数曲线方程拟合效果最佳。第二阶段（168～1 474 h）4 种动力学方程中抛物线方程 R^2 最高，平均值为 0.995，SE 最低，平均值为 0.85 mg/kg。所以，在此阶段抛物线扩散方程对非交换性钾释放的累积效果拟合最佳。综上所述，不同施肥处理紫色土非交换性钾的释放过程以对数曲线方程（第一阶段）和抛物线扩散方程（第二阶段）拟合最佳。

表 9-10　长期不同施肥处理在两个阶段（1～168 h、168～1 474 h）的钾累积释放 4 种动力学方程及其参数

处理	零级反应				对数曲线				一级反应				抛物线			
	1～168 h		168～1 474 h		1～168 h		168～1 474 h		1～168 h		168～1 474 h		1～168 h		168～1 474 h	
	R^2	SE (mg/kg)	R^2	SE (mg/kg)	R^2	SE (mg/kg)	R^2	SE (mg/kg)	R^2	SE (mg/kg)	R^2	SE (mg/kg)	R^2	SE (mg/kg)	R^2	SE (mg/kg)
CK	0.576	22.52	0.986	1.93	0.987	3.89	0.959	3.27	0.704	20.95	0.939	9.93	0.787	15.85	0.995	1.07
N	0.589	18.47	0.991	1.27	0.990	2.95	0.959	2.70	0.717	17.07	0.948	7.32	0.799	12.95	0.997	0.74
NP	0.594	16.46	0.986	1.44	0.989	2.73	0.967	2.25	0.722	15.20	0.949	6.43	0.803	11.47	0.998	0.53
NK	0.563	24.53	0.986	1.87	0.986	4.39	0.967	2.88	0.697	22.83	0.945	7.87	0.776	17.47	0.998	0.76
PK	0.571	23.69	0.994	1.29	0.985	4.45	0.948	3.82	0.701	22.07	0.938	10.08	0.783	16.94	0.993	1.32
NPK	0.580	21.04	0.987	1.65	0.987	3.72	0.966	2.64	0.717	19.50	0.938	8.18	0.790	14.91	0.998	0.68
NPKM	0.579	22.23	0.988	1.55	0.987	3.86	0.962	2.75	0.720	20.55	0.953	7.80	0.789	15.65	0.997	0.70
$(NPK)_{1.5}S$	0.574	21.74	0.988	1.59	0.986	3.88	0.966	2.68	0.705	20.18	0.951	7.26	0.786	15.48	0.998	0.52
NPKS	0.573	22.22	0.984	1.95	0.986	4.09	0.965	2.86	0.705	20.68	0.954	8.82	0.784	15.86	0.997	0.88

（续）

处理	零级反应				对数曲线				一级反应				抛物线			
	1~168 h		168~1 474 h		1~168 h		168~1 474 h		1~168 h		168~1 474 h		1~168 h		168~1 474 h	
	R^2	SE (mg/kg)	R^2	SE (mg/kg)	R^2	SE (mg/kg)	R^2	SE (mg/kg)	R^2	SE (mg/kg)	R^2	SE (mg/kg)	R^2	SE (mg/kg)	R^2	SE (mg/kg)
$(NPKS)_{II}$	0.548	21.77	0.989	1.53	0.981	4.55	0.961	2.84	0.681	20.47	0.968	6.80	0.762	15.78	0.997	0.69
$(NPK)_{Cl}S$	0.560	22.82	0.979	2.14	0.987	3.96	0.974	2.35	0.694	21.26	0.966	6.97	0.774	16.30	0.999	0.53
S	0.552	22.61	0.993	1.62	0.983	5.22	0.948	4.25	0.675	24.97	0.916	11.26	0.767	19.15	0.991	0.17
原始土壤	0.543	24.86	0.998	0.80	0.975	5.82	0.923	5.10	0.662	23.47	0.928	11.26	0.757	18.12	0.982	2.48
平均值	0.569	21.92	0.988	1.59	0.985	4.12	0.959	3.11	0.700	20.71	0.946	8.46	0.781	15.84	0.995	0.85

根据非交换性钾释放最佳方程对数曲线方程（1~168 h）和抛物线扩散方程（168~1 474 h）的模拟参数（表 9-11）可知，在 1~168 h 期间，不同施肥处理非交换性钾释放对数曲线方程参数差异较大，其中，长期不施钾肥的 N 和 NP 处理的 a、b 都较小。NPKM、$(NPK)_{1.5}S$、NPKS、$(NPK)_{Cl}S$ 处理的 b 值为 17.14~17.69，比 NPK 处理略高。NK、PK、S、原始土壤的 a、b 较大，CK 与 NPK、NPKM 处理的 a、b 差异较小。各处理非交换性钾释放模拟参数与整个过程（1~168 h）的对数曲线模拟参数相似。在 168~1 474 h 期间，各处理间抛物线参数值差异与对数曲线一致，均表现出 NP 处理最低，S 处理最高。选取释放速率有代表性的 3 个处理（NP、NPK、S），用相应的参数模拟对数曲线（1~168 h）和抛物线（168~1 474 h），模拟效果如图 9-10 所示。

表 9-11　不同施肥处理非交换性钾释放的对数曲线方程和抛物线扩散方程参数

处理	对数曲线（1~168 h）		抛物线（168~1 474 h）	
	a	b	a	b
CK	49.88	17.80	110.5	1.759
N	39.74	14.86	91.21	1.446
NP	35.56	13.32	81.79	1.338
NK	56.08	19.09	123.8	1.715
PK	54.22	18.61	117.6	1.811
NPK	49.92	16.73	109.5	1.558
NPKM	51.30	17.64	114.8	1.534
$(NPK)_{1.5}S$	49.94	17.14	111.1	1.577
NPKS	51.42	17.50	112.5	1.668
$(NPKS)_{II}$	53.84	16.61	111.1	1.560
$(NPK)_{Cl}S$	53.76	17.69	116.4	1.595
S	61.89	20.41	131.2	2.018
原始土壤	52.39	18.81	112.1	1.975

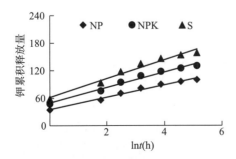
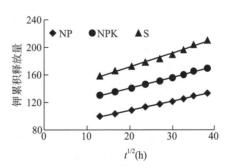

图 9-10　不同施肥处理非交换性钾释放的对数曲线方程（1~168 h）和抛物线扩散方程（168~1 474 h）模拟效果

（三）紫色土非交换性钾释放特征与土壤钾含量的关系

紫色土长期不同施肥处理非交换性钾释放量及最佳拟合方程的释放速率 b 与紫色土各形态钾之间的简单线性关系分析如表 9-12 所示，表明 1～168 h 非交换性钾释放量与土壤速效钾、缓效钾、全钾、p 位点钾、e 位点钾、i 位点钾均达到极显著相关。168～1 474 h 非交换性钾释放量也与除全钾外的各形态钾呈极显著相关。在 1～1 474 h 整个阶段，非交换性钾释放量与各形态钾的关系也呈极显著正相关。所有代表释放速率的参数 b 与释放量一样，其与各形态钾呈显著正相关关系。

表 9-12　非交换性钾释放量和参数 b 与土壤钾含量的简单线性相关关系

指标	1～1 474 h		1～168 h		168～1 474 h	
	释放量	b	释放量	b	释放量	b
速效钾	0.828**	0.815**	0.801**	0.802**	0.809**	0.788**
缓效钾	0.863**	0.852**	0.839**	0.848**	0.831**	0.833**
全钾	0.704**	0.678**	0.695**	0.698**	0.649*	0.686**
p 位点钾	0.895**	0.887**	0.848**	0.866**	0.927**	0.909**
e 位点钾	0.798**	0.782**	0.769**	0.776**	0.791**	0.773**
i 位点钾	0.792**	0.768**	0.788**	0.785**	0.710**	0.721**

注：* 为显著相关，$P<0.05$；** 为极显著相关，$P<0.01$。

紫色土长期施肥各处理的非交换性钾释放都呈现前期较快，后期缓慢平稳的特点，这与大部分研究结果一致。紫色土中含有水云母、蒙脱石和蛭石等含钾矿物，这些矿物中含有较多的表面和边缘持钾位点，黏土矿物表面吸附的 K^+ 属于非专性吸附，化学键较弱，这些位点吸附的钾容易被交换出来，因此前期释放较快；然后，从黏土矿物表面结合力较弱的位点逐渐向矿物层间结合力强的位点进行扩散-控制交换反应过程，矿物层间保持的钾结合力非常强，即这部分非交换性钾释放非常缓慢。所以，前期反应主要是非专性吸附钾的释放，其反应速率较快，且这部分非专性吸附钾对整个阶段的非交换性钾交换有非常大的贡献；后期主要是专性吸附钾的释放，钾离子在 2∶1 型黏土矿物楔形位内和晶层，其释放反应速率较慢，这部分释放的钾素能够反映真实的非交换性钾释放情况。

二、紫色土供钾容量及强度

评价土壤钾素对作物的有效性除了要考虑土壤钾素的瞬时供应强度，也应考虑钾素的长期供应能力。Beekett 等（2010）首次利用 Q/I 关系曲线及其参数评价土壤的钾素状况之后，Q/I 关系曲线对土壤钾素状态的评价得到广泛应用。典型的 Q/I 曲线应包含直线部分和曲线部分两个部分（图 9-11），并且从 Q/I 曲线上可获得一系列参数。其中，$-\Delta K^0$ 表示土壤活性钾，AR_e^K 表示 K^+ 平衡活度比，PBC^K 表示 K^+ 潜在缓冲容量，K_x 表示专性吸附位点。所以，利用 Q/I 关系曲线可以判断土壤

有效钾的水平，同时可提供土壤供钾能力信息。有研究表明，长期施用钾肥，土壤钾的 AR^K 增加，ΔK^0 的绝对值增加，PBC^K 变化不大。所以，不同施肥条件下土壤 Q/I 关系的变化特征能很好地反映长期不同施肥处理对土壤供钾状况的影响。本部分通过研究长期不同施肥处理土壤供钾 Q/I 关系及其影响因素，以期了解紫色土长期供钾能力。

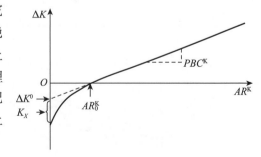

图 9-11　典型钾 Q/I 容量强度曲线

注：$\dfrac{\Delta(\Delta K)}{\Delta AR^K}=PBC^K$，$\dfrac{\alpha_K}{\sqrt{\alpha_{Ca}+\alpha_{Mg}}}=AR^K$。

（一）长期不同施肥处理紫色土钾素 Q/I 曲线

长期不同施肥处理紫色土钾素 Q/I 曲线如图 9-12 所示，所有处理图形相似，即由直线部分和曲线部分组

成。直线部分代表黏粒的非专性吸附位点晶层吸附固定的钾；曲线部分则代表专性吸附位点吸附的钾。非专性吸附位点主要分布在黏粒晶层层间，专性吸附位点主要分布在黏粒表面和矿物晶片边缘。

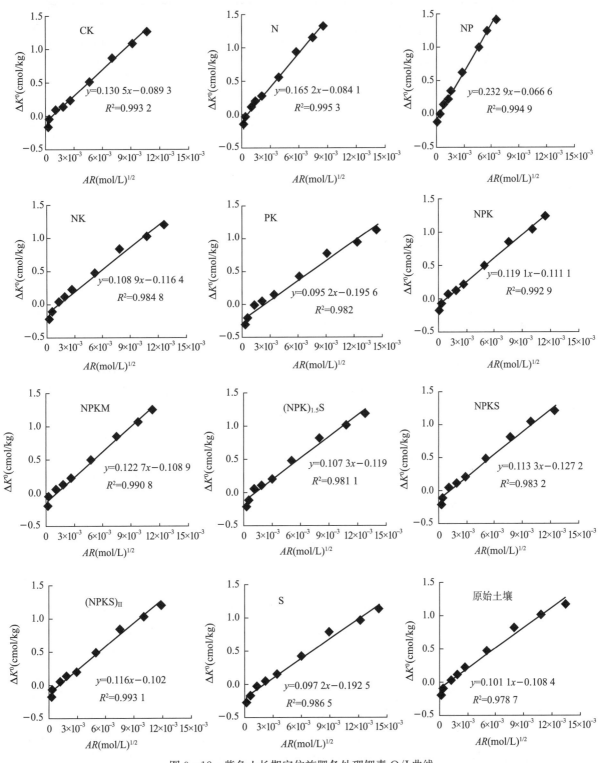

图 9-12　紫色土长期定位施肥各处理钾素 Q/I 曲线

（二）长期不同施肥处理紫色土钾素 Q/I 曲线特征参数

紫色土长期不同施肥处理的 Q/I 曲线特征参数差异明显（表 9-13）。不同参数代表不同意义，$-\Delta K^0$ 表示土壤活性钾，AR_e^K 表示 K^+ 平衡活度比，PBC^K 表示 K^+ 潜在缓冲容量，K_X 表示专性吸附位点。不同处理这些参数的变化反映了土壤供钾能力的差异。

表 9 - 13　紫色土长期定位施肥各处理钾素 Q/I 曲线参数

处理	方程	R^2	AR_e^K $(mol/L)^{1/2}$	PBC^K (cmol/kg) / $(mol/L)^{1/2}$	$-\Delta K^0$ (cmol/kg)	K_X (cmol/kg)	$-\Delta G$ (kJ/mol)
CK	$y=0.130\,5x-0.089\,3$	0.993	0.68×10^{-3}	130.50	0.89×10^{-1}	2.57×10^{-1}	18.06
N	$y=0.165\,2x-0.084\,1$	0.995	0.51×10^{-3}	165.20	0.84×10^{-1}	1.32×10^{-1}	18.80
NP	$y=0.232\,9x-0.066\,6$	0.995	0.29×10^{-3}	232.20	0.67×10^{-1}	1.59×10^{-1}	20.22
NK	$y=0.108\,9x-0.116\,4$	0.985	1.07×10^{-3}	108.90	1.16×10^{-1}	2.36×10^{-1}	16.96
PK	$y=0.095\,2x-0.195\,6$	0.982	2.05×10^{-3}	95.20	1.96×10^{-1}	2.42×10^{-1}	15.34
NPK	$y=0.119\,1x-0.111\,1$	0.993	0.93×10^{-3}	119.10	1.11×10^{-1}	2.07×10^{-1}	17.30
NPKM	$y=0.122\,7x-0.108\,9$	0.991	0.89×10^{-3}	122.70	1.09×10^{-1}	3.60×10^{-1}	17.42
$(NPK)_{1.5}S$	$y=0.107\,3x-0.119$	0.981	1.11×10^{-3}	107.30	1.19×10^{-1}	2.25×10^{-1}	16.87
NPKS	$y=0.113\,3x-0.127\,2$	0.983	1.12×10^{-3}	113.30	1.27×10^{-1}	3.05×10^{-1}	16.84
$(NPKS)_{II}$	$y=0.11\,6x-0.102$	0.993	0.88×10^{-3}	116.00	1.02×10^{-1}	1.66×10^{-1}	17.44
S	$y=0.097\,2x-0.192\,5$	0.987	2.00×10^{-3}	97.20	1.93×10^{-1}	2.04×10^{-1}	15.40
原始土壤	$y=0.101\,1x-0.108\,4$	0.979	1.07×10^{-3}	101.10	1.08×10^{-1}	2.17×10^{-1}	16.95

1. AR_e^K　AR_e^K 是 $\Delta K^0=0$ 时 AR^K 的值，代表土壤的供钾强度，反映土壤易释放钾的有效性和活性钾的强度。由表 9 - 13 可知，单施化肥处理中 CK、N 和 NP 处理土壤 AR_e^K 值较小，变化幅度为 $0.29\times10^{-3}\sim0.68\times10^{-3}$ $(mol/L)^{1/2}$，其中，最小的是 NP 处理，为 0.29×10^{-3} $(mol/L)^{1/2}$，其次是 N 处理，为 0.51×10^{-3} $(mol/L)^{1/2}$，N 和 NP 处理比 NPK 处理分别低 45.16%、68.82%；单施化肥处理中施用钾肥（NK、PK、NPK）处理土壤 AR_e^K 值较大，变化幅度为 $0.93\times10^{-3}\sim2.05\times10^{-3}$ $(mol/L)^{1/2}$，其中，最小的是 NPK 处理，为 0.93×10^{-3} $(mol/L)^{1/2}$，最大的是 PK 处理，为 2.05×10^{-3} $(mol/L)^{1/2}$，说明不施钾会降低土壤的瞬时供钾强度。NPKM 处理 AR_e^K 为 0.89×10^{-3} $(mol/L)^{1/2}$，低于 NPK 处理，NPKS 和 $(NPK)_{1.5}S$ 处理 AR_e^K 比 NPK 处理分别高 20.4% 和 19.4%。可见，化肥配施秸秆或增量施肥可以通过向土壤中补充钾素的形式提高土壤瞬时供钾强度。

2. PBC^K　PBC^K 表示土壤潜在缓冲容量。由表 9 - 13 可以看出，长期不同施肥处理紫色土 PBC^K 与原始土壤比较，只有 PK 和 S 处理 PBC^K 更低，其余处理均高于原始土壤；紫色土长期不同施肥处理的 PBC^K 差异较大，长期不施钾肥（CK、N 和 NP）处理 PBC^K 较大，变化范围为 $130.50\sim232.20$ (cmol/kg) / $(mol/L)^{1/2}$，均高于其他施肥处理，其中，最大的是 NP 处理，甚至比 NPK 处理 [119.10 (cmol/kg) / $(mol/L)^{1/2}$] 高 95.0%。除低于原始土壤的 PK 和 S 处理以及较高的不施钾肥处理之外，其余处理的 PBC^K 差异较小，变化幅度为 $107.30\sim122.70$ (cmol/kg) / $(mol/L)^{1/2}$。

3. $-\Delta K^0$　$-\Delta K^0$ 是土壤供钾容量指标，表征土壤易释放钾库的大小。由表 9 - 13 可以看出，长期不施钾肥处理 $-\Delta K^0$ 较小，低于其他处理，说明长期不施钾肥处理易释放钾库较小，NP 处理的 $-\Delta K^0$ 为 0.067，比所有施钾处理的均值低 38.7%；$-\Delta K^0$ 值较高的是 PK 和 S 处理，分别为 0.196 和 0.193 cmol/kg；NPKS 处理为 0.127 cmol/kg，且比 NPK 处理高 14.4%，说明秸秆还田可以增加土壤易释放钾量。

4. K_X　K_X 代表土壤专性吸附位点 K^+ 数量，由表 9 - 13 可以看出，不同施肥处理之间 K_X 差异较大，较小的是 NP 和 N 处理，分别为 0.159 cmol/kg、0.132 cmol/kg，分别比 NPK 处理（0.207 cmol/kg）低 23.2%、36.2%。所以，施钾有利于增加专性吸附位点 K^+ 数量。其中，NPKS 处理最大

（0.305 cmol/kg），比 NPK 处理（0.207 cmol/kg）高出 47.3%。所以，化肥配秸秆还田处理更有利于增加专性吸附位点 K^+ 数量。

5. $-\Delta G$ 交换自由能（$-\Delta G$）是衡量钾和钙＋镁化学势之差的一个指标，$-\Delta G$ 越小，土壤对钾的选择性吸附越弱（即 K_G 越强），钾的植物有效性越高；$-\Delta G$ 值越大，土壤对钾的选择性吸附越强，作物对钾的吸收越困难。由表 9-13 可以看出，不同施肥处理之间 $-\Delta G$ 差异较大，长期不施钾处理（CK、N、NP）紫色土 $-\Delta G$ 较高（18.06～20.22 kJ/mol），全量施肥处理（NPK）土壤 $-\Delta G$ 较低，为 17.30 kJ/mol，低于不施钾处理。偏施钾肥 NK 和 PK 处理土壤 $-\Delta G$ 分别为 16.96 kJ/mol、15.34 kJ/mol，低于 NPK 处理；化肥配施有机物料［NPKM、$(NPK)_{1.5}S$、NPKS、$(NPKS)_{II}$］处理的 $-\Delta G$ 值幅度范围为 16.84～17.44 kJ/mol。所以，各处理的 $-\Delta G$ 均大于 Woodruff 认为的缺钾阈值（14.64 kJ/mol）。

（三）土壤理化性状与 Q/I 曲线参数的简单相关关系

土壤 Q/I 曲线参数（PBC^K、$-\Delta K^0$、K_X、AR_e^K 和 ΔG）与土壤各形态钾的简单相关分析如表 9-14 所示。Q/I 曲线所有参数与各形态钾之间相关系数为 0.183～0.973。其中，AR_e^K 与速效钾含量相关系数最高为 0.973。除全钾外，PBC^K、$-\Delta K^0$、$-\Delta G$ 与各形态钾呈显著相关。此外，K_X 与各形态钾之间相关性均未达到显著水平。

表 9-14　土壤 Q/I 曲线参数与土壤各形态钾之间的相关关系

参数	速效钾	缓效钾	全钾	p 位点钾	e 位点钾	i 位点钾
AR_e^K	0.973**	0.897**	0.445	0.901**	0.907**	0.849**
PBC^K	−0.772**	−0.854**	−0.836**	−0.759**	−0.731**	−0.844**
$-\Delta K^0$	0.943**	0.846**	0.365	0.858**	0.865**	0.798**
K_X	0.183	0.350	0.356	0.202	0.092	0.422
$-\Delta G$	−0.938**	−0.933**	−0.653*	−0.885**	−0.877**	−0.904**

注：* 为显著相关，$P<0.05$；** 为极显著相关，$P<0.01$。

不同施肥处理紫色土钾素 Q/I 曲线形状相似，都由直线部分和曲线部分组成，但不同施肥处理的 Q/I 曲线特征参数（AR_e^K、K_X、PBC^K、$-\Delta K^0$ 和 $-\Delta G$）差异较大。NPK 处理 AR_e^K、$-\Delta K^0$ 均大于不施钾肥处理，但低于原始土壤。原因可能是紫色土现有每年钾肥的施用量（120 kg/hm²）较低，也可能是土壤蒙脱石和水云母矿物含量丰富，土壤对施入钾肥的固定能力较强。NPKS 处理 AR_e^K、$-\Delta K^0$ 及 K_X 值高于原始土壤，且 S 处理 AR_e^K、$-\Delta K^0$ 及 K_X 值在所有处理中均较高，所以，长期施钾和秸秆还田可以增大土壤活性钾及易释放钾库。并且，根据相关分析，除全钾外，AR_e^K 和 $-\Delta K^0$ 与各形态钾之间均呈显著相关，说明 AR_e^K 和 $-\Delta K^0$ 能很好地反映土壤钾有效状况。

经过 22 年稻麦轮作紫色土 Q/I 曲线并未有较大变化，但不同施肥处理紫色土 Q/I 曲线特征参数（$-\Delta K^0$、AR_e^K、K_X、PBC^K）差异较大。这些特征值与紫色土各形态钾含量呈显著相关。无论施钾与否，相较于原始土壤，活性钾及易释放钾含量均降低，但是，施钾能在一定程度上缓解活性钾和易释放钾的降低。秸秆还田或增施钾肥能增加土壤活性钾及易释放钾含量。紫色土各处理 $-\Delta G$ 值（15.34～20.22 kJ/mol）高于缺钾阈值（14.64 kJ/mol），表明目前紫色土钾肥的施用量偏低。

三、长期施肥对紫色土含钾黏土矿物的影响

土壤矿物是土壤的重要组成物质，是土壤供钾的主要库源。土壤中的含钾矿物主要为云母族和长石族矿物，它们风化后的产物是构成土壤黏土矿物的主体。土壤黏土矿物是土壤形成的基础物质，其组成与变化常常受土壤类型和田间管理方式的影响。土壤黏土矿物包含土壤母质中矿物的风化物和矿物的残屑，主要由氧化物和层状硅酸盐组成。黏土矿物组成种类决定了土壤基本特性，在不同田间利

用方式下，土壤理化性状会发生一些改变，进而影响土壤黏土矿物的组成种类，对土壤肥力培育具有重要意义。而且，在生产实践中，施入化学钾肥后钾素的行为也深受矿物的制约和支配。因此，了解土壤中含钾矿物的组成和结构将有助于了解土壤中钾素的行为和供钾潜力。本部分研究了小麦-水稻轮作下 22 年施用钾肥和不施钾肥对紫色土黏土矿物组成的影响，了解了钾素长期亏缺对土壤含钾黏土矿物的影响。

（一）紫色土原生矿物组成变化

如图 9-13 所示，中性紫色土主要原生矿物为蒙脱石、云母、高岭石、钾长石、钠长石、方解石、水铁矿、赤铁矿和石英，蛭石偏少，表明试验用土壤为发育初期的新成土。由图 9-13 X 线衍射图谱可知，原始土壤具有较少的蒙脱石（$d=1.52$ nm），各处理土壤中蒙脱石含量均表现为连续耕作 22 年＞连续耕作 12 年＞原始土壤，在水旱轮作体系下有利于蒙脱石的形成，且 NPK、NP 和 CK 处理间接近；$d=1.00$ nm 和 $d=0.50$ nm 处为云母的特征峰，各处理土壤云母的含量为原始土壤＞连续耕作 12 年＞连续耕作 22 年，并且原始土壤＞NPK＞CK＞NP，长期缺失钾肥造成了云母的大量风化崩解；除云母外，钾长石（$d=0.64$ nm 和 $d=0.323$ nm）作为土壤另一个重要的钾库也表现出了类似的趋势，其含量表现为原始土壤＞连续耕作 12 年＞连续耕作 22 年，并且原始土壤＞NPK＞CK＞NP。总体而言，长期水旱轮作使中性紫色土含钾类原生矿物大量崩解并伴随形成大量的蒙脱石，而且即便长期施用钾肥处理（NPK），土壤含钾类矿物也发生了明显的崩解。

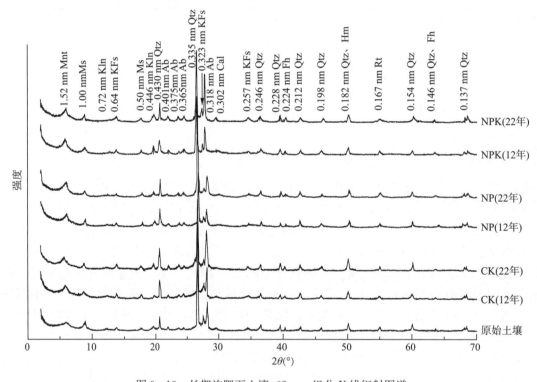

图 9-13　长期施肥下土壤＜2 mm 组分 X 线衍射图谱

注：Mnt 表示蒙脱石，Ms 表示云母，Kln 表示高岭石，KFs 表示钾长石，Qtz 表示石英，Ab 表示钠长石，Cal 表示方解石，Fh 表示水铁矿，Rt 表示金红石，Hm 表示赤铁矿。2θ 表示采用 Cu 的 Kα 射线产生的衍射角。

（二）长期施肥对紫色土黏粒主要元素含量的影响

长期不同施肥后，各处理的土壤黏粒 SiO_2 含量为 524.21～550.85 g/kg，Fe_2O_3 含量为 74.34～79.29 g/kg，Al_2O_3 含量为 206.52～213.94 g/kg，K_2O 含量为 30.76～31.72 g/kg，TiO_2 含量为 7.45～8.64 g/kg（表 9-15）。此外，土壤硅铝铁率在一定程度上反映了土壤的矿物组成，并显示了土壤的风化程度。其值越大，说明风化淋溶作用越弱；其值越小，则表示风化程度越大。长期不同施肥后，紫色土各处理硅铝铁率为 3.43～3.67，原始土壤硅铝铁率最高。不同施肥处理硅铝铁率大小表现为 NPK＞CK＞NP，也进一步说明长期不施钾肥会加速土壤风化。

表 9-15 土壤黏粒主要元素氧化物含量及硅铝铁率

项目		SiO₂ (g/kg)	Al₂O₃ (g/kg)	Fe₂O₃ (g/kg)	K₂O (g/kg)	TiO₂ (g/kg)	SiO₂/Al₂O₃	SiO₂/Fe₂O₃	SiO₂/R₂O₃
原始土壤		550.85	206.92	75.15	31.72	7.63	4.53	19.55	3.67
CK	12 年	538.53	211.68	76.05	31.14	7.53	4.32	18.88	3.52
	22 年	540.57	209.22	79.29	30.99	8.64	4.39	18.18	3.54
NP	12 年	549.00	208.59	76.74	30.87	7.60	4.22	18.42	3.43
	22 年	543.50	206.52	74.34	30.76	8.41	4.30	18.26	3.48
NPK	12 年	524.21	211.41	75.89	31.57	7.70	4.47	19.08	3.62
	22 年	541.35	213.94	79.08	31.22	7.45	4.47	19.50	3.64

（三）长期施肥对紫色土黏土矿物的影响

土壤黏粒是土壤中最为活跃的组成成分，对土壤的理化性状有着决定性作用。如图 9-14 和图 9-15 所示，长期施肥对土壤黏土矿物的组成具有明显的影响。$d=1.90\ nm$ 处蒙脱石的特征峰变化趋势与原生矿物图谱有所不同，表现为 CK＞NP＞NPK＞原始土壤，再次表明水旱轮作体系有助于紫色土蒙脱石的形成，且随着施肥年限的增加，黏粒中蒙脱石的含量随之增加。并且，黏土矿物中的蛭石（$d=1.43\ nm$ 和 $d=0.47\ nm$）含量随着施肥年限的增加也呈现增加趋势，且 NP＞CK＞NPK＞原始土壤。与之相反，黏土矿物中伊利石（$d=1.00\ nm$ 和 $d=0.50\ nm$）的含量表现为原始土壤＞NPK＞CK＞NP，与土壤原生矿物云母和钾长石的变化趋势一致，表明不施钾肥处理的土壤黏粒中伊利石发生了明显的崩解，并且随着施肥年限的增加，土壤伊利石含量变少。说明长期的缺失钾肥不仅会造成土壤原生类矿物的风化崩解，也会加速土壤黏粒中伊利石的风化，释放钾素，以补充土壤缓效钾及有效钾库，并且经过 22 年的长期施用 NPK 处理，土壤云母、钾长石及伊利石也发生了分解，含量降低，说明现有的施钾水平并不能阻止土壤含钾类矿物的风化崩解。

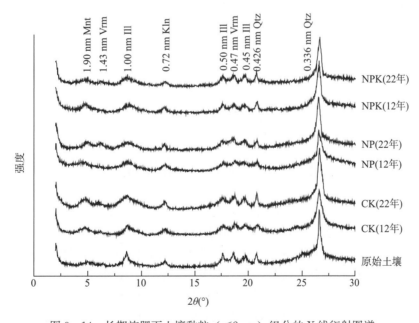

图 9-14 长期施肥下土壤黏粒（＜2 μm）组分的 X 线衍射图谱

注：Mnt 表示蒙脱石，Vrm 表示蛭石，Ill 表示伊利石，Kln 表示高岭石，Qtz 表示石英。2θ 表示采用 Cu 的 Kα 射线产生的衍射角。

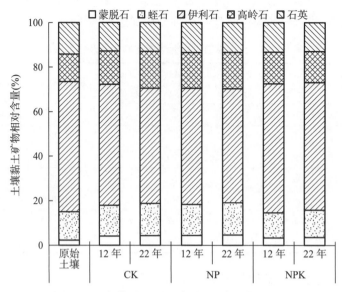

图 9 - 15 长期施肥下土壤黏土矿物的相对含量

(四) 紫色土中伊利石相对含量与土壤钾库的关系

紫色土伊利石相对含量与各形态钾含量相关性如表 9 - 16 所示，各形态钾与伊利石相对含量呈正相关，且黏土矿物 e 位点钾和全钾含量与其达到了显著水平。此外，伊利石与蛭石含量呈显著负相关。

表 9 - 16 紫色土中伊利石相对含量与土壤钾库的关系

项目	伊利石相对含量
蛭石含量	−0.908*
速效钾	0.748
缓效钾	0.591
全钾	0.764*
p 位点钾	0.717
e 位点钾	0.783*
i 位点钾	0.661

注：* 为显著相关。

第三节 紫色土固钾能力

施用钾肥是保障农业持续高产、稳产和改善农产品品质的重要措施之一，钾肥施用后，土壤溶液中的钾离子浓度迅速提高，原有的各形态钾之间的平衡被破坏，一部分溶液中的钾很容易被土壤固定，土壤对钾素的固定是影响钾肥有效性的重要过程之一。土壤中钾素的固定虽然降低了土壤钾素有效性，但可以防止植物奢侈吸收和淋失损失导致钾素资源浪费。在富含 2∶1 型黏土矿物的土壤上，如果长期处于钾素亏缺状态，当交换性钾受到过度消耗以后，若施用的少量钾肥满足不了土壤的固钾需要，钾肥的肥效就很差，甚至还将出现施钾无效的现象。因此，研究土壤对钾的固定特性对指导合理施钾肥至关重要。本节通过模拟试验研究长期不同施肥处理土壤的固钾特性，揭示紫色土固钾能力及影响因素。

一、长期施肥对紫色土钾素固定的影响

土壤固钾量可以作为评价土壤钾素状况的一个指标。由紫色土各处理的外源钾添加量和固钾量关系可知（图 9 - 16），无论施钾与否，在外源钾添加量为 0.2～6 g/kg 时，所有处理均表现出固钾量随外源钾添加量的增加而增加；且外源钾添加量达到一定程度后，增长缓慢或达到平稳。不施钾肥（NP 和 N）处理的固钾量在各外源钾添加量下都表现为最高，分别为 120.4～1 203.5 mg/kg、106.3～1 052.1 mg/kg；平衡施肥（NPK）处理的固钾量为 86.3～751.2 mg/kg；秸秆还田或有机肥配施氮磷钾处理（NPKM 和 NPKS）的固钾量分别为 92.9～780.2 mg/kg、72.8～731.1 mg/kg。

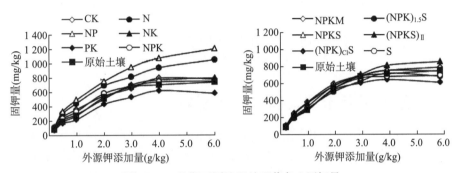

图 9 - 16　长期不同施肥处理紫色土固钾量

紫色土长期不同施肥处理在不同外源钾添加量下的平均固钾量存在一定差异（图 9 - 17）。长期偏施氮磷肥处理（NP），其固钾量最高，显著高于其他处理。其次为 N 处理，也是明显高于其他处理和原始土壤。长期不施肥处理（CK）的固钾能力与 NPK 处理相当。PK 处理平均固钾量为 375.9 mg/kg，显著低于其他处理。在秸秆还田或施用有机肥的处理中，(NPK)$_{Cl}$S 处理最低。

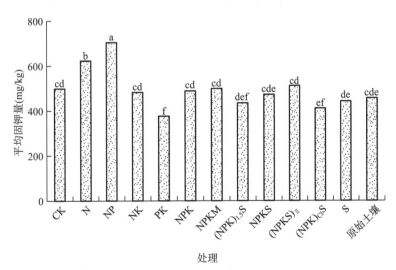

图 9 - 17　长期不同施肥处理紫色土平均固钾量
注：不同小写字母表示差异显著（$P < 0.05$）。

在不同外源钾添加量下（0.2～6.0 g/kg），所有施肥处理平均固钾量表现为随着添加浓度的增加而增加的变化趋势（图 9 - 18）。当外源钾添加量为 0.2～4.0 g/kg 时，不同处理的平均固钾量呈线性增加，表明外源钾加入量低于紫色土固定钾量；当外源钾添加量为 4.0～6.0 g/kg 时，则无明显差异，表明土壤的固钾量达到饱和，不再随外源钾的添加量增加而明显增加。

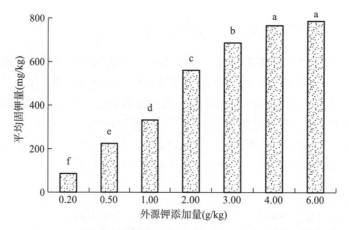

图 9-18　不同外源钾添加量的所有施肥处理土壤平均固钾量

注：不同小写字母表示差异显著（$P < 0.05$）。

二、长期施肥对紫色土钾素固定率的影响

在长期不同施肥处理下不同外源钾添加量的土壤固钾率变化如图 9-19 所示，除 PK、S 处理外，0.2 g/kg 外源钾添加量的固钾率高于 0.5 g/kg 外源钾添加量处理，其余处理均表现为外源钾添加量为 0.2 g/kg 时的固钾率低于 0.5 g/kg 外源钾添加量处理；而当外源钾添加量超过 0.5 g/kg 时，所有施肥处理固钾率均随外源钾添加量增加而降低。

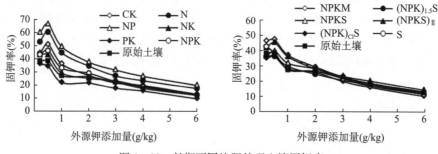

图 9-19　长期不同施肥处理土壤固钾率

不同施肥处理在不同外源钾添加量下的平均固钾率变化如图 9-20 所示，不同施肥处理的平均固钾

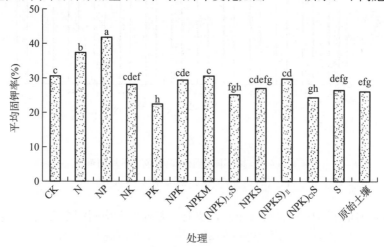

图 9-20　长期不同施肥处理紫色土平均固钾率

注：不同小写字母表示差异显著（$P < 0.05$）。

率与平均固钾量差异一致。在不同施肥处理中，固钾率最高的是 NP 处理，为 20.06%～60.21%，平均为 41.76%，比 CK 处理高 36.7%；固钾率最低的是 PK 处理，为 9.71%～30.06%，平均为 22.45%。

所有施肥处理的紫色土平均固钾率在外源钾添加量为 0.2～0.5 g/kg 时无明显差异，在外源钾添加量超过 0.5 g/kg 时，随着外源钾添加量的增加，平均固钾率逐渐降低（图 9-21）。当外源钾添加量很低时，钾在被固定时，会有一部分钾留在土壤黏粒表面的 p 位点和矿物晶片边缘的 e 位点。所以，p 位点钾和 e 位点钾含量不高的部分施肥处理（S 和 PK 处理）在外源钾添加量很低时，固钾率并未出现随外源钾添加量增加而降低。

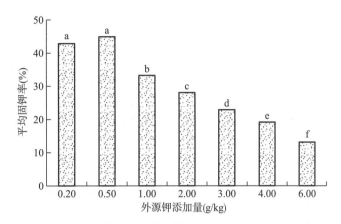

图 9-21　不同外源钾添加量的所有施肥处理紫色土平均固钾率

注：不同小写字母表示差异显著（$P<0.05$）。

三、紫色土饱和固钾量

紫色土固钾量随着外源钾添加量的增加而增加，但固定速率却逐渐减弱。因此，可用抛物线扩散方程模拟固钾量与外源钾添加量关系（表 9-17）。所有方程决定系数（R^2）为 0.986 6～0.998 5，即抛物线扩散方程能很好地模拟固钾量与外源钾添加量之间的关系，并通过抛物线扩散方程可求得不同施肥处理的最大固钾量（饱和固钾量）和最大固钾量时的外源钾添加量。所有处理达到饱和固钾量的外源钾添加量为 4～6 g/kg，不施钾处理达到饱和点的外源添加量较高，而施钾处理及原始土壤达到饱和点的外源钾量较低（表 9-17）；长期不施钾肥 NP 和 N 处理的饱和固钾量最高，分别为 1 195.9 mg/kg、1 043.6 mg/kg，分别比 NPK 处理的饱和固钾量增加 51.0% 和 31.7%。CK、NK、NPK、NPKM、NPKS 及原始土壤之间饱和固钾量无显著差异，为 765.6～818.2 mg/kg，也表明化肥增施秸秆或有机肥对钾固定能力影响较小。(NPK)$_{1.5}$S 比 NPKS 饱和固钾量低 7.7%，高量施肥土壤的固钾能力有降低趋势。

表 9-17　不同施肥处理紫色土固钾方程及饱和固钾量

处理	方程	R^2	饱和点
CK	$y=-29.085x^2+291.77x+77.436$	0.986 9	(5.02，809.2)
N	$y=-30.308x^2+337.31x+105.05$	0.986 6	(5.56，1 043.6)
NP	$y=-34.239x^2+386.21x+106.82$	0.991 9	(5.64，1 195.9)
NK	$y=-28.924x^2+300.05x+39.994$	0.995 1	(5.19，818.2)
PK	$y=-26.025x^2+249.21x+27.825$	0.992 7	(4.79，624.4)
NPK	$y=-32.702x^2+309.82x+58.42$	0.990 2	(4.74，792.2)
NPKM	$y=-30.338x^2+296.67x+77.792$	0.986 8	(4.89，803.1)

（续）

处理	方程	R^2	饱和点
(NPK)$_{1.5}$S	$y=-30.583x^2+290.8x+30.097$	0.998 5	(4.75，721.4)
NPKS	$y=-34.053x^2+319.55x+31.746$	0.995 6	(4.70，781.4)
(NPKS)$_{\text{II}}$	$y=-28.832x^2+303.06x+60.637$	0.994 6	(5.26，857.0)
(NPK)$_{\text{Cl}}$S	$y=-32.143x^2+285.74x+33.073$	0.990 6	(4.44，668.1)
S	$y=-31.086x^2+292.03x+39.433$	0.990 3	(4.70，725.3)
原始土壤	$y=-30.405x^2+299.12x+29.806$	0.991 7	(4.92，765.5)

四、紫色土饱和固钾量与土壤钾库的关系

各形态钾（速效钾、缓效钾、全钾）及黏土矿物各位点钾（p 位点钾、e 位点钾、i 位点钾）与饱和固钾量均呈负相关，且达到极显著或显著水平（表 9-18）。其中，紫色土饱和固钾量与 i 位点钾相关性最强。说明层间钾是造成不同施肥处理土壤固钾量差异的主要原因。钾平衡及非交换性钾释放量与紫色土饱和固钾量也呈极显著负相关关系。

表 9-18　土壤固钾量与土壤各形态钾和钾平衡之间的相关关系

各形态钾	饱和固钾量
速效钾	−0.735**
缓效钾	−0.725**
全钾	−0.731**
p 位点钾	−0.678*
e 位点钾	−0.649*
i 位点钾	−0.789**
钾平衡	−0.760**
非交换性钾释放量	−0.815**

注：* 表示在 0.05 水平上相关性显著（$n=13$）；**表示在 0.01 水平上相关性显著（$n=13$）。

紫色土在外源钾添加量为 0.2~6.0 g/kg 时，土壤固钾量随着外源钾添加量的增加而增加，但固钾量增加到一定量时会达到饱和状态，不再随外源钾添加量增加而增加。紫色土不同施肥处理土壤固钾率随着外源钾添加量的增加而下降。但是，紫色土固钾能力较强，且长期不施钾肥土壤的固钾能力远高于施钾肥土壤，并且氮磷钾配合秸秆有机肥施用也并未使土壤固钾能力发生变化，高量施肥、施用氯肥及单施秸秆处理的固钾能力较低，偏施钾肥处理（PK 处理）固钾能力显著降低。紫色土各形态钾含量和非交换性钾释放量与饱和固钾量呈显著负相关，即各形态钾含量是影响紫色土饱和固钾量的重要因素。

第四节　紫色土钾肥高效利用

长期定位试验表明，紫色土供钾能力较强，水旱轮作条件下多年供钾量平均为每年 151.6 kg/hm²，随着种植年限增加，土壤供钾量下降。淹水种稻土壤供钾量（101.1 kg/hm²）高于旱季作物土壤（50.5 kg/hm²），氮磷肥的施用能显著提高紫色土钾素供应量。

长期不施钾肥使得紫色土钾素处于严重的负平衡状态，并显著降低了作物产量；每年施用 120 kg/hm² 的化学钾肥（以 K₂O 计）仍不能保持土壤钾素收支平衡；多数作物具有钾素奢侈吸收的

特性，秸秆中含钾量高，有效性强。因此，秸秆还田与氮磷钾平衡施用能平衡作物带走的钾量，是维持紫色土钾素平衡的重要措施。

基于紫色土供钾能力和钾素平衡，提出紫色土钾肥高效利用的原则与技术。

一、紫色土钾肥高效利用的主要原则

（一）化学钾肥的合理分配

紫色土的供钾水平影响钾肥的施用效果，缺钾紫色土上施用钾肥的增产效果显著。不同作物对钾的敏感程度、需求数量和吸收能力不同，施用钾肥的增产效果也有很大差异。因此，应综合考虑紫色土供钾水平、作物种类、肥料性质和气候等因素对钾肥进行合理分配。钾肥的分配要点主要有以下 3 个方面。

1. 紫色土区是钾肥分配的重点区域　其主要原因有：①紫色土区土壤供钾潜力相对较低；②紫色土区降水多，土壤对钾的固持力弱，钾素淋失严重；③紫色土区复种指数高，土壤钾的消耗量大；④紫色土区果蔬种植面积大，对钾素的需求量大。

2. 加大对高产农田的钾肥投入　在高产条件下，作物对土壤钾素的供应容量与强度有了更高的要求。高产田的高产出，势必要求增加养分供应，这会加速土壤养分耗竭。因此，必须有与高产出相适应的养分投入体系及技术措施。在土壤供钾能力不强的高产地区，若有机肥投入量不能大量增加，则有机肥作为钾源的重要性相对有所降低，会导致对化学钾肥的依赖性增大。

3. 重视对经济作物增施钾肥　不同作物对钾的需求量差异很大。一些经济作物、水果和蔬菜需钾较多，施钾的产投比较大。蔬菜是需钾量大的作物，增施钾肥可提高蔬菜的产量和降低硝酸盐含量并提升其品质。

（二）钾素资源循环高效利用

我国钾矿资源严重匮乏，化学钾肥主要依赖进口；但是，我国有机源钾的资源量丰富，且有机源钾的生物有效性很高。因此，应该充分循环利用有机源钾，促进钾素资源的高效利用。其中，秸秆还田和施用有机肥是实现紫色土钾素平衡和高效利用的重要措施。

（三）充分挖掘作物潜力

1. 充分发挥钾在增强作物抗逆方面的作用　钾在植物抵抗逆境条件（如干旱、寒冷、高温、盐害等）方面具有重要作用。适量施用钾肥可以增强植物抗旱性、抗病性、抗极端温度能力和抗倒伏性。钾肥的施用还可以提高作物抵抗不良土壤环境的能力，如在排水不良的土壤下，水稻会出现生理失调，施用钾肥能够很好地缓解与克服这种现象。因此，钾肥的分配应考虑气候、土壤盐分含量等具体情况，优先分配于气候、环境条件恶劣的年份或农业生产区域。

2. 选用钾高效品种　可以利用低钾高效品种，低钾高效品种可以在土壤供钾水平较低的情况下获得较高产量；也可以利用高钾高效品种，高钾高效品种则需要在土壤供钾水平高或钾肥施用量大的情况下吸收较多的钾素才能获得高产和优质。

二、紫色土钾肥高效利用技术

（一）优化紫色土钾肥用量

紫色土钾肥用量推荐方法有土壤钾素丰缺指标法、钾肥恒量监控法、肥料效应函数法、植株测试法等，综合考虑人力、物力、财力和适用范围，基于土壤测试确定钾肥用量和钾肥恒量监控技术更为常用与实用。

1. 基于土壤测试确定钾肥用量　土壤钾素测定是用于钾肥推荐最经典的也是目前我国应用最多的一种方法。一般步骤包括：①选择适宜的土壤速效钾测定方法；②进行校验研究，建立丰缺指标；③针对每一个等级提出适宜的钾肥用量，制定施肥建议卡。根据土壤速效钾实际测定值推荐钾肥用量。

该方法建立在大量田间试验研究的基础上，对钾肥的推荐也具有较高的定量水平。但由于土壤速效钾测定受到采样时间、样品处理方法、土壤矿物组成、土壤缓效钾含量等因素的影响，且钾在土壤中的空间分布变异性较大，对于紫色土区不同的作物，钾素的丰缺指标和相应的施肥建议有所不同。

2. 钾肥恒量监控技术　钾素不同于氮素，在土壤中的移动性较弱，钾大多累积在根层土壤，能被根系进行活化利用。因此，只要将根层的钾素维持在一个适宜的水平，作物就可以发挥其生物学潜力，高效利用养分。根据钾素在土壤中容易被土壤胶体吸附、移动性不大的特点，紫色土区现阶段对钾肥施用的调控重点应在持续高产条件下实现土壤与作物养分的供求关系均衡，因此可采用恒量监控法。钾肥的恒量监控技术是在测土施肥基础上发展形成的钾素管理技术，即根据土壤速效钾测定值，按土壤速效钾的丰缺等级，以中等供钾水平为基准，确定钾肥推荐量等于作物带走量；低供钾水平土壤按作物带走量的 1.5～2 倍推荐钾肥用量；高供钾水平土壤则按作物带走量的 0.5 倍施用钾肥或不施钾肥。

由于在高肥力土壤上不施钾肥，经过一定时间后，土壤的速效钾含量必然会下降；而在低肥力土壤上，过量施用钾肥也会使土壤速效钾含量上升至施钾肥无明显增产效果的水平。因此，可每 3～5 年对土壤肥力进行监测，以调整钾肥的施用量。

（二）科学施用钾肥

1. 选择适宜的钾肥品种　氯化钾和硫酸钾是常用的两个钾肥品种，氯化钾可用作基肥或早期追肥，不宜用作种肥和根外追肥。硫酸钾可用作基肥、追肥（含根外追肥）和种肥。

氯化钾和硫酸钾都是生理酸性肥料，施入土壤后，K^+ 很容易被土壤胶体吸持，也易被作物根系吸收，Cl^- 和 SO_4^{2-} 易残留，使介质发生一定程度的酸化。氯化钾与硫酸钾对作物的增产效果基本相同。对钾肥品种的选择必须综合考虑作物特性、土壤性质、钾肥来源和产品的经济效益等多种因素。在作物特性方面，一些作物不适宜施用氯化钾，如烟草、马铃薯、茶、甜菜、葡萄、柑橘等"忌氯作物"。硫酸钾适用于各种作物，特别是对十字花科等需硫作物特别有效，如大蒜等；水田作物最好不用硫酸钾，因为在土壤通气不良的情况下，硫酸钾易产生硫化氢毒害，直接影响作物的根系吸收活力，在一般情况下，水田作物（如水稻、藕等）适合施用氯化钾。在土壤特性方面，盐碱土上不宜选用氯化钾，否则会加重盐害；在酸性土壤中施用氯化钾，作物吸收钾以后，剩下的 Cl^- 很容易在土壤中形成盐酸，使得土壤的酸性进一步提高，若在酸性土壤中长期施用氯化钾，要注意与农家肥或者石灰配合。

2. 选择最佳施用期　钾肥施用应根据作物生长发育的生理需求进行，同时要根据钾肥种类以及相应的种植制度选择最佳施用时期。多数农作物施用钾肥时用作基肥或与前期追肥相结合较好。某些生长期长的作物除基施钾肥外，还要追施 1～2 次。对保肥性能差的沙土，应强调"少食多餐"的原则。

3. 确定施用方法和施肥位置　科学的施肥方法可减少钾素养分的损失。根据作物生长季节的不同，可采用撒施、条施、沟施、穴施和叶面喷施等方法。例如，钾肥用作水稻基肥时，在撒施后应进行浅层耕作（耙地或耕地）；用作早期追肥时，应在田面没有水层时进行。在进行旱地局部施肥时，要注意防止作物受到灼伤。在保护地种植中，灌溉施肥是肥料施用的主要技术，在干旱、半干旱的条件下，灌溉施肥在果树和蔬菜生产中较为常用。在作物出现缺钾症状、土壤施肥操作困难的情况下，也可叶面喷施钾肥。穴施、条施等施肥方式可以提高局部 K^+ 的饱和度，增强钾肥的有效性。

4. 特殊条件下的钾管理　农业生产中，作物不可避免地遭遇各种生物胁迫或非生物胁迫，缺钾可以增强作物对各种胁迫因素的敏感性，严重影响作物的正常生长，降低作物产量。适量施用钾肥可以增加植物对钾的吸收，促进植物生长，提高植物对非生物逆境的抵抗力。例如，低温逆境条件下，施用钾肥可以提高马铃薯的产量，同时减轻叶片的霜冻危害，在低钾土壤中，钾肥的抗逆和增产效果更加明显。另外，钾可减轻真菌、细菌、病毒等对作物的危害，主要通过调节植物的生育期、改变植物的形态学结构、调节植物生理代谢等途径提高植物对生物逆境的抗性。由此可见，钾是保证作物顺利度过逆境的关键因素,在农业生产中,加强作物逆境钾管理、合理施用钾肥,对于充分发挥钾在增强作物抗逆境能力方面的作用、实现高产稳产以及可持续发展具有重要意义。

在作物品质方面,钾通常被认为是作物生产的"品质元素"。作物缺钾时,光合作用、呼吸作用、许多酶的正常功能以及物质在体内的转运等都会受到影响,作物生长受到抑制,品质往往会下降。科学施用钾肥对作物产品品质的改善有明显作用。一方面,钾素能增加作物产品的营养品质。一般情况下,禾谷类作物的蛋白质和氨基酸含量,块根、块茎作物的淀粉含量,豆类及油料作物的油含量,柑橘的可溶性固形物及维生素C含量,饲料作物的维生素及矿物质含量均可因钾肥的施用而增加。另一方面,钾素能改善产品的外观品质和商品品质,延长产品的储藏时间,提高加工品质。当然,过量施用钾肥也会由于破坏养分平衡而造成作物品质下降。

(三)有机肥钾高效利用与替代技术

有机肥钾高效利用与替代技术是根据作物的需钾量、土壤的供钾水平、有机肥钾的供应量及钾肥特性确定的钾肥科学配置和施用技术。该技术在获得一定目标产量的前提下,充分考虑了有机肥钾源的供应,利用有机肥钾替代部分化肥钾,减少化肥钾的用量,可实现钾资源的合理配置,提高钾资源的利用效率。主要步骤如下。

1. 确定目标产量 根据田间试验的结果,以肥料效应函数得到的最佳经济产量为目标产量,或者以当地前3年的最高产量或平均产量为基础,增加5%~15%来确定目标产量。

2. 确定目标产量钾素吸收量 根据作物类型查阅相关资料,获得作物单位经济产量需钾量;根据目标产量和单位经济产量需钾量,计算目标产量钾素吸收量。公式为:目标产量钾素吸收量=目标产量×单位经济产量需钾量。

3. 确定需补充钾素量 根据土壤速效钾测试值,参考《中国主要作物施肥指南》(张福锁等,2006)或第二次全国土壤普查土壤速效钾分级标准,确定土壤钾供应水平;根据钾肥恒量监控技术,结合土壤供钾水平和目标产量钾素吸收量确定需补充钾素量。

4. 估算有机肥供钾量 根据投入有机肥类型,查阅相关资料,获得有机肥含钾量;根据有机肥用量和有机肥含钾量,计算有机肥供钾量。公式为:有机肥供钾量=有机肥用量×有机肥含钾量。

5. 计算需补充的化肥钾量 根据作物特性确定钾肥种类,如忌氯作物、盐碱土不能分配氯化钾,水田不宜分配硫酸钾。利用需补充的钾素量和有机肥供钾量、钾肥养分含量计算需补充的化肥钾量。

例如,谷守宽等(2017)在重庆蔬菜种植基地开展的钾肥利用与替代技术的田间试验表明,有机肥钾替代50%化肥钾在获得相近莴苣产量的同时,更能实现有机肥钾的高效循环利用。

第十章 紫色土生产力演变与培肥利用 >>>

系统分析长期不同施肥对紫色土生产力、综合肥力的影响，并基于紫色土肥力演变规律，提出紫色土耕地合理利用与培肥的模式，将有助于作物施肥管理和土壤培肥，为紫色土区农业的可持续发展提供科学依据和技术支撑。

本章基于重庆国家紫色土肥力与肥料效益监测站的长期定位施肥试验，分析测定了代表性年份（1991—2012 年）的主要土壤肥力指标，结合土壤养分平衡和作物产量，分析了中性紫色土长期不同施肥处理下的生产力演变特征，并对土壤综合肥力及可持续性进行了评价。

第一节 紫色土作物生产力演变

一、紫色土作物产量对长期施氮的响应及氮肥贡献率

氮肥能显著增加紫色土作物产量。1991—2012 年的紫色土长期定位试验结果表明，不施氮处理（PK）的水稻产量为 3.4～5.9 t/hm²，平均产量为 4.6 t/hm²。与不施氮相比，施氮（NPK）在各个年份都增加了水稻产量，增加量为 0.7～2.1 t/hm²，平均增产量为 2.1 t/hm²，最终产量为 4.4～9.0 t/hm²。1991—2012 年，不施氮处理（PK）的小麦产量为 0.9～2.2 t/hm²，平均产量为 1.6 t/hm²。与不施氮相比，施氮（NPK）在各个年份都增加了小麦产量，增加量为 0.6～2.5 t/hm²，平均增产量为 1.5 t/hm²，最终产量为 2.6～4.6 t/hm²（图 10-1）。

氮肥贡献率是指施用氮肥的增产量占总产量的百分比，见公式（10-1）。

$$N\% = (Y_{NPK} - Y_{PK})/Y_{NPK} \times 100\% \tag{10-1}$$

式中，N％为氮肥贡献率；Y_{NPK} 为 NPK 处理的作物产量；Y_{PK} 为 PK 处理的作物产量。

紫色土长期施氮的氮肥对水稻产量的贡献率为 15％～52％，平均值为 30％，最近几年有增加的趋势。地力贡献率是指不施肥处理作物产量与施肥处理作物产量之比，可见，不施氮处理的地力贡献率为 48％～85％，平均值为 70％，说明在水稻季，紫色土依靠降水、灌溉带入的氮以及非共生固氮等养分能够维持一定水平的供氮能力。氮肥对小麦产量的贡献率为 20％～71％，平均值为 48％，2006—2012 年波动较大，但总体有增加的趋势。不施氮处理的地力贡献率为 29％～80％，平均值为 52％，相对于水稻而言，小麦对氮肥的依赖性更强（图 10-1）。

二、紫色土作物产量对长期施磷的响应及磷肥贡献率

施用磷肥也能显著增加紫色土作物产量，1991—2012 年长期定位试验结果表明，不施磷处理（NK）的水稻产量为 4.1～8.3 t/hm²，平均产量为 5.9 t/hm²。与不施磷相比，施磷处理（NPK）在各个年份均增加了水稻产量，增产量为 0.3～2.8 t/hm²，平均增产量为 0.8 t/hm²，最终产量为 4.4～9.0 t/hm²。1991—2012 年，不施磷处理（NK）的小麦产量为 0.8～2.8 t/hm²，平均产量为 1.6 t/hm²。与不施磷肥相比，施磷处理（NPK）在各个年份都增加了小麦产量，增产量为 0.2～

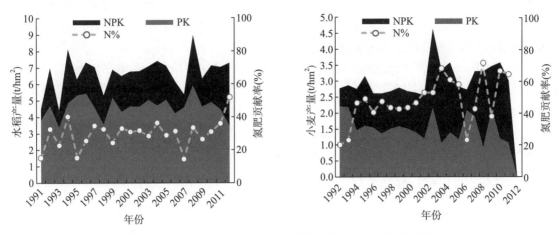

图 10-1　紫色土稻麦产量对长期施氮的响应及氮肥贡献率

$2.7\ t/hm^2$，平均增产量为 $1.5\ t/hm^2$，最终产量为 $2.6\sim4.6\ t/hm^2$（图 10-2）。

类似的，磷肥贡献率是指施用磷肥的增产量占总产量的百分比，见公式（10-2）。

$$P\% = (Y_{NPK} - Y_{NK})/Y_{NPK} \times 100\%　　　　(10-2)$$

式中，$P\%$ 为磷肥贡献率；Y_{NPK} 为 NPK 处理的作物产量；Y_{NK} 为 NK 处理的作物产量。

紫色土长期施磷的磷肥对水稻产量的贡献率为 $3.4\%\sim39\%$，平均值为 12.3%，年际波动较大，但总体呈上升趋势。不施磷处理的地力贡献率为 $61\%\sim96\%$，平均值为 87%，可见，基础地力对水稻产量贡献很大。长期施磷肥对小麦产量的贡献率为 $6.6\%\sim77\%$，平均值为 47%，总体表现出显著增加的趋势。不施磷处理的地力贡献率为 $23\%\sim93\%$，平均值为 53%，但下降趋势明显。相对于水稻而言，小麦对磷肥的依赖性更强，因此，磷肥的施用重点应放在旱季作物上（图 10-2）。

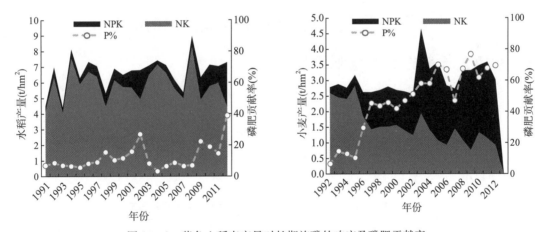

图 10-2　紫色土稻麦产量对长期施磷的响应及磷肥贡献率

三、紫色土作物产量对长期施钾的响应及钾肥贡献率

1991—2012 年，不施钾处理（NP）的水稻产量为 $3.7\sim8.0\ t/hm^2$，平均产量为 $6.1\ t/hm^2$。与不施钾相比，施钾处理（NPK）在多数年份增加了水稻产量，增产量为 $0\sim1.4\ t/hm^2$，平均增产 $0.6\ t/hm^2$，最终产量为 $4.4\sim9.0\ t/hm^2$（图 10-3）。

同样的，钾肥贡献率是指施用钾肥的增产量占总产量的百分比，见公式（10-3）。

$$K\% = (Y_{NPK} - Y_{NP})/Y_{NPK} \times 100\%　　　　(10-3)$$

式中，$K\%$ 为钾肥贡献率；Y_{NPK} 为 NPK 处理的作物产量；Y_{NP} 为 NP 处理的作物产量。

钾肥对水稻产量的贡献率为 0%～23%，平均值为 9.4%，耕种前 10 年为 7%，耕种后 11 年为 12%，可见，增产率呈上升趋势。不施钾处理的地力贡献率为 77%～100%，平均值为 90.6%，说明基础地力对水稻产量贡献很大，但钾素耗竭的趋势值得注意。

1991—2012 年，不施钾处理（NP）的小麦产量为 1.8～3.6 t/hm²，平均产量为 2.6 t/hm²。与不施钾肥相比，施钾处理（NPK）在绝大多数年份增加了小麦产量，增产量为 −0.1～1.1 t/hm²，平均增产为 0.5 t/hm²，最终产量为 2.6～4.6 t/hm²。钾肥对小麦产量的贡献率为 0%～38%，平均值为 16%，前 10 年为 9%，后 11 年为 22%，总体表现出增加的趋势。不施钾处理的地力贡献率为 62%～100%，平均值为 84%，但下降趋势明显。水稻、小麦对钾肥的依赖性增强，因此，未来需要注重土壤-作物体系钾肥的管理。

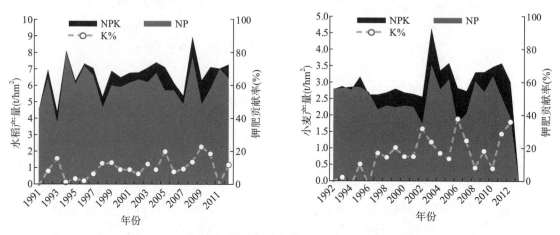

图 10-3　紫色土稻麦产量对长期施钾的响应及钾肥贡献率

第二节　紫色土作物养分吸收与利用效率

一、紫色土长期施氮的氮肥回收率

长期施氮肥措施影响氮肥回收率（表 10-1）。1992—2011 年，与不施氮（PK）相比，水稻施氮肥（NPK）的当季回收率（表观回收率，RE）为 20%～59%，平均为 37%，除个别年份外，年际波动不大；小麦施氮肥（NPK）的当季回收率为 22%～54%，平均为 35%，年际波动较大，与耕作年限无关；对于 1 个水旱轮作周期内的施氮而言，氮肥回收率为 22%～48%，平均为 37%。1992—2011 年，氮肥累积回收率为 37%。

表 10-1　长期施肥（1992—2011 年）对肥料回收率的影响

年份	RE_N（氮肥回收率，%）			RE_P（磷肥回收率，%）			RE_K（钾肥回收率，%）		
	水稻	小麦	轮作周期	水稻	小麦	轮作周期	水稻	小麦	轮作周期
1992	44	24	34	16	11	14	13	—	—
1993	33	50	41	1.8	28	15	48	21	30
1994	59	47	53	8.2	22	15	30	24	26
1995	40	33	37	21	15	18	28	42	35
1996	37	42	40	22	26	24	28	25	27
1997	40	25	34	26	23	25	83	31	57
1998	33	23	29	29	30	29	64	27	45
1999	43	23	34	30	33	31	52	74	63

（续）

年份	RE_N（氮肥回收率，%）			RE_P（磷肥回收率，%）			RE_K（钾肥回收率，%）		
	水稻	小麦	轮作周期	水稻	小麦	轮作周期	水稻	小麦	轮作周期
2000	36	25	32	27	47	37	72	46	59
2001	39	37	39	13	32	23	94	53	73
2002	36	28	33	15	42	29	77	45	61
2003	37	54	48	12	59	36	86	86	86
2004	28	36	34	27	45	36	68	36	52
2005	27	38	34	35	56	45	85	32	58
2006	31	26	30	36	43	40	69	50	59
2007	20	22	22	26	35	31	77	60	67
2008	42	46	44	18	63	41	84	73	76
2009	38	34	36	29	56	48	85	27	61
2010	36	49	45	24	55	40	77	69	72
2011	38	41	40	29	50	39	77	69	73
平均	37	35	37	22	39	32	65	47	57
累积回收率		37			30			54	

二、紫色土长期施磷的磷肥回收率

长期施磷肥影响磷肥回收率（表 10 - 1）。1992—2011 年，与不施磷（NK）相比，水稻施磷肥（NPK）的当季回收率为 1.8%～36%，平均为 22%，总体上随耕作年限的增加而增加；小麦施磷肥的当季回收率为 11%～63%，平均为 39%，随耕作年限的增加而显著增加；对于轮作周期内施磷而言，磷肥回收率为 14%～48%，平均为 32%，随耕作年限的增加而显著增加。说明长期不施磷导致土壤磷库亏缺，外源施入的磷肥成为作物吸收的主要来源。对于施磷而言，1992—2011 年磷肥累积回收率为 30%，由于磷肥在土壤中不易移动，其大部分磷留在了土壤之中，并可能对环境造成影响。

三、紫色土长期施钾的钾肥回收率

长期施钾肥影响钾肥回收率（表 10 - 1）。1992—2011 年，与不施钾（NP）相比，水稻施钾肥（NPK）的当季回收率为 13%～94%，平均为 65%，总体上随耕作年限的增加而增加；小麦施钾肥的当季回收率为 21%～86%，平均为 47%，随耕作年限的增加而增加；对于轮作周期内施钾而言，钾肥回收率为 26%～86%，平均为 57%，随耕作年限的增加而增加。说明长期不施钾肥导致土壤钾库亏缺，外源施入的钾肥成为作物吸收的主要来源。对于施钾而言，1992—2011 年钾肥累积回收率为 54%，可见，施入的钾肥大部分被作物带走，由于秸秆中钾含量非常丰富，因此秸秆还田是补充土壤钾库、维持土壤钾肥力的重要措施。

第三节 紫色土肥力演变与评价

目前，土壤肥力评价中选取的指标大致分为物理指标、化学指标、生物指标三大类，大部分土壤肥力评价者均采用化学指标。本节所测量的指标包括土壤全氮、全磷、全钾、碱解氮、有效磷、速效钾、缓效钾、重金属、有机质、pH。碱解氮、有效磷、速效钾是作物可以直接吸收并利用的养分，与土壤肥力显然是密切相关的；pH 和有机质对作物生长影响显著，并且与养分的有效性和土壤环境平衡有密切的关系，因此作为评价指标。全氮、全磷与碱解氮、有效磷在同一土壤中存在正相关关系，而作物吸收的钾中缓效钾占比很大，因此也作为本次评价的指标。紫色土全钾含量由于母质成分富含钾而偏高，但大多属于矿物钾，难以代表土壤实际肥力；少量重金属对作物生长的影响不明显，对土壤肥力的影响非常小，故而不作为本次评价指标。

各个指标单位大小不一，原始数据不能直接应用主成分分析法，需通过隶属度函数先将具体数值转化为标准评分值，再使用 SPSS 软件对其进行降维分析。

采用主成分分析法确定权重时，针对转化后的数据，需要判断该组数据是否适合进行主成分分析法。KMO 和 Bartlett 的球形度检验值是检验主成分分析法数据适宜度的标准。KMO 结果大于或等于 0.8，为非常适合采用主成分分析法；大于等于 0.7 但小于 0.8，为一般；小于 0.7，则不太适合采用主成分分析法。

一、隶属度函数及肥力评价

隶属度函数属于模糊数学法的应用，其作用是将指标数值转化为统一格式的得分，以便进行主成分分析。

隶属度函数主要包括两种：抛物线形和 S 形。抛物线形函数含有 4 个函数参数，其中，X_1 和 X_4 分别为下限阈值和上限阈值，指标原始数值小于或等于 X_1、大于或等于 X_4，评分为 0.1；X_2 和 X_3 分别为适宜下限阈值和适宜上限阈值，在 $X_2 \sim X_3$ 区间范围内，评分为 1；$X_1 \sim X_2$ 及 $X_3 \sim X_4$ 区间范围内得分值为 0.1~1。抛物线形函数说明指标过低或者过量均对作物造成不利影响，包括有机质、全氮、碱解氮和 pH。S 形函数含有 2 个函数参数，当指标原始数值小于或等于 X_1 时，得分为 0.1，大于或等于 X_2 时，得分为 1，$X_1 \sim X_2$ 区间范围内得分值为 0.1~1。在 S 形函数中，作物对该指标耐受力较高，因此，指标原始数值大则得分高，过量投入只会导致浪费肥料而不会导致作物减产，包括全磷、有效磷、缓效钾和速效钾。

隶属度函数的具体公式见公式 (10-4) 和公式 (10-5)，其中 x 代表指标测定的数值。

$$\text{抛物线形函数 } f(x) = \begin{cases} 0.1 & x \leqslant X_1; \ x \geqslant X_4 \\ 1 & X_2 \leqslant x \leqslant X_3 \\ 0.1 + 0.9 \times (x - X_1)/(X_2 - X_1) & X_1 < x < X_2 \\ 0.1 + 0.9 \times (X_4 - x)/(X_4 - X_3) & X_3 < x < X_4 \end{cases} \quad (10-4)$$

$$\text{S 形函数 } f(x) \begin{cases} 0.1 & x \leqslant X_1 \\ 0.1 + 0.9 \times (x - X_1)/(X_2 - X_1) & X_1 < x < X_2 \\ 1 & x \geqslant X_2 \end{cases} \quad (10-5)$$

隶属度函数参数 X 一般由专家总结肥效-产量试验结果并结合当地土壤条件得出（表 10-2）。

表 10-2　紫色土隶属度参数

指标	隶属函数	参数			
		X_1	X_2	X_3	X_4
有机质（g/kg）	抛物线形	20	35	50	70
碱解氮（mg/kg）	抛物线形	60	100	200	300
有效磷（mg/kg）	S 形	10	30		
速效钾（mg/kg）	S 形	40	150		
pH	抛物线形	5	6	7.5	8.5
全氮（g/kg）	抛物线形	1	1.5	2.5	3
全磷（mg/kg）	S 形	0.2	0.4		
缓效钾（mg/kg）	S 形	300	600		

二、紫色土肥力各指标权重的确定

通过 SPSS 软件计算得出 KMO 检验值为 0.732，该值处于 0.7～0.8，适合程度为一般，可以采用主成分分析法。

各成分总方差大小可以判定该成分是否适宜作为主成分。将总方差大于 0.5 的成分认定为主成分，小于 0.5 的认定为非主成分。各成分的总方差见表 10-3，成分编号不对应具体指标。

表 10-3　各成分的总方差与比重

成分	总方差	总方差比重（%）	累积贡献率（%）
1	3.83	47.9	47.9
2	1.64	20.6	68.5
3	0.89	11.1	79.6
4	0.56	7.1	86.7
5	0.37	4.7	91.4
6	0.28	3.6	95.0
7	0.27	3.5	98.5
8	0.12	1.5	100

由表 10-3 可知，主成分共有 4 个，主成分 1 总方差最大。总方差占比是各成分方差占总方差的比值，其数值与累积贡献率相等。由表 10-3 可以看出，成分 1 即占有总贡献的 47.9%，4 个成分所占累积贡献率为 86.7%，占到总贡献的绝大部分，因此认为 4 个主成分能够代表数据整体。

通过 SPSS 软件计算载荷矩阵后得出各主成分的线性组合参数（表 10-4），将线性组合参数除以对应成分的总方差算数平方根，计算其权重得分，归一化后最终得出各成分的权重（表 10-5）。

表 10-4　主成分线性组合参数

指标	成分 1	成分 2	成分 3	成分 4
pH	0.749	0.121	−0.396	0.323
有机质	0.846	−0.001	0.302	0.035
全氮	0.890	−0.115	0.111	0.211
全磷	0.868	−0.025	−0.306	0.050
碱解氮	0.620	0.246	0.670	−0.108
有效磷	0.696	0.170	−0.296	−0.624
速效钾	0.081	0.909	−0.059	0.111
缓效钾	−0.369	0.839	−0.009	0.018

表 10-5　评价指标权重

指标	pH	有机质	全氮	全磷	碱解氮	有效磷	速效钾	缓效钾
权重得分	0.214 3	0.282 4	0.267 8	0.204 1	0.301 0	0.120 1	0.195 6	0.051 4
权重	0.130 9	0.172 6	0.163 6	0.124 7	0.183 9	0.073 4	0.119 5	0.031 4

由表 10-5 可以得知，在所有评价指标中，碱解氮权重最高，达 0.183 9，有机质和全氮的权重在 0.16 以上，是指标中较为重要的。这也说明了种植禾本科作物时施氮的重要性。缓效钾的权重最低，仅 0.031 4，缓效钾权重较低是缓效钾隶属度参数值域过宽，而各个处理土壤缓效钾差距不大所导致的。这说明了紫色土具有富钾缺氮的特性。

三、各处理综合肥力指数变化趋势

土壤综合肥力指数（IFI）即指标得分与权重的加权和（图 10-4）。1991 年试验开始前，初始综合肥力指数为 0.586。

图 10-4 数据显示，CK 处理土壤 IFI 值最低，2001 年和 2011 年的均值为 0.39。IFI 值较高的有 NPKM、(NPK)$_{1.5}$S、(NPK)$_{Cl}$S 和 NPKS 处理，平均值在 0.7 以上，表明土壤肥力较高。

在 1991—2001 年的 10 年间，除 CK 和 N 处理的 IFI 有所下降外，其余处理的 IFI 全部上升。这是因为向田间投入化肥或有机物后土壤中养分直接增加而出现 IFI 上升。

如图 10-4 所示，在 2001—2011 年的 10 年间，部分处理 IFI 有不同程度的下降。以 CK 和 S 处理下降程度最为严重。氮磷钾化肥配施秸秆处理 IFI 有所上升，这可能与秸秆补充钾素和有机质的能力有关。

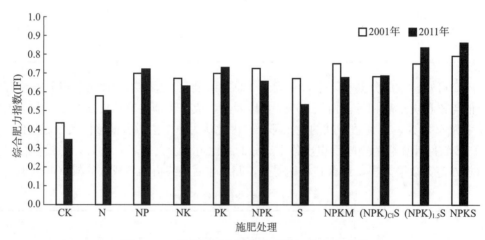

图 10-4　长期施肥土壤肥力指数 10 年间的变化

四、综合肥力指数与作物产量的相关性

20 年的稻麦轮作产量结果显示（表 10-6），CK、PK、S 处理的作物产量较低，其中 CK 处理最低。小麦产量受到磷素的影响较大，低磷或低氮处理的平均产量不到均衡施肥的 1/2；增施秸秆和有机肥对小麦产量没有显著的影响，但施用含氯化肥对小麦产量有提高，水稻则无此现象。或许小麦更加适应施用含氯化肥下的酸性条件和大量氯离子。水稻 NPKS 处理产量高于其他处理包括 (NPK)$_{1.5}$S 处理，这可能是因为 (NPK)$_{1.5}$S 投入养分过高，反而阻碍了水稻的生长。

表 10-6　长期施肥（1991—2011 年）的稻麦产量及可持续指数

处理	水稻			小麦			周年		
	均值 (t/hm²)	CV (%)	SYI	均值 (t/hm²)	CV (%)	SYI	均值 (t/hm²)	CV (%)	SYI
CK	3.6	19.9	0.59	1.3	21.8	0.49	4.8	19.1	0.63
N	5.0	18.7	0.61	1.6	32.0	0.41	6.6	16.6	0.65

（续）

处理	水稻			小麦			周年		
	均值 (t/hm²)	CV (%)	SYI	均值 (t/hm²)	CV (%)	SYI	均值 (t/hm²)	CV (%)	SYI
NP	6.1	17.3	0.62	2.6	19.0	0.58	8.7	13.6	0.69
NK	5.9	18.8	0.57	1.6	37.0	0.35	7.5	16.9	0.62
PK	4.6	13.8	0.67	1.6	26.0	0.52	6.2	12.9	0.69
NPK	6.7	15.9	0.63	3.1	16.4	0.55	9.8	12.1	0.70
S	4.4	18.6	0.59	1.3	26.1	0.55	5.7	16.7	0.61
NPKM	6.6	18.7	0.60	3.0	17.1	0.57	9.7	14.1	0.68
(NPK)$_{Cl}$S	6.6	18.7	0.59	3.2	16.8	0.58	10.0	13.0	0.69
(NPK)$_{1.5}$S	6.4	22.4	0.55	3.2	22.6	0.48	9.7	17.0	0.64
NPKS	7.1	15.9	0.64	3.1	13.2	0.64	10.3	10.8	0.73

注：CV 表示变异系数；SYI 表示产量可持续性指数。

在一定范围内，IFI 可以较好地反映作物产量变化。将 IFI 与小麦水稻在 2001 年、2011 年和周年的平均产量进行相关分析，可以得到以下结果（图 10-5）。数据显示，土壤 IFI 与当年作物产量和作物年均产量均具有一定的相关性，但 2011 年 IFI 与小麦产量存在的正相关关系较弱，这可能是当季气候原因导致的。但就总体而言，仍然能够发现，IFI 与 20 年作物平均产量呈现出正相关关系。本次试验的结果说明，土壤肥力评价对评估作物产量有一定的作用。

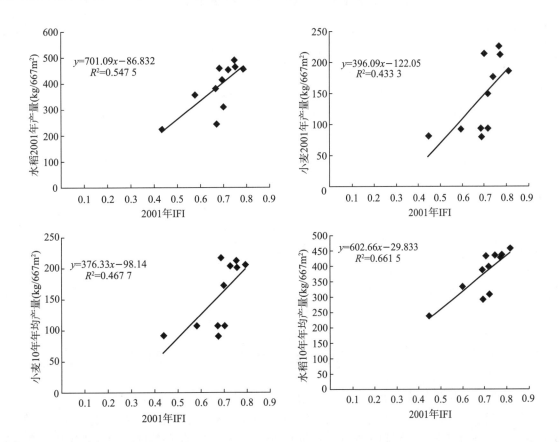

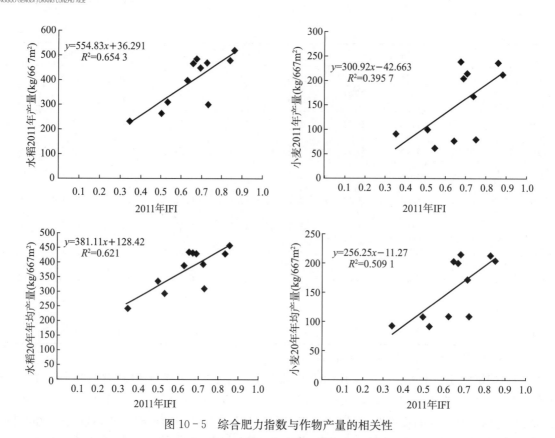

图 10-5　综合肥力指数与作物产量的相关性

五、紫色土长期施肥条件下的产量可持续性指数

产量可持续性指数（sustainable yield index，SYI）是衡量系统能否持续生产的一个参数，SYI 值越大，则系统的可持续性越好。可持续性指数的计算方法见公式（10-6）。

$$SYI = (Y_m - \sigma_{n-1})/Y_{max} \qquad (10-6)$$

式中，Y_m 为平均产量，σ_{n-1} 为标准差，Y_{max} 为最高产量。

长期不同施肥对作物产量和产量稳定性都有影响（表 10-6）。

1991—2011 年，不施肥处理水稻平均产量最低，为 3.6 t/hm²，NPKS 处理平均产量最高，为 7.1 t/hm²；不同处理年际产量有一定波动，变异系数为 13.8%～22.4%；各处理产量可持续性指数差异不大，(NPK)₁.₅S 处理最低，PK 处理最高。

1991—2011 年，不施肥处理小麦平均产量最低，为 1.3 t/hm²，(NPK)ₑₗS 和 (NPK)₁.₅S 处理平均产量最高，均为 3.2 t/hm²；不同处理年际产量的变异系数为 13.2%～37.0%，波动性大于水稻；各处理产量可持续性指数差异较为明显，NK 处理最低，NPKS 处理最高。

1991—2011 年，不施肥处理的周年产量最低，为 4.8 t/hm²，NPKS 处理周年产量最高，为 10.3 t/hm²；不同处理年际产量的变异系数为 10.8%～19.1%，波动性小于单个作物；周年产量可持续指数为 0.61～0.73，S 处理最低，NPKS 处理最高。

第四节　紫色土玉米-蔬菜体系生产力演变与培肥

除水旱轮作外，旱作是紫色土最主要的利用方式。其中，玉米-蔬菜轮作体系是西南紫色土区最典型的利用方式之一。但该体系普遍存在氮肥施用量过高、有机肥施用不足的问题，导致玉米-蔬菜产量不高、土壤肥力降低、氮肥利用率低、有机肥资源浪费和环境污染等问题。众所周知，合理利用有机肥资源、有机肥替代部分化肥，是实现我国化肥零增长目标和农业绿色发展的重要途径。为此，本节以 2007 年布置的 3 种紫色土长期定位施肥试验为基础，连续多年（2011—2020 年）研究有机肥氮替代化肥氮后玉米-蔬菜轮作体系生产力和紫色土碳氮肥力的变化，为西南紫色土区玉米-蔬菜轮作体系生产力提升和土壤培肥提供技术支撑。

一、有机肥替代化肥对不同紫色土碳氮肥力的影响

有机肥替代处理显著提高了紫色土有机碳含量（表 10 - 7）。3 种紫色土（石灰性紫色土、中性紫色土、酸性紫色土）上，单施化肥处理的土壤有机碳含量为 8.39～10.57 g/kg，均略高于长期不施肥处理。有机肥氮替代 50% 化肥氮处理的土壤有机碳含量增加至 12.84～17.59 g/kg，分别比单施化肥处理提高了 66.4%、77.9% 和 53.0%。有机肥氮替代 100% 化肥氮处理的土壤有机碳含量最高，分别达到 22.70 g/kg、21.08 g/kg 和 18.19 g/kg，均比单施化肥处理提高了 1 倍多。

有机肥替代处理显著增加土壤全氮含量（表 10 - 7）。3 种紫色土（石灰性紫色土、中性紫色土、酸性紫色土）上，单施化肥处理的土壤全氮含量为 1.25～1.83 g/kg，比长期不施肥处理高 13.0%～39.8%。有机肥氮替代 50% 化肥氮处理的土壤全氮含量增加至 2.19～2.90 g/kg，分别比单施化肥处理提高了 58.5%、63.9% 和 75.2%。有机肥氮替代 100% 化肥氮处理的土壤全氮含量最高，分别达到 4.40 g/kg、3.82 g/kg 和 2.98 g/kg，均比单施化肥处理提高了近 1.5 倍。

表 10 - 7   2020 年玉米收获后不同紫色土有机碳和全氮含量

指标	处理	石灰性紫色土	中性紫色土	酸性紫色土
土壤有机碳 （g/kg）	CT	10.42±0.38c，x	7.41±0.84c，y	7.29±0.36c，y
	CF	10.57±0.49c，x	9.04±1.51c，xy	8.39±0.35c，y
	CFM	17.59±0.33b，x	16.08±0.98b，y	12.84±0.14b，z
	M	22.70±1.53a，x	21.08±0.88a，x	18.19±1.38a，y
土壤全氮 （g/kg）	CT	1.62±0.16c，x	1.13±0.09d，y	1.05±0.02c，y
	CF	1.83±0.13c，x	1.58±0.06c，y	1.25±0.05c，z
	CFM	2.90±0.41b，x	2.59±0.06b，y	2.19±0.09b，z
	M	4.40±0.18a，x	3.82±0.39a，y	2.98±0.09a，z

注：①CT、CF、CFM 和 M 分别代表不施肥处理、单施化肥处理、有机肥氮替代 50% 化肥氮处理和有机肥氮替代 100% 化肥氮处理；②同一列同一指标数值后的 a、b、c、d 分别代表不同施肥处理之间的显著性差异（$P<0.05$）；③同一行同一处理数值后的 x、y、z 分别代表不同 pH 紫色土之间的显著性差异（$P<0.05$）。

二、有机肥替代化肥对不同紫色土玉米-蔬菜产量的影响

有机肥替代处理显著提高了紫色土玉米-蔬菜体系的生产力。2011—2020 年，3 种紫色土（石灰性紫色土、中性紫色土、酸性紫色土）白菜产量受气候等因素的影响而存在波动（图 10 - 6），但处理间的差异比较显著（表 10 - 8）。10 年间，3 种紫色土单施化肥处理的白菜产量为 33.09～51.83 t/hm²，比长期不施肥处理平均提高 80.3%。有机肥氮替代 50% 化肥氮处理的白菜产量增加至 64.31～78.71 t/hm²，分别比单施化肥处理提高了 24.1%、49.9% 和 137.9%。有机肥氮替代 100% 化肥氮处理的白菜产量为 61.73～73.68 t/hm²，略低于有机肥氮替代 50% 化肥氮处理。对于 3 种紫色土而言，有机肥替代处理在酸性紫色土上的效果最好，其次是中性紫色土，石灰性紫色土最差。

2011—2020 年间，3 种紫色土（石灰性紫色土、中性紫色土、酸性紫色土）玉米产量受气候等因素的影响而存在年际的差异（图 10 - 7），但处理间的差异更为明显（表 10 - 8）。10 年间，3 种紫色土单施化肥处理的玉米籽粒产量为 7.59～10.05 t/hm²，比长期不施肥处理平均提高近 2 倍。有机肥氮替代 50% 化肥氮处理的玉米籽粒产量增加至 10.27～11.47 t/hm²，分别比单施化肥处理提高了

2.2%、7.2%和51.1%。有机肥氮替代100%化肥氮处理的玉米籽粒产量为9.05～10.53 t/hm²，均低于有机肥氮替代50%化肥氮处理。对于3种紫色土而言，有机肥替代处理在酸性紫色土上的效果最好，其次是中性紫色土，石灰性紫色土最差，与白菜产量的响应一致。

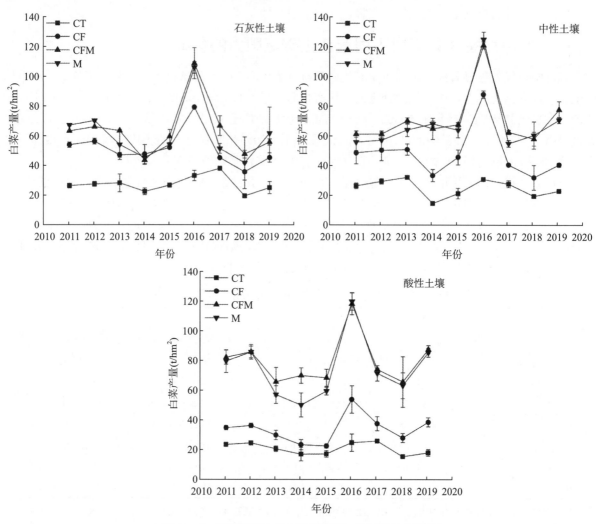

图10-6　不同处理白菜产量（鲜重）的年度动态变化

注：CT、CF、CFM和M分别代表不施肥处理、单施化肥处理、有机肥氮替代50%化肥氮处理和有机肥氮替代100%化肥氮处理。

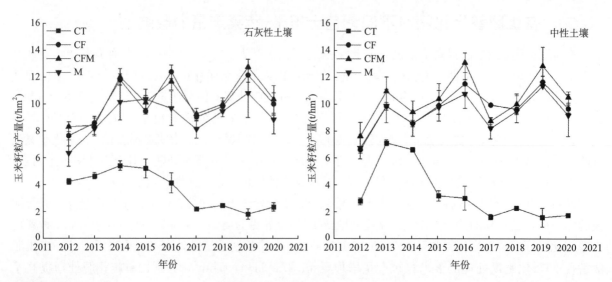

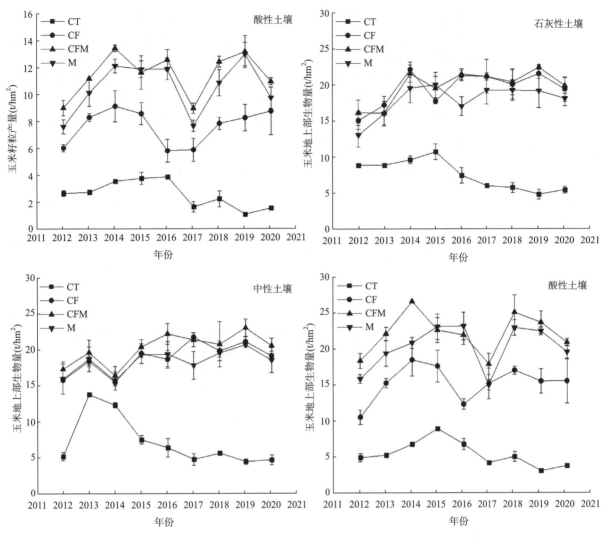

图 10-7 不同处理玉米籽粒产量和玉米地上部生物量的年度动态变化

注：CT、CF、CFM 和 M 分别代表不施肥处理、单施化肥处理、有机肥氮替代 50％化肥氮处理和有机肥氮替代 100％化肥氮处理。

表 10-8 不同施肥处理下不同紫色土 2011—2020 年白菜产量（鲜重）、玉米籽粒产量和
玉米地上部生物量的平均值

指标	处理	石灰性紫色土	中性紫色土	酸性紫色土
白菜产量 （t/hm²）	CT	28.02±1.71c，x	24.94±0.19c，x	20.06±1.75c，y
	CF	51.83±0.43b，x	47.59±2.88b，x	33.09±1.99b，y
	CFM	64.31±1.88a，z	71.36±1.02a，y	78.71±2.75a，x
	M	61.73±3.64a，y	68.70±0.63a，x	73.68±0.29a，x
玉米籽粒产量 （t/hm²）	CT	3.56±0.29c，x	3.40±0.17b，x	2.53±0.15d，y
	CF	10.05±0.08ab，x	9.76±0.21a，x	7.59±0.33c，y
	CFM	10.27±0.35a，x	10.46±0.70a，x	11.47±0.19a，x
	M	9.05±0.0.75b，y	9.39±0.55a，x	10.53±0.15b，x
玉米地上部生物量 （t/hm²）	CT	7.52±0.53b，x	7.20±0.24b，x	5.71±0.11d，y
	CF	19.53±0.38a，x	18.90±0.49a，x	15.55±0.95c，y
	CFM	19.87±0.87a，y	20.23±1.24a，x	22.40±0.42a，x
	M	17.95±1.56a，y	18.44±0.61a，x	20.53±0.36b，x

注：①表中数据为 2011—2020 年的平均值；②CT、CF、CFM 和 M 分别代表不施肥处理、单施化肥处理、有机肥氮替代 50％化肥氮处理和有机肥氮替代 100％化肥氮处理；③同一列同一指标数值后的 a、b、c、d 代表不同施肥处理之间的显著性差异（$P<$ 0.05）；④同一行同一处理数值后的 x、y、z 分别代表不同 pH 紫色土之间的显著性差异（$P<0.05$）。

2011—2020年，3种紫色土玉米地上部生物量也受到年际气候的影响（图10-7），处理间的差异也较为明显（表10-8）。10年间，3种紫色土（石灰性紫色土、中性紫色土、酸性紫色土）上，单施化肥处理的玉米地上部生物量为15.55～19.53 t/hm²，比长期不施肥处理平均提高1.6倍。有机肥氮替代50%化肥氮处理的玉米地上部生物量增加至19.87～22.40 t/hm²，分别比单施化肥处理提高了1.7%、7.0%和44.1%。有机肥氮替代100%化肥氮处理的玉米地上部生物量为17.95～20.53 t/hm²，均低于有机肥氮替代50%化肥氮处理。对于3种紫色土而言，有机肥替代处理在酸性紫色土上的效果最好，其次是中性紫色土，石灰性紫色土最差。

三、有机肥替代化肥对不同紫色土作物氮素吸收的影响

有机肥替代处理显著提高了紫色土的供氮能力，并增加了作物氮素吸收量（表10-9）。3种紫色土（石灰性紫色土、中性紫色土、酸性紫色土）上，单施化肥处理的白菜氮素平均吸收量为68.59～100.6 kg/hm²，比长期不施肥处理平均增加111.1%。有机肥氮替代50%化肥氮处理的白菜氮素平均吸收量增加至119.3～155.3 kg/hm²，分别比单施化肥处理提高了18.6%、45.3%和126.4%。有机肥氮替代100%化肥氮处理的白菜氮素平均吸收量为113.1～135.2 kg/hm²，优于单施化肥处理，而低于有机肥氮替代50%化肥氮处理。

表10-9　有机肥替代化肥对不同紫色土白菜、玉米籽粒和玉米地上部氮素平均吸收量的影响

指标	处理	石灰性紫色土	中性紫色土	酸性紫色土
白菜氮素平均吸收量（kg/hm²）	CT	44.24±3.04c, x	41.85±1.27d, x	37.56±1.47d, y
	CF	100.6±0.33b, x	93.39±5.77c, x	68.59±6.74c, y
	CFM	119.3±9.02a, y	135.7±3.81a, xy	155.3±15.31a, x
	M	113.1±9.45ab, y	119.1±5.71b, y	135.2±5.93b, x
玉米籽粒氮素平均吸收量（kg/hm²）	CT	37.81±3.88c, x	36.60±0.99c, x	26.75±2.78d, y
	CF	131.9±2.96a, x	128.8±4.46ab, x	108.3±5.16c, y
	CFM	139.2±3.46a, x	142.7±8.99a, x	151.0±1.59a, x
	M	109.5±8.84b, y	111.4±9.73b, y	131.2±0.87b, x
玉米地上部氮素平均吸收量（kg/hm²）	CT	58.66±5.42c, x	56.52±0.97c, x	43.41±3.09d, y
	CF	206.6±5.23a, x	201.7±10.3a, x	165.5±8.83c, y
	CFM	216.3±8.64a, x	222.3±13.0a, x	236.8±3.78a, x
	M	166.8±12.8b, y	170.3±7.27b, y	199.1±2.70b, x

注：①CT、CF、CFM和M分别代表不施肥处理、单施化肥处理、有机肥氮替代50%化肥氮处理和有机肥氮替代100%化肥氮处理；②同一列同一指标数值后的a、b、c、d代表不同施肥处理之间的显著性差异（$P<0.05$）；③同一行同一处理数值后的x、y、z分别代表不同pH紫色土之间的显著性差异（$P<0.05$）。

3种紫色土（石灰性紫色土、中性紫色土、酸性紫色土）上，单施化肥处理的玉米籽粒氮素平均吸收量为108.3～131.9 kg/hm²，比长期不施肥处理平均增加近2.7倍。有机肥氮替代50%化肥氮处理的玉米籽粒氮素平均吸收量增加至139.2～151.0 kg/hm²，分别比单施化肥处理提高了5.5%、10.8%和39.4%。有机肥氮替代100%化肥氮处理的玉米籽粒氮素平均吸收量为109.5～131.2 kg/hm²，除酸性紫色土外，低于单施化肥处理，且均低于有机肥氮替代50%化肥氮处理。

四、有机肥替代化肥对不同紫色土作物氮素利用效率的影响

50%有机肥氮替代化肥氮处理显著提高了紫色土氮肥的利用效率（表10-10）。3种紫色土（石灰性紫色土、中性紫色土、酸性紫色土）上，白菜季有机肥氮替代50%化肥氮处理的氮肥农学利用率（AEN）为121.0～195.5 kg/kg，与有机肥氮替代100%化肥氮处理相当，但分别比单施化肥处理

提高了 52.5%、104.9% 和 350.4%；玉米季有机肥氮替代 50% 化肥氮处理的氮肥农学利用率为 37.26~49.67 kg/kg，均高于有机肥氮替代 100% 化肥氮处理或单施化肥处理。

表 10-10　有机肥替代化肥对不同 pH 紫色土白菜和玉米氮素利用效率的影响（2011—2020 年平均值）

指标	作物	处理	石灰性紫色土	中性紫色土	酸性紫色土
AEN (kg/kg)	白菜	CF	79.37±5.77b, x	75.50±9.61b, x	43.41±1.88c, y
		CFM	121.0±11.8a, z	154.7±2.87a, y	195.5±12.3a, x
		M	112.4±17.5a, z	145.9±1.92a, y	178.7±4.86b, x
	玉米	CF	36.05±1.57a, x	35.32±1.95a, x	28.12±1.71c, y
		CFM	37.26±3.37a, y	39.19±4.27a, y	49.67±0.69a, x
		M	30.49±5.72a, y	33.23±3.83a, y	44.41±0.37b, x
PFP$_N$ (kg/kg)	白菜	CF	172.8±1.44b, x	158.6±9.59b, y	110.3±6.64c, z
		CFM	214.4±6.25a, z	237.9±3.40a, y	262.4±9.18a, x
		M	205.8±12.1a, z	229.0±2.11a, y	245.6±0.98b, x
	玉米	CF	55.82±0.46ab, x	54.23±1.14a, x	42.19±1.85c, x
		CFM	57.03±1.97a, y	58.10±3.90a, xy	63.74±1.06a, x
		M	50.27±4.18b, y	52.14±3.06a, xy	58.48±0.84b, x
NPE (kg/kg)	白菜	CF	451.6±29.1b, y	524.3±54.2b, y	629.4±27.0a, x
		CFM	547.9±65.8a, x	555.1±19.5ab, x	564.3±23.5a, x
		M	536.9±33.8ab, y	610.8±14.0a, x	605.4±49.4a, xy
	玉米	CF	43.88±2.33b, x	43.07±0.83b, x	40.95±0.88b, x
		CFM	42.24±0.77b, y	41.85±2.32b, y	47.71±1.72a, x
		M	50.53±2.02a, x	52.02±4.43a, x	52.07±2.43a, x

注：①CF、CFM 和 M 分别代表单施化肥处理、有机肥氮替代 50% 化肥氮处理和有机肥氮替代 100% 化肥氮处理；②同一列同一指标数值后的 a、b、c、d 代表不同施肥处理之间的显著性差异（$P<0.05$）；③同一行同一处理数值后的 x、y、z 分别代表不同 pH 紫色土之间的显著性差异（$P<0.05$）。

3 种紫色土（石灰性紫色土、中性紫色土、酸性紫色土）上，白菜季有机肥氮替代 50% 化肥氮处理的氮肥偏生产力（PFP$_N$）为 214.4~262.4 kg/kg，与有机肥氮替代 100% 化肥氮处理相当，但分别比单施化肥处理提高了 24.1%、50.0% 和 137.9%；玉米季有机肥氮替代 50% 化肥氮处理的氮肥偏生产力为 57.03~63.74 kg/kg，均高于有机肥氮替代 100% 化肥氮处理或单施化肥处理。

3 种紫色土（石灰性紫色土、中性紫色土、酸性紫色土）上，白菜季有机肥氮替代 50% 化肥氮处理的氮素生理效率（NPE）为 547.9~564.3 kg/kg，与有机肥氮替代 100% 化肥氮处理或单施化肥处理相当；玉米季有机肥氮替代 50% 化肥氮处理的氮素生理效率为 41.85~47.71 kg/kg，与单施化肥处理相当，低于有机肥氮替代 100% 化肥氮处理。

五、有机肥替代化肥对不同紫色土氮素表观平衡及氮肥回收利用率的影响

50% 有机肥氮替代化肥氮处理显著提高了紫色土上作物周年氮素吸收量，减少紫色土氮素盈余，并提高氮肥表观利用率（表 10-11）。3 种紫色土（石灰性紫色土、中性紫色土、酸性紫色土）上，有机肥氮替代 50% 化肥氮处理的作物周年氮素吸收量为 335.6~392.0 kg/kg，分别比单施化肥处理提高了 9.2%、21.3% 和 67.4%。有机肥氮替代 100% 化肥氮处理的作物周年氮素吸收量与单施化肥处理相当，但在酸性紫色土上高于单施化肥处理。

表 10-11　不同施肥处理氮素表观平衡及氮肥回收利用率（2011—2020 年平均值）

指标	处理	石灰性紫色土	中性紫色土	酸性紫色土
周年氮素吸收量 [kg/（hm²·年）]	CT	102.9±8.4c, x	98.4±2.2c, x	81.0±1.6d, y
	CF	307.2±5.0b, x	295.1±13.7b, x	234.1±6.6c, y
	CFM	335.6±17.6a, y	357.9±15.2a, y	392.0±16.9a, x
	M	279.9±22.2b, y	289.4±4.6b, y	334.2±7.0b, x
周年氮素收支平衡 [kg/（hm²·年）]	CT	−102.9±8.4c, y	−98.4±2.2c, y	−81.0±1.6d, x
	CF	172.8±5.0a, y	184.9±13.7a, y	245.9±6.6a, x
	CFM	144.4±17.6b, x	122.1±15.2b, y	88.0±16.9c, z
	M	200.1±22.2a, x	190.6±4.6a, x	145.8±7.0b, y
NUE（%）	CT	—	—	—
	CF	42.6±2.7ab, x	41.0±3.3b, x	31.9±1.5c, y
	CFM	48.5±5.1a, y	54.1±3.4a, y	64.8±3.3a, x
	M	36.9±6.4b, y	39.8±1.2b, y	52.8±1.6b, x

注：①CT、CF、CFM 和 M 分别代表不施肥处理、单施化肥处理、有机肥氮替代 50％化肥氮处理和有机肥氮替代 100％化肥氮处理；②同一列同一指标数值后的 a、b、c、d 代表不同施肥处理之间的显著性差异（$P<0.05$）；③同一行同一处理数值后的 x、y、z 分别代表不同 pH 紫色土之间的显著性差异（$P<0.05$）。

　　3 种紫色土（石灰性紫色土、中性紫色土、酸性紫色土）上，不施肥处理的紫色土周年氮素收支平衡均为负值；单施化肥处理的周年氮素收支平衡为 172.8～245.9 kg/hm²，盈余量达到最高值，其淋洗等环境损失风险也最大。有机肥氮替代 50％化肥氮处理的周年氮素收支平衡为 88.0～144.4 kg/hm²，均低于单施化肥处理和有机肥氮替代 100％化肥氮处理，既提高了紫色土肥力，又降低了土壤氮素残留及损失风险。

　　在石灰性紫色土上，与有机肥氮替代 100％化肥氮处理相比，有机肥氮替代 50％化肥氮会显著提高氮素表观利用率（NUE），提高幅度为 31.4％。在中性紫色土上，有机肥氮替代 50％化肥氮处理的 NUE 最大，与单施化肥处理和有机肥氮替代 100％化肥氮处理相比，有机肥氮替代 50％化肥氮处理的 NUE 分别显著提高了 32.0％和 35.9％。此外，单施化肥处理和有机肥氮替代 100％化肥氮处理的 NUE 没有显著差异。在酸性紫色土上，与单施化肥处理相比，有机肥氮替代 50％化肥氮和有机肥氮替代 100％化肥氮处理的 NUE 分别显著提高了 103.1％和 65.5％。从不同 pH 紫色土来看，与酸性紫色土相比，石灰性紫色土和中性紫色土的单施化肥处理会显著提高 NUE，分别提高了 33.5％和 28.5％。此外，与石灰性紫色土和中性紫色土相比，酸性紫色土上有机肥氮替代 50％化肥氮和有机肥氮替代 100％化肥氮处理会显著提高 NUE，提高幅度为 19.8％～33.6％和 32.7％～33.6％。

第五节　紫色土耕地合理利用与培肥

一、紫色土耕地肥力的总体变化趋势

　　与第二次全国土壤普查时期（以下简称二普时期）相比，经过 40 年的持续耕作施肥，紫色土有机质、全氮含量总体提升。例如，四川盆地紫色土有机质平均含量由 1980 年前后的 12.6 g/kg 提高到 2010 年的 16.4 g/kg，平均增加了 3.8 g/kg，提升了 30.2％；紫色土全氮含量平均值由二普时期的 0.78 g/kg 提高到 1.21 g/kg，增加了 50％以上。大量数据表明，随着磷肥长期不断投入，土壤有效磷含量呈显著升高的趋势。目前，紫色土区有效磷的平均水平为 27.5 mg/kg，较 40 多年前提高了 4 倍。紫色土钾主要来源于土壤母质风化、有机肥和钾肥投入，紫色土速效钾由二普时期的 88 mg/kg 提高到 127.8 mg/kg，平均含量增加 39.8 mg/kg，提升了 45.2％。经过 40 多年的持续耕作施肥，紫色土氮、磷、钾养分丰缺状况得到明显改善。就紫色土生产力而言，长期不施肥处理下，作物产量维持在较低水平，常规施肥使作物产量提高 3～8 倍，并降低了作物产量的年变异系数，表明施肥仍然是紫色土作物高产、稳产的关键措施。

二、紫色土耕地存在的问题

紫色土是在亚热带和热带气候条件下由紫色砂页岩风化发育形成的一种岩性土，因而其土壤中砾石含量高，在坡地上部容易受侵蚀影响，土层浅薄，十几厘米以下就可见到半风化母岩。另外，人类活动对紫色土侵蚀速率产生很大影响，随着近几十年来人口增长、耕地不足而开荒种植，植被受到破坏，加速了紫色土整体状况的恶化。

1. 生态环境恶化　虽然土壤有机质含量呈现增加趋势，但同时土壤呈现显著酸化趋势。土壤酸化会导致土壤有毒金属离子活度增加，肥力降低，影响作物生长发育，已成为影响紫色土肥力的主要因素。另外，不合理的化肥施用或不平衡施肥也会导致土壤肥力产生不同程度的降低。

2. 水土肥流失严重　紫色土是水土流失最严重的土壤之一，其侵蚀面积之广和侵蚀强度之大，仅次于我国北方的黄土。紫色土土层浅薄，土壤长期处于幼年阶段，质地轻、发育浅、结构差、保水能力弱，饱和渗漏率大，下渗水量很大，所以养分的流失状况也比较严重。

3. 土壤肥力低　各类紫色岩上发育的紫色土肥力大致为沙溪庙组＞飞仙关组＞蓬莱镇组＞夹关组＞遂宁组＞城墙岩群。紫色土有机质、碱解氮、有效磷含量总体偏低，但有效钾和其他矿质养分比较丰富。然而，严重的土壤侵蚀和水土流失导致土壤肥力急剧下降。而且，紫色土多为坡耕地，冲刷严重。紫色土耕作后，有效养分易随水土流失而损失，常年种植的农作物也带走了很多土壤中的有效养分。施肥措施不合理，生产上出现重化肥、轻有机肥，重氮肥、轻磷钾肥的现象，造成土壤养分比例失调，肥力逐渐下降，降低了紫色土的生产能力。

三、紫色土耕地合理利用及培肥措施

紫色土矿质营养丰富、pH 适宜、质地适中，是一种很有价值的土壤，只要好好加以利用，因地制宜地采用适当的耕作措施和保护措施，紫色土耕地的可持续利用就能实现。目前，针对紫色土出现的问题，采取的措施有生物措施、工程措施和耕作措施。

1. 生物措施　生物措施是最基本的措施，紫色土土层薄，有机质含量低，抗侵蚀性差，易发生水土流失。适当进行封山育林、植树造林、恢复植被，既可以减少水土流失，又可以加强固土作用，加速土壤熟化。另外，紫色土矿质营养丰富，应该因地制宜地调整种植模式和种植结构，在相应的坡地上种植果树、茶、混交林等经济作物，可以达到保护耕地、增产创收、乡村振兴的效果。对不适宜耕种的荒坡荒地进行造林，特别是对于 25°以上的陡坡耕地退耕还林（草），可以增加植被覆盖，减少径流量和冲刷，截蓄雨水，控制水土流失，保护紫色土耕地。

2. 工程措施　如果紫色土耕地水土流失非常严重，则需要采取工程措施，修建筑谷坊，拦截泥沙，蓄积水分，减少地表径流，防止水土流失。此外，要加强高标准农田及基础设施建设，加强坡改梯以及坡地排灌系统与农田防护林建设，为紫色土农田的可持续发展和利用提供有力的保障。

3. 耕作措施

（1）合理种植。合理间套轮作，实行立体栽培。紫色土适宜种植籽实类作物，产量高；还适宜种植大豆等豆科作物，可以提高土壤有机质和氮素含量，提高土壤肥力水平。

（2）合理施肥。紫色土的耕作、利用应注意防止水土流失，增施有机和矿质肥料，不断培肥地力。紫色土有机质和氮素含量不高，但过量施用化肥会导致土壤板结、酸化等问题。所以，应该合理施用化肥，并且将重点放在有机肥的施用上，平衡施肥，积极种植绿肥，从而改善土壤物理性质，促进团聚体的形成以及微生物数量和丰度增加，加速土壤熟化，达到提高土壤有机质含量、培肥土壤的目的。

（3）合理耕作。常规耕作的水土流失造成了紫色土坡耕地土层浅薄化、土壤养分贫瘠化、土壤干旱化以及土壤结构劣化等土壤肥力退化问题，应避免过度开垦和使用土壤，合理适时地免耕休耕、深挖晒土、加厚土层、恢复地力。有研究表明，不同的保护性耕作措施具有不同的增产效应，秸秆覆盖或种植绿肥在紫色土坡耕地上具有较好的适宜性，可以作为紫色土坡耕地重要的农业措施。紫色土的蓄水抗旱能力与地形条件及土层厚度密切相关，免耕可有效增加土层厚度，降低土壤容重，增加土壤孔隙度，不仅能保水抗旱，还能增加土壤有机质和氮、磷养分含量。另外，将免耕与等高种植技术配套使用效果更佳。聚土免耕与秸秆覆盖结合有利于土壤养分活化、土壤结构形成与维护，是紫色土肥力恢复与重建的关键技术。另外，紫色土丘陵区坡耕地的耕作技术应该根据不同的坡度范围进行合理配置：0°～5°缓坡耕地，适宜采用上下坡交替耕作；5°～15°中等坡度以及15°～25°较高坡度坡耕地，适宜采用旋耕机上下耕作；而25°以上坡度坡耕地，必须退耕还林。

（4）合理灌溉。兴修水利发展灌溉，修建水库、拦河筑坝、开沟建渠，增强土壤保水蓄水性能，提高调水控水能力，缓和春旱和伏旱的缺水矛盾。

第十一章 紫色土耕地质量评价 >>>

　　耕地质量评价研究是古老而又具有普遍现实意义的农业课题，我国早在 2 000 多年前的古籍《周礼》中就有关于土地质量高低的记载，在第一次和第二次全国土壤普查期间，都开展过不同形式的耕地质量评价工作，为当时我国耕地资源利用和农业农村发展奠定了坚实基础。此后，1996 年《全国耕地类型区、耕地地力等级划分》（NY/T 309—1996）颁布，2003 年《农用地分等规程》（TD/T 1004—2003）、《农用地定级规程》（TD/T 1005—2003）颁布，2008 年《耕地地力调查与质量评价技术规程》（NY/T 1634—2008）颁布，2012 年《农用地定级规程》（GB/T 28405—2012）颁布，这些标准为耕地质量评价提供了重要参考。直到 2016 年，《耕地质量等级》（GB/T 33469—2016）出台，把耕地划分为 9 个大区，并明确 13 个基础性指标和 6 个区域性补充指标，使评价结果更加符合实际情况，至今仍是指导我国耕地质量评价工作的国家标准。

　　紫色土成土过程快、矿质养分丰富，土壤性状深受母岩或母质影响，具有土层浅薄、母岩特性明显、团聚体及有机质含量低的特点。在降水及频繁耕作活动影响下，紫色土坡耕地土壤侵蚀严重，侵蚀风险性逐渐增强，农作物产量变异大，严重制约区域农业可持续发展。对紫色土进行耕地质量评价或适宜性评价，有利于因地制宜地合理开发利用该类土壤。有学者从土壤侵蚀的角度，基于最小数据集对紫色土坡耕地耕层土壤质量进行了评价，采用土壤密度、有效磷、有机质、饱和导水率、贯入阻力、沙粒、耕层厚度 7 个评价指标。近期研究结果表明，土壤瘠薄和酸化是紫色土坡耕地耕层重要的两类障碍因素，因此，将土壤瘠薄和酸化纳入紫色土耕地质量评价指标，有利于评价结果的实际应用。就本研究而言，耕地质量评价是从农业生产角度和紫色土特点出发，通过综合指数法对紫色土耕地地力、土壤健康状况和田间基础设施构成满足农产品持续产出和质量安全的能力进行评价，从而划分出紫色土耕地质量等级，为合理开发利用紫色土提供参考，涉及相关概念和评价方法主要遵循《耕地质量等级》（GB/T 33469—2016）。

第一节 紫色土耕地质量等级评价因素筛选

一、紫色土耕地质量评价因素筛选原则

　　耕地质量受耕地自身的自然条件和社会因素等多种要素影响。为客观地揭示耕地质量特征，基于已有的相关研究结果，在选择耕地质量评价指标过程中应该遵循以下原则。

　　1. 科学合理原则　耕地质量等级评价过程中，各因素指标产生的影响各不相同，应科学评价分析耕地质量不同要素之间的关联性，从而科学合理地选出最佳耕地质量评价指标，以完成耕地质量评价指标体系的构建。综合全面地考虑各指标要素之间的相互关系，才能够综合准确地表征耕地质量状况。

　　2. 主导性原则　耕地质量的好坏是众多影响因素共同作用的结果，以影响因素为基础的针对耕地质量进行评价的指标有很多，当进行耕地质量评价时，应遵循主导性原则，选取主要的、客观性较强的指标。

3. 可行性原则 为了更加准确地进行耕地质量评价，在选取耕地质量评价指标与方法的过程中，应考虑到数据的可获取性与可操作性。

二、紫色土耕地质量评价因素的确定

全国紫色土耕地主要集中在西南地区（面积占比达到近九成），尤其在四川盆地呈现高度集中，故以四川盆地农林区自然条件为主要依据筛选紫色土耕地质量等级评价因素。参考《耕地质量等级》（GB/T 33469—2016）中四川盆地农林区的耕地质量等级评价指标，通过综合运用系统聚类方法和德尔菲法两种方法，在聚类分析的基础上，结合专家组选择结果，从立地条件、土壤性状、土壤养分、土壤健康状况、农田管理 5 个方面考虑，最后确定地形部位、有效土层厚度、质地构型、障碍因素、海拔、农田林网化率、耕层质地、土壤容重、有机质含量、有效磷含量、速效钾含量、酸碱度（pH）、生物多样性、清洁程度、灌溉能力、排水能力 16 项因素作为耕地质量评价的参评指标。

（一）立地条件

1. 地形部位 地形部位是具有特定形态特征和成因的中小地貌单元。紫色土主要存在于丘陵、低山区域，地形部位对土壤性质和农业利用方式影响大；同时，地形部位是影响紫色土水土流失的重要因素，地表高差大、坡度陡的紫色土地区水土流失严重，不同部位的耕地质量差异明显。

2. 障碍因素 障碍因素是土体中妨碍农作物正常生长发育、对农产品产量和品质造成不良影响的因素。紫色土存在诸多障碍因素，丘陵顶部或坡面上部的紫色土土层厚度极为浅薄且风化严重，存在瘠薄的情况；山麓的紫色土，由于地势低且底部有托水层，导致排水不畅，存在渍潜的情况；部分紫色土受氮肥施用等人类活动因素的影响酸化过程大大加速，增加了植物遭受铝毒害的风险、导致土壤中养分元素淋失，造成土壤肥力下降，存在酸化的情况。

3. 海拔 海拔是某地与海平面的高度差，通常以平均海平面作为标准来计算。紫色土在山地、丘陵地区分布零散，海拔差异带来的土壤肥力垂直分布特征明显。

4. 农田林网化率 农田林网化率指的是农田四周的林带保护面积与农田总面积之比。由于紫色土一般分布在地形起伏明显的丘陵坡地，水土流失不断发生，林带保护面积能体现一定的水土保持作用。

（二）土壤性状

1. 耕层质地 耕层质地是指土壤中不同粒径的颗粒所占比例的大小和组合形式。不同的耕层质地对水分的渗透性和保持能力不同，会对耕地的通气、保水和保肥能力造成影响，也会影响作物的生长发育和根系生长情况。不同母岩发育的紫色土质地区别较大，这意味着耕作的难易程度、土壤的通气性和保水性等因素都需要综合考虑。因此，对于紫色土耕地质量评价来说，耕层质地也是非常重要的指标之一。

2. 土壤容重 土壤容重是指田间自然垒结状态下单位容积土体（包括土粒和孔隙）的质量或重量。

3. 有效土层厚度 有效土层厚度是指作物能够利用的母质层以上的土体总厚度；当有障碍层时，为障碍层以上的土层厚度。作物生长需要有适宜的土层厚度，但紫色土土层浅薄，通常不到 50 cm，超过 100 cm 的情况很少。尤其是在丘陵顶部或坡面上部，通常在 10 cm 之下即见半风化的母岩。

4. 质地构型 质地构型是指土体中不同深度土层冲积物质组成的层理结构，土壤剖面垂直方向上的质地层次排列影响耕层土壤水肥气热的协调。紫色土的母岩主要是紫色砂岩和紫色页岩，由于砂岩和页岩的岩性不同，它们的厚度和排叠组合关系对岩石风化和土壤形成后的质地构型都有很大影响，并与紫色土的肥力特性密切相关。

5. 酸碱度（pH） 酸碱度是土壤溶液的酸碱性强弱程度，以 pH 表示，是土壤酸碱性的强度指标。它可以影响土壤内部微生物的生长和活性，同时影响土壤肥力和作物生长状况，从而对耕地质量产生作用。在农业生产中，维持适宜范围的土壤 pH，对保证农田高效生产和可持续发展具有重要意义。

(三) 土壤养分

1. 有机质含量 土壤中的有机质含量直接影响着作物的生长发育状态，有机质含量的增加不仅可以提高土壤保水性和保肥性，还能缓解土壤酸碱度的影响，从而提高土壤结构的稳定性、通气性和渗透性，对耕地质量的影响非常显著。在评价紫色土耕地质量时，有机质含量应该被视作一个非常重要的指标。

2. 有效磷含量 有效磷是土壤中的重要营养元素，是作物生产和代谢的必需元素，有效磷对磷肥肥效的响应比全磷敏感。有效磷含量是紫色土耕地质量评价的重要指标。

3. 速效钾含量 速效钾是维持植物细胞内渗透压的重要因素之一，直接影响作物的生长和发育。紫色土自身钾含量比较高，但不同母质来源及农事措施对紫色土速效钾含量影响大。因此，对于紫色土耕地质量评价而言，速效钾含量指标具有十分重要的意义。

(四) 土壤健康状况

1. 生物多样性 生物多样性综合反映耕地土壤生物物种、群落、功能多样性及生态平衡状态，反映了土壤生命力丰富程度，是土壤健康状况的重要组成内容。

2. 清洁程度 清洁程度主要指耕地土壤中对生态系统未产生不良或有害效应的程度。反映了土壤受重金属、农药和农膜残留等有毒有害物质影响的程度，是反映土壤是否受到污染的重要指标。未清洁的土壤，不适宜作为耕地。

(五) 农田管理

1. 灌溉能力 灌溉能力是指预期灌溉用水量在多年灌溉中能够得到满足的程度，直接影响耕作制度及耕地生产能力。紫色土主要存在于丘陵低山区域，由于高差大、坡陡、坡耕地季节性干旱等原因，在评价耕地质量时，能否灌溉显得极为重要。

2. 排水能力 排水能力是指为保证农作物正常生长，及时排出农田地表积水，有效控制和降低地下水位的能力。部分紫色土位于山麓，地势低、易积水，能否排水对作物生产显得尤为重要。

第二节　紫色土耕地质量评价方法

一、紫色土耕地质量评价指标体系

(一) 紫色土耕地质量评价指标体系构建

紫色土耕地质量评价指标体系（表 11-1）包含目标层（A）、准则层（B）和指标层（C）3 个层次。为体现紫色土耕地质量特性，将目标层（即紫色土耕地质量评价）划分为立地条件（B_1）、土壤性状（B_2）、土壤养分（B_3）、土壤健康状况（B_4）和农田管理（B_5）5 个准则层，并根据准则层指标的对应关系，选取 16 个指标，分别为地形部位、障碍因素、海拔、农田林网化率、耕层质地、土壤容重、有效土层厚度、质地构型、酸碱度（pH）、有机质含量、有效磷含量、速效钾含量、生物多样性、清洁程度、灌溉能力、排水能力。

表 11-1　紫色土耕地质量等级评价指标体系

目标层	紫色土耕地质量评价				
准则层	立地条件	土壤性状	土壤养分	土壤健康状况	农田管理
指标层	地形部位	耕层质地	有机质含量	生物多样性	灌溉能力
	障碍因素	土壤容重	有效磷含量	清洁程度	排水能力
	海拔	有效土层厚度	速效钾含量		
	农田林网化率	质地构型			
		酸碱度（pH）			

各指标数据来源如下。

1. 地形部位 结合数字高程模型（DEM）数据，通过空间分析获得。低山丘陵要区分出丘陵上部、丘陵中部、丘陵下部；平原要区分出平原低阶、平原中阶、平原高阶；山地要区分出山地坡上、山地坡中、山地坡下；盆地要区分出山间盆地、宽谷盆地等。

2. 障碍因素 按对植物生长构成障碍的类型来确定，如酸化、瘠薄、潜育化及出现的障碍层次情况等。

3. 海拔 采用GPS定位仪现场测定填写，从高程图数据中提取海拔的属性数据。

4. 农田林网化率 现场调查农田四周林带保护面积及农田总面积，计算农田林网化率，综合判断农田林网化程度，分为高、中、低。

5. 耕层质地 通过全国测土配方施肥样点数据获取，土壤机械组成分为沙土、沙壤、轻壤、中壤、重壤、黏土等，测定方法参照《耕地质量等级》（GB/T 33469—2016）中的附录D。

6. 土壤容重 通过全国测土配方施肥样点数据获取，土壤容重的测定方法参照《耕地质量等级》（GB/T 33469—2016）中的附录E。

7. 有效土层厚度 查阅第二次全国土壤普查资料并结合现场调查确定。

8. 质地构型 通过全国测土配方施肥样点数据获取，挖取土壤剖面，按1 m土体内不同质地土层的排列组合形式来确定。分为薄层型（土体厚度<30 cm）、松散型（通体沙型）、紧实型（通体黏型）、夹层型（夹沙砾型、夹黏型、夹料姜型等）、上紧下松型（漏沙型）、上松下紧型（蒙金型）、海绵型（通体壤型）等类型。

9. 酸碱度（pH） 通过全国测土配方施肥样点数据库获取，土壤pH的测定方法参照《耕地质量等级》（GB/T 33469—2016）中的附录I。

10. 有机质含量 通过全国测土配方施肥样点数据获取，土壤有机质的测定方法参照《耕地质量等级》（GB/T 33469—2016）中的附录C。

11. 有效磷含量 通过全国测土配方施肥样点数据获取。

12. 速效钾含量 通过全国测土配方施肥样点数据获取。

13. 生物多样性 通过现场调查，结合专家经验综合确定，分为丰富、一般、不丰富。

14. 清洁程度 按照《土壤环境监测技术规范》（HJ/T 166—2004）规定的方法确定。

15. 灌溉能力 现场调查水源类型、位置、灌溉方式、灌水量，综合判断预期灌溉用水量在多年灌溉中能够得到满足的程度，分为充分满足、满足、基本满足、不满足。

16. 排水能力 现场调查排水方式、排水设施现状等，综合判断农田保证作物正常生长、及时排出地表积水、有效控制和降低地下水位的能力，分为充分满足、满足、基本满足、不满足。

（二）紫色土耕地质量评价指标权重的确定

在耕地质量评价中，需要根据各参评因子对耕地质量的贡献确定权重。本评价采用层次分析法和专家经验法相结合来确定各参评因子权重。专家组通过评议选取评价因素并对各评价因素的重要性进行比较，来确定各参评因子的权重。层次分析法是在定性方法的基础上发展起来的定量确定参评因素的一种系统分析方法，这种方法可将人们的经验思维数量化，用以检验决策者判断的一致性，有利于实现定量化评价。

指标层次结构建立：紫色土耕地质量为目标层（A），影响耕地质量的立地条件、土壤性状、土壤养分、土壤健康状况、农田管理为准则层（B），再把影响准则层的各要素作为指标层（C），即紫色土耕地质量各具体评价指标，包括地形部位、障碍因素、海拔、农田林网化率、耕层质地、土壤容重、有效土层厚度、质地构型、酸碱度（pH）、有机质含量、有效磷含量、速效钾含量、生物多样性、清洁程度、灌溉能力、排水能力。紫色土耕地质量评价指标权重见表11-2。

表 11 - 2　紫色土耕地质量评价指标权重

目标层（A）	准则层（B）	指标权重（B_i）	指标层（C）	指标权重（C_i）	组合权重（B_iC_i）
紫色土耕地质量	立地条件	0.265 1	地形部位	0.462 8	0.122 7
			障碍因素	0.177 7	0.047 1
			海拔	0.220 7	0.058 5
			农田林网化率	0.138 8	0.036 8
	土壤性状	0.301 8	耕层质地	0.245 5	0.074 1
			土壤容重	0.128 6	0.038 8
			有效土层厚度	0.285 3	0.086 1
			质地构型	0.166 7	0.050 3
			酸碱度（pH）	0.174 0	0.052 5
	土壤养分	0.203 6	有机质含量	0.462 7	0.094 2
			有效磷含量	0.278 0	0.056 6
			速效钾含量	0.259 3	0.052 8
	土壤健康状况	0.065 1	生物多样性	0.576 0	0.037 5
			清洁程度	0.424 0	0.027 6
	农田管理	0.164 3	灌溉能力	0.617 2	0.101 4
			排水能力	0.382 8	0.062 9

（三）紫色土耕地质量评价指标隶属度的确定

本评价中的指标数据分为两种：数值指标、概念指标。在本研究中，由于概念指标缺乏数值单位并且在两种类型中各个指标之间的量纲差异较大，因此利用模糊数学法将不同种类指标具体量化到相同量纲。具体来说，就是通过将各个不同指标分别赋予不同的隶属度，最后通过模糊数学法将指标量化到相同的量纲上。在这个过程中，耕地质量评价因素与耕地质量之间的函数模型涵盖了数值型函数（如戒上型函数、戒下型函数、峰型函数）和概念型函数。

通过这种方式，将指标量化到相同的量纲上，使得各个指标之间可以进行比较和综合评价。同时，这种方法也克服了概念指标缺乏数值单位的问题，使得概念指标可以与数值指标一样参与到评价体系中，从而更全面地评价耕地质量。参考《耕地质量等级》（GB/T 33469—2016）和农业农村部耕地质量监测保护中心印发的《全国耕地质量等级评价指标体系》，本评价指标的隶属度确定具体如下（表 11 - 3 至表 11 - 12）。

表 11 - 3　地形部位隶属度

描述	山间盆地	宽谷盆地	平原低阶	平原中阶	平原高阶	丘陵上部	丘陵中部	丘陵下部	山地坡上	山地坡中	山地坡下
隶属度	0.75	0.9	1	0.9	0.8	0.6	0.75	0.85	0.45	0.65	0.75

表 11 - 4　障碍因素隶属度

描述	瘠薄	酸化	渍潜	障碍层次	无
隶属度	0.3	0.5	0.75	0.65	1

表 11 - 5　农田林网化率隶属度

描述	高	中	低
隶属度	1	0.85	0.7

表 11 - 6　耕层质地隶属度

描述	沙土	沙壤	轻壤	中壤	重壤	黏土
隶属度	0.4	0.7	0.9	1	0.8	0.5

表 11 - 7　质地构型隶属度

描述	薄层型	松散型	紧实型	夹层型	上紧下松型	上松下紧型	海绵型
隶属度	0.3	0.35	0.75	0.65	0.45	1	0.9

表 11 - 8　生物多样性隶属度

描述	丰富	一般	不丰富
隶属度	1	0.85	0.7

表 11 - 9　清洁程度隶属度

描述	清洁	尚清洁
隶属度	1	0.9

表 11 - 10　灌溉能力隶属度

描述	充分满足	满足	基本满足	不满足
隶属度	1	0.9	0.7	0.35

表 11 - 11　排水能力隶属度

描述	充分满足	满足	基本满足	不满足
隶属度	1	0.9	0.7	0.5

表 11 - 12　数值型指标隶属函数

指标名称	函数类型	函数公式	a	b	c	u 的下限值	u 的上限值
海拔	负直线型	$y=b-au$	0.000 302	1.042 457		300.0	3 446.5
有效土层厚度	戒上型	$y=1/[1+a\times(u-c)^2]$	0.000 155		112.542 55	5	113
土壤容重	峰型	$y=1/[1+a\times(u-c)^2]$	7.766 045		1.294 252	0.50	2.37
酸碱度（pH）	峰型	$y=1/[1+a\times(u-c)^2]$	0.192 480		6.854 550	3.0	9.5
有机质含量	戒上型	$y=1/[1+a\times(u-c)^2]$	0.001 725		37.52	1	37.5
速效钾含量	戒上型	$y=1/[1+a\times(u-c)^2]$	0.000 049		205.253 9	5	205
有效磷含量	峰型	$y=1/[1+a\times(u-c)^2]$	0.000 253		63.712 849	0.1	252.3

注：公式中 y 为隶属度，a 为系数，b 为截距，c 为标准指标，u 为实测值。当函数类型为负直线型，u 小于或等于下限值时，y 为1；u 大于或等于上限值时，y 为0。当函数类型为戒上型，u 小于或等于下限值时，y 为0；u 大于或等于上限值时，y 为1。当函数类型为峰型，u 小于或等于下限值、u 大于或等于上限值时，y 为0。

二、紫色土耕地质量评价方法

（一）紫色土耕地质量评价单元的确定

评价单元是各耕地要素组成的空间实体、耕地质量等级评价的基本单位，也是基础图斑，对耕地质量具有关键影响。同一评价单元耕地自然基本条件、个体属性和经济属性基本相同，这就要求不同的耕地评价单元之间具有差异性和可比性。耕地质量评价是通过对不同的评价单元进行评价，确定当地的耕地质量水平，并通过田间和土地资源图展示评价结果。因此，耕地评价单元划分得是否合理直接影响耕地质量的评价结果。

采用紫色土分布图、土地利用现状图、行政区划图叠置划分法，对全国紫色土耕地质量评价单位进行划分，由土壤单元、土地利用现状类型和行政区划单位的相同或者类似地块组成一个评价单元。其中，紫色土分布方面划分到土壤类型（亚类），土地利用现状方面划分到二级利用类型，行政区划单位方面划分到行政区（县）。该方法形成的管理单元空间界线及行政隶属关系明确，地貌类型与土壤类型相似，土地利用方式与耕作模式基本一致，通过以上方法，评价结果不仅可以提供农业布局规划等农业决策的意见，还可以用于指导农业大户的经营，为农业生产提供数据支持。

（二）紫色土耕地质量指数的计算

采用累加法计算出每个评价单元的耕地质量综合指数。耕地质量综合指数越低，则表明耕地质量水平越差；反之，则越好。耕地质量综合指数计算见公式（11-1）。

$$P = \sum C_i \times F_i \qquad (11-1)$$

式中，P 为耕地质量综合指数（integrated fertility index，IFI），C_i 为第 i 个评价指标的组合权重，F_i 为第 i 个指标的隶属度。

（三）紫色土耕地质量等级划分

四川盆地是全国紫色土分布最广的区域，依据该区域情况利用同一等级划分标准来划分全国紫色土耕地质量。遵循《耕地质量等级》（GB/T 33469—2016），按从大到小的顺序，在耕地质量综合指数曲线最高点到最低点间，采用等距离法将耕地质量划分为 10 个耕地质量等级，如表 11-13 所示，一等地为耕地质量最高，十等地为耕地质量最低。

表 11-13　紫色土耕地质量等级划分标准

耕地质量等级	综合指数范围	耕地质量等级	综合指数范围
一等	>0.855 0	六等	0.736 0~0.759 8
二等	0.831 2~0.855 0	七等	0.712 2~0.736 0
三等	0.807 4~0.831 2	八等	0.688 4~0.712 2
四等	0.783 6~0.807 4	九等	0.664 6~0.688 4
五等	0.759 8~0.783 6	十等	<0.664 6

第三节　紫色土耕地质量等级区域分布和特征

一、紫色土耕地质量等级总体情况

（一）全国紫色土耕地数量概况

从面积来看，全国紫色土耕地面积为 9 001 965.93 hm²，分布在四川、重庆、云南、贵州、广西等 16 个省份，如表 11-14 所示。

表 11-14　全国紫色土耕地质量分级统计

省份	耕地质量等级范围	面积（hm²）	占比（%）
四川	一等地至十等地	5 404 212.60	60.03
重庆	一等地至十等地	1 216 137.70	13.51
云南	一等地至十等地	1 033 819.10	11.48
贵州	二等地至十等地	412 959.55	4.59
广西	一等地至六等地	280 425.84	3.12
湖北	一等地至十等地	133 798.10	1.49

（续）

省份	耕地质量等级范围	面积（hm²）	占比（%）
湖南	一等地至十等地	121 046.76	1.34
安徽	一等地至五等地	115 296.60	1.28
浙江	一等地至九等地	101 400.17	1.13
江西	一等地至七等地	86 276.80	0.96
陕西	一等地至十等地	28 381.14	0.32
河南	一等地至十等地	22 982.25	0.26
广东	一等地至六等地	21 511.95	0.24
江苏	一等地至八等地	12 028.48	0.13
海南	一等地至六等地	10 749.10	0.11
福建	一等地至六等地和少量十等地	939.79	0.01
总计		9 001 965.93	100.00

　　紫色土耕地面积超过 100 000 hm² 的有四川、重庆、云南、贵州、广西、湖北、湖南、安徽、浙江 9 个省份。其中，四川紫色土耕地面积为 5 404 212.60 hm²，占比为 60.03%，质量等级范围为一等地至十等地；重庆紫色土耕地面积为 1 216 137.70 hm²，占比为 13.51%，质量等级范围为一等地至十等地；云南紫色土耕地面积为 1 033 819.10 hm²，占比为 11.48%，质量等级范围为一等地至十等地；贵州紫色土耕地面积为 412 959.55 hm²，占比为 4.59%，质量等级范围为二等地至十等地；广西紫色土耕地面积为 280 425.84 hm²，占比为 3.12%，质量等级范围为一等地至六等地；湖北紫色土耕地面积为 133 798.10 hm²，占比为 1.49%，质量等级范围为一等地至十等地；湖南紫色土耕地面积为 121 046.76 hm²，占比为 1.34%，质量等级范围为一等地至十等地；安徽紫色土耕地面积为 115 296.60 hm²，占比为 1.28%，质量等级范围为一等地至五等地；浙江紫色土耕地面积为 101 400.17 hm²，占比为 1.13%，质量等级范围为一等地至九等地。

　　紫色土耕地面积不足 100 000 hm² 的地区有江西、陕西、河南、广东、江苏、海南、福建 7 个省份。其中，江西紫色土耕地面积为 86 276.80 hm²，占比为 0.96%，质量等级范围为一等地至七等地；陕西紫色土耕地面积为 28 381.14 hm²，占比为 0.32%，质量等级范围为一等地至十等地；河南紫色土耕地面积为 22 982.25 hm²，占比为 0.26%，质量等级范围为一等地至十等地；广东紫色土耕地面积为 21 511.95 hm²，占比为 0.24%，质量等级范围为一等地至六等地；江苏紫色土耕地面积为 12 028.48 hm²，占比为 0.13%，质量等级范围为一等地至八等地；海南紫色土耕地面积为 10 749.10 hm²，占比为 0.11%，质量等级范围为一等地至六等地；福建紫色土耕地面积为 939.79 hm²，占比为 0.01%，质量等级范围为一等地至六等地和少量十等地。

（二）紫色土耕地质量等级分布概况

　　此处仅概述各等级分布情况，不同等级特征分析详见后文。如表 11 - 15 所示，全国紫色土耕地以地力中上等水平的三等地至六等地为主，合计超过 75%。其中，面积最大的四等地有 2 274 900.53 hm²，占比为 25.27%，主要分布在四川、重庆、云南、广西、贵州、江西、安徽等地。此外，地力最好的一等地面积为 426 896.15 hm²，占比为 4.74%，主要分布在四川、湖南、云南、浙江、江西、安徽、广西、重庆等地。二等地面积为 573 651.62 hm²，占比为 6.37%，主要分布在四川、云南、重庆、安徽、浙江、广西、湖南、湖北、江西等地。七等地面积为 710 048.01 hm²，占比为 7.89%，主要分布在四川、重庆、贵州、云南等地。八等地面积为 307 925.29 hm²，占比为 3.42%，主要分布在四川、重庆、贵州、云南等地。九等地面积为 150 741.55 hm²，占比为 1.67%，主要分布在四川、重庆、贵州、云南等地。地力最差的十等地面积为 75 557.06 hm²，占比为 0.84%，主要分布在四川、重庆、云南等地。

表 11-15　全国紫色土耕地质量分级统计

质量等级	面积（hm²）	占比（%）
一等	426 896.15	4.74
二等	573 651.62	6.37
三等	1 548 165.64	17.20
四等	2 274 900.53	25.27
五等	1 708 185.45	18.98
六等	1 225 894.63	13.62
七等	710 048.01	7.89
八等	307 925.29	3.42
九等	150 741.55	1.67
十等	75 557.06	0.84
总计	9 001 965.93	100.00

（三）紫色土耕地区域分布情况

紫色土主要集中在西南地区、长江中下游地区、华南沿海地区。由表 11-16 可见，西南地区（四川、重庆、贵州和云南）紫色土耕地面积为 8 347 554.78 hm²，占全国紫色土耕地面积的 92.73%，是全国紫色土面积分布最大、最集中的区域，以三等地至六等地为主，与全国趋势高度一致，面积之和占西南地区紫色土耕地面积的 77.39%。

此外，长江中下游地区（湖南、湖北、江西、浙江、安徽和江苏）紫色土耕地面积为 569 846.93 hm²，占全国紫色土耕地面积的 6.33%。华南沿海地区（广东、广西、福建和海南）紫色土耕地面积为 313 626.67 hm²，占全国紫色土耕地面积的 3.48%；其他则有少量分布在河南和陕西。

表 11-16　紫色土主要分布区域耕地质量分级统计

质量等级	西南地区		长江中下游地区		华南沿海地区	
	面积（hm²）	占比（%）	面积（hm²）	占比（%）	面积（hm²）	占比（%）
一等	251 468.67	3.01	168 517.77	29.57	15 329.55	4.89
二等	438 635.15	5.25	128 246.80	22.51	28 904.14	9.22
三等	1 431 307.13	17.15	99 160.03	17.40	188 223.33	60.02
四等	2 168 695.59	25.98	86 988.05	15.27	66 218.84	21.11
五等	1 662 102.24	19.91	38 919.49	6.83	11 934.43	3.81
六等	1 198 226.16	14.35	21 330.03	3.74	2 989.73	0.95
七等	684 348.39	8.20	16 116.44	2.83	0.00	0.00
八等	291 448.84	3.49	8 619.35	1.51	0.00	0.00
九等	147 120.29	1.76	1 564.83	0.27	0.00	0.00
十等	74 202.32	0.90	384.14	0.07	26.65	0.01
总计	8 347 554.78	100.00	569 846.93	100.00	313 626.67	100.00

二、四川紫色土耕地质量情况

四川紫色土耕地面积为 5 404 212.60 hm²。综合指数最高值为 0.911 4（在绵阳市涪城区），最低值为 0.586 1（在达州市宣汉县），质量等级分布情况如表 11-17 所示。

表 11-17　四川紫色土耕地质量分级统计

质量等级	四川		四川盆地农林区		川滇高原山地林农牧区		黔桂高原山地林农牧区		秦岭大巴山林农区	
	面积 (hm²)	占比 (%)	面积 (hm²)	占比 (%)	面积 (hm²)	占比 (%)	面积 (hm²)	占比 (%)	面积 (hm²)	占比 (%)
一等	172 696.84	3.20	167 551.85	3.48	2 371.39	0.91	2 746.05	2.25	27.55	0.02
二等	252 638.55	4.67	236 130.87	4.90	3 422.37	1.33	11 437.81	9.35	1 647.50	0.81
三等	743 809.92	13.76	713 879.51	14.81	9 127.76	3.54	18 407.79	15.06	2 394.86	1.18
四等	1 522 379.31	28.17	1 436 587.80	29.80	40 902.34	15.84	23 955.12	19.59	20 934.05	10.34
五等	1 206 123.51	22.32	1 064 052.86	22.07	62 601.88	24.25	24 034.85	19.66	55 433.92	27.38
六等	800 055.26	14.80	667 591.09	13.85	63 862.69	24.74	22 817.68	18.66	45 783.80	22.61
七等	404 128.70	7.48	299 235.03	6.21	38 796.82	15.03	13 393.78	10.95	52 703.07	26.03
八等	173 220.06	3.21	134 186.65	2.78	21 084.39	8.17	3 742.60	3.06	14 206.42	7.02
九等	89 539.61	1.66	68 466.42	1.41	12 574.80	4.87	1 600.76	1.31	6 897.63	3.41
十等	39 620.84	0.73	33 641.43	0.69	3 425.40	1.32	132.67	0.11	2 421.33	1.20
总计	5 404 212.60	100.00	4 821 323.51	100.00	258 169.84	100.00	122 269.12	100.00	202 450.13	100.00

　　由表 11-17 可见，四川以三等地至六等地为主，面积合计达 4 272 368.00 hm²，占全省紫色土耕地面积近八成；一等地和二等地面积合计为 425 335.39 hm²，占比仅为 7.87%；七等地至十等地面积合计 706 509.21，只占耕地总面积的 13.08%。为适应农民群众识别耕地质量的习惯，可以将紫色土耕地质量简化为上等地、中等地、下等地三大类。一、二、三等地可视为上等地，主要分布在四川盆地农林区的平原、丘陵下部和川滇高原山地林农牧区、黔桂高原山地林农牧区的河谷地带，在秦岭大巴山林农区仅在低海拔地区有分布，川西北由于海拔高、积温低，没有紫色土分布。四等地至七等地可视为中等地，大约占耕地总面积的七成，是四川紫色土耕地的主体部分，广泛分布于四川盆地农林区和川滇高原山地林农牧区、黔桂高原山地林农牧区、秦岭大巴山林农区的大部分县（市、区）。八、九、十等地为下等地，主要分布在四川盆地农林区和川滇高原山地林农牧区、黔桂高原山地林农牧区、秦岭大巴山林农区海拔较高的地区。四川紫色土耕地质量等级分布于上、中、下三大类别的面积之比约为 21∶73∶6，符合四川中产田多、高产田少、低产田较少的实际情况。

　　四川各二级分区紫色土耕地质量等级分布特点如下。

　　1. 四川盆地农林区　该区位于川中东部，是四川高质量农用地集中分布的地区和农业发达区，也是紫色土耕地分布最广、面积最大的地区。该区以平原、丘陵、低山为主，平原及丘陵海拔为 300~700 m。平原、台地为第四纪松散沉积物，丘陵为红层丘陵，低山为砂泥岩及石灰岩。耕地质量等级以三等地至六等地为主，合计占该区紫色土耕地面积的 80.53%。平原地区自然条件优越，地势平坦，水热条件充沛、土壤深厚肥沃。丘陵低山地区的自然条件稍逊于平原地区，地面起伏较大，以丘陵为主，在水热条件方面，热量高于平原区，但降水量较少，尤其是盆中丘陵一带为少水区，农业灌溉十分困难，被称为"川中老旱区"。耕地中旱地多于水田，旱地中又以旱坡地为主，灌溉条件不充分，土层较为薄浅，土壤侵蚀较为严重。从上、中、下等地三大类来看，该区上等地占比 23.19%，中等地占比 71.93%，下等地占比 4.88%。该区丘陵地区有大量中低产田需要改良，历来是四川中、低产田改良的重点区域。

　　2. 川滇高原山地林农牧区　该区位于川西南，以中山峡谷地貌为主，山地占绝大部分，谷地为平原。山地海拔为 2 000~4 000 m，河谷平原海拔为 1 000~1 800 m。岩性复杂，砂泥岩占 24%，灰岩占 25%，岩浆岩占 24%，变质岩占 12%。干湿季节明显，是四川光热条件最好的地区，干旱期长。耕地质量等级以四等地至七等地为主，面积合计占比为 79.86%。该区自然地理环境与盆地丘陵低山区有很大差异，属于我国亚热带半湿润气候，热量条件普遍较好但灌溉条件较差，干旱期长成为农业生产限制因素。此外，该区海拔高差大，立体地理景观明显，气候、土壤、植被有突出的立体分布特征。旱地大大多于水田，陡坡耕地多，低产田面积大，轮歇地和冬闲田也多。上等地占比仅为5.78%，中等地占比79.86%，下等地占比14.36%。该区需要大力改善农业生产基本条件。

3. 黔桂高原山地林农牧区　该区位于川东南，是四川盆地周边的山区，环绕盆地丘陵低山区分布，以山地为主，自然条件较差。耕地质量普遍低于盆地丘陵低山区，主要以二等地至七等地为主，合计占该地区紫色土耕地面积的93.27%。该区上等地占比26.66%，中等地占比68.86%，下等地占比4.48%。农业生产限制因素比盆地丘陵低山区更多，水热条件方面，热量比盆地丘陵低山区低一个级别，但水分条件较好，水田在耕地中占比小，且多为冬水田。地面坡度大，土壤条件差，土层浅薄多砾石。该区耕地质量较差，普遍需要进行改良。

4. 秦岭大巴山林农区　该区位于川东北，地处四川、重庆、陕西、甘肃、湖北5省份交界处的大巴山南麓，俗称"川东北地区"。山地海拔为600～1 000 m，气候温暖湿润、自然条件复杂。耕地质量普遍低于盆地丘陵低山区，主要以四等地至八等地为主，合计占该地区紫色土耕地面积的93.38%。山区坡耕地占比大，且多位于坡上和坡中，上等地仅有2.01%，中等地占86.36%，下等地占比为11.63%。

三、重庆紫色土耕地质量情况

紫色土是重庆分布面积最广的土类，广泛分布在重庆海拔500～800 m的丘陵、低山、平坝地区，如西部丘陵地区和中部的涪陵、南川、丰都以及东部的云阳、忠县、万州、开州一带，在中低山处有块状分布。紫色土耕地面积为1 216 137.70 hm²，是旱作农业的主要土壤，质量等级分布情况如表11-18所示。

表 11-18　重庆紫色土耕地质量分级统计

质量等级	重庆		四川盆地农林区		渝鄂湘黔边境山地林农区		秦岭大巴山林农区	
	面积（hm²）	占比（%）	面积（hm²）	占比（%）	面积（hm²）	占比（%）	面积（hm²）	占比（%）
一等	10 507.28	0.87	9 773.68	0.96	690.10	0.37	43.50	1.12
二等	58 361.37	4.80	53 105.70	5.19	5 208.75	2.74	46.93	1.21
三等	227 743.14	18.73	202 963.07	19.85	23 839.22	12.56	940.85	24.22
四等	315 350.75	25.93	264 412.12	25.86	50 564.74	26.64	373.89	9.62
五等	241 196.09	19.83	209 777.55	20.52	30 887.70	16.27	530.84	13.66
六等	151 693.09	12.47	127 326.15	12.45	23 830.23	12.56	536.71	13.81
七等	106 753.30	8.78	83 350.64	8.15	22 944.70	12.09	458.57	11.80
八等	58 535.59	4.81	42 930.88	4.20	14 683.99	7.74	920.72	23.70
九等	25 994.46	2.14	19 263.11	1.88	6 698.26	3.53	33.09	0.86
十等	20 002.62	1.64	9 561.55	0.94	10 441.07	5.50	—	—
总计	1 216 137.70	100.00	1 022 464.45	100.00	189 788.15	100.00	3 885.10	100.00

由表11-18可见，重庆紫色土耕地质量与四川情况相近，以地力水平中上等的四等地、五等地面积最大，主要分布在四川盆地农林区和秦岭大巴山农林区。占比25.93%的四等地面积为315 350.75 hm²，在重庆山地坡中和丘陵中部广泛分布，土层较厚（在50～65 cm，部分甚至能达到80 cm以上），质地构型多为上松下紧型，能够满足排水条件和基本满足灌溉条件。地力最好的一等地面积为10 507.28 hm²，占比为0.87%，土壤类型以中性紫色土和石灰性紫色土为主，耕层质地多为中壤，主要分布在璧山、大足、荣昌、铜梁等盆地和丘陵中下部地区。二等地面积为58 361.37 hm²，占比为4.80%；三等地面积为227 743.14 hm²，占比为18.73%；五等地面积为241 196.09 hm²，占

比为 19.83%；六等地面积为 151 693.09 hm²，占比为 12.47%；七等地面积为 106 753.30 hm²，占比为 8.78%；八等地面积为 58 535.59 hm²，占比为 4.81%；九等地面积为 25 994.46 hm²，占比为 2.14%。地力最差的十等地面积为 20 002.62 hm²，占比为 1.64%，集中在云阳、开州一带，分布在海拔大于 500 m 的山地坡上和丘陵上部，有的海拔甚至高于 1 000 m，多为酸性紫色土和中性紫色土，质地构型基本上为薄层型。

重庆各二级分区紫色土耕地质量等级分布特点如下。

1. 四川盆地农林区　该区位于重庆的中部和西部，是耕地自然条件较优越的地区。中部为平行岭谷低山丘陵区，属于川东褶带，低山、丘陵、谷地交错，山多陡坡、溪河网布、高差较大，海拔一般在 200～1 000 m，以胶体品质好、矿质营养丰富的灰棕紫色土面积最大，自然条件较为优越，耕地质量整体以中等为主。西部地处长江上游河谷，以丘陵为主，岭谷平行相间、河谷纵横交错、山峦起伏重叠，地貌类型多样，构成山、丘、坝交织的立体地貌景观。气候冬暖夏热、春早秋短，降水充沛、雨热同季。同时，大面积侏罗系河湖相紫色岩层中多种元素富集，发育的紫色土养分丰富，土壤肥力较高，黏沙比例适度，综合指数较高，耕地质量相对较高。但与贵州接壤的南川、綦江、万盛、永川等地海拔落差较大，地势起伏较大，自然灾害频发，故质量较差的耕地主要集中在这些地方。该区紫色土耕地质量以三等地至六等地为主，面积合计占该区紫色土耕地面积的 78.68%；地力最好的一等地分布在璧山、大足、九龙坡等谷间盆地或丘陵下部；上等地占比 26.00%，中等地占比 66.98%，下等地占比 7.02%。

2. 渝鄂湘黔边境山地林农区　该区位于重庆的东北部和东南部。东北部为中山区，位于我国地形二级阶梯的东侧，以山地为主，地形破碎、山大坡陡，地势起伏不平，海拔高、坡度大、土层薄，温和多雨，土壤有机质分解快，降水集中，时常有暴雨情况，造成对土壤侵蚀和贫瘠化，故该区耕地质量较差，质量较好的耕地只是零星分布；东南部地貌以中、低山为主，喀斯特地貌显著，河流深切、山势崎岖，只有小规模的零星河间平坝，没有稍大一点的平原、丘陵，区域内山多、相对高差大，旱地多、水田少，中低产田面积较大，雾多、雨多、温度低，土壤风化较薄，黄化、酸化明显，土壤有效磷缺乏较为严重。该区紫色土耕地质量以四等地和五等地为主，面积合计占比达到该区紫色土耕地面积的 42.91%。从上、中、下等地三大类来看，该区上等地占比 15.67%，中等地占比 67.56%，下等地占比 16.77%。

3. 秦岭大巴山林农区　该区位于重庆的东北部，仅有城口和巫溪两个县，是四川盆地向秦巴山地过渡的地带。山地属于秦岭山系，山峦起伏、岭谷相间、河谷深切、高低悬殊，具有多样性、垂直性特征。该区紫色土耕地面积为 3 885.10 hm²，仅占重庆紫色土耕地面积的 0.32%，只有 40 个耕地图斑，均为旱地，以三等地和八等地为主，耕地质量等级分布较为分散，城口县为中性紫色土，巫溪县多为酸性紫色土和石灰性紫色土，均位于山地坡中或丘陵中部，有一定程度的垂直分布规律。

四、云南紫色土耕地质量情况

云南紫色土为紫红色砂岩、页岩发育的初育土壤，主要分布在昆明以西、澜沧江以东、丽江以南的广大地区，零星分布在云南东部和西部，土壤性状深受母岩岩性的影响，土层薄，成土时间短暂，常常能见到局部母岩直接裸露于地表，土壤剖面的发育层次不明显，表土层以下即为母质，没有明显的腐殖质层。综合指数最高值为 0.920 7（在昆明市富民县），最低值为 0.642 0（在丽江市宁蒗彝族自治县）。云南紫色土耕地面积为 1 033 819.10 hm²，质量等级分布情况如表 11-19 所示。

表 11-19　云南紫色土耕地质量分级统计

质量等级	云南		滇南农林区		川滇高原山地林农牧区		川藏林农牧区	
	面积（hm²）	占比（%）	面积（hm²）	占比（%）	面积（hm²）	占比（%）	面积（hm²）	占比（%）
一等	54 036.16	5.23	3 027.73	1.82	51 008.43	5.91	—	—

（续）

质量等级	云南		滇南农林区		川滇高原山地林农牧区		川藏林农牧区	
	面积（hm²）	占比（%）	面积（hm²）	占比（%）	面积（hm²）	占比（%）	面积（hm²）	占比（%）
二等	102 001.81	9.87	23 797.22	14.33	78 204.59	9.06	—	—
三等	266 675.05	25.80	79 563.51	47.91	187 111.54	21.69	—	—
四等	234 130.07	22.65	52 686.50	31.72	180 675.94	20.94	767.63	15.61
五等	128 917.78	12.47	6 250.29	3.76	121 457.73	14.08	1 209.76	24.59
六等	122 576.95	11.86	645.88	0.39	119 675.53	13.87	2 255.54	45.85
七等	72 635.97	7.03	111.91	0.07	72 036.99	8.35	487.07	9.90
八等	26 230.36	2.54	—	—	26 031.48	3.02	198.88	4.05
九等	15 029.79	1.44	—	—	15 029.79	1.74	—	—
十等	11 585.16	1.11	—	—	11 585.16	1.34	—	—
总计	1 033 819.10	100.00	166 083.04	100.00	862 817.18	100.00	4 918.88	100.00

由表 11-19 可知，云南紫色土耕地质量以二等地至六等地为主，面积合计 854 301.66 hm²，占云南紫色土耕地面积的 82.65%。其中，一等地面积为 54 036.16 hm²，占比为 5.23%；七等地面积为 72 635.97 hm²，占比为 7.03%；八等地至十等地面积合计 52 845.31 hm²，占比为 5.09%。面积最大的三等地，占比为 25.80%，广泛分布在云南中北部地区（属于川滇高原山地林农牧区），以酸性紫色土为主，大多数为旱地，有效土层厚度均大于 60 cm，甚至有较多为 80~100 cm，土壤质地以中壤、沙壤为主，质地构型多为紧实型和上松下紧型。

从总体上来看，云南紫色土耕地质量在由南向北的纬度方向上逐渐变差，南部耕地质量最好，中部次之，北部最差。但由于受地形部位、海拔、土壤养分等多种因素的影响，南部区域也有部分地区耕地质量较差；北部区域也有部分地区耕地质量较好，如昭通市巧家县、永善县和昆明市东川区等局部地区。除滇西北的川藏林农牧区以外，云南紫色土耕地质量在由西向东的经度方向上存在逐步变差的趋势。从习惯上将耕地质量分为上等地、中等地、下等地三大类来看，云南紫色土耕地上等地面积占比为 40.9%，中等地占比为 54.01%，下等地占比仅为 5.09%。

云南各二级分区紫色土耕地质量等级分布特点如下。

1. 滇南农林区 该区位于云南中部和西南部，处在云南大地貌的第三级阶梯。中部位于横断山南段，起伏趋于和缓，山川间距逐渐开阔、河谷开阔，形成了一些山间盆地，水系十分发达，地表普遍受到不同程度的切割，海拔一般为 1 000~1 600 m；西南部为边境地区，地势逐渐和缓、河谷开阔，以中低山宽谷地貌为主，低山、中山绵延，山岭海拔较低，大部分降至 1 500 m 以下，海拔一般为 800~1 000 m。该区土层相对深厚、酸性较强，质地适中，海拔低，水热条件较好，故耕地质量以二、三、四等地为主，合计占该区紫色土耕地面积的 93.96%，是云南紫色土耕地质量综合指数普遍较高的区域。

2. 川滇高原山地林农牧区 该区位于云南的中部和北部，处在云南大地貌的第二级阶梯，紫色土耕地面积占比超过八成，是云南紫色土的主体部分。中部以高原地貌为主，大部分高原面保存较为完整，地势由北向南倾斜，起伏和缓，多为低丘和浅谷相间的波状地形，平均海拔在 2 000 m 左右，具有少夏、短冬、长春秋的特点。该区有一系列南北向构造的湖泊盆地镶嵌其中，是云南坝子最集中的区域，但该区水资源较为匮乏，普遍干旱缺水。东北部是云贵高原的组成部分，以中山山原峡谷地貌为主，地势北部和东部较低，向金沙江和四川盆地倾斜，平均海拔在 2 000~2 200 m，大部分地区属于金沙江流域，山高谷深、河流切割强烈，多为陡岸急流的峡谷，水资源量大但利用困难；山原顶部地势起伏和缓，有高山平台和旱地。该区还分布着少量的断陷盆地、河谷平原及阶地。该区耕地质量以三等地至六等地为主，面积合计占该区紫色土耕地面积的 70.58%。

3. 川藏林农牧区　该区位于云南西北部，是典型的高山峡谷区，处在云南大地貌的第一级阶梯，位于横断山北段，是青藏高原的南延部分，地势由北向南逐渐下降，海拔变化极大，以高山峡谷地貌为主，海拔为 3 000～4 000 m。高山深谷相间、相对高差较大，坡谷陡峭，谷底至山顶的相对高差一般在 1 000～2 000 m，最大坡度达到 50°～60°，气候寒冷，长冬、无夏、春秋短。因此，该区紫色土分布很少，仅有 4 918.88 hm²，耕地质量集中在四等地至八等地，面积最大的为六等地。

五、贵州紫色土耕地质量情况

贵州紫色土主要分布在黔北、黔西北紫色砂页岩地区，经开垦后，形成血泥土、紫泥土、紫泥大土等，紫色土耕地面积为 412 959.55 hm²，约占全省旱地面积的 10%，质量等级分布情况如表 11-20 所示。其中，综合指数最高值为 0.8487（在遵义市余庆县），最低值为 0.6403（在六盘水市盘州市）。

表 11-20　贵州紫色土耕地质量分级统计

质量等级	贵州		渝鄂湘黔边境山地林农区		黔桂高原山地林农牧区		川滇高原山地林农牧区	
	面积（hm²）	占比（%）	面积（hm²）	占比（%）	面积（hm²）	占比（%）	面积（hm²）	占比（%）
一等	—	—						
二等	2 557.76	0.62	922.44	5.75	1 635.32	0.48	—	—
三等	18 552.43	4.49	1 759.13	10.97	16 793.30	5.04		
四等	41 335.95	10.01	4 659.00	29.05	35 420.71	10.64	1 256.24	1.96
五等	75 554.13	18.30	4 008.79	25.00	70 574.84	21.20	970.50	1.52
六等	121 115.91	29.33	2 118.95	13.21	108 417.51	32.56	10 579.45	16.54
七等	100 830.42	24.42	1 197.63	7.47	59 255.35	17.80	40 377.44	63.14
八等	33 462.83	8.10	1 311.62	8.18	24 159.61	7.26	7 991.60	12.50
九等	16 556.42	4.01	60.40	0.37	14 291.10	4.29	2 204.92	3.45
十等	2 993.70	0.72	—	—	2 422.66	0.73	571.04	0.89
总计	412 959.55	100.00	16 037.96	100.00	332 970.40	100.00	63 951.19	100.00

由表 11-20 可知，贵州以地力中下等的四等地、五等地、六等地、七等地、八等地为主，面积合计达到 372 299.24 hm²，占全省紫色土耕地面积的比例超过九成。贵州无地力最好的一等地，二等地和三等地面积合计为 21 110.19 hm²，仅占全省紫色土耕地面积的 5.11%；九等地和十等地面积合计为 19 550.12 hm²，占全省紫色土耕地面积的比例接近 5%。贵州上等地极其少有，仅占全省紫色土耕地面积的 5.11%，二、三等地零星分散在遵义、铜仁等地，地形部位多位于盆地或丘陵、山地下部，耕层质地多为中壤和沙壤，土壤容重为 1.2～1.3 g/kg，酸性紫色土、中性紫色土、石灰性紫色土均有，海拔为 500～700 m。列为中等地的四等地至七等地，占全省紫色土耕地面积的 82.06%，是贵州紫色土耕地的主要部分，广泛分布在渝鄂湘黔边境山地林农区、黔桂高原山地林农牧区、川滇高原山地林农牧区的大部分县（市、区）；六等地集中在遵义、毕节、黔西南一带的山地坡中部位广泛分布，以酸性紫色土和中性紫色土为主，在毕节有少量石灰性紫色土，质地构型多为紧实型和上松下紧型，有效土层厚度多在 55 cm 以上，耕层质地多为中壤、沙壤和重壤；七等地分布在毕节、遵义、六盘水、黔西南等地，均为旱地，以酸性紫色土和中性紫色土为主，也多位于山地坡中部位，位于六盘水、毕节的海拔均在 1 500～2 000 m，位于遵义和黔西南的海拔在 700～1 200 m。八、九、十等地为下等地，主要分布在川滇高原山地林农牧区、黔桂高原山地林农牧区、渝鄂湘黔边境山地林农区海拔较高的地区，面积占比为 12.83%。贵州紫色土耕地质量等级分布中，上、中、下三大类的面积之比约为 5∶82∶13，耕地质量等级比四川、重庆略低。总体来说，贵州紫色土耕地质量呈现自东

向西随着海拔升高而质量等级逐渐降低的趋势。

贵州各二级分区紫色土耕地质量等级分布特点如下。

1. 渝鄂湘黔边境山地林农区 该区位于贵州东部和北部，包括东部低中山丘陵区和北部中山峡谷丘陵区两部分，属于中亚热带范围，年降水量 1 000～1 400 mm，气候温暖、降水量充沛。贵州东部海拔一般为 500～800 m，地貌形态有低山丘陵、河谷盆地和中山山地；贵州北部海拔为 800～1 200 m，以中山峡谷和丘陵盆地为主。受赤水河、乌江等水系及其支流切割，沟谷纵横，水网密度大。侵蚀冲刷强烈，山体间广泛分布着低矮丘陵和山间河谷盆地。除北部有较大面积碳酸盐岩石山以外，大部分为轻质变质岩形成的土山，风化层发育，土层深厚。该区耕地质量以中上等地力的三等地至六等地为主，合计占该地区紫色土耕地面积的 65.02%，由于其海拔低，多丘陵、盆地与中低山地貌，加之水利条件好，是贵州水稻种植最集中的地区。同时，该区岩溶面积所占比例相对较小，土山多、土层较厚，综合指数相比贵州其他地区普遍较高，但与贵州整体情况一致，上等地极其稀少。上等地占比为 16.72%，中等地占比为 74.73%，下等地占比为 8.55%。

2. 黔桂高原山地林农牧区 该区位于贵州中部和南部，是贵州主要粮油生产基地。该区大部分属于北亚热带，气候温和、四季分明，冬无严寒、夏无酷暑，海拔一般在 600～1 800 m，大部分在 1 000～1 400 m，是丘陵状的岩溶高原，地势起伏比较和缓。乌江和北盘江横贯该区域形成大峡谷，其他多数河流只在下游深切为 100～300 m 的峡谷；大多数地区谷宽水缓、阶地广布、坝子连片，丘陵与洼地高差多在 150 m 以下，耕地集中。该区耕地质量以四等地至七等地为主，面积占比达到该区的 82.20%，上等地占比为 5.52%，中等地占比超过八成，下等地占比为 12.28%。

3. 川滇高原山地林农牧区 该区位于贵州西北部，气候温凉湿润，属于暖温带气候范围。该区是贵州地势最高的地区，是滇东高原的东延部分，海拔大部分在 1 900～2 600 m；高原面保存基本完好、地势起伏平缓，平缓的丘陵和宽浅的盆地交错分布；高原四周沟谷横切，山高、谷深、坡陡，形成中山或高中山地。地表岩层除石灰岩外，还有玄武岩和砂页岩，呈条带状镶嵌于石灰岩地层之间。该区耕地质量集中在六、七、八等地，面积占比超过 92%，耕地质量普遍比贵州其他区域差。由于海拔较高、地势较陡，该区无上等地，中等地占比高达八成，下等地占比不到两成。

六、广西紫色土耕地质量情况

在广西土壤的成土母质中，紫色岩风化物占 5.31%，紫色土则发育于紫色砂岩和紫色砂页岩上，分布零星，面积不大。广西紫色土耕地面积为 280 425.84 hm²，在全国排名第五位，但仅占全国紫色土耕地面积的 3.12%，质量等级分布情况如表 11-21 所示。

表 11-21 广西紫色土耕地质量分级统计

质量等级	广西		粤西桂南农林区		南岭丘陵山地林农区		黔桂高原山地林农牧区	
	面积（hm²）	占比（%）	面积（hm²）	占比（%）	面积（hm²）	占比（%）	面积（hm²）	占比（%）
一等	14 228.39	5.07	1 461.04	0.63	12 767.35	27.13	—	—
二等	23 075.66	8.23	12 225.88	5.25	10 849.79	23.06	—	—
三等	174 526.60	62.24	163 805.84	70.30	10 364.82	22.03	355.93	100.00
四等	55 499.51	19.79	47 962.10	20.58	7 537.41	16.02	—	—
五等	10 310.72	3.68	4 972.76	2.13	5 337.96	11.34	—	—
六等	2 784.96	0.99	2 588.38	1.11	196.58	0.42	—	—
总计	280 425.84	100.00	233 016.00	100.00	47 053.91	100.00	355.93	100.00

由表 11-21 可见，广西以地力上等的三等地面积最大，主要分布在长江中下游的南宁、钦州、防城港、崇左、贵港和桂林、贺州、梧州一带，无七等地至十等地。地力最好的一等地面积为

14 228.39 hm²，占比为 5.07%，分布在桂林、贺州一带，地形部位多为丘陵中下部和平原低阶，以酸性紫色土为主，质地构型一般为上松下紧型，耕层质地多为沙壤、轻壤，但农田林网化率低。面积最大的三等地占比 62.24%，面积为 174 526.60 hm²，主要分布在南宁、贵港、崇左和桂林一带，以酸性紫色土为主，质地构型为上松下紧型，耕层质地多为沙壤和中壤，地形部位在南宁、贵港一带多位于宽谷盆地、平原中阶，在桂林一带多位于丘陵和山地下部，土壤容重为 1.2～1.35 g/kg，位于南宁、贵港一带的农田林网化率高。广西紫色土耕地上等地占比达到 75.54%，中等地占比为 24.46%，无下等地。

广西各二级分区紫色土耕地质量等级分布特点如下。

1. 粤西桂南农林区　该区位于广西南部、北回归线以南，地貌以丘陵、平地为主，丘陵平地广阔，耕地主要集中分布在河流冲积平原、丘陵盆地，土壤肥沃，是广西粮食和甘蔗、水果等经济作物的重要产区，也是广西紫色土最集中的区域。该区紫色土耕地质量以三等地和四等地为主，面积合计占该区紫色土耕地面积的九成。上等地与中等地之比约为 75∶25。

2. 南岭丘陵山地林农区　该区位于广西东北部，由山地和丘陵组成，地势由西北向东南降低，耕地主要集中分布在河岸两岸、山间盆地与丘陵谷地。由于地形部位较优越、海拔较低、土层较厚，该区紫色土耕地质量以一等地至三等地为主，面积合计占该区紫色土耕地面积的 72.22%，但该区紫色土酸化比较明显，酸性紫色土的 pH 已降至 5.0～5.5，就算是中性紫色土的 pH 也已靠近 5.0，特别是在钦州市钦北区的紫色土耕地上，土壤 pH 已小于 5.0，为 4.7～4.9。

3. 黔桂高原山地林农牧区　该区位于广西的西北部，是云贵高原的边缘，山地连绵、峰峦起伏、平地极少，耕地也少，旱地多在较高丘陵的山坡上，水田分布在狭小河谷或山间小盆地里。靠中部有广西弧形山脉内侧的盆地，以岩溶地形为主，大部分为宽阔的岩溶盆地或岩溶平原，成土母质以石灰岩为主。该区鲜少有紫色土存在，仅有 1 个耕地图斑，面积为 355.93 hm²，位于河池市都安瑶族自治县，是 pH 为 6.4 的酸性紫色土，耕地质量等级为三等。

七、湖北紫色土耕地质量情况

湖北地跨秦岭褶皱系和扬子准地台两大构造区，东、西、北三面环山，中南部则为低平的冲积平原，拥有众多的湖泊洼地，在山地和平原之间为广袤的岗地、丘陵，境内山地占 56%、丘陵占 24%、平原湖区占 20%。湖北紫色土耕地面积为 133 798.10 hm²，零星分布在全省各地区。其中，西南部和西北部河谷盆地分布面积较大，如宜昌、恩施、十堰、襄阳等地，质量等级分布情况如表 11-22 所示。

表 11-22　湖北紫色土耕地质量分级统计

质量等级	湖北		长江中游平原农业水产区		渝鄂湘黔边境山地林农区		秦岭大巴山林农区		鄂豫皖平原山地农林区		江南丘陵山地农林区	
	面积(hm²)	占比(%)	面积(hm²)	占比(%)	面积(hm²)	占比(%)	面积(hm²)	占比(%)	面积(hm²)	占比(%)	面积(hm²)	占比(%)
一等	5 820.39	4.35	4 835.71	9.04	984.68	2.70	—	—				
二等	17 138.13	12.81	8 098.13	15.13	1 757.36	4.82	7 159.31	17.72	—	—	123.33	22.45
三等	23 904.19	17.87	15 721.29	29.38	3 943.25	10.81	3 589.26	8.88	650.39	22.80		
四等	32 662.46	24.41	18 668.82	34.88	8 851.57	24.27	3 946.42	9.77	1 125.59	39.45	70.06	12.76
五等	21 587.24	16.13	2 742.03	5.12	8 794.47	24.12	8 617.75	21.32	1 077.13	37.75	355.86	64.79
六等	15 489.38	11.58	3 452.30	6.45	6 232.26	17.09	5 804.82	14.36				
七等	9 499.18	7.10	—	—	4 368.54	11.98	5 130.64	12.70				
八等	7 077.97	5.29	—	—	1 052.88	2.89	6 025.09	14.91				

（续）

质量等级	湖北		长江中游平原农业水产区		渝鄂湘黔边境山地林农区		秦岭大巴山林农区		鄂豫皖平原山地农林区		江南丘陵山地农林区	
	面积 (hm²)	占比 (%)	面积 (hm²)	占比 (%)	面积 (hm²)	占比 (%)	面积 (hm²)	占比 (%)	面积 (hm²)	占比 (%)	面积 (hm²)	占比 (%)
九等	541.05	0.40	—	—	402.72	1.10	138.33	0.34	—	—	—	—
十等	78.11	0.06	—	—	78.11	0.22	—	—	—	—	—	—
总计	133 798.10	100	53 518.28	100	36 465.84	100	40 411.62	100	2 853.11	100	549.25	100

如表 11-22 所示，湖北紫色土耕地以地力中上等的二等地至七等地为主，面积合计占全省紫色土耕地面积的近九成。其中，地力最好的一等地面积为 5 820.39 hm²，占比为 4.35%，集中分布在恩施的山间盆地，均为酸性紫色土，其他零星位于荆门、襄阳等地，以中性紫色土和石灰性紫色土为主，地形部位多处于丘陵下部，耕层质地多为重壤，质地构型多为紧实型和上松下紧型，农田林网化率普遍高，但恩施地区有相当一部分水田存在渍潜障碍因素。面积最广的四等地占比为 24.41%，面积为 32 662.46 hm²，分布在襄阳、宜昌、恩施等地，耕层质地以中壤、轻壤、重壤为主，多位于山地、丘陵下部，农田林网化率普遍中等，质地构型以上松下紧型和紧实型为主，在襄阳地区也存在海绵型和沙壤质地的现象。八等地至九等地的面积为 7 619.02 hm²，占比为 5.69%。地力最差的十等地面积为 78.11 hm²，占比为 0.06%，集中分布在宜昌市秭归县的山地坡中和坡上，海拔在 800~1 000 m，耕层质地为沙壤，土壤容重在 1.5 g/kg 左右，质地构型为松散型，有效土层厚度小于 45 cm，存在瘠薄的障碍因素，以中性紫色土为主，但 pH 已降至 5.3~5.7。

湖北各二级分区紫色土耕地质量等级分布特点如下。

1. 长江中游平原农业水产区 该区位于湖北的中部，地处江汉平原和鄂东沿江平原，整个平原自西北向东南微缓倾斜，除局部地区有孤丘散布以外，大部分地区海拔不超过 35 m，地势十分低平。区域内湖泊众多，平原与湖沼洼地呈带状相间分布，排水条件好，地下水位较低，土壤有机质和矿物质养分含量较高，耕层深厚，理化性状良好，是湖北重要的棉产区。该区紫色土耕地质量以二等地至四等地为主，面积合计占该区紫色土耕地面积近八成，地形部位较好，多位于平原阶地或丘陵中下部；无七等地至十等地。

2. 渝鄂湘黔边境山地林农区 该区位于湖北的西南部，属于云贵高原延伸部分，主要为丘陵山地，由一系列东北—西南走向的山岭组成，岭脊尖锐、山势险峻，海拔一般为 700~1 000 m，地势相对起伏较大，喀斯特地貌特征明显，深切峡谷、溶蚀洼地以及溶洞、伏流、盲谷常见；气候少日照、多秋雨，河谷冬暖，垂直差异明显；土壤有机质等营养成分含量都比较低，不利于农业生产。该区耕地质量较差，以三等地至七等地为主，面积合计占该区紫色土耕地面积的 88.27%，按照上等地、中等地、下等地三大类区分，该区上等地占比 18.33%，中等地占比为 77.46%，下等地占比为 4.21%。值得注意的是，恩施的部分紫色土耕地存在酸化的障碍因素，pH 为 5.1~5.2。

3. 秦岭大巴山林农区 该区位于湖北的西北部，是秦岭东延部分和大巴山东段，地处丘陵山地，地势相对起伏较大，耕地零星分布，水土流失严重。该区耕地质量以地力中等的五等地至七等地为主，面积合计占区紫色土耕地面积的近五成，地力上等的二等地占比为 17.72%，无地力最好的一等地。该区上等地、中等地、下等地的占比大致为 27:58:15，中低产田改造任务重，特别是神农架和南漳区域多地块存在障碍层次，保康区域部分地块存在土壤贫瘠的障碍因素。

4. 鄂豫皖平原山地农林区 该区位于湖北的东南部，以丘陵、山地为主，宜林牧山地面积大，是湖北茶、麻、竹集中产区。该区紫色土耕地面积极少，仅有 2 853.11 hm²，占全省紫色土耕地面积的 2.13%。共有 5 个耕地图斑，基本上都缺少灌溉保障，耕地质量以五等地为主。

5. 江南丘陵山地农林区 该区位于湖北的北部，虽地处丘陵，但地势起伏较小，丘间沟谷开阔，土层较厚，区内水热条件配合较好，是我国亚热带中最为湿润的地区之一。该区紫色土耕地面积为 549.25 hm²，仅占全省紫色土耕地面积的 0.41%，均位于随州市广水市，处于丘陵下部，土壤类型为中性紫色土，但 pH 已下降至 6.0~6.2，耕地质量以五等地为主。

八、湖南紫色土耕地质量情况

湖南处于云贵高原向江南丘陵和南岭山地向江汉平原的过渡地区，是我国第二、第三级阶梯过渡带的南段，紫色土面积占全省土壤面积的 7.86%。主要分布在湘江中游（如长沙、湘潭、株洲、衡阳、攸县、茶陵、永兴诸盆地）、沅江谷地（主要包括沅麻盆地和溆浦盆地）、澧水盆地和洞庭湖东侧（主要在东侧，洞庭湖西侧和南侧也有零星分布），海拔一般在 300 m 以下；另外，在山间断陷小盆地和局部低山丘陵坡麓也有散布。湖南紫色土耕地面积为 121 046.76 hm²，分布在湖南东部的岳阳、长沙、株洲、衡阳、郴州和西部的张家界、怀化、湘西，质量等级分布情况如表 11-23 所示。

表 11-23 湖南紫色土耕地质量分级统计

质量等级	面积（hm²）	占比（%）
一等	61 531.54	50.83
二等	21 693.89	17.92
三等	15 408.56	12.73
四等	9 919.89	8.20
五等	4 199.09	3.47
六等	3 709.49	3.06
七等	2 144.53	1.77
八等	1 181.96	0.98
九等	951.77	0.79
十等	306.04	0.25
总计	121 046.76	100

由表 11-23 可知，湖南紫色土耕地质量以一等地至三等地为主，面积合计占全省紫色土耕地面积的比例超过八成。其中，地力最好的一等地就占比达到五成，可能与多为水田、地势较低、灌溉有保障关系较大，一等地面积为 61 531.54 hm²，主要分布在湖南东部，衡阳以石灰性紫色土为主，其余以酸性紫色土为主，质地构型为上松下紧型，地形多位于丘陵下部或平原低阶，基本为水田。四等地至七等地面积为 19 973.00 hm²，面积合计占比 16.50%；八等地至十等地面积合计为 2 439.77 hm²，仅占全省紫色土耕地面积的 2.02%，均位于湘西北的张家界、怀化、湘西土家族苗族自治州等地，绝大多数为旱地，基本满足灌溉条件，但也有部分地方不满足灌溉条件，且土壤 pH 为 4.9~6.1，多存在障碍层次、渍潜、瘠薄等障碍因素。湖南紫色土耕地上等地、中等地、下等地的比例约为 81 : 17 : 2。

九、安徽紫色土耕地质量情况

安徽地处华北平原和江南丘陵的结合部，地貌类型复杂，有平原、丘陵、岗地、山地和山间盆地等。全省紫色土耕地面积为 115 296.60 hm²，主要分布在合肥、六安、宣城、安庆一带和滁州、黄山，质量等级分布情况如表 11-24 所示。

表 11-24 安徽紫色土耕地质量分级统计

质量等级	面积（hm²）	占比（%）
一等	29 194.32	25.32

（续）

质量等级	面积（hm²）	占比（%）
二等	43 814.37	38.00
三等	25 728.55	22.32
四等	12 795.45	11.10
五等	3 763.91	3.26
总计	115 296.60	100

由表 11-24 可知，安徽紫色土耕地质量以一等地至四等地为主，面积合计占全省紫色土耕地面积的 96.74%，与海拔低，地形部位多处于丘陵中下部、盆地或平原阶地有较大关系，除蚌埠市五河县以外，其他地区多为水田，从而使耕地综合指数普遍较高。面积最大的二等地占比为 38.00%，面积为 43 814.37 hm²，以酸性紫色土和中性紫色土的水田为主，地形部位处于丘陵中下部和山地下部，质地构型为上松下紧型和紧实型，耕层质地多为重壤和中壤。地力最好的一等地面积为 29 194.32 hm²，占比为 25.32%；一等地占比高达 1/4，主要分布在江淮平原一带的山岗、丘陵地区。地力中等的四等地和五等地面积之和为 165 59.36 hm²，占比为 14.36%。

十、浙江紫色土耕地质量情况

浙江紫色土耕地面积为 101 400.17 hm²，分布在各红层盆地中，特别是金华市、衢州市、台州市的天台县和仙居县一带、湖州市长兴县泗安镇等盆地的内缘，与红壤、水稻土等呈交错分布。按照《耕地质量等级》（GB/T 33469—2016）划分的 10 个耕地质量等级，综合指数最高值为 0.984 0（在嘉兴市平湖市），最低值为 0.667 7（在温州市文成县），质量等级分布情况如表 11-25 所示。

表 11-25 浙江紫色土耕地质量分级统计

质量等级	面积（hm²）	占比（%）
一等	38 109.09	37.58
二等	28 554.41	28.16
三等	21 756.75	21.46
四等	7 052.49	6.96
五等	3 844.41	3.79
六等	421.06	0.42
七等	1 392.60	1.37
八等	197.36	0.19
九等	72.00	0.07
总计	101 400.17	100

由表 11-25 可知，浙江紫色土耕地质量以地力上等的一等地、二等地和三等地为主，合计面积为 88 420.25 hm²，占全省紫色土耕地面积的比例达到 87.20%。由于海拔低、土壤营养状况好等因素，耕地质量等级普遍较好。四等地至七等地面积合计为 12 710.56 hm²，占比为 12.54%；八等地至九等地面积合计为 269.36 hm²，占比仅为 0.26%，地形部位均位于山地坡上，质地为黏土。浙江紫色土耕地质量等级分布于上等地、中等地、下等地三大类别的面积之比约为 87∶12∶1。

浙江各二级分区紫色土耕地质量等级分布特点如下。

1. 江南丘陵山地农林区 该区位于浙江中部和北部，是浙江紫色土的主体部分。该区中部地貌类型比较复杂，山地、丘陵、盆地错落分布，衢江、金华江、兰江、浦阳江等大小河流间插分布，形成大小不一的河谷平原，河流两岸分布着众多宽谷盆地，特别是紫色土集中分布的金衢地区，盆地呈串珠状分布，盆地海拔为 50～250 m，地面高差 30～50 m，地面坡度 6°～15°，盆底地面坡度为 3°～6°，主要有金华—衢州盆地、武义—永康盆地、东阳—南马盆地、常山—峡口盆地等。金华—衢州盆地是浙江最大的红层盆地，也是浙江紫色土耕地最集中的区域。该区域陡坡耕地约占四成，平缓坡耕地约占六成，平缓坡耕地量大面广。紫色土耕地多位于平原阶地或者丘陵下部，pH 绝大多数为酸性（表 11-26），有 58.79% 呈现 pH<5.5 的强酸性。该区北部平原占该区面积的大部分，仅有零星分布的孤丘。地势低平，紫色土耕地集中在安吉和长兴，土层深厚，多数达到 70 cm 以上，质地构型上松下紧，土壤速效养分较高，但紫色土呈现强酸性，大多数有酸化的障碍因素。由于海拔低、地形部位较好、土壤速效养分高，该区紫色土耕地质量以一等地至三等地为主，面积合计占该区紫色土耕地面积的 91.65%。但该区紫色土酸化现象严重，pH<6.5 的紫色土耕地面积占比为 96.46%，土壤酸化已成为阻碍农业生产的主要限制因素，土壤改良是该区以后紫色土利用保护的优先方向。

表 11-26　浙江紫色土耕地 pH 统计

pH	浙江		江南丘陵山地农林区		浙闽丘陵山地林农区		长江下游平原丘陵农畜区	
	面积（hm²）	占比（%）	面积（hm²）	占比（%）	面积（hm²）	占比（%）	面积（hm²）	占比（%）
<5.0	18 438.25	18.18	11 996.37	18.02	6 368.48	18.68	73.40	10.27
5.0～5.5	48 677.09	48.01	27 146.19	40.77	21 530.90	63.15	—	—
5.5～6.0	26 073.97	25.71	20 555.87	30.87	5 335.22	15.65	182.88	25.58
6.0～6.5	5 632.82	5.56	4 530.13	6.80	800.86	2.35	301.83	42.21
>6.5	2 578.04	2.54	2 361.76	3.54	59.38	0.17	156.90	21.94
总计	101 400.17	100	66 590.32	100	34 094.84	100	715.01	100

2. 浙闽丘陵山地林农区　该区位于浙江东部和西南部，主要也分为两个部分。西南部为群山环抱、山峦起伏、溪沟纵横，仙霞岭、洞宫山、南雁荡山、括苍山等海拔超过 1 500 m 的山峰屡见不鲜，层状山地发育，普遍保存三级夷平面，分为 1 000～1 200 m、500～650 m、400～500 m，地形以山地丘陵为主，在丽水市遂昌县、松阳县、龙泉市和温州市泰顺县等地分布着大小不等的丘间红层盆地，这些盆地也是紫色土主要存在的地方。但该区域山体大、地势高、耕地分散、陡坡耕地占比大，且常因雨过地干发生旱情。东部为浙江东南沿海，海域宽广，海岸线蜿蜒，山丘相嵌分布，地貌类型复杂多样，以港湾丘陵平原为主，河网密布，东部平原由滨海平原、水网平原和河谷平原组成，地面平坦、水系交织。故该区紫色土耕地集中在东部的新昌—嵊州、天台、仙居的平原阶地、谷间盆地和西南部的文成、泰顺的低海拔山地丘陵。该区紫色土耕地质量以一等地至三等地为主，面积合计为 26 762.05 hm²，占该区紫色土耕地面积的 78.49%。如表 11-26 所示，该区紫色土酸化现象同样严重，pH<6.5 的紫色土耕地面积占比高达 99.83%，呈现强酸性（pH<5.5）的紫色土耕地面积也高达 81.83%，紫色土酸化防控已成为当下极其重要的工作。

3. 长江中下游平原丘陵农畜区　该区位于浙江北部，地处长江三角洲南翼，东北毗邻上海。地貌以平原为主，海拔在 10 m 以下，杭州湾南岸为滨海平原，内部为水网湖沼平原，局部有孤丘分布，水系密布，农田灌溉便利，速效养分含量较高。该区紫色土分布极少，仅有 7 个图斑，面积合计 715.01 hm²，均位于平原阶地或者山地坡中，pH 呈微酸性甚至强酸性。

十一、其他地区紫色土耕地质量情况

除了上述 9 个省份紫色土耕地面积超过 100 000 hm² 以外，还有紫色土耕地面积小于 100 000 hm² 的 7 个省份，其面积合计为 182 869.51 hm²，占全国紫色土耕地面积比例为 2.03%，其耕地质量等级分布如表 11-27 所示。由于面积较小、分布较为分散，此处不再赘述。

表 11-27 其他地区紫色土耕地质量分级统计

质量等级	江西面积（hm²）	陕西面积（hm²）	河南面积（hm²）	广东面积（hm²）	江苏面积（hm²）	海南面积（hm²）	福建面积（hm²）
一等	31 566.31	536.61	5 271.94	191.98	2 296.11	312.64	596.55
二等	16 759.72	115.44	825.75	5 374.37	286.28	454.11	—
三等	12 235.58	1 864.46	2 137.28	12 331.87	126.42	1 364.86	—
四等	19 805.32	1 306.08	7 191.49	3 466.77	4 752.42	7 131.05	121.50
五等	4 801.62	2 994.38	2 545.62	—	723.23	1 461.31	162.40
六等	959.15	4 982.77	1 150.89	146.96	750.95	25.13	32.68
七等	149.10	7 296.16	2 287.02	—	2 931.04	—	—
八等	—	6 299.00	1 558.10	—	162.03	—	—
九等	—	2 048.76	7.68	—	—	—	—
十等	—	937.48	6.48	—	—	—	26.66
合计	86 276.80	28 381.14	22 982.25	21 511.95	12 028.48	10 749.10	939.79

第四节　紫色土耕地主要性状特征

一、地形部位

如图 11-1 所示，紫色土耕地分布以山地、丘陵为主，平原较少。山地坡中是分布最广泛的地形部位，占比为 31.53%；其次为丘陵中部和丘陵下部，占比分别为 25.37%、22.33%；再次为山地坡下，占比为 6.59%。其他主要的地形部位包括宽谷盆地、山间盆地、山地坡上和丘陵上部等，占比都在 5% 以下。

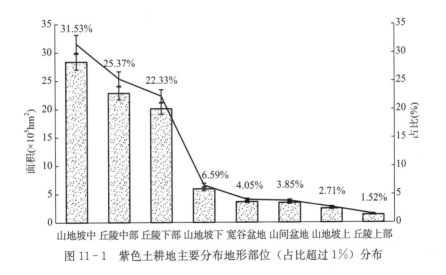

图 11-1　紫色土耕地主要分布地形部位（占比超过 1%）分布

二、海拔

在高海拔地区，由于气温较低、风速较大，土壤水分含量较低、较为干燥，耕层质地较粗，植被种类较少，因而土壤有机质等养分状况也相对较差；在低海拔地区则相反。由表 11-28 可看出，地力水平较高的一等地主要分布在相对低海拔区域，随着海拔逐渐升高，耕地质量呈现降低趋势，且异常值也逐渐增多，这一变化趋势与前文在地形部位变化趋势的分析基本一致。

表 11-28　紫色土耕地海拔分布统计特征

耕地质量等级	平均海拔（m）	中位海拔（m）	标准差	变异系数（%）
一等	427.09	342.35	567.16	133
二等	487.58	356.65	550.68	113
三等	490.79	369.4	480.83	98
四等	538.82	419.3	445.16	83
五等	612.01	471.9	440.65	72
六等	726.69	530.0	527.6	73
七等	766.79	592.75	532.84	69
八等	757.42	581.25	520.03	69
九等	827.49	639.8	580.11	70
十等	716.24	586.3	456.9	64

三、有效土层厚度

土层厚度与作物的生长和产量有直接关系，表 11-29 数据表明，不同等级紫色土耕地的有效土层厚度存在差异，耕地质量等级越高，土层一般也越厚。通过变异区间可看出，上等地的有效土层厚度总体在 25～155 cm，随着耕地质量等级下降，异常值出现频次增加，四等地至十等地的有效土层厚度最小值均为 15 cm 左右，八等地有效土层厚度变异区间在 15～100 cm，九等地进一步压缩到 15～95 cm，十等地有效土层厚度极少能达到 40 cm 以上。

表 11-29　紫色土耕地有效土层厚度统计特征

耕地质量等级	平均厚度（cm）	中位值（cm）	标准差	最大值（cm）	最小值（cm）	变异系数（%）
一等	84.49	84	20.16	155	28	24
二等	73.64	73	18.81	150	28	26
三等	67.64	65	17.43	150	25	26
四等	61.76	60	17.50	150	16	28
五等	58.60	57	15.78	131	15	27
六等	56.26	55	15.44	126	15	27
七等	52.46	51	17.65	200	15	34
八等	46.33	45	18.48	100	15	40
九等	39.58	36	16.67	95	15	42
十等	30.55	31	14.97	88	15	49

由图 11-2 可知，地力最高的一等地有效土层平均厚度也最高，约为 84 cm。随着耕地质量等级降低，有效土层平均厚度呈现单调下降趋势，八等地至十等地下降趋势尤其明显。由此可见，提升有效土层厚度，在一定程度上可以提升耕地质量。

四、质地构型

质地构型影响耕层土壤水肥气热的协调。由图 11-3 可知，上松下紧型占比为 33.83%，是紫色土的主要耕地质地构型之一，土壤表层较松软，有利于水分和空气渗透，而下层较紧实，可能有助于保持水分和养分；占比为 32.87% 的紧实型，土壤通常排水和透气性较差，但能够保持较多的水分和养分，也是紫色土比较常见的耕地质地构型之一；松散型土壤占比为 16.61%，其透气性和排水性较

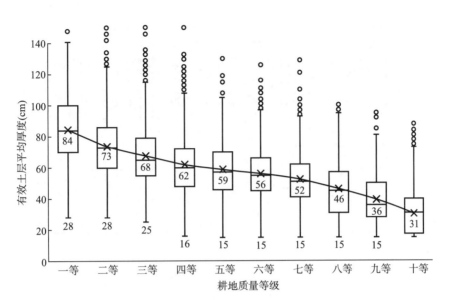

图 11-2　紫色土耕地有效土层厚度特征

好，但可能不易保持水分和养分；上紧下松型、薄层型、海绵型和夹层型的土壤占比较低，分别为 5.03%、4.39%、3.97%和 3.30%。不同区域紫色土耕地可能存在不同质地构型，这取决于当地的自然环境、地貌特征和人类活动等因素。

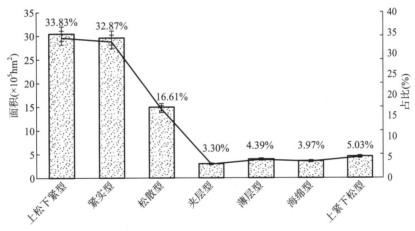

图 11-3　紫色土耕地质地构型分布

图 11-4 显示了剖面构型在各等级紫色土耕地中的分布情况。上松下紧型在一等地中占比最高，达到 61.53%，随着耕地质量的降低，逐渐减少至 0.86%（在十等地的占比）；紧实型在 10 个等级的紫色土耕地中分布呈现较大差异，呈现中间高、两头低的现象；松散型在一等地至十等地中的占比呈现先升高后降低的趋势，从 2.84%逐渐变化至 31.76%；夹层型在各个等级中分布相对平均，均较少，最高为 5.83%；薄层型在十等地中占比最高，达到 53.79%；上紧下松型的分布相对均匀，最高为 8.56%；海绵型土壤较为罕见。

五、耕层质地

在实际农业生产中，不同耕层质地的土壤肥力有所不同。一般而言，耕层质地为中壤和轻壤的土壤肥力较高，适宜种植多种作物；而壤土和黏土肥力较低，质地为沙壤和沙土的土壤水分保蓄能力较低。本评价根据卡庆斯基制，将耕层质地划分为 6 个类别，分别是沙土、沙壤、轻壤、中壤、黏土和

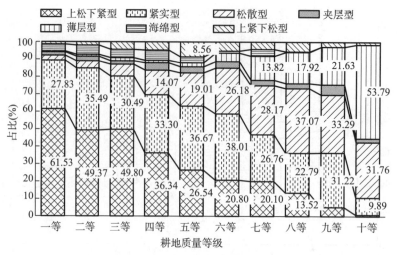

图 11-4 紫色土耕地质地构型分布

重壤。由表 11-30 可以看出，紫色土耕地的质地偏黏，主要为中壤至重壤，其中重壤和中壤的面积之和占比超过 50%；沙壤和沙土占比分别为 15.87% 和 3.34%，占比相对较低。

表 11-30 紫色土耕地耕层质地情况统计

项目	重壤	黏土	中壤	轻壤	沙壤	沙土
面积（hm²）	1 752 586.32	1 027 245.78	3 531 686.11	961 824.92	1 428 514.79	300 108.01
占比（%）	19.47	11.41	39.23	10.68	15.87	3.34

由图 11-5 所示，中壤在较好的耕地中占比较高，能达到近四成至五成；重壤在各个等级中的占比也较高，特别是在一等地中，占比为 31.83%；黏土在各等地中的占比也比较高，特别是在八、九、十等地中占比较高，分别为 17.92%、26.69% 和 27.25%；沙壤在各等地中的占比较为均匀，而沙土的占比较低，主要分布在八、九和十等地中，占比分别为 19.45%、17.93% 和 36.52%。而轻壤的占比相对较低，在各等地中占比相差不大，均在 10% 左右，占比最高的是在九等地中（14.46%）。可见，在上等地中，耕层质地主要以中壤、重壤为主，通常对农作物生长条件较为有利，有利于农业生产的发展。

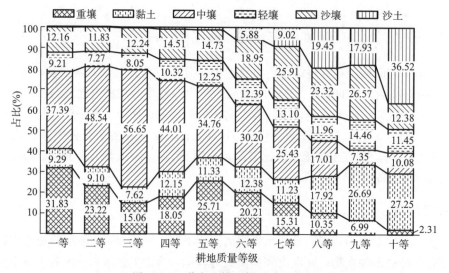

图 11-5 紫色土耕地耕层质地分布

六、酸碱度（pH）

土壤酸碱度是土壤的一个重要性质，由表 11-31 可以看出，紫色土耕地以酸性为主，弱酸性和酸性面积之和为 4 483 382.67 hm²，占比高达 49.81%；中性次之，占比为 28.40%；强酸性和碱性的占比分别为 0.01% 和 21.78%。

表 11-31　紫色土耕地 pH 情况统计

项目	强酸性	酸性	弱酸性	中性	碱性
分级标准	<4.5	4.5~5.5	5.5~6.5	6.5~7.5	>7.5
面积（hm²）	1 248.33	997 982.36	3 485 400.31	2 556 411.72	1 960 923.21
占比（%）	0.01	11.09	38.72	28.40	21.78

根据图 11-6，可以看到各等级紫色土 pH 的分布特点。随着耕地质量等级降低，酸性土壤的占比逐渐增多，中性和碱性的占比逐渐减少。在实际农业生产中，对于酸性土壤，需要通过施用碱性肥料或进行土壤改良等方式，改善作物生长环境，从而促进其生长。

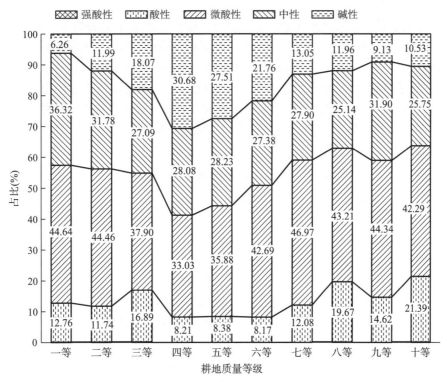

图 11-6　紫色土酸碱度分布

七、土壤容重

土壤容重的大小可以间接地反映土壤质地、结构、有机质含量以及各种自然因素和人为管理措施的情况，其对耕地质量的影响较大。由图 11-7 可以看出，紫色土耕地土壤容重在 0.96~1.58 g/cm³。前文对耕层质地的分析，可以预估出紫色土耕地土壤容重值因质地多黏重而处于较高水平。各等级耕地土壤容重的平均值在 1.26~1.34 g/cm³，随着耕地质量等级的降低，呈现出空隙小、密度大的特征，未来耕地质量提升需要特别关注土壤结构培育，降低土壤容重。

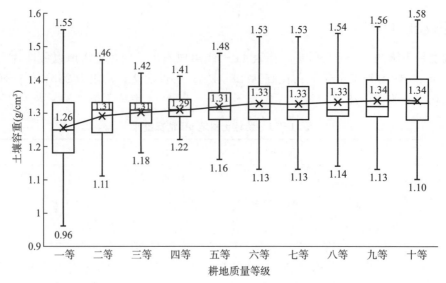

图 11-7　紫色土耕地土壤容重特征

八、有机质含量

土壤有机质是土壤最重要的组成成分，也是决定土壤性质和土壤肥力的重要因素。为便于分析，本评价将有机质含量分为 4 个等级：缺乏（<15.0 g/kg）、较缺乏（15.0~20.0 g/kg）、适量（20.0~30.0 g/kg）和丰富（>30.0 g/kg）。由表 11-32 可知，有机质含量较缺乏级别的占比最高，占比为44.03%。有机质含量适量级别的占比为 34.73%，有机质含量缺乏级别的占比为 6.35%，有机质含量丰富级别的占比为 14.89%。整体而言，紫色土耕地有机质含量主要集中在较缺乏和适量级别，但超过 50% 的耕地有机质含量处于缺乏（包含缺乏和较缺乏）状态，丰富级别的占比仅接近 15%，这与紫色土土层浅薄、有机质含量较低的特征吻合。

表 11-32　紫色土耕地有机质含量情况统计

项目	缺乏	较缺乏	适量	丰富
含量（g/kg）	<15.0	15.0~20.0	20.0~30.0	>30.0
面积（hm²）	572 454.95	3 963 223.19	3 126 111.09	1 340 176.70
占比（%）	6.35	44.03	34.73	14.89

如图 11-8 显示，在地力最好的一等地中，超过 95% 的耕地有机质含量处于适量及以上级别，特别是丰富级别的占比也达到最大（46.42%）。但随着耕地质量等级的下降，有机质含量丰富和适量级别的占比迅速下降。在上等地中，尚且还能占到六七成；在中下等地中，只能维持在四成左右，主要是以较缺乏级别为主，缺乏的占比在 5% 以上。因此，提高紫色土耕地有机质含量，特别是将较缺乏级别的耕地提升到适量级别，对于改善土壤肥力具有重要意义。

九、有效磷含量

土壤有效磷是土壤磷素养分供应水平高低的指标，土壤有效磷含量高低在一定程度反映了土壤中磷素的储量和供应能力。为便于分析，本评价将有效磷含量分为 5 级，分别为高（>40 mg/kg）、较高（25~40 mg/kg）、中（15~25 mg/kg）、较低（5~15 mg/kg）、低（<5 mg/kg）。由表 11-33 可以看出，有效磷含量在 15~25 mg/kg 的面积最大，占比为 41.17%；其次是有效磷含量在 5~15 mg/kg 的面积，占比为 39.62%；而有效磷含量低于 5 mg/kg 和大于 40 mg/kg 的面积比较小，分别占0.20% 和 4.52%。总体来看，紫色土耕地的有效磷含量主要集中在中等偏低级别。

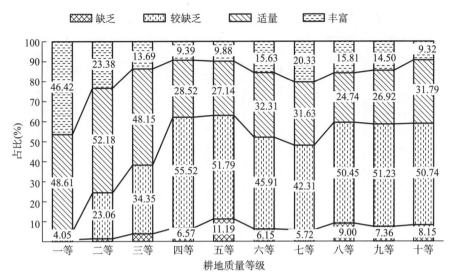

图 11-8 紫色土有机质含量分布

表 11-33 紫色土耕地有效磷含量情况统计

项目	低	较低	中	较高	高
含量（mg/kg）	<5	5~15	15~25	25~40	>40
面积（hm²）	17 973.33	3 566 553.66	3 706 516.27	1 304 439.94	406 482.73
占比（%）	0.20	39.62	41.17	14.49	4.52

由图 11-9 可见，一等地的有效磷含量平均值相对最高，且其最大值也相对较高，无异常值分布，这意味着一等地普遍有效磷含量水平较高。随着耕地质量等级降低，有效磷含量的均值及中位值都呈现先快后缓的下降趋势。

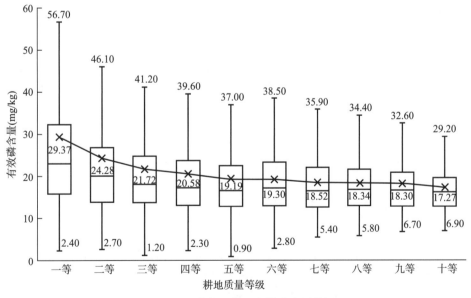

图 11-9 紫色土耕地有效磷含量特征

由图 11-10 可以看出，紫色土耕地的有效磷含量在不同耕地质量等级中分布不均。一等地和二等地中，中等和较高含量的土壤面积占比较高。随着耕地质量等级的降低，有效磷含量较高的土壤面积占比逐渐减少，而中等含量的有效磷土壤占比逐渐增多。各级别紫色土耕地的有效磷含量基本上集中在中等较低的水平。

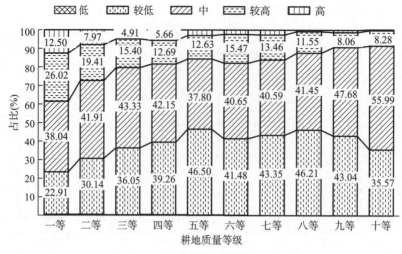

图 11 - 10　紫色土耕地有效磷含量分布

十、速效钾含量

一般来说，土壤中速效钾含量越高，作物的生长越快和产量越高。为便于分析，将速效钾含量分为 5 级，分别为高（＞150 mg/kg）、较高（100～150 mg/kg）、中（75～100 mg/kg）、较低（50～75 mg/kg）、低（＜50 mg/kg）。根据表 11 - 34，紫色土耕地速效钾含量分布较为广泛，以较高为主，占比能达到五成；其次为中，占比有近三成；低和较低仅占 5％左右；高占比为 15.68％。

表 11 - 34　紫色土速效钾含量分级及面积统计

项目	低	较低	中	较高	高
含量（mg/kg）	＜50	50～75	75～100	100～150	＞150
面积（hm²）	47 145.74	472 099.14	2 508 990.18	4 562 137.23	1 411 593.64
占比（％）	0.53	5.24	27.87	50.68	15.68

由图 11 - 11 可见，随着耕地质量下降，速效钾含量的平均值和中位值也呈现十分缓慢的下降趋势，变异区间也逐渐变小。这可能是由于紫色土广泛分布在富含钾矿物的紫色母岩上，维持着土壤钾素平衡。

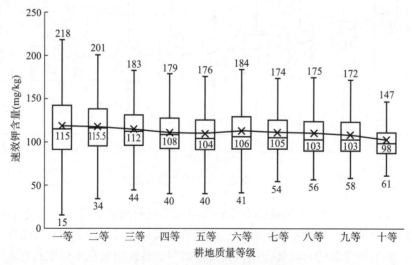

图 11 - 11　紫色土耕地速效钾含量特征

由图 11-12 可以看出，速效钾含量在各等级耕地中以中和较高为主，高和低的占比都较低。随着耕地质量等级的降低，高的占比逐渐减少，减少近一半，但低的占比变化不大。

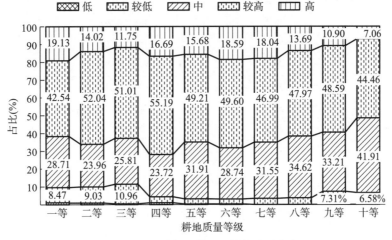

图 11-12　紫色土耕地速效钾含量分布

十一、灌溉能力

紫色土耕地多存在于低山、丘陵地带，灌溉对其农业生产十分重要。本评价将灌溉能力分为充分满足（>90%）、满足（75%~90%）、基本满足（50%~75%）和不满足（<50%）4 个级别。由表 11-35 可以看出，紫色土耕地中灌溉能力为不满足和基本满足的占比最高，分别为 29.57% 和 36.72%。充分满足的占比为 9.30%，而满足级别的占比也较大，为 24.41%。

表 11-35　紫色土耕地灌溉能力情况统计

项目	充分满足	满足	基本满足	不满足
灌溉保障率（%）	>90	75~90	50~75	<50
面积（hm²）	836 887.96	2 197 545.03	3305 533.60	2 661 999.34
占比（%）	9.30	24.41	36.72	29.57

表 11-36 显示，一等地中几乎都有一定的灌溉保障，仅有 1.33% 灌溉能力为不满足；二等地中有 8.74% 灌溉能力为不满足；而三等地中灌溉能力为不满足的达到两成；四等至十等地质量等级具有类似分布趋势，充分满足和满足的占比逐渐减少，基本满足的占比逐渐增加，不满足的占比相对较大。可见，优质耕地通常具有更好的灌溉保障，而中下等地则可能需要采取措施来改善灌溉条件，以确保农作物的正常生长。

表 11-36　紫色土耕地灌溉能力统计

耕地质量等级	灌溉能力	面积（hm²）	占比（%）
一等	充分满足	156 145.81	36.58
	满足	216 979.99	50.83
	基本满足	48 055.75	11.26
	不满足	5 714.60	1.33
二等	充分满足	142 947.53	24.92
	满足	253 526.16	44.20
	基本满足	127 021.24	22.14
	不满足	50 156.69	8.74

（续）

耕地质量等级	灌溉能力	面积（hm²）	占比（%）
三等	充分满足	234 461.09	15.14
	满足	498 442.97	32.20
	基本满足	504 724.58	32.60
	不满足	310 537.00	20.06
四等	充分满足	191 537.12	8.42
	满足	727 563.22	31.98
	基本满足	1 046 821.29	46.02
	不满足	308 978.90	13.58
五等	充分满足	80 010.67	4.69
	满足	350 190.11	20.50
	基本满足	856 011.28	50.11
	不满足	421 973.39	24.70
六等	充分满足	22 752.66	1.85
	满足	111 286.46	9.08
	基本满足	470 571.01	38.39
	不满足	621 284.50	50.68
七等	充分满足	9 003.94	1.27
	满足	35 916.86	5.06
	基本满足	157 652.12	22.20
	不满足	507 475.09	71.47
八等	充分满足	29.15	0.02
	满足	1 887.28	0.61
	基本满足	71 638.72	23.26
	不满足	234 370.13	76.11
九等	满足	1 136.31	0.76
	基本满足	18 573.51	12.32
	不满足	131 031.74	86.92
十等	满足	615.68	0.81
	基本满足	4 464.10	5.91
	不满足	70 477.29	93.28

十二、排水能力

本评价将排水能力分为充分满足（＞90％）、满足（75％～90％）、基本满足（50％～75％）和不满足（＜50％）4级。由图11-13可以看出，紫色土耕地排水能力为满足和基本满足的占比最高，分别为48.12％和31.44％；充分满足的占比为13.88％；而不满足的占比最小，仅为6.56％。这与地形位置、土壤质地情况有较大关系。一般而言，地势低洼处排水条件较差，而坡地和高地的排水条件较好，紫色土多存在于低山、丘陵，仅少量分布在山麓的土壤缺乏排水条件。

由表11-37可知，一等地中具有排水条件的几乎达到100％，仅有0.75％排水能力为不满足；二等地至四等地中排水能力为不满足的占比也较少，均在5％以下；五等至十等地的排水条件逐渐变差，排水能力为满足的占比减少，基本满足的占比逐渐增加，而排水能力为不满足的占比一直相对较

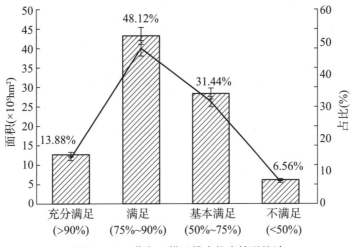

图 11-13　紫色土耕地排水能力情况统计

小。说明大部分紫色土耕地具有排水条件，处于满足和基本满足。但仍有一部分耕地的排水能力不足，会影响作物生长和产量，需要采取适当的排水措施，以改善排水条件，提高农业生产质量。

表 11-37　各级别紫色土耕地排水能力统计

耕地质量等级	排水能力	面积（hm²）	占比（%）
一等	满足	240 387.31	56.31
	充分满足	133 389.92	31.25
	基本满足	49 904.48	11.69
	不满足	3 214.44	0.75
二等	满足	311 685.16	54.33
	充分满足	140 642.36	24.52
	基本满足	114 764.24	20.01
	不满足	6 559.86	1.14
三等	满足	763 043.12	49.29
	充分满足	395 223.96	25.53
	基本满足	343 938.90	22.22
	不满足	45 959.66	2.96
四等	满足	115 9037.57	50.95
	充分满足	247 425.66	10.88
	基本满足	761 527.70	33.48
	不满足	106 909.59	4.69
五等	满足	850 375.71	49.78
	充分满足	127 772.85	7.48
	基本满足	628 358.12	36.79
	不满足	101 678.78	5.95
六等	满足	542 254.38	44.23
	充分满足	94 213.99	7.69
	基本满足	484 748.82	39.54
	不满足	104 677.43	8.54

（续）

耕地质量等级	排水能力	面积（hm²）	占比（%）
七等	满足	254 063.18	35.78
	充分满足	64 117.21	9.03
	基本满足	293 241.24	41.30
	不满足	98 626.38	13.89
八等	满足	138 609.11	45.01
	充分满足	17 830.93	5.79
	基本满足	94 995.80	30.85
	不满足	56 489.45	18.35
九等	满足	47 871.27	31.76
	充分满足	11 967.32	7.94
	基本满足	44 384.08	29.44
	不满足	46 518.88	30.86
十等	满足	24 415.05	32.31
	充分满足	16 995.36	22.49
	基本满足	14 665.10	19.42
	不满足	19 481.56	25.78

第五节 紫色土耕地质量不同等级特征

一、一等地主要特征

（一）区域分布

由表 11-38 可见紫色土一等地在全国的分布情况。四川等地面积最多，达到 172 696.84 hm²，占 40.45%。其次是湖南和云南，面积分别为 61 531.54 hm² 和 54 036.16 hm²，占比为 14.41% 和 12.66%。其他地区一等地面积相对较小，但仍然有一定比例。例如，浙江一等地面积为 38 109.09 hm²，占 8.93%；江西一等地面积为 31 566.31 hm²，占 7.39%；安徽一等地面积为 29 194.32 hm²，占 6.84%；广西一等地面积为 14 228.39 hm²，占比为 3.33%；湖北一等地面积为 5 820.39 hm²，占比为 1.36%；河南一等地面积为 5 271.94 hm²，占比为 1.23%；江苏一等地面积为 2 296.11 hm²，占比为 0.54%。重庆一等地面积仅有 10 507.28 hm²，占比为 2.46%。另外，福建、陕西、海南和广东的一等地面积微乎其微，面积之和不到全国的 0.5%。

表 11-38 一等地分布统计

省份	面积（hm²）	占比（%）
四川	172 696.84	40.45
湖南	61 531.54	14.41
云南	54 036.16	12.66
浙江	38 109.09	8.93
江西	31 566.31	7.39
安徽	29 194.32	6.84
广西	14 228.39	3.33
重庆	10 507.28	2.46

（续）

省份	面积（hm²）	占比（%）
湖北	5 820.39	1.36
河南	5 271.94	1.23
江苏	2 296.11	0.54
福建	596.55	0.14
陕西	536.61	0.13
海南	312.63	0.08
广东	191.99	0.05
总计	426 896.15	100.00

（二）理化性状

由表 11 - 39 显示，紫色土一等地 pH 变化范围在 4.50～8.20，平均值为 6.34（标准差 0.74）；土壤有机质含量变化范围在 12.70～59.20 g/kg，平均值为 29.08 g/kg（标准差 6.67 g/kg）；土壤有效磷含量变化范围在 2.40～1 180.80 mg/kg，平均值为 29.37 mg/kg（标准差 39.67 mg/kg）；土壤速效钾含量变化范围在 15～404 mg/kg，平均值为 118.49 mg/kg（标准差 39.51 mg/kg）；土壤全氮变化范围 0～2.72 g/kg，平均值为 0.93 g/kg（标准差 0.86 g/kg）；有效土层厚度变化范围在 28～155 cm，平均值为 84.49 cm（标准差 20.16 cm）。变异系数大小的结果表明，土壤 pH 的变异系数小于 15%，表现为弱变异；速效钾、有机质、全氮和有效土层厚度的变异系数大于 15%，表现为中等变异；土壤有效磷的变异系数大于 100%，表现为较强的变异性。

表 11 - 39　一等地理化属性统计特征

指标	最大值	最小值	平均值	标准差	变异系数（%）
pH	8.20	4.50	6.34	0.74	12
有机质（g/kg）	59.20	12.70	29.08	6.67	23
有效磷（mg/kg）	1 180.80	2.40	29.37	39.67	135
速效钾（mg/kg）	404	15	118.49	39.51	33
全氮（g/kg）	2.72	0	0.93	0.86	93
有效土层厚度（cm）	155	28	84.49	20.16	24

依据表 11 - 40 和图 11 - 14 显示，一等地在有机质含量方面，丰富级别的面积为 198 157.76 hm²，占比为 46.42%；适量级别的面积为 207 503.75 hm²，占比为 48.61%，两者之和占比超过 90%；较缺乏和缺乏级别的仅占 5% 左右。说明一等地的有机质含量普遍偏高。

表 11 - 40　一等地主要理化属性特征分级面积

有机质含量级别	面积（hm²）	pH 级别	面积（hm²）	有效磷含量级别	面积（hm²）	速效钾含量级别	面积（hm²）
缺乏	3 936.58	强酸性	89.96	低	2 328.49	低	4 919.53
较缺乏	17 298.06	酸性	54 466.88	较低	97 784.06	较低	36 142.53
适量	207 503.75	微酸性	190 585.55	中	162 370.88	中	122 546.49
丰富	198 157.76	中性	155 042.41	较高	111 058.03	较高	181 603.56
		碱性	26 711.35	高	53 354.69	高	81 684.04

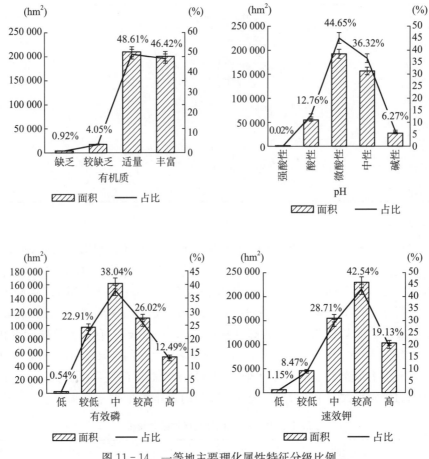

图 11-14 一等地主要理化属性特征分级比例

pH 方面，强酸性土壤面积为 89.96 hm²，占 0.02%；酸性土壤面积为 54 466.88 hm²，占比为 12.76%；微酸性土壤面积为 190 585.55 hm²，占比为 44.65%；中性土壤面积为 155 042.41 hm²，占比为 36.32%；碱性土壤面积为 26 711.35 hm²，占比为 6.27%。

有效磷含量方面，低含量土壤面积为 2 328.49 hm²，占比为 0.54%；较低含量土壤面积为 97 784.06 hm²，占比为 22.91%；中含量土壤面积为 162 370.88 hm²，占比为 38.04%；较高含量土壤面积为 111 058.03 hm²，占比为 26.02%；高含量土壤面积为 53 354.69 hm²，占比为 12.49%。

速效钾含量方面，低含量土壤面积为 4 919.53 hm²，占比为 1.15%；较低含量土壤面积为 36 142.53 hm²，占比为 8.47%；中含量土壤面积为 122 546.49 hm²，占比为 28.71%；较高含量土壤面积为 181 603.56 hm²，占比为 42.54%；高含量土壤面积为 81 684.04 hm²，占比为 19.13%。

二、二等地主要特征

（一）区域分布

据表 11-41 可知，二等地在四川分布面积最大，达到 252 638.55 hm²，占比为 44.04%；其次是云南，面积为 102 001.81 hm²，占比为 17.78%；重庆二等地面积为 58 361.38 hm²，占比为 10.17%；安徽二等地面积为 43 814.37 hm²，占比为 7.64%。其他地区二等地面积相对较小，浙江二等地面积为 28 554.41 hm²，占比为 4.98%；广西二等地面积为 23 075.67 hm²，占比为 4.02%；湖南二等地面积为 21 693.89 hm²，占比为 3.78%；湖北二等地面积为 17 138.13 hm²，占比为 2.99%；江西二等地面积为 16 759.72 hm²，占比为 2.92%；广东二等地面积较小，仅为 5 374.37 hm²，占比为 0.94%；贵州二等地面积为 2 557.76 hm²，占比为 0.45%。河南、海南、江苏、陕西的二等地面积相对较小，占比分别为 0.14%、0.08%、0.05% 和 0.02%。

表 11-41　二等地分布统计

省份	面积（hm²）	占比（%）
四川	252 638.55	44.04
云南	102 001.81	17.78
重庆	58 361.37	10.17
安徽	43 814.37	7.64
浙江	28 554.41	4.98
广西	23 075.66	4.02
湖南	21 693.89	3.78
湖北	17 138.13	2.99
江西	16 759.72	2.92
广东	5 374.37	0.94
贵州	2 557.76	0.45
河南	825.75	0.14
海南	454.11	0.08
江苏	286.28	0.05
陕西	115.44	0.02
总计	573 651.62	100.00

（二）理化性状

表 11-42 显示了二等地土壤属性特征基本统计量，pH 变化范围在 4.50～8.30，平均值 6.50（标准差 0.77）；土壤有机质含量变化范围在 11.60～56.30 g/kg，平均值 24.95 g/kg（标准差 6.46 g/kg）；土壤有效磷含量变化范围在 2.70～502.30 mg/kg，平均值 24.28 mg/kg（标准差 21.61 mg/kg）；土壤速效钾含量变化范围在 34～433 mg/kg，平均值 117.57 mg/kg（标准差 32.96 mg/kg）；土壤全氮变化范围 0～2.84 g/kg，平均值 1.14 g/kg（标准差 0.68 g/kg）；有效土层厚度变化范围在 28～150 cm，平均值 73.64 cm（标准差 18.80 cm）。变异系数大小的结果表明，土壤 pH 的变异系数小于 15%，表现为弱变异；土壤有效磷、速效钾、有机质、全氮和有效土层厚度的变异系数大于 15%，表现为中等变异。

表 11-42　二等地理化属性统计特征

指标	最大值	最小值	平均值	标准差	变异系数（%）
pH	8.30	4.50	6.50	0.77	12
有机质（g/kg）	56.30	11.60	24.95	6.46	26
有效磷（mg/kg）	502.30	2.70	24.28	21.61	89
速效钾（mg/kg）	433	34	117.57	32.96	28
全氮（g/kg）	2.84	0	1.14	0.68	60
有效土层厚度（cm）	150	28	73.64	18.80	26

表 11-43 和图 11-15 显示了二等地有机质、pH、有效磷和速效钾分级的面积占比情况。有机质方面，缺乏的面积为 7 874.66 hm²，占比为 1.38%；较缺乏的面积为 132 302.98 hm²，占比为

23.06%；适量的面积为 299 348.34 hm²，占比为 52.18%；丰富的面积为 134 125.64 hm²，占比为 23.38%。

表 11 - 43　二等地主要理化属性特征统计

有机质含量级别	面积（hm²）	pH 级别	面积（hm²）	有效磷含量级别	面积（hm²）	速效钾含量级别	面积（hm²）
缺乏	7 874.66	强酸性	171.87	低	3 272.25	低	5 477.4
较缺乏	132 302.98	酸性	67 340.28	较低	172 919.50	较低	51 801.59
适量	299 348.34	微酸性	255 017.94	中	240 437.33	中	137 435.71
丰富	134 125.64	中性	182 322.46	较高	111 323.98	较高	298 503.63
		碱性	68 799.07	高	45 698.56	高	80 433.29

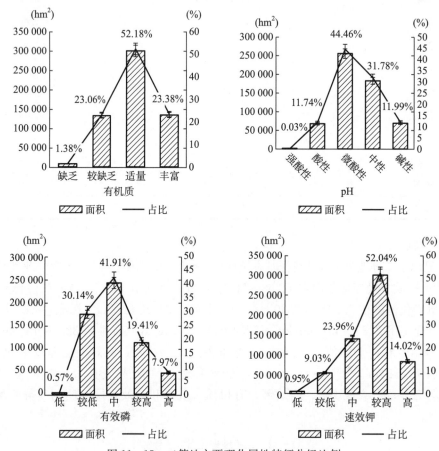

图 11 - 15　二等地主要理化属性特征分级比例

pH 方面，强酸性土壤面积为 171.87 hm²，占比为 0.03%；酸性土壤面积为 67 340.28 hm²，占比为 11.74%；微酸性土壤面积最大，为 255 017.94 hm²，占比为 44.46%；中性土壤面积为 182 322.46 hm²，占比为 31.78%；碱性土壤面积为 68 799.07 hm²，占比为 11.99%。

有效磷方面，低含量的面积为 3 272.25 hm²，占比为 0.57%；较低含量的面积为 172 919.50 hm²，占比为 30.14%；中含量的面积为 240 437.33 hm²，占比为 41.91%；较高含量的面积为 111 323.98 hm²，占比为 19.41%；高含量的面积为 45 698.56 hm²，占比为 7.97%。

速效钾方面，低含量的面积为 5 477.4 hm²，占比为 0.95%；较低含量的面积为 51 801.59 hm²，占比为 9.03%；中含量的面积为 137 435.71 hm²，占比为 23.96%；较高含量的面积为 298 503.63 hm²，占比为 52.04%；高含量的面积为 80 433.29 hm²，占比为 14.02%。

三、三等地主要特征

(一)区域分布

依据表 11-44,四川三等地面积最大,达到 743 809.91 hm²,占比为 48.03%;云南三等地面积为 266 675.04 hm²,占比为 17.23%;重庆三等地面积为 227 743.14 hm²,占比为 14.71%;广西三等地面积为 174 526.60 hm²,占比为 11.27%。其他地区三等地面积相对较小,安徽三等地面积为 25 728.55 hm²,占比为 1.66%;湖北和浙江三等地面积分别为 23 904.19 hm² 和 21 756.75 hm²,占比为 1.54% 和 1.41%;贵州、湖南、广东和江西三等地面积分别为 18 552.43 hm²、15 408.56 hm²、12 331.87 hm² 和 12 235.58 hm²,占比分别为 1.20%、1.00%、0.80% 和 0.79%。此外,河南、陕西、海南和江苏有少量三等地分布,面积分别为 2 137.28 hm²、1 864.46 hm²、1 364.86 hm² 和 126.42 hm²,占比为 0.14%、0.12%、0.09% 和 0.01%。

表 11-44 三等地分布统计

省份	面积（hm²）	占比（%）
四川	743 809.91	48.03
云南	266 675.04	17.23
重庆	227 743.14	14.71
广西	174 526.60	11.27
安徽	25 728.55	1.66
湖北	23 904.19	1.54
浙江	21 756.75	1.41
贵州	18 552.43	1.20
湖南	15 408.56	1.00
广东	12 331.87	0.80
江西	12 235.58	0.79
河南	2 137.28	0.14
陕西	1 864.46	0.12
海南	1 364.86	0.09
江苏	126.42	0.01
总计	1 548 165.64	100.00

(二)理化性状

表 11-45 表明,三等地 pH 变化范围在 4.50~8.40,平均值为 6.59(标准差 0.82);土壤有机质含量变化范围在 10.40~60.30 g/kg,平均值为 22.24 g/kg(标准差 6.33 g/kg);土壤有效磷含量变化范围在 1.20~793.10 mg/kg,平均值为 21.72 mg/kg(标准差 19.32 mg/kg);土壤速效钾含量变化范围在 29~746 mg/kg,平均值为 114.85 mg/kg(标准差 30.92 mg/kg);土壤全氮变化范围 0~2.67 g/kg,平均值为 1.18 g/kg(标准差 0.54 g/kg);有效土层厚度变化范围在 25~150 cm,平均值为 67.64 cm(标准差 17.43 cm)。变异系数大小的结果表明,土壤 pH 的变异系数小于 15%,表现为弱变异;土壤有效磷、速效钾、有机质、全氮和有效土层厚度的变异系数大于 15%,表现为中等变异。

表 11-45 三等地理化属性统计特征

指标	最大值	最小值	平均值	标准差	变异系数（%）
pH	8.40	4.50	6.59	0.82	12

（续）

指标	最大值	最小值	平均值	标准差	变异系数（%）
有机质（g/kg）	60.30	10.40	22.24	6.33	28
有效磷（mg/kg）	793.10	1.20	21.72	19.32	89
速效钾（mg/kg）	746	29	114.85	30.92	27
全氮（g/kg）	2.67	0	1.18	0.54	46
有效土层厚度（cm）	150	25	67.64	17.43	26

表 11-46 和图 11-16 显示了紫色土三等地有机质、pH、有效磷和速效钾分级的面积占比情况。

表 11-46 三等地主要理化属性特征分级面积

有机质含量级别	面积（hm²）	pH级别	面积（hm²）	有效磷含量级别	面积（hm²）	速效钾含量级别	面积（hm²）
缺乏	59 048.62	强酸性	921.72	低	4 749.10	低	7 327.57
较缺乏	531 722.76	酸性	261 474.73	较低	558 167.15	较低	169 664.94
适量	745 375.35	微酸性	586 732.40	中	670 850.78	中	399 545.72
丰富	212 018.91	中性	419 345.48	较高	238 434.23	较高	789 680.33
		碱性	279 691.31	高	75 964.38	高	181 947.08

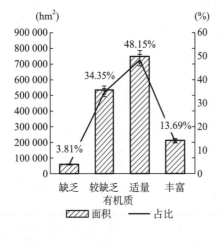

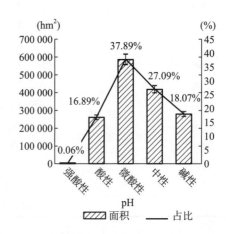

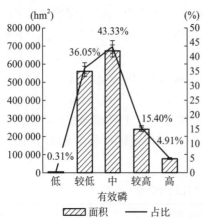

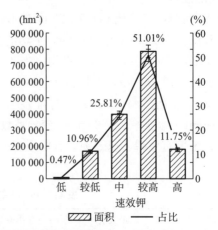

图 11-16 三等地主要理化属性特征分级比例

紫色土三等地的有机质分级以适量和较缺乏为主，占比超过 60%。缺乏的面积为 59 048.62 hm²，占比为 3.81%；较缺乏的面积为 531 722.76 hm²，占比为 34.35%；适量的面积为 745 375.35 hm²，占比为 48.15%；丰富的面积为 212 018.91 hm²，占比为 13.69%。

在 pH 方面，微酸性是最主要的，占比为 37.89%，而强酸性和酸性的面积占比相对较小。三等地强酸性面积为 921.72 hm²，占比为 0.06%；酸性土壤面积为 261 474.73 hm²，占比为 16.89%；微酸性土壤面积为 586 732.40 hm²，占比为 37.89%；中性土壤面积为 419 345.48 hm²，占比为 27.09%；碱性土壤面积为 279 691.31 hm²，占比为 18.07%。

在有效磷方面，中含量的面积占比较大，占比在 40% 左右，而低和高含量的面积占比相对较小。三等地中，有效磷含量低的面积为 4 749.10 hm²，占比为 0.31%；较低的面积为 558 167.15 hm²，占比为 36.05%；中含量的面积为 670 850.78 hm²，占比为 43.33%；较高的面积为 238 434.23 hm²，占比为 15.40%；高含量的面积为 75 964.38 hm²，占比为 4.91%。

在速效钾方面，较高含量的面积占比较大，占比在 50% 左右，而低和较低含量的面积占比相对较小。速效钾含量低的紫色土三等地面积为 7 327.57 hm²，占比为 0.47%；较低速效钾的面积为 169 664.94 hm²，占比为 10.96%；中速效钾的面积为 399 545.72 hm²，占比为 25.81%；较高速效钾的面积为 789 680.33 hm²，占比为 51.01%；高速效钾的面积为 181 947.08 hm²，占比为 11.75%。

四、四等地主要特征

(一) 区域分布

按表 11-47，四川是紫色土四等地面积最大的地区，达到 1 522 379.31 hm²，占比为 66.91%；重庆四等地面积为 315 350.75 hm²，占比为 13.86%；云南四等地面积为 234 130.07 hm²，占比为 10.29%。广西、贵州、湖北、江西、安徽、湖南、河南、海南、浙江、江苏、广东和陕西四等地面积相对较小，占比分别为 2.44%、1.82%、1.44%、0.87%、0.56%、0.44%、0.32%、0.31%、0.31%、0.21%、0.15% 和 0.06%。福建四等地面积最小，仅为 121.51 hm²，占比为 0.01%。

表 11-47　四等地分布统计

省份	面积（hm²）	占比（%）
四川	1 522 379.31	66.91
重庆	315 350.75	13.86
云南	234 130.07	10.29
广西	55 499.51	2.44
贵州	41 335.95	1.82
湖北	32 662.47	1.44
江西	19 805.32	0.87
安徽	12 795.45	0.56
湖南	9 919.89	0.44
河南	7 191.49	0.32
海南	7 131.05	0.31
浙江	7 052.49	0.31
江苏	4 752.42	0.21

（续）

省份	面积（hm²）	占比（%）
广东	3 466.77	0.15
陕西	1 306.08	0.06
福建	121.51	0.01
总计	2 274 900.53	100.00

（二）理化性状

表 11 - 48 表明，四等地 pH 变化范围在 4.60～8.50，平均值为 6.59（标准差 0.85）；土壤有机质含量变化范围在 11～57.20 g/kg，平均值为 20.46 g/kg（标准差 5.80g/kg）；土壤有效磷含量变化范围在 2.30～373 mg/kg，平均值为 20.58 mg/kg（标准差 13.43 mg/kg）；土壤速效钾含量变化范围在 21～499 mg/kg，平均值为 111.05 mg/kg（标准差 29.78 mg/kg）；土壤全氮含量变化范围 0～2.66 g/kg，平均值为 1.19 g/kg（标准差 0.45 g/kg）；有效土层厚度变化范围在 16～150 cm，平均值为 61.76 cm（标准差 17.50 cm）。变异系数大小的结果表明，土壤 pH 的变异系数小于 15%，表现为弱变异；土壤有效磷、速效钾、有机质、全氮和有效土层厚度的变异系数大于 15%，表现为中等变异。

表 11 - 48　四等地理化属性统计特征

指标	最大值	最小值	平均值	标准差	变异系数（%）
pH	8.50	4.60	6.59	0.85	13
有机质（g/kg）	57.20	11	20.46	5.80	28
有效磷（mg/kg）	373	2.30	20.58	13.43	65
速效钾（mg/kg）	499	21	111.05	29.78	27
全氮（g/kg）	2.66	0	1.19	0.45	38
有效土层厚度（cm）	150	16	61.76	17.50	28

表 11 - 49 和图 11 - 17 显示了四等地有机质、pH、有效磷和速效钾分级的面积占比情况。有机质分级缺乏等级的面积为 149 422.37 hm²，占比为 6.57%；较缺乏等级的面积最大、占比最高，面积为 1 263 031.5 hm²，占比为 55.52%；适量等级的面积为 648 878.20 hm²，占比为 28.52%；丰富等级的面积最小，为 213 568.46 hm²，占比为 9.39%。

表 11 - 49　四等地主要理化属性特征分级面积

有机质含量级别	面积（hm²）	pH 级别	面积（hm²）	有效磷含量级别	面积（hm²）	速效钾含量级别	面积（hm²）
缺乏	149 422.37	酸性	186 875.16	低	5 494.15	低	23 765.64
较缺乏	1 263 031.50	微酸性	751 418.72	较低	893 147.18	较低	76 228.06
适量	648 878.20	中性	638 737.72	中	958 783.44	中	539 686.83
丰富	213 568.46	碱性	697 868.93	较高	288 689.24	较高	1 255 565.50
				高	128 786.52	高	379 654.50

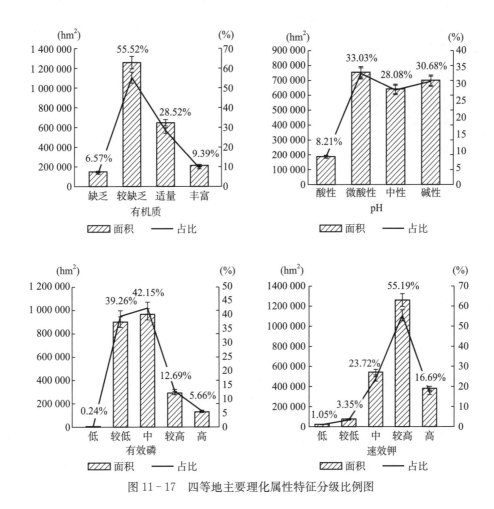

图 11-17　四等地主要理化属性特征分级比例图

四等地无强酸性土壤，微酸性的土壤面积最大、占比最高。其中，酸性土壤占比为 8.21%，面积为 186 875.16 hm²；微酸性土壤占比为 33.03%，面积为 751 418.72 hm²；中性土壤占比为 28.08%，面积为 638 737.72 hm²；碱性土壤占比为 30.68%，面积为 697 868.93 hm²。

四等地中，低有效磷含量的土壤占比为 0.24%，面积为 5 494.15 hm²；较低有效磷含量的土壤占比为 39.26%，面积为 893 147.18 hm²；中有效磷含量的土壤占比为 42.15%，面积为 958 783.44 hm²；较高有效磷含量的土壤占比为 12.69%，面积为 288 689.24 hm²；高有效磷含量的土壤占比为 5.66%，面积为 128 786.52 hm²。

四等地中，低速效钾含量的土壤面积占比为 1.05%，面积为 23 765.64 hm²；较低速效钾含量的土壤面积占比为 3.35%，面积为 76 228.06 hm²；中速效钾含量的土壤面积占比为 23.72%，面积为 539 686.83 hm²；较高速效钾含量的土壤面积占比为 55.19%，面积为 1 255 565.50 hm²；高速效钾含量的土壤面积占比为 16.69%，面积为 379 654.50 hm²。

五、五等地主要特征

(一)区域分布

由表 11-50 可看出，四川是紫色土五等地面积最大的地区，达到 1 206 123.51 hm²，占比为 70.60%；重庆五等地面积为 241 196.09 hm²，占比为 14.12%；云南五等地面积为 128 917.78 hm²，占比为 7.55%，可见，重庆和云南在紫色土五等资源方面也有相当规模。贵州、湖北、广西、江西和湖南五等地面积相对较小，占比分别为 4.42%、1.26%、0.60%、0.28% 和 0.25%。其他地区五等地面积较小，占比在 0.01%~0.23%。

表 11-50　五等地分布统计

省份	面积（hm²）	占比（%）
四川	1 206 123.51	70.60
重庆	241 196.09	14.12
云南	128 917.78	7.55
贵州	75 554.13	4.42
湖北	21 587.24	1.26
广西	10 310.72	0.60
江西	4 801.62	0.28
湖南	4 199.09	0.25
浙江	3 844.41	0.23
安徽	3 763.91	0.22
陕西	2 994.38	0.18
河南	2 545.62	0.15
海南	1 461.31	0.09
江苏	723.23	0.04
福建	162.41	0.01
总计	1 708 185.45	100.00

（二）理化性状

表 11-51 显示，五等地 pH 变化范围在 4.60～8.50，平均值为 6.58（标准差 0.86）；土壤有机质含量变化范围在 10.30～58.60 g/kg，平均值为 20.14 g/kg（标准差 5.91 g/kg）；土壤有效磷含量变化范围在 0.90～226.80 mg/kg，平均值为 19.19 mg/kg（标准差 10.72 mg/kg）；土壤速效钾含量变化范围在 19～251 mg/kg，平均值为 109.99 mg/kg（标准差 29.05 mg/kg）；土壤全氮含量变化范围 0～2.71 g/kg，平均值为 1.23 g/kg（标准差 0.39 g/kg）；有效土层厚度变化范围在 15～131 cm，平均值为 58.60 cm（标准差 15.78 cm）。变异系数大小的结果表明，土壤 pH 的变异系数小于 15%，表现为弱变异；土壤有效磷、速效钾、有机质、全氮和有效土层厚度的变异系数大于 15%，表现为中等变异。

表 11-51　五等地理化属性统计特征

指标	最大值	最小值	平均值	标准差	变异系数（%）
pH	8.50	4.60	6.58	0.86	13
有机质（g/kg）	58.60	10.30	20.14	5.91	29
有效磷（mg/kg）	226.80	0.90	19.19	10.72	56
速效钾（mg/kg）	251	19	109.99	29.05	26
全氮（g/kg）	2.71	0	1.23	0.39	32
有效土层厚度（cm）	131	15	58.60	15.78	27

表 11-52 和图 11-18 显示了紫色土五等地有机质、pH、有效磷和速效钾分级的面积占比情况。

表 11 - 52　五等地主要理化属性特征分级面积

有机质含量级别	面积（hm²）	pH级别	面积（hm²）	有效磷含量级别	面积（hm²）	速效钾含量级别	面积（hm²）
缺乏	191 132.75	酸性	143 144.85	低	1 787.36	低	5 456.90
较缺乏	884 739.82	微酸性	612 945.74	较低	794 244.02	较低	49 143.73
适量	463 578.82	中性	482 191.70	中	645 739.55	中	545 104.26
丰富	168 734.06	碱性	469 903.16	较高	215 669.86	较高	840 558.24
				高	50 744.66	高	267 922.32

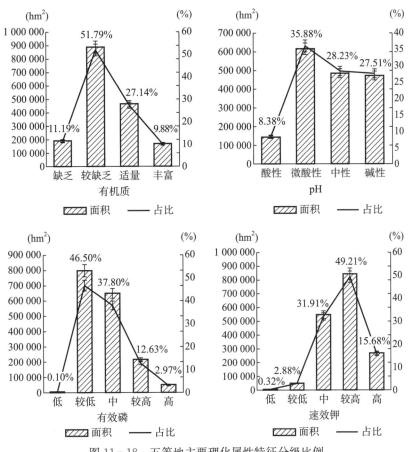

图 11 - 18　五等地主要理化属性特征分级比例

有机质含量方面，有机质含量较缺乏的土壤面积占比最高，达到 51.79%，面积为 884 739.82 hm²；缺乏的面积为 191 132.75 hm²，占比为 11.19%；适量的面积为 463 578.82 hm²，占比为 27.14%；丰富的面积为 168 734.06 hm²，占比为 9.88%。

在 pH 方面，五等地以微酸性土壤的面积最大，为 612 945.74 hm²，占比为 35.88%；酸性土壤的面积 143 144.85 hm²，占比为 8.38%；中性土壤的面积为 482 191.70 hm²，占比为 28.23%；碱性土壤的面积为 469 903.16 hm²，占比为 27.51%。

五等地有效磷含量较低的土壤面积占比最高，达到 46.50%；其次是有效磷含量中等的地区，占比为 37.80%；再次是含量较高的土壤，占比为 12.63%；而有效磷含量低的土壤占比仅为 0.10%。

五等地速效钾含量较高的土壤面积占比最高，达到 49.21%；其次是速效钾含量中等的地区，占比为 31.91%；再次是含量较低的地区，占比为 2.88%；而速效钾含量低的土壤占比仅为 0.32%。

六、六等地主要特征

（一）区域分布

六等地分布统计见表 11-53。四川是紫色土六等地面积最大的地区，达到 800 055.26 hm²，占比为 65.26%；重庆六等地面积 151 693.09 hm²，占比为 12.37%。云南、贵州、湖北、陕西、湖南、广西、河南、江西和江苏六等地面积相对较小，占比分别为 10.00%、9.88%、1.26%、0.41%、0.30%、0.23%、0.09%、0.08% 和 0.06%。浙江和广东紫色土六等地面积分别为 421.06 hm² 和 146.96 hm²，占比分别为 0.04% 和 0.02%。福建和海南六等地面积较小，分别为 32.68 hm² 和 25.13 hm²。

表 11-53　六等地分布统计

省份	面积（hm²）	占比（%）
四川	800 055.26	65.26
重庆	151 693.09	12.37
云南	122 576.95	10.00
贵州	121 115.91	9.88
湖北	15 489.38	1.26
陕西	4 982.77	0.41
湖南	3 709.49	0.30
广西	2 784.96	0.23
河南	1150.89	0.09
江西	959.15	0.08
江苏	750.95	0.06
浙江	421.06	0.04
广东	146.96	0.02
福建	32.68	—
海南	25.13	—
总计	1 225 894.63	100.00

（二）理化性状

由表 11-54 可知，六等地 pH 变化范围在 4.80~8.50，平均值 6.54（标准差 0.83）；土壤有机质含量变化范围在 10.40~61.0 g/kg，平均值 21.42 g/kg（标准差 7.08 g/kg）；土壤有效磷含量变化范围在 2.80~142.0 mg/kg，平均值 19.30 mg/kg（标准差 9.02 mg/kg）；土壤速效钾含量变化范围在 36~278 mg/kg，平均值为 113.03 mg/kg（标准差 28.94 mg/kg）；土壤全氮含量变化范围 0~2.76 g/kg，平均值 1.30 g/kg（标准差 0.40 g/kg）；有效土层厚度变化范围在 15~126 cm，平均值 56.26 cm（标准差 15.44 cm）。变异系数大小的结果表明，土壤 pH 的变异系数小于 15%，表现弱变异；土壤有效磷、速效钾、有机质、全氮和有效土层厚度的变异系数大于 15%，表现为中等变异。

表 11-54　六等地理化属性统计特征

指标	最大值	最小值	平均值	标准差	变异系数（%）
pH	8.50	4.80	6.54	0.83	13
有机质（g/kg）	61.0	10.40	21.42	7.08	33
有效磷（mg/kg）	142.0	2.80	19.30	9.02	47

（续）

指标	最大值	最小值	平均值	标准差	变异系数（%）
速效钾（mg/kg）	278	36	113.03	28.94	26
全氮（g/kg）	2.76	0	1.30	0.40	30
有效土层厚度（cm）	126	15	56.26	15.44	27

表 11-55 和图 11-19 显示了紫色土五等地有机质、pH、有效磷和速效钾分级的面积占比情况。

表 11-55 六等地主要理化属性特征分级面积

有机质含量级别	面积（hm²）	pH 级别	面积（hm²）	有效磷含量级别	面积（hm²）	速效钾含量级别	面积（hm²）
缺乏	75 427.51	酸性	100 151.41	低	341.99	低	198.71
较缺乏	562 802.82	微酸性	523 368.36	较低	508 469.42	较低	37 395.83
适量	396 060.50	中性	335 681.42	中	498 335.26	中	352 294.49
丰富	191 603.80	碱性	266 693.44	较高	189 702.35	较高	608 055.14
				高	29 045.61	高	227 950.46

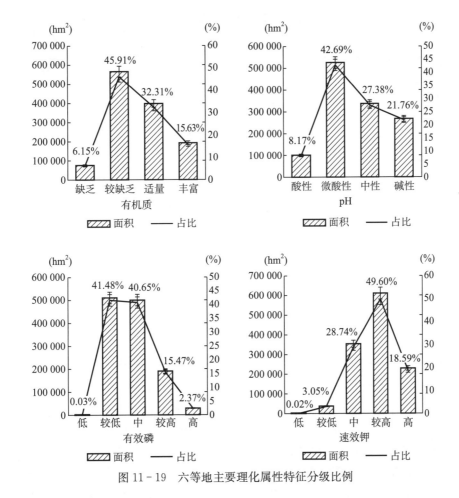

图 11-19 六等地主要理化属性特征分级比例

六等地有机质含量缺乏和较缺乏的面积较大，占比在 50% 以上；缺乏面积 75 427.51 hm²，占比为 6.15%；较缺乏面积 562 802.82 hm²，占比为 45.91%；适量面积 396 060.50 hm²，占比为 32.31%；丰富的面积 191 603.80 hm²，占比为 15.63%。

在 pH 方面，微酸性土壤是占据最大面积的土壤类型，占比为 42.69%，面积为 523 368.36 hm²；其次是中性土壤和碱性土壤，酸性土壤的占比相对较小，中性土壤占比为 27.38%，面积为 335 681.42 hm²，碱性土壤占比为 21.76%，面积为 266 693.44 hm²；酸性土壤占比为 8.17%，面积为 100 151.41 hm²。

有效磷含量低的土壤面积较小，仅占比 0.03%；中等的占比达到 40.65%；较低的面积为 508 469.42 hm²，占比为 41.48%；而较高的面积为 189 702.35 hm²，占比为 15.47%。

速效钾含量较高的土壤面积最大，占比达到 49.60%；而低含量的占比最低，仅为 0.02%；中等含量面积 352 294.49 hm²，占比为 28.74%；高含量仅占为 18.59%。

七、七等地主要特征

(一) 区域分布

表 11-56 显示，四川紫色土七等地面积最大，达到 404 128.69 hm²，占比为 56.92%；重庆七等地面积为 106 753.30 hm²，占比为 15.03%；贵州七等地面积为 100 830.42 hm²，占比为 14.20%；云南七等地面积为 72 635.97 hm²，占比为 10.23%；湖北、陕西、江苏、河南、湖南七等地面积相对较小，占比分别为 1.34%、1.03%、0.41%、0.32% 和 0.30%；浙江和江西七等地面积最小，分别为 1 392.60 hm² 和 149.10 hm²，占比分别为 0.20% 和 0.02%。

表 11-56 七等地分布统计

省份	面积（hm²）	占比（%）
四川	404 128.69	56.92
重庆	106 753.30	15.03
贵州	100 830.42	14.20
云南	72 635.97	10.23
湖北	9 499.18	1.34
陕西	7 296.16	1.03
江苏	2 931.04	0.41
河南	2 287.02	0.32
湖南	2 144.53	0.30
浙江	1 392.60	0.20
江西	149.10	0.02
总计	710 048.01	100.00

(二) 理化性状

表 11-57 表明，七等地 pH 变化范围在 4.60～8.40，平均值为 6.41（标准差 0.79）；土壤有机质含量变化范围在 10.80～58.30g/kg，平均值为 21.24 g/kg（标准差 7.13 g/kg）；土壤有效磷含量变化范围在 5.40～296.10 mg/kg，平均值为 18.52 mg/kg（标准差 9.55 mg/kg）；土壤速效钾含量变化范围在 54～300 mg/kg，平均值为 111.34 mg/kg（标准差 30.08 mg/kg）；土壤全氮含量变化范围在 0～2.75 g/kg，平均值为 1.27 g/kg（标准差 0.39 g/kg）；有效土层厚度变化范围在 15～200 cm，平均值为 52.46 cm（标准差 17.65 cm）。变异系数大小的结果表明，土壤 pH 的变异系数小于 15%，表现为弱变异；土壤有效磷、速效钾、有机质、全氮和有效土层厚度的变异系数大于 15%，表现为中等变异。

表 11 - 57　七等地理化属性统计特征

指标	最大值	最小值	平均值	标准差	变异系数（%）
pH	8.40	4.60	6.41	0.79	12
有机质（g/kg）	58.30	10.80	21.24	7.13	34
有效磷（mg/kg）	296.10	5.40	18.52	9.55	52
速效钾（mg/kg）	300	54	111.34	30.08	27
全氮（g/kg）	2.75	0	1.27	0.39	31
有效土层厚度（cm）	200	15	52.46	17.65	34

表 11 - 58 和图 11 - 20 显示了紫色土七等地有机质、pH、有效磷和速效钾分级的面积占比情况。

表 11 - 58　七等地主要理化属性特征分级面积

有机质含量级别	面积（hm²）	pH 级别	面积（hm²）	有效磷含量级别	面积（hm²）	速效钾含量级别	面积（hm²）
缺乏	40 645.62	酸性	85 744.56	较低	307 783.34	较低	24 258.06
较缺乏	300 430.78	微酸性	333 490.05	中	288 193.46	中	224 052.63
适量	224 584.57	中性	198 117.39	较高	95 589.30	较高	333 634.90
丰富	144 387.04	碱性	92 696.01	高	18 481.91	高	128 102.43

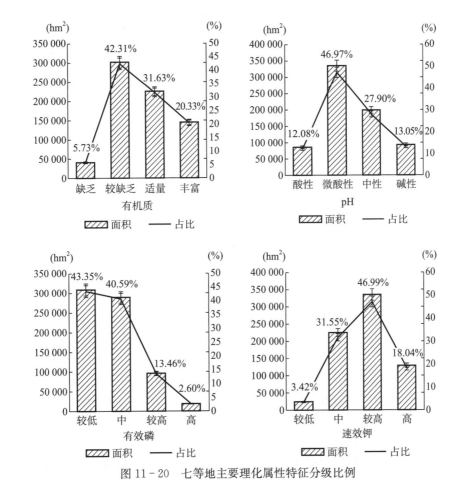

图 11 - 20　七等地主要理化属性特征分级比例

有机质含量分级从缺乏到丰富，对应的面积分别为 40 645.62 hm²、300 430.78 hm²、224 584.57 hm² 和 144 387.04 hm²，占比分别为 5.73%、42.31%、31.63%、20.33%。

七等地酸性土壤的面积为 85 744.56 hm²，占比为 12.08%；微酸性土壤面积最大，占 333 490.05 hm²，占比为 46.97%；中性土壤面积为 198 117.39 hm²，占比为 27.90%；碱性土壤面积为 92 696.01 hm²，占比为 13.05%。

七等地的有效磷含量分为较低、中、较高、高 4 个等级，以较低含量的占比最高，达到 43.35%；其次是中含量的，占比为 40.59%；再次是较高含量的，占比为 13.46%；而高含量的土壤面积占比仅为 2.60%。

七等地速效钾含量同样分为较低、中、较高、高 4 个等级，以较高含量的占比最高，达到 46.99%；其次是中含量的，占比为 31.55%；再次是高含量的，占比为 18.04%；而较低含量的土壤面积仅占 3.42%。

八、八等地主要特征

(一) 区域分布

按表 11-59 所示，四川拥有较多紫色土八等地资源，达到 173 220.06 hm²，占比为 56.25%；重庆八等地面积 58 535.59 hm²，占比为 19.01%；贵州八等地面积为 33 462.83 hm²，占比为 10.87%；云南八等地面积为 26 230.36 hm²，占比为 8.52%；湖北、陕西、河南和湖南八等地面积相对较小，占比分别为 2.30%、2.05%、0.51% 和 0.38%；浙江和江苏八等地面积最小，分别为 197.37 hm² 和 162.05 hm²，分别占总面积的 0.06% 和 0.05%。

表 11-59 八等地分布统计

省份	面积（hm²）	占比（%）
四川	173 220.06	56.25
重庆	58 535.59	19.01
贵州	33 462.83	10.87
云南	26 230.36	8.52
湖北	7 077.97	2.30
陕西	6 299.00	2.05
河南	1 558.10	0.51
湖南	1 181.96	0.38
浙江	197.37	0.06
江苏	162.05	0.05
总计	307 925.29	100.00

(二) 理化性状

表 11-60 结果表明，八等地 pH 变化范围在 4.50～8.67，平均值 6.46（标准差 0.85）；土壤有机质含量变化范围在 11.20～61.60 g/kg，平均值为 20.52 g/kg（标准差 6.76 g/kg）；土壤有效磷含量变化范围在 5.80～125.90 mg/kg，平均值为 18.34 mg/kg（标准差 8.26 mg/kg）；土壤速效钾含量变化范围在 56～281 mg/kg，平均值为 110.41 mg/kg（标准差 30.83 mg/kg）；土壤全氮含量变化范围在 0～2.79 g/kg，平均值为 1.20 g/kg（标准差 0.39 g/kg）；有效土层厚度变化范围在 15～100 cm，平均值为 46.33 cm（标准差 18.48 cm）。变异系数大小结果表明，土壤 pH 的变异系数小于 15%，表现为弱变异；土壤有效磷、速效钾、有机质、全氮和有效土层厚度的变异系数大于 15%，表现为中等变异。

表 11 - 60　八等地理化属性统计特征

指标	最大值	最小值	平均值	标准差	变异系数（%）
pH	8.67	4.50	6.46	0.85	13
有机质（g/kg）	61.60	11.20	20.52	6.76	33
有效磷（mg/kg）	125.90	5.80	18.34	8.26	45
速效钾（mg/kg）	281	56	110.41	30.83	28
全氮（g/kg）	2.79	0	1.20	0.39	33
有效土层厚度（cm）	100	15	46.33	18.48	40

表 11 - 61 和图 11 - 21 显示了紫色土七等地有机质、pH、有效磷和速效钾分级的面积占比情况。

表 11 - 61　八等地主要理化属性特征分级面积

有机质 含量级别	面积 （hm²）	pH 级别	面积 （hm²）	有效磷 含量级别	面积 （hm²）	速效钾 含量级别	面积 （hm²）
缺乏	27 718.71	强酸性	38.13	较低	142 280.76	较低	11 479.11
较缺乏	155 335.63	酸性	60 575.51	中	127 624.10	中	106 598.05
适量	76 185.72	微酸性	133 053.05	较高	35 563.07	较高	147 705.07
丰富	48 685.23	中性	77 427.18	高	2 457.36	高	42 143.06
		碱性	36 831.42				

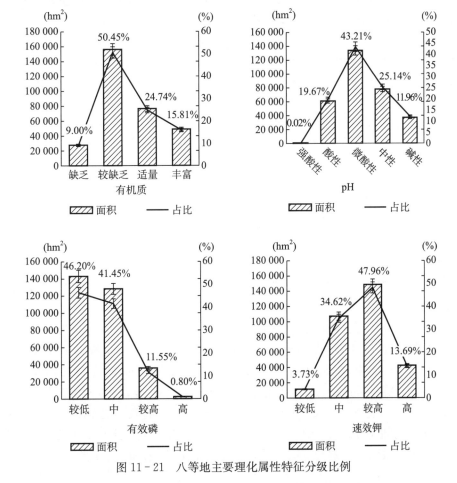

图 11 - 21　八等地主要理化属性特征分级比例

　　有机质含量缺乏的面积为 27 718.71 hm²，占比为 9.00%；较缺乏的面积更大，达到 155 335.63 hm²，占比高达 50.45%；适量的面积为 76 185.72 hm²，占比为 24.74%；丰富的面积为 48 685.23 hm²，占比为 15.81%。

　　pH 方面，强酸性土壤面积为 38.13 hm²，占比仅为 0.02%；酸性土壤的面积为 60 575.51 hm²，占比为 19.67%；微酸性土壤占 133 053.05 hm²，占比达到 43.21%；中性土壤的面积为 77 427.18 hm²，占比为 25.14%；而碱性土壤面积为 36 831.42 hm²，占比为 11.96%。

　　有效磷含量较低的土壤面积为 142 280.76 hm²，占比为 46.20%；中等含量的面积为 127 624.10 hm²，占比为 41.45%；较高含量的面积为 35 563.07 hm²，占比为 11.55%；高含量的土壤面积为 2 457.36 hm²，仅占 0.80%。

　　速效钾含量较低的土壤面积为 11 479.11 hm²，占比为 3.73%；中含量的面积为 106 598.05 hm²，占比为 34.62%；较高含量的面积为 147 705.07 hm²，占比为 47.96%；高含量的面积为 42 143.06 hm²，占比为 13.69%。

九、九等地主要特征

(一) 区域分布

　　全国紫色土九等地面积为 150 741.54 hm²，分布如表 11-62 所示。四川是紫色土九等地面积最大的地区，占比为 59.40%；重庆紧随其后，紫色土九等地面积为 25 994.46 hm²，占比为 17.24%；贵州九等地面积为 16 556.42 hm²，占比为 10.98%；云南九等地面积为 15 029.79 hm²，占比为 9.97%；陕西九等地面积为 2 048.76 hm²，占比为 1.36%；湖南九等地面积为 951.77 hm²，占比为 0.63%；湖北九等地面积为 541.05 hm²，占比为 0.36%；浙江和河南九等地面积相对较小，分别为 72.00 hm² 和 7.68 hm²，占比为 0.05% 和 0.01%。

表 11-62　九等地分布统计

省份	面积（hm²）	占比（%）
四川	89 539.61	59.40
重庆	25 994.46	17.24
贵州	16 556.42	10.98
云南	15 029.79	9.97
陕西	2 048.76	1.36
湖南	951.77	0.63
湖北	541.05	0.36
浙江	72.00	0.05
河南	7.68	0.01
总计	150 741.54	100.00

(二) 理化性状

　　由表 11-63 可以看出，九等地 pH 变化范围在 4.80～8.50，平均值为 6.35（标准差 0.82）；土壤有机质含量变化范围在 10.46～48.40 g/kg，平均值为 20.65 g/kg（标准差 7.07 g/kg）；土壤有效磷含量变化范围在 6.70～274.30 mg/kg，平均值为 18.30 mg/kg（标准差 11.52 mg/kg）；土壤速效钾含量变化范围在 58～288 mg/kg，平均值为 108.25 mg/kg（标准差 26.87 mg/kg）；土壤全氮变化范围 0～2.51 g/kg，平均值为 1.22 g/kg（标准差 0.39 g/kg）；有效土层厚度变化范围在 15～95 cm，平均值为 39.58 cm（标准差 16.67 cm）。变异系数大小的结果表明，土壤 pH 的变异系数小于 15%，表现为弱变异；土壤有效磷、速效钾、有机质、全氮和有效土层厚度的变异系数大于 15%，表现为中等变异。

表 11－63 九等地理化属性统计特征

指标	最大值	最小值	平均值	标准差	变异系数（%）
pH	8.50	4.80	6.35	0.82	13
有机质（g/kg）	48.40	10.46	20.65	7.07	34
有效磷（mg/kg）	274.30	6.70	18.30	11.52	63
速效钾（mg/kg）	288	58	108.25	26.87	25
全氮（g/kg）	2.51	0	1.22	0.39	32
有效土层厚度（cm）	95	15	39.58	16.67	42

表 11－64 和图 11－22 显示了九等地有机质、pH、有效磷和速效钾分级的面积占比情况。总体来说，九等地的特征分布与八等地有些相似，中性和微酸性土壤仍然是主要类型，有效磷中等含量和较低含量的土壤占比更高，速效钾中等和较高含量的土壤占比也更高。

表 11－64 九等地主要理化属性特征分级面积

有机质含量级别	面积（hm²）	pH 级别	面积（hm²）	有效磷含量级别	面积（hm²）	速效钾含量级别	面积（hm²）
缺乏	11 088.62	酸性	22 045.18	较低	64 886.29	较低	11 015.82
较缺乏	77 217.46	微酸性	66 833.41	中	71 878.78	中	50 062.54
适量	40 579.27	中性	48 093.05	较高	12 153.65	较高	73 239.11
丰富	21 856.19	碱性	13 769.90	高	1 822.82	高	16 424.07

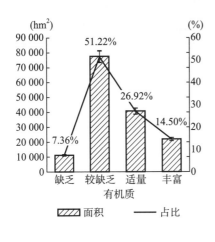

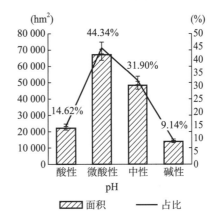

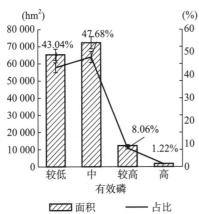

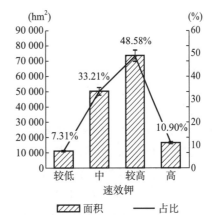

图 11－22 九等地主要理化属性特征分级比例

其中，有机质含量缺乏的土壤面积为 11 088.62 hm²，占比为 7.36%；较缺乏的面积更大，达到 77 217.46 hm²，占比高达 51.22%；适量的面积为 40 579.27 hm²，占比为 26.92%；丰富的面积为 21 856.19 hm²，占比为 14.50%。

酸性土壤的面积为 22 045.18 hm²，占比为 14.62%；微酸性土壤的面积为 66 833.41 hm²，占比为 44.34%；中性土壤的面积为 48 093.05 hm²，占比为 31.90%；碱性土壤的面积为 13 769.90 hm²，占比为 9.14%。

有效磷含量较低的土壤面积为 64 886.29 hm²，占比为 43.04%；中含量的面积为 71 878.78 hm²，占比为 47.68%；较高含量的面积为 12 153.65 hm²，占比为 8.06%；高含量的面积为 1 822.82 hm²，占比为 1.22%。

速效钾含量较低的土壤面积为 11 015.82 hm²，占比为 7.31%；中含量的面积为 50 062.54 hm²，占比为 33.21%；较高含量的面积为 73 239.11 hm²，占比为 48.58%；高含量的面积为 16 424.07 hm²，占比为 10.90%。

十、十等地主要特征

(一) 区域分布

按表 11 - 65 显示，四川紫色土十等地面积最大，达到 39 620.83 hm²，占比为 52.44%；重庆十等地面积为 20 002.62 hm²，占比为 26.47%；云南十等地面积为 11 585.16 hm²，占比为 15.33%；贵州十等地面积为 2 993.70 hm²，占比为 3.96%；陕西十等地面积为 937.48 hm²，占比为 1.24%；湖南十等地面积较小，为 306.03 hm²，占比为 0.41%；湖北十等地面积为 78.11 hm²，占比为 0.10%；福建和河南十等地面积相对较小，占比分别为 0.04% 和 0.01%。

表 11 - 65　十等地分布统计

省份	面积（hm²）	占比（%）
四川	39 620.83	52.44
重庆	20 002.62	26.47
云南	11 585.16	15.33
贵州	2 993.70	3.96
陕西	937.48	1.24
湖南	306.03	0.41
湖北	78.11	0.10
福建	26.65	0.04
河南	6.48	0.01
总计	75 557.06	100.00

(二) 理化性状

表 11 - 66 可得出，十等地 pH 变化范围在 4.40~8.40，平均值为 6.47（标准差 0.86）；土壤有机质含量变化范围在 9.55~50.40 g/kg，平均值为 19.21 g/kg（标准差 5.04 g/kg）；土壤有效磷含量变化范围在 6.90~66.90 mg/kg，平均值为 17.27 mg/kg（标准差 6.70 mg/kg）；土壤速效钾含量变化范围在 61.00~278.50 mg/kg，平均值为 102.82 mg/kg（标准差 25.82 mg/kg）；土壤全氮含量变化范围 0~2.32 g/kg，平均值为 1.16 g/kg（标准差 0.32 g/kg）；有效土层厚度变化范围在 15~88 cm，平均值为 30.55 cm（标准差 14.97 cm）。变异系数大小的结果表明，土壤全氮的变异系数小于 15%，表现为弱变异；土壤 pH、有效磷、速效钾、有机质和有效土层厚度的变异系数大于 15%，表现为中等变异。

表 11 - 66　十等地理化属性统计特征

指标	最大值	最小值	平均值	标准差	变异系数（%）
pH	8.40	4.40	6.47	0.86	74
有机质（g/kg）	50.40	9.55	19.21	5.04	2 536
有效磷（mg/kg）	66.90	6.90	17.27	6.70	4 486
速效钾（mg/kg）	278.50	61.00	102.82	25.82	66 648
全氮（g/kg）	2.32	0	1.16	0.32	10
有效土层厚度（cm）	88	15	30.55	14.97	22 418

表 11 - 67 和图 11 - 23 显示了紫色土十等地有机质、pH、有效磷和速效钾分级的面积占比情况。

表 11 - 67　十等地主要理化属性特征分级面积

有机质含量级别	面积（hm²）	pH 级别	面积（hm²）	有效磷含量级别	面积（hm²）	速效钾含量级别	面积（hm²）
缺乏	6 159.54	强酸性	26.65	较低	26 871.95	较低	4 969.50
较缺乏	38 341.37	酸性	6 045.65	中	42 302.65	中	31 663.46
适量	24 016.55	微酸性	40 300.56	较高	6 256.22	较高	33 591.71
丰富	7 039.60	中性	17 061.70	高	126.24	高	5 332.39
		微碱性	12 122.50				

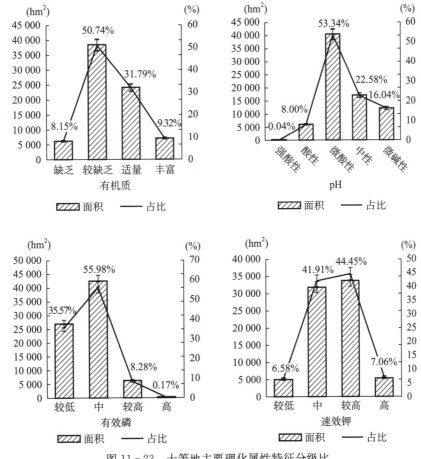

图 11 - 23　十等地主要理化属性特征分级比

有机质含量缺乏的土壤面积为 6 159.54 hm²，占比为 8.15%；较缺乏的面积更大，达到 38 341.37 hm²，占比高达 50.74%；适量的面积为 24 016.55 hm²，占比为 31.79%；丰富的面积为 7 039.60 hm²，占比为 9.32%。

强酸性土壤面积为 26.65 hm²，占比为 0.04%；酸性土壤面积为 6 045.65 hm²，占比为 8.00%；微酸性土壤占据 40 300.56 hm²，占比为 53.34%；中性土壤的面积为 17 061.70 hm²，占比为 22.58%；微碱性土壤占据 12 122.50 hm²，占比为 16.04%。

有效磷含量较低的土壤面积为 26 871.95 hm²，占比为 35.57%；中含量的面积为 42 302.65 hm²，占比为 55.98%；较高含量的面积为 6 256.22 hm²，占比为 8.28%；高含量的面积为 126.24 hm²，占比为 0.17%。

速效钾较低含量的土壤面积为 4 969.50 hm²，占比为 6.58%；中含量的面积为 31 663.46 hm²，占比为 41.91%；较高含量的面积为 33 591.71 hm²，占比为 44.45%；高含量的面积为 5 332.39 hm²，占比为 7.06%。

第十二章

紫色土酸化特征与防控技术 >>>

土壤酸化是水热丰富的热带和亚热带地区主要的土壤退化问题，全球酸性土壤约占陆地总面积的30%，约50%的耕地和潜在可耕地属于酸性土壤，中国酸性土壤约占国土总面积的22.7%。酸性土壤不仅限制了农业生产力，而且对生物多样性和生态环境造成了负面影响（沈仁芳、赵学强，2019）。紫色土主要分布在我国南方热带和亚热带地区，是川渝地区最为重要的农耕土壤。紫色土分为酸性紫色土、中性紫色土和石灰性紫色土3个亚类。近年来，紫色土的酸化问题越发严峻，酸性紫色土占比不断增加，中性紫色土和石灰性紫色土的占比下降明显。紫色土酸化已对区域农业发展产生一定的负面影响，亟须对紫色土的酸化问题进行系统梳理，寻求酸性紫色土的可持续利用措施，保障农业生产，保护生态环境。

第一节　紫色土酸化现状

一、土壤酸化的概念

土壤酸碱度是极为重要的土壤属性，不同类型土壤的酸碱度不同。通常按土壤 pH 由低到高将土壤酸碱度分为5级：pH<5.0 为强酸性，pH 5.0~6.5 为酸性，pH 6.5~7.5 为中性，pH 7.5~8.5 为碱性，pH>8.5 为强碱性（徐建明，2019）。土壤酸化是指自然产生的氢离子（H^+）或外部投入的 H^+ 消耗土壤中酸缓冲物质，导致土壤 pH 不断降低、土壤交换性酸不断增加的过程。土壤酸化是伴随土壤发生和发育的一个自然过程，伴随着盐基离子（K^+、Na^+、Ca^{2+}、Mg^{2+}）的流失和致酸离子（H^+ 和 Al^{3+}）的富集。当降水量大于蒸发量时，土壤会发生淋溶，即进入土壤中的水带着土壤中的可溶性物质沿剖面向下迁移进入地下水，或随地表径流进入地表水。由于 H^+ 的性质非常活泼，当降水中含有 H^+ 或土壤中有 H^+ 产生时，这些 H^+ 很容易与土壤发生反应而消耗土壤中的碱性物质。另外，土壤中的碱性物质也可在淋溶过程中随水分迁移。这两个过程使土壤中的碱性物质不断消耗，土壤的酸碱平衡被破坏，土壤逐渐呈酸性反应。土壤自然酸化的早期，土壤中碳酸盐的溶解和硅酸盐矿物的风化消耗 H^+，导致土壤 pH 逐渐下降；随后强烈的淋溶作用使土壤表面交换位上的盐基阳离子逐渐被淋失，交换性酸（交换性 H^+ 和交换性 Al^{3+}）逐渐形成，土壤呈酸性或强酸性反应。因此，高温多雨的热带、亚热带地区以及湿润的寒温带地区（北欧和北美）多分布酸性土壤（红壤和灰化土）（徐仁扣，2015）。土壤自然酸化非常缓慢，据估算，自然条件下红壤 pH 下降1个单位需要上百万年。但各种人类活动正在引起土壤酸化速度的加快。过去20年间，中国农田生态系统、森林生态系统和草原生态系统土壤 pH 分别下降了0.42个单位、0.37个单位和0.62个单位（沈仁芳、赵学强，2019）。人为活动对土壤酸化的影响主要包括大气酸沉降和不当的农业措施（Lu et al.，2014）。

二、紫色土酸化趋势

紫色土作为一种非地带性土壤，主要在我国南方地区与黄壤、红壤等地带性酸性土壤复区分布。在《中国土壤分类与代码》（GB/T 17296—2009）中，紫色土属于初育土纲、石质初育土亚纲中的一个土类。依据成土母质的基本类型和土壤的理化性质,以土壤pH和碳酸钙含量为主要分异指标,将紫色土划分为酸性紫色土、中性紫色土、石灰性紫色土3个亚类(表12-1)。土壤pH小于6.5,碳酸钙含量小于1%,划分为酸性紫色土;土壤pH 6.5~7.5,碳酸钙含量1%~3%,划分为中性紫色土;土壤pH大于7.5,碳酸钙含量大于3%,划分为石灰性紫色土(四川省农牧厅,1995)。酸性紫色土主要是由酸性紫色母岩直接发育形成和盐基饱和紫色母岩在成土过程中因游离钙质与盐基物质大量淋失而形成。

表12-1 紫色土在中国土壤发生学分类中的位置(括号中为土属)

土纲	亚纲	土类	亚类
初育土	土质初育土	黄绵土	黄绵土
		红黏土	典型红黏土、钙积红黏土、复盐基红黏土
		新积土	典型新积土、冲积土、珊瑚沙土
		龟裂土	龟裂土
		风沙土	荒漠风沙土、草原风沙土、草甸风沙土、滨海风沙土
	石质初育土	石灰(岩)土	红色石灰土、黑色石灰土、棕色石灰土、黄色石灰土
		火山灰土	典型火山灰土、暗火山灰土、基性岩火山灰土
		紫色土	酸性紫色土(酸紫砾泥土、酸紫砂土、酸紫壤土、酸紫黏土)
			中性紫色土(紫砾泥土、紫砂土、紫壤土、紫泥土)
			石灰性紫色土(灰紫砾泥土、灰紫砂土、灰紫壤土、灰紫泥土)
		磷质石灰土	典型磷质石灰土、硬盘磷质石灰土、盐渍磷质石灰土
		粗骨土	酸性粗骨土、中性粗骨土、钙质粗骨土、硅质岩粗骨土
		石质土	酸性石质土、中性石质土、钙质石质土、含盐石质土

近年来,受自然因素和人为因素的共同影响,紫色土的酸化问题突出,已对农业生产造成负面影响。当前,紫色土的酸化问题表现为中性紫色土和石灰性紫色土比例降低,酸性紫色土和强酸性紫色土比例增高,尤其是中性紫色土正在快速变酸。基于2005—2018年测土配方施肥系统中所采集的四川、重庆、云南、湖北、贵州、湖南、广西、浙江、广东、河南、安徽、福建、陕西、江西、江苏15个省份共计7 384个紫色土耕地样品的土壤pH(图12-1),紫色土的pH范围为3.8~8.9。pH小于6.5的酸性紫色土样品数为3 541个,占比48.0%,其中,酸性紫色土中pH小于5.0的强酸性土壤793个,占比10.8%;pH 5.0~6.5的酸性土壤占比37.2%。pH 6.5~7.5的中性紫色土样品数为1 289个,占比17.4%。pH大于7.5的石灰性紫色土2 554个,占比34.6%,其中,pH 7.5~8.5的碱性土壤2 443个,占比33.1%;pH大于8.5的强碱性土壤111个,占比1.5%。

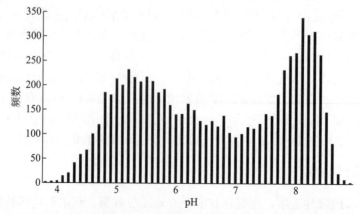

图12-1 我国紫色土耕地土壤样品pH分布特征(基于2005—2018年测土配方施肥采样)(总样本数=7 384)

如表 12-2 所示，除四川外，其余 6 个省份所采集的紫色土土样中酸性紫色土的占比均超过了 50%。各省份酸性紫色土样点数占比由多到低依次为广西（89.0%）、贵州（68.9%）、云南（59.9%）、重庆（57.6%）、湖北（53.4%）、湖南（51.5%）、四川（31.6%）。所以，大范围的紫色土存在酸化问题，部分省份的酸性紫色土占比较大，土壤酸化较为严重。

表 12-2　基于 2005—2018 年测土配方施肥采样的紫色土分布主要省份的土壤 pH 统计结果

项目	四川 (n=3 133)		重庆 (n=2 219)		云南 (n=967)		湖北 (n=350)		贵州 (n=267)		湖南 (n=134)		广西 (n=118)	
	样本量 (个)	百分比 (%)	样本量 (个)	百分比 (%)	样本量 (个)	百分比 (%)	样本量 (个)	百分比 (%)	样本量 (个)	百分比 (%)	样本量 (个)	百分比 (%)	样本量 (个)	百分比 (%)
酸性紫色土 (pH<6.5)	990	31.6	1 279	57.6	579	59.9	187	53.4	184	68.9	69	51.5	105	89.0
强酸性 (pH<5.0)	258	8.2	291	13.1	64	6.6	36	10.3	42	15.7	19	14.2	39	33.1
酸性 (pH 5.0~6.5)	732	23.4	988	44.5	515	53.3	151	43.1	142	53.2	50	37.3	66	55.9
中性紫色土 (pH 6.5~7.5)	509	16.2	337	15.2	247	25.5	77	22.0	43	16.1	38	28.4	9	7.6
石灰性紫色土 (pH>7.5)	1 634	52.2	603	27.2	141	14.6	86	24.6	40	15.0	27	20.1	4	3.4
碱性 (pH 7.5~8.5)	1 559	49.8	569	25.7	141	14.6	85	24.3	40	15.0	26	19.4	4	3.4
强碱性 (pH>8.5)	75	2.4	34	1.5	0	0.0	1	0.3	0	0.0	1	0.7	0	0.0

在第二次全国土壤普查时，已发现川渝地区酸性紫色土面积达 3 124 万亩，占紫色土总面积的 22.86%（四川省农牧厅，1995）。据李士杏等（2005）对重庆地区侏罗系沙溪庙组和遂宁组紫色母岩发育紫色土的采样分析发现，在 1984 年左右，酸性紫色土、中性紫色土和石灰性紫色土的占比分别为 38.0%、21.4% 和 40.6%。而在 20 世纪初，种植玉米等一般大田作物用地的酸性紫色土、中性紫色土和石灰性紫色土的占比分别为 47.6%、14.3% 和 38.1%，紫色土中蔬菜用地的酸性紫色土、中性紫色土和石灰性紫色土的占比分别为 58.5%、35.8% 和 5.7%。由图 12-2 可见，在短短的不足 20 年间，紫色土的酸化趋势明显，菜地土壤的酸化程度大于一般大田作物用地。

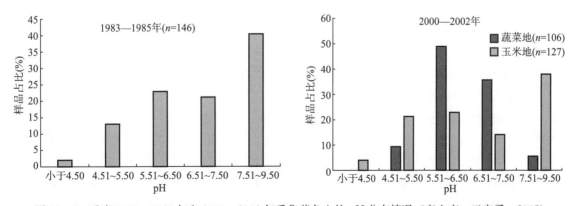

图 12-2　重庆 1983—1985 年和 2000—2002 年采集紫色土的 pH 分布情况（李士杏、王定勇，2005）

以四川盆地典型的紫色丘陵区眉山市仁寿县为例，1981—2012 年，表层土壤 pH 降低了 0.30 个单位。其中，林草地 pH 无明显降低，但水田和园地的表层土壤 pH 分别降低了 0.32 个单位和 0.50

个单位，农用地土壤酸化严重。在这一区域，中生代三叠系、侏罗系和白垩系紫色岩层发育的土壤表层 pH 在这 30 年间分别降低了 0.69 个单位、0.13 个单位和 0.51 个单位。这一紫色丘陵区主要土壤类型紫色土、水稻土和黄壤的 pH 在 30 年内分别下降了 0.18 个单位、0.32 个单位和 0.54 个单位（Li et al.，2019）。重庆采集的逾 14 万个耕地土壤样品测试结果显示，pH 小于 6.5 的酸性土壤占 60.3%，与第二次全国土壤普查相比，土壤 pH 降低趋势明显（李红梅等，2011）。2010 年，*Science* 发表的论文称中国的耕地在 20 世纪 80 年代至 2009 年土壤 pH 显著降低（图 12-3），其中，西南地区的紫色土（粗骨土、石质土）等土壤的 pH 均值在 20 世纪 80 年代为 6.42（范围为 4.50~8.30），而到 2000 年后，粮棉油等农作物用地的土壤 pH 均值为 5.66，降幅达 0.76 个单位；果菜茶等经济作物种植用地的土壤 pH 均值为 5.62，降幅达 0.80 个单位。相比于红壤、水稻土、黑土、潮土、风积土等其他类型土壤，紫色土的土壤 pH 降幅最大，酸化速度最快（Guo et al.，2010）。王齐齐等（2018）分析了我国西部地区 8 个紫色土长期定位试验监测点的数据得出，29 年的常规施肥管理模式使紫色土 pH 下降了 0.24 个单位，且土壤 pH 的显著下降可能是导致小麦减产的主要原因。

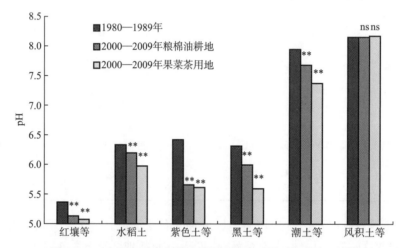

图 12-3　中国主要农业用地耕层土壤在不同时期的 pH 均值

注：**指与 1980—1989 年相比，pH 存在极显著差异（$P < 0.01$）。ns 指与 1980—1989 年相比，pH 差异未达显著性水平。红壤等包括红壤、黄壤、红黄壤、燥红壤、砖红壤；紫色土等包括紫色土、粗骨土、石质土；黑土等包括黑土、暗棕壤、棕壤、黄棕壤、白浆土、草甸土、沼泽土、草毡土、黑毡土；潮土等包括潮土、灌淤土、冲积土、褐土、黑垆土、黄绵土、栗褐土、砂姜黑土、黄褐土、黄土；风积土等包括风积土、黑钙土、棕钙土、灰漠土、灰棕漠土、灰褐土、栗钙土、棕漠土、寒钙土、灌漠土（Guo et al.，2010）。

三、土壤酸化的危害

当土壤 pH 较低时，会对农业生产造成严重的负面影响，作物产量和品质降低。其原因有以下几点。

1. 适宜不同植物正常生长的土壤酸碱度存在差异　植物对土壤酸碱性的适应是长期自然选择的结果，大多数植物适宜生长在微酸性至弱碱性土壤上，若土壤过酸，则作物生长困难。

2. 不同酸碱度土壤的肥力特征不同　随着土壤变酸，土壤胶体表面吸附的盐基离子不断被致酸离子取代并随水流失，造成土壤中钙、镁等元素的缺乏。一般而言，随着土壤变酸，土壤中钙、镁、钾、氮、硫、磷、硼、钼等植物必需营养元素的含量或生物有效性降低。此外，酸化会影响土壤中的微生物群落结构和酶活性，从而影响土壤的生物肥力。土壤 pH 越低，土壤细菌丰度也会降低。一般认为，土壤酸化会导致土壤板结，其原因就在于土壤酸化后缺乏胶结土壤黏粒的钙、镁离子，不能形成良好的土壤团粒结构。

3. 酸化增加土壤中有害金属和重金属元素活性　土壤酸化使铝、锰、镉、铅等金属离子的活性大大增加，有可能对植物产生铝、锰毒害，从而影响作物生长，或造成植物体内铅、镉等重金属含量超标。当土壤 pH 降低 1 个单位，土壤镉的活性升高 100 倍。所以，在很多情况下，作物对重金属吸收增多不完全是因为土壤中重金属总量超标，而是因为土壤酸化大幅提高了土壤重金属活性。所以，土壤酸化是一种全球性的土壤退化问题。

当前，紫色土酸化问题较为突出，紫色土酸化导致了土壤盐基离子的损失、土壤酸缓冲性能的下降以及磷素的缺乏，增加了土壤中重金属活性和抑制作物生长（吴云等，2004）。土壤酸化加速了土壤中养分离子尤其是盐基离子的淋失，导致土壤日益贫瘠，土壤结构退化，释放出有害的铝离子和其他重金属离子，使农作物减产、森林退化、水源污染。

第二节　紫色土酸化成因

一、自然因素

土壤中涉及质子迁移和转化的反应非常多。植物在吸收养分的同时向土壤分泌质子，生物代谢产生二氧化碳、可溶性有机酸、酸性有机残余物等，还原态氮和硫氧化产生酸。空气中的二氧化碳溶解于土壤溶液中生成碳酸，大气中的氮气在闪电等作用下形成硝酸，火山喷发产生的 SO_2 被氧化后溶于水形成硫酸。除了来源于外部，在土壤内也有许多反应可以产生氢离子。例如，有机氮的矿化和硝化，有机硫的矿化和氧化，有机磷的矿化，以及金属离子的络合、铵离子的硝化等；土壤由还原态变为氧化态时，还原性物质（如硫化氢、硫化铁、亚铁离子等）的氧化反应中都产生氢离子。对于土壤溶液本身，水的自动离解也产生氢离子。这种自动离解产生的氢离子数量虽然很少，但由于反应是可逆的，氢离子可以源源不断地产生。对于紫色土而言，土壤酸化的自然原因除上述因素影响外，成土母质的岩性差异和地形作用下的物质运移差异也是紫色土酸化的重要原因。

（一）成土母质

紫色土是由紫色母岩发育形成并基本保持了母质理化性质的一类土壤，具有成土速度快、发育进程慢的特点。紫色土随紫色砂页岩的露头展布而出现，没有地带性。因此，紫色母岩的特征深刻地影响了紫色土的酸碱度。一般认为，紫色母岩指地质学上的"红层"，主要包括中生界三叠系、侏罗系、白垩系和新生界第三系的沉积岩。有的资料指出，一些更老岩层的泥页岩发育的土壤也可称为紫色土。如侯光炯院士在《紫色土肥力研究五十年》一文中就指出，古生界志留系也有紫色砂页岩的存在。一个地层代表了一定生物气候条件下时间和空间的岩石层序组合，具有一定的共性，但同一地层往往包括了不同的物源、沉积方式和不同的沉积环境，形成的土壤性质不一。紫色沉积岩大多为河湖相和浅海相的沉积岩，主要为砂岩、泥岩、页岩，另有少量砾岩和泥灰岩，不包括石灰岩。母岩岩性影响紫色土的成土过程和土壤特征，但从距今约 2.5 亿年的三叠系至 250 万年的第三系，时间跨度长，地质成岩作用复杂，想要完全掌握并能在野外准确判断不同地点、不同时期的岩层性状和地质年代绝非易事。《中国紫色土（下）》一书中对全国各地的部分紫色岩层作了介绍，虽不完全，但也是复杂繁多。因此，需要梳理总结出紫色母岩的岩性特点，理解其对紫色土性质的影响。紫色岩层大概可归纳为 3 类：①泥岩为主。包括厚泥岩、厚页岩、厚泥（页）岩夹薄砂岩。②砂岩为主。包括厚粗砂岩、厚细砂岩、厚粉砂岩、厚砾岩、厚砂岩夹薄泥（页）岩。③砂泥（页）岩互层。包括等厚和不等厚砂泥（页）岩互层。

不同岩性紫色母岩的碳酸盐含量、黏粒组成和岩石的透水性不同，从而影响包括酸碱度在内的土壤理化性质。紫色母岩的碳酸盐含量越高，发育的土壤越难酸化。砂岩的黏粒含量低、透水性好，岩层越厚，透水性和容水量越大，岩石中石灰质越容易淋失，形成的土壤易呈酸性反应。泥岩的黏粒含量高、透水性差，所以，在不考虑其他成土因素时，紫色泥岩发育形成的紫色土因阳离子交换量越大、钙质流失量少，土壤不易酸化。如川渝地区侏罗系遂宁组岩层以厚层红棕紫色泥岩为主，且母岩富含钙质，发育紫色土的 pH 多为碱性，土壤不易酸化。其他诸如侏罗系蓬莱镇和沙溪庙组泥岩发育的紫色土也常有碳酸盐反应。而紫色砂岩发育形成的紫色土阳离子交换量较低，钙质流失快，发育的土壤易酸化。如白垩系夹关组或正阳组厚层红色砂岩因透水性好、钙质流失快，其离地表 10 多米深的岩层已是盐基不饱和砂岩，发育的土壤具有较明显的"酸、瘦"特征。但泥岩或砂岩发育的紫色土在酸化后，哪种类型土壤的活性酸、潜性酸、交换性盐基成分和盐基饱和度更高或更低，应具体情况具体分析。表 12-3 所示的是侏罗系沙溪庙组（J_2s）砂岩泥岩互层（采自重庆北碚）、侏罗系遂宁组（J_3s）泥岩（采自重庆潼南）和白垩系夹关组（K_2j）砂岩（采自四川宜宾）3 种紫色母岩发育紫色土的剖面 pH。紫色土的酸碱度特征受母岩性质的影响极大，不同母质发育的紫色土 pH 差异较大。X线衍射图谱表明（图 12-4），侏罗系沙溪庙组和侏罗系遂宁组紫色母岩的矿物组成丰富，富含云母、长石等原生矿物和蒙脱石、伊利石等 2:1 型层状硅酸盐矿物，而白垩系夹关组紫色母岩主要以石英为主，还有 1:1 型层状硅酸盐矿物高岭石。侏罗系沙溪庙组和侏罗系遂宁组紫色母岩含有一定量的方解石，且侏罗系遂宁组紫色母岩的碳酸钙含量更高。酸性紫色土各层次均表现为酸性，主要是因为白垩系夹关组砂岩沉积于干旱条件下的沙漠间河流碎屑相，岩层出露后，水分易深入岩石内部至深层，易溶解并淋出碱金属和碱土金属化合物，致使岩石在风化成碎屑风化壳之前就发生了岩性的变化，砂岩以风化程度较高的盐基不饱和砂岩为主，故碎屑风化壳以酸性为主，后期发育形成的土壤也为酸性。侏罗系沙溪庙组紫色母岩还含有一定的钙质成分，形成的风化壳和土壤 pH 一般初始为中性至弱碱性。但受土壤发育程度和人类耕作活动的影响，土壤中的钙质成分容易损失殆尽，土壤极易发生酸化。所以，土壤 pH 从母质层向表层逐渐降低，表层土壤已发生酸化。而由于侏罗系遂宁组泥岩富含碳酸钙，发育的土壤仍有较多碳酸钙，致使土壤 pH 均维持在 8.0 以上的较高水平。所以，紫色母岩的岩性特征是影响其发育成土酸碱度的重要因素。

表 12-3 侏罗系沙溪庙组（J_2s）、侏罗系遂宁组（J_3s）和白垩系夹关组（K_2j）紫色母岩发育紫色土的剖面 pH

土层深度（cm）	J_2s	J_3s	K_2j
0~10	5.7	8.0	4.3
10~20	5.8	8.2	4.3
20~30	6.0	8.4	4.5
30~40	6.6	8.4	4.6
40~50	6.9	8.3	4.5
50~60	7.1	8.2	4.4
60~70	—	8.3	4.3
母岩	8.1	8.5	4.4

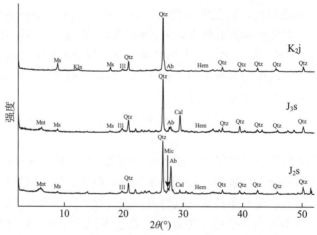

图 12-4 侏罗系沙溪庙组（J_2s）、侏罗系遂宁组（J_3s）和白垩系夹关组（K_2j）紫色母岩的 X线衍射图谱

注：Mnt 表示蒙脱石、Ms 表示云母、Qtz 表示石英、Mic 表示微斜长石、Ab 表示钠长石、Ill 表示伊利石、Hem 表示赤铁矿、Cal 表示方解石、Kln 表示高岭石。2θ 表示采用 Cu 的 $K\alpha$ 射线产生的衍射角。

（二）地形部位

同母岩一样，地形也是成土五因素之一。紫色土主要分布在丘陵和低山地区，水土在不同地形部位上重新分配，导致不同地形部位上土壤的机械组成、胶体数量、土层厚薄以及持水力、保肥供肥性能、抗旱耐涝能力、生产性能出现很大差异。因此，地形对紫色土的发育过程和酸碱度影响较大。在地形作用下，即使是数十米方圆的范围内，不同地貌位置紫色土的土壤发育特征、水文特征和土地利用方式差异极大。紫色母岩以物理风化为主，影响风化速度和堆积物稳定性的因素除气候外，首要因素为地形。自然状态下丘陵区不同部位紫色土的物质运移过程不同，通常土壤的土层厚度和发育程度从坡顶到坡底逐渐增加（唐嘉鸿等，2018）。由于土壤遭受冲刷严重，在丘陵顶部常有紫色砂岩或泥岩等母岩出露。紫色母岩黏土矿物含量丰富，吸水能力强，受湿热膨胀作用的影响极易发生物理风化，因此常在丘陵顶部或紧邻顶部的地方形成紫砂土或石骨土。随着地形部位的往下，受地形水文作用的影响，土壤进一步发生化学风化作用，土壤中黏粒含量逐步增加，依次发育形成半沙半泥土或泥夹石骨子土和大眼泥或豆瓣泥。在丘陵底部时，土壤耕作类型主要为水稻土，地下水位较低。受丘陵上部水分淋溶作用和水分侧渗的影响，存在铁、锰的还原和游离铁、锰的漂洗过程，因此常形成紫黄泥和白鳝泥。

表 12-4 所示，从重庆市合川区采集的侏罗系沙溪庙组（J_2s）紫色泥页岩丘陵地区不同地形部位采集的紫色土可以看出，紫色砂岩和泥岩由于富含碳酸盐而均具有较高的 pH，所有土壤均为碱性土（谭孟溪等，2018）。当从紫色母岩发育成紫色土后，部分紫色土的 pH 由碱性变为酸性。从丘陵顶部到底部，紫色土的发育程度逐渐增加，酸性土所占的比例逐渐增加，且碱性土的碳酸盐含量也逐渐降低。例如，26 个石骨子土中碱性土壤有 21 个，酸性土壤有 5 个，酸性土壤所占的比例仅为 19%。而半沙半泥土、大眼泥和紫黄泥中酸性土壤所占的比例分别为 37%、50% 和 76%。碱性石骨子土的碳酸盐含量为（40.3±29.2）g/kg，而碱性紫黄泥的碳酸盐含量仅为（16.4±5.40）g/kg。所以，在微地形的作用下，不同地形部位的紫色土酸化程度不同，位于丘陵坡中下部的紫色土因发育程度更深，酸化范围更大。在低丘或缓坡这种小地形的作用下，由于水在微地形中迁移，有利于铁锰氧化物的水化与盐基物质的淋失，随着水化度与物质淋洗程度加强，紫色土由黄化、酸化至白鳝化而导致土壤贫瘠化，从坡顶到坡底，尽管土体厚度增加明显，但土壤酸度、钙质养分和阳离子交换量逐渐降低（表 12-5）。

表 12-4　不同地形部位侏罗系沙溪庙组紫色母岩和紫色土的 pH 和碳酸盐含量

位置	母岩或土壤类型	pH	中性土壤和石灰性土壤（pH≥6.5）		酸性土壤（pH<6.5）		
			数量（个）	碳酸盐（g/kg）	数量（个）	占比（%）	pH
坡上 ↓ 坡下	砂岩（n=19）	6.6~9.1	19	64.0±62.7a	0	0	—
	泥岩（n=14）	8.2~9.6	14	58.7±41.7a	0	0	—
	石骨子土（n=26）	4.6~8.8	21	40.3±29.2ab	5	19	5.1±0.5a
	半沙半泥土（n=19）	4.5~8.1	12	28.7±4.96b	7	37	5.3±0.6a
	大眼泥（n=20）	4.6~8.0	10	21.6±7.78b	10	50	5.3±0.5a
	紫黄泥（n=21）	4.3~7.5	5	16.4±5.40b	16	76	5.5±0.6a

注：同一列数据后不同小写字母表示母岩或土壤类型间差异达到显著水平（$P<0.05$）。

表 12-5　地形部位对侏罗系遂宁组紫色母岩发育紫色土酸化的影响（杨学春、朱亚萍，1995）

地形部位	土壤	土体厚度（cm）	pH	CaCO₃（g/kg）	阳离子交换量（cmol/kg）
丘顶坡上部	红石骨子土	30	8.0	96.9	17.8
	红石骨子泥土	50	8.1	95.8	21.7

（续）

地形部位	土壤	土体厚度（cm）	pH	CaCO₃（g/kg）	阳离子交换量（cmol/kg）
坡下部	红棕紫泥土	90	7.9	44.7	19.7
坡下平地	黄紫泥土	>100	5.8	0	11.7
缓坡平地	白鳝泥土	>100	5.4	0	9.6

随着海拔的增加，气候带的垂直分布差异是促进土壤差异发育的主要因素。低温高湿降水多的气候环境使一些高海拔山区露出的紫色岩层发育的土壤盐基淋失而使得土壤酸化明显。同时，土壤的主要呈色物质由沼铁矿和水铁矿主导，发育的土壤已不再是紫色土，而是地带性的酸性土壤黄壤，甚至是黄棕壤。

二、人为因素

目前，导致土壤加速酸化的人为因素研究主要集中在酸沉降、不合理施肥以及耕作管理措施。

（一）酸沉降

工业、汽车尾气等人类活动对土壤酸化的最主要影响是通过大气酸沉降加速土壤酸化。酸沉降物包括酸雨、酸雪、酸雾、酸露和酸性降尘，其中，以酸雨的数量最大、分布最广。酸性沉降物到达地面后，因其酸度大、强度高而引起的土壤酸化，已是温湿地区普遍存在的问题。我国曾是继欧洲和北美洲之后的世界第三大酸雨区，且我国的酸雨区主要集中在中部和西南地区。20世纪80年代中期至2000年左右，受酸沉降的影响，重庆农用地和蔬菜地中的石灰性紫色土减少，而酸性紫色土和强酸性紫色土比例明显增加（李士杏、王定勇，2005）。牟树森等（1988）调查发现，当中性紫色土的位置更加靠近电厂的酸性沉降物污染范围时，土壤的酸化面积更多（表12-6）。非酸性降雨不会导致土壤酸化程度的加深（吴云等，2005）（表12-7）。但当降雨pH较低时，对紫色土会产生不同的酸化危害（表12-8）（牟树森，1990）。对于富含钙质的石灰性紫色土，如果土壤的钙质未在酸雨淋溶后完全淋失，土壤仍将保持较高的pH。但是，中性紫色土和酸性紫色土在酸雨淋溶后，土壤pH明显降低，酸雨的pH越低、酸雨淋溶处理的年限越长，则土壤酸化越严重。我国自20世纪80年代以来，经济发展迅速，矿物燃料的应用大幅增加，由此带来的酸沉降危害区域也迅速蔓延。

表12-6 距离重庆电厂不同距离的乡镇土壤不同酸碱度占比

紫色土分布区域	相对位置	微碱性土占比（%）	中性土占比（%）	酸性土占比（%）	强酸性土占比（%）
原九龙乡	近电厂 （0~5.3 km）	25.0	0	53.2	21.8
原八桥乡	远电厂 （4.5~9.0 km）	33.9	4.8	45.4	15.9

注：区域土壤原属中性紫色土，在1958年第一次全国土壤普查时，土壤pH为6.5~7.5。

表12-7 采用pH 6.1的非酸性降雨连续淋溶酸性紫色土和石灰性紫色土1个月后的土壤pH

土壤	淋溶土柱位置	淋洗前土壤pH	淋洗后土壤pH
酸性紫色土	上	5.80	5.81
	中	5.74	5.83
	下	5.81	5.83
石灰性紫色土	上	7.63	7.68
	中	7.71	7.76
	下	7.70	7.73

紫色土酸化特征与防控技术

表 12-8 不同 pH 酸雨对石灰性紫色土、中性紫色土和酸性紫色土淋溶不同年限当量降雨量后的土壤 pH

模拟酸雨 pH	石灰性紫色土				中性紫色土				酸性紫色土			
	初始	1 年	5 年	10 年	初始	1 年	5 年	10 年	初始	1 年	5 年	10 年
2		7.73	7.21	7.17		4.37	3.46	2.83		3.86	3.14	2.91
4	8.31	8.50	8.41	8.44	6.33	6.47	6.36	6.25	5.31	5.38	5.55	5.54
6		8.48	8.46	8.42		6.55	6.49	6.49		5.45	5.38	5.01

近年来，随着我国环境质量条件的改善，各地降雨的酸度和酸雨（pH≤6.5）降雨频率均在降低。以紫色土分布面积较广的重庆为例，重庆地处我国西南酸雨区，酸沉降对土壤酸化有一定的贡献，1981—1994 年，重庆降水 pH（包括雨、雪）范围为 4.09～4.70，酸雨发生频率大于 70%。并且在这 10 多年间，酸雨的覆盖面积逐渐增大，蔓延速度惊人（周百兴、徐渝，1996）。巴金等（2008）对重庆 1997—2006 年 10 年间酸雨时空分布和季节性变化的研究表明，重庆西南部酸雨形势变化不大，但东北部日趋严重，酸化范围仍在扩大。2007 年，重庆酸雨控制城镇降水 pH 均值为 4.57，酸雨频率为 56.6%。与 2006 年相比，降水 pH 年均值下降 0.13，酸雨频率下降 3.2 个百分点。2008 年重庆酸雨控制区城镇降水 pH 均值为 4.67，酸雨频率为 59.2%，降水 pH 均值上升了 0.10，但酸雨频率上升了 2.6 个百分点。2009 年重庆酸雨控制区城镇降水 pH 均值为 4.77，酸雨频率为 53.2%。根据 2010—2022 年的《重庆市环境质量简报》（表 12-9），13 年中，重庆市的降雨 pH 均值逐步提高，从 2010 年的 4.87 增加到 2022 年的 5.85。酸雨频率明显降低，从 2010 年的 47.3% 降低到 2022 年的 7.8%。可见，目前重庆地区降雨 pH 呈弱酸性，pH 5.6 以下的酸雨降雨频率不足 10%。所以，工业生产所导致的酸沉降在加速土壤酸化过程中的作用越来越小。

表 12-9 2010—2022 年《重庆市环境质量简报》所发布的酸雨情况

监测年度	降雨 pH 均值	降雨 pH 范围	酸雨频率（%）
2010	4.87	3.08～8.41	47.3
2011	4.58	3.15～8.23	54.5
2012	4.71	2.79～8.32	52.9
2013	4.86	3.11～8.23	47.5
2014	5.02	3.01～8.35	41.4
2015	5.36	3.63～8.21	24.5
2016	5.44	4.65～7.18	22.6
2017	5.59	3.69～8.55	15.3
2018	5.49	3.12～8.20	14.0
2019	5.82	4.88～6.25	10.3
2020	5.82	5.13～6.25	8.8
2021	5.82	5.28～6.23	8.7
2022	5.85	5.27～6.42	7.8

（二）不合理施肥

一般认为，不合理的化肥施用是近年来土壤酸化速度加快的主要人为因素。化肥在作物增产增效上有不可替代的作用，但应合理施用。过量施肥致使土壤酸化包括以下几点。

1. 大量施用铵态氮肥 施入土壤中的铵态氮肥被植物吸收或是在土壤中发生硝化作用，均会向土壤中释放质子而酸化土壤。酰胺态氮肥在土壤中经脲酶转化成铵态氮后也会引起土壤中质子的增加。研究表明，过量施用氮肥和植物收获带走盐基离子是我国农田土壤酸化的主要原因，氮肥施用所引起的土壤酸化问题是酸雨的 10～100 倍。我国常规的一年两熟种植制度下每年每公顷投入氮肥约 500 kg，氮的利用效率在 30%～50%，因氮素而贡献的 H^+ 为 20～33 kmol/（hm² · 年）。而在设施蔬菜种植中，施肥造成的土壤酸化更为严重（表 12-10）。

表 12-10　我国 4 种典型种植制度下的氮素收支情况和 H$^+$ 贡献量（Guo et al.，2010）

种植制度	氮沉降＋灌溉 [kg N/（hm^2·年）]		氮肥 [kg N/（hm^2·年）]		氨挥发 (%)	植物吸收 (%)	反硝化 (%)	硝酸根淋失 (%)	产 H$^+$ 量 [kmol/（hm^2·年）]
	NH$_4^+$-N	NO$_3^-$-N	化肥	有机肥					
小麦—玉米轮作	20	14	566	55	16.3	43.9	0.9	38.9	32.8
水稻—小麦轮作	21	20	539	45	5.5	49.6	29.9	15.0	20.2
双季稻	17	21	562	90	22.9	32.1	23.5	21.5	24.4
设施蔬菜	0	261	2 712	1 407	0.67	18.8	25.7	54.8	22.1

　　紫色土中施用的氮肥量越大，土壤硝化作用越强，pH 下降越多。在 25 年（1991—2015 年）的长期定位试验中，施用尿素和 NH$_4$Cl 处理使紫色土的 pH 分别降低了 0.9 个单位和 2.0 个单位，交换性盐基离子分别减少了 10％和 16％（图 12-5）。受土壤硝化作用的影响，向酸性紫色土中不添加、添加 100 mg/kg（NH$_4$）$_2$SO$_4$、添加 200 mg/kg 的（NH$_4$）$_2$SO$_4$ 培养 14 d 后，土壤的 pH 分别降低了 0.16 个单位、0.35 个单位和 0.51 个单位（图 12-6）。外源添加尿素能够促进紫色土氮的矿化和硝化，促使土壤 pH 降低。土壤的矿化速度随着土壤含水量的增加而增加。在紫色土 55％、65％和 75％田间持水量条件下，添加尿素培养 90 d 后，土壤 pH 分别下降了 0.57 个单位、0.66 个单位和 0.72 个单位（田冬等，2016）。

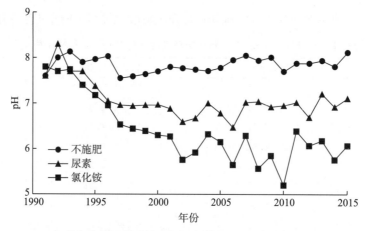

图 12-5　1991—2015 年长期施用尿素和铵态氮肥下紫色土的 pH 变化情况（Zhang et al.，2017）

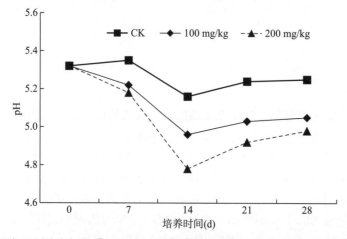

图 12-6　添加不同浓度氮肥［（NH$_4$）$_2$SO$_4$］培养后紫色土的 pH 变化（熊仕娟等，2015）

2. 大量施用酸性或生理酸性肥料　某些肥料受生产工艺和产品特征的影响，肥料 pH 为酸性，这种酸性肥料施入土壤后会直接增加土壤的酸度，如过磷酸钙中含有大量的游离酸，过量施用后可对土壤产生直接的酸化作用，过磷酸钙施入土壤后通过异成分溶解作用产生的 H_3PO_4 能对施肥点周围的土壤产生迅速的酸化。其他一些诸如硫酸钾、氯化钾、硫酸铵、氯化铵的肥料属于生理酸性肥料，这是由于植物对这些肥料中的阴阳离子吸收不平衡，导致作物根系向土壤中释放的质子多于羟基，造成土壤酸化。所以，酸性或生理酸性肥料及以这些肥料为原料加工而成的复合肥不合理地施入土壤后，均可能加速土壤的酸化过程。李忠意（2012）在调查重庆涪陵榨菜种植区土壤酸化特征时发现，榨菜种植区紫色土酸化的主要原因之一就是大量施用过磷酸钙，酸化紫色土中有效磷普遍偏高，且酸化土壤的有效磷与 pH 呈极显著的负相关性（图 12-7）。

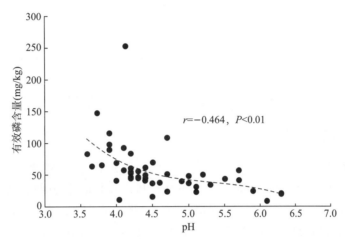

图 12-7　重庆涪陵榨菜种植区酸化紫色土土壤 pH 与有效磷含量的相关性分析

3. 有机肥用量不足　尽管有机肥的肥效远低于化肥，但在促进土壤团聚体形成、维持土壤良好结构和保持土壤健康的生态系统方面有不可或缺的作用，即有机肥对土壤物理和生物肥力的影响重大。此外，大量施用有机肥能够提升土壤中表面官能团的数量，增加土壤的阳离子交换量，提高土壤的酸缓冲性能，抑制土壤酸化。但受农村劳动力缺乏、安全便捷的有机肥物料来源较少、有机肥施用成本效益偏低的影响，有机肥的用量普遍偏低。根据紫色土肥力与肥效国家监测基地的监测数据，在石灰性紫色土、中性紫色土和酸性紫色土上连续 7 年进行不同施肥处理后，3 种类型的紫色土 pH 均表现出以下规律：只施有机肥＞有机肥＋化肥＞只施化肥，只施有机肥处理的中性紫色土和酸性紫色土的 pH 均高于 7 年前的初始土壤 pH，说明施用有机肥不仅能够减缓紫色土的酸化速度，甚至能够对酸性紫色土进行改良（表 12-11）。

表 12-11　连续 7 年不同施肥处理后 3 种类型紫色土的 pH（Zhang et al.，2017）

时间	试验处理	石灰性紫色土	中性紫色土	酸性紫色土
2007 年初始 pH	—	8.35	6.82	5.81
2014 年土样 pH	有机肥	8.31	7.02	6.47
	化肥＋有机肥	8.12	6.07	5.99
	化肥	7.85	4.58	4.31
	不施肥	8.09	5.97	5.88

（三）耕作管理措施

除施肥外，人类活动的耕作管理也对土壤酸化进程有重要影响。作物收获使土壤盐基养分加速失衡。作物单产和耕地的复种指数越来越高，作物收获带走了盐基养分离子，加速土壤中盐基离子的损失并促进土壤酸化。表 12 - 12 所示的是我国 4 种典型种植制度下收获的作物生物量干重、由此带走的盐基阳离子总量和因盐基离子损失而产生的 H^+ 量，每年每公顷因作物收获带走约 25 t 的干物质量，相当于每年每公顷土壤净产生 15～20 kmol 的质子。

表 12 - 12 我国 4 种典型种植制度下收获的作物生物量干重、由此带走的盐基阳离子总量和因盐基离子损失而产生的 H^+ 量（Guo et al.，2010）

种植制度	生物量干重		盐基阳离子带走量		产 H^+ 量 $(kmol/hm^2)$
	果实 (t/hm^2)	茎秆 (t/hm^2)	果实 $(kmol/hm^2)$	茎秆 $(kmol/hm^2)$	
小麦—玉米轮作	11.17	13.84	3.42	15.73	19.15
水稻—小麦轮作	12.21	13.77	3.08	14.76	17.84
双季稻	14.94	13.34	2.16	13.25	15.41
设施蔬菜	6.18	6.34	5.87	9.75	15.62

第三节 紫色土酸化特征

一、紫色土的酸度特征

中国紫色土的总面积为 2 200 万 hm^2，约占全国国土面积的 3%。相比于一些地带性土壤，紫色土的面积要小得多，但由于紫色土的性质受复杂的成土母岩及其他各种因素的影响，从而使不同类型紫色土间的性质差异极大。不同类型紫色土的酸化过程和酸度特征也不尽相同。

由表 12 - 13 可以看出，重庆地区不同地质时期、不同岩性紫色母岩发育的紫色土在相同的活性酸度条件下，土壤的其他酸度特征差异较大。富含钙质的泥岩发育的紫色土不易酸化，如侏罗系遂宁组泥岩发育的紫色土较难找到 pH 小于 5.0 的。表 12 - 8 中的石灰性紫色土因富含钙质，在 pH 4 的酸雨连续淋溶处理 10 年后仍呈碱性，在 pH 2 的酸雨连续淋溶 10 年后 pH 也未达到酸性范围。在相同土壤活性酸度条件下，酸性紫色土的交换性 Ca^{2+}、交换性盐基总量和有效阳离子交换量（ECEC）大致有如下关系：泥岩为主发育的紫色土＞泥岩砂岩互层发育的紫色土＞砂岩为主发育的紫色土。所以，一般钙质泥岩发育的紫色土在酸化后的盐基养分离子含量仍然较高，而部分砂岩发育的紫色土在酸化后不仅存在酸，而且存在盐基养分缺乏的"瘦"的问题。

表 12 - 13 不同母岩发育的 pH 5.0 左右的紫色土的理化性质

成土母质	采样地点	海拔 (m)	有机质 (g/kg)	pH	阳离子交换性能 (cmol/kg)						ECEC	盐基饱和度 (%)
					交换性酸	交换性 Ca^{2+}	交换性 Mg^{2+}	交换性 K^+	交换性 Na^+	交换性盐基		
白垩系夹关组 (K_2j)/正阳组 (K_2z) 砂岩	綦江区三角镇红岩村	676	11.1	5.0	4.50	6.03	0.57	0.11	0.17	6.88	11.4	60.5
	黔江区正阳镇桐平村	523	10.4	4.4	9.87	4.27	0.58	0.23	0.44	5.52	15.4	35.9
	黔江区正阳镇桐平村	528	15.9	4.9	5.27	5.58	0.97	0.07	0.28	6.90	12.2	56.7
	均值			4.8	6.55	5.29	0.71	0.14	0.30	6.43	13.0	51.0
侏罗系蓬莱镇 (J_3p) 组砂岩	涪陵区马武镇文观村	705	17.5	4.9	13.10	6.02	1.31	0.28	0.36	7.97	21.1	37.8
	綦江区三角镇红岩村	436	16.9	5.2	7.89	8.77	0.77	0.53	0.36	10.40	18.3	56.9

（续）

成土母质	采样地点	海拔(m)	有机质(g/kg)	pH	阳离子交换性能（cmol/kg）						ECEC	盐基饱和度（%）
					交换性酸	交换性 Ca^{2+}	交换性 Mg^{2+}	交换性 K^+	交换性 Na^+	交换性盐基		
侏罗系蓬莱镇（J_3p）组砂岩、泥岩	江津区柏林镇华盖村	665	15.5	5.0	7.63	2.14	1.07	0.35	0.41	3.97	11.6	34.2
	铜梁区土桥镇六赢村	308	19.6	5.0	8.04	15.40	3.94	0.72	0.29	20.30	28.4	71.7
	均值			5.0	9.17	8.08	1.77	0.47	0.35	10.68	19.8	50.2
侏罗系遂宁组（J_3s）泥岩	涪陵区马武镇红专村	620	11.5	5.3	5.11	13.5	1.45	0.23	0.31	15.5	20.6	75.2
	万州区陈家坝街道茂和村	615	14.6	5.5	12.0	12.3	1.11	0.13	0.37	13.9	25.9	53.7
	万州区陈家坝街道茂和村	618	17.5	5.3	16.6	19.1	1.38	0.22	0.53	21.2	37.8	56.1
	沙坪坝区陈家桥镇双佛村	466	16.2	5.0	16.9	15.6	3.56	0.27	0.69	20.1	37.0	54.4
	均值			5.3	12.7	15.1	1.88	0.21	0.48	17.69	30.3	59.8
侏罗系沙溪庙组（J_2s）砂岩	合川区南津街道花园村	241	4.0	5.0	4.89	6.90	3.74	0.07	0.50	11.2	16.1	69.6
	垫江县长龙乡龙安村	393	7.7	4.9	8.17	6.70	3.43	0.20	0.60	10.9	19.1	57.2
	万州区熊家乡古城村	363	7.0	5.1	10.80	6.38	2.08	0.13	0.52	9.1	19.9	45.8
	均值			5.0	7.95	6.66	3.08	0.13	0.54	10.4	18.4	57.5
侏罗系沙溪庙组（J_2s）砂岩、泥岩	开州区长沙镇长沙村	232	9.7	5.1	6.24	17.5	3.31	0.65	0.39	21.8	28.1	77.8
	璧山区璧城街道龙井湾村	284	16.9	5.1	10.40	22.4	2.03	0.20	0.45	25.1	35.5	70.7
	涪陵区龙桥街道牌坊村	478	7.6	4.9	5.41	16.2	2.09	0.18	0.33	18.8	24.2	77.7
	万州区天城乡塘坊村	352	19.5	4.9	10.00	18.0	3.28	0.22	0.61	22.1	32.1	68.9
	荣昌区观胜乡凉平村	378	10.2	5.0	3.12	11.3	1.65	0.29	0.33	13.6	16.7	81.3
	均值			5.0	7.38	13.2	2.70	0.24	0.47	16.6	24.0	68.6
侏罗系自流井组（$J_{1-2}z$）泥页岩	涪陵区荔枝街道梓里村	244	11.9	4.9	10.0	9.42	1.79	0.20	0.36	11.8	21.7	54.2
	南川区石墙镇一村	739	9.9	4.8	14.9	6.84	2.03	0.22	0.23	9.32	24.2	38.5
	永川区吉安镇尖山村	572	17.4	5.1	10.8	4.48	1.84	0.23	0.61	7.16	18.0	39.9
	永川区吉安镇尖山村	569	15.7	4.9	10.3	3.59	1.31	0.23	0.61	5.74	16.0	35.8
	均值			4.9	11.5	6.10	1.74	0.22	0.45	8.50	20.0	42.1

注：表中数据是从《重庆农业土壤》（上、中、下册）中筛选出的pH 5.0左右的不同母岩发育紫色土的酸化特征参数。交换性酸采用$BaCl_2$-三乙醇胺法测定。

　　尽管砂岩发育的紫色土比泥岩发育的紫色土更易变酸（pH＜6.5），但两种岩性母岩发育紫色土的交换性酸（潜性酸）、盐基饱和度大小规律是不确定的。因为交换性酸和盐基饱和度受土壤阳离子交换量、致酸离子和盐基离子平衡关系等多种因素的影响。不同母质发育紫色土的酸度特征还应具体情况具体分析，泥岩发育的紫色土的酸化程度可能也较严重。如侏罗系自流井组泥页岩发育的酸性紫色土的交换性 Ca^{2+}、交换性盐基总量和盐基饱和度均较低。这是由于侏罗系自流井组的紫色岩层以页岩和粉砂岩为主，母岩层理结构发达、钙质含量较低，在重庆地区的出露主要在川东平行岭谷区的背斜两翼，为背斜低山的汇水面，加上所处地形坡度大，成土母岩及其发育的土壤所遭受的水分淋溶作用较强，发育形成的酸性紫色土常具有"酸、黏、瘦"的特点。

　　与地带性酸性土壤黄壤比较（如表 12 - 14 所示，重庆地区不同母岩发育的地带性酸性土壤黄壤在 pH 5.0 左右时的土壤理化性质），大部分酸性紫色土的交换性 Ca^{2+}、交换性盐基总量、ECEC 和盐基饱和度均更高，但部分酸性紫色土的酸化程度比黄壤更加严重，说明紫色土的酸度差异极大，部分紫色土的酸化较为严重，不能因为对紫色土固有的"初育土、粗骨性、物理风化"等印象而忽视紫色土的酸化问题。

表 12 - 14　不同母岩发育 pH 5.0 左右的黄壤理化性质

| 成土母质 | 采样地点 | 海拔 (m) | 有机质 (g/kg) | pH | 阳离子交换性能 (cmol/kg) | | | | | | | 盐基饱和度 (%) |
					交换性酸	交换性 Ca^{2+}	交换性 Mg^{2+}	交换性 K^+	交换性 Na^+	交换性盐基	ECEC	
第四系更新统 (Qp) 老冲积	秀山县雅江乡雅江村	411	8.6	4.9	8.78	3.45	0.90	0.08	0.17	4.60	13.4	34.4
侏罗系沙溪庙组 (J_2s) 砂岩	石柱县黄水镇中坪村	1 575	30.3	4.7	15.5	3.89	0.74	1.37	0.68	6.69	22.2	30.1
侏罗系沙溪庙组 (J_2s) 砂岩、泥岩	石柱县黄水镇中坪村	1 587	15.4	5.1	11.3	1.87	0.38	0.57	0.46	3.28	14.6	22.5
三叠系须家河组 (T_3xj) 砂岩	铜梁区石鱼镇交通村	404	7.1	5.1	6.81	3.05	0.48	0.16	0.30	3.99	10.8	36.9
三叠系嘉陵江组 (T_1j) 石灰岩	石柱县鱼池镇团结村	1 081	20.6	5.4	9.61	4.90	0.75	1.04	0.34	7.03	16.6	42.3
二叠系 (P) 石灰岩	武隆区双河镇梅子村	1 350	22.6	5.0	15.7	5.40	0.94	0.24	0.80	7.38	23.1	32.0
志留系 (S) 页岩	酉阳县酉酬镇溪口村	342	17.5	5.0	10.9	2.46	1.15	0.59	0.66	4.86	15.8	30.8
均值				5.0	11.2	3.57	0.76	0.58	0.49	5.40	16.6	32.7

　　注：表中数据是从《重庆农业土壤》（上、中、下册）中筛选出的 pH 5.0 左右的不同母岩发育黄壤的酸化特征参数；交换性酸采用 $BaCl_2$ -三乙醇胺法测定。

　　除不同地质时期不同岩性紫色母岩发育的酸性紫色土性质存在较大差异外，同一类型紫色母岩形成的不同发育程度的紫色土的酸碱度也存在较大差异。紫色土分布在热带和亚热带地区，气候湿润，水土运移过程复杂。当紫色土或紫色母岩透水强、吸水多，或者地形平坦的地方，有较多的水分与土壤或岩石长期接触，会加速成土过程和土壤发育过程中的化学过程，使紫色土的发育程度更深。总的来说，紫色土的土种差异主要受地形作用下的水文过程、紫色母岩的特性、岩层产状与组合方式等因素影响。紫色母岩发育形成的紫色土随着土壤发育程度的增加，一般依次形成紫砂土（砂岩发育）或石骨土（泥岩发育）—紫砂泥（或石骨子夹泥土、半沙半泥土）—紫泥土（或大眼泥、豆瓣泥土）—紫黄泥土等土种。图 12-8 所示的是紫色砂岩、泥岩和不同发育程度紫色土的 X 线衍射图谱，可以看出紫色砂岩和泥岩碳酸钙含量丰富。石骨子土、半沙半泥土、大眼泥富含长石、蛭石等原生矿物和云母等2∶1型层状硅酸盐矿物，但各土壤中未见明显的碳酸盐衍射峰出现。紫黄泥由于土壤发育程度较深，化学风化作用较强，土壤矿物成分主要为SiO_2和高岭石。

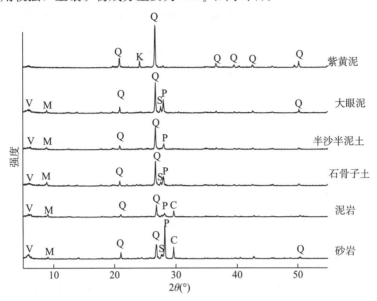

图 12-8　紫色砂岩、泥岩和不同发育程度紫色土的 X 线衍射图谱

注：Q 表示石英；K 表示高岭石；M 表示云母；S 表示钠长石；V 表示蛭石；P 表示钾长石；C 表示碳酸钙。2θ 表示采用 Cu 的 Kα 射线产生的衍射角。

如表 12-4 所示，由于紫色土主要分布在热带亚热带高温多雨区，紫色土的成土过程是一个土壤酸化的过程，所以随着紫色土发育程度的增加，酸性紫色土的占比会更多（谭孟溪等，2018）。表 12-15 所示的侏罗系沙溪庙组紫色母岩不同发育程度酸性紫色土的酸度特征，紫色土的发育程度更深，酸化范围更大，但土壤活性酸和潜性酸均有降低趋势，酸化程度并未加深。结合酸化紫色土的交换性盐基成分含量分析可以得出，不同发育程度紫色土的酸化特征可能主要受土壤阳离子交换性能和土壤盐基状况所支配，而土壤的盐基状况又取决于淋溶过程和复盐基过程的相对强弱。受土壤发育程度的影响，土壤的 ECEC 值先增加后降低。这是由于紫色土由母岩风化形成石骨土时以物理风化为主，尽管土壤矿质组成丰富，但黏粒含量较低，土壤的阳离子交换量较低。随着土壤进一步发育，土壤中的黏粒含量增加，黏土矿物风化后释放出丰富的盐基离子，土壤的阳离子交换量和盐基离子含量逐渐增加。但当紫色土发育程度较深、化学风化作用较强时，原生矿物向次生矿物转变，土壤中的黏土矿物由 2∶1 型向 1∶1 型转变，土壤中盐基离子遭受的化学淋溶作用较强，土壤的阳离子交换性能和交换性盐基总量开始降低。石骨子土酸化后，土壤的盐基离子遭受到淋溶。加上其 ECEC 值较低，交换性盐基离子对土壤酸化的缓冲能力较弱。因此，石骨子土中尽管酸化土壤所占的比例较低，但这些土壤的酸化程度均较重。半沙半泥土和大眼泥酸化后土壤的盐基离子同样遭受淋溶作用，但坡上部的石骨子土被淋溶出来的盐基离子又会对坡下部土壤的盐基离子起到补充作用。这个复盐基过程使得 3 种土壤的酸化程度表现出大眼泥＜半沙半泥土＜石骨子土。由于紫黄泥发育程度更深，化学风化更强，土壤的 ECEC 值较低。较低的阳离子交换量使紫黄泥胶体表面可供 H^+ 和 Al^{3+} 吸附的负电荷位点较少。这样使紫黄泥表现出较低的交换性酸和交换性盐基含量。

表 12-15　侏罗系沙溪庙组紫色母岩发育的不同发育程度酸性紫色土的酸度特征

土壤类型	pH	阳离子交换性能（cmol/kg）							盐基饱和度（%）
		交换性酸	交换性 Ca^{2+}	交换性 Mg^{2+}	交换性 K^+	交换性 Na^+	盐基总量	ECEC	
石骨子土	5.1±	2.00±	8.26±	3.62±	0.146±	0.122±	12.1±	14.1±	84.0±
（n＝5）	0.5a	1.00a	2.64c	1.43ab	0.041bc	0.029a	3.84b	3.20c	11.6a

（续）

土壤类型	pH	阳离子交换性能（cmol/kg）							盐基饱和度（%）
		交换性酸	交换性 Ca^{2+}	交换性 Mg^{2+}	交换性 K$^+$	交换性 Na$^+$	盐基总量	ECEC	
半沙半泥土	5.3±	1.71±	14.4±	3.12±	0.283±	0.202±	18.0±	19.7±	86.7±
（n=7）	0.6a	1.67a	7.79ab	1.38bc	0.106ab	0.035a	9.04ab	7.77ab	16.0a
大眼泥	5.3±	1.34±	17.6±	4.17±	0.359±	0.193±	22.3±	23.6±	94.6±
（n=10）	0.5a	1.33a	1.68a	0.86ab	0.254a	0.169a	2.27a	2.71a	5.30a
紫黄泥	5.5±	1.31±	11.8±	4.18±	0.240±	0.219±	16.4±	17.7±	91.9±
（n=16）	0.6a	1.98a	4.12bc	1.04a	0.184ab	0.115a	4.90b	4.17bc	12.9a

注：不同小写字母表示在 0.05 水平上差异显著。

二、紫色土的酸缓冲特征

土壤中起酸缓冲作用的物质包括土壤固相和土壤溶液两部分，但土壤溶液中缓冲物质和数量较小，土壤较强的缓冲能力主要依赖于土壤固相物质。土壤固相中的酸缓冲物质主要有碳酸盐、硅酸盐矿物、交换性盐基离子、氧化铝、羟基铝和氧化铁。此外，土壤中的各种有机酸也可缓冲土壤酸化。土壤在不同阶段，其酸化缓冲阶段也不同。一般将土壤酸碱缓冲体系划分为碳酸钙（pH 6.2~8.6）、硅酸盐（pH>5.0）、阳离子交换（pH 4.2~5.0）及铝（pH<4.2）、铁（pH<3.8）缓冲体系，各缓冲体系间存在一定的交叉。当 pH>7.5 时，土壤中含有大量的碳酸钙，进入土壤的外源酸和碳酸盐反应生成 CO_2，而不引起土壤 pH 的变化，土壤的缓冲性能较强。土壤固体 90% 由土壤矿物组成，土壤中黏土矿物的含量显著影响土壤的酸化缓冲过程。硅酸盐矿物风化缓冲作用也能有效控制土壤溶液长期化学变化，在风化作用下，土壤中原生矿物发生水解，释放出 Ca^{2+}、Mg^{2+}、K^+、Na^+ 等盐基离子，抑制土壤 pH 降低，缓解土壤持续酸化。如长石风化释放出 Ca^{2+} 和 K^+ 等盐基离子并形成高岭石、蛭石、水云母等次生矿物。另外，土壤中的黏土矿物对土壤胶体表面盐基阳离子的交换和吸附特征也有重要作用。不同矿物组对土壤的表面负电荷量贡献不同。通常含较多蛭石和蒙脱石的土壤表面负电荷量较高，土壤缓冲能力较强；而含较多高岭石和铁铝氧化物的土壤表面负电荷量较低，土壤酸缓冲能力较弱。当土壤中的碳酸盐或硅酸盐消耗殆尽，无法起到缓冲作用时，土壤中的盐基离子主导缓冲。氢离子半径小、运动速度快、交换能力强，当其进入土壤溶液后，极易与土壤胶体表面所吸附的盐基离子争夺吸附位点，导致土壤胶体表面的盐基离子随水淋失，盐基饱和度下降，土壤的酸缓冲性能降低，进一步导致 Al^{3+} 释放。由于盐基阳离子吸附于土壤胶体表面的负电荷位点上，因此土壤的交换性盐基阳离子含量受土壤胶体表面的负电荷量影响。当土壤进一步酸化时，阳离子交换体系无法发挥作用，土壤中的铁铝氧化物也会起到一定的缓冲作用。其机制源于这些含羟基物质能与质子发生酸碱作用，此外，带正电的铁铝氧化物与带负电的铝硅酸盐矿物发生带电表面间双电层的重叠作用可平衡土壤表面的负电荷，抑制交换性酸的产生，从而抑制土壤酸化。

一般认为，紫色土处在碳酸钙、硅酸盐和阳离子交换缓冲阶段。其酸缓冲特征在于石灰性紫色土处于碳酸钙缓冲阶段，土壤富含钙质以缓冲土壤酸化，并使土壤 pH 维持在碱性范围。而中性紫色土和酸性紫色土大多处于硅酸盐与阳离子交换缓冲阶段，土壤酸化程度受土壤表面负电荷量、致酸离子和盐基离子含量三者平衡关系的影响。在紫色土慢速酸化的过程中，较高的阳离子交换量和盐基离子含量可以较好地缓冲进入土壤的酸性物质。而在土壤快速酸化的过程中，土壤矿物来不及风化以补充盐基离子，紫色土较高的表面负电荷量反而为致酸离子提供了更多的吸附位点，使土壤的酸化程度加深。

早在 1988 年，牟树森等采用酸雨对紫色土进行 10 年降雨量的淋洗后，石灰性紫色土在 pH 3.0、4.0 和 5.0 的酸雨淋溶处理后 pH 不降反升，仅在 pH 2.0 的酸雨处理 10 年，土壤 pH 由 7.55 下降至 7.18（表 12-16）。其原因在于此时土壤尚未脱离 $CaCO_3$ 控制的 pH 阶段，pH 无明显下降。只有当

CaCO$_3$ 分解完毕，Ca^{2+} 淋失，土壤 pH 方可朝小于 6.5 的方向进展而变酸。电渗析是将土壤置于外加直流电场的作用下，土壤不断损失表面所吸附的盐基阳离子并逐渐被致酸离子所饱和，从而实现模拟酸化土壤的目的。电渗析处理相比于酸雨淋溶处理可以更好地实现土壤的快速酸化，并能使土壤达到极限酸化程度。图 12-9 是对不同类型紫色土进行电渗析处理后的土壤 pH 变化，电渗析酸化紫色土的结果与酸雨淋溶结果类似。电渗析处理 30 d 后，石灰性紫色土的 pH 反而增加了 0.5 个单位。石灰性紫色土因其具有较高的碳酸盐含量，对酸有极强的缓冲作用（王朋顺，2020）。

表 12-16　模拟酸洗连续淋溶 10 年当量降雨量后不同类型紫色土的 pH 变化情况

类别	土壤初始 pH	模拟酸雨 pH	淋失 10 年后的土壤 pH
石灰性紫色土	7.55	2.0	7.18
		3.0	8.72
		4.0	8.12
		5.0	9.08
中性紫色土	6.25	2.0	3.35
		3.0	4.57
		4.0	5.50
		5.0	6.68
酸性紫色土	5.31	2.0	2.82
		3.0	4.82
		4.0	5.63
		5.0	5.49

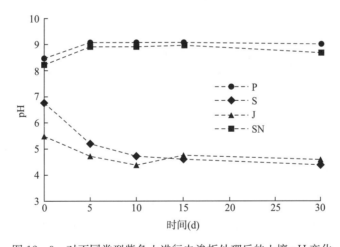

图 12-9　对不同类型紫色土进行电渗析处理后的土壤 pH 变化

注：P 表示由侏罗系蓬莱镇组泥岩发育的石灰性紫色土，S 表示由侏罗系沙溪庙组砂岩、泥岩发育的中性紫色土，J 表示由白垩系夹关组砂岩发育的酸性紫色土，SN 表示由侏罗系遂宁组泥岩发育的石灰性紫色土。

在 pH 5.2 的酸性紫色土中采用定量添加碳酸钙进行电渗析酸化处理来验证碳酸盐在缓冲紫色土酸化中的重要性。向不含碳酸盐的强酸性紫色土中添加碳酸钙，使土壤中的碳酸钙质量比分别为 0、0.1%、0.2%、0.5%、1%、2%、3%、4%、5%。加入的去离子水使土壤的含水量为 20%，平衡 10 d 后，进行 10 d 的电渗析处理，外加电压 300 V，测得电渗析前后紫色土的 pH、碳酸盐（图 12-10）。可以看出，因酸碱中和作用，加入 0.1% 和 0.2% 的碳酸钙平衡 10 d 后，土壤中已无碳酸盐反应。当碳酸钙加入量为 0.5% 后，电渗析前的土壤中仍有约 0.18% 的碳酸盐。随着碳酸钙添加量的继续增加，平衡预处理后的土壤中碳酸盐含量也逐渐增加。电渗析处理前，土壤 pH 随着碳酸钙添加量的增加而逐渐增加。在 0.5％的碳酸钙添加量时，受土壤中残存碳酸钙的影响，土壤的 pH 增加至7.7，继续添加碳酸钙，土壤的 pH 一直稳定在 8 左右。0、0.1％和 0.2％碳酸钙添加量的紫色土因在电渗析处理前的土壤中已无碳酸盐，土壤 pH 在进行电渗析酸化处理后降低较为明显。0.5％和 1％碳酸钙添加量的紫色土在电渗析处理后的土壤中也无碳酸盐反应，但在电渗析前的土壤中含有少量的碳酸盐。所以，这两个处理的土壤 pH 降低幅度小于前 3 个处理。需要特别注意的是，对于碳酸钙添加量大于 2％的 4 个处理，在电渗析处理前后，土壤中均含有一定的碳酸盐，土壤 pH 均维持在 pH 8.0 左右的碱性范围。所以，紫色土中的碳酸盐对缓解土壤酸化具有重要意义，只要土壤中还有一定量的碳酸盐，就可以使土壤 pH 维持在碱性范围。

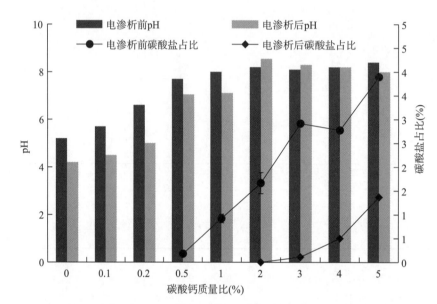

图 12-10   pH 5.2 的强酸性紫色土（不含有碳酸盐）添加不同质量百分比的碳酸钙后在土样电渗析
处理前后的 pH 和碳酸盐含量

注：在 pH 5.2 的强酸性紫色土（不含有碳酸盐）添加不同质量百分比的碳酸钙后进行平衡处理，然后进行电渗析酸化处理。测定得到的土样电渗析处理前后的 pH 和碳酸盐含量。

紫色土分为酸性紫色土、中性紫色土和石灰性紫色土 3 个亚类，石灰性紫色土富含钙质，第二次全国土壤普查时，川渝地区的石灰性紫色土面积 6 356.34 万亩，占川渝地区紫色土面积的 46.50％，在 3 个土壤亚类中面积最大（四川省农牧厅，1995）。表 12-17 中所示的是部分中性紫色土和石灰性紫色土土壤剖面理化性质（袁大刚，2020）。当紫色土未酸化时，土体中均含有一定量的碳酸盐。尤其是石灰性紫色土中，每千克土壤中的碳酸盐可多达数百克，可对紫色土中的各种酸起到极强的缓冲作用（图 12-11）。

值得注意的是，在表 12-16 和图 12-9 中，在对紫色土进行酸雨淋溶和电渗析酸化处理后，中性紫色土的 pH 降低尤为明显，土壤 pH 降幅超过酸性紫色土，酸化处理后的中性土壤 pH 甚至低于酸性土壤 pH。可见，不同类型紫色土的酸化过程不同，而这种土壤 pH 能在短期内大幅降低的紫色土应受到重点关注，对其酸化风险进行评估。

刘莉等（2020）在重庆市合川区采集并分析了 38 个由侏罗系沙溪庙组紫色泥岩、砂岩发育的酸性紫色土，部分紫色土的酸化程度较为严重，但酸性紫色土仍具有较高的交换性盐基阳离子含量和阳离子交换量。酸缓冲容量与交换性盐基总量和阳离子交换量间均呈极显著正相关性（表 12-18）。较高的盐基阳离子含量和阳离子交换量有助于增加紫色土的酸缓冲容量，减缓土壤的酸化速度。

表 12 - 17　部分中性紫色土和石灰性紫色土壤剖面理化性质

成土母质	土种	采样点	海拔(m)	地形部位	剖面层次	pH	碳酸盐(g/kg)
白垩系苍溪组泥岩夹砂岩残坡积物	黄红紫石骨子土	巴中市平昌县	413	低山中部缓坡	Ah	8.1	118
					C	8.2	174
白垩系汉阳铺组砂岩与泥岩岩残坡积物	黄红紫砂土	绵阳市江油市	657	低山中上部中缓坡	Ah	8.3	121
					Bw	8.5	133
					C	8.5	192
白垩系汉阳铺组砂岩与泥岩岩残坡积物	黄红紫砂泥土	德阳市旌阳区	572	低山上部中缓坡	Ah	7.7	334
					AB	8.4	270
					Bw1	8.3	334
					Bw2	8.4	349
白垩系灌口组砂泥岩残坡积物	紫色石骨子土	成都市双流区	477	低山坡麓中缓坡	Ah	8.1	23
					C	8.3	26
白垩系灌口组砂岩粉砂岩坡积物	紫泥土	雅安市雨城区	633	低山中上部中缓坡	Ap	6.9	2
					AB	7.7	9
					Bw1	7.5	11
					Bw2	6.6	1
					Bw3	6.1	—
					Bw4	6.3	2
侏罗系蓬莱镇组砂泥岩残坡积物	棕紫石骨子土	成都市邛崃市	812	低山顶部中坡	A	7.9	118
					C	8.2	158
侏罗系蓬莱镇组黏土岩夹砂岩残坡积物	棕紫砂泥土	成都市简阳市	398	丘陵上部缓坡	Ah	7.7	128
					Bw1	8.0	136
					Bw2	8.0	146
					Bw3	8.0	142
侏罗系蓬莱镇组泥岩夹砂岩及页岩残坡积物	棕紫泥土	资阳市乐至县	409	丘陵下部缓坡	Ap	7.7	103
					Bw1	7.8	106
					Bw2	7.9	115
					Bw3	7.9	73
					Bw4	7.9	103
侏罗系遂宁组泥岩夹砂岩残坡积物	紫砂泥土	内江市东兴区	351	丘陵中下部缓坡	Ah	7.2	8
					Bw1	7.5	16
					Bw2	7.8	21
侏罗系遂宁组泥岩夹砂岩残坡积物	红棕紫砂泥土	南充市西充县	343	丘陵中部中缓坡	Ap	7.6	93
					Bw1	7.7	99
					Bw2	7.7	95
侏罗系新村组砂页岩残坡积物	灰棕石骨土	凉山彝族自治州会理市	1 821	中山中下部极缓陡坡	A	6.7	10
侏罗系沙溪庙组砂泥岩残坡积物	钙紫石骨土	自贡市贡井区	440	丘陵下部中缓坡	Ap	7.9	35
侏罗系沙溪庙组砂泥岩残坡积物	钙紫二泥土	眉山市仁寿县	417	丘陵上部中缓坡	A	7.7	125
					Bw1	8.0	136
					Bw2	7.9	133
侏罗系沙溪庙组泥岩夹砂岩坡积物	灰棕紫砂泥土	达州市东部经济开发区	346	丘陵中上部中缓坡	Ah	7.9	11
					Bw1	8.1	48
					Bw2	8.2	25
侏罗系自流井组泥岩夹砂岩残坡积物	暗紫泥土	凉山彝族自治州甘洛县	1 170	中山中部中缓坡	Ah	7.3	7
					Bw1	7.1	11
					Bw2	6.9	8
					Bw3	7.0	4
					Bw4	7.1	3

注：引自《中国土系志（四川卷）》。

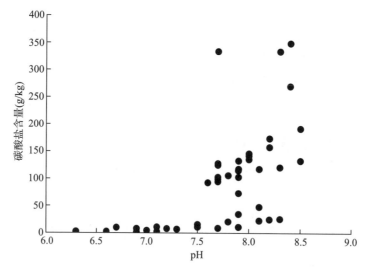

图 12-11　紫色土土壤 pH 与碳酸盐含量的相关关系（袁大刚，2020）

表 12-18　土壤酸缓冲容量与阳离子交换成分间的相关系数

项目	pH	交换性酸	交换性 K⁺	交换性 Na⁺	交换性 Ca²⁺	交换性 Mg²⁺	交换性盐基总量	阳离子交换量
酸缓冲容量	0.309	−0.051	0.339*	0.129	0.488**	0.248	0.486**	0.563**

注：**表示相关性极显著，$P<0.01$；*表示相关性显著，$P<0.05$。

采用电渗析法对该批次紫色土进一步酸化处理，电渗析酸化前后的土壤 pH 及其与交换性酸的相关性如图 12-12 和图 12-13 所示（Li et al.，2021）。电渗析处理使酸性紫色土的 pH 进一步显著降低，交换性酸显著增加，紫色土的 pH 越低，土壤交换性酸含量越高，但不同土壤的酸度变化程度不同。进一步将电渗析前后的土壤 pH 与电渗析前的土壤交换性盐基总量和阳离子交换量进行相关性分析（图 12-14、图 12-15），电渗析前的土壤 pH 与交换性盐基总量呈极显著的正相关性，与阳离子之间相关性显著。而电渗析后的土壤 pH 与交换性盐基总量呈极显著的负相关性，与土壤阳离子交换量直接呈极显著的负相关性。这是由于在电渗析处理前，紫色土的酸化程度较轻，交换性酸含量较低，盐基离子与致酸离子共同竞争吸附在紫色土的负电荷表面上，盐基离子缓冲紫色土的酸化过程，所以土壤的交换性盐基离子含量越高，土壤酸化程度越低，pH 越高。而在电渗析后，交换性盐基离子大量被致酸离子所取代，土壤的表面负电荷量越大，交换性盐基离子含量越高，其表面能吸附和容纳的致酸离子越多，土壤酸化越严重。所以，在紫色土的快速酸化过程中，如果紫色土的矿物成分未及时分解风化以中和土壤酸度并通过降低自身的表面负电荷量以减少致酸离子的吸附量，那么紫色土的阳离子交换性能越强，其可达到的酸化程度越高。这也是表 12-16 和图 12-9 中为何中性紫色土的酸化速度、部分中性紫色土的酸化程度甚至大于酸性紫色土的原因。表 12-19 是《中国土系志（重庆卷）》中所列的部分酸性紫色土土壤剖面理化性质，可以看出酸性紫色土与黄壤、红壤、砖红壤等其他酸性土壤的重大区别在于部分紫色土因其丰富的矿物组成而使土壤的表面负电荷量较高，部分酸性紫色土的阳离子交换量可达 30 cmol/kg 以上（慈恩，2020）。在土壤未酸化或酸化程度较低时，高阳离子交换量使紫色土可以吸附更多的盐基养分离子，从而具有更好的肥力水平。但在各种人类活动的影响下，紫色土的酸化速度极快，高表面负电荷量可能使紫色土具有更高的酸化风险（程永毅等，2018）。

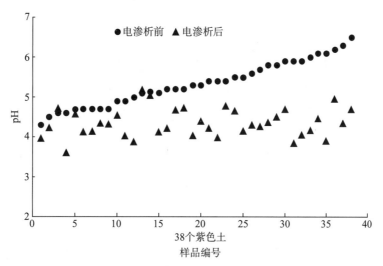

图 12-12　电渗析前后的酸性紫色土 pH

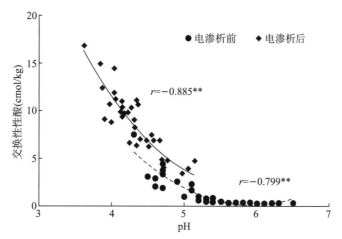

图 12-13　电渗析前后的酸性紫色土 pH 与交换性酸的相关性分析

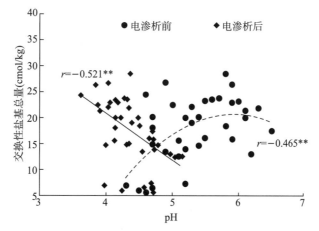

图 12-14　电渗析前后的酸性紫色土 pH 与交换性盐基总量的相关性分析

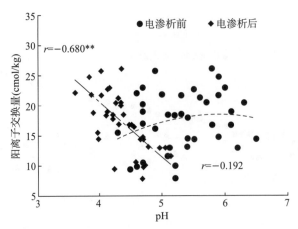

图 12-15　电渗析前后的酸性紫色土 pH 与阳离子交换量的相关性分析

表 12-19　《中国土系志（重庆卷）》中所列的部分酸性紫色土土壤剖面理化性质

成土母质	土种	采样地点	剖面层次划分	pH	有机碳 (g/kg)	全钾 (g/kg)	阳离子交换量 (cmol/kg)
白垩系夹关组砖红色砂岩残坡积物	厚层红紫砂土	江津区四面山镇	Ap	5.6	9.4	12.9	9.9
			AB	5.9	2.7	13.4	9.9
			Bt	6.0	2.3	16.9	11.9
			Bw	6.0	0.8	15.7	9.9
白垩系夹关组砂岩残坡积物	红紫砂土	綦江区三角镇	Ap	4.3	11.5	13.3	11.6
			Bw	4.4	11.5	16.6	9.6
白垩系夹关组砂岩、含砾砂岩残坡积物	红紫砂土	綦江区郭扶镇	Ap	5.3	7.6	9.0	9.0
			Bw1	5.6	3.9	9.6	7.1
			Bw2	6.0	3.8	9.0	6.4
			Bw3	6.1	3.9	10.8	9.6
			Br1	6.3	2.8	9.8	6.9
			Br2	6.7	4.8	10.7	8.2
侏罗系蓬莱镇组紫色泥岩	棕紫泥土	江津区柏林镇	Ap	5.6	8.7	24.7	25.9
			Bt	7.3	5.1	24.4	30.4
			C	8.3	2.9	24.8	38.4
侏罗系沙溪庙组紫色砂岩、泥岩残坡积物	酸紫砂泥土	江津区慈云镇	Ap	4.5	8.5	18.4	32.9
			Bw1	4.9	4.0	20.2	40.0
			Bw2	5.0	2.9	21.6	43.8
			Br	5.1	2.3	20.8	41.7
			Cr	5.1	1.8	16.9	39.5
侏罗系沙溪庙组紫色泥岩残坡积物	酸紫泥土	江津区永兴镇	Ap	4.7	8.5	20.7	38.1
			Bw1	4.6	8.4	20.5	38.2
			Bw2	4.6	5.4	22.5	38.9
三叠系巴东组紫色粉砂岩、泥岩残坡积物	红沙土	巫山县官渡镇	Ap	5.9	8.0	20.9	11.8
			Bw1	6.1	5.1	18.5	11.7
			Bw2	6.4	4.0	21.1	11.2
			C	6.5	4.7	19.5	17.0

注：引自《中国土系志（重庆卷）》。

第四节　紫色土酸化防控技术

一、酸性紫色土耕地综合治理技术模式

在酸性耕地治理过程中，应有针对性地坚持酸性土壤分区分级分类改良原则、治酸改良和肥力提高并重原则、有机肥和无机肥配施原则，靶向性地对不同酸化程度的紫色土进行分类调控。根据土壤 pH 进行分级治理，以土壤 pH 5.5 为分界点，pH 5.5～6.5 的中度及微酸性土壤以控酸培肥的有机改良技术为主进行酸化防控；pH 5.0～5.5 的酸性土壤以有机改良为主、辅以矿物源改良剂调酸增产；pH＜5.0 的强酸性土壤以石灰类物质降酸为核心、配合有机物料培肥。

（一）微酸性紫色土综合治理模式

针对粮食作物，推荐采用秸秆还田＋有机肥＋化学氮肥定额管理技术模式。针对蔬菜等经济作物，推荐采用尾菜还田＋生物有机肥＋化学氮肥定额管理技术模式。其技术原理是在粮食作物上，通过秸秆还田和有机肥施用，促进土壤增碳固碳，提升土壤稳定性有机质含量和土壤酸化缓冲容量；在经济作物上，通过生物有机肥的施用，促进土壤增碳固碳，提升土壤有益微生物种群数量，促进土壤免疫能力，避免土传病害发生。同时，粮食作物和经济作物均通过减少化学氮肥施用量，提高肥料利用率，减少质子输入，控制土壤酸化进程，实现作物增产优质。

秸秆还田＋有机肥＋化学氮肥定额管理技术要点包括作物收获后进行秸秆全量粉碎还田（不能机械化作业的坡耕地采用覆盖还田），均匀地分布在田面上或者覆盖于下季作物行间。下季作物播种或移栽前，依据农业农村部发布的《主要农作物科学施肥指导意见》定额管理化学氮肥施用量，将有机肥和化肥配施作为底肥，并连同秸秆进行翻耕作业，翻耕深度为 15～20 cm。

尾菜还田＋生物有机肥＋化学氮肥定额管理技术要点包括作物收获后尾菜进行堆沤腐熟后还田，有条件的地区可添加促腐微生物菌剂加速尾菜腐熟过程。播种或移栽下季作物前，依据农业农村部发布的《主要农作物科学施肥指导意见》定额管理化学氮肥施用量，将生物有机肥和化肥配施作为底肥，并连同尾菜进行翻耕作业，翻耕深度为 15～20 cm。

（二）酸性紫色土综合治理模式

针对粮食作物，推荐采用秸秆还田＋温和型土壤调理剂＋有机肥＋化学氮肥定额管理技术模式。针对蔬菜等经济作物，推荐采用尾菜还田＋温和型土壤调理剂＋生物有机肥＋化学氮肥定额管理技术模式。其技术原理是在粮食作物上，通过秸秆还田和有机肥施用，促进土壤增碳固碳，提升土壤稳定性有机质含量；在经济作物上，通过生物有机肥的施用，促进土壤增碳固碳，提升土壤有益微生物种群数量，促进土壤免疫能力，避免土传病害发生。同时，粮食作物和经济作物均通过温和型酸性调理剂补充土壤盐基离子，提升土壤酸化缓冲容量；通过减少化学氮肥施用量，提高肥料利用率，减少质子输入，控制土壤酸化进程，实现作物增产优质。

秸秆还田＋温和型土壤调理剂＋有机肥＋化学氮肥定额管理技术要点为作物收获后进行秸秆全量粉碎还田（不能机械化作业的坡耕地采用覆盖还田），均匀地分布在田面上或者覆盖于下季作物行间。播种或移栽下季作物前 10 d 以上，撒施有机肥和氧化钙型等温和土壤调理剂，有机肥亩用量控制在 200～300 kg，氧化钙型土壤调理剂亩用量 100 kg 左右（具体用量根据土壤酸度和调理剂碱度进行确定）。秸秆、有机肥、氧化钙型土壤调理剂一并进行翻耕作业，翻耕深度为 15～20 cm。化肥与有机肥配合施用，根据有机肥用量及养分含量进行化肥减量。作物养分管理依据农业农村部发布的《主要农作物科学施肥指导意见》进行，定额管理化学氮肥施用量。

尾菜还田＋温和型土壤调理剂＋生物有机肥＋化学氮肥定额管理技术要点包括作物收获后尾菜进行堆沤腐熟后还田，有条件的地区可添加促腐微生物菌剂加速尾菜腐熟过程。播种或移栽下季作物前 10 d 以上，撒施氧化钙镁型等温和土壤调理剂，氧化钙镁型土壤调理剂亩用量应在 100 kg 左右（具体用量根据土壤酸度和调理剂碱度进行确定）。尾菜、氧化钙镁型土壤调理剂一并进行翻耕作业，翻

耕深度为 15～20 cm。移栽播种前施用有机肥，亩用量控制在 200～300 kg；化肥与有机肥配合施用，根据有机肥用量及养分含量进行化肥减量。作物养分管理依据农业农村部发布的《主要农作物科学施肥指导意见》进行，定额管理化学氮肥施用量。

（三）强酸性紫色土综合治理模式

针对粮食作物，推荐采用秸秆还田＋石灰类碱性物料＋有机肥＋化学氮肥定额管理技术模式。针对蔬菜等经济作物，推荐采用尾菜还田＋石灰类碱性物料＋生物有机肥＋化学氮肥定额管理技术模式。其技术原理在于采用石灰类碱性物料（包括生石灰、熟石灰、白云石、牡蛎壳、石灰石和草木灰等）快速降低酸害，提升土壤 pH，降低交换性铝含量，消除铝毒；通过秸秆还田和施用有机肥，提升有机质和土壤抗酸化能力，同时培肥土壤和补充中微量元素等；通过减少化学氮肥施用量，提高肥料利用率，降低作物-土壤系统产酸量。从而实现强酸性旱地土壤快速改良、地力提升和作物增产。

秸秆还田＋石灰类碱性物料＋有机肥＋化学氮肥定额管理技术要点包括作物收获后进行秸秆全量粉碎还田（不能机械化作业的坡耕地采用覆盖还田），均匀分布在田面上或者覆盖于下季作物行间。播种或移栽下季作物前 10d 以上，撒施石灰类碱性物料，石灰类碱性物料施用方法参照《石灰质改良酸化土壤技术规范》（NY/T 3443—2019）。秸秆、石灰类碱性物料一并进行翻耕作业，翻耕深度为15～20 cm。移栽播种前施用有机肥，亩用量控制在 200～300 kg；化肥与有机肥配合施用，根据有机肥用量及养分含量进行化肥减量。作物养分管理依据农业农村部发布的《主要农作物科学施肥指导意见》进行，定额管理化学氮肥施用量。

尾菜还田＋石灰类碱性物料＋生物有机肥＋化学氮肥定额管理技术要点包括作物收获后尾菜进行堆沤腐熟后还田，有条件的地区可添加促腐微生物菌剂加速尾菜腐熟过程。播种或移栽下季作物前10 d 以上，撒施石灰类碱性物料，石灰类碱性物料施用方法参照《石灰质改良酸化土壤技术规范》（NY/T 3443—2019）。尾菜、石灰类碱性物料一并进行翻耕作业，翻耕深度为 15～20 cm。移栽播种前施用有机肥，亩用量控制在 300～500 kg；化肥与有机肥配合施用，根据有机肥用量及养分含量进行化肥减量。作物养分管理依据农业农村部发布的《主要农作物科学施肥指导意见》进行，定额管理化学氮肥施用量，并适量施用镁、钼等中微量元素。

二、紫色土区域酸性土壤的特色改良措施

目前，已有大量有关酸化土壤改良的研究报道，但我国的土壤酸化问题仍然突出。其原因在于大多数酸化土壤改良的技术手段难以"落地"，只有廉价、高效、低风险的酸性土壤改良方法才能被群众所接受，才有可能进行大面积推广。在寻找切实可行的酸化紫色土改良措施中，发现紫色土区域有以下特点：部分高碳酸钙含量的紫色母岩具有改良酸性紫色土的潜力；当地有机废弃物资源化利用后可用于改良酸性紫色土。

（一）钙质紫色母岩改良措施

部分高碳酸钙含量的紫色母岩具有改良酸性紫色土的潜力。尽管部分紫色土酸化严重，但还有部分紫色土碱性较强，其母岩的碳酸钙含量丰富。紫色母岩主要是指三叠系至第三系的河湖相和浅海相的沉积岩，在跨度达 2.5 亿年的成岩过程中，不同地质时期、不同地域的紫色母岩的物源、沉积环境、沉积方式不同，可能导致相距数十米范围内的紫色母岩及其发育紫色土的性质差异较大。如在川渝地区，侏罗系遂宁组（J₃s）和蓬莱镇组（J₃p）的地层相邻，但侏罗系遂宁组紫色母岩以富含钙质的红棕紫色泥岩为主，物理风化快，发育的土壤大多为石灰性紫色土。而侏罗系蓬莱镇组紫色母岩大多以棕紫色砂岩为主，钙质含量低、透水性强、盐基淋湿快，发育的土壤大多为酸性紫色土。因此，可以采用富含钙质的紫色母岩碎屑直接就近改良附近的酸性紫色土，达到廉价、便捷和环保的目的。所以，"以岩改土"是酸性紫色土改良的可行措施。

图 12-16 是在酸性紫色土中施用不同量的紫色泥岩培养 80 d 后的土壤酸度。酸性紫色土由白垩系夹关组（K₂j）紫红色砂岩发育而来，所用的紫色泥岩为侏罗系遂宁组（J₃s）和侏罗系沙溪庙组

（J₂s）的红棕紫色和灰棕紫色泥岩。两种母岩的 pH 分别为 8.1 和 8.5，碳酸盐含量分别为 56.2 g/kg 和 140 g/kg。添加钙质紫色泥岩对紫色土的酸度均有一定程度的改良效果，尤其是高碳酸盐含量的侏罗系遂宁组泥岩的效果更佳。除降低土壤的活性和潜性酸度外，还提高了土壤的交换性与水溶性盐基离子含量、交换性盐基总量和有效阳离子交换量，其中，以 Ca²⁺ 的增加最为显著（图 12-17）。由于紫色母岩富含钾素等矿质养分，采用钙质紫色母岩改良酸性紫色土后，还能提高土壤中各形态钾素的含量及其生物有效性，酸性紫色土的有效钾（速效钾与缓效钾之和）占全钾的百分比为 1.58%，添加 2%、5% 和 10% 的 J₃s 泥岩培养后的土壤有效钾占比分别为 1.91%、2.01% 和 2.24%，添加 2%、5% 和 10% 的 J₂s 泥岩培养后的土壤有效钾占比分别为 1.76%、1.88% 和 2.08%（图 12-18）。此外，紫色母岩的添加对土壤重金属的全量含量影响不大，但显著地降低了有效态重金属的含量，随着两种紫色泥岩用量的增加，土壤中 5 种重金属的有效态含量呈现出明显的降低趋势（图 12-19）。所以，钙质母岩在改善土壤酸化环境的同时，降低土壤中重金属的有效性，这为农田改土培肥和重金属污染防治提供了新的思路。

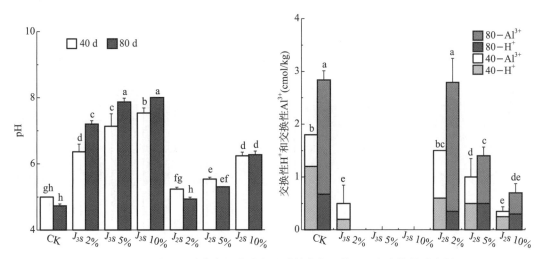

图 12-16 施入两种紫色泥岩改良后酸性紫色土的 pH 和交换性酸含量

注：图中不同字母表示数据差异显著（P<0.05）。右图中的方差分析为交换性酸的差异性分析。

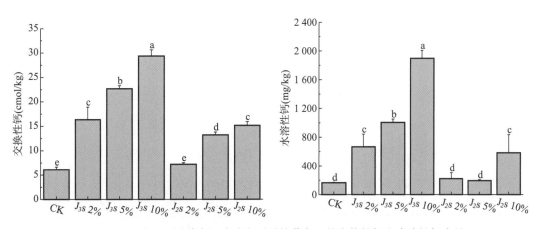

图 12-17 施入两种紫色泥岩改良后酸性紫色土的交换性钙和水溶性钙含量

注：图中不同字母表示数据差异显著（P<0.05）。

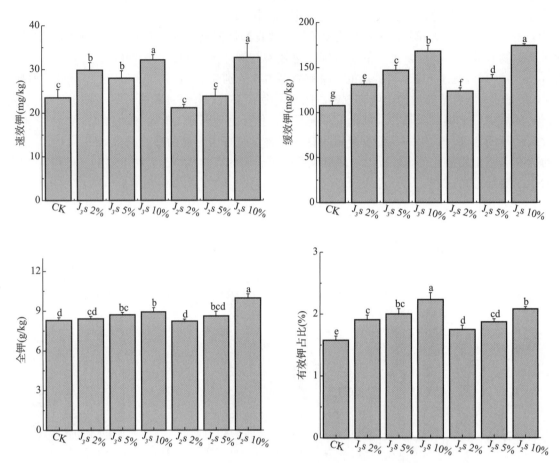

图 12-18 施入两种紫色泥岩改良后酸性紫色土的钾素含量和有效钾占全钾的比例

注：图中不同字母表示数据差异显著（$P<0.05$）。

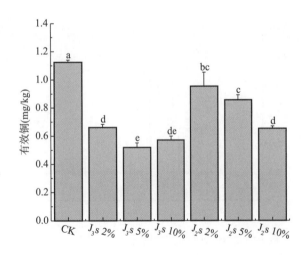

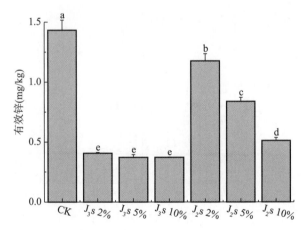

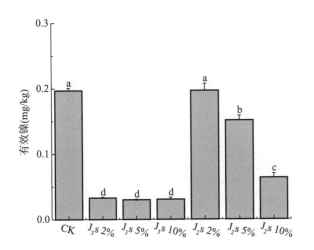
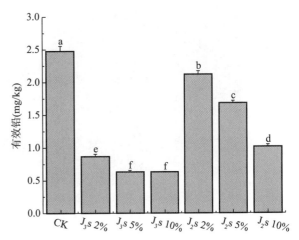

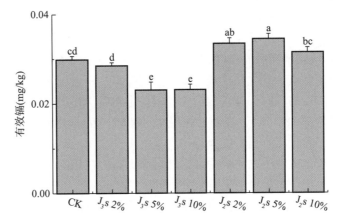

图 12 - 19　施入两种紫色泥岩改良后酸性紫色土的有效态重金属含量

注：图中不同字母表示数据差异显著（$P<0.05$）。

（二）有机废弃物资源化利用措施

除"以岩改土"是酸性紫色土改良的可行措施外，就地资源化利用紫色土区域的有机废弃物也是一种切实可行的酸性土壤改良措施。在酸性紫色土分布区域所产生的农业秸秆等有机废弃物可通过发酵处理变成有机肥或通过高温裂解制备成生物质炭就近改良酸性紫色土。大量施用生物质炭或有机肥可对酸性紫色土有较好的改良效果（Cheng et al.，2023）。某些紫色土区域（重庆的花椒秸秆、宜宾的油樟叶渣）所产生的农业有机废物数量巨大，完全具有资源化利用的潜力。

如四川宜宾大力发展樟树产业，现有油樟林 4.26 万 hm²，占世界油樟资源的 70% 和全国油樟资源的 90%，有"油樟王国"之称。油樟主要通过枝叶加工提取樟油（桉叶油素），广泛用于医药、化工、香料、食品和国防工业。据统计，现每年加工蒸油后产生近 30 万 t 废弃叶渣，废弃叶渣常丢弃在房前屋后土地和林区中（图 12 - 20）。由于禁止焚烧油樟叶渣，再加上叶渣纤维素含量高，自然分解速度极慢，因此废弃的油樟叶渣既浪费资源又占用耕地。宜宾油樟种植区的主要土壤类型为白垩系夹关组砂岩发育的酸性紫色土，每年收获油樟枝叶带走了土壤中大量的营养物质和盐基离子，进一步加速了油樟种植区土壤的酸化退化，影响了油樟的正常生长。因此，如果能对油樟叶渣进行资源化利用，以油樟叶渣为原材料制备有机质型土壤调理剂或生物质炭基有机肥，再用于种植区酸化紫色土的改良，则可实现对废弃油樟叶渣的合理利用，达到改土培肥的效果。

图12-20　随意堆弃的油樟叶渣

　　表12-20所示的是300～600℃下制备油樟叶渣生物质炭的理化性质，不同温度下制备的生物质炭的pH均为碱性，且随着制备温度的增加，生物质炭的pH和含碱量均逐渐增加。此外，生物质碳含有较为丰富的盐基离子含量。在白垩系夹关组砂岩发育的酸性紫色土中，添加质量比为5%的油樟叶渣和质量比为1%、3%、5%的油樟叶渣制备生物质炭培养90 d后，土壤pH相对于对照处理均有显著提升（图12-21）。培养90 d后，对照处理土壤的pH为4.1，而添加5%的300℃、400℃、500℃、600℃制备生物质炭培养后的土壤pH分别为5.10、5.74、6.38、6.99。生物质炭对土壤pH的提升效果优于直接施用叶渣，且生物质炭的制备温度越高、用量越多，则对酸性紫色土酸度的改良效果越好。在调节土壤酸度的同时，施入油樟叶渣制备生物质炭还可显著增加土壤交换性盐基离子含量和有效阳离子交换量（图12-22）。在对土壤肥力的影响方面，油樟叶渣直接还田对土壤有机质、碱解氮、有效磷、速效钾含量均有显著的提升作用（图12-23）。除碱解氮外，土壤有机质、有效磷和速效钾含量均整体表现出随着生物质炭用量的增加而提高。在相同用量条件下，不同温度制备油樟叶渣生物质炭对酸性紫色土肥力指标的提升效果不同。总的来说，农业有机废弃物直接还田、腐熟还田或制备成生物质炭还田均对酸性紫色土有一定的改良效果。所以，探寻切实可行的有机废弃物资源化利用还田途径是防控紫色土酸化的途径之一。

表12-20　不同温度下制备油樟叶渣生物质炭的理化性质

项目	300 ℃	400 ℃	500 ℃	600 ℃
pH	7.79	9.35	10.33	10.42
电导率（mS/cm）	0.246	0.754	1.06	2.15
碳酸盐（g/kg）	20.1	27.8	56.4	80.9
酸中和容量（cmol/kg）	2.81	34.52	55.11	65.38
阳离子交换量（cmol/kg）	181	160	148	135
水溶性 K^+（g/kg）	3.73	8.17	10.27	13.37
水溶性 Na^+（g/kg）	0.00	0.23	0.27	0.27
水溶性 Ca^{2+}（g/kg）	1.55	2.42	2.44	2.79
水溶性 Mg^2（g/kg）	0.30	0.54	0.33	0.50

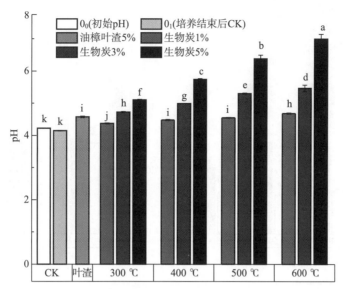

图 12-21 酸性紫色土中添加质量比为 5％的油樟叶渣和质量比为 1％、3％、5％的油樟叶渣
制备生物质炭培养 90 d 后的土壤 pH

注：不同字母表示在 0.05 水平上差异显著。

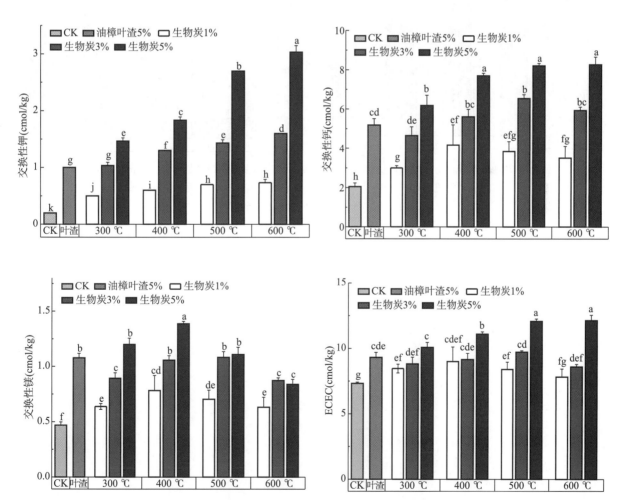

图 12-22 酸性紫色土中添加质量比为 5％的油樟叶渣和质量比为 1％、3％、5％的油樟叶渣
制备生物质炭培养 90 d 后的土壤交换性盐基和 ECEC 含量

注：不同字母表示在 0.05 水平上差异显著。

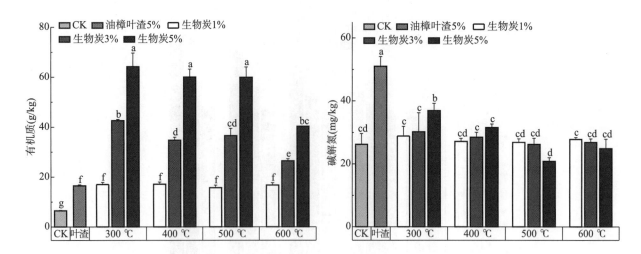

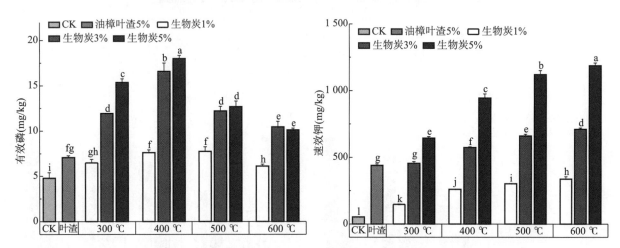

图 12 - 23　酸性紫色土中添加质量比为 5% 的油樟叶渣和质量比为 1%、3%、5% 的油樟叶渣

制备生物质炭培养 90 d 后的有机质及碱解氮、有效磷、速效钾含量

注：不同字母表示在 0.05 水平上差异显著。

第十三章 紫色土侵蚀特征与治理 >>>

　　土壤侵蚀是全球性的环境问题，对生态安全和可持续发展构成严重威胁。紫色土作为我国典型土壤类型之一，主要分布在西南地区的丘陵坡地。紫色土黏粒含量高、结构稳定性差，加之所处区域的地质地貌与气候条件，使得自然状态下的紫色土抗侵蚀能力较弱，具有较高的侵蚀潜力。随着区域人类活动的加剧，紫色土的土壤侵蚀日益严重，导致了土地生产力下降、湖库泥沙淤积等一系列环境问题。

　　土壤侵蚀是指在外营力作用下土壤颗粒发生分离、迁移和沉积的过程。从发生过程来看，土壤侵蚀包括土壤分离、迁移和沉积3个过程。

　　土壤分离是土壤颗粒在外营力作用下被破坏并离开原始位置的过程。在紫色土区，由于土壤的黏粒含量高，一旦土壤湿润后，黏土颗粒容易被水流带动，导致土壤结构破坏。此外，紫色土本身的结构稳定性差、抗蚀性弱，在强降水或人为干扰条件下，土壤分离现象尤为显著。

　　土壤颗粒的迁移与沉积过程在自然环境中是连续和动态的，这些过程受到多种因素的影响，包括土壤特性、降水、地形以及植被覆盖等。由于这些因素的复杂性和变化性，难以直接对土壤颗粒的迁移与沉积过程进行精细观测和研究。因此，学者们常采用间接方法来评估迁移与沉积动态过程。其中，产流与产沙指标反映了在一定时间和区域内，由于降水或径流作用而导致的土壤侵蚀量和搬运的总量，是土壤颗粒迁移与沉积运动的直观表现。通过分析产流与产沙指标，能够推断土壤颗粒迁移与沉积的趋势和规模，进而对土壤侵蚀的影响进行评估，为土壤和水资源管理提供科学依据。

　　土壤侵蚀预测模型是估算土壤侵蚀量、分析侵蚀过程和评估水土保持措施效果的有效工具，基于历史数据、土壤性质、气候条件、地形、植被覆盖度和土地利用等多种因素来预测土壤侵蚀强度。目前，常用的土壤侵蚀预测模型包括通用土壤流失方程（USLE）、水土流失预报模型（WEPP）和土壤水评估工具（SWAT）等。不同模型适用条件不同，适用的环境也有差异。有效应用模型对于实现水土资源的可持续利用至关重要。

　　由于紫色土侵蚀剧烈，需要有针对性地研发适宜的治理技术来有效控制和减缓土壤侵蚀，改善生态环境，促进区域可持续发展。紫色土侵蚀治理技术通常包括工程措施、植物措施和农业措施以及三者的组合应用。针对具体土壤侵蚀环境，学者们研发了不同类型的治理技术，并根据具体的地质地貌、水文气象、土地利用、植被类型及区域社会经济条件优化配置形成各类型的治理模式。

　　本章介绍了紫色土土壤侵蚀各过程特征及影响因素，讨论了目前在紫色土区常用的土壤侵蚀预测模型优缺点，并在此基础上总结归纳了现有较成熟的紫色土土壤侵蚀治理技术与模式。

第一节　紫色土侵蚀特征

一、土壤分离

（一）土壤分离定义及表征方式

土壤分离是土壤侵蚀和景观演变的关键过程，主要由雨滴击溅和坡面径流冲刷引起。土壤分离描述了土壤颗粒最初从土壤基质中被带出，并通过径流向下游水体输送的物理过程。一般情况下，雨滴击溅分离和分散水流搬运主要将土壤颗粒从细沟间迁移至细沟，而细沟剥蚀和集中水流搬运则将土壤颗粒从坡面输送到下游（Li et al.，2019）。

土壤分离可由土壤分离速率与土壤分离能力定量表征。土壤分离速率为单位面积单位时间被分离土壤颗粒的质量。而土壤分离能力是指在一定的水动力条件下，径流含沙量为零时的最大分离速率，常是确定土壤侵蚀阻力参数（细沟可蚀性及临界水流剪切力）的前提。

多年来，国内外学者对降水击溅与径流冲刷引起的土壤分离过程进行了系统研究，明确其动力过程、影响因素并建立了相应的预报模型。如美国的 WEPP 水蚀预报模型（Nearing et al.，1989），欧洲的 LISEM（Botterweg et al.，1998）、EUROSEM 模型（Rudi et al.，2003），澳大利亚的 GUEST 模型（Yu et al.，1997）等。

目前，国际上对径流驱动土壤分离过程的研究，大多基于一种"临界"思想。在实际应用中，常以水流剪切力为横坐标、实测的土壤分离能力为纵坐标，进行线性拟合，则拟合直线的斜率为细沟可蚀性，而拟合直线在横坐标上的截距为临界水流剪切力。在国际上最具代表性的土壤侵蚀过程模型 WEPP（Water Erosion Prediction Project）中，土壤分离能力被定义为（张光辉，2017）：

$$D_c = K_r(\tau - \tau_c) \tag{13-1}$$

式中，D_c 为土壤分离能力 [kg/（m²·s）]；K_r 为细沟可蚀性（s/m）；τ 为径流剪切力（Pa）；τ_c 为临界水流剪切力（Pa）。在模型使用前，通过测定典型土壤的土壤分离能力，进而利用公式（13-1）线性拟合获得相应的细沟可蚀性和土壤临界水流剪切力。

细沟可蚀性和临界水流剪切力又被称为土壤侵蚀阻力参数。径流驱动的土壤分离过程受控于径流水动力学特性和土壤属性两方面因素。前者为外因，表征侵蚀动力；后者为内因，表征土壤侵蚀阻力或土壤抗侵蚀力，与近地表特性密切相关（张冠华等，2019）。

（二）紫色土土壤分离的主要影响因素

1. 土壤性质 在水动力条件一致时，土壤分离能力越大，土壤抗蚀性越弱。土壤分离能力受土壤理化性质影响，影响土壤分离能力的土壤理化性质包括土壤机械组成、黏结力、含水量、容重、团聚体、土壤有机质含量等。

一般而言，土壤分离能力随着土壤黏粒含量、黏结力和土壤容重增大而减小。耿韧等（2020）用水槽试验研究不同区域土壤分离能力变化，结果发现，6个二级水蚀类型区的土壤分离能力从大到小依次为西北黄土高原区、南方山地丘陵区、四川盆地及周围山地丘陵区、北方山地丘陵区、东北低山丘陵与漫岗丘陵区和云贵高原区；同时发现，不同土壤质地的土壤分离能力从大到小依次为壤土、沙壤土、粉黏土、壤沙土、粉壤土和粉黏壤土（图13-1）。

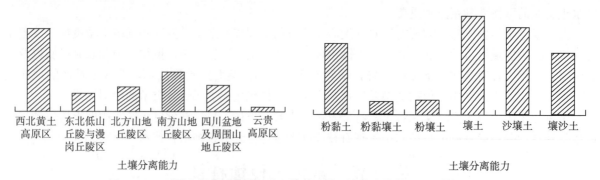

图 13-1　不同土壤侵蚀类型区及土壤质地的土壤分离能力（耿韧等，2020）

紫色土主要是由侏罗纪、白垩纪形成的紫色或紫红色砂岩、泥（页）岩发育而成，土层浅薄，砾石含量高。紫色土多为壤土至黏壤土，黏粒含量20%～39%。国内外研究表明，土壤分离能力与土壤黏粒含量呈显著负相关（Su et al.，2014；Li et al.，2015）。紫色土中黏粒含量越高，就越有能力将土壤颗粒黏合在一起，形成微观或宏观团聚体，而团聚体的尺寸比单一的土壤颗粒大得多，使得它们不易被搬运（Chen et al.，2015）。研究发现，三峡库区紫色土分离能力随着水稳性团聚体稳定性增加而减小，且二者呈较好的对数关系（高峰等，2023）。

土壤有机质的胶结作用能够增强团聚体稳定性，进而提高土壤抗侵蚀能力（Li et al.，2015；Wang et al.，2013）。土壤团聚作用是黏粒的絮凝，而有机质起胶结作用。有机质含量对水稳性团聚体及其稳定性有显著影响（Ye et al.，2017）。增加土壤有机质能增强土壤团聚体的稳定性，降低土壤分离能力（王涛等，2014）。

土壤容重是影响土壤侵蚀的主要因素之一。容重反映着土壤的紧实程度，对土壤分离能力和细沟可蚀性影响较大。紫色土坡耕地耕层土壤容重与其黏聚力、内摩擦角显著相关，土壤黏聚力和内摩擦角在同一含水率水平下均随着土壤容重的增加而增大（张建乐等，2020）。当土壤容重较大时，土壤颗粒之间的黏结性较强，径流很难将土壤分离，因此土壤分离能力随着土壤容重的增大会减小（Shainberg et al.，1996）。研究还发现，土壤分离能力随着土壤容重、团聚体稳定性的增加呈指数函数递减。土壤容重在减少土壤侵蚀方面，很大程度上受控于土壤初始含水量（Govers et al.，1993），因为不同初始含水量的土壤团聚体遇水发生崩解和结构破坏的程度不同，土壤初始含水量可能减弱甚至掩盖土壤容重对土壤分离过程的影响（张冠华等，2019）。通常情况下，土壤容重与土壤侵蚀呈负相关（Lang et al.，2022）。

土壤含水量对土壤分离的影响较为复杂，含水量决定了土壤颗粒之间的黏结力。当含水量较低时，土壤保留了更多的空气。干土在快速湿润的过程中，水分会压缩孔隙中的空气，产生膨胀压力，与重力一起分离开土壤小颗粒和小团聚体，增大了土壤的崩解性，土壤分离能力增强。随着土壤含水量的增加，小的悬浮矿物颗粒在接触点上的沉降和胶结作用增加了土壤的附着力，土壤中夹带的空气体积减小，土壤的崩解性减弱，使得土壤分离能力下降（Singh et al.，2016；Govers et al.，1990；Kemper et al.，1987）。土壤水分对不同质地土壤分离能力的影响显著不同。随着土壤含水量增加，黏性土壤的分离能力呈先增后减的趋势，而沙质土壤分离能力则呈不断增加的趋势。其原因是较高的土壤含水量使黏性土壤颗粒间的黏结力变弱，使其抗分离能力减弱；同时，在土壤含水量较高的情况下，沙质土壤颗粒随水流崩解的能力减弱，土壤抗分离能力增强（Zhang et al.，2019）。在对沙质壤土含水量与土壤分离能力关系的研究中发现，土壤分离能力均随着土壤含水量的增加呈下降的趋势（李敏等，2018）。

2. 植物特性 植物根系、生物结皮和枯枝落叶等因素对土壤分离能力有显著影响。

植被根系通过物理缠绕捆绑和化学吸附胶结作用等显著改变土壤性质，进而影响土壤分离能力，根系生物量及分布位置不同导致土壤性质有所差异，同样影响土壤分离能力。研究人员通过探究不同植被生物埂下紫色土分离特征发现，各植被类型影响下平均土壤分离能力表现为麦冬＞裸坡＞韭菜。由于根系的影响，提高了土壤微生物活性，有效地促进了土壤养分分解，增加了土壤有机质，增强了土壤团聚体的稳定性，提高了土壤抗分离能力（李少华等，2019）。

生物结皮通过影响径流侵蚀力和内在土壤属性（如侵蚀阻力等）影响土壤侵蚀过程。生物结皮可通过其地表覆盖的直接物理保护作用和改善土壤质量的间接作用来提高土壤抗侵蚀性能（Gao et al.，2020）。研究发现，土壤分离能力与生物结皮发育程度呈负指数关系（Wang et al.，2013）。对三峡库区紫色土生物结皮的研究发现，生物结皮通过直接的物理覆盖保护和间接地改变土壤质量来减小土壤分离。生物结皮覆盖的土壤分离能力和细沟可蚀性分别比无结皮土壤少 49.37%～95.00% 和 49.20%～95.19%。由于紫色土蓄水能力较差以及气候、生境条件的多样性，生物结皮群落自身及其与附着土壤的相互作用在响应、适应、功能和反馈等方面不可避免地会发生变化，从而导致了不同的土壤分离过程（张冠华等，2021）。

枯落物是指为某些消费者和分解者提供物质与能量来源的有机物质，包括落枝、落叶、落皮、枯落的繁殖器官以及枯死的根等（Wilson et al.，2008）。枯落物通过覆盖、混入表土、分解作用等影响土壤分离过程（Brownl et al.，1989；Nagler et al.，2000）。覆盖于地表的枯落物可增加地表糙率，不但减缓雨滴击溅时的动能，而且松散的枯枝落叶提高水分蓄积能力并促进降水入渗，从而影响地表产流量及流速，进而影响土壤分离过程。研究显示，随着枯落物混合量的增大，土壤分离能力呈指数减小，抑制土壤分离的临界枯落物混合量为 $0.35~\mathrm{kg/m^2}$，当枯落物混合量大于该临界值时，枯落物抑制土壤分离过程的作用不再明显增加（Sun et al.，2016）。作为枯落物的农耕地作物残茬覆盖对土壤分离影响显著，研究表明，紫色土旱坡地秸秆还田增加了新鲜残茬有机碳含量，促进了有机质的胶结作用，有利于大团聚体的形成，进而提高土壤结构稳定性（邓华等，2021），减小土壤分离能力。随着时间的推移，混入土壤中的枯落物逐渐分解，枯落物抑制土壤分离的物理作用逐渐减弱，而生物和化学作用逐渐增强，细沟可蚀性呈指数递减，枯落物的作用呈逐渐衰减态势（Knapen et al.，2007）。

3. 土地利用类型　土壤分离能力在不同土地利用类型下的变异性与土壤性质、根系和耕作方式等密切相关。

紫色土是三峡库区主要的土地资源，其耕地面积占库区耕地面积的 69.2%，是传统农业生产区。由于复垦指数高，人地矛盾突出，导致紫色土耕地成为库区水土流失的主要源地和入库泥沙的主要来源。紫色土区丘陵地带多数为砂岩和泥岩间层组合，因抗风化侵蚀力不同而呈台阶状坡面，从坡底至坡顶，坡长被自然台阶截断。耕地分布在台面上呈带状，且多沟垄种植，径流沿沟垄迁移，故坡上沟蚀不明显，以面蚀为主（赵健等，2010）。研究表明，农田利用通过影响根系分布与表层土壤性质进而显著影响土壤的分离能力。不同土地利用类型的土壤分离能力存在显著差异，土壤分离能力以裸地最大，其次为无草地覆盖果园、农田、有草地覆盖果园、森林和草地（Lang et al.，2022）。与林草地相比，农地受农事活动的影响，使得表层土壤疏松，侵蚀较严重。由于不同土地利用方式下植被覆盖存在显著的季节性差异，进而使得不同土地利用类型的土壤分离能力具有明显的季节变化。农地土壤分离速率的季节变化主要由农事活动导致，播种、除草、收获等农事活动可使土壤分离速率提高 2～6 倍（唐科明等，2010）。人为干扰和耕作强度对土壤侵蚀有着显著影响，不适当的土地利用模式将导致团聚体的分解，产生更细小和更容易运输的颗粒与微团聚体。有学者在分析不同土地利用模式对紫色土土壤团聚体稳定性的影响中发现，土地利用模式对土壤团聚体稳定性有明显影响。土壤团聚体的水稳定性、机械稳定性和化学稳定性依次为荒地＞林地＞果园＞农田（Zhang et al.，2008），因此，土壤分离能力存在不同差异，且农田的土壤分离能力最大。

（三）土壤分离水动力学表征

1. 坡度与流量　研究土壤分离能力的水动力学特性及其影响因素对于分析不同类型土壤侵蚀差异有着重要作用，这也是建立土壤侵蚀预测模型的基础。研究人员利用变坡水槽在缓坡条件下开展径流冲刷试验，研究扰动回填土的土壤分离能力水动力学特征，发现土壤分离能力与坡度呈对数关系（Nearing et al.，1991）。有关土壤分离能力与流量、坡度的关系，还存在线性、幂函数、指数等多种关系的结论。土壤分离能力与坡度和流量的函数关系为（张冠华等，2019）：

$$D_c = aq^b S^d \tag{13-2}$$

式中，D_c 为土壤分离能力 $[\mathrm{kg/(m^2 \cdot s)}]$；$q$ 为单宽流量（$\mathrm{m^2/s}$）；S 为坡度（%）；a、b、d 为常数，b 和 d 的值在 0.5～2 波动，通过标准化后 b、d 值的大小来说明流量和坡度影响的大小。

通过可变坡水槽放水冲刷试验发现，在同坡度下土壤分离速率随着流量的增大而增大，在相同流量下土壤分离速率随着坡度的增大呈先增大后减小，然后趋于稳定（丁文峰等，2010）。此外，有研究发现，在坡度和水力参数较小的情况下，紫色土土壤分离速率随着流量与坡度呈幂函数增加，而在坡度较高的情况下，土壤分离速率随着水流特性呈线性增加。扰动紫色土土壤分离能力与流量和坡度的关系见式（13-3）（Li et al.，2019）。

$$D_c = 5.2 \times 10^{-5} q^{1.56} S^{1.19} (R^2 = 0.97,~P < 0.000~1) \tag{13-3}$$

由公式（13-3）可以看出，土壤分离能力对流量比对坡度更为敏感。

2. 水力学性质　由细沟流确定的土壤分离能力会受到流速和径流深度的强烈影响。流速是计算其他水动力学参数的基础，也是土壤侵蚀过程模型中一个重要的输入参数。关于流速对土壤分离过程的影响，有研究认为，土壤分离能力与流速呈线性相关（Wang et al.，2016），但更多的结论认为两者呈幂函数相关（Zhang et al.，2002），土壤分离能力随着平均流速的增加而增加，幂函数是描述这些参数之间相关性的最佳方程（Li et al.，2019），见式（13-4）。

$$D_c = 2.10V^{5.48}(R^2 = 0.87, P < 0.000\ 1) \tag{13-4}$$

式中，V 为平均流速（m/s）。

有研究表明，随着水深的增加，土壤分离能力增大，当坡度较小时，水深对土壤分离能力的影响小于坡度，但水深对土壤分离能力的作用随着坡度的增大而增大；当坡度较大时，水深的作用明显大于坡度（柳玉梅等，2009）。

雷诺数（Re）是水流惯性力与黏滞力的比值，常被用来作为水流流态属于层流、过渡流或紊流的临界判数，当 $Re < 900$ 时为层流，当 $Re > 2\ 000$ 时为紊流，介于两者之间则为过渡流。在紫色土区，土壤分离能力与雷诺数呈极显著幂函数正相关。

弗汝德数（Fr）反映水流的惯性力与重力之比，是判断水流流型是急流还是缓流的参数。当 $Fr > 1$ 时，水流为急流；当 $Fr = 1$ 时，水流为临界流；当 $Fr < 1$ 时，水流为缓流。有研究表明，土壤分离能力与弗汝德数呈显著幂函数正相关（李少华等，2020）。

水流阻力是指水流在流动过程中所受到的来自边界的阻滞作用。Darcy-Weisbach 阻力系数 f 是坡面流水力学基本参数之一，反映坡面下垫面对坡面流的阻力作用。在流量与坡度一定的情况下，f 值越大，说明坡面流所需克服的阻力越大，所消耗的能量越大，土壤侵蚀越弱。有研究表明，土壤分离能力与 f 呈现显著幂函数负相关（李少华等，2020）。

3. 水流剪切力与水流功率　研究人员最早于 1965 年采用水槽模拟试验研究了土壤分离速率与径流剪切应力的关系（Lyle et al.，1965）。在黄土高原地区，部分学者认为，水流功率更能准确模拟土壤分离过程，也有研究认为，水流剪切力更能准确揭示土壤分离（张冠华等，2019）。而在紫色土区，水流剪切力、水流功率与径流分离速度之间均存在着明显的线性关系（丁文峰等，2010）。

在紫色土地区，幂函数可以较好地描述土壤分离能力与水流剪切力（τ）、水流功率（ω）间的定量关系（李少华等，2019）。相比而言，利用水流剪切力与水流功率拟合土壤分离能力效果更好（Li et al.，2019），见式（13-5）、式（13-6）。

$$D_c = 1 \times 10^{-3}\tau^{2.62}(R^2 = 0.91, P < 0.000\ 1) \tag{13-5}$$

$$D_c = 1.6 \times 10^{-2}\omega^{1.70}(R^2 = 0.92, P < 0.000\ 1) \tag{13-6}$$

二、紫色土区的产流与产沙规律

紫色土区降水丰富，且紫色土土层浅薄，具有风化成土速度快、质地疏松、孔隙度大、入渗能力强等特点，在较大降水强度条件下，紫色土仍可较长时间保持高渗透性，易发生蓄满产流（图 13-2）。同时，土壤水分在降水时极易下渗至土壤-岩石界面，而紫色泥页岩透水性弱，水分到达岩层后难以继续下渗，沿坡侧向流动汇集成壤中流。因此，紫色土旱坡地的壤中流极为发育，是雨季径流的主要方式。

以蓄满产流为主、壤中流发育明显是紫色土坡耕地产流的两个显著特征。加上紫色土母质碎屑与土壤颗粒共存等特点共同决定了紫色土坡耕地土壤侵蚀实际上是土壤层的潜蚀过程，流失土壤颗粒以细颗粒为主，侵蚀产生的结果就是土壤粗骨沙化（董杰等，2017）。

在考虑空间尺度效应的土壤侵蚀研究中，根据我国水土流失及环境特点，水土流失单元一般可划分为径流小区、坡面、小流域 3 个层级（图 13-3）。由于空间尺度效应的存在，产流与产沙数据在不同尺度之间难以实现有效转换，同时产流与产沙规律也存在一定差异。

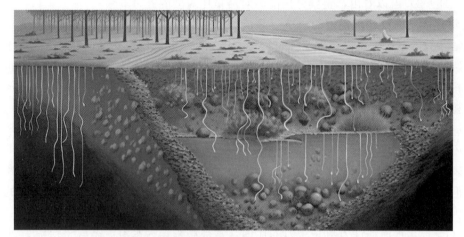

图 13-2 蓄满产流示意图（何晓玲等，2013）

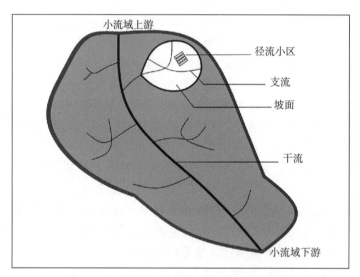

图 13-3 径流小区-坡面-小流域范围示意图

（一）径流小区尺度

径流小区是探究水土流失发生与发展规律的基本单元。小区尺度上，泥沙主要产生于击溅侵蚀、细沟侵蚀和面蚀。在紫色土区，常探究不同自然因素和人为因素下径流小区产流产沙的规律。Guo等（2017）在扰动地表小区上发现，降水强度与产沙率以及产流率呈幂函数关系；在扰动地表和自然坡面小区上，产流率和含沙率之间存在极显著的指数关系。在不同坡度的小区下径流深、产沙量与降水强度拟合关系为幂函数（马星等，2017）。而在不同覆盖度小区上，降水强度与产沙量最优拟合方程为一元线性方程，而降水强度与产流率在50%和75%覆盖度下最优拟合方程分别为一元线性方程和一元二次方程（孙丽丽等，2018）。受施肥制度和耕作模式影响，径流小区中年降水量与年产流产沙量均呈幂函数关系（闫建梅等，2014）。同时，汛期月降水量和汛期降水总量与产流量呈负指数函数关系；汛期月降水量、汛期降水总量、汛期月降水侵蚀力以及年降水侵蚀力与产沙量呈负指数函数关系（马鹏，2013）。一般来说，在不同土壤管理措施小区下，产流量与降水量具有显著线性正相关关系；而产沙量随降水量的变化可为一元二次函数规律（常松国等，2016）。在不同篱带宽度小区上发现，产沙量与篱带宽度呈线性负相关性（刘枭宏等，2019）。而在不同芒萁盖度小区上发现，在70%的芒萁盖度下，产流量与产沙量呈显著线性关系（阳庆盛，2021）。此外，在小区流失土壤颗粒中发现，小区内流失土壤颗粒主要以黏粒和粉粒为主；大颗粒的沙粒含量均随着产流历时的增加呈现增加趋势，细颗粒的黏粒及粉粒含量随着产流历时的增加呈现降低的趋势（郭进等，2012）。

（二）坡面尺度

当研究尺度从径流小区尺度转变到坡面尺度时，由于面积显著增加，下垫面状况更加复杂，因此坡面上产流产沙规律较径流小区尺度会存在差异。在三峡库区规模化紫色土柑橘种植坡面，次降水产流量与降水量存在显著相关性（严坤等，2020）。在紫色土区复合坡面和农田中，产流量与降水量高度相关，产流过程线与降水量过程线几乎同步变化（刘皓雯等，2018；徐光志等，2022）。在三峡库区典型紫色土坡面上发现，降水量与坡面产沙量关系密切，产沙过程线与降水量过程线的变化趋势大致接近，但存在滞后现象（崔璨等，2021）。在紫色土区，对于以耕地为主的坡面，不同类型坡面侵蚀主控因素不同，短陡坡以耕作侵蚀为主，而长缓坡以水流冲刷侵蚀为主（苏正安等，2006）。同时发现，不同坡面位置土壤黏粒含量依次为上坡＜中坡＜下坡（陈晓燕，2009）。在坡面沟道出口处，径流中土壤颗粒的变化过程表现为随着降水产流历时的进行，沙粒和粉粒的变化特征呈现出先增大后减小的趋势，而黏粒含量则呈现出先减小后增大的变化特征，并且两种颗粒的变化趋势与产流历时都呈现出二次曲线关系（陈晓燕，2009）。

（三）小流域尺度

小流域是土壤侵蚀发生、水土流失治理和土壤侵蚀研究的另一基本单元，当从小区、坡面尺度扩展到小流域尺度时，沟道侵蚀和重力侵蚀等的出现会导致产沙量的剧增，产流产沙规律也会发生一定的改变。

紫色土小流域侵蚀产沙过程中，以顺时针的径流-泥沙滞后关系为主，降水量与产流量呈线性正相关（方怒放，2012）。同时，在以王家桥紫色土小流域为原型的微缩模型下，产流量与产沙量随着降水强度的增加而增加，累积产流量和累积产沙量均随着降水历时的增加呈线性函数规律变化（肖海等，2014），而且沟道系统对小流域产沙的贡献率均大于坡面系统，但呈现出随着降水进行，沟道系统贡献率逐渐减小、坡面系统贡献率逐渐增加的趋势（肖海等，2014）。

在紫色土小流域中，洪峰流量可出现明显"滞后效应"，泥沙含量与降水量和产流总量呈线性正相关（李红，2022），而含沙量和产沙量与产流量呈线性正相关（刘孝盈，2009）。在小流域实施水土保持措施后，产沙量与降水量关系发生变化，呈指数函数关系，而产沙量与产流量也呈指数函数关系（刘纪根等，2018）。在紫色土丘陵区截流小流域中，产流量与泥沙浓度呈现良好的正相关性（张培，2014）。而在紫色土农业小流域不同自然降水事件下，泥沙浓度与降水历时分别呈现出对数递减函数以及线性函数关系（Li et al.，2009）。此外，在紫色土小流域出口，径流携带的土壤颗粒主要以细颗粒为主，黏粒含量与降水历时呈二次曲线关系（陈晓燕，2009）。随着降水强度的增加，细颗粒占泥沙的比例逐渐增大；但随着汇水面积的增加，细颗粒的比例反而降低，因河道径流量增大，河道水流挟沙力增强，携带的粗颗粒越多，因而粗颗粒的相对比例总体呈现增加的趋势（张培，2014）。

从产流产沙结果来看，径流小区-坡面-小流域流失土壤颗粒总体上均以细颗粒为主。但从过程上看，不同空间尺度土壤颗粒呈现不同规律。径流小区尺度上，流失的土壤颗粒随着降水的进行由细变粗；坡面尺度上，沙粒和粉粒的变化呈现出先增大后减小的趋势，黏粒含量呈现出先减小后增大的变化特征；小流域尺度上，流失的土壤中细颗粒先增大后减小，粗颗粒先减小后增大（表 13-1）。

表 13-1　侵蚀土壤颗粒组成随产流历时变化趋势（陈晓燕，2009）

尺度	沙粒	粉粒	黏粒
径流小区	先增加后降低	整体上呈现增加	降低后增加再降低
坡面	先增加后降低	先增加后降低	先降低后增加
小流域	先增加后降低	先降低后增加	先缓慢降低后趋于稳定

（四）紫色土区产流产沙的影响因素

土壤侵蚀受多种因素影响，按作用主体可以划分为自然因素和人为因素。自然因素主要有降水强度、坡度、坡长、土壤及植被等，人为因素有土地过度开发、过度放牧及乱砍滥伐等影响土壤侵蚀的活动。

1. 降水强度　降水是一个显著影响坡面土壤侵蚀的因素，主要包括降水强度、降水历时、降水量和水滴动能等指标。其中，降水强度对侵蚀强度的影响最大。在坡面土壤侵蚀过程中，降水强度是最直接的影响因素，当其他因素基本一致时，土壤侵蚀强度随着降水强度的变化而变化。这主要是由于降水强度通过坡面降水量变化及水滴溅蚀土壤结皮等途径改变了土壤入渗和下垫面对降水的分配，影响地表径流产生过程，进而影响坡面土壤侵蚀过程。

紫色土区年降水量约 1 100 mm，降水强度多低于 0.5 mm/min，大于 1.0 mm/min 的比例不足 10%。虽然降水量丰富，但降水主要集中于 6—9 月，季节性干旱发生频率较高。在所有降水中，并不是所有降水都会发生土壤侵蚀，只有一部分降水会产生地表径流，引起土壤颗粒的位移，进而导致土壤流失，将导致土壤流失的这部分降水称为侵蚀性降水（王瀛等，2022）。而侵蚀性降水受土壤本身理化性质、下垫面状况等多种因素的影响，有研究表明，川中紫色土丘陵区坡耕地土壤侵蚀降水量临界值为 24.2 mm，平均降水强度临界值为 4.63 mm/h，随着坡度的增加，降水量临界值与降水强度临界值也随之增加（周大溯等，2009）。

2. 地形因素　在降水初期，坡面受到水滴击溅，土壤在击溅与重力的共同作用下，颗粒向下迁移。随着降水的进行，土壤逐渐饱和后不能完全吸收降水而使土壤表面积水，并在重力作用下逐渐汇集成地表径流。地表径流冲刷表土并带走土壤颗粒，面蚀逐步发生。在面蚀发生发育过程中，上坡位地表径流由于径流量小、流速低，导致径流能量低、挟沙力弱；在中下坡位，由于地表径流在重力和地形作用下逐渐汇聚，径流量增大，流速增加，致使径流能量变高，挟沙力增强；中下坡位土壤较上坡位遭受更强的冲刷作用，土壤侵蚀更严重。在一定条件下，由于中下坡位径流能量更高、冲刷力更强，细沟侵蚀在中下坡位率先出现。细沟沟头在溯源侵蚀作用下，从中下坡位向上坡位发育。同时，中下坡位细沟由于径流进一步集中，逐渐下切并拓宽，最终在整个坡面上形成侵蚀沟。

在坡长相同的情况下，坡度越大，重力在顺坡方向的分力增大，沿垂直坡面方向的分力减小，导致入渗总量减小，在地面径流总量增加的同时，也加快了径流的流速，意味着水流在较短的时间就可以流出。因此，当土壤的入渗速率相同时，如入渗时间短，其入渗量较小，增大了径流量，且随着坡度的增加，径流流速会相应增加，在径流量和流速的影响下，径流能量会随之增加，进而增强土壤分离能力。另外，地表坡度改变了水滴的溅击角度和受降水面积，从而影响水滴的击溅动力。因此，坡度是地形因素中影响径流冲刷力及击溅输移的主要因素之一。

然而，并不是随着坡度增大，侵蚀量也简单地随之增加。大量试验研究表明，在一定坡度范围内，坡面侵蚀量随着坡度的增大而增多，当坡度超过某个范围时，坡面侵蚀量随着坡度增大而减少，即坡面土壤侵蚀存在临界坡度（陈正维等，2016；向宇国等，2021）。而临界坡度会受不同降水特征、植被条件等的影响（Liu et al.，2015）。

降水及其形成的径流是引发坡面侵蚀的主要动力，而坡长决定着径流能量的沿程变化，从而影响土壤颗粒运移及侵蚀形态的演变过程。因此，坡长也是影响侵蚀的重要地形因素之一。

坡长对产流产沙的影响是复杂的：一方面，随着坡长增加，由于含沙量增加，水流能量多消耗于携运土壤颗粒，结果侵蚀反而减弱；另一方面，从上坡到下坡由于水深逐渐增加，侵蚀量相应增加，但侵蚀增强以后，径流含沙量增加，水体能量主要被土壤颗粒负荷所消耗，侵蚀又会减弱（Guo et al.，2017；刘冉等，2020）。

当坡长较短时，产流以片状漫流为主，此时径流流速小，坡面剪切力弱，沿程入渗较大，形成的片状漫流仅仅是冲走降水击溅分散开来的表层土体；当坡长增大时，坡面上部径流汇流到下部，形成集中且流速较大的股流，对坡面的冲刷作用力增强（严冬春等，2010）。有研究结果表明，紫色土丘陵区坡长增加导致的侵蚀量增加存在较大的波动性，但坡长增加后，有明显趋势是增大了小区土壤流失量，同时随着坡长的增加，土壤侵蚀增量逐渐减小，直至达到临界坡长后产生径流退化现象。紫色土丘陵区坡长作用产生的侵蚀特征与不同坡长下汇流机制不同有关，即短坡面形成的片流与长坡面形成的股流产生的侵蚀作用效果不同（陈正发等，2010）。

3. 土壤因素 土壤既是侵蚀的对象，又是影响径流侵蚀的因素。通常利用土壤的抗蚀性和抗冲性作为衡量土壤抵抗径流侵蚀的能力。土壤的抗蚀性是指土壤抵抗径流对其分散和悬浮的能力。土壤的抗冲性是指土壤抵抗径流对其机械破坏和推动下移的能力。影响土壤抗蚀性和抗冲性的因素有土壤质地、土壤结构及其水稳性、土壤孔隙、剖面构造、土层厚度、土壤湿度以及土地利用方式等。

紫色土由紫色泥（页）岩发育形成，其矿物成分与母岩基本相似，黏土矿物以伊利石为主，并含有一定比例的绿泥石、蒙脱石及少量的高岭石。其中，蒙脱石及其混层矿物亲水性强、胀缩性大，故紫色土遇水后易崩解、散碎。

紫色土成土过程快，土层浅薄，土质粗，质地松软，结构松散，再加上有机质含量低，团聚体含量少，抗蚀性较差，保水保土能力弱，同时紫色土区降水比较集中。因此，紫色土是极易侵蚀的土壤（苏正安等，2018）。

4. 植被因素 植物被广泛应用于水土保持中，一方面，植物的枝叶能够防止土壤被水滴直接击溅，降低水滴终末速度，从而减缓水滴的冲击力；另一方面，植被的根系可以直接固持土体，形成根-土复合体，增强土壤抗蚀性能。

同时，植被的枯枝落叶也起到了很大作用，植物的枯枝落叶增加了地表粗糙度，使得其中径流的流速大大减缓，不仅降低了径流流量，防止土壤颗粒被冲刷，而且促进了降水就地入渗，提高了林下土壤的渗透能力。由于凋落物的存在，其腐败后进入土壤，提高了土壤有机质含量，增加了土壤团聚体含量，从而提高了土壤的抗蚀性。

5. 人类活动 人类活动对土壤侵蚀既有积极因素也有消极因素。一方面，人类过度放牧、乱砍滥伐、生产开发建设项目等活动，破坏植被，降低土壤抗蚀性，加速土壤侵蚀；另一方面，人类植树造林、工程拦蓄等各种积极活动也抑制土壤侵蚀。

在紫色土坡耕地上，耕作活动是造成水土流失的重要人为因素。耕作侵蚀不会使土壤直接流失出地块，而是在耕作工具和重力作用下导致净余土壤量向下坡或上坡（依赖于耕作方向）运移、堆积、重新分配。

在紫色土区，锄耕是坡耕地上主要的耕作方式。相比于等高耕作、垄作和逆坡耕作，传统顺坡锄耕方式引起的土壤位移和耕作侵蚀十分显著。有研究表明，在中等坡度（16.6%～25.1%）的紫色土坡耕地上，耕作侵蚀速率占总土壤侵蚀速率的42.27%～42.65%；在陡而短的坡耕地上，耕作侵蚀速率占总土壤侵蚀速率的80%以上；而在长而缓的坡耕地上，相比于水力侵蚀，耕作侵蚀对总土壤侵蚀的贡献则较小（苏正安等，2006）。

第二节　紫色土侵蚀预测模型

随着对土壤侵蚀基本规律认识的不断深入，土壤侵蚀预测模型的研究受到越来越多的关注。土壤侵蚀预测模型可用于估算不同区域的侵蚀状况，评估水土保持措施治理效果，为水土保持规划提供有力支撑。根据土壤侵蚀模型的建模手段和方法，土壤侵蚀模型可分为经验统计模型和物理模型。其中，经验统计模型有USLE、RUSLE等，物理模型则有WEPP、AGNPS、SWAT、LISEM、ANSWER、EUROSEM、GUEST等。在紫色土区，常用的土壤侵蚀模型有USLE、WEPP、SWAT等。

一、USLE 模型

Wischmeier 等利用美国国家水土流失中心收集到的资料进行统计分析和系统研究，得到经验性的通用土壤流失方程 USLE。1985 年，美国政府部门和土壤侵蚀科学家对 USLE 进行了修正，并于 1997 发布了 RUSLE［见式（13-7）］。在此基础上，我国学者提出了中国土壤流失方程 CSLE［见式（13-8）］。Williams 分析了 18 个流域共 778 场次的降水径流和泥沙数据，用径流因子替代了 USLE 模型中的降水因子，开发了 MUSLE 模型［见式（13-9）］，可确定流域的产沙量。

$$A = R \cdot K \cdot L \cdot S \cdot C \cdot P \tag{13-7}$$

$$A = R \cdot K \cdot L \cdot S \cdot B \cdot E \cdot T \tag{13-8}$$

$$A = 11.8(Q \cdot q_p) K \cdot L \cdot S \cdot C \cdot P \tag{13-9}$$

式中，A 为单位面积年平均土壤流失量（t/hm²）；R 为降水侵蚀力因子，是单位降水侵蚀指标 ［(MJ·mm) / (hm²·h)］；K 为土壤可蚀性因子；L 为坡长因子，S 为坡度因子，因此，称 $L \cdot S$ 为地形因子，以示其综合效应；C 为植被覆盖和经营管理因子；P 为水土保持措施因子；B 为生物措施因子；E 为工程措施因子；T 为耕作措施因子；Q 为径流量（m³）；q_p 为峰值流量（m³/s）。

在紫色土区，运用 USLE 模型计算坡面土壤流失量时，其预测值与实测值相对误差较大，预测精度相对较差，需要对参数进行一定的修正（付涛等，2002）。李树利（2010）基于数理统计和地理信息系统，通过对四川中部紫色土区土壤侵蚀和降水观测资料收集、整理与分析，对 USLE 模型修正后，模型精度显著提升，预测结果与遥感解译结果相比，在侵蚀强度和侵蚀空间分布上也较吻合。

CSLE 模型和 MUSLE 模型是以 USLE 模型为原型进行修改的。这两种模型在紫色土上也有运用。在微尺度、次降水、裸坡条件下，CSLE 模型和 MUSLE 模型的预测结果存在一定差异。在水土保持措施因子（P）取 1 的情况下，CSLE 模型对裸地土壤流失量的预测精度比 MUSLE 模型更好，对微地形措施坡面土壤流失量的预测精度比 MUSLE 模型差。在进一步耦合修正径流曲线模型 SCS-CN 与 MUSLE 模型以及对水土保持措施因子（P）进行修正后发现，实测值和预测值拟合线的决定系数 R^2 为 0.895，且所有降水强度下的 Nash 效率系数（一般用于验证水文模型模拟结果的好坏）均大于 0.85，使 MUSLE 模型可用于预测次降水、微尺度条件下微地形坡面的土壤流失量（冯家伟，2023）。耦合修正 SCS-CN 模型与 MUSLE 模型在三峡库区紫色土小流域产沙量模拟也取得较好的效果，模拟精确度在可接受范围内，且解决了次降水条件下小流域的产沙量计算问题（吕明权等，2015）。

二、WEPP 模型

美国农业部农业研究局于 1985 年主持开发了新一代水蚀预报模型 WEPP（water erosion prediction project），分为 3 个版本：坡面版（hillslope）、流域版（watershed）和网格版（grid）。在 WEPP 模型的 3 个版本中，坡面版的研发相对成熟，并得到了较广泛的应用；流域版仅适用于最末一级的流域，其应用受到限制；网格版仍是空白。这里主要介绍坡面版 WEPP 模型的应用情况。

使用 WEPP 模型需要首先确定研究对象，并收集相关的气候、土壤、地形、植被和管理实践数据，然后将这些数据输入模型，并通过实测数据对模型进行校准，以确保模型输出的准确性。模型运行后，分析侵蚀量、径流量等信息，以评估土壤侵蚀风险。

WEPP 模型在紫色土区广泛运用。当 WEPP 模型在次降水条件下被运用于遂宁组紫色土侵蚀模拟研究时发现，WEPP 模型对单次降水的径流量预报值吻合较好，对产沙量绝对值预报不太准确，但对侵蚀趋势与过程预报基本合理（陈晓燕等，2003）。在不同坡度条件下，WEPP 模型预测结果存在差异：缓坡的产流量模拟结果优于陡坡；陡坡条件下侵蚀量预测结果更好（朱韵峤，2017）。同时，在紫色土休闲地，WEPP 模型对次降水侵蚀事件的产流量和产沙量有效性分别为 0.735 和 0.692，说明模型在一定程度上与实测值接近。苏锋（2008）认为，WEPP 模型对产流量的模拟精度要高于产沙量，能比较准确地反映土壤侵蚀发生过程及发展趋势；且 WEPP 模型对大产流侵蚀事件的模拟精度要高于对小产流侵蚀事件的模拟精度。当 WEPP 模型应用于四川中部紫色土区小流域时，对小流域径流量的模拟较好，但在强降水过程中，模型模拟会有偏差；模型对降水强度较大的次降水侵蚀产沙模拟效果欠佳（马浩，2010）。

WEPP 模型中参数的计算方式也会对模拟结果产生影响。研究表明，WEPP 模型中的土壤可蚀性和临界水流剪切应力等参数计算公式并不适用于紫色土。虽然通过优化径流和侵蚀参数可以接受预测结果，但为了拓展 WEPP 模型在紫色土区的应用，还需进行更多的可蚀性和临界水流剪切应力相关的研究（Fu et al.，2012）。

整体来看，WEPP 模型在紫色土区的研究相对较多，WEPP 模型在 20°紫色土休闲小区上的预测结果也相比 USLE 模型更好，但 WEPP 模型在大暴雨条件下模拟结果较差，在未来研究与使用中，应加强大暴雨条件下 WEPP 模型适用性研究（缪驰远等，2005）。

三、SWAT 模型

SWAT（soil and water assessment tool）模型由美国农业部农业研究中心（USDA-ARS）于 20世纪 90 年代初开发。SWAT 模型是一个复杂的流域模拟工具。首先，需收集流域的气象、土壤、土地利用和水文数据，利用 GIS 平台划分流域并创建水文响应单元（HRUs），输入相关参数设置模型。其次，通过实测数据进行模型校准和验证以确保预测的准确性。最后，运行模型并分析输出结果，如径流量、土壤侵蚀量和营养物质负荷等，以支持流域管理和环境保护的决策制定。

郑莉萍等（2023）对璧南河流域径流研究中发现，SWAT 模型能够较好地模拟璧南河流域径流过程。同时，将模拟径流与流域内青杠水文站 2013—2020 年实测径流进行对比，发现模拟结果接近实测值。高扬等（2008）在紫色土典型流域研究 SWAT 模型时发现，SWAT 模型对紫色土流域的径流量模拟效果最为理想，平均误差为−7.5%，决定系数 R^2 在 90% 以上，而对流域的泥沙及养分迁移的模拟效果均不理想。

四、其他模型

除上述经典模型以外，其他模型在紫色土区也得到一定应用。陈一兵等（2007）对 LISEM 模型在紫色土丘陵区小流域范围内进行了验证，发现在降水初期对流量估算过高，而在降水结束时对流量估算又过低。在四川中部丘陵区小流域，新安江流域水文模型对水沙过程的模拟效果良好，确定性系数达到 0.8 以上（董先勇等，2007）。EUROSEM 模型属于动态分布式模型，可在单独地块或小流域中预测水力侵蚀强度。该模型基于对土壤侵蚀过程的物理描述，并在 1 min 的时间间隔内运行。在三峡库区陡坡地上，EUROSEM 模型对人工降水中径流模拟效果较好，但对土壤流失的模拟效果相对较差，更精确地模拟库区陡坡地的土壤侵蚀状况则需要对参数进行校正（王宏等，2003）。

除此之外，也有部分学者通过其他方法建立模型。Zhu 等（2013）基于耦合建模方法建立了三峡库区紫色土小流域土壤侵蚀模型。该模型在物理空间分布水文模型 WetSpa Extension 的框架下，结合不同土地利用条件下试验样地土壤流失与径流的经验关系，计算网格单元中的土壤侵蚀，该模型对小流域土壤流失具有良好的模拟效果。同时，有学者在紫色土小流域利用分布式水文模型 WetSpa Extension 建立了 1 个概念性土壤侵蚀模型。该模型以栅格为模拟的基本空间单元，每个栅格的产沙量计算是基于试验小区上建立的不同土地利用类型下产沙量和产流量之间的经验关系来实现的。该模型的泥沙传输部分由简单的泥沙输移比描述。王平等（2009）通过在嘉陵江流域的李子口和鹤鸣观小流域的应用研究表明，该模型能得到合理的结果，且对于没有试验小区的地区，通过借用邻近相似流域内的试验小区数据也能得到合理的模拟结果，模型具有一定的推广性。演绎法也被应用于紫色土侵蚀建模中，通过演绎法建立的小流域地面侵蚀的预报模型及相应的输沙预报模型，模型参数求取简便。经研究区的典型小流域实测资料检验，预报精度较高，可用于研究区资料短缺小流域的地面侵蚀量和输沙量的估算（李青云等，1995）。

总体来看，各个模型存在相同或不同的局限性，如无法完全契合紫色土区土壤和环境特征、模型过于简化关键过程以及模型的尺度效应等。因此，需对模型进行必要的修正和改进，以提高预测精度。

第三节　紫色土侵蚀治理技术与模式

在紫色土侵蚀的背景下，开展土壤侵蚀治理技术研究显得尤为迫切。治理技术的研发和应用旨在通过科学的土地管理方法，减少水土流失，提高土壤水分的利用效率，增强土壤肥力，从而实现土地资源的可持续利用。

一、治理技术

（一）植物篱技术

植物篱作为一种特殊的农林复合技术应用于坡耕地，可以改良土壤、拦截径流、保土蓄水，是一种有效地防治坡耕地水土流失的可持续利用生物工程措施（图 13-4）。植物篱对径流与土壤颗粒的拦截和有机质的固持作用是基于对坡耕地水分、土壤结构和养分含量的再分布，缓和土壤性质随坡位变化的分级和空间异质现象，使各区域土壤水分、颗粒级别、养分等尽量相近或一致。

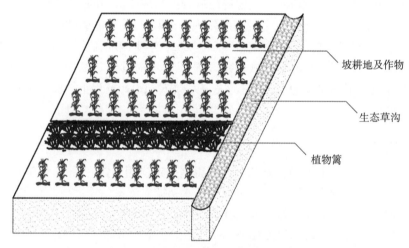

图 13-4　植物篱与生态草沟措施示意

在植物篱技术应用过程中，由于植物篱生长旺盛，应注意及时补充植物矿质养分。同时，植物篱栽植初期应考虑其生长期的资源利用策略，结合坡度、坡位和植物篱物种等因素，进一步提高对径流与土壤颗粒的拦截效率。

（二）生物埂技术

生物埂是为防治水土流失，改善农田生态环境，提高单位土地生物生产和经济生产能力，增加农林复合经营系统稳定性，而将适宜的灌木或草本植物配置在梯田埂坎上形成的一种生产类型。生物埂与农田构成了一个完整的农林复合系统，以达到防止水土流失、改善农田环境系统、提高农田生产力和增加农田副业收入等综合目标。其中，六棱形预制网格式生物埂护坡技术，具有原材料用料少、工艺简单、造价低、排水性能好等特点，取代了过去的石料满砌护坡技术，能够有效地防止坡耕地水土流失，改善农田生态环境，在充分利用土地资源的同时，还能改善坡耕地土壤的结构和养分（图 13-5）。

生物埂对土壤储水性能及渗透性有显著的提高作用，能够减小土壤容重，有效调节土壤 pH，提高有机质含量，减少养分流失。

图 13-5 六棱形预制网格式生物埂

综上所述，生物埂兼具拦蓄水土、提高土地生产力的作用。为了更好地保护地埂，巩固成果，避免地埂被水冲毁而造成新的水土流失，紫色土区不同土地利用类型的区域在建造生物埂的基础上，还应寻求具有年生长量大、生长迅速、根系发达、枝叶茂盛、抗逆性强、繁殖容易、管理方便等特点，且市场价值较高、经济效益显著的水土保持经济植物来进一步提升生物埂的生态经济功能与价值。

（三）生态草沟技术

生态草沟技术作为一种自我修复型水土保持技术，是水土保持工程措施与林草措施的有效结合。与传统截排水沟相比，其施工方便、造价较低、结构稳定，具有良好的生态效益和经济效益，有利于自然生态景观的恢复。

生态草沟具有良好的减流减沙效应和一定的农业面源污染调控能力：在减流方面，植物根系能增加土壤通透性，土壤水分入渗量会增加；另外，植株的机械拦挡会减缓水流速度，径流通过单位长度沟道的时间会增加，径流有更长的时间向下运动；在减沙方面，则受到植物种类、植被覆盖度和坡度等影响；农地生态草沟对于污水径流中化学需氧量（COD）负荷具有一定的削减作用。

需要注意的是，尽管生态草沟对径流和土壤颗粒有消减的作用，但随着坡度在一定范围内的增加，生态草沟对径流和土壤颗粒的拦截作用可能会下降；生态草沟坡度比降大于一定数值时，生态草沟基本丧失 COD 削减作用。

（四）坡面水系工程调控产流产沙技术

坡面水系工程是在综合治理过程中以控制水土流失、改善生态环境与农业生产条件为目的，在一定范围的坡体上建立池、渠、函配套，蓄、排、灌结合的微型水利工程组合体，是山区农业的重要基础设施（图 13-6）。

坡面水系工程在紫色土区对不同土地利用类型下的不同土层中的碳、氮、磷、钾等元素组分变化影响不同；在不同土地利用类型下的固土保水效果不同。整体上，保土效果具体表现在增加表层土壤颗粒，相对减少了 20~40 cm 土层土壤颗粒的流失。

总之，坡面水系工程可有效拦截表层径流以及土壤颗粒，提高土壤养分和孔隙度，并且延长土壤水分入渗时间，增加水分入渗量。坡面水系工程土壤保肥效果明显，尤其对减少土壤有效性养分流失作用更为显著。

图 13-6　坡面水系工程——蓄水池

（五）"篱-埂-路-沟-池（窖）"技术

"篱-埂-路-沟-池（窖）"技术是一种应用所述篱、埂、路、沟、池（窖）坡面侵蚀控制方法的坡面侵蚀控制系统，包括梯间植物篱、梯地地埂、道路、排水沟、蓄水池（窖）等措施，是自上而下针对紫色土侵蚀关键点的一种坡面侵蚀高效阻控技术体系。植物篱、地埂、道路布置于田间，截水沟沿等高线布置、排水沟顺坡布置并与截水沟相连接，蓄水池（窖）布置于排水沟出水口与排水沟相连接，沉沙池布置于排水沟与截水沟连接处、排水沟和蓄水池连接处。在降水期间，植物篱、地埂可以调节坡面径流，减少径流中的土壤颗粒含量，拦截枯枝落叶，对水质起到净化的作用。道路设计为U形，既可作为人行便道，也可以起到引水导水的作用。排水沟通过收集坡面径流，经过沉沙池的泥沙沉降后汇入蓄水池，以作为农田的灌溉用水。利用"篱-埂-路-沟-池（窖）"坡面土壤侵蚀精准阻控体系，形成坡面水沙立体拦截网络，用以解决各项措施分散、整体效应差的问题。

总体来看，采用"篱-埂-路-沟-池（窖）"土壤侵蚀精准防治技术体系，将原有的大坡面自由水系调整为上、中、下3个坡面水系单元，大幅减小坡面的径流侵蚀力。同时，在侵蚀关键点种植植物篱，拦挡土壤颗粒，从而精准防治水土流失。

（六）"根-土复合体"技术

植物固土护坡技术具有造价低廉、易于维护、生态景观价值高等特点。植物通过地上茎叶拦截降水、降低径流流速、根系吸水减压等水文效应以及地下根系的浅根加筋、深根锚固、侧根牵引等力学效应来提高土体的抗剪强度，从而达到固土稳坡的作用（图 13-7）。

"根-土复合体"显著增强紫色土表土的抗冲性，有利于降低土壤容重，提高土壤有机质含量和增强土壤抗剪性能。

研究紫色土侵蚀治理技术不仅具有重要的生态环境意义，通过减缓和预防土壤侵蚀，还能够促进区域农业的稳定与发展，提高农业生产力，为当地居民提供更多的食物安全保障。此外，有效的土壤侵蚀控制措施有助于减少向河流系统输送土壤颗粒，保持水体清洁，从而维护区域水资源的健康和生态平衡。因此，紫色土侵蚀治理技术的研究与应用不仅关乎环境保护，也是实现区域经济和社会可持续发展的关键因素。

图 13-7　根-土复合体

二、典型治理模式

治理模式与治理技术是相互关联且相辅相成的概念。治理模式指的是对紫色土侵蚀进行有效管理和控制的一系列组合措施与管理策略，它包括了土地利用规划、植被恢复模式、水土保持布局、耕作方式等多方面的内容。治理技术则是实现治理模式的具体手段和方法，如前文提及的植物篱技术等。

治理模式的意义与目的在于通过系统规划与综合治理，实现土壤侵蚀的有效控制和土地资源的可持续利用。其强调的是整体性和长远性，旨在构建一个既能够适应自然环境条件，又能满足人类社会经济发展需求的土壤管理体系。治理模式需要考虑到区域内的自然条件、社会经济背景、文化传统以及技术可行性等多方面因素，以确保所采取的措施既科学有效又具有可操作性。

（一）"果-草-禽-坡面水系工程"模式

"果-草-禽-坡面水系工程"模式，主要由坡改梯、坡面水系工程的工程措施和"果-草-禽"为主的生态果园治理技术构成。其中，坡改梯可有效减缓果园坡地坡度，截断坡面坡长，改善果园作业环境；坡面水系工程可有效拦截和疏导坡面上方来水及地表径流；"果-草-禽"通过林下套种牧草、林下养殖畜禽等措施可以提高植被覆盖和资源利用率，促进系统内的物质循环（图13-8）。

图13-8 "果-草-禽-坡面水系工程"模式

坡改梯即利用工程措施把坡地梯地化，一般在5°~25°的坡耕地进行，在紫色土区尤以15°~25°的坡耕地为主。坡改梯的形式分为水平梯田、坡式梯田。一般地，当原耕作台面坡度在15°以下时，水平梯田是最优的坡改梯方式；当原耕作台面坡度在15°以上时，坡式梯田是最优的坡改梯方式。修筑坡式梯田采取"等高不等宽、随弯就势"的原则，并每隔适当的距离沿等高线开沟筑垣，使坡面形成带状田块以积蓄部分地表径流，以便增加果园供水。

坡面水系工程根据功能主要分为坡面截留工程、蓄水工程和灌排水工程。其中，截留工程即建设截流沟，以拦截坡面上部径流，避免其冲刷下部耕地。蓄水工程，即建设蓄水池、沉沙凼、塘堰等蓄

361

积坡面降水和地表径流。灌排水工程，指相应的排水和灌溉措施。果园灌溉一般包括微喷灌、滴灌和地面灌水。本模式采用微喷灌和滴灌：微喷灌技术是通过滴头以微小的流量湿润作物根部附近土壤的一种高效灌水技术；滴灌只湿润作物根系附近的局部土壤，滴灌系统包括滴头、毛管管路、支管、干管及控制首部。

"果-草-禽"种植模式，即在果树行、株间种植适宜的一年生或多年生牧草，同时，辅以家畜家禽圈养，如鹅、鸡等，经畜禽消化过腹还园，并以基肥形式施于果树和牧草。果园实行"果-草-禽"相结合的种植模式，是在果园绿肥直接利用的基础上，为提高种草效益而提出的。此模式既保留了套种牧草对果园的生态效益，又解决了果园有机肥来源不足的问题，达到以禽养园、保护生态环境的效果；同时，提高了果园生态系统的经济效益，促进果业和畜牧业的可持续良性发展。在采用这种养殖模式时，实行轮牧，即将果园分为两部分：先集中在一部分放养后转至另一部分放养，前一部分休闲一年后即可再次利用。通过这种方式可以有效防止畜禽出现交叉感染的问题。

柑橘产业已成为三峡库区经济发展和移民安稳致富的支柱产业，是库区农民增收致富的"第一果业"。但多年来，库区紫色土侵蚀导致土壤肥力薄弱，土地资源数量减少和质量下降。加之三峡库区的地形特点，柑橘园大多位于立地条件差、土壤较瘠薄、地形复杂、规模不大、集约化程度不高的区域，使得柑橘产业发展空间逐渐变窄。同时，不合理的柑橘园管理措施加剧了水土流失和土壤退化，进而导致柑橘产量及品质下降。根据柑橘园立地条件、管理措施及土壤侵蚀特征，实施"果-草-禽-坡面水系工程"模式，可达到精准高效阻控水土流失的目的。该模式可以有效阻控土壤侵蚀、土壤颗粒入库和面源污染，对保障库区经济健康、绿色发展，实现库区柑橘产业可持续发展具有重要现实意义。

（二）"篱-埂-路-沟-池（窖）"模式

"篱-埂-路-沟-池（窖）"模式，根据其坡面关键侵蚀点/带，合理规划、布置各项措施，在坡面自上而下系统防控、治理水土流失和面源污染。该模式通过植物篱在源头减少侵蚀产沙，改善土壤性质，提高土壤生产力。在此基础上，植物篱复合坡面生物埂、坡面生态草沟等显著提高坡面植被覆盖率，增大坡面表面粗糙度，降低径流能量及挟沙力，促进坡面径流下渗，有效减少坡面水土流失和面源污染。此外，排水沟、蓄水池以及塘堰等小型水保水利工程可有效改善坡面集汇水体系，提高坡面水资源利用率。同时，生态草沟内植物优先过滤吸收径流中的养分和污染物质，起到净化水质的作用，保障了农业用水安全。该模式将原有的大坡面自由水系调整为上、中、下3个坡面水系单元，大幅减小坡面的径流侵蚀力。同时，在侵蚀关键点种植植物篱带、坡面地埂采用网格式生物埂、生态草沟，有效拦挡径流和土壤颗粒，精准防治土壤侵蚀（图13-9）。

植物篱果园坡面可沿等高线布设植物篱带，地埂采用工程措施与林草措施相结合的网格式六棱形生物埂，替代传统土埂和浆砌石埂。六棱形预制网格为正六边形。在六棱形预制网格中填入松软表土并夯实。工程护坡网格可种植当地具有一定经济效益的作物及固氮植物等。

截排水沟主要分为传统浆砌截排水沟和生态草沟。相比传统浆砌截排水沟，生态草沟费用少，除保持其基本排水导水功能外，还具有更好的生态效益和经济效益。截排水沟一般沿坡面水平或顺着坡面坡向布置，沟坡两侧零散地嵌砌小块片石，沟内可种植狗牙根等具有较强水土保持能力的植物。此外，为方便果园管理、农业作业等，根据实际地形与需要修建机耕道或人行步道。

在截排水沟中间或末端与蓄水池进水口，建设沉沙池以起到沉沙、防洪和澄清水的作用。为了便于水流进入池体后能缓流沉沙，池体进水口与出水口应错开设计建设。针对截排水沟收集的降水和径流，可修建小型蓄水池或者因地制宜整治塘堰，提高该区域水资源利用率。

该模式不仅可以减少紫色土区水土流失和面源污染输出，而且可以在一定程度上改善土壤性质，有效提高当地果树与农作物产量，为该区域可持续农业生产提供基础。相对于传统的工程措施、林草措施和耕作措施，该模式操作更简便、花费少、管护成本低。该模式所选择的林下种植和植物篱带、生态草沟中的植物均为当地特色经济植物，能增加当地百姓除原有作物之外的附加经济收入，为该模

图 13-9 "篱-埂-路-沟-池(窖)"模式

式循环运行打下坚实的群众基础。此外,该模式能在一定程度上美化当地环境,可以与当地特色果木、作物及人文风俗等结合,综合统筹,进一步发展观光旅游。

(三)"果-篱-草-湿-旅"模式

"果-篱-草-湿-旅"模式根据田园综合体建设特点,在考虑生态环境美观的同时,从源头上、传输过程以及末端系统,全面地拦截径流、土壤颗粒和污染物输移,有效保障田园综合体的顺利运行,围绕"生态优先、绿色发展"理念,坚持生产生活生态"三生"同步、一二三产业"三产"融合、农文旅"三位"一体、宜居宜业宜游"三宜"协同,将生态果园和乡村振兴有机结合。应大力发展"生态果园+柑橘文化+旅游"产业,助力当地经济发展,带动乡村振兴,积极践行"绿水青山就是金山银山"理念,在保护生态的致富路上不断前行。

该模式通过多种工程与林草复种等,有效减少面源污染,改善当地生态环境。紫色土区果园多为坡改梯,具有良好的经济果林种植环境,有利于后期柑橘采摘、运输和观光旅游。此外,果树行间或株间复种作物或者牧草,不仅显著提高果园植被覆盖,有效减少土壤侵蚀和杂草丛生,且提高土壤物理性质、化学性质、生物性质。根据坡面地形与耕作习惯,在柑橘园合理布置坡面水系工程,路-沟-渠-沉沙函-蓄水池等系统方便作业和交通,疏导、收集坡面水系,提高坡面水资源利用效率。同时,相比于一般的果园,当人员流动更多、规模更大、物质循环更复杂、污染物更多时,可在河岸营造湿地。这不仅可以美化环境,增加综合体美感和植被覆盖,也可有效拦截污染物,净化水质。其中,湿地内植物搭配可以选择当地特色经济植物,这也可带来一定的附加效益(图 13-10)。

为评估紫色土侵蚀治理技术与模式的效益,需要明确紫色土侵蚀的基本规律,进而评估不同治理

图 13 - 10 "果-篱-草-湿-旅"模式

技术与模式的适应性、成本分析、生态效益等。根据研究和评估结果，结合区域具体情况，选择适宜的治理技术组合，形成综合性的治理模式。另外，紫色土侵蚀治理技术与模式还需经历一个动态优化的过程。在实际应用中，需不断监测和评估治理技术与模式的效果，根据反馈信息调整和优化治理技术的应用，确保治理模式始终处于最佳状态。通过这样的迭代过程，可以不断提高紫色土侵蚀治理的科学性和有效性，实现土壤资源的长期稳定可持续利用。

紫色土侵蚀是我国西南地区面临的一项严峻的环境问题，由于紫色土黏粒含量高、结构稳定性差和抗蚀性弱，使得其在自然条件和人类活动的双重作用下极易发生侵蚀。为了有效应对这一挑战，必须深入理解土壤侵蚀的关键过程，明确土壤侵蚀发生发展的影响因素，发展适宜的土壤侵蚀预测模型，并据此开发出针对性的治理技术与模式，以增强土壤本身抗蚀能力及外界影响因素的负面作用，进而达到阻控土壤侵蚀的目的。

主 要 参 考 文 献

巴金，汤洁，王淑凤，等，2008. 重庆地区近10年酸雨的时空分布和季节变化特征分析 [J]. 气象，34（9）：81-88.

常松果，胡雪琴，史东梅，等，2016. 不同土壤管理措施下坡耕地产流产沙和氮磷流失特征 [J]. 水土保持学报，30（5）：34-40.

陈洪松，邵明安，张兴昌，等，2005. 野外模拟降雨条件下坡面降雨入渗、产流试验研究 [J]. 水土保持学报（2）：5-8.

陈剑科，2019. 川中丘陵区土系划分研究 [D]. 雅安：四川农业大学.

陈梦圆，2023. 紫色土耕作侵蚀与有机碳分布过程模拟 [D]. 绵阳：西南科技大学.

陈晓燕，2009. 不同尺度下紫色土水土流失效应分析 [D]. 重庆：西南大学.

陈晓燕，何丙辉，缪驰远，等，2003. WEPP模型在紫色土坡面侵蚀预测中的应用研究 [J]. 水土保持学报（3）：42-44，77.

陈轩敬，梁涛，赵亚南，等，2015. 长期施肥对紫色水稻土团聚体中有机碳和微生物的影响 [J]. 中国农业科学，48（23）：4669-4677.

陈轩敬，赵亚南，柴冠群，等，2016. 长期不同施肥下紫色土综合肥力演变及作物产量响应 [J]. 农业工程学报，32（S1）：139-144.

陈洋洋，2023. 渝西丘陵区坡地紫色土发育特征研究 [D]. 重庆：西南大学.

陈一兵，林超文，J Reijnders，等，2007. 四川盆地紫色丘陵区小流域范围内LISEM土壤侵蚀模型的校定与验证（英文）[J]. 西南农业学报（4）：669-675.

陈正发，郭宏忠，史东梅，等，2010. 地形因子对紫色土坡耕地土壤侵蚀作用的试验研究 [J]. 水土保持学报，24（5）：83-87.

陈正维，朱波，刘兴年，2014. 不同坡度下紫色土坡耕地径流与氮素流失特征 [J]. 中国农村水利水电（10）：68-72.

程永毅，2012. 基于XRD法对紫色母岩及土壤中层状硅酸盐矿物的鉴定研究 [D]. 重庆：西南大学.

程永毅，李忠意，白颖艳，等，2018. 电渗析法研究紫色土、黄壤和砖红壤的酸化特征 [J]. 中国农业科学，51（7）：1325-1333.

慈恩，2020. 中国土系志·中西部卷·重庆卷 [M]. 北京：科学出版社.

慈恩，唐江，连茂山，等，2018. 重庆市紫色土系统分类高级单元划分研究 [J]. 土壤学报，55（3）：569-584.

崔璨，王小燕，孙宁婷，等，2021. 三峡库区典型农业小流域次降雨产沙过程及其影响因素 [J]. 水土保持学报，35（1）：17-23.

崔玉涛，2023. 磷肥施用方式对辣椒、大白菜磷高效利用的影响 [D]. 重庆：西南大学.

邓华，高明，龙翼，等，2021. 生物炭和秸秆还田对紫色土旱坡地土壤团聚体与有机碳的影响 [J]. 环境科学，42（11）：5481-5490.

邓睿，2013. 基于XRD法对不同地质时期紫色泥岩中层状硅酸盐矿物的组合特性研究 [D]. 重庆：西南大学.

邓植仪，1932. 番禺县土壤调查报告书 [M]. 广东土壤调查所.

丁瑞兴，黄骁，1991. 茶园-土壤系统铝和氟的生物地球化学循环及其对土壤酸化的影响 [J]. 土壤学报（3）：229-236.

丁文峰，2010. 紫色土和红壤坡面径流分离速度与水动力学参数关系研究 [J]. 泥沙研究（6）：16-22.

董杰，张重阳，罗丽丽，等，2007. 三峡库区紫色土坡地土壤粗骨沙化和酸化特征 [J]. 水土保持学报，21（6）：31-34.

董先勇，樊明兰，缪韧，等，2007. 流域水文模型在川中丘陵区小流域水沙过程研究中的应用 [J]. 水土保持研究（3）：300-302，305.

杜静，2014. 四川盆地紫色丘陵区成土特征 [D]. 重庆：西南大学.

方怒放，2012. 小流域降雨-径流-产沙关系及水土保持措施响应 [D]. 武汉：华中农业大学.

冯家伟，2023. 微地形条件下典型径流及产沙模型应用研究 [D]. 雅安：四川农业大学.

冯牧野，2015. 长期不同施肥对中性紫色土肥力变化的影响 [D]. 重庆：西南大学.

冯跃华，张杨珠，黄运湘，2009. 不同稻作制、有机肥用量及地下水深度对红壤性水稻土无机磷形态的影响 [J]. 中国农业科学，42 (10)：3551-3558.

傅涛，2002. 三峡库区坡面水土流失机理与预测评价建模 [D]. 重庆：西南农业大学.

高峰，夏振尧，张伦，等，2024. 聚丙烯酰胺对三峡库区紫色土分离能力的影响 [J]. 武汉大学学报（理学版），70 (1)：1-8.

高静，徐明岗，张文菊，等，2009. 长期施肥对我国 6 种旱地小麦磷肥回收率的影响 [J]. 植物营养与肥料学报，15 (3)：584-592.

高俊敏，舒心，侯先宇，等，2021. 村镇水土环境中抗生素的污染特征及来源解析 [J]. 中国环境科学，41 (12)：5827-5836.

高鹏飞，2022. 紫色土颗粒特征及其水土力学作用机理 [D]. 重庆：西南大学.

高扬，朱波，周培，等，2008. AnnAGNPS 和 SWAT 模型对非点源污染的适用性研究：以中国科学院盐亭紫色土生态试验站为例 [J]. 上海交通大学学报（农业科学版），26 (6)：567-572.

耿韧，张光辉，洪大林，等，2020. 我国水蚀区坡耕地土壤分离能力的空间分布与影响因素 [J]. 水土保持学报，34 (3)：156-161.

耿赛男，2015. 豆科绿肥对旱坡地紫色土地力提升的机理研究 [D]. 重庆：西南大学.

龚子同，赵其国，曾昭顺，等，1978. 中国土壤分类暂行草案 [J]. 土壤，(5)：4-5.

谷守宽，袁婷，陈益，等，2017. 秸秆钾替代化肥钾对莴笋的营养效应研究 [J]. 土壤，49 (4)：699-705.

顾也萍，刘付程，2007. 皖南紫红色砂石岩上发育土壤的系统分类研究 [J]. 土壤学报，44 (5)：776-783.

郭进，文安邦，严冬春，等，2012. 三峡库区紫色土坡地土壤颗粒流失特征 [J]. 水土保持学报，26 (3)：18-21.

郭永明，1991. 四川盆地紫色岩风化成土的研究 [J]. 西南农业大学学报 (5)：527-531.

韩晓飞，高明，谢德体，等，2016. 长期定位施肥条件下紫色土无机磷形态演变研究 [J]. 草业学报，25 (4)：63-72.

何晓玲，郑子成，李廷轩，2013. 不同耕作方式对紫色土侵蚀及磷素流失的影响 [J]. 中国农业科学，46 (12)：2492-2500.

何毓蓉，等，2003. 中国紫色土（下篇）[M]. 北京：科学出版社.

何毓蓉，杨昭琼，陈学华，等，1999. 四川盆地西部灌口组（K2g）紫色雏形土的特征与分类 [J]. 山地学报 (1)：28-33.

侯光炯，1941. 对于吾国土壤分类之建议 [J]. 土壤，2 (1).

侯光炯，1956. 四川盆地内紫色土的分类与分区 [M]//刘明钊，1990. 侯光炯土壤学论文选集. 成都：四川科学技术出版社.

侯光炯，1983. 紫色土肥力研究五十年 [J]. 大自然探索 (4)：9-14.

黄标，卢升高，2020. 中国土系志 云南卷 [M]. 北京：科学出版社.

黄晶，张杨珠，徐明岗，等，2016. 长期施肥下红壤性水稻土有效磷的演变特征及对磷平衡的响应 [J]. 中国农业科学，49 (6)：1132-1141.

黄景，李志先，银秋玲，等，2010. 广西紫色土系统分类研究 [J]. 南方农业学报，41 (9)：947-950.

黄闰泉，涂光新，张伟，等，2007. 三峡库区移土培肥工程研究 [J]. 湖北林业科技 (5)：6-9，5.

黄绍文，金继运，1995. 土壤钾形态及其植物有效性研究进展 [J]. 土壤肥料 (5)：23-29.

黄兴成，2016. 四川盆地紫色土养分肥力现状及炭基调理剂培肥效应研究 [D]. 重庆：西南大学.

江娜，史东梅，曾小英，等，2022. 土壤侵蚀对紫色土坡耕地耕层障碍因素的影响 [J]. 土壤学报，59 (1)：105-117.

江长胜，2002. 紫色母岩风化过程中养分释放规律及其快速培肥机理的研究 [D]. 重庆：西南大学.

金继运，1993. 土壤钾素研究进展 [J]. 土壤学报，30 (1)：94-101.

雷志栋，杨诗秀，谢森传，1988. 土壤水动力学 [M]. 北京：清华大学出版社.

李春培，李雪，汪璇，等，2024. 酸化环境对紫色母岩风化产物交换性盐基离子及其酸缓冲容量的影响 [J]. 土壤学报，61 (1)：258-271.

李红，2022. 典型丘陵区农业小流域氮素迁移特征及其水文驱动机制初步研究 [D]. 雅安：四川农业大学.

李红梅，孙彭寿，熊正辉，等，2011. 重庆市 2005—2008 年土壤理化性状测试结果分析 [J]. 南方农业 (5)：5-8.

李江文，2021. 紫色土团聚体稳定性的水力学机制 [D]. 重庆：西南大学.

李敏，张含玉，刘前进，2018. 含水量、坡度和流量对土壤分离能力的影响 [J]. 水土保持学报，32（5）：35-40.

李青云，孙厚才，熊官卿，1995. 紫色土丘陵区小流域地面侵蚀量预报 [J]. 长江科学院院报（3）：15-22.

李少华，何丙辉，李天阳，等，2019. 紫色土丘陵区生物埂不同植被类型土壤分离水动力学特征 [J]. 水土保持学报，33（3）：70-75.

李少华，何丙辉，李天阳，等，2020. 生物埂不同植物类型下土壤分离水力学特性研究 [J]. 中南林业科技大学学报，40（3）：111-118.

李士杏，王定勇，2005. 重庆地区 20 年间紫色土酸化研究 [J]. 重庆师范大学学报（自然科学版），22（1）：70-73.

李树利，2010. USLE 模型在川中紫色土区应用研究 [D]. 成都：成都理工大学.

李涛，于蕾，万广华，等，2021. 近 30 年山东省耕地土壤 pH 时空变化特征及影响因素 [J]. 土壤学报，58（1）：180-190.

李学平，石孝均，2007. 长期不均衡施肥对紫色土肥力质量的影响 [J]. 植物营养与肥料学报（1）：27-32.

李学平，石孝均，2008. 紫色水稻土磷素动态特征及其环境影响研究 [J]. 环境科学（2）：2434-2439.

李燕. 紫色土砾石的分布及其对土壤水分性质的影响 [D]. 重庆：西南大学，2006.

李裕元，邵明安，陈洪松，等，2010. 水蚀风蚀交错带植被恢复对土壤物理性质的影响 [J]. 生态学报，30（16）：4306-4316.

李忠意，2012. 重庆涪陵榨菜种植区土壤酸化特征及其改良研究 [D]. 重庆：西南大学.

李仲明，1989. 论紫色岩性土的发生和分类 [J]. 土壤学报，26（2）：165-172.

凌静，2002. 四川盆地中部紫色土土系划分研究 [D]. 雅安：四川农业大学.

凌静，邓良基，2005. 四川盆地中部丘陵区紫色土土系划分 [C]. 庆祝中国土壤学会成立 60 周年专刊.

刘波，2016. 重庆紫色土区坡耕地土壤抗剪强度特征 [D]. 重庆：西南大学.

刘付程，顾也萍，史学正，2002. 安徽休屯盆地紫色土的特性和系统分类 [J]. 土壤通报（4）：2-6.

刘海，陈奇伯，王克勤，等，2012. 金沙江干热河谷典型区段水土流失特征 [J]. 水土保持学报，26（5）：28-33.

刘皓雯，章熙锋，唐家良，等，2018. 川中紫色土地区不同集水区暴雨氮流失特征分析 [J]. 人民长江，49（12）：16-22.

刘纪根，任洪玉，牛俊，等，2018. 紫色土区小流域侵蚀产沙对水土保持措施的响应 [J]. 水土保持研究，25（2）：29-33.

刘京，2015. 长期施肥下紫色土磷素累积特征及其环境风险 [D]. 重庆：西南大学.

刘莉，谢德体，李忠意，等，2020. 酸性紫色土的阳离子交换特征及其对酸缓冲容量的影响 [J]. 土壤学报，57（4）：887-897.

刘冉，余新晓，蔡强国，等，2020. 坡长对坡面侵蚀、搬运、沉积过程影响的研究进展 [J]. 中国水土保持科学（中英文），18（6）：140-146.

刘枭宏，李铁，谌芸，等，2019. 香根草植物篱带宽对紫色土坡地产流产沙的影响 [J]. 水土保持学报，33（4）：93-101.

刘孝盈，2009. 嘉陵江流域不同尺度水土保持减沙效果研究 [D]. 北京：北京林业大学.

刘彦伶，李渝，张雅蓉，等，2016. 长期施肥对黄壤性水稻土磷平衡及农学阈值的影响 [J]. 中国农业科学，49（10）：1903-1912.

柳玉梅，张光辉，李丽娟，等，2009. 坡面流水动力学参数对土壤分离能力的定量影响 [J]. 农业工程学报，25（6）：96-99.

卢瑛，韦翔华，2020. 中国土系志 广西卷 [M]. 北京：科学出版社.

鲁明星，贺立源，吴礼树，2006. 我国耕地地力评价研究进展 [J]. 生态环境，15（4）：866-871.

罗友进，2011. 区域成土过程：认识与表达 [D]. 重庆：西南大学.

罗志远，2018. 重庆地区各主要紫色母岩发育的土壤中层状硅酸盐黏土矿物构成特性研究 [D]. 重庆：西南大学.

吕明权，吴胜军，温兆飞，等，2015. 基于 SCS-CN 与 MUSLE 模型的三峡库区小流域侵蚀产沙模拟 [J]. 长江流域资源与环境，24（5）：860-867.

马常宝，徐明岗，薛彦东，等，2019. 30 年耕地质量演变规律 [M]. 北京：中国农业出版社.

马浩，2010. WEPP 模型在川中紫色土区小流域水土流失中的应用 [D]. 北京：北京林业大学.

马鹏，2013. 降雨因素对坡面产流产沙影响的研究 [D]. 重庆：西南大学.

马星，郑江坤，王文武，等，2017. 不同雨型下紫色土区坡耕地产流产沙特征 [J]. 水土保持学报，31（2）：17-21.

毛鑫羽，2024. 重庆地区典型紫色母岩发育土壤的特性差异分析［D］. 重庆：西南大学.

牟树森，青长乐，王力军，1990. 酸沉降物致酸土壤及其危害的研究［J］. 农业环境保护，9（6）：1-6.

牟树森，杨学春，1988. 酸雨危害与土壤酸化问题的调查研究［J］. 西南农业大学学报，10（1）：12-20.

缪驰远，何丙辉，陈晓燕，2005. 水蚀模型 USLE 与 WEPP 在紫色土水蚀预测中的应用对比研究［J］. 农业工程学报（1）：13-16.

欧阳宁相，张杨珠，盛浩，等，2017. 湘东地区紫色土在中国土壤系统分类中的归属［J］. 土壤通报，48（6）：1281-1287.

齐玲玉，2015. 有机肥配施磷肥对土壤磷素形态转化及水稻吸收利用的影响［D］. 杭州：浙江大学.

全国土壤普查办公室，1998. 中国土壤［M］. 北京：中国农业出版社.

冉卓灵，2019. 岩石碎屑对紫色土水力学特性的影响［D］. 重庆：西南大学.

沈仁芳，赵学强，2019. 酸性土壤可持续利用［J］. 农学学报，9（3）：16-20.

石孝均，2003. 水旱轮作体系中的养分循环特征［D］. 北京：中国农业大学.

史天昊，段英华，王小利，等，2015. 我国典型农田长期施肥的氮肥真实利用率及其演变特征［J］. 植物营养与肥料学报，21（6）：1496-1505.

四川省农牧厅，1995. 四川土壤［M］. 成都：四川科学技术出版社.

四川省农牧厅，四川省土壤普查办公室，1994. 四川土种志［M］. 成都：四川科学技术出版社.

四川省农牧厅，四川省土壤普查办公室，1997. 四川土壤［M］. 成都：四川科学技术出版社.

苏锋，2008. WEPP 模型在紫色土休闲地的应用及其因子权重分析［D］. 重庆：西南大学.

苏正安，熊东红，张建辉，等，2018. 紫色土坡耕地土壤侵蚀及其防治措施研究进展［J］. 中国水土保持（2）：42-47，69.

苏正安，张建辉，周维，2006. 川中丘陵区耕作侵蚀对土壤侵蚀贡献的定量研究［J］. 山地学报，24（增刊）：64-70.

孙丽丽，查轩，黄少燕，等，2018. 不同降雨强度对紫色土坡面侵蚀过程的影响［J］. 水土保持学报，32（5）：18-23.

谭孟溪，刘莉，王朋顺，等，2018. 微地形作用下紫色母岩发育土壤的酸化特征［J］. 土壤学报，55（6）：1441-1449.

汤淑娟，刘安迪，2022. 我国耕地质量评价指标体系与方法综述［J］. 现代农业研究，28（3）：45-47.

唐嘉鸿，2019. 微地形主导下紫色泥岩发育土壤的发生特征［D］. 重庆：西南大学.

唐嘉鸿，杜静，钟守琴，等，2018. 紫色丘陵区微地形条件下耕作土壤发生特征［J］. 土壤通报，49（2）：260-267.

唐江，2017. 重庆市紫色土的系统分类研究［D］. 重庆：西南大学.

唐科明，汪邦稳，曹颖，2010. 黄土高原土壤分离速率的季节变化研究［J］. 水土保持学报，24（2）：57-60，65.

唐时嘉，徐建忠，张建辉，等，1996. 紫色土系统分类研究［J］. 山地学报，14（S1）：14-19.

唐晓平，1997. 四川紫色土肥力的 Fuzzy 综合评判［J］. 土壤通报（3）：12-14.

田冬，高明，徐畅，2016. 土壤水分和氮添加对 3 种质地紫色土氮矿化及土壤 pH 的影响［J］. 水土保持学报，30（1）：255-261.

田光龙，唐时嘉，郭永明，1989. 紫色土系统分类（初稿）［J］. 土壤（2）：101-103.

田秀英，石孝均，2003. 不同施肥对稻麦养分吸收利用的影响［J］. 重庆师范学院学报（自然科学版）（2）：44-47.

田野，刘善江，2012. 有机肥料中抗生素在农田土壤和植物间的迁移研究［J］. 安徽农业科学，40（8）：4523-4525.

汪文强，王子芳，高明，等，2014. 施氮对紫色土交换性酸及盐基饱和度的影响［J］. 水土保持学报，28（3）：138-142.

王定勇，石孝均，毛知耘，2004. 长期水旱轮作条件下紫色土养分供应能力的研究［J］. 植物营养与肥料学报（2）：120-126.

王红兰，等，2015. 施用生物炭对紫色土坡耕地耕层土壤水力学性质的影响［J］. 农业工程学报，31（4）：107-112.

王宏，蔡强国，朱远达，2003. 应用 EUROSEM 模型对三峡库区陡坡地水力侵蚀的模拟研究［J］. 地理研究（5）：579-589.

王朋顺，2020. 电渗析法研究紫色土的酸化特征［D］. 重庆：西南大学.

王朋顺，李忠意，冯勃，等，2018. 微地形下紫色土的矿物组成和 pH 的耦合特征［J］. 水土保持学报，32（4）：310-314.

王平，李凤民，刘淑英，等，2005. 长期施肥对黑垆土无机磷形态的影响研究［J］. 土壤（5）：72-78.

王平，朱阿兴，蔡强国，等，2009. 概念性土壤侵蚀模型的建立及在紫色土小流域的应用［J］. 农业工程学报，25（12）：80-87，401.

王齐齐，徐虎，马常宝，等，2018. 西部地区紫色土近 30 年来土壤肥力与生产力演变趋势分析 [J]. 植物营养与肥料学报，24（6）：1492-1499.

王荣浩，史东梅，于亚莉，等，2023. 紫色土坡耕地侵蚀耕层土壤养分变化特征 [J]. 水土保持学报，37（1）：65-70.

王涛，何丙辉，秦川，等，2014. 不同种植年限黄花生物埂护坡土壤团聚体组成及其稳定性 [J]. 水土保持学报，28（5）：153-158.

王天巍，陈家赢，2020. 中国土系志　江西卷 [M]. 北京：科学出版社.

王文富，席承藩，1998. 中国土壤 [M]. 北京：中国农业出版社.

王先拓，王玉宽，傅斌，等，2006. 川中丘陵区紫色土坡耕地产流特征试验研究 [J]. 水土保持学报（5）：9-11，19.

王玄德，2004. 紫色土耕地质量变化研究 [D]. 重庆：西南农业大学.

王瀛，杨扬，刘宝元，等，2022. 中国水蚀区 5 种典型土壤的侵蚀性降雨阈值比较 [J]. 水土保持通报，42（4）：227-233.

王哲，屠春宝，王如月，等，2023. 农业土壤环境污染及修复研究进展 [J]. 农业与技术，43（19）：94-99.

魏猛，张爱君，李洪民，等，2015. 长期施肥条件下黄潮土有效磷对磷盈亏的响应 [J]. 华北农学报，30（6）：226-232.

邬泉楠，缪金莉，郑颖，等，2013. 林下养鸡对生物多样性的影响 [J]. 浙江农林大学学报，30（5）：689-697.

吴涌泉，2010. 基于微地形下的紫色砂岩和泥岩土壤剖面分异特性研究 [D]. 重庆：西南大学.

吴云，杨剑，魏朝富，2004. 重庆茶园土壤酸化及肥力特征的研究 [J]. 土壤通报，35（6）：715-719.

吴云，杨剑虹，慈恩，2005. 模拟雨水连续淋洗下土壤化学性状动态变化特征的研究 [J]. 土壤通报（2）：206-210.

向宇国，张丹，陈凡，等，2021. 降雨和坡度对植烟坡耕地产流产沙的影响 [J]. 西南农业学报，34（5）：1121-1127.

肖海，刘刚，许文年，等，2014. 利用稀土元素示踪三峡库区小流域模型泥沙来源 [J]. 水土保持学报，28（1）：47-52.

肖海，夏振尧，杨悦舒，等，2014. 三峡库区小流域产流产沙试验研究 [J]. 水土保持通报，34（4）：260-263.

肖盛燮，周辉，凌天清，2006. 边坡防护工程中植物根系的加固机制与能力分析 [J]. 岩石力学与工程学报（S1）：2670-2674.

谢建昌，周健民，1999. 我国土壤钾素研究和钾肥使用的进展 [J]. 土壤（5）：244-254.

谢军，方林发，徐春丽，等，2018. 西南紫色土不同施肥措施下土壤综合肥力评价与比较 [J]. 植物营养与肥料学报，24（6）：1500-1507.

谢军，徐春丽，陈轩敬，等，2018. 不同施肥模式对玉米各器官碳氮累积和分配的影响 [J]. 草业学报，27（8）：50-58.

谢军，赵亚南，陈轩敬，等，2016. 有机肥氮替代化肥氮提高玉米产量和氮素吸收利用效率 [J]. 中国农业科学，49（20）：3934-3943.

熊明彪，舒芬，宋光煜，等，2001. 多年定位施肥对紫色土钾素形态变化的影响 [J]. 四川农业大学学报，19（1）：44-47.

熊明彪，舒芬，宋光煜，等，2003. 施钾对紫色土稻麦产量及土壤钾素状况的影响 [J]. 土壤学报，40（2）：274-279.

熊仕娟，苏静，闫小娟，等，2015. 施用硫酸铵对酸性紫色土硝化作用的影响 [J]. 西南大学学报（自然科学版），37（11）：131-136.

徐光志，邵志江，汪涛，等，2022. 川中丘陵区不同下垫面集水区氮磷流失特征 [J]. 中国环境科学，42（7）：3334-3342.

徐建明，2019. 土壤学 [M]. 4 版. 北京：中国农业出版社.

徐明岗，于荣，孙小凤，等，2006. 长期施肥对我国典型土壤活性有机质及碳库管理指数的影响 [J]. 植物营养与肥料学报，12（4）：459-465.

徐明岗，张淑香，2020. 中国土壤磷素演变与高效利用 [M]. 北京：中国农业科学技术出版社.

徐仁扣，2015. 土壤酸化及其调控研究进展 [J]. 土壤，47（2）：238-244.

徐文静，张宇亭，魏勇，等，2022. 长期施肥对稻麦轮作紫色土有机碳组分及酶活性的影响 [J]. 水土保持学报，36（2）：292-299.

许海超，张建辉，戴佳栋，等，2020. 耕作引起的紫色土母岩破碎运动定量分析 [J]. 农业工程学报，36（7）：166-172.

闫建梅，何丙辉，田太强，2014. 不同施肥与耕作对紫色土坡耕地土壤侵蚀及氮素流失的影响 [J]. 中国农业科学，47

（20）：4027-4035.

严坤，王玉宽，刘勤，等，2020. 三峡库区规模化顺坡沟垄果园氮、磷输出过程及流失负荷 [J]. 环境科学，41（8）：3646-3656.

晏昭敏，袁大刚，余星兴，等，2020. "紫色砂、页岩岩性特征"颜色修订建议：基于四川紫色土母岩颜色特征 [J]. 土壤学报（1）：60-70.

晏昭敏，袁大刚，余星兴，等，2021. 紫色土色度参数与铁锰形态及有机质的定量关系研究 [J]. 土壤学报，58（2）：372-380.

阳庆盛，2021. 紫色土区不同芒萁盖度下的减流减沙效应 [J]. 亚热带水土保持，33（1）：7-11，42.

杨剑虹，2013. 重庆农业土壤（上、中、下）[M]. 北京：中国大地出版社.

杨剑虹，胡艳艳，卢扬，等，2006. 四川盆地紫色母岩中钛与母岩原始风化度关系的研究 [J]. 土壤学报（4）：541-548.

杨林生，张宇亭，黄兴成，等，2016. 长期施用含氯化肥对稻麦轮作体系土壤生物肥力的影响 [J]. 中国农业科学，49（4）：686-694.

杨兴伦，李航，2004. 三种紫色土表面电荷性质的研究 [J]. 土壤学报（4）：577-583.

杨学春，朱亚萍，1995. 四川紫色土的酸化及其生态效应 [J]. 西南农业大学学报，17（6）：532-537.

叶丽华，2012. 泸西县绿肥种植效益及技术推广 [J]. 云南农业（5）：19-20.

叶青，史冬梅，曾小英，等，2020. 土壤管理措施对紫色土坡耕地侵蚀耕层质量的影响 [J]. 水土保持学报，34（4）：164-170，177.

易时来，何绍兰，邓烈，等，2006. 中性紫色土施氮对小麦氮素吸收利用及产量和品质的影响 [J]. 麦类作物学报（5）：167-169.

余皓，李庆逵，1945. 四川之土壤 [J]. 土壤专报（24）.

余芹芹，乔娜，卢海静，等，2012. 植物根系对土体加筋效应研究 [J]. 岩石力学与工程学报，31（S1）：3216-3223.

余正洪，刘新敏，李航，2013. 红壤、黄壤及紫色土表面电荷性质的研究 [J]. 西南师范大学学报（自然科学版），38（3）：62-66.

袁大刚，2020. 中国土系志　四川卷 [M]. 北京：科学出版社.

曾觉廷，1984. 紫色土分类研究 [J]. 西南大学学报（自然科学版）（1）：1-14.

展晓莹，任意，张淑香，等，2015. 中国主要土壤有效磷演变及其与磷平衡的响应关系 [J]. 中国农业科学，48（23）：4728-4737.

张凤荣，2002. 土壤地理学 [M]. 北京：中国农业出版社.

张甘霖，王秋兵，张凤荣，等，2013. 中国土壤系统分类土族和土系划分标准 [J]. 土壤学报，50（4）：826-834.

张冠华，易亮，丁文峰，等，2021. 三峡库区生物结皮对土壤分离过程的影响及其机制 [J]. 土壤，53（3）：610-619.

张冠华，胡甲均，2019. 径流驱动土壤分离过程的影响因素及机制研究进展 [J]. 水科学进展，30（2）：294-304.

张光辉，2017. 土壤分离能力测定的不确定性分析 [J]. 水土保持学报，31（2）：1-6.

张光辉，梁一民，1996. 植被盖度对水土保持功效影响的研究综述 [J]. 水土保持研究，3（2）：104-110.

张会民，徐明岗，等，2008. 长期施肥土壤钾素演变 [M]. 北京：中国农业出版社.

张会民，徐明岗，吕家珑，等，2007. 不同生态条件下长期施钾对土壤钾素固定影响的机理 [J]. 应用生态学报（5）：1011-1016.

张会民，徐明岗，吕家珑，等，2007. 长期施钾下中国3种典型农田土壤钾素固定及其影响因素研究 [J]. 中国农业科学（4）：749-756.

张会民，徐明岗，吕家珑，等，2009. 长期施肥对水稻土和紫色土钾素容量和强度关系的影响 [J]. 土壤学报（4）：640-645.

张会民，徐明岗，张文菊，等，2009. 长期施肥条件下土壤钾素固定影响因素分析 [J]. 科学通报（17）：2574-2580.

张健乐，史东梅，刘义，等，2020. 土壤容重和含水率对紫色土坡耕地耕层抗剪强度的影响 [J]. 水土保持学报，34（3）：162-167，174.

张培，2014. 紫色土丘陵区小流域径流和泥沙过程对降雨的多尺度响应规律研究 [D]. 重庆：西南大学.

张瑞，张贵龙，姬艳艳，等，2013. 不同施肥措施对土壤活性有机碳的影响 [J]. 环境科学，34（1）：277-282.

张思兰，石孝均，郭涛，2014. 不同土壤湿润速率下中性紫色土磷素淋溶的动态变化 [J]. 环境科学，35（3）：1111-1118.

张杨珠, 2020. 中国土系志　湖南卷 [M]. 北京：科学出版社.

章明奎, 2020. 中国土系志　贵州卷 [M]. 北京：科学出版社.

章明奎, 厉仁安, 2001. 金衢盆地红色和紫色砂页岩发育土壤的特征和分类 [J]. 土壤 (1)：52-56.

赵富强, 高会, 李瑞婧, 等, 2022. 环渤海区域典型河流下游水体中抗生素赋存状况及风险评估 [J]. 中国环境科学, 42 (1)：109-118.

赵吉霞, 邓利梅, 陆传豪, 等, 2021. 模拟酸雨淋溶对紫色母岩风化成土特征的影响研究 [J]. 重庆：西南大学学报 (自然科学版), 43 (11)：151-161.

赵健, 梁敏, 2010. 紫色土水土流失特点及调控范式 [J]. 中国水利 (2)：41, 43.

赵小军, 李志洪, 刘龙, 等, 2017. 种还分离模式下玉米秸秆还田对土壤磷有效性及其有机磷形态的影响 [J]. 水土保持学报, 31 (1)：243-247.

赵学强, 潘贤章, 马海艺, 等, 2023. 中国酸性土壤利用的科学问题与策略 [J]. 土壤学报, 60 (5)：1248-1263.

赵亚南, 2016. 长期不同施肥下紫色水稻土有机碳变化特征及影响机制 [D]. 重庆：西南大学.

赵亚南, 柴冠群, 张珍珍, 等, 2016. 稻麦轮作下紫色土有机碳活性及其对长期不同施肥的响应 [J]. 中国农业科学, 49 (22)：4398-4407.

郑莉萍, 胡煜佳, 张森林, 等, 2023. 基于 SWAT 模型的璧南河流域径流模拟分析 [J]. 重庆师范大学学报 (自然科学版), 40 (3)：31-47.

中国科学院成都分院土壤研究室, 1991. 中国紫色土 (上、下篇) [M]. 北京：科学出版社.

中国科学院南京土壤研究所土壤系统分类课题组, 中国土壤系统分类课题研究协作组, 2001. 中国土壤系统分类检索 [M]. 3 版. 合肥：中国科学技术大学出版社.

钟守琴, 2018. 含<2 mm 岩屑紫色土颗粒特征及其水/土力学行为 [D]. 重庆：西南大学.

周百兴, 徐渝, 1996. 重庆的酸雨问题及其对策 [J]. 重庆环境科学, 18 (2)：1-4.

周大溯, 熊明彪, 林立金, 等, 2009. 坡度对紫色土坡耕地侵蚀性降雨值的影响 [J]. 水土保持通报, 29 (6)：159-162, 167.

周家云, 2005. 四川省矿山土地复垦评价及生态重建对策研究 [D]. 成都：成都理工大学.

周学伍, 李质怡, 吕斌, 等, 2001. 新垦殖紫色土果园土壤熟化研究 [J]. 果树学报 (1)：15-19.

朱波, 陈实, 游祥, 等, 2002. 紫色土退化旱地的肥力恢复与重建 [J]. 土壤学报 (5)：743-749.

朱波, 罗晓梅, 廖晓勇, 等, 1999. 紫色母岩养分的风化与释放 [J]. 西南农业学报 (S1)：63-68.

朱莲青, 马溶之, 李庆逵, 1941. 中国之土壤概要 [J]. 土壤季刊, 2 (1)：4-95.

朱韵峤, 2017. WEPP 模型在紫色土区域适用性研究 [J]. 安徽农业科学, 45 (23)：106-108, 113.

Bai Z H, Li H G, Yang X Y, et al, 2013. The critical soil P levels for crop yield, soil fertility and environmental safety in different soil types [J]. Plant and Soil (372)：27-37.

Bolt G H, 1955. Ion adsorption by clays [J]. Soil Sci., 79 (4)：267-276.

Botterweg P, Leek R, Romstad E, et al, 1998. The EUROSEM-GRIDSEM modelling system for erosion analyses under different natural and economic conditions [J]. Ecological Modelling (108)：115-129.

Brown L, Foster G, Beasley D, 1989. Rill erosion as affected by incorporated crop residue and seasonal consolidation [J]. Transactions of the American Society of Agricultural Engineers, 32 (6)：1967-1970.

Chapman D L, 1913. A contribution to the theory of electrocapillarity [J]. Philo. Mag., 25 (148)：475-481.

Chen J J, Yu J F, Li Z Y, et al, 2023. Ameliorating effects of biochar, sheep manure and chicken manure on acidified purple soil [J]. Agronomy (13)：1142.

Chen X Y, Huang Y H, Zhao Y, et al, 2015. Comparison of loess and purple rill erosions measured with volume replacement method [J]. Journal of Hydrology (530)：476-483.

Chen Y Y, Li X S, Han Z Y et al, 2008. Chemical weathering intensity and element migration features of the Xiashu loess profile in Zhenjiang, Jiangsu Province [J]. Journal of Geographical Sciences, 18 (3)：341-352.

Dane J H, Topp G C, 2002. Methods of soil analysis part 4：physical methods [M]// Soil Science Society of America Book Series No. 5. Soil Madison：Science Society of America.

Davies C W, 1962. Ion association [M]. Butterworths, Washington D. C.

Duan L, Huang Y M, Hao J M, et al, 2004. Vegetation uptake of nitrogen and base cations in China and its role in soil acidification [J]. Science of the Total Environment, 330 (1-3)：187-198.

紫中
色国 中国耕地土壤论著系列
土国 ZHONGGUO GENGDI TURANG LUNZHU XILIE

Eriksson E, 1952. Cation-exchange equilibria on clay minerals [J]. Soil Sci. (74): 103-113.

Fang Y, Xun F, Bai W, et al, 2012. Long-term nitrogen addition leads to loss of species richness due to litter accumulation and soil acidification in a temperate steppe [J]. Plos One, 7 (10).

Fu B, Wang Y, Xu P, et al, 2012. Assessment of the performance of WEPP in purple soil area with simulated rainfall experiments [J]. Journal of Mountain Science (9): 570-579.

Fujii K, Hayakawa C, Panitkasate T, et al, 2017. Acidification and buffering mechanisms of tropical sandy soil in northeast Thailand [J]. Soil & Tillage Research (9165): 80-87.

Gao L Q, Sun H, Xu M X, et al, 2020. Biocrusts resist runoff erosion through direct physical protection and indirect modification of soil properties [J]. Journal of Soils and Sediments, 20 (1): 133-142.

Gouy G, 1910. Constitution of the electric charge at the surface of an electrolyte [J]. J. Phys. Radium, 9 (4): 457-467.

Govers G, Everaert W, Poesen J, et al, 1990. A long flume study of the dynamic factors affecting the resistance of a loamy soil to concentrated flow erosion [J]. Earth Surface Processes and Landforms, 15 (4): 313-328.

Govers G, Loch R J, 1993. Effects of initial water content and soil mechanical strength on the runoff erosion resistance of clay soils [J]. Aust. J. Soil Res, 31 (5): 549-566.

Grahame D C, 1947. The electrical double layer and the theory of electrocapillarity [J]. Chem. Rev. , 41 (3): 441-501.

Grahame D C, 1953. Diffuse double layer theory for electrolytes of unsymmetrical valence types [J]. J. Chem. Phys. (21): 1054-1060.

Guo J H, Liu X J, Zhang Y, et al, 2010. Significant acidification in major Chinese croplands [J]. Science, 327 (5968): 1008-1010.

Guo X M, Li T Y, He B H, et al, 2017. Effects of land disturbance on runoff and sediment yield after natural rainfall events in southwestern China [J]. Environmental Science and Pollution Research (24): 9259-9268.

He X B, BaoY H, Han H W, et al, 2009. Tillage pedogenesis of purple soils in southwestern China [J]. Journal of Mountain Science, 6 (2): 205-210.

Hessel R, Jetten V, Liu B Y, et al, 2003. Calibration of the LISEM model for a small loess plateau catchment [J]. Catena, 54 (2): 235-254.

Hou J, Li H, 2009. Determination of clay surface potential: a more reliable approach [J]. Soil Sci. Soc. Am. J. , 73 (5): 1658-1663.

Huang Huang X, Jiang H, Li Y, et al, 2016. The role of poorly crystalline iron oxides in the stability of soil aggregate-associated organic carbon in a rice – wheat cropping system [J]. Geoderma (279): 1-10.

Kemper W D, Rosenau R C, Dexter A R, 1987. Cohesion development in disrupted soils as affected by clay and organic matter content and temperature [J]. Soil Science Society of America Journal, 51 (4): 860-866.

Khan M N, Gong Y, Hu T, et al, 2016. Effect of slope, rainfall intensity and mulch on erosion and infiltration under simulated rain on purple soil of South-Western Sichuan Province, China [J]. Water, 8 (11): 528.

Kim H K, Tuite E, Nordén B, et al, 2001. Co-ion dependence of DNA nuclease activity suggests hydrophobic cavitation as a potential source of activation energy [J]. Eur. Phys. J. E, 4 (4): 411-417.

Knapen A, Poesen J, De B D, 2007. Seasonal variations in soil erosion resistance during concentrated flow for a loess-derived soil under two contrasting tillage practices [J]. Soil and Tillage Research (94): 425-440.

Lal R, Shukla M K, 2004. Principles of soil physics [M]. New York: Marcel Dekker, Inc.

Lang P, Tang C J, Zhang X Y, et al, 2022. Quantifying the effects of root and soil properties on soil detachment capacity in agricultural land use of southern China [J]. Forests, 13 (11): 1788.

Li H, Hou J, Liu X, 2011. Combined determination of specific surface area and surface charge properties of charged particles from a single experiment [J]. Soil Sci. Soc. Am. J. , 75 (6): 2128-2135.

Li Q Q, Li S, Xiao Y, et al, 2019. Soil acidification and its influencing factors in the purple hilly area of southwest China from 1981 to 2012 [J]. Catena (175): 278-285.

Li S, Li H, Xu C Y, 2013. Particle interaction forces induce soil particle transport during rainfall [J]. Soil Sci. Soc. Am. J. , 77 (5): 1563-1571.

Li T Y, Li S Y, Liang C, et al, 2019. Erosion vulnerability of sandy clay loam soil in southwest China: modeling soil detachment capacity by flume simulation [J]. Catena (178): 90-99.

Li Z B, Li P, Han J G, et al, 2009. Sediment flow behavior in agro-watersheds of the purple soil region in China under different storm types and spatial scales [J]. Soil and Tillage Research, 105 (2): 285-291.

Li Z W, Zhang G H, Geng R, et al, 2015. Land use impacts on soil detachment capacity by overland fow in the loess plateau, China [J]. Catena (124): 9-17.

Li Z Y, Wang P S, Liu L, et al, 2021. High negative surface charge increases the acidification risk of purple soil in China [J]. Catena (196): 104819.

Liu D D, She D L, Yu S E, et al, 2015. Rainfall intensity and slope gradient effects on sediment losses and splash from a saline – sodic soil under coastal reclamation [J]. Catena (128): 54-62.

Liu X, Hu F, Ding W, et al, 2015a. A how to approach for estimation of surface/stern potentials considering ionic size and polarization [J]. Analyst, 140 (21): 7217-7224.

Liu X, Li H, Du W, 2013a. Hofmeister effects on cation exchange equilibrium: quantification of ion exchange selectivity [J]. J. Phys. Chem. C. , 117 (12): 6245-6251.

Liu X, Li H, Li R, 2012. A new model for cation exchange equilibrium considering the electrostatic field of charged particles [J]. J. Soils Sed. (12): 1019-1029.

Liu X, Li H, Li R, 2013b. Analytical solutions of the nonlinear poisson-boltzmann equation in mixture of electrolytes [J]. Surf. Sci. , 607 (1): 197-202.

Liu X, Li H, Li R, 2013c. Combined determination of surface properties of nanocolloidal particles through ion selective electrodes with potentiometer [J]. Analyst, 138 (4): 1122-1129.

Liu X, Tian R, Li R, 2015. Principles for the determination of the surface potential of charged particles in mixed electrolyte solutions [J]. Proceedings A. , 471 (2180): 20150064.

Liu X, Yang T, Li H, 2020. Effects of interactions between soil particles and electrolytes on saturated hydraulic conductivity [J]. Eur. J. Soil Sci. , 71 (2): 190-203.

Lu X K, Mao Q G, Gilliam F S, et al, 2014. Nitrogen deposition contributes to soil acidification in tropical ecosystems [J]. Global Change Biology (20): 3790-3801.

Lyle W M, Smerdon E T, 1965. Relation of compaction and other soil properties to erosion resistance of soils [J]. ASAE (8): 419-422.

Nagler P, Daughtry C, Goward S, 2000. Plant litter and soil reflectance [J]. Remote Sensing of Environment, 71 (2): 207-215.

Nearing M A, Foster G R, Lane L J, et al, 1989. A process-based soil erosion model for USDA-Water Erosion Prediction Project [J]. Transactions of the American Society of Agricultural Engineers (32): 1587-1593.

Nearing M A, Parker S C, 1991. Detachment of soil by flowing water under turbulent and laminar conditions [J]. Soil Science Society of American Journal (58): 1612-1614.

Nesbitt H W, 1979. Mobility and fractionation of rare earth elements during weathering of agranodiorite [J]. Nature (279): 206-210.

Nesbitt H W, Markovics G, 1980. Chemical processes affecting alkalis and alkaline earths during continental weathering [J]. Geochimica et Cosmochimica Acta, 44 (11): 1659-1666.

Pan G, Smith P, Pan W, 2009. The role of soil organic matter in maintaining the productivity and yield stability of cereals in China [J]. Agriculture Ecosystems Environment, 129 (1): 344-348.

Quincke G, 1861. Ueber die Fortführung materieller Theilchen durch strömende Elektricität [J]. An P. , 189 (8): 513-598.

Rengasamy P, Marchuk A, 2011. Cation ratio of soil structural stability (CROSS) [J]. Soil Res. , 49 (3): 280-285.

Shainberg I, Goldstein D, Levy G J, 1996. Rill erosion dependence on soil water content aging and temperature [J]. Soil Science Society of America Journal, 60 (3): 916-922.

Singh H V, Thompson A M, 2016. Effect of antecedent soil moisture content on soil critical shear stress in agricultural watersheds [J]. Geoderma (262): 165-173.

Song X, Li L, Zheng J, et al, 2012. Sequestration of maize crop straw C in different soils: role of oxyhydrates in chemical binding and stabilization as recalcitrance [J]. Chemosphere, 87 (6): 649-654.

Su Z L, Zhang G H, Yi T, et al, 2014. Soil detachment capacity by overland flow for soils of the Beijing region [J]. Soil

Science, 179 (9)：446-453.

Sun L, Zhang G H, Luan L L, et al, 2016. Temporal variation in soil resistance to flowing water erosion for soil incorporated with plant litters in the loess plateau of China [J]. Catena (145)：239-245.

Tang X, Shi X, Ma Y, et al, 2011. Phosphorus efficiency in a long-term wheat-rice cropping system in China [J]. Journal of Agricultural Science, 149 (3)：297-304.

Throp J, 1936. Geography of the soils of China [M]. Nanjing：The National Geography Survey of China.

Wan Q, Xu R, Li X, 2012. Proton release from tea plant (*Camellia sinensis* L.) roots induced by Al (Ⅲ) under hydroponic conditions [J]. Soil Research, 50 (6)：482-488.

Wang B, Zhang G H, Shi Y Y, et al, 2013. Effect of natural restoration time of abandoned farmland on soil detachment by overland flow in the loess plateau of China [J]. Earth Surface Processes and Landforms (38)：1725-1734.

Wang D D, Wang Z L, Shen N, et al, 2016. Modeling soil detachment capacity by rill flow using hydraulic parameters [J]. J. Hydrol. (535)：473-479.

Wei C, Ni J, Gao M, et al, 2006. Anthropic pedogenesis of purple rock fragments in Sichuan Basin, China [J]. Catena, 68 (1)：51-58.

Wilsong V, Mcgregork C Boykin, 2008. Residue impacts on runoff and soil erosion for different corn plant populations [J]. Soil and Tillage Research, 99 (2)：300-307.

Xie J, Zhao Y, Chen X, et al, 2018. Effect on soil DOM content and structure characteristics in different soil layers by long-term fertilizations [J]. Spectroscopy and Spectral Analysis, 38 (7)：2250-2255.

Xie Jun, Evgenia Blagodatskaya, Zhang Yu, et al, 2023. Fertilization strategies to improve crop yields and N use efficiency depending on soil pH [J]. Archives of Agronomy and Soil Science, 69 (10)：1893-1905.

Xie Jun, Shi Xiao-jun, Zhang Yu, et al, 2022. Improved nitrogen use efficiency, carbon sequestration and reduced environmental contamination under a gradient of manure application [J]. Soil Tillage Research (220)：105386.

Xie Jun, Wang Jie, Hu Qi-juan, et al, 2023. Optimal N management improves crop yields and soil carbon, nitrogen sequestration in Chinese cabbage-maize rotation [J]. Archives of Agronomy and Soil Science, 69 (7)：1071-1084.

Xu Y M, Liu H, Zhang W J, et al, 2014. Changes in organic carbon index of grey desert soil in northwest China after long-term fertilization [J]. Journal of Integrative Agriculture (13)：554-561.

Xue J, Lyu D, Wang D, et al, 2018. Assessment of soil erosion dynamics using the GIS-based rusle model：A case study of Wangjiagou watershed from the three gorges reservoir region, southwestern China [J]. Water, 10 (12)：1817.

Ye C, Guo Z, Li Z, et al, 2017. The effect of bahiagrass roots on soil erosion resistance of aqualts in subtropical China [J]. Geomorphology (285)：82-93.

Zhang D, Chen A Q, Liu G C, 2012. Laboratory investigation of disintegration characteristics of purple muds one under different hydrothermal conditions [J]. Journal of Mountain Science, 9 (1)：127-136.

Zhang G H, Liu B Y, Nearing M A, et al, 2002. Soil detachment by shallow flow [J]. Trans. Am. Soc. Agric. Eng. (45)：351-357.

Zhang H Y, Li M, Wells R R, et al, 2019. Effect of soil water content on soil detachment capacity for coarse-and fine-grained soils [J]. Soil Science Society of America Journal (83)：697-706.

Zhang J H, Ni S J, Su Z A, 2012. Dual roles of tillage erosion in lateral SOC movement in the landscape [J]. European Journal of Soil Science, 63 (2)：165-176.

Zhang Y Q, Wen M X, Li X P, et al, 2014. Long-term fertilisation causes excess supply and loss of phosphorus in purple paddy soil [J]. Journal of the Science of Food and Agriculture, 6 (94)：1175-1183.

Zhang Y T, Hao X Y, Thomas B W, et al, 2018. Long-term and legacy effects of manure application on soil microbial community composition [J]. Biology and fertility of soils, 54 (2)：269-283.

Zhang Y T, Shen H, He X H, et al, 2017. Fertilization shapes bacterial community structure by alteration of soil pH [J]. Frontiers in Microbiology (8)：1325.

Zhang Y T, Vries W, Thomas B W, et al, 2017. Impacts of long-term nitrogen fertilization on acid buffering rates and mechanisms of a slightly calcareous clay soil [J]. Geoderma (305)：92-99.

Zhang Z, Wei C F, Xie D T, et al, 2008. Effects of land use patterns on soil aggregate stability in Sichuan Basin, China [J]. Particuology (6)：157-166.

Zhao Y N，Zhang Y Q，Du H X，et al，2015. Carbon sequestration and soil microbes in purple paddy soil as affected by long-term fertilization [J]. Toxicological and Environmental Chemistry，97 (3-4)：464-476.

Zhou W，Wang C，Song X，2011. The quantitative analysis of land use structure characteristics of county in mountainous areas in Sichuan province of China-A case study of Rong county [J]. Asian Agricultural Research，3 (5)：28-33.

Zhu A X，Wang P，Zhu T，et al，2013. Modeling runoff and soil erosion in the Three-Gorge Reservoir drainage area of China using limited plot data [J]. Journal of Hydrology (492)：163-175.

Zhu X，Zhu B，2015. Diversity and abundance of soil fauna as influenced by long-term fertilization in cropland of purple soil，China [J]. Soil and Tillage Research (146)：39-46.

图书在版编目（CIP）数据

中国紫色土 / 石孝均，李振轮，王红叶主编.
北京：中国农业出版社，2024. 6. --（中国耕地土壤论
著系列）. -- ISBN 978-7-109-32118-2

Ⅰ. S155. 2

中国国家版本馆 CIP 数据核字第 2024VQ4649 号

中国紫色土
ZHONGGUO ZISETU

中国农业出版社出版

地址：北京市朝阳区麦子店街 18 号楼
邮编：100125
责任编辑：冀　刚　廖　宁　冯英华
版式设计：王　晨　　责任校对：吴丽婷
印刷：北京通州皇家印刷厂
版次：2024 年 6 月第 1 版
印次：2024 年 6 月北京第 1 次印刷
发行：新华书店北京发行所
开本：889mm×1194mm　1/16
印张：24.75　　插页：4
字数：742 千字
定价：298.00 元

彩图 1 白垩系夹关组地层发育的紫色土景观（四川宜宾）

彩图 2 白垩系夹关组厚层砂岩（四川宜宾）

彩图 3　侏罗系蓬莱镇组地层发育的紫色土景观（重庆忠县）

彩图 4　侏罗系蓬莱镇组厚层砂岩（重庆忠县）

彩图 5　侏罗系遂宁组地层发育的紫色土景观（重庆潼南）

彩图 6　侏罗系遂宁组厚层泥（页）岩（重庆潼南）

彩图7 侏罗系沙溪庙组地层发育的紫色土景观（重庆合川）

彩图8 侏罗系沙溪庙组砂岩和泥（页）岩互层（重庆合川）

彩图 9　侏罗系自流井组地层发育的紫色土景观（重庆梁平）

彩图 10　侏罗系自流井组泥（页）岩（重庆梁平）

彩图 11　三叠系飞仙关组地层发育的紫色土景观（重庆綦江）

彩图 12　三叠系飞仙关组泥（页）岩（重庆綦江）

彩图 13　酸紫泥土剖面（重庆江津）

彩图 14　灰棕紫泥土-灰棕紫砂泥土剖面（重庆垫江）

彩图 15　暗紫泥土-暗紫砂泥土剖面（重庆北碚）

彩图 16　脱钙紫泥土-紫泥土剖面（重庆忠县）

彩图 17　红棕紫泥土-红棕紫砂泥土剖面（重庆荣昌）

彩图 18　黄红紫泥土-黄红紫砂泥土剖面（四川剑阁）

彩图 19　砖红紫泥土-砖红紫砂泥土剖面（重庆黔江）

彩图 20　原生钙质紫泥土-钙紫大泥土剖面（重庆江津）